소방 / 기술사 · 관리사 · 실무자를 위한

소방·건축관계법규 국가화재안전기준

권 순 택 編著
소방기술사
소방시설관리사

예문사

머 리 말

본 서는 소방기술사 또는 소방시설관리사 시험을 대비하는 수험자와 소방현장 실무자들의 실무 · 현업에서 가장 기본 · 필수적이라 할 수 있는 소방관계법규, 건축관계법규 및 국가화재안전기준에 대하여 수록하였습니다.

특히, 소방기술사 및 소방시설관리사 시험에서 과거와는 달리 실무위주로 출제가 많이 이루어져 가는 추세이며, 이러한 실무위주의 출제는 결국 관계법규와 화재안전기준 관련사항의 출제로 이어질 수 밖에 없는 것입니다.

저자는 건축 실무현장에서 다년간 쌓은 소방방재시설의 설계 · 감리 · 시공 · 점검기술의 실무경험과 소방기술사, 소방시설관리사, 소방설비기사(기계 · 전기) 등의 자격시험공부와, 소방기술사 및 소방시설관리사의 교재를 저술하고 또, 소방기술학원 강의를 다년간 하면서 축적한 Know-How를 토대로 하여, 수험생과 실무자에게 꼭 필요한 내용만을 엄선하여 다음과 같이 구성하였습니다.

[이 책의 구성 및 특징]

1. 각 법규에서 시험에 출제될 가능성이 있는 부분(조항)만 선별하여 수록하고 시험과 무관한 부분은 제외함으로써 공부할 분량을 최소화 하였다.
2. 최근 개정된 법규 내용에 대해서는 밑줄을 긋고 <개정 2021.7.22>, <신설 2021.7.13> 등으로 표기하여 개정현황을 쉽게 파악할 수 있도록 하였다.
3. 화재안전기준은 전문을 모두 수록하고, 각 설비마다 해당설비의 [주요화재안전기준]을 요약하여 추가하였으며 또, 각 설비가 공통으로 적용되는 화재안전기준을 별도로 집약하여 앞 부분에 수록하였다.
4. 각 법규 및 화재안전기준의 본문에 소방기술사 · 소방시설관리사 시험의 기출현황을 기술사 125회 관리사 21회 등으로 표기하였다.

광범위한 내용을 압축 · 정리하다 보니 일부는 미흡한 부분도 있을 수 있겠으나, 이러한 부분에 대하여는 독자 여러분의 기탄없는 제언을 반영하여 향후 개정판에서 보완 해 가도록 하겠습니다.

끝으로, 이 책의 출판에 힘써 주신 도서출판 예문사 사장님과 편집부 직원 여러분의 노고에 깊이 감사드립니다.

2022년 1월

저자 권 순 택(stk9797@hanmail.net)

소방기술사 법규문제 출제현황

소방기술사 시험 회차	건축관계법규	소방관계법규 (위험물법규는 제외)	화재안전기준	합계
125회	1	4	4	9
124회	3	6	8	17
123회	2	4	4	10
122회	-	1	4	5
121회	4	3	2	9
120회	1	2	4	7
119회	2	3	4	9
118회	4	4	1	9
117회	2	2	-	4
116회	7	1	1	9
115회	2	1	3	6
114회	4	2	1	7
113회	4	2	1	7
112회	3	3	4	10
111회	2	5	4	11
110회	2	3	4	9
109회	1	2	5	8
108회	1	5	4	10
107회	-	2	4	6

※ 위와 같이 법규문제는 의외로 출제비중이 높은 데 비해, 통상 수험생들이 소홀이 하는 경향이 많은 실정입니다. 그러나, 법규문제는 이 책에서와 같이 시험에 관련되는 내용(조항)만 뽑아서 요령있게 공부한다면 큰 어려움 없이 많은 득점을 할 수 있는 것이 법규문제의 특성이라 할 것입니다.

※ 소방기술사 시험에서 수험생이 반드시 풀어야 하는 문제 수가 22문제인데, 그 중에 법규문제가 절반 이상 출제될 때도 있는 만큼, 법규가 합격의 지름길이 될 수 있다는 것을 염두에 두고 공부에 임한다면 성공이 한층 더 쉽게 다가올 것입니다.

목 차

제 1 편 소방관계법규

제 2 편 건축관계법규

제 3 편 국가화재안전기준

제1편

소방관계법규

※ 밑줄 친 부분은 최근에 개정되었거나 신설된 내용임 ※

[제1장] 소방기본법

(개정 : 2021. 10. 19. 법률 제18493호)

제10조 (소방용수시설의 설치 및 관리 등)

① 시 · 도지사는 소방활동에 필요한 소화전 · 급수탑 · 저수조를 설치하고 유지 · 관리하여야 한다. 다만, 「수도법」 제45조에 따라 소화전을 설치하는 일반수도사업자는 관할 소방서장과 사전협의를 거친 후 소화전을 설치하여야 하며, 설치 사실을 관할 소방서장에게 통지하고, 그 소화전을 유지 · 관리하여야 한다.

② 시 · 도지사는 제21조제1항에 따른 소방자동차의 진입이 곤란한 지역 등 화재발생 시에 초기 대응이 필요한 지역으로서 대통령령으로 정하는 지역에 소방호스 또는 호스릴 등을 소방용수시설에 연결하여 화재를 진압하는 시설이나 장치(이하 "비상소화장치"라 한다)를 설치하고 유지 · 관리할 수 있다. 〈신설 2017.12.26〉

제13조 (화재경계지구의 지정 등)

① 시 · 도지사는 다음 각 호의 어느 하나에 해당하는 지역 중 화재가 발생할 우려가 높거나 화재가 발생하는 경우 그로 인하여 피해가 클 것으로 예상되는 지역을 화재경계지구로 지정할 수 있다. 〈개정(각 호 신설) 2016.1.27〉

1. 시장지역
2. 공장 · 창고가 밀집한 지역
3. 목조건물이 밀집한 지역
4. 위험물의 저장 및 처리 시설이 밀집한 지역
5. 석유화학제품을 생산하는 공장이 있는 지역
6. 「산업입지 및 개발에 관한 법률」 제2조제8호에 따른 산업단지
7. 소방시설 · 소방용수시설 또는 소방출동로가 없는 지역
8. 그 밖에 제1호부터 제7호까지에 준하는 지역으로서 소방청장 · 소방본부장 또는 소방서장이 화재경계지구로 지정할 필요가 있다고 인정하는 지역

② 제1항에도 불구하고 시 · 도지사가 화재경계지구로 지정할 필요가 있는 지역을 화재경계지구로 지정하지 아니하는 경우 소방청장은 해당 시 · 도지사에게 해당 지역의 화재경계지구 지정을 요청할 수 있다. 〈신설 2016.1.27〉

③ 소방본부장이나 소방서장은 대통령령으로 정하는 바에 따라 제1항에 따른 화재경계지구 안의 소방대상물의 위치 · 구조 및 설비 등에 대하여 「화재예방, 소방시설 설치 · 유지 및 안전관리에 관한 법률」 제4조에 따른 소방특별조사를 하여야 한다.

[제2장] 소방기본법 시행령

(개정 : 2021. 5. 4. 대통령령 제31666호)

제2조의2 (비상소화장치의 설치대상 지역) 〈신설 2018.6.26.〉

법 제10조제2항에서 "대통령령으로 정하는 지역"(비상소화장치의 설치대상 지역)이란 다음 각 호의 어느 하나에 해당하는 지역을 말한다.

1. 법 제13조제1항에 따라 지정된 화재경계지구
2. 시 · 도지사가 법 제10조제2항에 따른 비상소화장치의 설치가 필요하다고 인정하는 지역

제6조 (화재의 확대가 빠른 특수가연물)

법 제15조제2항에서 "대통령령으로 정하는 특수가연물(特殊可燃物)"이란 별표 2에 규정된 품명별 수량 이상의 가연물을 말한다. 〈개정 2012.7.10〉

[별표 2] **특수가연물** (제6조관련) 기술사 94회 · 122회

품명		수량
면화류		200kg 이상
나무껍질 및 대팻밥		400kg 이상
넝마 및 종이부스러기		1,000kg 이상
사류(絲類)		1,000kg 이상
볏짚류		1,000kg 이상
가연성고체류		3,000kg 이상
석탄 · 목탄류		10,000kg 이상
가연성액체류		$2m^3$ 이상
목재가공품 및 나무부스러기		$10m^3$ 이상
합성수지류	발포시킨 것	$20m^3$ 이상
	그 밖의 것	3,000kg 이상

[비고]

1. "면화류"라 함은 불연성 또는 난연성이 아닌 면상 또는 팽이모양의 섬유와 마사(麻絲) 원료를 말한다.
2. 넝마 및 종이부스러기는 불연성 또는 난연성이 아닌 것(동식물유가 깊이 스며들어 있

는 옷감 · 종이 및 이들의 제품을 포함한다)에 한한다.

3. "사류"라 함은 불연성 또는 난연성이 아닌 실(실부스러기와 솜털을 포함한다)과 누에고치를 말한다.
4. "볏짚류"라 함은 마른 볏짚 · 마른 북더기와 이들의 제품 및 건초를 말한다.
5. "가연성고체류"라 함은 고체로서 다음 각목의 것을 말한다.
   가. 인화점이 섭씨 40도 이상 100도 미만인 것
   나. 인화점이 섭씨 100도 이상 200도 미만이고, 연소열량이 1그램당 8킬로칼로리 이상인 것
   다. 인화점이 섭씨 200도 이상이고 연소열량이 1그램당 8킬로칼로리 이상인 것으로서 융점이 100도 미만인 것
   라. 1기압과 섭씨 20도 초과 40도 이하에서 액상인 것으로서 인화점이 섭씨 70도 이상 섭씨 200도 미만이거나 나목 또는 다목에 해당하는 것
6. 석탄 · 목탄류에는 코크스, 석탄가루를 물에 갠 것, 조개탄, 연탄, 석유코크스, 활성탄 및 이와 유사한 것을 포함한다.
7. "가연성액체류"라 함은 다음 각목의 것을 말한다.
   가. 1기압과 섭씨 20도 이하에서 액상인 것으로서 가연성 액체량이 40중량퍼센트 이하이면서 인화점이 섭씨 40도 이상 섭씨 70도 미만이고 연소점이 섭씨 60도 이상인 물품
   나. 1기압과 섭씨 20도에서 액상인 것으로서 가연성 액체량이 40중량퍼센트 이하이고 인화점이 섭씨 70도 이상 섭씨 250도 미만인 물품
   다. 동물의 기름기와 살코기 또는 식물의 씨나 과일의 살로부터 추출한 것으로서 다음의 1에 해당하는 것
      (1) 1기압과 섭씨 20도에서 액상이고 인화점이 250도 미만인 것으로서 「위험물안전관리법」 제20조제1항의 규정에 의한 용기기준과 수납 · 저장기준에 적합하고 용기외부에 물품명 · 수량 및 "화기엄금" 등의 표시를 한 것
      (2) 1기압과 섭씨 20도에서 액상이고 인화점이 섭씨 250도 이상인 것
8. "합성수지류"라 함은 불연성 또는 난연성이 아닌 고체의 합성수지제품, 합성수지반제품, 원료합성수지 및 합성수지 부스러기(불연성 또는 난연성이 아닌 고무제품, 고무반제품, 원료고무 및 고무 부스러기를 포함한다)를 말한다. 다만, 합성수지의 섬유 · 옷감 · 종이 및 실과 이들의 넝마와 부스러기를 제외한다.

제7조 (특수가연물의 저장 및 취급의 기준) 기술사 94회 · 122회 관리사 17회

1. 특수가연물을 저장 또는 취급하는 장소에는 품명 · 최대수량 및 화기취급의 금지표지를 설치할 것
2. 다음 각 목의 기준에 따라 쌓아 저장할 것. 다만, 석탄 · 목탄류를 발전(發電)용으로 저장하는 경우에는 그러하지 아니하다.
   가. 품명별로 구분하여 쌓을 것

나. 쌓는 높이는 10m 이하가 되도록 하고, 쌓는 부분의 바닥면적은 50m^2(석탄 · 목탄류의 경우에는 200m^2) 이하가 되도록 할 것. 다만, 살수설비를 설치하거나, 방사능력 범위에 해당 특수가연물이 포함되도록 대형수동식소화기를 설치하는 경우에는 쌓는 높이를 15미터 이하, 쌓는 부분의 바닥면적을 200m^2(석탄 · 목탄류의 경우에는 300m^2) 이하로 할 수 있다.

다. 쌓는 부분의 바닥면적 사이는 1m 이상이 되도록 할 것

제7조의12 (소방자동차 전용구역의 설치대상) 〈신설 2018.8.7〉

법 제21조의2 제1항에서 "대통령령으로 정하는 공동주택"이란 다음 각 호의 주택을 말한다. 다만, 하나의 대지에 하나의 동(棟)으로 구성되고 「도로교통법」 제32조 또는 제33조에 따라 정차 또는 주차가 금지된 편도 2차선 이상의 도로에 직접 접하여 소방자동차가 도로에서 직접 소방활동이 가능한 공동주택은 제외한다. 〈개정 2021.5.4〉

1. 「건축법 시행령」 별표 1 제2호 가목의 아파트 중 세대수가 100세대 이상인 아파트
2. 「건축법 시행령」 별표 1 제2호 라목의 기숙사 중 3층 이상의 기숙사

제7조의13 (소방자동차 전용구역의 설치기준 · 방법) 〈신설 2018.8.7〉

① 제7조의12 각 호 외의 부분 본문에 따른 공동주택의 건축주는 소방자동차가 접근하기 쉽고 소방활동이 원활하게 수행될 수 있도록 각 동별 전면 또는 후면에 소방자동차 전용구역을 1개소 이상 설치해야 한다. 다만, 하나의 전용구역에서 여러 동에 접근하여 소방활동이 가능한 경우로서 소방청장이 정하는 경우에는 각 동별로 설치하지 않을 수 있다.

② 전용구역의 설치 방법은 별표 2의5와 같다.

[별표 1] 〈개정 2012.7.10〉

보일러 등의 위치 · 구조 및 관리와 화재예방을 위하여 불의 사용에 있어서 지켜야 하는 사항

종류	내용
보일러 관리사 15회	1. 가연성 벽 · 바닥 또는 천장과 접촉하는 증기기관 또는 연통의 부분은 규조토 · 석면 등 난연성 단열재로 덮어씌워야 한다. 2. 경유 · 등유 등 액체연료를 사용하는 경우에는 다음 각목의 사항을 지켜야 한다. 가. 연료탱크는 보일러본체로부터 수평거리 1m 이상의 간격을 두어 설치할 것 나. 연료탱크에는 화재 등 긴급상황이 발생하는 경우 연료를 차단할 수 있는 개폐밸브를 연료탱크로부터 0.5m 이내에 설치할 것 다. 연료탱크 또는 연료를 공급하는 배관에는 여과장치를 설치할 것 라. 사용이 허용된 연료 외의 것을 사용하지 아니할 것 마. 연료탱크에는 불연재료(「건축법 시행령」 제2조제10호의 규정에 의한 것을 말한다. 이하 이 표에서 같다)로 된 받침대를 설치하여 연료탱크가 넘어지지 아니하도록 할 것 3. 기체연료를 사용하는 경우에는 다음 각목에 의한다. 가. 보일러를 설치하는 장소에는 환기구를 설치하는 등 가연성가스가 머무르지 아니하도록 할 것 나. 연료를 공급하는 배관은 금속관으로 할 것 다. 화재 등 긴급시 연료를 차단할 수 있는 개폐밸브를 연료용기 등으로부터 0.5m 이내에 설치할 것 라. 보일러가 설치된 장소에는 가스누설경보기를 설치할 것 4. 보일러와 벽 · 천장 사이의 거리는 0.6m 이상 되도록 하여야 한다. 5. 보일러를 실내에 설치하는 경우에는 콘크리트바닥 또는 금속 외의 불연재료로 된 바닥 위에 설치하여야 한다.
난로	1. 연통은 천장으로부터 0.6m 이상 떨어지고, 건물 밖으로 0.6m 이상 나오게 설치하여야 한다. 2. 가연성 벽 · 바닥 또는 천장과 접촉하는 연통의 부분은 규조토 · 석면 등 난연성 단열재로 덮어씌워야 한다. 3. 이동식난로는 다음 각목의 장소에서 사용하여서는 아니된다. 다만, 난로가 쓰러지지 아니하도록 받침대를 두어 고정시키거나 쓰러지는 경우 즉시 소화되고 연료의 누출을 차단할 수 있는 장치가 부착된 경우에는 그러하지 아니하다. 가. 「다중이용업소의 안전관리에 관한 특별법」 제2조제1항제1호에 따른 다중이용업의 영업소 나. 「학원의 설립 · 운영 및 과외교습에 관한 법률」 제2조제1호의 규정에 의한 학원 다. 「학원의 설립 · 운영 및 과외교습에 관한 법률 시행령」 제2조제1항제4호의 규정에 의한 독서실

	라. 「공중위생관리법」 제2조제1항제2호·제3호 및 제6호의 규정에 의한 숙박업·목욕장업·세탁업의 영업장 마. 「의료법」 제3조제2항의 규정에 의한 종합병원·병원·치과병원·한방병원·요양병원·의원·치과의원·한의원 및 조산원 바. 「식품위생법 시행령」 제21조제8호에 따른 휴게음식점영업, 일반음식점영업, 단란주점영업, 유흥주점영업 및 제과점영업의 영업장 사. 「영화 및 비디오물의 진흥에 관한 법률」 제2조제10호에 따른 영화상영관 아. 「공연법」 제2조제4호의 규정에 의한 공연장 자. 「박물관 및 미술관 진흥법」 제2조제1호 및 제2호의 규정에 의한 박물관 및 미술관 차. 「유통산업발전법」 제2조제6호의 규정에 의한 상점가 카. 「건축법」 제20조에 따른 가설건축물 타. 역·터미널
건조설비	1. 건조설비와 벽·천장 사이의 거리는 0.5m 이상 되도록 하여야 한다. 2. 건조물품이 열원과 직접 접촉하지 아니하도록 하여야 한다. 3. 실내에 설치하는 경우에 벽·천장 또는 바닥은 불연재료로 하여야 한다.
수소 가스를 넣는 기구	1. 연통 그 밖의 화기를 사용하는 시설의 부근에서 띄우거나 머물게 하여서는 아니된다. 2. 건축물의 지붕에서 띄워서는 아니된다. 다만, 지붕이 불연재료로 된 평지붕으로서 그 넓이가 기구 지름의 2배 이상인 경우에는 그러지 아니하다. 3. 다음 각목의 장소에서 운반하거나 취급하여서는 아니된다. 가. 공연장 : 극장·영화관·연예장·음악당·서커스장 그 밖의 이와 비슷한 것 나. 집회장 : 회의장·공회장·예식장 그 밖의 이와 비슷한 것 다. 관람장 : 운동경기관람장(운동시설에 해당하는 것을 제외한다)·경마장·자동차경주장 그 밖의 이와 비슷한 것 라. 전시장 : 박물관·미술관·과학관·기념관·산업전시장·박람회장 그 밖의 이와 비슷한 것 4. 수소가스를 넣거나 빼는 때에는 다음 각목의 사항을 지켜야 한다. 가. 통풍이 잘 되는 옥외의 장소에서 할 것 나. 조작자 외의 사람이 접근하지 아니하도록 할 것 다. 전기시설이 부착된 경우에는 전원을 차단하고 할 것 라. 마찰 또는 충격을 주는 행위를 하지 말 것 마. 수소가스를 넣을 때에는 기구 안에 수소가스 또는 공기를 제거한 후 감압기를 사용할 것 5. 수소가스는 용량의 90% 이상을 유지하여야 한다. 6. 띄우거나 머물게 하는 때에는 감시인을 두어야 한다. 다만, 건축물 옥상에서 띄우거나 머물게 하는 경우에는 그러하지 아니하다. 7. 띄우는 각도는 지표면에 대하여 45도 이하로 유지하고 바람이 초속 7미터 이상 부는 때에는 띄워서는 아니된다.

불꽃을 사용하는 용접·용단 기구 관리사 20회	용접 또는 용단 작업장에서는 다음 각 호의 사항을 지켜야 한다. 다만, 「산업안전보건법」 제23조의 적용을 받는 사업장의 경우에는 적용하지 아니한다. 1. 용접 또는 용단 작업자로부터 반경 5m 이내에 소화기를 갖추어 둘 것 2. 용접 또는 용단 작업장 주변 반경 10m 이내에는 가연물을 쌓아두거나 놓아두지 말 것. 다만, 가연물의 제거가 곤란하여 방지포 등으로 방호조치를 한 경우는 제외한다.
전기시설	1. 전류가 통하는 전선에는 과전류차단기를 설치하여야 한다. 2. 전선 및 접속기구는 내열성이 있는 것으로 하여야 한다.
노·화덕 설비	1. 실내에 설치하는 경우에는 흙바닥 또는 금속 외의 불연재료로 된 바닥이나 흙바닥에 설치하여야 한다. 2. 노 또는 화덕을 설치하는 장소의 벽·천장은 불연재료로 된 것이어야 한다. 3. 노 또는 화덕의 주위에는 녹는 물질이 확산되지 아니하도록 높이 0.1m 이상의 턱을 설치하여야 한다. 4. 시간당 열량이 30만kcal 이상인 노를 설치하는 경우에는 다음 각목의 사항을 지켜야 한다. 가. 주요구조부(「건축법」 제2조제1항제7호에 따른 것을 말한다. 이하 이 표에서 같다)는 불연재료로 할 것 나. 창문과 출입구는 「건축법 시행령」 제64조의 규정에 의한 갑종방화문 또는 을종방화문으로 설치할 것 다. 노 주위에는 1m 이상 공간을 확보할 것
음식조리를 위하여 설치하는 설비	일반음식점에서 조리를 위하여 불을 사용하는 설비를 설치하는 경우에는 다음 각목의 사항을 지켜야 한다. 가. 주방설비에 부속된 배기닥트는 0.5mm 이상의 아연도금강판 또는 이와 동등 이상의 내식성 불연재료로 설치할 것 나. 주방시설에는 동물 또는 식물의 기름을 제거할 수 있는 필터 등을 설치할 것 다. 열을 발생하는 조리기구는 반자 또는 선반으로부터 0.6m 이상 떨어지게 할 것 라. 열을 발생하는 조리기구로부터 0.15m 이내의 거리에 있는 가연성 주요구조부는 석면판 또는 단열성이 있는 불연재료로 덮어 씌울 것

[별표 2의 5] 〈신설 2018. 8. 7〉

전용구역의 설치방법(제7조의13 제2항 관련)

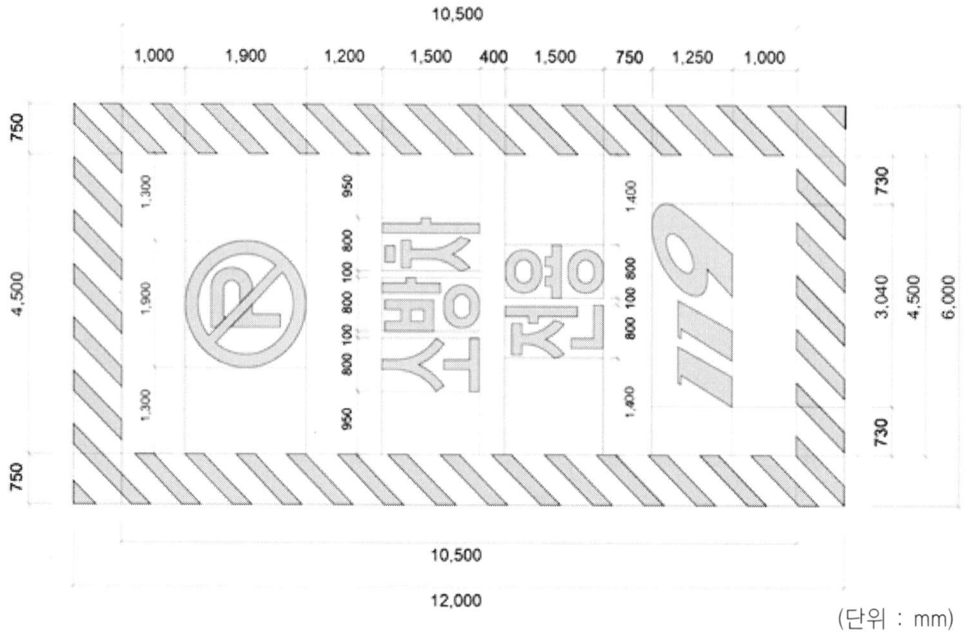

(단위 : mm)

[비고]

1. 전용구역 노면표지의 외곽선은 빗금무늬로 표시하되, 빗금은 두께를 30cm로 하여 50cm 간격으로 표시한다.
2. 전용구역 노면표지 도료의 색채는 황색을 기본으로 하되, 문자(P, 소방차 전용)는 백색으로 표시한다.

[제3장] 소방기본법 시행규칙

(개정 : 2020. 12. 10. 행정안전부령 제213호)

제6조 (소방용수시설 및 비상소화장치의 설치기준) 〈개정 2018.6.26〉

① 특별시장 · 광역시장 · 특별자치시장 · 도지사 또는 특별자치도지사(이하 "시 · 도지사"라 한다)는 법 제10조제1항의 규정에 의하여 설치된 소방용수시설에 대하여 별표 2의 소방용수표지를 보기 쉬운 곳에 설치하여야 한다.

② 법 제10조제1항에 따른 소방용수시설의 설치기준은 별표 3과 같다. 〈개정 2018.6.26.〉

③ 법 제10조제2항에 따른 비상소화장치의 설치기준은 다음 각 호와 같다. 〈신설 2018.6.26〉

1. 비상소화장치는 비상소화장치함, 소화전, 소방호스(소화전의 방수구에 연결하여 소화용수를 방수하기 위한 도관으로서 호스와 연결금속구로 구성되어 있는 소방용릴호스 또는 소방용고무내장호스를 말한다), 관창(소방호스용 연결금속구 또는 중간연결금속구 등의 끝에 연결하여 소화용수를 방수하기 위한 나사식 또는 차입식 토출기구를 말한다)을 포함하여 구성할 것
2. 소방호스 및 관창은 「화재예방, 소방시설 설치 · 유지 및 안전관리에 관한 법률」 제36조제5항에 따라 소방청장이 정하여 고시하는 형식승인 및 제품검사의 기술기준에 적합한 것으로 설치할 것
3. 비상소화장치함은 「화재예방, 소방시설 설치 · 유지 및 안전관리에 관한 법률」 제39조제4항에 따라 소방청장이 정하여 고시하는 성능인증 및 제품검사의 기술기준에 적합한 것으로 설치할 것

④ 제3항에서 규정한 사항 외에 비상소화장치의 설치기준에 관한 세부 사항은 소방청장이 정한다.

[별표 2] **소방용수표지** (제6조 제1항 관련)

1. 지하에 설치하는 소화전 또는 저수조의 경우 소방용수표지는 다음 각 목의 기준에 따라 설치한다.
   가. 맨홀 뚜껑은 지름 648mm 이상의 것으로 할 것. 다만, 승하강식 소화전의 경우에는 이를 적용하지 않는다.
   나. 맨홀 뚜껑에는 "소화전 · 주정차금지" 또는 "저수조 · 주정차금지"의 표시를 할 것
   다. 맨홀 뚜껑 부근에는 노란색 반사도료로 폭 15cm의 선을 그 둘레를 따라 칠할 것
2. 지상에 설치하는 소화전, 저수조 및 급수탑의 경우 소방용수표지는 다음 각 목의 기준에 따라 설치한다.

가. 규격

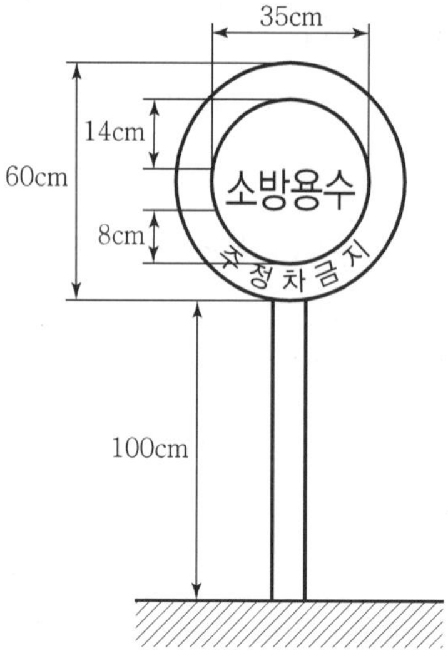

나. 안쪽 문자는 흰색, 바깥쪽 문자는 노란색으로, 안쪽 바탕은 붉은색, 바깥쪽 바탕은 파란색으로 하고, 반사재료를 사용해야 한다.

다. 가목의 규격에 따른 소방용수표지를 세우는 것이 매우 어렵거나 부적당한 경우에는 그 규격 등을 다르게 할 수 있다.

[별표 3] **소방용수시설의 설치기준** (제6조 제2항 관련)

1. **공통기준**

가. 국토의계획및이용에관한법률 제36조제1항제1호의 규정에 의한 주거지역 · 상업지역 및 공업지역에 설치하는 경우 : 소방대상물과의 수평거리를 100m 이하가 되도록 할 것

나. 가목 외의 지역에 설치하는 경우 : 소방대상물과의 수평거리를 140m 이하가 되도록 할 것

2. **소방용수시설별 설치기준**

가. 소화전의 설치기준

상수도와 연결하여 지하식 또는 지상식의 구조로 하고, 소방용호스와 연결하는 소화전의 연결금속구의 구경은 65mm로 할 것

나. 급수탑의 설치기준

급수배관의 구경은 100mm 이상으로 하고, 개폐밸브는 지상에서 1.5m 이상 1.7m 이하의 위치에 설치하도록 할 것

다. 저수조의 설치기준

(1) 지면으로부터의 낙차가 4.5m 이하일 것

(2) 흡수부분의 수심이 0.5m 이상일 것

(3) 소방펌프자동차가 쉽게 접근할 수 있도록 할 것

(4) 흡수에 지장이 없도록 토사 및 쓰레기 등을 제거할 수 있는 설비를 갖출 것

(5) 흡수관의 투입구가 사각형의 경우에는 한 변의 길이가 60cm 이상, 원형의 경우에는 지름이 60cm 이상일 것

(6) 저수조에 물을 공급하는 방법은 상수도에 연결하여 자동으로 급수되는 구조일 것

[제4장] 소방시설공사업법

(개정 : 2021. 10. 19. 법률 제18494호)

제16조 (소방시설공사감리업자의 수행업무) 기술사 78회 · 88회 · 113회 · 118회 · 124회 · 125회

① 소방공사감리업을 등록한 자는 소방공사를 감리할 때 다음 각 호의 업무를 수행하여야 한다.

1. 소방시설등의 설치계획표의 적법성 검토
2. 소방시설등 설계도서의 적합성(적법성과 기술상의 합리성을 말한다. 이하 같다) 검토
3. 소방시설등 설계 변경 사항의 적합성 검토
4. 「화재예방, 소방시설 설치 · 유지 및 안전관리에 관한 법률」 제2조제1항제4호의 소방용품의 위치·규격 및 사용 자재의 적합성 검토
5. 공사업자가 한 소방시설등의 시공이 설계도서와 화재안전기준에 맞는지에 대한 지도·감독
6. 완공된 소방시설등의 성능시험
7. 공사업자가 작성한 시공 상세 도면의 적합성 검토
8. 피난시설 및 방화시설의 적법성 검토
9. 실내장식물의 불연화(不燃化)와 방염 물품의 적법성 검토

② 용도와 구조에서 특별히 안전성과 보안성이 요구되는 소방대상물로서 대통령령으로 정하는 장소에서 시공되는 소방시설물에 대한 감리는 감리업자가 아닌 자도 할 수 있다.

시행령 제8조 (감리업자가 아닌 자가 감리할 수 있는 보안성 등이 요구되는 소방대상물의 시공 장소) 법 제16조제2항에서 "대통령령으로 정하는 장소"란 「원자력안전법」 제2조제10호에 따른 관계시설이 설치되는 장소를 말한다. 〈개정 2011.10.25〉

③ 감리업자는 제1항 각 호의 업무를 수행할 때에는 대통령령으로 정하는 감리의 종류 및 대상에 따라 공사기간 동안 소방시설공사 현장에 소속 감리원을 배치하고 업무수행 내용을 감리일지에 기록하는 등 대통령령으로 정하는 감리의 방법에 따라야 한다. 〈개정 2020.6.9〉

[제5장] 소방시설공사업법 시행령

(개정 : 2021. 9. 14. 대통령령 제31986호)

제2조의3 (성능위주설계를 할 수 있는 자의 자격) 기술사 87회

[별표 1의 2]

1. 법 제4조(소방시설업의 등록)에 따른 전문소방시설설계업을 등록한 자
2. 전문소방시설설계업 등록기준에 따른 기술인력을 갖춘 자로서 소방청장이 정하여 고시하는 연구기관 또는 단체
3. 보유기술인력 : 소방기술사 2인 이상

제4조 (소방시설공사의 착공신고 대상)

1. 특정소방대상물(단, 위험물안전관리법에 의한 위험물제조소등은 제외)에 다음 각목의 어느 하나에 해당하는 설비를 신설하는 공사 〈개정 2019.12.10〉
   가. 옥내소화전설비(호스릴옥내소화전설비를 포함), 옥외소화전설비, 스프링클러설비등소화설비, 물분무등소화설비, 연결송수관설비, 연결살수설비, 제연설비, 소화용수설비 또는 연소방지설비
   나. 자동화재탐지설비, 비상경보설비, 비상방송설비, 비상콘센트설비 또는 무선통신보조설비
2. 특정소방대상물에 다음 각 목의 어느 하나에 해당하는 설비 또는 구역 등을 증설하는 공사 〈개정 2019.12.10〉
   가. 옥내 · 옥외소화전설비
   나. 스프링클러설비 · 간이스프링클러설비 또는 물분무등소화설비의 방호구역, 자동화재탐지설비의 경계구역, 제연설비의 제연구역, 연결살수설비의 살수구역, 연결송수관설비의 송수구역, 비상콘센트설비의 전용회로, 연소방지설비의 살수구역
3. 특정소방대상물에 설치된 소방시설등을 구성하는 다음 각 목의 어느 하나에 해당하는 것의 전부 또는 일부를 개설, 이전 또는 정비하는 공사. 다만, 고장 또는 파손 등으로 인하여 작동시킬 수 없는 소방시설을 긴급히 교체하거나 보수하여야 하는 경우에는 신고하지 않을 수 있다. 〈개정 2019.12.10〉
   가. 수신반
   나. 소화펌프
   다. 동력(감시)제어반

제5조 (완공검사를 위한 현장확인대상 특정소방대상물의 범위)

1. 문화 및 집회시설, 종교시설, 판매시설, 노유자시설, 수련시설, 운동시설, 숙박시설, 창고시설, 지하상가 및 「다중이용업소의 안전관리에 관한 특별법」에 따른 다중이용업소
2. 다음 각 목의 어느 하나에 해당하는 설비가 설치되는 특정소방대상물 〈개정 2019.2.10〉
   가. 스프링클러설비등
   나. 물분무등소화설비(호스릴방식의 소화설비는 제외한다.)
3. 연면적 1만m^2 이상 또는 11층 이상인 특정소방대상물(아파트는 제외)
4. 가연성가스를 제조 · 저장 또는 취급하는 시설 중 지상에 노출된 가연성가스탱크의 저장용량 합계가 1천톤 이상인 시설

제10조 (공사감리자 지정대상 특정소방대상물의 범위) 기술사 88회 · 124회

① (소방감리자 지정대상)특정소방대상물의 범위
「화재예방, 소방시설 설치 · 유지 및 안전관리에 관한 법률」 제2조제1항제3호(시행령 별표2)의 모든 특정소방대상물

② (소방감리자 지정대상)소방시설의 시공범위

1. 옥내소화전설비를 신설 · 개설 또는 증설할 때
2. 스프링클러설비등(캐비닛형 간이스프링클러설비는 제외한다)을 신설 · 개설하거나 방호 · 방수 구역을 증설할 때
3. 물분무등소화설비(호스릴 방식의 소화설비는 제외한다)를 신설 · 개설하거나 방호 · 방수 구역을 증설할 때
4. 옥외소화전설비를 신설 · 개설 또는 증설할 때
5. 자동화재탐지설비를 신설 또는 개설할 때 〈개정 2019.12.10〉

5의2. 비상방송설비를 신설 또는 개설할 때 〈신설 2019.12.10〉

6. 통합감시시설을 신설 또는 개설할 때

6의2. 비상조명등을 신설 또는 개설할 때 〈신설 2019.12.10〉

7. 소화용수설비를 신설 또는 개설할 때
8. 다음 각 목에 따른 소화활동설비에 대하여 각 목에 따른 시공을 할 때
   가. 제연설비를 신설 · 개설하거나 제연구역을 증설할 때
   나. 연결송수관설비를 신설 또는 개설할 때
   다. 연결살수설비를 신설 · 개설하거나 송수구역을 증설할 때
   라. 비상콘센트설비를 신설 · 개설하거나 전용회로를 증설할 때
   마. 무선통신보조설비를 신설 또는 개설할 때
   바. 연소방지설비를 신설 · 개설하거나 살수구역을 증설할 때
9. 〈삭제 2017.12.12〉

[별표 2] 소방기술자의 배치기준

소방기술자의 배치기준	소방시설공사의 현장기준
1. 행정안전부령으로 정하는 특급기술자인 소방기술자(기계분야 및 전기분야)	가. 연면적 20만m^2 이상인 특정소방대상물의 공사 현장 나. 지하층을 포함한 층수가 40층 이상인 특정소방대상물의 공사 현장 <개정 2016.1.19>
2. 행정안전부령으로 정하는 고급기술자인 소방기술자(기계분야 및 전기분야)	가. 연면적 3만m^2 이상 20만m^2 미만인 특정소방대상물(아파트는 제외)의 공사 현장 나. 지하층을 포함한 층수가 16층 이상 40층 미만인 특정소방대상물의 공사 현장
3. 행정안전부령으로 정하는 중급기술자인 소방기술자(기계분야 및 전기분야)	가. 물분무등소화설비(호스릴소화설비는 제외) 또는 제연설비가 설치되는 특정소방대상물의 공사 현장 나. 연면적 5천m^2 이상 3만m^2 미만인 특정소방대상물(아파트는 제외)의 공사 현장 다. 연면적 1만m^2 이상 20만m^2 미만인 아파트의 공사 현장 <개정 2016.1.29>
4. 행정안전부령으로 정하는 초급기술자인 소방기술자(기계분야 및 전기분야)	가. 연면적 1천m^2 이상 5천m^2 미만인 특정소방대상물(아파트는 제외)의 공사 현장 나. 연면적 1천m^2 이상 1만m^2 미만인 아파트의 공사 현장 다. 지하구(地下構)의 공사 현장
5. 법 제28조에 따라 자격수첩을 발급받은 소방기술자	연면적 1천m^2 미만인 특정소방대상물의 공사 현장

[소방기술자 배치기준 요약]

<table>
<tr><th></th><th>일반건축물</th><th>아파트</th></tr>
<tr><td>특급기술자</td><td colspan="2">① 연면적 20만m^2 이상
② 층수 40층 이상</td></tr>
<tr><td rowspan="2">고급기술자</td><td>① 3만m^2 이상 ~ 20만m^2 미만</td><td>–</td></tr>
<tr><td colspan="2">② 층수 16층 이상 ~ 40층 미만</td></tr>
<tr><td rowspan="2">중급기술자</td><td colspan="2">① 물분무등소화설비 또는 제연설비가 설치되는 것</td></tr>
<tr><td>② 5천m^2 이상 ~ 3만m^2 미만</td><td>③ 1만m^2 이상 ~ 20만m^2 미만</td></tr>
<tr><td rowspan="2">초급기술자</td><td>① 1천m^2 이상 ~ 5천m^2 미만</td><td>② 1천m^2 이상 ~ 1만m^2 미만</td></tr>
<tr><td colspan="2">③ 지하구</td></tr>
<tr><td>인정자격자</td><td colspan="2">연면적 1천m^2 미만</td></tr>
</table>

[별표 3] 소방공사감리의 종류 및 방법 기술사 63회

종류	대상	방법
상주공사감리	1. 연면적 3만m² 이상의 특정소방대상물(아파트를 제외한다)에 대한 소방시설의 공사 2. 지하층을 포함한 층수가 16층 이상으로서 500세대 이상인 아파트에 대한 소방시설의 공사	1. 감리원은 행정안전부령으로 정하는 기간 동안 공사현장에 상주하여 법 제16조제1항에 따른 업무를 수행하고 감리일지에 기록해야 한다. 2. 감리원이 교육이나 유급휴가 기타 부득이 한 사유로 1일 이상 현장을 이탈하는 경우에는 감리일지 등에 기록하여 발주자의 확인을 받아야 한다. 이 경우 감리업자는 감리원의 업무를 대행할 자를 감리현장에 배치해야 한다. 또한 감리원은 업무대행자에게 업무인계인수 등의 필요한 조치를 해야 한다.
일반공사감리	상주공사감리에 해당하지 아니하는 소방시설의 공사	1. 감리원은 주 1회 이상 공사현장에 배치되어 법 제16조제1항(감리수행업무)에 따른 업무를 수행하고 감리일지에 기록해야 한다. 2. 감리업자는 감리원이 부득이한 사유로 14일 이내의 범위에서 제1호의 업무를 수행할 수 없는 경우에는 업무대행자를 지정하여 그 업무를 수행하게 해야 한다. 3. 제2호에 의하여 지정된 업무대행자는 주 2회 이상 공사현장에 배치되어 제1호의 업무를 수행하며 그 업무수행 내용을 감리원에게 통보하고 감리일지에 기록해야 한다.

[별표 4] 소방공사감리원의 배치기준 기술사 108회·121회

감리원의 배치기준		소방시설공사 현장의 기준
책임감리원	보조감리원	
1. 행정안전부령으로 정하는 특급감리원 중 소방기술사	행정안전부령으로 정하는 초급감리원 이상의 소방공사감리원(기계분야 및 전기분야)	가. 연면적 20만m² 이상인 특정소방대상물 나. 지하층을 포함한 층수가 40층 이상인 특정소방대상물의 공사현장
2. 행정안전부령으로 정하는 특급감리원 이상의 소방공사감리원(기계분야 또는 전기분야)	행정안전부령으로 정하는 초급감리원 이상의 소방공사감리원(기계분야 및 전기분야)	가. 연면적 3만m² 이상 20만m² 미만인 특정소방대상물(아파트는 제외)의 공사현장 나. 지하층을 포함한 층수가 16층 이상 40층 미만인 특정소방대상물의 공사현장

3. 행정안전부령으로 정하는 고급감리원 이상의 소방공사감리원(기계분야 또는 전기분야)	행정안전부령으로 정하는 초급감리원 이상의 소방공사감리원(기계분야 및 전기분야)	가. 물분무등소화설비(호스릴소화설비는 제외) 또는 제연설비가 설치되는 특정소방대상물 나. 연면적 3만m^2 이상 20만m^2 미만인 아파트의 공사현장
4. 행정안전부령으로 정하는 중급감리원 이상의 소방공사 감리원(기계분야 또는 전기분야)		연면적 5천m^2 이상 3만m^2 미만인 특정소방대상물의 공사현장
5. 행정안전부령으로 정하는 초급감리원 이상의 소방공사 감리원(기계분야 또는 전기분야)		가. 연면적 5천m^2 미만인 특정소방대상물의 공사현장 나. 지하구(地下溝)의 공사현장

[비고]

1. "책임감리원"이란 해당 공사 전반에 관한 감리업무를 총괄하는 사람을 말한다.
2. "보조감리원"이란 책임감리원을 보좌하고 책임감리원의 지시를 받아 감리업무를 수행하는 사람을 말한다.
3. 소방시설공사 현장의 연면적 합계가 20만m^2 이상인 경우에는 20만m^2를 초과하는 연면적에 대하여 10만m^2(연면적이 10만m^2에 미달하는 경우에는 10만m^2로 본다)마다 보조감리원 1명 이상을 추가로 배치해야 한다.
4. 위 표에도 불구하고 상주공사감리에 해당하지 않는 소방시설의 공사에는 보조감리원을 배치하지 않을 수 있다.

[소방공사 책임감리원 배치기준 요약]

	일반 건축물	아파트
소방기술사	① 연면적 20만m^2 이상 ② 층수 40층 이상	
특급감리원	① 3만m^2 이상 ~ 20만m^2 미만	–
	② 층수 16층 이상 ~ 40층 미만	
고급감리원	① 물분무등소화설비 또는 제연설비가 설치되는 것	
		② 3만m^2 이상 ~ 20만m^2 미만
중급감리원	연면적 5천m^2 이상 ~ 3만m^2 미만	
초급감리원	① 연면적 5천m^2 미만 ② 지하구	

[제6장] 소방시설 설치 및 관리에 관한 법률

(전부개정 : 2021. 11. 30. 법률 제18522호 시행 : 2022. 12. 1.)

제2조 (정의)

1. **소방시설** : 소화설비, 경보설비, 피난구조설비, 소화용수설비, 그 밖에 소화활동설비로서 대통령령으로 정하는 것
2. **소방시설등** : 소방시설과 비상구, 그 밖에 소방관련시설로서 대통령령으로 정하는 것
3. **특정소방대상물** : 건축물 등의 규모 · 용도 및 수용인원 등을 고려하여 소방시설을 설치하여야 하는 소방대상물로서 대통령령으로 정하는 것
4. **화재안전성능** : 화재를 예방하고 화재발생 시 피해를 최소화하기 위하여 소방대상물의 재료, 공간 및 설비 등에 요구되는 안전성능
5. **성능위주설계** : 건축물 등의 재료, 공간, 이용자, 화재특성 등을 종합적으로 고려하여 공학적 방법으로 화재위험성을 평가하고 그 결과에 따라 화재안전성능이 확보될 수 있도록 특정소방대상물을 설계하는 것
6. **화재안전기준** : 소방시설 설치 및 관리를 위한 다음 각 목의 기준을 말한다.
   가. **성능기준** : 화재안전 확보를 위하여 재료, 공간 및 설비 등에 요구되는 안전성능으로서 소방청장이 고시로 정하는 기준
   나. **기술기준** : 가목에 따른 성능기준을 충족하는 상세한 규격, 특정한 수치 및 시험방법 등에 관한 기준으로서 행정안전부령으로 정하는 절차에 따라 소방청장의 승인을 받은 기준
7. **소방용품** : 소방시설등을 구성하거나 소방용으로 사용되는 제품 또는 기기로서 대통령령으로 정하는 것

제6조 (건축허가등의 동의 등) 기술사 121회

① 건축물 등의 신축 · 증축 · 개축 · 재축(再築) · 이전 · 용도변경 또는 대수선의 허가 · 협의 및 사용승인의 권한이 있는 행정기관은 건축허가등을 할 때 미리 그 건축물 등의 시공지 또는 소재지를 관할하는 소방본부장이나 소방서장의 동의를 받아야 한다.

② 건축물 등의 증축 · 개축 · 재축 · 용도변경 또는 대수선의 신고를 수리(受理)할 권한이 있는 행정기관은 그 신고를 수리하면 그 건축물 등의 시공지 또는 소재지를 관할하는 소방본부장이나 소방서장에게 지체 없이 그 사실을 알려야 한다.

③ 제1항에 따른 건축허가등의 권한이 있는 행정기관과 제2항에 따른 신고를 수리할 권한이

있는 행정기관은 제1항에 따라 건축허가등의 동의를 받거나 제2항에 따른 신고를 수리한 사실을 알릴 때 관할 소방본부장이나 소방서장에게 건축허가등을 하거나 신고를 수리할 때 건축허가등을 받으려는 자 또는 신고를 한 자가 제출한 설계도서 중 건축물의 내부구조를 알 수 있는 설계도면을 제출하여야 한다.

④ ~ ⑧ : (이 부분은 국가기술자격시험 및 실무에 불필요하므로 생략)

제7조 (소방시설의 내진설계기준)

「지진 · 화산재해대책법」 제14조제1항 각 호의 시설 중 대통령령으로 정하는 특정소방대상물에 대통령령으로 정하는 소방시설을 설치하려는 자는 지진이 발생할 경우 소방시설이 정상적으로 작동될 수 있도록 소방청장이 정하는 내진설계기준에 맞게 소방시설을 설치하여야 한다.

제8조 (성능위주설계)

① 연면적 · 높이 · 층수 등이 일정 규모 이상인 대통령령으로 정하는 특정소방대상물(신축하는 것만 해당한다)에 소방시설을 설치하려는 자는 성능위주설계를 하여야 한다.

② 제1항에 따라 소방시설을 설치하려는 자가 성능위주설계를 한 경우에는 「건축법」 제11조에 따른 건축허가를 신청하기 전에 해당 특정소방대상물의 시공지 또는 소재지를 관할하는 소방서장에게 신고하여야 한다. 해당 특정소방대상물의 연면적 · 높이 · 층수의 변경 등 행정안전부령으로 정하는 사유로 신고한 성능위주설계를 변경하려는 경우에도 또한 같다.

③ 소방서장은 제2항에 따른 신고 또는 변경신고를 받은 경우 그 내용을 검토하여 이 법에 적합하면 신고를 수리하여야 한다.

④ 제2항에 따라 성능위주설계의 신고 또는 변경신고를 하려는 자는 해당 특정소방대상물이 「건축법」 제4조의2에 따른 건축위원회의 심의를 받아야 하는 건축물인 경우에는 그 심의를 신청하기 전에 성능위주설계의 기본설계도서 등에 대해서 해당 특정소방대상물의 시공지 또는 소재지를 관할하는 소방서장의 사전검토를 받아야 한다.

⑤ 소방서장은 제2항 또는 제4항에 따라 성능위주설계의 신고, 변경신고 또는 사전검토 신청을 받은 경우에는 소방청 또는 관할 소방본부에 설치된 제9조제1항에 따른 성능위주설계 평가단의 검토 · 평가를 거쳐야 한다. 다만, 소방서장은 신기술 · 신공법 등 검토 · 평가에 고도의 기술이 필요한 경우에는 제18조제1항에 따른 중앙소방기술심의위원회에 심의를 요청할 수 있다.

⑥ 소방서장은 제5항에 따른 검토 · 평가 결과 성능위주설계의 수정 또는 보완이 필요하다고 인정되는 경우에는 성능위주설계를 한 자에게 그 수정 또는 보완을 요청할 수 있으며, 수정 또는 보완 요청을 받은 자는 정당한 사유가 없으면 그 요청에 따라야 한다.

⑦ 제2항부터 제6항까지에서 규정한 사항 외에 성능위주설계의 신고, 변경신고 및 사전검토의 절차 · 방법 등에 필요한 사항과 성능위주설계의 기준은 행정안전부령으로 정한다.

제10조 (주택에 설치하는 소방시설)

다음 각 호의 주택의 소유자는 소화기 등 대통령령으로 정하는 소방시설(이하 "주택용소방시설"이라 한다)을 설치하여야 한다.

1. 「건축법」 제2조제2항제1호의 단독주택
2. 「건축법」 제2조제2항제2호의 공동주택(아파트 및 기숙사는 제외한다)

제11조 (자동차에 설치 또는 비치하는 소화기) 〈시행일 : 2024.12.1〉

「자동차관리법」 제3조제1항에 따른 자동차 중 다음 각 호의 어느 하나에 해당하는 자동차를 제작 · 조립 · 수입 · 판매하려는 자 또는 해당 자동차의 소유자는 차량용 소화기를 설치하거나 비치하여야 한다.

1. 5인승 이상의 승용자동차
2. 승합자동차
3. 화물자동차
4. 특수자동차

제13조 (소방시설기준 적용의 특례)

① 소방본부장이나 소방서장은 제12조제1항 전단에 따른 대통령령 또는 화재안전기준이 변경되어 그 기준이 강화되는 경우 기존의 특정소방대상물(건축물의 신축 · 개축 · 재축 · 이전 및 대수선 중인 특정소방대상물을 포함한다)의 소방시설에 대하여는 변경 전의 대통령령 또는 화재안전기준을 적용한다. 다만, 다음 각 호의 어느 하나에 해당하는 소방시설의 경우에는 대통령령 또는 화재안전기준의 변경으로 강화된 기준을 적용할 수 있다.

1. 다음 각 목의 소방시설 중 대통령령 또는 화재안전기준으로 정하는 것
   가. 소화기구
   나. 비상경보설비
   다. 자동화재탐지설비
   라. 자동화재속보설비
   마. 피난구조설비
2. 다음 각 목의 특정소방대상물에 설치하는 소방시설 중 대통령령 또는 화재안전기준으로 정하는 것
   가. 「국토의 계획 및 이용에 관한 법률」 제2조제9호에 따른 공동구
   나. 전력 및 통신사업용 지하구
   다. 노유자시설
   라. 의료시설

② 소방본부장이나 소방서장은 특정소방대상물에 설치하여야 하는 소방시설 가운데 기능과 성능이 유사한 스프링클러설비, 물분무등소화설비, 비상경보설비 및 비상방송설비 등의 소방시설의 경우에는 대통령령으로 정하는 바에 따라 유사한 소방시설의 설치를 면제할 수 있다.

③ 소방본부장이나 소방서장은 기존의 특정소방대상물이 증축되거나 용도변경되는 경우에는 대통령령으로 정하는 바에 따라 증축 또는 용도변경 당시의 소방시설의 설치에 관한 대통령령 또는 화재안전기준을 적용한다.

④ 다음 각 호의 어느 하나에 해당하는 특정소방대상물 가운데 대통령령으로 정하는 특정소방대상물에는 제12조제1항 전단에도 불구하고 대통령령으로 정하는 소방시설을 설치하지 아니할 수 있다.
   1. 화재 위험도가 낮은 특정소방대상물
   2. 화재안전기준을 적용하기 어려운 특정소방대상물
   3. 화재안전기준을 다르게 적용하여야 하는 특수한 용도 또는 구조를 가진 특정소방대상물
   4. 「위험물안전관리법」 제19조에 따른 자체소방대가 설치된 특정소방대상물

⑤ 제4항 각 호의 어느 하나에 해당하는 특정소방대상물에 구조 및 원리 등에서 공법이 특수한 설계로 인정된 소방시설을 설치하는 경우에는 제18조제1항에 따른 중앙소방기술심의위원회의 심의를 거쳐 제12조제1항 전단에 따른 화재안전기준을 적용하지 아니할 수 있다.

제15조 (건설현장의 임시소방시설 설치 및 관리)

① 「건설산업기본법」 제2조제4호에 따른 건설공사를 하는 자(이하 "공사시공자"라 한다)는 특정소방대상물의 신축 · 증축 · 개축 · 재축 · 이전 · 용도변경 · 대수선 또는 설비 설치 등을 위한 공사 현장에서 인화성(引火性) 물품을 취급하는 작업 등 대통령령으로 정하는 작업(이하 "화재위험작업"이라 한다)을 하기 전에 설치 및 철거가 쉬운 화재대비시설(이하 "임시소방시설"이라 한다)을 설치하고 관리하여야 한다.

② 제1항에도 불구하고 소방시설공사업자가 화재위험작업 현장에 소방시설 중 임시소방시설과 기능 및 성능이 유사한 것으로서 대통령령으로 정하는 소방시설을 화재안전기준에 맞게 설치 및 관리하고 있는 경우에는 공사시공자가 임시소방시설을 설치하고 관리한 것으로 본다.

③ 소방본부장 또는 소방서장은 제1항이나 제2항에 따라 임시소방시설 또는 소방시설이 설치 및 관리되지 아니할 때에는 해당 공사시공자에게 필요한 조치를 명할 수 있다.

④ 제1항에 따라 임시소방시설을 설치하여야 하는 공사의 종류와 규모, 임시소방시설의 종류 등에 필요한 사항은 대통령령으로 정하고, 임시소방시설의 설치 및 관리 기준은 소방청장이 정하여 고시한다.

제16조 (피난시설, 방화구획 및 방화시설의 관리)

① 특정소방대상물의 관계인은 「건축법」 제49조에 따른 피난시설, 방화구획 및 방화시설에 대하여 정당한 사유가 없는 한 다음 각 호의 행위를 하여서는 아니 된다.
   1. 피난시설, 방화구획 및 방화시설을 폐쇄하거나 훼손하는 등의 행위
   2. 피난시설, 방화구획 및 방화시설의 주위에 물건을 쌓아두거나 장애물을 설치하는 행위
   3. 피난시설, 방화구획 및 방화시설의 용도에 장애를 주거나 「소방기본법」 제16조에 따른 소방활동에 지장을 주는 행위
   4. 그 밖에 피난시설, 방화구획 및 방화시설을 변경하는 행위

② 소방본부장이나 소방서장은 특정소방대상물의 관계인이 제1항 각 호의 어느 하나에 해당

하는 행위를 한 경우에는 피난시설, 방화구획 및 방화시설의 관리를 위하여 필요한 조치를 명할 수 있다.

제17조 (소방용품의 내용연수 등)

① 특정소방대상물의 관계인은 내용연수가 경과한 소방용품을 교체하여야 한다. 이 경우 내용연수를 설정하여야 하는 소방용품의 종류 및 그 내용연수 연한에 필요한 사항은 대통령령으로 정한다.

② 제1항에도 불구하고 행정안전부령으로 정하는 절차 및 방법 등에 따라 소방용품의 성능을 확인받은 경우에는 그 사용기한을 연장할 수 있다.

제18조 (소방기술심의위원회) 기술사 111회

① 다음 각 호의 사항을 심의하기 위하여 소방청에 중앙소방기술심의위원회(이하 "중앙위원회"라 한다)를 둔다.

1. 화재안전기준에 관한 사항
2. 소방시설의 구조 및 원리 등에서 공법이 특수한 설계 및 시공에 관한 사항
3. 소방시설의 설계 및 공사감리의 방법에 관한 사항
4. 소방시설공사의 하자를 판단하는 기준에 관한 사항
5. 제8조제5항 단서에 따라 신기술 · 신공법 등 검토 · 평가에 고도의 기술이 필요한 경우로서 중앙위원회에 심의를 요청한 사항
6. 그 밖에 소방기술 등에 관하여 대통령령으로 정하는 사항

② 다음 각 호의 사항을 심의하기 위하여 시 · 도에 지방소방기술심의위원회(이하 "지방위원회"라 한다)를 둔다.

1. 소방시설에 하자가 있는지의 판단에 관한 사항
2. 그 밖에 소방기술 등에 관하여 대통령령으로 정하는 사항

③ 중앙위원회 및 지방위원회의 구성 · 운영 등에 필요한 사항은 대통령령으로 정한다.

제20조 (특정소방대상물의 방염 등)

① 대통령령으로 정하는 특정소방대상물에 실내장식 등의 목적으로 설치 또는 부착하는 물품으로서 대통령령으로 정하는 물품(이하 "방염대상물품"이라 한다)은 방염성능기준 이상의 것으로 설치하여야 한다.

② 소방본부장 또는 소방서장은 방염대상물품이 제1항에 따른 방염성능기준에 미치지 못하거나 제21조제1항에 따른 방염성능검사를 받지 아니한 것이면 특정소방대상물의 관계인에게 방염대상물품을 제거하도록 하거나 방염성능검사를 받도록 하는 등 필요한 조치를 명할 수 있다.

③ 제1항에 따른 방염성능기준은 대통령령으로 정한다.

제21조 (방염성능의 검사)

① 제20조제1항에 따른 특정소방대상물에 사용하는 방염대상물품은 소방청장이 실시하는 방염성능검사를 받은 것이어야 한다. 다만, 대통령령으로 정하는 방염대상물품의 경우에는 특별시장 · 광역시장 · 특별자치시장 · 도지사 또는 특별자치도지사(이하 "시 · 도지사"라 한다)가 실시하는 방염성능검사를 받은 것이어야 한다.

② 「소방시설공사업법」 제4조에 따라 방염처리업의 등록을 한 자는 제1항에 따른 방염성능검사를 할 때에 거짓 시료(試料)를 제출하여서는 아니 된다.

③ 제1항에 따른 방염성능검사의 방법과 검사 결과에 따른 합격 표시 등에 필요한 사항은 행정안전부령으로 정한다.

제22조 (소방시설등의 자체점검)

① 특정소방대상물의 관계인은 그 대상물에 설치되어 있는 소방시설등이 이 법이나 이 법에 따른 명령 등에 적합하게 설치 · 관리되고 있는지에 대하여 다음 각 호의 구분에 따른 기간 내에 스스로 점검하거나 제34조에 따른 점검능력 평가를 받은 관리업자 또는 행정안전부령으로 정하는 기술자격자(이하 "관리업자등"이라 한다)로 하여금 정기적으로 점검(이하 "자체점검"이라 한다)하게 하여야 한다. 이 경우 관리업자등이 점검한 경우에는 그 점검 결과를 행정안전부령으로 정하는 바에 따라 관계인에게 제출하여야 한다.

1. 해당 특정소방대상물의 소방시설등이 신설된 경우 : 「건축법」 제22조에 따라 건축물을 사용할 수 있게 된 날부터 60일
2. 제1호 외의 경우: 행정안전부령으로 정하는 기간

② 자체점검의 구분 및 대상, 점검인력의 배치기준, 점검자의 자격, 점검 장비, 점검 방법 및 횟수 등 자체점검 시 준수하여야 할 사항은 행정안전부령으로 정한다.

③ ~ ⑥ : (이 부분은 국가기술자격시험 및 실무에 불필요하므로 생략)

제23조 (소방시설등의 자체점검 결과의 조치 등)

① 특정소방대상물의 관계인은 제22조제1항에 따른 자체점검 결과 소화펌프 고장 등 대통령령으로 정하는 중대위반사항이 발견된 경우에는 지체 없이 수리 등 필요한 조치를 하여야 한다.

② 관리업자등은 자체점검 결과 중대위반사항을 발견한 경우 즉시 관계인에게 알려야 한다. 이 경우 관계인은 지체 없이 수리 등 필요한 조치를 하여야 한다.

③ 특정소방대상물의 관계인은 제22조제1항에 따라 자체점검을 한 경우에는 그 점검 결과를 행정안전부령으로 정하는 바에 따라 소방시설등에 대한 수리 · 교체 · 정비에 관한 이행계획을 첨부하여 소방본부장 또는 소방서장에게 보고하여야 한다. 이 경우 소방본부장 또는 소방서장은 점검 결과 및 이행계획이 적합하지 아니하다고 인정되는 경우에는 관계인에게 보완을 요구할 수 있다.

④ ~ ⑥ : (이 부분은 국가기술자격시험 및 실무에 불필요하므로 생략)

부칙 〈제18522호, 2021. 11. 30.〉

제1조 (시행일) 이 법은 공포 후 1년이 경과한 날부터 시행한다. 다만, 제11조의 개정규정은 공포 후 3년이 경과한 날부터 시행한다.

제2조 (성능위주설계에 관한 적용례) 제8조의 개정규정은 이 법 시행 이후 특정소방대상물에 소방시설을 설치하려는 자가 성능위주설계를 신고하는 것부터 적용한다.

제3조 (자동차에 설치 또는 비치하는 소화기에 관한 적용례) 제11조의 개정규정은 같은 개정규정 시행 이후 제작 · 조립 · 수입 · 판매되는 자동차와 소유권이 변동되어 「자동차관리법」 제6조에 따라 등록된 자동차부터 적용한다.

제4조 (소방시설등의 자체점검에 관한 적용례) 제22조의 개정규정은 이 법 시행 이후 최초로 자체점검 대상이 되는 특정소방대상물의 소방시설등부터 적용한다. 다만, 점검능력 평가를 받은 관리업자의 자체점검에 관한 규정은 이 법 시행 후 2년이 경과한 날부터 적용한다.

제5조 (일반적 경과조치) 이 법 시행 당시 종전의 「화재예방, 소방시설 설치 · 유지 및 안전관리에 관한 법률」에 따라 행한 처분 · 절차와 그 밖의 행위로서 이 법에 그에 해당하는 규정이 있으면 이 법의 해당 규정에 따라 행하여진 것으로 본다.

[제7장] 화재의 예방 및 안전관리에 관한 법률

(제정 : 2021. 11. 30. 법률 제18523호 시행 : 2022. 12. 1.)

제2조 (정의)

1. **예방** : 화재의 위험으로부터 사람의 생명 · 신체 및 재산을 보호하기 위하여 화재발생을 사전에 제거하거나 방지하기 위한 모든 활동
2. **안전관리** : 화재로 인한 피해를 최소화하기 위한 예방, 대비, 대응 등의 활동
3. **화재안전조사** : 소방청장, 소방본부장 또는 소방서장이 소방대상물, 관계지역 또는 관계인에 대하여 소방시설등이 소방관계법령에 적합하게 설치 · 관리되고 있는지, 소방대상물에 화재의 발생위험이 있는지 등을 확인하기 위하여 실시하는 현장조사 · 문서열람 · 보고요구 등을 하는 활동
4. **화재예방강화지구** : 특별시장 · 광역시장 · 특별자치시장 · 도지사 또는 특별자치도지사가 화재발생 우려가 크거나 화재가 발생할 경우 피해가 클 것으로 예상되는 지역에 대하여 화재의 예방 및 안전관리를 강화하기 위해 지정 · 관리하는 지역
5. **화재예방안전진단** : 화재가 발생할 경우 사회 · 경제적으로 피해 규모가 클 것으로 예상되는 소방대상물에 대하여 화재위험요인을 조사하고 그 위험성을 평가하여 개선대책을 수립하는 것

제4조 (화재의 예방 및 안전관리 기본계획 등의 수립 · 시행)

① 소방청장은 화재예방정책을 체계적 · 효율적으로 추진하고 이에 필요한 기반 확충을 위하여 화재의 예방 및 안전관리에 관한 기본계획을 5년마다 수립 · 시행하여야 한다.

② 기본계획은 대통령령으로 정하는 바에 따라 소방청장이 관계 중앙행정기관의 장과 협의하여 수립한다.

③ 기본계획에는 다음 각 호의 사항이 포함되어야 한다.

1. 화재예방정책의 기본목표 및 추진방향
2. 화재의 예방과 안전관리를 위한 법령 · 제도의 마련 등 기반 조성
3. 화재의 예방과 안전관리를 위한 대국민 교육 · 홍보
4. 화재의 예방과 안전관리 관련 기술의 개발 · 보급
5. 화재의 예방과 안전관리 관련 전문인력의 육성 · 지원 및 관리
6. 화재의 예방과 안전관리 관련 산업의 국제경쟁력 향상
7. 그 밖에 대통령령으로 정하는 화재의 예방과 안전관리에 필요한 사항

④ ~ ⑧ : (이 부분은 국가기술자격시험 및 실무에 불필요하므로 생략)

제7조 (화재안전조사)

① 소방관서장은 다음 각 호의 어느 하나에 해당하는 경우 화재안전조사를 실시할 수 있다. 다만, 개인의 주거에 대한 화재안전조사는 관계인의 승낙이 있거나 화재발생의 우려가 뚜렷하여 긴급한 필요가 있는 때에 한정한다.

1. 「소방시설 설치 및 관리에 관한 법률」 제22조에 따른 자체점검이 불성실하거나 불완전하다고 인정되는 경우
2. 화재예방강화지구 등 법령에서 화재안전조사를 하도록 규정되어 있는 경우
3. 화재예방안전진단이 불성실하거나 불완전하다고 인정되는 경우
4. 국가적 행사 등 주요 행사가 개최되는 장소 및 그 주변의 관계 지역에 대하여 소방안전관리 실태를 조사할 필요가 있는 경우
5. 화재가 자주 발생하였거나 발생할 우려가 뚜렷한 곳에 대한 조사가 필요한 경우
6. 재난예측정보, 기상예보 등을 분석한 결과 소방대상물에 화재의 발생 위험이 크다고 판단되는 경우
7. 제1호부터 제6호까지에서 규정한 경우 외에 화재, 그 밖의 긴급한 상황이 발생할 경우 인명 또는 재산 피해의 우려가 현저하다고 판단되는 경우

② 화재안전조사의 항목은 대통령령으로 정한다. 이 경우 화재안전조사의 항목에는 화재의 예방조치 상황, 소방시설등의 관리 상황 및 소방대상물의 화재 등의 발생 위험과 관련된 사항이 포함되어야 한다.

③ : (이 부분은 국가기술자격시험 및 실무에 불필요하므로 생략)

제8조 (화재안전조사의 방법 · 절차 등)

① 소방관서장은 화재안전조사를 조사의 목적에 따라 제7조제2항에 따른 화재안전조사의 항목 전체에 대하여 종합적으로 실시하거나 특정 항목에 한정하여 실시할 수 있다.

② 소방관서장은 화재안전조사를 실시하려는 경우 사전에 관계인에게 조사대상, 조사기간 및 조사사유 등을 우편, 전화, 전자메일 또는 문자전송 등을 통하여 통지하고 이를 대통령령으로 정하는 바에 따라 인터넷 홈페이지나 제16조제3항의 전산시스템 등을 통하여 공개하여야 한다. 다만, 다음 각 호의 어느 하나에 해당하는 경우에는 그러하지 아니하다.

1. 화재가 발생할 우려가 뚜렷하여 긴급하게 조사할 필요가 있는 경우
2. 제1호 외에 화재안전조사의 실시를 사전에 통지하거나 공개하면 조사목적을 달성할 수 없다고 인정되는 경우

③ 화재안전조사는 관계인의 승낙 없이 소방대상물의 공개시간 또는 근무시간 이외에는 할 수 없다. 다만, 제2항제1호에 해당하는 경우에는 그러하지 아니하다.

④ 제2항에 따른 통지를 받은 관계인은 천재지변이나 그 밖에 대통령령으로 정하는 사유로 화재안전조사를 받기 곤란한 경우에는 화재안전조사를 통지한 소방관서장에게 대통령령

으로 정하는 바에 따라 화재안전조사를 연기하여 줄 것을 신청할 수 있다. 이 경우 소방관서장은 연기신청 승인 여부를 결정하고 그 결과를 조사 시작 전까지 관계인에게 알려 주어야 한다.

⑤ 제1항부터 제4항까지에서 규정한 사항 외에 화재안전조사의 방법 및 절차 등에 필요한 사항은 대통령령으로 정한다.

제11조 (화재안전조사 전문가 참여)

① 소방관서장은 필요한 경우에는 소방기술사, 소방시설관리사, 그 밖에 화재안전 분야에 전문지식을 갖춘 사람을 화재안전조사에 참여하게 할 수 있다.

② 제1항에 따라 조사에 참여하는 외부 전문가에게는 예산의 범위에서 수당, 여비, 그 밖에 필요한 경비를 지급할 수 있다.

제18조 (화재예방강화지구의 지정 등)

① 시·도지사는 다음 각 호의 어느 하나에 해당하는 지역을 화재예방강화지구로 지정하여 관리할 수 있다.

1. 시장지역
2. 공장·창고가 밀집한 지역
3. 목조건물이 밀집한 지역
4. 노후·불량건축물이 밀집한 지역
5. 위험물의 저장 및 처리 시설이 밀집한 지역
6. 석유화학제품을 생산하는 공장이 있는 지역
7. 「산업입지 및 개발에 관한 법률」 제2조제8호에 따른 산업단지
8. 소방시설·소방용수시설 또는 소방출동로가 없는 지역
9. 그 밖에 제1호부터 제8호까지에 준하는 지역으로서 소방관서장이 화재예방강화지구로 지정할 필요가 있다고 인정하는 지역

② ~ ⑥ : (이 부분은 국가기술자격시험 및 실무에 불필요하므로 생략)

제21조 (화재안전영향평가)

① 소방청장은 화재발생 원인 및 연소과정을 조사·분석하는 등의 과정에서 법령이나 정책의 개선이 필요하다고 인정되는 경우 그 법령이나 정책에 대한 화재 위험성의 유발요인 및 완화 방안에 대한 평가(이하 "화재안전영향평가"라 한다)를 실시할 수 있다.

② 소방청장은 제1항에 따라 화재안전영향평가를 실시한 경우 그 결과를 해당 법령이나 정책의 소관 기관의 장에게 통보하여야 한다.

③ 제2항에 따라 결과를 통보받은 소관 기관의 장은 특별한 사정이 없는 한 이를 해당 법령이나 정책에 반영하도록 노력하여야 한다.

④ 화재안전영향평가의 방법·절차·기준 등에 필요한 사항은 대통령령으로 정한다.

제22조 (화재안전영향평가심의회)

① 소방청장은 화재안전영향평가에 관한 업무를 수행하기 위하여 화재안전영향평가심의회(이하 "심의회"라 한다)를 구성·운영할 수 있다.

② 심의회는 위원장 1명을 포함한 12명 이내의 위원으로 구성한다.

③ 위원장은 위원 중에서 호선하고, 위원은 다음 각 호의 사람으로 한다.

1. 화재안전과 관련되는 법령이나 정책을 담당하는 관계 기관의 소속 직원으로서 대통령령으로 정하는 사람
2. 소방기술사 등 대통령령으로 정하는 화재안전과 관련된 분야의 학식과 경험이 풍부한 전문가로서 소방청장이 위촉한 사람

④ 제2항 및 제3항에서 규정한 사항 외에 심의회의 구성·운영 등에 필요한 사항은 대통령령으로 정한다.

제29조 (건설현장 소방안전관리)

① 「소방시설 설치 및 관리에 관한 법률」 제15조제1항에 따른 공사시공자가 화재발생 및 화재피해의 우려가 큰 대통령령으로 정하는 특정소방대상물을 신축·증축·개축·재축·이전·용도변경 또는 대수선하는 경우에는 제24조제1항에 따른 소방안전관리자로서 제34조에 따른 교육을 받은 사람을 소방시설공사 착공 신고일부터 건축물 사용승인일까지 소방안전관리자로 선임하고 행정안전부령으로 정하는 바에 따라 소방본부장 또는 소방서장에게 신고하여야 한다.

② 제1항에 따른 건설현장 소방안전관리대상물의 소방안전관리자의 업무는 다음 각 호와 같다.

1. 건설현장의 소방계획서의 작성
2. 「소방시설 설치 및 관리에 관한 법률」 제15조제1항에 따른 임시소방시설의 설치 및 관리에 대한 감독
3. 공사진행 단계별 피난안전구역, 피난로 등의 확보와 관리
4. 건설현장의 작업자에 대한 소방안전 교육 및 훈련
5. 초기대응체계의 구성·운영 및 교육
6. 화기취급의 감독, 화재위험작업의 허가 및 관리
7. 그 밖에 건설현장의 소방안전관리와 관련하여 소방청장이 고시하는 업무

③ 그 밖에 건설현장 소방안전관리대상물의 소방안전관리에 관하여는 제26조부터 제28조까지의 규정을 준용한다. 이 경우 "소방안전관리대상물의 관계인" 또는 "특정소방대상물의 관계인"은 "공사시공자"로 본다.

제36조 (피난계획의 수립 및 시행)

① 소방안전관리대상물의 관계인은 그 장소에 근무하거나 거주 또는 출입하는 사람들이 화재가 발생한 경우에 안전하게 피난할 수 있도록 피난계획을 수립·시행하여야 한다.

② 제1항의 피난계획에는 그 소방안전관리대상물의 구조, 피난시설 등을 고려하여 설정한 피

난경로가 포함되어야 한다.

③ 소방안전관리대상물의 관계인은 피난시설의 위치, 피난경로 또는 대피요령이 포함된 피난유도 안내정보를 근무자 또는 거주자에게 정기적으로 제공하여야 한다.

④ 제1항에 따른 피난계획의 수립 · 시행, 제3항에 따른 피난유도 안내정보 제공에 필요한 사항은 행정안전부령으로 정한다.

제40조 (소방안전 특별관리시설물의 안전관리)

① 소방청장은 화재 등 재난이 발생할 경우 사회 · 경제적으로 피해가 큰 다음 각 호의 시설에 대하여 소방안전 특별관리를 하여야 한다.

1. 「공항시설법」 제2조제7호의 공항시설
2. 「철도산업발전기본법」 제3조제2호의 철도시설
3. 「도시철도법」 제2조제3호의 도시철도시설
4. 「항만법」 제2조제5호의 항만시설
5. 「문화재보호법」 제2조제3항의 지정문화재인 시설(시설이 아닌 지정문화재를 보호하거나 소장하고 있는 시설을 포함한다)
6. 「산업기술단지 지원에 관한 특례법」 제2조제1호의 산업기술단지
7. 「산업입지 및 개발에 관한 법률」 제2조제8호의 산업단지
8. 「초고층 및 지하연계 복합건축물 재난관리에 관한 특별법」 제2조제1호 · 제2호의 초고층 건축물 및 지하연계 복합건축물
9. 「영화 및 비디오물의 진흥에 관한 법률」 제2조제10호의 영화상영관 중 수용인원 1천명 이상인 영화상영관
10. 전력용 및 통신용 지하구
11. 「한국석유공사법」 제10조제1항제3호의 석유비축시설
12. 「한국가스공사법」 제11조제1항제2호의 천연가스 인수기지 및 공급망
13. 「전통시장 및 상점가 육성을 위한 특별법」 제2조제1호의 전통시장으로서 대통령령으로 정하는 전통시장
14. 그 밖에 대통령령으로 정하는 시설물

②~④ : (이 부분은 국가기술자격시험 및 실무에 불필요하므로 생략)

제41조 (화재예방안전진단)

① 대통령령으로 정하는 소방안전 특별관리시설물의 관계인은 화재의 예방 및 안전관리를 체계적 · 효율적으로 수행하기 위하여 대통령령으로 정하는 바에 따라 「소방기본법」 제40조에 따른 한국소방안전원(이하 "안전원"이라 한다) 또는 소방청장이 지정하는 화재예방안전진단기관(이하 "진단기관"이라 한다)으로부터 정기적으로 화재예방안전진단을 받아야 한다.

② 제1항에 따른 화재예방안전진단의 범위는 다음 각 호와 같다.

1. 화재위험요인의 조사에 관한 사항
2. 소방계획 및 피난계획 수립에 관한 사항
3. 소방시설등의 유지 · 관리에 관한 사항
4. 비상대응조직 및 교육훈련에 관한 사항
5. 화재 위험성 평가에 관한 사항
6. 그 밖에 화재예방진단을 위하여 대통령령으로 정하는 사항

③ ~ ⑥ : (이 부분은 국가기술자격시험 및 실무에 불필요하므로 생략)

부칙 〈제18523호, 2021. 11. 30.〉

제1조 (시행일) 이 법은 공포 후 1년이 경과한 날부터 시행한다.

제2조 (건설현장 소방안전관리대상물 소방안전관리자 선임에 관한 적용례) 제29조 제1항은 이 법 시행 후 최초로 건설현장 소방안전관리대상물을 신축 · 증축 · 개축 · 재축 · 이전 · 용도변경 또는 대수선하는 경우부터 적용한다.

제3조 (일반적 경과조치) 이 법 시행 당시 종전의 「소방기본법」 및 「화재예방, 소방시설 설치 · 유지 및 안전관리에 관한 법률」에 따라 행한 처분 · 절차와 그 밖의 행위로서 이 법에 그에 해당하는 규정이 있으면 이 법의 해당 규정에 따라 행하여진 것으로 본다.

[제8장] 화재예방, 소방시설 설치 · 유지 및 안전관리에 관한 법률 시행령

(개정 : 2021. 8. 24. 대통령령 제31949호)

제2조 (정의)

1. **무창층** : 지상층 중 다음 각 목의 요건을 모두 갖춘 개구부 면적의 합계가 당해 층 바닥면적의 30분의 1 이하가 되는 층 기술사 74회 · 119회
   가. 크기는 지름 50cm 이상의 원이 내접할 수 있는 크기일 것
   나. 해당 층의 바닥면으로부터 개구부 밑부분까지의 높이가 1.2m 이내일 것
   다. 도로 또는 차량이 진입할 수 있는 빈터를 향할 것
   라. 화재 시 건축물로부터 쉽게 피난할 수 있도록 창살이나 그 밖의 장애물이 설치되지 아니할 것
   마. 내부 또는 외부에서 쉽게 부수거나 열수 있을 것 〈개정 2013.1.9〉
2. **피난층** : 곧바로 지상으로 갈 수 있는 출입구가 있는 층

제4조 (소방시설등) 〈신설 2014.7.7〉

법 제2조제1항제2호("소방시설등"의 정의)에서 "그 밖에 소방관련시설로서 대통령령으로 정하는 것"이란 방화문 및 방화셔터를 말한다.

제7조 (소방특별조사의 항목) 기술사 121회

법 제4조에 따른 소방특별조사는 다음 각 호의 세부 항목에 대하여 실시한다. 다만, 소방특별조사의 목적을 달성하기 위하여 필요한 경우에는 법 제9조에 따른 소방시설, 법 제10조에 따른 피난시설 · 방화구획 · 방화시설 및 법 제10조의2에 따른 임시소방시설의 설치 · 유지 및 관리에 관한 사항을 조사할 수 있다.

1. 법 제20조 및 제24조에 따른 소방안전관리 업무 수행에 관한 사항
2. 법 제20조제6항제1호에 따라 작성한 소방계획서의 이행에 관한 사항
3. 법 제25조제1항에 따른 자체점검 및 정기적 점검 등에 관한 사항
4. 「소방기본법」 제12조에 따른 화재의 예방조치 등에 관한 사항
5. 「소방기본법」 제15조에 따른 불을 사용하는 설비 등의 관리와 특수가연물의 저장 · 취급에 관한 사항
6. 「다중이용업소의 안전관리에 관한 특별법」 제8조부터 제13조까지의 규정에 따른 안전관리에 관한 사항

7. 「위험물안전관리법」 제5조 · 제6조 · 제14조 · 제15조 및 제18조에 따른 안전관리에 관한 사항

제9조 (소방특별조사의 방법) 기술사 121회

① 소방청장, 소방본부장 또는 소방서장은 법 제4조의3 제6항에 따라 소방특별조사를 위하여 필요하면 관계 공무원으로 하여금 다음 각 호의 행위를 하게 할 수 있다.

1. 관계인에게 필요한 보고를 하도록 하거나 자료의 제출을 명하는 것
2. 소방대상물의 위치 · 구조 · 설비 또는 관리 상황을 조사하는 것
3. 소방대상물의 위치 · 구조 · 설비 또는 관리 상황에 대하여 관계인에게 질문하는 것

② 소방청장, 소방본부장 또는 소방서장은 필요하면 다음 각 호의 기관의 장과 합동조사반을 편성하여 소방특별조사를 할 수 있다.

1. 관계 중앙행정기관 및 시(행정시를 포함한다) · 군 · 자치구
2. 「소방기본법」 제40조에 따른 한국소방안전원
3. 「소방산업의 진흥에 관한 법률」 제14조에 따른 한국소방산업기술원
4. 「화재로 인한 재해보상과 보험가입에 관한 법률」 제11조에 따른 한국화재보험협회
5. 「고압가스 안전관리법」 제28조에 따른 한국가스안전공사
6. 「전기안전관리법」 제30조에 따른 한국전기안전공사
7. 그 밖에 소방청장이 정하여 고시한 소방 관련 단체

③ 제1항 및 제2항에서 규정한 사항 외에 소방특별조사계획의 수립 등 소방특별조사에 필요한 사항은 소방청장이 정한다.

제12조 (건축허가 등의 동의 대상물의 범위 등) 기술사 74회 · 76회 · 108회

① 건축허가동의 대상물의 범위

1. 연면적이 400m²(다만, 학교시설은 100m², 노유자시설 및 수련시설은 200m², 정신의료기관〈입원실이 없는 정신건강의학과 의원은 제외〉, 장애인 의료재활시설은 300m²)이상인 건축물 〈개정 2017.5.29〉

1의2. 층수(「건축법 시행령」 제119조제1항제9호에 따라 산정된 층수를 말한다. 이하 같다)가 6층 이상인 건축물 〈신설 2019.8.6〉

2. 차고 · 주차장 또는 주차용도로 사용되는 시설로서 다음 각목의 1에 해당하는 것
   가. 차고 · 주차장으로 사용되는 바닥면적이 200m² 이상인 층이 있는 시설
   나. 승강기 등 기계장치에 의한 주차시설로서 자동차 20대 이상을 주차할 수 있는 건축물이나 주차시설 〈개정 2017.1.26〉
3. 항공기격납고, 관망탑, 항공관제탑, 방송용 송 · 수신탑
4. 지하층 또는 무창층이 있는 건축물로서 바닥면적이 150m²(공연장의 경우에는 100m²) 이상인 층이 있는 것
5. 별표 2의 특정소방대상물 중 조산원, 산후조리원, 위험물 저장 및 처리시설, 발전시설

중 전기저장시설, 지하구 〈개정 2021.8.24〉

6. 제1호에 해당하지 않는 노유자시설 중 다음 각 목의 어느 하나에 해당하는 시설. 다만, 가목2) 및 나목부터 바목까지의 시설 중 「건축법 시행령」 별표 1의 단독주택 또는 공동주택에 설치되는 시설은 제외한다 〈개정 2020.9.15〉
   가. 별표 2 제9호가목에 따른 노인관련시설 중 다음의 어느 하나에 해당하는 시설
      1) 「노인복지법」 제31조제1호 · 제2호 및 제4호에 따른 노인주거복지시설 · 노인의료복지시설 및 재가노인복지시설
      2) 「노인복지법」 제31조제7호에 따른 학대피해노인 전용쉼터
   나. 「아동복지법」 제52조에 따른 아동복지시설(아동상담소, 아동전용시설 및 지역아동센터는 제외)
   다. 「장애인복지법」 제58조제1항제1호에 따른 장애인 거주시설
   라. 정신질환자관련시설(단, 24시간 주거를 제공하지 아니하는 시설은 제외)
   마. 별표 2 제9호마목에 따른 노숙인관련시설 중 노숙인자활시설, 노숙인재활시설 및 노숙인요양시설
   바. 결핵환자나 한센인이 24시간 생활하는 노유자시설 〈신설 2013.1.9〉
7. 「의료법」 제3조제2항제3호라목에 따른 요양병원. 다만, 정신의료기관 중 정신병원과 장애인 의료재활시설은 제외한다. 〈신설 2015.6.30〉

② 건축허가동의 제외 대상 기술사 108회
1. 소화기구, 누전경보기, 피난기구, 인명구조기구(방열복 · 공기호흡기 및 인공소생기), 유도등 또는 유도표지 만 설치되는 특정소방대상물로서 해당 소방시설이 국가화재안전기준에 적합한 경우 그 특정소방대상물
2. 건축물의 증축 또는 용도변경으로 인하여 당해 특정소방대상물에 추가로 소방시설 등이 설치되지 아니하는 경우 그 특정소방대상물
3. 법 제9조의3제1항에 따라 성능위주설계를 한 특정소방대상물 〈신설 2019.8.6〉

③ 건축허가 등의 권한이 있는 행정기관은 건축허가 등의 동의를 받고자 하는 때에는 동의요구서에 행정안전부령이 정하는 서류를 첨부하여 해당 건축물 등의 소재지를 관할하는 소방본부장 또는 소방서장에게 동의를 요구하여야 한다.

제13조 (주택용 소방시설) 〈신설 2016.1.19〉

법 제8조제1항(주택에 설치하는 소방시설)에서 "대통령령으로 정하는 소방시설"이란 소화기 및 단독경보형감지기를 말한다.

제15조 (특정소방대상물의 규모 등에 따라 갖추어야 하는 소방시설)

법 제9조제1항 전단 및 제9조의4 제1항에 따라 특정소방대상물의 관계인이 특정소방대상물의 규모 · 용도 및 별표 4에 따라 산정된 수용 인원 등을 고려하여 갖추어야 하는 소방시설의 종류는 별표 5와 같다. 〈개정 2017.1.26〉

제15조의2 (소방시설의 내진설계) 〈신설 2012.1.31〉〈전문개정 2016.1.19〉

① 내진설계대상 특정소방대상물의 범위

「건축법」 제2조제1항제2호에 따른 건축물로서 「지진 · 화산재해대책법 시행령」 제10조제1항 각 호에 해당하는 시설

② 내진설계대상 소방시설의 범위

소방시설 중 옥내소화전설비, 스프링클러설비, 물분무등소화설비

제15조의3(성능위주설계를 해야 하는 특정소방대상물의 범위) 기술사 87회 · 99회 · 111회 · 113회 117회 · 119회 · 123회

1. 연면적 20만m^2 이상인 특정소방대상물. 다만, 별표 2 제1호에 따른 공동주택 중 주택으로 쓰이는 층수가 5층 이상인 주택(아파트등)은 제외한다.
2. 다음 각 목의 특정소방대상물 〈개정 2021.8.24〉
   가. 50층 이상(지하층은 제외)이거나 지상으로부터 높이가 200m 이상인 아파트등
   나. 30층 이상(지하층을 포함)이거나 지상으로부터 높이가 120m 이상인 특정소방대상물(아파트등은 제외한다)
3. 연면적 3만m^2 이상인 특정소방대상물로서 다음 각 목의 어느 하나에 해당하는 특정소방대상물
   가. 별표 2 제6호 나목의 철도 및 도시철도 시설
   나. 별표 2 제6호 다목의 공항시설
4. 하나의 건축물에 「영화 및 비디오물의 진흥에 관한 법률」 제2조제10호에 따른 영화상영관이 10개 이상인 특정소방대상물
5. 「초고층 및 지하연계 복합건축물 재난관리에 관한 특별법」 제2조제2호에 따른 지하연계 복합건축물에 해당하는 특정소방대상물

제15조의4(내용연수 설정 대상 소방용품) 〈신설 2017.1.26〉

① 법 제9조의5제1항 후단에 따라 내용연수를 설정하여야 하는 소방용품은 분말형태의 소화약제를 사용하는 소화기로 한다.

② 제1항에 따른 소방용품의 내용연수는 10년으로 한다.

제15조의5 (임시소방시설의 종류 및 설치기준 등) 기술사 121회

① 법 제10조의2제1항(임시소방시설의 설치대상)에서 "인화성 물품을 취급하는 작업 등 대통령령으로 정하는 작업"이란 다음 각 호의 어느 하나에 해당하는 작업을 말한다.

1. 인화성 · 가연성 · 폭발성 물질을 취급하거나 가연성 가스를 발생시키는 작업
2. 용접 · 용단 등 불꽃을 발생시키거나 화기(火氣)를 취급하는 작업 〈개정 2018.6.26〉
3. 전열기구, 가열전선 등 열을 발생시키는 기구를 취급하는 작업
4. 소방청장이 정하여 고시하는 폭발성 부유분진을 발생시킬 수 있는 작업
5. 그 밖에 제1호부터 제4호까지와 비슷한 작업으로 소방청장이 정하여 고시하는 작업

② 법 제10조의2제1항(임시소방시설의 설치대상)에 따라 공사 현장에 설치하여야 하는 설치 및 철거가 쉬운 화재대비시설(이하 "임시소방시설"이라 한다)의 종류와 임시소방시설을 설치하여야 하는 공사의 종류 및 규모는 별표 5의2 제1호 및 제2호와 같다.

③ 법 제10조의2제2항(임시소방시설과 기능 및 성능이 유사한 것)에 따른 임시소방시설과 기능과 성능이 유사한 소방시설은 별표 5의2 제3호와 같다. 〈신설 2015.1.6〉

제15조의6 (강화된 소방시설기준의 적용대상)

법 제11조제1항제3호(소방시설적용기준의 특례 중 노유자시설, 의료시설에 설치하여야 하는 소방시설)에서 "대통령령으로 정하는 것"이란 다음 각 호의 어느 하나에 해당하는 설비를 말한다.

1. 노유자(老幼者)시설에 설치하는 간이스프링클러설비, 자동화재탐지설비 및 단독경보형 감지기 〈개정 2018.6.26〉
2. 의료시설에 설치하는 스프링클러설비, 간이스프링클러설비, 자동화재탐지설비 및 자동화재속보설비 〈신설 2015.6.30〉

제16조 (유사한 소방시설의 설치 면제의 기준)

법 제11조제2항(유사한 소방시설의 설치 면제)에 따라 소방본부장 또는 소방서장은 특정소방대상물에 설치하여야 하는 소방시설 가운데 기능과 성능이 유사한 소방시설의 설치를 면제하려는 경우에는 별표 6의 기준에 따른다.

제17조 (특정소방대상물의 증축 또는 용도변경시의 소방시설기준 적용의 특례) 기술사 123회

① 법 제11조제3항에 따라 소방본부장 또는 소방서장은 특정소방대상물이 증축되는 경우에는 기존부분을 포함한 특정소방대상물의 전체에 대하여 증축 당시의 소방시설등의 설치에 관한 대통령령 또는 화재안전기준을 적용해야 한다. 다만, 다음 각 호의 어느 하나에 해당하는 경우에는 기존부분에 대해서는 증축 당시의 소방시설등의 설치에 관한 대통령령 또는 화재안전기준을 적용하지 않는다.

1. 기존부분과 증축부분이 내화구조로 된 바닥과 벽으로 구획된 경우
2. 기존부분과 증축부분이 「건축법 시행령」 제46조제1항제2호에 따른 방화문 또는 자동방화셔터로 구획되어 있는 경우 〈개정 2020.10.8〉
3. 자동차생산 공장 등 화재위험이 낮은 특정소방대상물 내부에 연면적 33m² 이하의 직원 휴게실을 증축하는 경우
4. 자동차생산 공장 등 화재위험이 낮은 특정소방대상물에 캐노피(기둥으로 받치거나 매달아 놓은 덮개를 말하며, 3면 이상에 벽이 없는 구조의 것을 말한다)를 설치하는 경우 〈개정 2021.1.5〉

② 법 제11조제3항의 규정에 의하여 소방본부장 또는 소방서장은 특정소방대상물이 용도변경되는 경우에는 용도변경되는 부분에 대해서만 용도변경 당시의 소방시설등의 설치에 관한

대통령령 또는 화재안전기준을 적용한다. 다만, 다음 각 호의 어느 하나에 해당하는 경우에는 특정소방대상물 전체에 대하여 용도변경 전에 해당 특정소방대상물에 적용되던 소방시설등의 설치에 관한 대통령령 또는 화재안전기준을 적용한다.

1. 특정소방대상물의 구조 · 설비가 화재연소확대 요인이 적어지거나 피난 또는 화재진압활동이 쉬워지도록 변경되는 경우
2. 문화 및 집회시설 중 공연장 · 집회장 · 관람장, 판매시설, 운수시설, 창고시설 중 물류터미널이 불특정다수인이 이용하지 아니하고 일정한 근무자가 이용하는 용도로 변경되는 경우 〈개정 2011.4.6〉
3. 용도변경으로 인하여 천장 · 바닥 · 벽 등에 고정되어 있는 가연성 물질의 양이 줄어드는 경우
4. 다중이용업소, 문화 및 집회시설, 종교시설, 판매시설, 운수시설, 의료시설, 노유자시설, 수련시설, 운동시설, 숙박시설, 위락시설, 창고시설 중 물류터미널, 위험물 저장 및 처리 시설 중 가스시설, 장례식장이 각각 이 호에 규정된 시설 외의 용도로 변경되는 경우

제18조의2 (소방기술심의위원회의 심의사항) 〈신설 2014.12.30〉 기술사 118회

① 법 제11조의2 제1항제5호에서 "대통령령으로 정하는 사항"이란 다음 각 호의 사항을 말한다.

1. 연면적 10만m^2 이상의 특정소방대상물에 설치된 소방시설의 설계 · 시공 · 감리의 하자 유무에 관한 사항
2. 새로운 소방시설과 소방용품 등의 도입 여부에 관한 사항
3. 그 밖에 소방기술과 관련하여 소방청장이 심의에 부치는 사항

② 법 제11조의2 제2항제2호에서 "대통령령으로 정하는 사항"이란 다음 각 호의 사항을 말한다.

1. 연면적 10만m^2 미만의 특정소방대상물에 설치된 소방시설의 설계 · 시공 · 감리의 하자 유무에 관한 사항
2. 소방본부장 또는 소방서장이 화재안전기준 또는 위험물 제조소등(「위험물안전관리법」 제2조제1항제6호에 따른 제조소등을 말한다. 이하 같다)의 시설기준의 적용에 관하여 기술검토를 요청하는 사항
3. 그 밖에 소방기술과 관련하여 시 · 도지사가 심의에 부치는 사항

제19조 (방염성능기준 이상의 실내장식물 등을 설치해야 하는 특정소방대상물) 〈개정 2019.8.6〉 기술사 125회

1. 근린생활시설 중 <u>의원, 조산원, 산후조리원,</u> 체력단련장, 공연장 및 종교집회장 〈개정 2021.8.24〉
2. 건축물의 옥내에 있는 시설로서 다음 각 목의 시설
   가. 문화 및 집회시설
   나. 종교시설
   다. 운동시설(수영장은 제외한다) 노유자시설, 의료시설 중 정신보건시설(입원실이 없

는 정신건강의학과 의원은 제외) 및 숙박이 가능한 청소년시설

3. 의료시설
4. 교육연구시설 중 합숙소
5. 노유자시설
6. 숙박이 가능한 수련시설
7. 숙박시설 〈신설 2019.8.6〉
8. 방송통신시설 중 방송국 및 촬영소 〈신설 2019.8.6〉
9. 다중이용업소 〈신설 2019.8.6〉
10. 제1호부터 제9호까지의 시설에 해당하지 않는 것으로서 층수가 11층 이상인 것(아파트는 제외한다) 〈신설 2019.8.6〉

제20조 (방염대상 물품 및 방염성능 기준) 기술사 71회 · 80회 · 84회 · 86회 · 93회 · 104회 · 118회 · 119회 기술사 125회

① 방염대상 물품 〈개정 2016.1.19〉

1. 제조 또는 가공 공정에서 방염처리를 한 물품(합판 · 목재류의 경우에는 설치 현장에서 방염처리를 한 것을 포함한다)으로서 다음 각 목의 어느 하나에 해당하는 것
   가. 창문에 설치하는 커텐류(브라인드를 포함한다)
   나. 카페트, 두께가 2mm 미만인 벽지류로서 종이벽지를 제외한 것
   다. 전시용 합판 또는 섬유판, 무대용 합판 또는 섬유판
   라. 암막 · 무대막(영화상영관 · 골프연습장에 설치하는 스크린을 포함한다)
   마. 섬유류 또는 합성수지류 등을 원료로 하여 제작된 소파 · 의자(다만, 단란주점영업, 유흥주점영업 및 노래연습장업의 영업장에 설치하는 것만 해당한다)
2. 건축물 내부의 천장이나 벽에 부착하거나 설치하는 것으로서 다음 각 목의 어느 하나에 해당하는 것 다만, 가구류(옷장, 찬장, 식탁, 식탁용 의자, 사무용 책상, 사무용 의자, 계산대 및 그 밖에 이와 비슷한 것을 말한다)와 너비 10cm 이하인 반자돌림대 등과 「건축법」 제52조에 따른 내부마감재료는 제외한다. 〈개정 2019.8.6〉
   가. 종이류(두께 2mm 이상인 것) · 합성수지류 또는 섬유류를 주원료로 한 물품
   나. 합판이나 목재
   다. 공간을 구획하기 위하여 설치하는 간이 칸막이(접이식 등 이동 가능한 벽체나 천장 또는 반자가 실내에 접하는 부분까지 구획하지 아니하는 벽체를 말한다)
   라. 흡음(吸音)이나 방음(防音)을 위하여 설치하는 흡음재(흡음용 커튼을 포함한다) 또는 방음재(방음용 커튼을 포함한다)

② 방염성능 기준

1. 버너의 불꽃을 제거한 때부터 불꽃을 올리며 연소하는 상태가 그칠 때까지 시간은 20초 이내
2. 버너의 불꽃을 제거한 때부터 불꽃을 올리지 아니하고 연소하는 상태가 그칠 때까지 시간은 30초 이내

3. 탄화한 면적은 50cm^2 이내, 탄화한 길이는 20cm 이내
4. 불꽃에 의하여 완전히 녹을 때까지 불꽃의 접촉횟수는 3회 이상
5. 소방청장이 정하여 고시한 방법으로 발연량을 측정하는 경우 최대연기밀도는 400 이하

③ 소방본부장 또는 소방서장은 제1항에 따른 물품 외에 다음 각 호의 어느 하나에 해당하는 물품의 경우에는 방염처리된 물품을 사용하도록 권장할 수 있다. 〈개정 2019.8.6〉

1. 다중이용업소, 의료시설, 노유자시설, 숙박시설 또는 장례식장에서 사용하는 침구류 · 소파 및 의자
2. 건축물 내부의 천장 또는 벽에 부착하거나 설치하는 가구류

제20조의2 (시 · 도지사가 실시하는 방염성능검사)

법 제13조제1항에서 "대통령령으로 정하는 방염대상물품"이란 제20조제1항에 따른 방염대상물품 중 설치 현장에서 방염처리를 하는 합판 · 목재를 말한다.

제37조(형식승인대상 소방용품)

법 제36조제1항 본문에서 "대통령령으로 정하는 소방용품"이란 별표 3 제1호[별표 1 제1호나목2)에 따른 자동소화장치 중 상업용 주방자동소화장치는 제외한다] 및 같은 표 제2호부터 제4호까지에 해당하는 소방용품을 말한다.

[별표 1] 소방시설 (제3조 관련) 〈개정 2021.1.5〉

1. **소화설비**

물 또는 그 밖의 소화약제를 사용하여 소화하는 기계 · 기구 또는 설비로서 다음 각 목의 것

가. 소화기구
 1) 소화기
 2) 간이소화용구 : 에어로졸식 소화용구, 투척용 소화용구, 소공간용 소화용구 및 소화약제 외의 것을 이용한 간이소화용구 〈개정 2020.9.15〉
 3) 자동확산소화기

나. 자동소화장치
 1) 주거용 주방자동소화장치
 2) 상업용 주방자동소화장치
 3) 캐비닛형 자동소화장치
 4) 가스자동소화장치
 5) 분말자동소화장치
 6) 고체에어로졸자동소화장치

다. 옥내소화전설비(호스릴옥내소화전설비를 포함한다)

라. 스프링클러설비등
 1) 스프링클러설비

2) 간이스프링클러설비(캐비닛형 간이스프링클러설비를 포함한다)
3) 화재조기진압용 스프링클러설비

마. 물분무등소화설비 〈개정 2018.6.26, 2019.8.6, 2021.1.5〉
1) 물분무소화설비
2) 미분무소화설비
3) 포소화설비
4) 이산화탄소소화설비
5) 할론소화설비 〈개정〉
6) 할로겐화합물 및 불활성기체(다른 원소와 화학반응을 일으키기 어려운 기체를 말한다) 소화설비 〈개정 2021.1.5〉
7) 분말소화설비
8) 강화액소화설비
9) 고체에어로졸소화설비 〈신설 2019.8.6〉

바. 옥외소화전설비

2. **경보설비**

화재발생 사실을 통보하는 기계 · 기구 또는 설비로서 다음 각 목의 것

가. 단독경보형 감지기
나. 비상경보설비
1) 비상벨설비
2) 자동식사이렌설비
다. 시각경보기
라. 자동화재탐지설비
마. 비상방송설비
바. 자동화재속보설비
사. 통합감시시설
아. 누전경보기
자. 가스누설경보기

3. **피난구조설비** 〈개정 2018.6.26〉

화재가 발생할 경우 피난하기 위하여 사용하는 기구 또는 설비로서 다음 각 목의 것

가. 피난기구
1) 피난사다리
2) 구조대
3) 완강기
4) 그 밖에 법 제9조제1항에 따라 소방청장이 정하여 고시하는 화재안전기준으로 정하는 것

나. 인명구조기구
1) 방열복, 방화복(안전모, 보조장갑 및 안전화를 포함한다) 〈개정 2021.1.5〉
2) 공기호흡기
3) 인공소생기

다. 유도등
1) 피난유도선
2) 피난구유도등
3) 통로유도등
4) 객석유도등
5) 유도표지

라. 비상조명등 및 휴대용비상조명등

4. **소화용수설비**

화재를 진압하는 데 필요한 물을 공급하거나 저장하는 설비로서 다음 각 목의 것

가. 상수도소화용수설비

나. 소화수조 · 저수조, 그 밖의 소화용수설비

5. **소화활동설비**

화재를 진압하거나 인명구조활동을 위하여 사용하는 설비로서 다음 각 목의 것

가. 제연설비

나. 연결송수관설비

다. 연결살수설비

라. 비상콘센트설비

마. 무선통신보조설비

바. 연소방지설비

[별표 2] **특정소방대상물** (제5조 관련) 〈개정 2020.12.10〉

아래의 특정소방대상물 중 1번~26번은 시험에 출제될 확률은 낮으나 소방 실무자를 위한 것이며, 시험 준비를 위한 것이라면 27번~30번 부분만 공부하여도 되겠습니다.

1. **공동주택**

가. 아파트등 : 주택으로 쓰이는 층수가 5층 이상인 주택

나. 기숙사 : 학교 또는 공장 등에서 학생이나 종업원 등을 위하여 쓰는 것으로서 공동취사 등을 할 수 있는 구조를 갖추되, 독립된 주거의 형태를 갖추지 않은 것(「교육기본법」 제27조제2항에 따른 학생복지주택을 포함한다)

2. **근린생활시설**

가. 슈퍼마켓과 일용품(식품, 잡화, 의류, 완구, 서적, 건축자재, 의약품, 의료기기 등) 등의 소매점으로서 같은 건축물(하나의 대지에 두 동 이상의 건축물이 있는 경우에는 이를 같은 건축물로 본다. 이하 같다)에 해당 용도로 쓰는 바닥면적의 합계가 1천m^2 미만인 것

나. 휴게음식점, 제과점, 일반음식점, 기원(棋院), 노래연습장 및 단란주점(단란주점은 같은 건축물에 해당 용도로 쓰는 바닥면적의 합계가 150m^2 미만인 것만 해당한다)

다. 이용원, 미용원, 목욕장 및 세탁소(공장이 부설된 것과 「대기환경보전법」, **「물환경보전법 시행령」** 또는 「소음 · 진동관리법」에 따른 배출시설의 설치허가 또는 신고의 대상이 되는 것은 제외한다) 〈개정 2018.1.16〉

라. 의원, 치과의원, 한의원, 침술원, 접골원(接骨院), 조산원, 산후조리원 및 안마원(「의료법」 제82조제4항에 따른 안마시술소를 포함한다) 〈개정 2021.8.24〉

마. 탁구장, 테니스장, 체육도장, 체력단련장, 에어로빅장, 볼링장, 당구장, 실내낚시터, 골프연습장, 물놀이형 시설(「관광진흥법」 제33조에 따른 안전성검사의 대상이 되는 물놀이형 시설을 말한다. 이하 같다), 그 밖에 이와 비슷한 것으로서 같은 건축물에 해당 용도로 쓰는 바닥면적의 합계가 500m² 미만인 것

바. 공연장(극장, 영화상영관, 연예장, 음악당, 서커스장, 「영화 및 비디오물의 진흥에 관한 법률」 제2조제16호가목에 따른 비디오물감상실업의 시설, 같은 호 나목에 따른 비디오물소극장업의 시설, 그 밖에 이와 비슷한 것을 말한다. 이하 같다) 또는 종교집회장[교회, 성당, 사찰, 기도원, 수도원, 수녀원, 제실(祭室), 사당, 그 밖에 이와 비슷한 것을 말한다. 이하 같다]으로서 같은 건축물에 해당 용도로 쓰는 바닥면적의 합계가 300m² 미만인 것

사. 금융업소, 사무소, 부동산중개사무소, 결혼상담소 등 소개업소, 출판사, 서점, 그 밖에 이와 비슷한 것으로서 같은 건축물에 해당 용도로 쓰는 바닥면적의 합계가 500m² 미만인 것

아. 제조업소, 수리점, 그 밖에 이와 비슷한 것으로서 같은 건축물에 해당 용도로 쓰는 바닥면적의 합계가 500m² 미만이고, 「대기환경보전법」, 「물환경보전법 시행령」 또는 「소음 · 진동관리법」에 따른 배출시설의 설치허가 또는 신고의 대상이 아닌 것 〈개정 2018.1.16〉

자. 「게임산업진흥에 관한 법률」 제2조제6호의2에 따른 청소년게임제공업 및 일반게임제공업의 시설, 같은 조 제7호에 따른 인터넷컴퓨터게임시설제공업의 시설 및 같은 조 제8호에 따른 복합유통게임제공업의 시설로서 같은 건축물에 해당 용도로 쓰는 바닥면적의 합계가 500m² 미만인 것

차. 사진관, 표구점, 학원(같은 건축물에 해당 용도로 쓰는 바닥면적의 합계가 500m² 미만인 것만 해당하며, 자동차학원 및 무도학원은 제외한다), 독서실, 고시원(「다중이용업소의 안전관리에 관한 특별법」에 따른 다중이용업 중 고시원업의 시설로서 독립된 주거의 형태를 갖추지 않은 것으로서 같은 건축물에 해당 용도로 쓰는 바닥면적의 합계가 500m² 미만인 것을 말한다), 장의사, 동물병원, 총포판매사, 그 밖에 이와 비슷한 것

카. 의약품 판매소, 의료기기 판매소 및 자동차영업소로서 같은 건축물에 해당 용도로 쓰는 바닥면적의 합계가 1천m² 미만인 것

타. 삭제 〈2013.1.9〉

3. **문화 및 집회시설**

가. 공연장으로서 근린생활시설에 해당하지 않는 것

나. 집회장 : 예식장, 공회당, 회의장, 마권(馬券) 장외 발매소, 마권 전화투표소, 그 밖

소방법규 소방시설법 시행령

에 이와 비슷한 것으로서 근린생활시설에 해당하지 않는 것

다. 관람장 : 경마장, 경륜장, 경정장, 자동차 경기장, 그 밖에 이와 비슷한 것과 체육관 및 운동장으로서 관람석의 바닥면적의 합계가 1천m^2 이상인 것

라. 전시장 : 박물관, 미술관, 과학관, 문화관, 체험관, 기념관, 산업전시장, 박람회장, 견본주택, 그 밖에 이와 비슷한 것 〈개정 2018.6.26〉

마. 동·식물원 : 동물원, 식물원, 수족관, 그 밖에 이와 비슷한 것

4. **종교시설**

가. 종교집회장으로서 근린생활시설에 해당하지 않는 것

나. 가목의 종교집회장에 설치하는 봉안당(奉安堂)

5. **판매시설**

가. 도매시장 : 「농수산물 유통 및 가격안정에 관한 법률」 제2조제2호에 따른 농수산물 도매시장, 같은 조 제5호에 따른 농수산물공판장, 그 밖에 이와 비슷한 것(그 안에 있는 근린생활시설을 포함한다)

나. 소매시장 : 시장, 「유통산업발전법」 제2조제3호에 따른 대규모점포, 그 밖에 이와 비슷한 것(그 안에 있는 근린생활시설을 포함한다)

다. 전통시장 : 「전통시장 및 상점가 육성을 위한 특별법」 제2조제1호에 따른 전통시장(그 안에 있는 근린생활시설을 포함하며, 노점형시장은 제외한다.) 〈개정 2018.6.26〉

라. 상점 : 다음의 어느 하나에 해당하는 것(그 안에 있는 근린생활시설을 포함한다)

1) 제2호가목에 해당하는 용도로서 같은 건축물에 해당 용도로 쓰는 바닥면적 합계가 1천m^2 이상인 것

2) 제2호자목에 해당하는 용도로서 같은 건축물에 해당 용도로 쓰는 바닥면적 합계가 500m^2 이상인 것

6. **운수시설**

가. 여객자동차터미널

나. 철도 및 도시철도 시설(정비창 등 관련 시설을 포함한다)

다. 공항시설(항공관제탑을 포함한다)

라. 항만시설 및 종합여객시설

7. **의료시설**

가. 병원 : 종합병원, 병원, 치과병원, 한방병원, 요양병원

나. 격리병원 : 전염병원, 마약진료소, 그 밖에 이와 비슷한 것

다. 정신의료기관

라. 「장애인복지법」 제58조제1항제4호에 따른 장애인 의료재활시설

8. **교육연구시설**

가. 학교

1) 초등학교, 중학교, 고등학교, 특수학교, 그 밖에 이에 준하는 학교 : 「학교시설사업 촉진법」 제2조제1호나목의 교사(校舍)(교실 · 도서실 등 교수 · 학습활동에 직접 또는 간접적으로 필요한 시설물을 말하되, 병설유치원으로 사용되는 부분은 제외한다. 이하 같다), 체육관, 「학교급식법」 제6조에 따른 급식시설, 합숙소(학교의 운동부, 기능선수 등이 집단으로 숙식하는 장소를 말한다. 이하 같다) 〈개정 2018.6.26〉

2) 대학, 대학교, 그 밖에 이에 준하는 각종 학교 : 교사 및 합숙소

나. 교육원(연수원, 그 밖에 이와 비슷한 것을 포함한다)

다. 직업훈련소

라. 학원(근린생활시설에 해당하는 것과 자동차운전학원 · 정비학원 및 무도학원은 제외한다)

마. 연구소(연구소에 준하는 시험소와 계량계측소를 포함한다)

바. 도서관

9. **노유자시설**

가. 노인 관련 시설 : 「노인복지법」에 따른 노인주거복지시설, 노인의료복지시설, 노인여가복지시설, 주 · 야간보호서비스나 단기보호서비스를 제공하는 재가노인복지시설(「노인장기요양보험법」에 따른 재가장기요양기관을 포함한다), 노인보호전문기관, 노인일자리지원기관, 학대피해노인 전용쉼터, 그 밖에 이와 비슷한 것 〈개정 2020.9.15〉

나. 아동 관련 시설 : 「아동복지법」에 따른 아동복지시설, 「영유아보육법」에 따른 어린이집, 「유아교육법」에 따른 유치원 [제8호 가목1)에 따른 학교의 교사 중 병설유치원으로 사용하는 부분을 포함한다], 그 밖에 이와 비슷한 것 〈개정 2018.6.26〉

다. 장애인 관련 시설 : 「장애인복지법」에 따른 장애인 거주시설, 장애인 지역사회재활시설(장애인 심부름센터, 한국수어통역센터, 점자도서 및 녹음서 출판시설 등 장애인이 직접 그 시설 자체를 이용하는 것을 주된 목적으로 하지 않는 시설은 제외한다), 장애인 직업재활시설, 그 밖에 이와 비슷한 것

라. 정신질환자 관련 시설 : 「정신보건법」에 따른 정신재활시설(생산품판매시설은 제외한다), 정신요양시설, 그 밖에 이와 비슷한 것 〈개정 2017.5.29〉

마. 노숙인 관련 시설 : 「노숙인 등의 복지 및 자립지원에 관한 법률」 제2조제2호에 따른 노숙인복지시설(노숙인일시보호시설, 노숙인자활시설, 노숙인재활시설, 노숙인요양시설 및 쪽방삼담소만 해당한다), 노숙인종합지원센터 및 그 밖에 이와 비슷한 것

바. 가목부터 마목까지에서 규정한 것 외에 「사회복지사업법」에 따른 사회복지시설 중 결핵환자 또는 한센인 요양시설 등 다른 용도로 분류되지 않는 것

10. **수련시설**

가. 생활권 수련시설 : 「청소년활동 진흥법」에 따른 청소년수련관, 청소년문화의집, 청소년특화시설, 그 밖에 이와 비슷한 것

나. 자연권 수련시설 : 「청소년활동 진흥법」에 따른 청소년수련원, 청소년야영장, 그 밖에 이와 비슷한 것

다. 「청소년활동 진흥법」에 따른 유스호스텔

11. **운동시설**

가. 탁구장, 체육도장, 테니스장, 체력단련장, 에어로빅장, 볼링장, 당구장, 실내낚시터, 골프연습장, 물놀이형 시설, 그 밖에 이와 비슷한 것으로서 근린생활시설에 해당하지 않는 것

나. 체육관으로서 관람석이 없거나 관람석의 바닥면적이 1천m^2 미만인 것

다. 운동장 : 육상장, 구기장, 볼링장, 수영장, 스케이트장, 롤러스케이트장, 승마장, 사격장, 궁도장, 골프장 등과 이에 딸린 건축물로서 관람석이 없거나 관람석의 바닥면적이 1천m^2 미만인 것

12. **업무시설**

가. 공공업무시설 : 국가 또는 지방자치단체의 청사와 외국공관의 건축물로서 근린생활시설에 해당하지 않는 것

나. 일반업무시설 : 금융업소, 사무소, 신문사, 오피스텔(업무를 주로 하며, 분양하거나 임대하는 구획 중 일부의 구획에서 숙식을 할 수 있도록 한 건축물로서 국토교통부장관이 고시하는 기준에 적합한 것을 말한다), 그 밖에 이와 비슷한 것으로서 근린생활시설에 해당하지 않는 것

다. 주민자치센터(동사무소), 경찰서, 지구대, 파출소, 소방서, 119안전센터, 우체국, 보건소, 공공도서관, 국민건강보험공단, 그 밖에 이와 비슷한 용도로 사용하는 것

라. 마을회관, 마을공동작업소, 마을공동구판장, 그 밖에 이와 유사한 용도로 사용되는 것

마. 변전소, 양수장, 정수장, 대피소, 공중화장실, 그 밖에 이와 유사한 용도로 사용되는 것

13. **숙박시설**

가. 일반형 숙박시설 : 「공중위생관리법 시행령」 제4조제1호가목에 따른 숙박업의 시설

나. 생활형 숙박시설 : 「공중위생관리법 시행령」 제4조제1호나목에 따른 숙박업의 시설

다. 고시원(근린생활시설에 해당하지 않는 것을 말한다)

라. 그 밖에 가목부터 다목까지의 시설과 비슷한 것

14. **위락시설**

가. 단란주점으로서 근린생활시설에 해당하지 않는 것

나. 유흥주점, 그 밖에 이와 비슷한 것
다. 「관광진흥법」에 따른 유원시설업(遊園施設業)의 시설, 그 밖에 이와 비슷한 시설(근린생활시설에 해당하는 것은 제외한다)
라. 무도장 및 무도학원
마. 카지노영업소

15. **공장**
물품의 제조 · 가공[세탁 · 염색 · 도장(塗裝) · 표백 · 재봉 · 건조 · 인쇄 등을 포함한다] 또는 수리에 계속적으로 이용되는 건축물로서 근린생활시설, 위험물 저장 및 처리시설, 항공기 및 자동차 관련 시설, 분뇨 및 쓰레기 처리시설, 묘지 관련 시설 등으로 따로 분류되지 않는 것

16. **창고시설**(위험물 저장 및 처리 시설 또는 그 부속용도에 해당하는 것은 제외한다)
가. 창고(물품저장시설로서 냉장 · 냉동 창고를 포함한다)
나. 하역장
다. 「물류시설의 개발 및 운영에 관한 법률」에 따른 물류터미널
라. 「유통산업발전법」 제2조제15호에 따른 집배송시설

17. **위험물 저장 및 처리 시설**
가. 위험물 제조소등
나. 가스시설 : 산소 또는 가연성 가스를 제조 · 저장 또는 취급하는 시설 중 지상에 노출된 산소 또는 가연성 가스 탱크의 저장용량의 합계가 100톤 이상이거나 저장용량이 30톤 이상인 탱크가 있는 가스시설로서 다음의 어느 하나에 해당하는 것
1) 가스 제조시설
가) 「고압가스 안전관리법」 제4조제1항에 따른 고압가스의 제조허가를 받아야 하는 시설
나) 「도시가스사업법」 제3조에 따른 도시가스사업허가를 받아야 하는 시설
2) 가스 저장시설
가) 「고압가스 안전관리법」 제4조제3항에 따른 고압가스 저장소의 설치허가를 받아야 하는 시설
나) 「액화석유가스의 안전관리 및 사업법」 제8조제1항에 따른 액화석유가스 저장소의 설치 허가를 받아야 하는 시설
3) 가스 취급시설
「액화석유가스의 안전관리 및 사업법」 제5조에 따른 액화석유가스 충전사업 또는 액화석유가스 집단공급사업의 허가를 받아야 하는 시설

18. **항공기 및 자동차관련 시설**(건설기계 관련 시설을 포함한다)
   가. 항공기격납고
   나. 차고, 주차용 건축물, 철골 조립식 주차시설(바닥면이 조립식이 아닌 것을 포함한다) 및 기계장치에 의한 주차시설
   다. 세차장
   라. 폐차장
   마. 자동차 검사장
   바. 자동차 매매장
   사. 자동차 정비공장
   아. 운전학원 · 정비학원
   자. 다음의 건축물을 제외한 건축물의 내부(「건축법 시행령」 제119조제1항제3호다목에 따른 필로티와 건축물 지하를 포함한다)에 설치된 주차장
      1) 「건축법 시행령」 별표 1 제1호에 따른 단독주택
      2) 「건축법 시행령」 별표 1 제2호에 따른 공동주택 중 50세대 미만인 연립주택 또는 50세대 미만인 다세대주택
   차. 「여객자동차 운수사업법」, 「화물자동차 운수사업법」 및 「건설기계관리법」에 따른 차고 및 주기장(駐機場)

19. **동물 및 식물관련 시설**
   가. 축사[부화장(孵化場)을 포함한다]
   나. 가축시설 : 가축용 운동시설, 인공수정센터, 관리사(管理舍), 가축용 창고, 가축시장, 동물검역소, 실험동물 사육시설, 그 밖에 이와 비슷한 것
   다. 도축장
   라. 도계장
   마. 작물 재배사(栽培舍)
   바. 종묘배양시설
   사. 화초 및 분재 등의 온실
   아. 식물과 관련된 마목부터 사목까지의 시설과 비슷한 것(동 · 식물원은 제외한다)

20. **자연 순환관련 시설** 〈개정 2018.6.26〉
   가. 하수 등 처리시설
   나. 고물상
   다. 폐기물재활용시설
   라. 폐기물처분시설
   마. 폐기물감량화시설

21. **교정 및 군사시설**
   가. 보호감호소, 교도소, 구치소 및 그 지소
   나. 보호관찰소, 갱생보호시설, 그 밖에 범죄자의 갱생 · 보호 · 교육 · 보건 등의 용도로 쓰는 시설
   다. 치료감호시설
   라. 소년원 및 소년분류심사원
   마. 「출입국관리법」 제52조제2항에 따른 보호시설

바. 「경찰관 직무집행법」 제9조에 따른 유치장
사. 국방 · 군사시설(「국방 · 군사시설 사업에 관한 법률」 제2조제1호가목부터 마목까지의 시설을 말한다)

22. **방송통신시설**
가. 방송국(방송프로그램 제작시설 및 송신 · 수신 · 중계시설을 포함한다)
나. 전신전화국
다. 촬영소
라. 통신용 시설
마. 그 밖에 가목부터 라목까지의 시설과 비슷한 것

23. **발전시설**
가. 원자력발전소
나. 화력발전소
다. 수력발전소(조력발전소를 포함한다)
라. 풍력발전소
마. 전기저장시설(20kWh를 초과하는 리튬 · 나트륨 · 레독스플로우 계열의 2차전지를 이용한 전기저장장치의 시설을 말한다. 이하 같다) 〈신설 2021.8.24〉
바. 그 밖에 가목부터 마목까지의 시설과 비슷한 것(집단에너지 공급시설을 포함한다)

24. **묘지관련 시설**
가. 화장시설
나. 봉안당(제4호나목의 봉안당은 제외한다)
다. 묘지와 자연장지에 부수되는 건축물
라. 동물화장시설, 동물건조장시설 및 동물 전용의 납골시설 〈신설 2018.6.26〉

25. **관광휴게시설**
가. 야외음악당
나. 야외극장
다. 어린이회관
라. 관망탑
마. 휴게소
바. 공원 · 유원지 또는 관광지에 부수되는 건축물

26. **장례시설** 〈개정 2018.6.26〉
가. 장례식장[의료시설의 부수시설(「의료법」 제36조제1호에 따른 의료기관의 종류에 따른 시설을 말한다)은 제외한다]
나. 동물 전용의 장례식장

27. **지하가**
지하의 공작물 안에 설치되어 있는 점포 · 사무실 그 밖에 이와 비슷한 시설로서 연속하여 지하도에 면하여 설치된 것과 그 지하도를 합한 것

가. 지하상가

나. 터널 : 지하, 해저 또는 산을 뚫어서 차량(궤도차량용을 제외한다) 등의 통행을 목적으로 만든 것

28. **지하구** 기술사 117회

가. 전력 · 통신용의 전선이나 가스 · 냉난방용의 배관 또는 이와 비슷한 것을 집합수용하기 위하여 설치한 지하공작물로서 사람이 점검 또는 보수하기 위하여 출입이 가능한 것 중 다음의 어느 하나에 해당하는 것 〈개정 2020.12.10〉

1) 전력 또는 통신사업용 지하 인공구조물로서 전력구(케이블 접속부가 없는 경우에는 제외한다) 또는 통신구 방식으로 설치된 것

2) 1) 외의 지하 인공구조물로서 폭이 1.8m 이상이고 높이가 2m 이상이며 길이가 50m 이상인 것

나. 「국토의 계획 및 이용에 관한 법률」 제2조제9호에 따른 공동구

29. **문화재**

「문화재보호법」에 의하여 문화재로 지정된 건축물

30. **복합건축물** 기술사 84회

가. 하나의 건축물이 제1호부터 제27호까지의 것 중 둘 이상의 용도로 사용되는 것 다만, 다음의 어느 하나에 해당하는 경우에는 복합건축물로 보지 않는다.

1) 관계 법령에서 주된 용도의 부수시설로서 그 설치를 의무화하고 있는 용도 또는 시설

2) 「주택법」 제21조제1항제2호 및 제3호에 따라 주택 안에 부대시설 또는 복리시설이 설치되는 특정소방대상물

3) 건축물의 주된 용도의 기능에 필수적인 용도로서 다음의 어느 하나에 해당하는 용도

가) 건축물의 설비, 대피 또는 위생을 위한 용도, 그 밖에 이와 비슷한 용도

나) 사무, 작업, 집회, 물품저장 또는 주차를 위한 용도, 그 밖에 이와 비슷한 용도

다) 구내식당, 구내세탁소, 구내운동시설 등 종업원후생복리시설(기숙사는 제외) 또는 구내소각시설의 용도, 그 밖에 이와 비슷한 용도

나. 하나의 건축물이 근린생활시설, 판매시설, 업무시설, 숙박시설 또는 위락시설의 용도와 주택의 용도로 함께 사용되는 것

[비 고]

1. 내화구조로 된 하나의 특정소방대상물이 개구부(건축물에서 채광 · 환기 · 통풍 · 출입 목적으로 만든 창이나 출입구를 말한다)가 없는 내화구조의 바닥과 벽으로 구획되어

있는 경우(이하 "완전구획"이라 한다)에는 그 구획된 부분을 각각 별개의 특정소방대상물로 본다.

2. **둘 이상의 특정소방대상물이 다음 각목의 어느 하나에 해당되는 구조의 복도 또는 통로로 연결된 경우에는 이를 [하나의 소방대상물]로 본다.** 기술사 78회 · 101회
   가. 내화구조로 된 연결통로가 다음의 어느 하나에 해당되는 경우
      (1) 벽이 없는 구조로서 그 길이가 6m 이하인 경우
      (2) 벽이 있는 구조로서 그 길이가 10m 이하인 경우. 다만, 벽 높이가 바닥에서 천장 높이의 2분의 1 이상인 경우에는 벽이 있는 구조로 보고, 벽 높이가 바닥에서 천장 높이의 2분의 1 미만인 경우에는 벽이 없는 구조로 본다.
   나. 내화구조가 아닌 연결통로로 연결된 경우
   다. 콘베이어로 연결되거나 플랜트설비의 배관 등으로 연결되어 있는 경우
   라. 지하보도, 지하상가, 지하가로 연결된 경우
   마. 방화셔터 또는 갑종방화문이 설치되지 않은 피트로 연결된 경우
   바. 지하구로 연결된 경우
3. **제2호의 규정에 불구하고 연결통로 또는 지하구와 소방대상물의 양쪽 연결부분이 다음 각 목의 어느 하나에 적합한 경우에는 [별개의 소방대상물]로 본다.**
   가. 화재 시 경보설비 또는 자동소화설비의 작동과 연동하여 자동으로 닫히는 방화셔터 또는 갑종방화문이 설치된 경우
   나. 화재 시 자동으로 방수되는 방식의 드렌쳐설비 또는 개방형스프링클러헤드가 설치된 경우
4. 위 별표의 특정소방대상물의 지하층이 지하가와 연결되어 있는 경우 해당 지하층의 부분을 지하가로 본다. 다만, 그 연결부위에 방화문이 자동폐쇄장치 · 자동화재탐지설비 또는 자동소화설비와 연동하여 닫히는 구조이거나 상부에 드렌쳐설비를 설치한 경우에는 지하가로 보지 않는다.

[별표 3] **소방용품** (제6조 및 제37조 관련) 〈개정 2018.6.26〉

1. 소화설비를 구성하는 제품 또는 기기
   가. 별표 1 제1호 가목의 소화기구(소화약제 외의 것을 이용한 간이소화용구는 제외)
   나. 별표 1 제1호 나목의 자동소화장치 〈신설 2014.7.7〉
   다. 소화설비를 구성하는 소화전, 송수구, 관창(管槍), 소방호스, 스프링클러헤드, 기동용 수압개폐장치, 유수제어밸브 및 가스관선택밸브
2. 경보설비를 구성하는 제품 또는 기기
   가. 누전경보기 및 가스누설경보기
   나. 경보설비를 구성하는 발신기, 수신기, 중계기, 감지기 및 음향장치(경종만 해당)
3. 피난구조설비를 구성하는 제품 또는 기기 〈개정 2018.6.26〉

소방법규
소방시설법 시행령

가. 피난사다리, 구조대, 완강기(간이완강기 및 지지대를 포함)
나. 공기호흡기(충전기를 포함)
다. 피난구유도등, 통로유도등, 객석유도등 및 예비전원이 내장된 비상조명등
4. 소화용으로 사용하는 제품 또는 기기
가. 소화약제(별표 1 제1호 나목 2)와 3)의 자동소화장치와 같은 호 마목 3)부터 8)까지의 소화설비용만 해당한다) 〈개정 2015.1.6〉
나. 방염제(방염액 · 방염도료 및 방염성물질)
5. 그 밖에 행정안전부령으로 정하는 소방관련 제품 또는 기기

※ 위에서 제1호~제4호의 소방용품(단, 상업용 주방자동소화장치는 제외)은 소방법령에 의한 형식승인대상 품목이다.

[별표 4] 수용인원의 산정방법 (제15조 관련) 기술사 76회

1. **숙박시설이 있는 특정소방대상물**
가. 침대가 있는 숙박시설 : 당해 특정소방물의 종사자의 수에 침대의 수(2인용 침대는 2인으로 산정한다)를 합한 수
나. 침대가 없는 숙박시설 : 당해 특정소방대상물의 종사자의 수에 숙박시설의 바닥면적의 합계를 $3m^2$로 나누어 얻은 수를 합한 수
2. **제1호 외의 특정소방대상물**
가. 강의실 · 교무실 · 상담실 · 실습실 · 휴게실 용도로 쓰이는 특정소방대상물 : 당해 용도로 사용하는 바닥면적의 합계를 $1.9m^2$로 나누어 얻은 수 〈개정 2006.12.7〉
나. 강당, 문화 및 집회시설, 운동시설, 종교시설 : 당해 용도로 사용하는 바닥면적의 합계를 $4.6m^2$로 나누어 얻은 수(관람석이 있는 경우 고정식 의자를 설치한 부분에 있어서는 당해 부분의 의자수로 하고, 긴의자의 경우에는 의자의 정면너비를 0.45m로 나누어 얻은 수로한다)
다. 그 밖의 특정소방대상물 : 당해 용도로 사용하는 바닥면적의 합계를 $3m^2$로 나누어 얻은 수

[비 고]

1. 위 별표에서 바닥면적을 산정하는 때에는 복도, 계단 및 화장실의 바닥면적을 제외 함
2. 계산결과 1 미만의 소수는 반올림한다.

[별표 5] 특정소방대상물에 갖추어야 하는 소방시설의 종류

(개정 : 2021년 8월 24일)

1. 소화기구

종류	설치대상
1. 수동식소화기 또는 간이소화용구	① 연면적 33m^2 이상 ② 제①호에 해당하지 아니하는 시설로서 가스시설, 발전시설 중 전기저장시설 및 지정문화재 ③ 터널 ④ 지하구 <신설 2020.12.10>
2. 투척용소화기	노유자시설 : (화재안전기준에 따라 산정된 소화기 수량의 1/2 이상으로 설치할 수 있다.)

2. 자동소화장치 관리사 20회

종류	설치대상
1. 주거용 주방자동소화장치	아파트 및 층수 30층 이상인 오피스텔의 전층
2. 기타의 자동소화장치	화재안전기준에서 정하는 장소

3. 옥내소화전설비 관리사 20회

설치대상		적용기준	
1. 건축물 용도별	일반 특정소방대상물 (단, 지하가 중 터널은 제외)	연면적	3,000m^2 이상인 것 : 모든 층 설치
		지하층·무창층 또는 지상4층 이상의 것	바닥면적 600m^2 이상의 층이 있으면 모든 층
	위에 해당되지 아니하는 근린생활·위락·판매·숙박·노유자·의료·업무·방송통신·운수·창고·발전시설, 공장, 장례시설, 국방군사시설, 복합건축물	연면적	1,500m^2 이상인 것 : 모든 층 설치
		지하층·무창층 또는 지상4층 이상의 것	바닥면적 300m^2 이상의 층이 있으면 : 모든 층
2. 지하가 중 터널 <개정 2017.1.26>		길이	1,000m 이상
		예상교통량, 경사도 등 터널의 특성을 고려하여 행정안전부령으로 정하는 터널	
3. 건축물 옥상의 차고 또는 주차장		차고나 주차의 용도에 사용되는 부분의 면적	200m^2 이상
4. 위에 해당되지 않는 공장·창고시설		특수가연물을 저장·취급	지정수량의 750배 이상

4. 옥외소화전설비

설치대상	적용기준	비고
1. 특정소방대상물의 지상 1·2층(아파트는 제외)	지상 1·2층의 바닥면적 합계 9,000m² 이상	동일구내에 2 이상의 특정소방대상물이 행정안전부령이 정하는 연소의 우려가 있는 구조인 경우에는 이를 하나의 특정소방대상물로 본다.
2. 목조건축물	문화재보호법 제5조에 따라 국보 또는 보물로 지정된 목조건축물	
3. 공장 또는 창고	지정수량 750배 이상의 특수가연물을 저장·취급하는 장소	

5. 스프링클러설비 관리사 20회

설치대상	적용기준
1. 문화 및 집회시설(동·식물원은 제외), 종교시설(주요구조부가 목조인 것은 제외), 운동시설(물놀이형 시설은 제외) : 전층 설치 관리사 15회·19회	• 수용인원 : 100인 이상 • 영화상영관 : 지하층·무창층인 경우 바닥면적 500m² 이상 그 밖의 층인 경우 바닥면적 1,000m² 이상 • 무대부 : 지하층·무창층·4층 이상의 층에 있는 경우 무대부 면적 300m² 이상, 그 밖의 층에 있는 경우 무대부 면적 500m² 이상
2. 판매시설, 운수시설, 창고시설 중 물류터미널 : 전층 설치	• 수용인원 : 500인 이상 • 바닥면적 합계 5,000m² 이상
3. 층수 6층 이상의 특정소방대상물 : 모든 층 설치 <개정 2018.6.27>	
4. 조산원, 산후조리원, 정신의료기관, 종합병원, 병원, 치과병원, 한방병원, 요양병원(정신병원은 제외), 노유자시설, 숙박이 가능한 수련시설 <개정 2021.8.24>	• 해당 용도의 바닥면적 합계 600m² 이상 : 모든 층 설치
5. 창고시설(물류터미널은 제외)	• 바닥면적 합계 5,000m² 이상
6. 랙크식 창고	• 천장 또는 반자의 높이 10m 초과하고 연면적 1,500m² 이상
7. 위 5호~6호에 해당되지 아니하는 공장 또는 창고시설	• 지정수량 1,000배 이상의 특수가연물을 저장·취급하는 곳 • 저준위방사성폐기물의 저장시설 중 소화수를 수집·처리하는 설비가 있는 저장시설
8. 지하가(터널은 제외)	• 연면적 1,000m² 이상 : 모든 층 설치
9. 위 1호~6호 이외의 특정소방대상물	• 지하층·무창층 또는 층수가 4층 이상인 층으로서 바닥면적 1,000m² 이상인 층
10. 기숙사 또는 복합건축물	• 연면적 5,000m² 이상 : 모든 층 설치
11. 교정 및 군사시설	• 교정 및 군사시설 중 국방·군사시설을 제외한 모든 수용거실 및 「경찰관 직무집행법」 제9조에 따른 유치장
12. 발전시설 중 전기저장시설	<신설 2021.8.24>
13. 보일러실, 연결통로	• 위 1.~12.까지의 특정소방대상물에 부속된 보일러실 또는 연결통로

6. 간이스프링클러설비 기술사 80회 관리사 20회

설치대상	적용기준
1. 근린생활시설 <개정 2021.8.24>	• 근린생활시설 바닥면적 합계 1,000m² 이상 : 모든 층 설치 • 의원, 치과의원 및 한의원으로서 입원실이 있는 시설 • 조산원 및 산후조리원으로서 연면적 600m² 미만인 시설
2. 교육연구시설 내의 합숙소	• 연면적 100m² 이상
3. 의료시설 <개정 2019.8.6>	• 종합병원, 병원, 치과병원, 한방병원, 요양병원(정신병원 및 의료재활시설은 제외) : 바닥면적 합계 600m² 미만인 시설 • 정신의료기관 또는 의료재활시설 : 바닥면적 합계 300m² 이상 600m² 미만인 시설 또는 바닥면적 합계 300m² 미만이고 창살이 설치된 시설
4. 노유자시설	① 노유자생활시설 ② ①에 해당하지 않고 바닥면적 300m² 이상 600m² 미만 ③ ①에 해당하지 않고 바닥면적 300m² 미만이고 창살 설치
5. 출입국관리법 제52조 2항에 따른 보호시설	• 건물을 임차하여 보호시설로 사용하는 부분
6. 생활형 숙박시설	• 해당 용도로 사용되는 바닥면적의 합계가 600m² 이상인 것
7. 주상 복합건축물	• 연면적 1,000m² 이상인 것 : 모든 층 설치
※「다중이용업소의 안전관리에 관한 특별법」상의 다중이용업소 관리사 20회	① 지하층에 설치된 영업장 ② 밀폐구조의 영업장 ③ 산후조리업 · 고시원업 · 실내권총사격장의 영업장

7. 물분무등소화설비 기술사 93회 · 95회

설치대상	적용기준
1. 기계장치에 의한 주차시설	20대 이상
2. 차고, 주차용 건축물 또는 철골조립식 주차시설	연면적 800m² 이상
3. 건축물 내부에 설치된 차고 · 주차장으로서 차고 또는 주차의 용도로 사용되는 부분	바닥면적 합계 200m² 이상
4. 항공기 격납고	모두 해당
5. 전기실, 발전실, 변전실, 축전지실, 통신기기실, 전산실	바닥면적 300m² 이상
6. 지하가 중 터널 : (물분무소화설비에 한함) <개정 2016.6.30>	예상교통량, 경사도 등 터널의 특성을 고려하여 행정안전부령으로 정함
7. 중 · 저준위방사성폐기물의 저장시설 : (가스계소화설비에 한하여 설치)	소화수를 수집 · 처리하는 설비가 설치되어 있지 아니한 저장시설
8. 지정문화재 : 소방청장이 문화재청장과 협의하여 정하는 것 <개정 : 2015.1.6>	

8. 자동화재탐지설비 관리사 20회

<table>
<tr><th colspan="2">설치대상</th><th>적용기준</th></tr>
<tr><td colspan="2">1. 근린생활시설(목욕장 제외), 위락시설, 숙박시설, 의료시설, 장례시설, 복합건축물</td><td>연면적 600m^2 이상</td></tr>
<tr><td colspan="2">2. 공동주택, 근린생활시설 중 목욕장, 문화 및 집회시설, 종교시설, 운동시설, 방송통신시설, 발전시설, 관광휴게시설, 지하가(터널은 제외), 판매시설, 업무시설, 운수시설, 공장, 창고시설, 위험물 저장 및 처리시설</td><td>연면적 1,000m^2 이상</td></tr>
<tr><td colspan="2">3. 교육연구시설(기숙사 및 합숙소를 포함), 수련시설(기숙사 및 합숙소를 포함하고 숙박시설이 있는 수련시설은 제외), 동물 및 식물관련시설, 분뇨 및 쓰레기 처리시설, 묘지관련시설, 교정 및 군사시설</td><td>연면적 2,000m^2 이상</td></tr>
<tr><td colspan="2">4. 지하가 중 터널</td><td>길이 1,000m 이상</td></tr>
<tr><td colspan="2">5. 지하구</td><td>모두 해당</td></tr>
<tr><td colspan="2">6. 노유자 생활시설</td><td>모두 해당</td></tr>
<tr><td rowspan="2">7.</td><td>위의 6호에 해당하지 않는 노유자시설</td><td>연면적 400m^2 이상</td></tr>
<tr><td>위의 6호에 해당하지 않는 숙박시설이 있는 수련시설</td><td>수용인원 100인 이상</td></tr>
<tr><td colspan="2">8. 위의 2호에 해당하지 않는 공장 및 창고시설로서 소방기본법에 의한 특수가연물을 저장·취급하는 것</td><td>지정수량 500배 이상</td></tr>
<tr><td rowspan="2">9. 의료시설 중 정신의료기관 또는 요양병원</td><td>• 요양병원(정신병원 및 의료재활시설은 제외)</td><td>모두 해당</td></tr>
<tr><td colspan="2">• 정신의료기관 또는 의료재활시설 : 바닥면적 합계 300m^2 이상인 시설 또는 바닥면적 합계 300m^2 미만이고 창살이 설치된 시설</td></tr>
<tr><td colspan="2">10. 판매시설 중 전통시장 <신설 2018.6.26></td><td>모두 해당</td></tr>
<tr><td colspan="3">11. 위 1 또는 2에 해당하지 않는 조산원, 산후조리원, 전기저장시설 <신설 2021.8.24></td></tr>
</table>

9. 기타 경보설비

<table>
<tr><th>소방시설</th><th>설치대상</th><th>적용기준</th></tr>
<tr><td rowspan="3">1. 비상경보설비</td><td>특정소방대상물 모두 해당(단, 가스시설, 지하구, 지하가 중 터널은 제외)</td><td>• 연면적 400m^2 이상
• 지하층·무창층의 바닥면적 150m^2 이상</td></tr>
<tr><td>지하가 중 터널</td><td>길이 500m 이상</td></tr>
<tr><td>옥내작업장</td><td>작업 근로자수 50인 이상</td></tr>
<tr><td>2. 비상방송설비
기술사 88회</td><td>특정소방대상물 모두 해당(단, 가스시설, 지하구, 축사, 지하가 중 터널은 제외)</td><td>• 연면적 3,500m^2 이상
• 지하층을 제외한 층수가 11층 이상
• 지하층의 층수가 3개층 이상</td></tr>
</table>

3. 누전경보기 기술사 99회	특정소방대상물 전부 해당(단, 가스시설, 지하구, 지하가 중 터널은 제외)	계약전류용량 100[A]초과(내화구조가 아닌 건축물로서 벽 · 바닥 또는 반자의 전부 나 일부를 불연재료 또는 준불연재료가 아닌 재료에 철망을 넣어 만든 것에 한한다)
4. 가스누설경보기	가스시설이 설치된 특정소방대상물	판매 · 운수 · 노유자 · 숙박 · 문화 및 집회 · 종교 · 의료 · 수련 · 운동시설, 창고시설 중 물류터미널, 장례식장
5. 자동화재속보설비 관리사 20회	① 공장, 창고시설, 업무시설, 발전시설	바닥면적 1,500m² 이상인 층이 있는 것
	② 노유자생활시설	모두 해당
	③ ②에 해당하지 않는 노유자시설	바닥면적 500m² 이상인 층이 있는 것
	④ 수련시설(숙박시설이 있는 건축물만 해당)	바닥면적 500m² 이상인 층이 있는 것
	⑤ 문화재보호법 제5조에 따라 국보 또는 보물로 지정된 목조건축물	
	⑥ 근린생활시설 중 의원, 치과의원, 한의원, 조산원, 산후조리원	
	⑦ 의료시설 <개정 2019.8.6>	• 종합병원, 병원, 치과병원, 한방병원, 요양병원(정신병원 및 의료재활시설은 제외) : 면적에 관계없이 해당 • 정신병원 및 의료재활시설 : 사용되는 바닥면적 합계가 500m² 이상인 층이 있는 것
	⑧ 판매시설 중 전통시장	⑨ 발전시설 중 전기저장시설
	⑩ ①~⑨에 해당하지 않는 특정소방대상물 중 층수가 30층 이상인 것	
6. 단독경보형 감지기 기술사 79회 관리사 19회	숙박시설	연면적 600m² 미만
	아파트, 기숙사	연면적 1,000m² 미만
	교육연구시설 내에 있는 합숙소 또는 기숙사	연면적 2,000m² 미만
	숙박시설이 있는 수련시설	모두 해당
	유치원 <신설 2018.6.26>	연면적 400m² 미만
7. 시각경보기 기술사 107회 관리사 19회 · 20회	자동화재탐지설비의 설치대상 특정소방대상물 중	근린생활 · 위락 · 문화 및 집회 · 종교 · 판매 · 운수 · 운동 · 숙박 · 노유자 · 의료 · 업무 · 발전시설, 방송국, 도서관, 지하상가, 장례식장, 물류터미널
8. 통합감시시설	지하구	모두 해당

10. 피난구조설비

<table>
<tr><th>소방시설</th><th colspan="2">설치대상</th><th>적용기준</th></tr>
<tr><td>1. 피난기구
관리사 20회</td><td colspan="2">전 특정소방대상물(가스시설, 지하구, 지하가 중 터널은 제외)</td><td>피난층, 지상1·2층 및 11층 이상의 층을 제외한 층에 설치</td></tr>
<tr><td rowspan="3">2. 인명구조기구 <개정 2021. 1.5>
기술사 86회</td><td>방열복 또는 방화복 + 인공소생기 + 공기호흡기</td><td>관광호텔</td><td>지하층을 포함한 층수 7층 이상</td></tr>
<tr><td>방열복 또는 방화복 + 공기호흡기</td><td>병원</td><td>지하층을 포함한 층수 5층 이상</td></tr>
<tr><td>공기호흡기</td><td colspan="2">① 문화 및 집회시설 중 영화상영관 : 수용인원 100명 이상
② 판매시설 중 대규모점포
③ 운수시설 중 지하역사
④ 지하가 중 지하상가
⑤ 이산화탄소소화설비 설치대상인 특정소방대상물</td></tr>
<tr><td rowspan="2">3. 유도등·유도표지</td><td colspan="2">모든 특정소방대상물(지하가 중 터널은 제외) <개정 2020.12.10></td><td>피난구유도등·통로유도등·유도표지</td></tr>
<tr><td colspan="2">유흥주점영업, 문화 및 집회시설, 종교시설, 운동시설</td><td>상기의 유도등 및 유도표지 외에 객석유도등을 추가 설치</td></tr>
<tr><td rowspan="3">4. 비상조명등
기술사 107회</td><td colspan="3">① 지하층을 포함한 층수가 5층 이상인 특정소방대상물(가스시설 및 창고는 제외)로서 연면적 3,000m² 이상</td></tr>
<tr><td colspan="3">② 위의 ①항에 해당하지 아니하는 특정소방대상물(가스시설 및 창고는 제외)로서 지하층 또는 무창층의 바닥면적 합계가 450m² 이상인 경우 그 지하층 또는 무창층</td></tr>
<tr><td colspan="3">③ 지하가 중 터널로서 길이 500m 이상</td></tr>
<tr><td rowspan="2">5. 휴대용 비상조명등</td><td colspan="2">숙박시설</td><td>전체</td></tr>
<tr><td colspan="2">영화상영관, 판매시설 중 대규모 점포, 지하상가, 철도지하역사</td><td>수용인원 100인 이상</td></tr>
</table>

11. 상수도 소화용수설비

<table>
<tr><th>설치대상</th><th>적용기준</th></tr>
<tr><td rowspan="2">모든 특정소방대상물(단, 대지 경계선으로부터 180m 이내에 구경 75mm 이상인 상수도용 배관이 설치되지 아니한 지역에는 소화수조 또는 저수조를 설치)</td><td>연면적 5,000m² 이상(가스시설, 지하구, 지하가 중 터널은 제외)</td></tr>
<tr><td>가스시설 : 지상에 노출된 탱크의 저장용량 합계 100톤 이상인 것</td></tr>
</table>

12. 소화활동설비

소방시설	설치대상	적용기준
1. 제연설비 기술사 91회 기술사 103회 관리사 16회	① 문화 및 집회시설, 종교시설, 운동시설	무대부의 바닥면적 200m^2 이상
		~~영화상영관으로서 수용인원 100인 이상~~
	② 지하층이나 무창층에 설치된 근린생활 · 판매 · 운수 · 숙박 · 위락 · 의료 · 노유자 · 창고시설(물류터미널만 해당)	해당 용도의 바닥면적 합계 1,000m^2 이상인 층
	③ 운수시설 중 시외버스정류장 · 철도 및 도시철도시설 · 공항시설 · 항만시설의 <u>대기실</u> 또는 휴게시설 <개정 2021.1.5>	지하층 또는 무창층의 바닥면적 1,000m^2 이상인 대합실 또는 휴게시설
	④ 지하가(터널은 제외)	연면적 1,000m^2 이상
	⑤ 지하가 중 터널	예상교통량, 경사도 등 터널의 특성을 고려하여 행정안전부령으로 정하는 위험등급 이상 해당 터널
	⑥ 특정소방대상물(갓복도형 아파트는 제외)에 부설된 특별피난계단, 비상용승강기의 승강장 <u>또는 피난용승강기의 승강장</u> <개정 2020.9.15>	
2. 연결송수관설비	① 지하가 중 터널	길이 1,000m 이상
	② 기타(상기 이외)의 특정소방대상물	• 지상 5층 이상으로서 연면적 6,000m^2 이상 • 지하층을 포함한 층수가 7층 이상 • 지하 3층 이상으로서 지하층의 바닥면적 합계 1,000m^2 이상
3. 연결살수설비 기술사 101회	① 판매시설, 운수시설, 물류터미널	바닥면적 합계 1,000m^2 이상
	② 모든 특정소방대상물	지하층의 바닥면적 합계 150m^2 이상
	③ 가스시설	지상에 노출된 탱크의 용량이 30톤 이상인 탱크시설
	④ 위의 ① · ②항에 부속된 연결통로	
4. 비상콘센트설비	① 지하층을 포함한 층수가 11층 이상인 것 : 11층 이상의 층	
	② 지하 3층 이상으로서 지하층의 바닥면적 합계 1,000m^2 이상 : 지하층의 모든 층	
5. 무선통신보조설비	① 지하가(터널은 제외)	연면적 1,000m^2 이상
	② 지하가 중 터널	길이 500m 이상
	③ 지하구로서 국토의 계획 · 이용에 관한 법률 제2조 9호에 의한 공동구	

	④ 지하층의 바닥면적 합계 3,000m² 이상인 것 또는 지하 3층 이상으로서 지하층의 바닥면적 합계 1,000m² 이상인 것 : 지하층의 모든 층
	⑤ 층수가 30층 이상인 것으로서 16층 이상 부분의 모든 층
6. 연소방지설비 <개정 2015.1.6>	지하구(전력 또는 통신사업용에 한함)

[별표 5의2] 임시소방시설의 종류와 설치기준 등

(제15조의5 제2항·제3항 관련) <개정 2018.6.26>

1. 임시소방시설의 종류

가. 소화기

나. 간이소화장치 : 물을 방사(放射)하여 화재를 진화할 수 있는 장치로서 소방청장이 정하는 성능을 갖추고 있을 것

다. 비상경보장치 : 화재가 발생한 경우 주변에 있는 작업자에게 화재사실을 알릴 수 있는 장치로서 소방청장이 정하는 성능을 갖추고 있을 것

라. 간이피난유도선 : 화재가 발생한 경우 피난구 방향을 안내할 수 있는 장치로서 소방청장이 정하는 성능을 갖추고 있을 것

2. 임시소방시설을 설치하여야 하는 공사의 종류와 규모

가. 소화기 : 제12조제1항에 따라 건축허가등을 할 때 소방본부장 또는 소방서장의 동의를 받아야 하는 특정소방대상물의 건축·대수선·용도변경 또는 설치 등을 위한 공사 중 제15조의5제1항 각 호에 따른 작업을 하는 현장(이하 "작업현장"이라 한다)에 설치한다. 〈개정 2018.6.26〉

나. 간이소화장치 : 다음의 어느 하나에 해당하는 공사의 작업현장에 설치한다.

1) 연면적 3천m^2 이상

2) 해당 층의 바닥면적이 600m^2 이상인 지하층, 무창층 또는 4층 이상의 층

다. 비상경보장치 : 다음의 어느 하나에 해당하는 공사의 작업현장에 설치한다.

1) 연면적 400m^2 이상

2) 해당 층의 바닥면적이 150m^2 이상인 지하층 또는 무창층

라. 간이피난유도선 : 바닥면적이 150m^2 이상인 지하층 또는 무창층의 작업현장에 설치한다.

3. 임시소방시설과 기능 및 성능이 유사한 소방시설로서 임시소방시설을 설치한 것으로 보는 소방시설 관리사 15회

가. 간이소화장치를 설치한 것으로 보는 소방시설 : 옥내소화전 또는 소방청장이 정하여 고시하는 기준에 맞는 소화기

나. 비상경보장치를 설치한 것으로 보는 소방시설 : 비상방송설비 또는 자동화재탐지설비
다. 간이피난유도선을 설치한 것으로 보는 소방시설 : 피난유도선, 피난구유도등, 통로유도등 또는 비상조명등

[별표 6] 특정소방대상물의 소방시설 설치의 면제기준 기술사 91회

<개정 2020. 9. 15>

[설치 하여야 할 소방시설의 종류]	[설치 면제 요건] (법정 설치 소방시설 대신 아래의 소방시설을 화재안전기준에 적합하게 설치 한 경우에는 그 설비의 유효범위 안의 부분에서 설치가 면제됨)
1. 스프링클러설비	**물분무등소화설비**를 설치한 경우 <개정 2010.2.4>
2. 물분무등소화설비	물분무 등 소화설비 설치대상의 차고·주차장에 **스프링클러설비**를 설치한 경우
3. 간이스프링클러설비	**스프링클러설비, 물분무소화설비** 또는 **미분무소화설비**를 설치한 경우
4. 비상경보설비 또는 단독경보형감지기	**자동화재탐지설비**를 설치한 경우
5. 비상경보설비	**단독경보형감지기**를 2개 이상 연동하여 설치한 경우
6. 비상방송설비	**자동화재탐지설비** 또는 비상경보설비와 동등 이상의 음향을 발하는 장치를 부설한 **방송설비**를 설치한 경우
7. 피난구조설비	그 위치·구조 또는 설비의 상황에 따라 **피난상 지장이 없다고 인정되는 경우**
8. 연결살수설비	송수구를 부설한 **스프링클러설비, 간이스프링클러설비, 물분무소화설비** 또는 **미분무소화설비**를 설치한 경우
9. 제연설비 기술사 105회 관리사 16회	가. 거실제연설비 : 다음 어느 하나에 해당하는 설비를 설치한 경우 1) 공기조화설비가 제연설비의 화재안전기준에 적합하게 설치되고, 화재 시 제연설비 기능으로 자동 전환되는 구조로 설치되어 있는 경우 2) 직접 외부공기와 통하는 배출구 면적의 합계가 해당 제연구역[제연경계(제연설비의 일부인 천장을 포함한다)에 의하여 구획된 건축물 내의 공간을 말한다] 바닥면적의 100분의 1 이상이고, 배출구부터 각 부분까지의 수평거리가 30m 이내이며, 공기유입구가 화재안전기준에 적합하게(외부 공기를 직접 자연 유입할 경우에 유입구의 크기는 배출구의 크기 이상이어야 한다) 설치되어 있는 경우

	나. 부속실제연설비 : 노대와 연결된 특별피난계단, 노대가 설치된 비상용승강기승강장 또는 「건축법 시행령」 제91조 제5호의 기준에 따라 배연설비가 설치된 피난용승강기의 승강장 <개정 2020.9.15>
10. 비상조명등	**피난구유도등** 또는 **통로유도등**을 설치한 경우
11. 누전경보기	**아크경보기** 또는 전기관련법령에 의한 **지락차단장치**를 설치한 경우
12. 무선통신보조설비	**이동통신구내 중계기선로설비** 또는 **무선이동중계기** 등을 화재안전기준의 무선통신보조설비 기준에 적합하게 설치한 것
13. 상수도소화용수설비 <개정 2011.10.28>	각 부분으로부터 수평거리 140m 이내에 공공의 소방을 위한 소화전이 설치되어 있는 경우, 소화수조 또는 저수조를 설치하는 경우
14. 연소방지설비	**스프링클러설비, 물분무소화설비** 또는 **미분무소화설비**를 설치한 경우
15. 연결송수관설비	옥외에 연결송수구 및 옥내에 방수구가 부설된 **옥내소화전설비 · 스프링클러설비 · 간이스프링클러설비** 또는 **연결살수설비**를 화재안전기준에 적합하게 설치한 경우. 다만, 지표면에서 최상층 방수구의 높이가 70m 이상인 경우에는 설치하여야 한다.
16. 자동화재탐지설비 <개정 2014.7.7>	자동화재탐지설비의 기능(감지 · 수신 · 경보기능을 말한다)과 성능을 가진 **스프링클러설비** 또는 **물분무등소화설비**를 화재안전기준에 적합하게 설치한 경우에는 그 설비의 유효범위에서 설치가 면제된다.
17. 옥외소화전설비 <신설 2010.2.4>	국보 또는 보물로 지정된 목조문화재에 **상수도소화용수설비**를 옥외소화전설비의 화재안전기준에서 정하는 방수압력 · 방수량 · 옥외소화전함 · 호스의 기준에 적합하게 설치한 경우
18. 옥내소화전설비 <개정 2018.6.26>	소방본부장 또는 소방서장이 옥내소화전설비의 설치가 곤란하다고 인정하는 경우로서 호스릴 방식의 미분무소화설비 또는 옥외소화전설비를 화재안전기준에 적합하게 설치한 경우에는 그 설비의 유효범위에서 설치가 면제된다.
19. 자동소화장치 <신설 2014.7.7>	자동소화장치(주거용 주방자동소화장치는 제외)를 설치하여야 하는 특정소방대상물에 **물분무등소화설비**를 화재안전기준에 적합하게 설치한 경우에는 그 설비의 유효범위에서 설치가 면제된다.

[별표 7] 소방시설을 설치하지 아니할 수 있는 특정소방대상물 및 소방시설의 범위 (제18조 관련) 기술사 76회

구분	특정소방대상물	소방시설
1. 화재위험도가 낮은 특정 소방대상물	석재 · 불연성금속 · 불연성 건축재료 등의 가공공장 · 기계조립공장 · 주물공장 또는 불연성 물품을 저장하는 창고	옥외소화전설비 및 연결살수설비
	소방기본법 제2조제5호의 규정에 의한 소방대가 조직되어 24시간 근무하고 있는 청사 및 차고	옥내소화전설비, 스프링클러설비, 물분무 등 소화설비, 비상방송설비, 피난기구, 소화용수설비, 연결송수관설비, 연결살수설비
2. 화재안전기준을 적용하기가 어려운 특정소방대상물	펄프공장의 작업장 · 음료수공장의 세정 또는 충전하는 작업장 그 밖에 이와 비슷한 용도로 사용하는 것	스프링클러설비, 상수도소화용수설비 및 연결살수설비
	정수장, 수영장, 목욕장, 농예 · 축산 · 어류양식용시설 그 밖에 이와 비슷한 용도로 사용되는 것	자동화재탐지설비, 상수도소화용수설비 및 연결살수설비
3. 화재안전기준을 달리 적용하여야 하는 특수한 용도 또는 구조를 가진 특정 소방대상물	원자력발전소, 핵폐기물처리시설	연결송수관설비 및 연결살수설비
4. 위험물안전관리법 제19조의 규정에 의한 자체소방대가 설치된 특정소방대상물	자체소방대가 설치된 위험물제조소 등에 부속된 사무실	옥내소화전설비, 소화용수설비, 연결살수설비 및 연결송수관설비

[제9장] 화재예방, 소방시설 설치 · 유지 및 안전관리에 관한 법률 시행규칙

(개정 : 2021. 7. 13. 행정안전부령 제268호)

제6조 (소방시설을 설치하여야 하는 터널)

① 영 별표 5 제1호다목2)나)에서 "행정안전부령으로 정하는 터널"이란 「도로의 구조 · 시설 기준에 관한 규칙」 제48조에 따라 국토교통부장관이 정하는 도로의 구조 및 시설에 관한 세부기준에 의하여 옥내소화전설비를 설치하여야 하는 터널을 말한다. 〈신설 2017.2.10〉

② 영 별표 5 제1호바목7) 본문에서 "행정안전부령으로 정하는 터널"이란 「도로의 구조 · 시설 기준에 관한 규칙」 제48조에 따라 국토교통부장관이 정하는 도로의 구조 및 시설에 관한 세부기준에 의하여 물분무설비를 설치하여야 하는 터널을 말한다.

③ 영 별표 5 제5호가목5)에서 "행정안전부령으로 정하는 터널"이란 「도로의 구조 · 시설 기준에 관한 규칙」 제48조에 따라 국토교통부장관이 정하는 도로의 구조 및 시설에 관한 세부기준에 의하여 제연설비를 설치하여야 하는 터널을 말한다.

제7조 (연소 우려가 있는 건축물의 구조)

영 별표 5 제1호사목1) 후단(옥외소화전설비)에서 "행정안전부령으로 정하는 연소(延燒) 우려가 있는 구조"란 다음 각 호의 기준에 모두 해당하는 구조를 말한다. 〈개정 2014.7.8, 2014.11.19〉

1. 건축물대장의 건축물 현황도에 표시된 대지경계선 안에 둘 이상의 건축물이 있는 경우
2. 각각의 건축물이 다른 건축물의 외벽으로부터 수평거리가 1층의 경우에는 6m 이하, 2층 이상의 층의 경우에는 10m 이하인 경우
3. 개구부가 다른 건축물을 향하여 설치되어 있는 경우

[제10장] 다중이용업소의 안전관리에 관한 특별법

(개정 : 2021. 1. 5. 법률 제17833호)

제2조 (정의)

1. **다중이용업** : 불특정 다수인이 이용하는 영업 중 화재 등 재난 발생시 생명 · 신체 · 재산상의 피해가 발생할 우려가 높은 것으로서 대통령령으로 정하는 영업을 말한다.
2. **안전시설등** : 소방시설, 비상구, 영업장 내부 피난통로, 그 밖의 안전시설로서 대통령령으로 정하는 것 〈개정 2014.1.7〉
3. **실내장식물** : 건축물 내부의 천장 또는 벽에 설치하는 것으로서 대통령령이 정하는 것
4. **화재위험평가** : 다중이용업의 영업소가 밀집한 지역 또는 건축물에 대하여 화재 발생의 가능성과 화재로 인한 불특정 다수인의 생명 · 신체 · 재산상의 피해 및 주변에 미치는 영향을 예측 · 분석하고 이에 대한 대책을 마련하는 것 기술사 124회
5. **밀폐구조의 영업장** : 지상층에 있는 다중이용업소의 영업장 중 채광 · 환기 · 통풍 및 피난 등이 용이하지 못한 구조로 되어 있으면서 대통령령으로 정하는 기준에 해당하는 영업장 〈신설 2014.1.7〉 관리사 15회
6. **영업장의 내부구획** : 다중이용업소의 영업장 내부를 이용객들이 사용할 수 있도록 벽 또는 칸막이 등을 사용하여 구획된 실(室)을 만드는 것 〈신설 2014.1.7〉

제9조 (다중이용업소의 안전관리기준 등) 〈개정 2016.1.27, 2020.6.9〉

① 다중이용업주 및 다중이용업을 하려는 자는 영업장에 대통령령으로 정하는 안전시설등을 안전행정부령으로 정하는 기준에 따라 설치 · 유지하여야 한다. 이 경우 다음 각 호의 어느 하나에 해당하는 영업장 중 대통령령으로 정하는 영업장에는 소방시설 중 간이스프링클러 설비를 안전행정부령으로 정하는 기준에 따라 설치하여야 한다. 〈개정 2014.1.7〉
  1. 숙박을 제공하는 형태의 다중이용업소의 영업장
  2. 밀폐구조의 영업장

② 소방본부장이나 소방서장은 안전시설등이 행정안전부령으로 정하는 기준에 맞게 설치 또는 유지되어 있지 아니한 경우에는 그 다중이용업주에게 안전시설등의 보완 등 필요한 조치를 명하거나 허가관청에 관계 법령에 따른 영업정지 처분 또는 허가등의 취소를 요청할 수 있다. 〈개정 2016.1.27〉

③ 다중이용업을 하려는 자는 다음 각 호의 어느 하나에 해당하는 경우에는 안전시설등을 설치하기 전에 미리 소방본부장이나 소방서장에게 행정안전부령으로 정하는 안전시설등의

설계도서를 첨부하여 신고하여야 한다. 〈제3항제2호 개정 2015.1.20〉

1. 안전시설등을 설치하려는 경우
2. 영업장 내부구조를 변경하려는 경우로서 다음 각 목의 어느 하나에 해당하는 경우
   가. 영업장 면적의 증가
   나. 영업장의 구획된 실의 증가
   다. 내부통로 구조의 변경
3. 안전시설등의 공사를 마친 경우

⑥ 법률 제9330호 다중이용업소의 안전관리에 관한 특별법 일부개정법률 부칙 제3항에 따라 대통령령으로 정하는 숙박을 제공하는 형태의 다중이용업소의 영업장으로서 2009년 7월 8일 전에 영업을 개시한 후 영업장의 내부구조 · 실내장식물 · 안전시설등 또는 영업주를 변경한 사실이 없는 영업장을 운영하는 다중이용업주가 제1항 후단에 따라 해당 영업장에 간이스프링클러설비를 설치하는 경우 국가와 지방자치단체는 필요한 비용의 일부를 대통령령으로 정하는 바에 따라 지원할 수 있다. 〈신설 2020.6.9〉

제9조의2 (다중이용업의 비상구 추락방지) 〈신설 2017.12.26〉

다중이용업주 및 다중이용업을 하려는 자는 제9조제1항에 따라 설치·유지하는 안전시설등 중 행정안전부령으로 정하는 비상구에 추락위험을 알리는 표지 등 추락 등의 방지를 위한 장치를 행정안전부령으로 정하는 기준에 따라 갖추어야 한다.

제10조 (다중이용업의 실내장식물 범위)

① 다중이용업소에 설치하거나 실내장식물(반자돌림대 등의 너비가 10cm 이하인 것은 제외한다)은 불연재료 또는 준불연재료로 설치하여야 한다.

② 제1항의 규정에 불구하고 합판 또는 목재로 실내장식물을 설치하는 경우로서 그 면적이 영업장의 천장과 벽을 합한 면적의 3/10(스프링클러설비 또는 간이스프링클러설비가 설치된 경우에는 5/10)이하인 부분은 「화재예방, 소방시설 설치 · 유지 및 안전관리에 관한 법률」 제12조제3항에 따른 방염성능기준 이상의 것으로 설치할 수 있다.

③ 소방본부장이나 소방서장은 다중이용업소의 실내장식물이 제1항 및 제2항에 따른 실내장식물의 기준에 맞지 아니하는 경우에는 그 다중이용업주에게 해당 부분의 실내장식물을 교체하거나 제거하게 하는 등 필요한 조치를 명하거나 허가관청에 관계법령에 따른 영업정지 처분 또는 허가등의 취소를 요청할 수 있다. 〈개정 2016.1.27〉

제10조의2 (영업장의 내부구획) 〈신설 2014.1.7〉

① 다중이용업소의 영업장 내부를 구획하고자 할 때에는 불연재료로 구획하여야 한다. 이 경우 다음 각 호의 어느 하나에 해당하는 다중이용업소의 영업장은 천장(반자속)까지 구획하여야 한다.

1. 단란주점 및 유흥주점 영업

2. 노래연습장업

② 제1항에 따른 영업장의 내부구획 기준은 행정안전부령으로 정한다.

③ 소방본부장이나 소방서장은 영업장의 내부구획이 제1항 및 제2항에 따른 기준에 맞지 아니하는 경우에는 그 다중이용업주에게 보완 등 필요한 조치를 조치를 명하거나 허가관청에 관계법령에 따른 영업정지 처분 또는 허가등의 취소를 요청할 수 있다.

제13조 (다중이용업주의 안전시설등에 대한 정기점검 등)

① 다중이용업주는 다중이용업소의 안전관리를 위하여 정기적으로 안전시설등을 점검하고 그 점검결과서를 1년간 보관하여야 한다. 이 경우 다중이용업소에 설치된 안전시설등이 건축물의 다른 시설 · 장비와 연계되어 작동되는 경우에는 해당 건축물의 관계인(「소방기본법」 제2조 제3호에 따른 관계인을 말한다. 이하 같다) 및 소방안전관리자는 다중이용업주의 안전점검에 협조하여야 한다. 〈개정 2021.1.5〉

② 다중이용업주는 제1항에 따른 정기점검을 행정안전부령으로 정하는 바에 따라 「소방시설법」 제29조에 따른 소방시설관리업자에게 위탁할 수 있다.

③ 제1항의 규정에 의한 안전점검의 대상, 점검자의 자격, 점검주기, 점검방법 그 밖에 필요한 사항은 행정안전부령으로 정한다.

제15조 (다중이용업소에 대한 화재위험평가 등) 기술사 92회 · 124회

① 소방청장, 소방본부장 또는 소방서장은 다음 각 호의 어느 하나에 해당하는 지역 또는 건축물에 대하여 화재를 예방하고 화재로 인한 생명 · 신체 · 재산상의 피해를 방지하기 위하여 필요하다고 인정하는 경우에는 화재위험평가를 할 수 있다.

1. 2,000m^2 지역 안에 다중이용업소가 50개 이상 밀집하여 있는 경우
2. 5층 이상인 건축물로서 다중이용업소가 10개 이상 있는 경우
3. 하나의 건축물에 다중이용업소로 사용하는 영업장 바닥면적의 합계가 1,000m^2 이상인 경우

② 소방청장, 소방본부장 또는 소방서장은 화재위험평가 결과 그 위험유발지수가 대통령령으로 정하는 기준(화재위험유발지수 D등급 ~ E등급) 이상인 경우에는 해당 다중이용업주 또는 관계인에 대하여 「화재예방, 소방시설 설치 · 유지 및 안전관리에 관한 법률」 제5조에 따른 조치(소방대상물에 대한 개수명령)를 명할 수 있다. 〈개정 2021.1.5〉

③ 소방청장, 소방본부장 또는 소방서장은 제2항에 따른 명령으로 인하여 손실을 입은 자가 있으면 대통령령으로 정하는 바에 따라 이를 보상하여야 한다. 다만, 법령을 위반하여 건축되거나 설비된 다중이용업소에 대하여는 그러하지 아니하다.

④ 소방청장, 소방본부장 또는 소방서장은 화재위험평가의 결과 그 위험유발지수가 대통령령으로 정하는 기준(화재위험유발지수 A등급 : 평가점수 80 이상) 미만인 다중이용업소에 대하여는 안전시설등의 일부를 설치하지 아니하게 할 수 있다.

⑤ 소방청장, 소방본부장 또는 소방서장은 화재위험평가를 제16조제1항에 따른 화재위험평가 대행자로 하여금 대행하게 할 수 있다.

[제11장] 다중이용업소의 안전관리에 관한 특별법 시행령

(개정 : 2021. 7. 13. 대통령령 제31870호)

제2조 (다중이용업의 범위) 기술사 86회

1.「식품위생법 시행령」제21조제8호에 따른 식품접객업 중 다음 각 목의 어느 하나에 해당하는 것
   가. 휴게음식점영업 · 제과점영업 또는 일반음식점영업으로서 영업장으로 사용하는 바닥면적의 합계가 100m^2(영업장이 지하층인 것은 66m^2) 이상인 것. 다만, 영업장(내부계단으로 연결된 복층구조의 영업장을 제외한다)이 다음의 어느 하나에 해당하는 층에 설치되고 그 영업장의 주된 출입구가 건축물 외부의 지면과 직접 연결되는 곳에서 하는 영업을 제외한다. 〈개정 2018.7.10〉
   (1) 지상 1층
   (2) 지상과 직접 접하는 층
   나. 단란주점영업과 유흥주점영업
2. 영화상영관, 비디오물감상실업, 비디오물소극장업, 복합영상물제공업
3. 학원으로서 다음 각 목의 어느 하나에 해당하는 것
   가. 수용인원 300명 이상의 학원
   나. 수용인원 100명 이상 300명 미만의 학원으로서 다음 각 목의 어느 하나에 해당하는 것. 다만, 학원부분과 다른 용도의 부분간에 방화구획된 것은 제외한다.
   (1) 하나의 건축물에 학원과 기숙사가 함께 있는 학원
   (2) 하나의 건축물에 학원이 둘 이상 있는 경우로서 학원의 수용인원 합계가 300인 이상인 학원
   (3) 하나의 건축물에 학원과 기타의 다중이용업소가 함께 있는 경우
4. 목욕장업 중 불가마시설을 갖춘 업소로서 수용인원 100명 이상인 것
5.~7. 게임제공업, 노래연습장업, 산후조리업, 고시원업, 실내권총사격장, 실내골프연습장업, 안마시술소
8. 화재위험평가 결과 위험유발지수가 D등급 ~ E등급에 해당하거나, 화재발생시 인명피해발생 우려가 높은 불특정 다수인이 출입하는 영업으로서 소방청장이 관계 중앙행정기관의 장과 협의하여 행정안전부령으로 정하는 영업 : (화상대화방업, 전화방업, 수면방업, 콜라텍업, 방탈출카페업, 키즈카페업, 만화카페업 등)

제3조 (실내장식물)

건축물 내부의 천장이나 벽에 붙이는(설치하는) 것으로서 다음 각 호의 어느 하나에 해당하는 것을 말한다. 다만, 가구류와 너비 10cm 이하인 반자돌림대 등과 「건축법」 제52조에 따른 내부마감재료는 제외한다.

1. 종이류(두께 2mm 이상인 것) · 합성수지류 또는 섬유류를 주원료로 한 물품
2. 합판이나 목재
3. 공간을 구획하기 위하여 설치하는 간이 칸막이(접이식 등 이동 가능한 벽체나 천장 또는 반자가 실내에 접하는 부분까지 구획하지 아니하는 벽체)
4. 흡음(吸音)이나 방음(防音)을 위하여 설치하는 흡음재(흡음용 커튼을 포함한다) 또는 방음재(방음용 커튼을 포함한다)

제3조의2 (밀폐구조의 영업장) <신설 : 2014.12.23>

법 제2조제1항제5호(밀폐구조의 영업장)에서 "대통령령으로 정하는 기준"이란 「화재예방, 소방시설 설치 · 유지 및 안전관리에 관한 법률 시행령」 제2조에 따른 요건(무창층의 요건)을 모두 갖춘 개구부의 면적의 합계가 영업장으로 사용하는 바닥면적의 30분의 1 이하가 되는 것을 말한다.

제9조 (안전시설등)

다중이용업소의 영업장에 설치 · 유지해야 하는 안전시설등 및 간이스프링클러설비를 설치해야 하는 영업장은 [별표 1의2]와 같다. 〈개정 2020.12.1〉

[별표 1] 안전시설 등 (제2조의2 관련)

<개정 : 2018.7.10>

1. **소방시설** 기술사 123회
   가. 소화설비
      1) 소화기 또는 자동확산소화기
      2) 간이스프링클러설비(캐비닛형 간이스프링클러설비를 포함한다)
   나. 경보설비
      1) 비상벨설비 또는 자동화재탐지설비
      2) 가스누설경보기
   다. 피난설비
      1) 피난기구
         가) 미끄럼대　나) 피난사다리　다) 구조대
         라) 완강기　마) 다수인 피난장비　바) 승강식 피난기

2) 피난유도선

3) 유도등, 유도표지 또는 비상조명등

4) 휴대용비상조명등

2. 비상구

3. 영업장 내부 피난통로

4. 그 밖의 안전시설

가. 영상음향차단장치

나. 누전차단기

다. 창문

[별표 1의2] 기술사 72회 · 74회 · 86회

다중이용업소에 설치 · 유지하여야 하는 안전시설등 (제9조 관련)

〈개정 : 2020.12.1〉

1. 소방시설

가. 소화설비

1) 소화기 또는 자동확산소화기

2) 간이스프링클러설비(캐비닛형 간이스프링클러설비를 포함) 다만, 다음의 영업장에만 설치한다.

가) 지하층에 설치된 영업장

나) 법 제9조제1항제1호에 따른 숙박을 제공하는 형태의 다중이용업소의 영업장 중 다음에 해당하는 영업장. 다만, 지상 1층에 있거나 지상과 직접 맞닿아 있는 층(영업장의 주된 출입구가 건축물 외부의 지면과 직접 연결된 경우를 포함한다)에 설치된 영업장은 제외한다. 〈개정 2020.12.1〉

① 제2조제7호에 따른 산후조리업의 영업장

② 제2조제7호의2에 따른 고시원업의 영업장

다) 법 제9조제1항제2호에 따른 밀폐구조의 영업장 〈개정 2020.12.1〉

라) 제2조제7호의3에 따른 권총사격장의 영업장

나. 경보설비

1) 비상벨설비 또는 자동화재탐지설비. 다만, 노래반주기 등 영상음향장치를 사용하는 영업장에는 자동화재탐지설비를 설치하여야 한다.

2) 가스누설경보기. 다만, 가스시설을 사용하는 주방이나 난방시설이 있는 영업장에만 설치한다.

다. 피난설비

1) 피난기구 : 미끄럼대, 피난사다리, 구조대, 완강기

2) 피난유도선. 다만, 영업장 내부 피난통로 또는 복도가 있는 영업장에만 설치한다.
 가) 단란주점영업과 유흥주점영업의 영업장
 나) 영화상영관, 비디오물감상실업 및 복합영상물제공업의 영업장
 다) 노래연습장업의 영업장
 라) 산후조리업의 영업장
 마) 고시원업의 영업장

3) 유도등, 유도표지 또는 비상조명등

4) 휴대용 비상조명등

2. 비상구 기술사 100회

다만, 다음 각 목의 어느 하나에 해당하는 영업장에는 비상구를 설치하지 않을 수 있다.

가. 주된 출입구 외에 해당 영업장 내부에서 피난층 또는 지상으로 통하는 직통계단이 주된 출입구 중심선으로부터 수평거리로 영업장의 긴 변 길이의 2분의 1 이상 떨어진 위치에 별도로 설치된 경우 〈개정 2018.7.10〉

나. 피난층에 설치된 영업장(영업장으로 사용하는 바닥면적이 33m^2 이하인 경우로서 영업장 내부에 구획된 실이 없고, 영업장 전체가 개방된 구조의 영업장을 말한다)으로서 그 영업장의 각 부분으로부터 출입구까지의 수평거리가 10m 이하인 경우

3. 영업장 내부 피난통로. 다만, 구획된 실이 있는 영업장에만 설치한다. 〈개정 2018.7.10〉

4. 그 밖의 안전시설

가. 영상음향차단장치 : 노래반주기 등 영상음향장치를 사용하는 영업장에만 설치한다.

나. 누전차단기

다. 창문 : 고시원의 영업장에만 설치한다.

[비고]

1. "피난유도선"이란 햇빛이나 전등불로 축광하여 빛을 내거나 전류에 의하여 빛을 내는 유도체로서 화재 발생 시 등 어두운 상태에서 피난을 유도할 수 있는 시설을 말한다.
2. "비상구"란 주된 출입구와 주된 출입구 외에 화재 발생 시 등 비상시 영업장의 내부로부터 지상·옥상 또는 그 밖의 안전한 곳으로 피난할 수 있도록 「건축법 시행령」에 따른 직통계단·피난계단·옥외피난계단 또는 발코니에 연결된 출입구를 말한다.
3. "구획된 실(室)"이란 영업장 내부에 이용객 등이 사용할 수 있는 공간을 벽이나 칸막이 등으로 구획한 공간을 말한다. 다만, 영업장 내부를 벽이나 칸막이 등으로 구획한 공간이 없는 경우에는 영업장 내부 전체 공간을 하나의 구획된 실로 본다.
4. "영상음향차단장치"란 영상 모니터에 화상 및 음반 재생장치가 설치되어 있어 영화, 음악 등을 감상할 수 있는 시설이나 화상 재생장치 또는 음반 재생장치 중 한 가지 기능만 있는 시설을 차단하는 장치를 말한다.

[별표 4] **화재위험유발지수** (제11조 1항 및 제13조 관련)

기술사 110회 · 124회

등급	평가점수	위험수준
A	80 이상	20 미만
B	60 ~ 79	20 이상 ~ 39 이하
C	40 ~ 59	40 이상 ~ 59 이하
D	20 ~ 39	60 이상 ~ 79 이하
E	20 미만	80 이상

[비고]

1. 평가점수 : 영업소 등에 사용 또는 설치된 가연물의 양, 소방시설의 화재진화를 위한성능 등을 고려한 영업소의 화재안전성을 100점 만점 기준으로 환산한 점수를 말함
2. 위험수준 : 영업소 등에 사용 또는 설치된 가연물의 양, 화기취급의 종류 등을 고려한 영업소의 화재발생가능성을 100점 만점 기준으로 환산한 점수를 말한다.

[별표 5]

화재위험평가대행자가 갖추어야 할 기술인력 · 시설 · 장비기준 (제14조 관련)

1. 기술인력 기준 : 다음 각 목의 기술인력을 보유할 것
   가. 소방기술사 자격을 취득한 사람 1명 이상
   나. 국가기술자격법령에 따라 소방 · 건축 · 전기 · 가스분야 기사 자격을 취득한 후 관련 분야에 3년 이상 실무경력이 있는 사람 1명 이상
   다. 국가기술자격법령에 따라 소방설비산업기사 자격을 취득한 사람 1명 이상
2. 시설 및 장비 기준 : 다음 각 목의 시설 및 장비를 갖출 것
   가. 화재 모의시험이 가능한 컴퓨터 1대 이상
   나. 화재 모의시험을 위한 프로그램

[제12장] 다중이용업소의 안전관리에 관한 특별법 시행규칙

(개정 : 2021. 12. 7. 행정안전부령 제289호)

제9조 (안전시설등의 설치 · 유지기준)

법 제9조제1항에 따라 다중이용업소의 영업장에 설치 · 유지하여야 하는 안전시설등의 설치 · 유지 기준은 [별표 2]와 같다.

제11조의2 (다중이용업소의 비상구 추락방지 기준) <신설 2019.4.22.>

① 법 제9조의2에서 "행정안전부령으로 정하는 비상구"란 영업장의 위치가 4층 이하(지하층인 경우는 제외한다)인 경우 그 영업장에 설치하는 비상구를 말한다.

② 제1항에 따른 비상구의 설치기준과 법 제9조의2에 따른 추락 등의 방지를 위한 장치의 설치기준은 별표 2 제2호 다목과 같다.

제11조의3 (영업장의 내부구획 기준) <신설 2015.1.7>

법 제10조의2제1항에 따라 다중이용업소의 영업장 내부를 구획함에 있어 배관 및 전선관 등이 영업장 또는 천장(반자속)의 내부구획된 부분을 관통하여 틈이 생긴 때에는 다음 각 호의 어느 하나에 해당하는 재료를 사용하여 그 틈을 메워야 한다.

1. 「산업표준화법」에 따른 한국산업표준에서 내화충전성능을 인정한 구조로 된 것
2. 한국건설기술연구원의 장이 국토교통부장관이 정하여 고시하는 기준에 따라 내화충전성능을 인정한 구조로 된 것

제12조 (피난안내도의 비치대상 등)

① 법 제12조제2항에 따른 피난안내도의 비치대상, 피난안내영상물의 상영대상, 피난안내도의 비치위치 및 피난안내영상물의 상영시간 등은 [별표 2의2]와 같다.

② 제1항에 따라 피난안내도 비치대상 및 피난안내영상물 상영대상의 다중이용업주는 법 제13조제1항에 따라 안전시설등을 점검할 때에 피난안내도 및 피난안내에 관한 영상물을 포함하여 점검하여야 한다.

제14조 (안전점검의 대상, 점검자의 자격 등)

1. 안전점검의 대상 : 다중이용업소의 영업장에 설치된 [별표2]의 안전시설
2. 안전점검자의 자격

   가. 해당 영업장의 다중이용업주 또는 다중이용업소가 위치한 특정소방대상물의 소방

안전관리자

나. 해당 업소의 종업원 중 소방안전관리자 자격을 취득한 자, 소방기술사 · 소방설비기사 또는 소방설비산업기사 자격을 취득한 자

다. 「소방시설법」 제29조에 따른 소방시설관리업자

3. 점검주기 : 매 분기별 1회 이상 점검
4. 점검방법 : 안전시설등의 작동 및 유지 · 관리상태를 점검한다.

[별표 2] 안전시설등의 설치 · 유지 기준 (제9조 관련)

<개정 : 2019. 4. 22>

안전시설등 종류		설치 · 유지 기준
1. 소방시설	**가. 소화설비**	
	1) 소화기 또는 자동확산소화기	영업장 안의 구획된 실마다 설치
	2) 간이스프링클러설비	화재안전기준에 따라 설치. 다만, 영업장의 구획된 실마다 스프링클러헤드 또는 간이스프링클러헤드가 설치된 경우에는 그 설비의 유효범위 부분에는 간이스프링클러설비를 설치하지 않을 수 있다.
	나. 비상벨설비 또는 자동화재탐지설비	가) 영업장의 구획된 실마다 비상벨설비 또는 자동화재탐지설비 중 하나 이상을 화재안전기준에 따라 설치 나) 자동화재탐지설비를 설치하는 경우에는 감지기와 지구음향장치는 영업장의 구획된 실마다 설치 다) 영상음향차단장치가 설치된 영업장에는 자동화재탐지설비의 수신기를 별도로 설치
	다. 피난설비	
	1) 영 별표 1의2 제1호 다목 1)에 따른 피난기구	4층 이하 영업장의 비상구(발코니 또는 부속실)에는 피난기구를 화재안전기준에 따라 설치
	2) 피난유도선	가) 영업장 내부 피난통로 또는 복도에 유도등 및 유도표지의 화재안전기준에 따라 설치 나) 전류에 의하여 빛을 내는 방식으로 할 것
	3) 유도등, 유도표지 또는 비상조명등	영업장 안의 구획된 실마다 이 3종류 중 하나 이상을 화재안전기준에 따라 설치
	4) 휴대용비상조명등	영업장 안의 구획된 실마다 화재안전기준에 따라 설치

2. 비상구 관리사 20회 기술사 90회 기술사 97회 기술사 108회 기술사 123회	**가. 공통기준** 1) 설치 위치 : 비상구는 영업장 주된 출입구의 반대방향에 설치(다만, 건물구조로 인하여 불가피한 경우에는 그렇지 않다)하되, 주된 출입구로부터 영업장의 가장 긴 대각선 길이, 가로 또는 세로 길이 중 가장 긴 길이의 2분의 1 이상 떨어진 위치에 설치 2) 비상구 규격 : 가로 75cm 이상, 세로 150cm 이상(비상구의 문틀을 제외한 규격) 3) 비상구 구조 가) 비상구는 구획된 실 또는 천장으로 통하는 구조가 아닌 것으로 할 것. 다만, 영업장 바닥에서 천장까지 불연재료로 구획된 부속실(전실)은 그러하지 아니하다. 나) 비상구는 다른 영업장 또는 다른 용도의 시설(주차장은 제외한다)을 경유하는 구조가 아닌 것이어야 하고, 층별 영업장은 다른 영업장 또는 다른 용도의 시설과 불연재료・준불연재료로 된 차단벽이나 칸막이로 분리되도록 할 것. 다만, 다음 (1)부터 (3)까지의 경우에는 분리 또는 구획하는 별도의 차단벽이나 칸막이 등을 설치하지 않을 수 있다. (1) 둘 이상의 영업소가 주방 외에 객실부분을 공동으로 사용하는 등의 구조인 경우 (2) 「식품위생법 시행규칙」 별표 14 제8호가목5)다)에 해당되는 경우 (3) 「다중이용업소의 안전관리에 관한 특별법 시행령」 제9조에 따른 안전시설등을 갖춘 경우로서 실내에 설치한 유원시설업의 허가 면적 내에 「관광진흥법 시행규칙」 별표 1의2 제1호가목에 따라 청소년게임제공업 또는 인터넷컴퓨터게임시설제공업이 설치된 경우 4) 문이 열리는 방향 : 피난방향으로 열리는 구조로 할 것. 다만, 주된 출입구의 문이 건축법령에 따른 피난계단 또는 특별피난계단의 설치기준에 따라 설치하여야 하는 문이 아니거나 건축법령에 따라 설치되는 방화구획이 아닌 곳에 위치한 주된 출입구가 다음의 기준을 충족하는 경우에는 자동문[미서기(슬라이딩)문]으로 설치할 수 있다. 가) 화재감지기와 연동하여 개방되는 구조 나) 정전시 자동으로 개방되는 구조 다) 정전시 수동으로 개방되는 구조 5) 문의 재질 : 주요구조부(영업장의 벽・천장・바닥)가 내화구조인 경우 비상구와 주된 출입구의 문은 방화문으로 설치할 것. 다만, 다음의 어느 하나에 해당하는 경우에는 불연재료로 설치할 수 있다. 가) 주요구조부가 내화구조가 아닌 경우 나) 건물의 구조상 비상구 또는 주된 출입구의 문이 지표면과 접하는 경우로서 화재의 연소 확대 우려가 없는 경우 다) 비상구 또는 주된 출입구의 문이 건축법령에 따른 피난계단 또는 특별피난계단의 설치기준에 따라 설치하여야 하는 문이 아니거나 건축법

2. 비상구 관리사 20회 기술사 90회 기술사 97회 기술사 108회 기술사 123회	령에 따라 설치되는 방화구획이 아닌 곳에 위치한 경우 **나. 복층구조**(각각 다른 2개 이상의 층을 내부계단 또는 통로가 설치되어 하나의 층 내부에서 다른 층으로 출입할 수 있도록 되어 있는 구조)**의 기준** 1) 각 층마다 영업장 외부의 계단 등으로 피난할 수 있는 비상구를 설치할 것 2) 비상구의 문은 위 가.의 5)에 따른 재질로 설치할 것 3) 비상구의 문이 열리는 방향은 실내에서 외부로 열리는 구조로 할 것 4) 영업장의 위치 및 구조가 다음의 어느 하나에 해당하는 경우에는 1)에도 불구하고 그 영업장으로 사용하는 어느 하나의 층에 비상구를 설치할 것 가) 건축물 주요구조부를 훼손하는 경우 나) 옹벽 또는 외벽이 유리로 설치된 경우 등 **다. 영업장의 위치가 지상 4층 이하(지하층인 경우는 제외)인 경우의 기준** 1) 피난 시에 유효한 발코니(가로 75cm 이상, 세로 150cm 이상, 면적 1.12m² 이상, 높이 100cm 이상인 난간) 또는 부속실(불연재료로 바닥에서 천장까지 구획된 실로서 가로 75cm 이상, 세로 150cm 이상, 면적 1.12m² 이상인 것)을 설치하고, 그 장소에 적합한 피난기구를 설치할 것 2) 부속실을 설치하는 경우 부속실 입구의 문과 건물 외부로 나가는 문의 규격은 위의 비상구 규격으로 할 것 <신설 2016.10.19> 3) 추락 등의 방지를 위하여 다음 사항을 갖추도록 할 것 <신설 2016.10.19> 가) 발코니 및 부속실 입구의 문을 개방하면 경보음이 울리도록 경보음 발생 장치를 설치하고, 추락위험을 알리는 표지를 문(부속실의 경우 외부로 나 가는 문도 포함)에 부착할 것 나) 부속실에서 건물 외부로 나가는 문 안쪽에는 기둥・바닥・벽 등의 견고한 부분에 탈착이 가능한 쇠사슬 또는 안전로프 등을 바닥에서부터 120cm 이상의 높이에 가로로 설치할 것. 다만, 120cm 이상의 난간이 설치된 경우에는 쇠사슬 또는 안전로프 등을 설치하지 않을 수 있다.
3. 영업장 내부 피난통로 기술사 108회	가. 내부 피난통로의 폭은 120cm 이상. 다만, 양 옆에 구획된 실이 있는 영업장으로서 구획된 실 출입문의 열리는 방향이 피난통로 방향인 경우에는 150cm 이상으로 설치 나. 구획된 실부터 주된 출입구 또는 비상구까지의 내부 피난통로의 구조는 세 번 이상 구부러지는 형태로 설치하지 말 것
4. 창문	가. 영업장 층별로 가로 50cm 이상, 세로 50cm 이상 열리는 창문을 1개 이상 설치 나. 영업장 내부 피난통로 또는 복도에 바깥 공기와 접하는 부분에 설치(구획된 실에 설치하는 것은 제외)
5. 영상음향 차단장치	피난안내도 및 피난안내 영상물에 포함되어야 할 내용 : 다음 각 호의 내용을 모두 포함할 것. 이 경우 광고 등 피난안내에 혼선을 초래하는 내용을 포함해서는 안된다. <개정 2019.4.22>

	가. 화재 시 자동화재탐지설비의 감지기에 의해 자동으로 음향 및 영상이 정지될 수 있는 구조로 설치하되, 수동으로도 조작할 수 있도록 설치 나. 수동차단스위치를 설치하는 경우에는 관계인이 일정하게 거주하거나 일정하게 근무하는 장소에 설치하고, 스위치와 가장 가까운 곳에 "영상음향차단스위치"라는 표지를 부착 다. 전기로 인한 화재발생 위험을 예방하기 위하여 부하용량에 알맞는 누전차단기(과전류차단기를 포함)를 설치 라. 영상음향차단장치의 작동으로 실내등의 전원이 차단되지 않는 구조로 설치
6. 보일러실과의 방화구획	보일러실과 영업장 사이의 출입문은 방화문으로 설치하고, 개구부(開口部)에는 자동방화댐퍼(damper)를 설치

[별표 2의 2] 피난안내도의 비치대상 등 (제12조 1항 관련)

1. **피난안내도 비치대상**

영 제2조에 따른 다중이용업의 영업장. 다만, 다음 각 목의 어느 하나에 해당하는 경우에는 비치하지 않을 수 있다.

가. 영업장으로 사용하는 바닥면적의 합계가 33m² 이하인 경우

나. 영업장내 구획된 실이 없고, 영업장 어느 부분에서도 출입구 및 비상구를 확인할 수 있는 경우

2. **피난안내영상물 상영대상**

가. 영화상영관 및 비디오물소극장업의 영업장

나. 노래연습장업의 영업장

다. 단란주점영업 및 유흥주점영업의 영업장. 다만, 피난안내영상물을 상영할 수 있는 시설이 설치된 경우만 해당한다.

라. 영 제2조제8호에 해당하는 영업으로서 피난안내영상물을 상영할 수 있는 시설을 갖춘 영업장

3. **피난안내도 비치위치**

다음 각 목의 어느 하나에 해당하는 위치에 모두 설치할 것

가. 영업장 주출입구 부분의 손님이 쉽게 볼 수 있는 위치

나. 구획된 실의 벽, 탁자 등 손님이 쉽게 볼 수 있는 위치

다. 인터넷컴퓨터게임시설제공업 영업장의 인터넷컴퓨터게임시설이 설치된 책상. 다만, 책상 위에 비치된 컴퓨터에 피난안내도를 내장하여 새로운 이용객이 컴퓨터를 작동할 때마다 피난안내도가 모니터에 나오는 경우에는 책상에 피난안내도가 비치된 것으로 본다. 〈신설 2015.1.7〉

4. 피난안내영상물 상영시간

영업장의 내부구조 등을 고려하여 정하되, 상영시기는 다음 각 목과 같다.

가. 영화상영관 및 비디오물소극장업 : 매 회 영화상영 또는 비디오물 상영 시작 전

나. 노래연습장업 등 그 밖의 영업 : 매 회 새로운 이용객이 입장하여 노래방 기기 등을 작동할 때

5. 피난안내도 및 피난안내 영상물에 포함되어야 할 내용

가. 화재 시 대피할 수 있는 비상구 위치

나. 구획된 실 등에서 비상구 및 출입구까지의 피난동선

다. 소화기, 옥내소화전 등 소방시설의 위치 및 사용방법

라. 피난 및 대처방법

6. 피난안내도의 크기 및 재질

가. 크기 : B4(257mm×364mm) 이상. 다만, 각 층별 영업장의 면적 또는 영업장이 위치한 층의 바닥면적이 각각 400m^2 이상인 경우에는 A3(297mm×420mm) 이상의 크기

나. 재질 : 종이(코팅처리한 것), 아크릴, 강판 등 쉽게 훼손 또는 변형되지 않는 것

7. 피난안내도 및 피난안내 영상물에 사용하는 언어

피난안내도 및 피난안내영상물은 한글 및 1개 이상의 외국어를 사용하여 작성할 것

8. 장애인을 위한 피난안내 영상물 상영

「영화 및 비디오물의 진흥에 관한 법률」 제2조제10호에 따른 영화상영관 중 전체 객석 수의 합계가 300석 이상인 영화상영관의 경우 피난안내 영상물은 장애인을 위한 한국수어 · 폐쇄자막 · 화면해설 등을 이용하여 상영해야 한다. 〈신설 2019.4.22.〉

[제13장] 초고층 및 지하연계 복합건축물 재난관리에 관한 특별법

(개정 : 2020. 3. 31. 법률 제17171호)

제2조 (정의)

1. **초고층건축물** : 층수가 50층 이상 또는 높이가 200m 이상인 건축물
2. **지하연계 복합건축물** : 다음 각 목의 요건을 모두 갖춘 것
   가. 층수가 11층 이상이거나 1일 수용인원이 5천명 이상인 건축물로서 지하부분이 지하역사 또는 지하도상가와 연결된 건축물
   나. 건축물 안에 건축법령에 따른 문화 및 집회시설, 판매시설, 운수시설, 업무시설, 숙박시설, 위락시설 중 유원시설업(遊園施設業)의 시설 또는 대통령령으로 정하는 용도(종합병원과 요양병원)의 시설이 하나 이상 있는 건축물
3. **관계지역** : 제3조에 따른 건축물 및 시설물(이하 "초고층건축물등"이라 한다)과 그 주변지역을 포함하여 재난의 예방 · 대비 · 대응 및 수습 등의 활동에 필요한 지역으로 대통령령으로 정하는 지역을 말한다.
4. **일반건축물등** : 관계지역 안에서 초고층건축물등을 제외한 건축물 또는 시설물
5. **관리주체** : 초고층 건축물등 또는 일반건축물등의 소유자 또는 관리자(그 건축물등의 소유자와 관리계약 등에 따라 관리책임을 진 자를 포함한다)를 말한다.
6. **관계인** : 해당 초고층 건축물등 또는 일반건축물등의 소유자 · 관리자 또는 점유자를 말한다.
7. **총괄재난관리자** : 해당 초고층건축물등의 재난 및 안전관리 업무를 총괄하는 자
8. **유해 · 위험물질** : 유독물 · 독성가스 · 가연성가스 · 위험물 등 사람에게 유해하거나 화재 또는 폭발의 위험성이 있는 물질로서 그 종류 및 범위는 대통령령으로 정한다.

제3조 (적용대상)

1. 초고층 건축물
2. 지하연계 복합건축물
3. 그 밖에 제1호 및 제2호에 준하여 재난관리가 필요한 것으로 대통령령으로 정하는 건축물 및 시설물

제6조 (사전재난영향성검토협의)

① 지방자치단체장(건축허가권자)은 초고층 건축물등의 설치에 대한 허가 · 승인 · 인가 · 협

의 · 계획수립 등(이하 "허가등"이라 한다)을 하고자 하는 경우에는 허가등을 하기 전에 「재난 및 안전관리 기본법」 제16조에 따른 시 · 도재난안전대책본부장(이하 "시 · 도본부장"이라 한다)에게 재난영향성 검토에 관한 사전협의(이하 "사전재난영향성검토협의"라 한다)를 요청하여야 한다.

② 제1항에도 불구하고 초고층 건축물등을 설치하고자 하는 자가 「건축법」 제10조제1항에 따른 사전결정을 신청하여 같은 법 제4조의 건축위원회에서 사전재난영향성검토협의 내용을 심의한 경우에는 사전재난영향성검토협의를 받은 것으로 본다. 이 경우 대통령령으로 정하는 재난관리분야 전문가인 위원수가 그 심의에 참석하는 위원수의 4분의 1 이상이 되어야 한다.

③ 시 · 도본부장은 사전재난영향성검토협의를 요청받은 때에는 대통령령으로 정하는 바에 따라 시 · 도지사 또는 시장 · 군수 · 구청장에게 검토 의견을 통보하여야 한다. 이 경우 시 · 도지사 또는 시장 · 군수 · 구청장은 그 의견이 허가등 신청서에 반영되었는지 확인하여야 한다.

④ 건축물 또는 시설물이 용도변경 또는 수용인원 증가로 인하여 초고층 건축물등이 되거나, 초고층 건축물등이 대통령령으로 정하는 용도로 변경되거나 수용인원이 증가하는 경우에는 제1항을 준용한다.

⑤ 시 · 도본부장은 사전재난영향성검토협의 요청사항의 전문적인 검토를 위하여 사전재난영향성검토위원회를 구성 · 운영하여야 하며, 사전재난영향성검토위원회의 구성 · 운영에 관하여 필요한 사항은 대통령령으로 정한다.

⑥ 사전재난영향성검토협의의 대상, 시기, 방법 및 구비서류 등에 관하여 필요한 사항은 대통령령으로 정한다.

제7조 (사전재난영향성검토협의 내용)

1. 종합방재실 설치 및 종합재난관리체제 구축 계획
2. 내진설계 및 계측설비 설치계획
3. 공간 구조 및 배치계획
4. 피난안전구역 설치 및 피난시설, 피난유도계획
5. 소방설비 · 방화구획, 방연 · 배연 및 제연계획, 발화 및 연소확대 방지계획
6. 관계지역에 영향을 주는 재난 및 안전관리 계획
7. 방범 · 보안, 테러대비 시설설치 및 관리계획
8. 지하공간 침수방지계획
9. 그 밖에 대통령령으로 정하는 사항

제8조 (사전 허가등의 금지)

시 · 도지사 또는 시장 · 군수 · 구청장은 제6조에 따른 협의절차가 완료되기 전에 초고층 건축물등에 대한 허가 등을 하여서는 아니 된다.

제9조 (재난예방 및 피해경감계획의 수립 · 시행 등) 기술사 123회 · 124회

① 초고층 건축물등의 관리주체는 그 건축물등에 대한 재난을 예방하고 피해를 경감하기 위한 계획(이하 "재난예방 및 피해경감계획"이라 한다)을 수립 · 시행하여야 한다.

② 제1항에 따른 재난예방 및 피해경감계획에는 다음 각 호의 내용을 포함하여야 한다.

1. 재난 유형별 대응 · 상호응원 및 비상전파 계획
2. 피난시설 및 피난유도계획
3. 재난 및 테러 등 대비 교육 · 훈련 계획
4. 재난 및 안전관리 조직의 구성 · 운영

4의2. 어린이 · 노인 · 장애인 등 재난에 취약한 사람의 안전관리대책 〈신설 2017.12.26〉

5. 시설물의 유지관리계획
6. 소방시설 설치 · 유지 및 피난계획
7. 전기 · 가스 · 기계 · 위험물 등 다른 법령에 따른 안전관리계획
8. 건축물의 기본현황 및 이용계획
9. 그 밖에 대통령령으로 정하는 필요한 사항

③ 제1항에 따라 재난예방 및 피해경감계획을 수립한 때에는 「화재예방, 소방시설 설치 · 유지 및 안전관리에 관한 법률」 제20조제6항의 소방계획서, 「자연재해대책법」 제37조제1항의 비상대처계획을 작성 또는 수립한 것으로 본다.

④ 재난예방 및 피해경감계획의 수립 및 시행에 필요한 사항은 대통령령으로 정한다.

제12조 (총괄재난관리자의 지정 등)

① 초고층 건축물등의 관리주체는 다음 각 호의 업무를 총괄 · 관리하기 위하여 총괄재난관리자를 지정하여야 한다. 다만, 총괄재난관리자는 다른 법령에 따른 안전관리자를 겸직할 수 없다.

1. 재난 및 안전관리 계획의 수립에 관한 사항
2. 제9조에 따른 재난예방 및 피해경감계획의 수립 · 시행에 관한 사항
3. 제13조에 따른 통합안전점검 실시에 관한 사항
4. 제14조에 따른 교육 및 훈련에 관한 사항
5. 제15조에 따른 홍보계획의 수립 · 시행에 관한 사항
6. 제16조에 따른 종합방재실의 설치 · 운영에 관한 사항
7. 제17조에 따른 종합재난관리체제의 구축 · 운영에 관한 사항
8. 제18조에 따른 피난안전구역 설치 · 운영에 관한 사항
9. 제19조에 따른 유해 · 위험물질의 관리 등에 관한 사항
10. 제22조에 따른 초기대응대 구성 · 운영에 관한 사항
11. 제24조에 따른 대피 및 피난유도에 관한 사항
12. 그 밖에 재난 및 안전관리에 관한 사항으로서 행정안전부령으로 정한 사항

② 총괄재난관리자는 해당 초고층 건축물등의 시설 · 전기 · 가스 · 방화 등의 재난 · 안전관리 업무 종사자를 지휘 · 감독한다.
③ 총괄재난관리자는 행정안전부령으로 정하는 바에 따라 소방청장이 실시하는 교육을 받아야 한다. 〈개정 2016.1.27〉
④ 시 · 도지사 또는 시장 · 군수 · 구청장은 총괄재난관리자가 제3항에 따른 교육을 받지 아니하면 교육을 받을 때까지 그 업무의 정지를 명할 수 있다. 〈신설 2016.1.27〉
⑤ 총괄재난관리자의 자격, 등록, 업무정지의 절차, 그 밖에 필요한 사항은 행정안전부령으로 정한다. 〈신설 2016.1.27〉

제16조 (종합방재실의 설치 · 운영)

① 초고층 건축물등의 관리주체는 그 건축물등의 건축 · 소방 · 전기 · 가스 등 안전관리 및 방범 · 보안 · 테러 등을 포함한 통합적 재난관리를 효율적으로 시행하기 위하여 종합방재실을 설치 · 운영하여야 하며, 관리주체 간 종합방재실을 통합하여 운영할 수 있다.
② 제1항에 따른 종합방재실은 「소방기본법」 제4조에 따른 종합상황실과 연계되어야 한다.
③ 관계지역 내 관리주체는 제1항에 따른 종합방재실(일반건축물등의 방재실 등을 포함한다) 간 재난 및 안전정보 등을 공유할 수 있는 정보망을 구축하여야 하며, 유사시 서로 긴급연락이 가능한 경보 및 통신설비를 설치하여야 한다.
④ 종합방재실의 설치기준 등 필요한 사항은 행정안전부령으로 정한다.
⑤ 시 · 도지사 또는 시장 · 군수 · 구청장은 종합방재실이 제4항에 따른 설치기준에 적합하지 아니할 때에는 관리주체에게 보완 등 필요한 조치를 명할 수 있다. 〈신설 2016.1.27〉

제17조 (종합재난관리체제의 구축) 기술사 123회

① 초고층 건축물등의 관리주체는 관계지역 안에서 재난의 신속한 대응 및 재난정보 공유 · 전파를 위한 종합재난관리체제를 종합방재실에 구축 · 운영하여야 한다.
② 제1항에 따른 종합재난관리체제의 구축 시 다음 각 호의 사항을 포함하여야 한다.
  1. 재난대응체제
    가. 재난상황 감지 및 전파체제
    나. 방재의사결정 · 지원 및 재난 유형별 대응체제
    다. 피난유도 및 상호응원체제
  2. 재난 · 테러 및 안전 · 정보관리체제
    가. 취약지역 안전점검 및 순찰정보 관리
    나. 유해 · 위험물질 반출 · 반입관리
    다. 소방시설 · 설비 및 방화관리 정보
    라. 방범 · 보안 및 테러대비 시설관리
  3. 그 밖에 관리주체가 필요로 하는 사항

제18조 (피난안전구역 설치)

① 초고층 건축물등의 관리주체는 그 건축물등에 재난발생 시 상시근무자, 거주자 및 이용자가 대피할 수 있는 피난안전구역을 설치 · 운영하여야 한다.

② 제1항에 따른 피난안전구역의 기능과 성능에 지장을 초래하는 폐쇄 · 차단 등의 행위를 하여서는 아니 된다.

③ 피난안전구역의 설치 · 운영 기준 및 규모는 대통령령으로 정한다.

제19조 (유해 · 위험물질의 관리 등)

① 초고층 건축물등의 관리주체는 그 건축물등의 유해 · 위험물질 반출 · 반입 관리를 위한 위치정보 등 데이터베이스를 구축 · 운영하여야 한다.

② 제1항에 따른 관리주체는 유해 · 위험물질의 방치 등으로 재난발생이 우려될 경우에는 즉시 제거하거나 반출을 명할 수 있다. 또한 유해 · 위험물질을 이용한 테러 등이 예상될 경우 차량 등에 대한 출입제한을 할 수 있다.

③ 제1항에 따른 관리주체가 제2항에 따른 조치를 취하였을 경우 관할지역의 시장 · 군수 · 구청장 또는 소방서장에게 신고하여야 한다.

④ 제1항에 따른 관리주체는 지하공간에 화기를 취급하는 시설이 있을 때에는 유해 · 위험물질의 누출을 감지하고 자동경보를 할 수 있는 설비 등을 설치하여야 한다.

⑤ 유해 · 위험물질의 관리 등에 필요한 사항은 행정안전부령으로 정한다.

제20조 (설계도서의 비치 등)

초고층 건축물등의 관리주체는 종합방재실에 재난예방 및 대응을 위하여 행정안전부령으로 정하는 설계도서를 비치하여야 하며, 관계 기관이 열람을 요구할 때에는 이에 응하여야 한다.

[제14장] 초고층 및 지하연계 복합건축물 재난관리에 관한 특별법 시행령

(개정 : 2021. 1. 5. 대통령령 제31380호)

제3조 (관계지역)

① 법 제2조제3호에서 "대통령령으로 정하는 지역(재난의 예방 · 대비 · 대응 및 수습 등의 활동에 필요한 지역)"이란 다음 각 호의 어느 하나에 해당하는 지역을 말한다.

1. 법 제3조에 따른 건축물 및 시설물(이하 "초고층건축물등"이라 한다)이 있는 대지
2. 초고층건축물등이 있는 대지와 접한 대지로서 「재난 및 안전관리 기본법」 제16조에 따른 시 · 군 · 구재난안전대책본부의 본부장(이하 "시 · 군 · 구본부장"이라 한다)이 통합적 재난관리가 필요하다고 인정하여 지정 · 고시하는 지역.

② 제1항제2호에 따라 관계지역을 지정 · 고시하는 경우 시 · 군 · 구본부장은 시 · 도본부장에게, 시 · 도본부장은 중앙본부장에게 그 내용을 보고하여야 한다.

제4조 (유해 · 위험물질의 종류 및 범위)

1. 「유해화학물질 관리법」 제2조제3호부터 제7호까지의 규정에 따른 유독물, 관찰물질, 취급제한물질, 취급금지물질 및 사고대비물질
2. 「위험물안전관리법 시행령」 별표 1에 따른 위험물별 지정수량 이상의 위험물
3. 「고압가스 안전관리법」의 적용 대상인 가연성가스 및 독성가스
4. 「산업안전보건법」 제38조에 따른 제조 등의 허가대상 물질
5. 〈삭제 2016.12.30〉

제5조 (사전재난영향성검토협의)

① 법 제6조제1항 및 제4항에 따라 특별시장 · 광역시장 · 도지사 · 특별자치도지사(이하 "시 · 도지사"라 한다) 또는 시장 · 군수 · 구청장이 시 · 도본부장에게 재난영향성 검토에 관한 사전협의(이하 "사전재난영향성검토협의"라 한다)를 요청하여야 하는 경우는 다음 각 호와 같다.

1. 초고층건축물등의 설치에 대한 허가 · 승인 · 인가 · 협의 · 계획수립 등의 신청을 받은 경우
2. 「건축법」 제10조제1항에 따라 초고층건축물등의 건축에 대한 사전결정신청을 받은 경우
3. 「건축법」 제19조제2항에 따라 용도변경 허가신청을 받은 경우로서 다음 각 목의 어느 하나에 해당하는 경우

가. 법 제6조제4항에 따라 건축물 또는 시설물이 용도변경 또는 용도변경에 따른 수용인원 증가로 초고층건축물등이 되는 경우

나. 초고층 건축물등이 「건축법 시행령」 별표 1 제5호에 따른 문화 및 집회시설로 용도변경되어 거주밀도가 증가하는 경우

4. 그 밖에 시 · 도본부장이 사전재난영향성검토협의가 필요하다고 인정하여 고시하는 경우

② 제1항에 따라 신청을 받은 시 · 도지사 또는 시장 · 군수 · 구청장은 허가 등을 하기 전에 다음 각 호의 서류를 첨부하여 시 · 도본부장에게 사전재난영향성검토협의를 요청하여야 한다.

1. 법 제7조제1항제1호부터 제9호까지의 규정에 따른 계획서 및 관련 서류
2. 「건축법」 제11조제2항에 따른 건축계획서와 건축물의 용도, 규모 및 형태가 표시된 기본설계도서
3. 그 밖에 시 · 도본부장이 사전재난영향성검토협의에 필요하다고 인정하여 제출을 요구한 것

③ 시 · 도본부장은 사전재난영향성검토협의를 요청받은 날부터 30일 이내에 초고층 건축물등의 관리주체가 수정 · 보완할 사항을 포함한 검토 의견을 시 · 도지사 또는 시장 · 군수 · 구청장에게 통보하여야 한다. 다만, 천재지변이나 그 밖의 부득이한 사유로 30일 이내에 검토 의견을 통보하기 곤란한 경우에는 10일의 범위에서 그 기간을 연장할 수 있다.

제6조 (건축위원회 참여 재난관리분야 전문가)

법 제6조제2항 후단에서 "대통령령으로 정하는 재난관리분야 전문가"란 제7조제3항에 따라 사전재난영향성검토위원회의 위원자격을 갖춘 사람을 말한다.

제7조 (사전재난영향성검토위원회의 구성)

① 법 제6조제5항에 따른 사전재난영향성검토위원회(이하 "위원회"라 한다)는 위원장 1명과 부위원장 1명을 포함하여 20명 이상 40명 이하의 위원으로 구성한다.

② 위원회의 위원장(이하 "위원장"이라 한다)은 시 · 도에 소속되어 재난관리 업무를 담당하는 실장 · 국장 · 본부장 중에서 시 · 도본부장이 임명하고, 부위원장은 위원회의 위원(이하 "위원"이라 한다) 중에서 위원장이 지명한다.

③ 위원은 다음 각 호의 어느 하나에 해당하는 사람 중에서 시 · 도본부장이 위촉하거나 임명한다. 이 경우 제4호에 해당하는 위원의 수는 전체 위원 수의 4분의 1 이하로 한다.

1. 초고층건축물등의 건축 · 유지, 안전관리, 방재 및 대테러 등에 관한 학식과 경험이 풍부한 사람
2. 「국가기술자격법」에 따라 건설, 기계, 전기 · 전자, 정보통신, 안전관리, 환경 · 에너지 분야의 국가기술자격을 취득한 사람이나 같은 분야의 박사 이상의 학위를 취득한 사람
3. 「건축사법」에 따른 건축사
4. 재난관리, 소방 또는 대테러 관련 업무에 종사하는 공무원

④ 위촉위원의 임기는 2년으로 하고, 한 차례 연임할 수 있다.

⑤ 위원회의 사무를 처리하기 위하여 위원회에 간사 2명을 두며, 간사는 해당 시 · 도 소속 공무원 중에서 시 · 도본부장이 지명한다.

제11조 (사전재난영향성검토협의 내용)

1. 해일(지진해일을 포함) 대비 · 대응계획(초고층 건축물등이 해안으로부터 1km 이내에 건축되는 경우만 해당한다)
2. 건축물 대테러 설계 계획[폐쇄회로텔레비전(CCTV) 등 대테러 시설 및 장비 설치계획을 포함한다]
3. 관계지역 대지 경사 및 주변 현황
4. 관계지역 전기, 통신, 가스 및 상하수도 시설 등의 매설 현황

제12조 (재난예방 및 피해경감계획의 수립 · 시행 등) 기술사 124회

① 초고층건축물등의 관리주체는 법 제9조제1항에 따라 해당 초고층 건축물등에 대한 재난을 예방하고 피해를 경감하기 위한 계획을 계획 시행 전년도 12월 31일까지 매년 수립하여 시행하여야 한다.

② 법 제9조제2항제9호에서 "대통령령으로 정하는 필요한 사항"이란 다음 각 호의 사항이다.

1. 초고층건축물등의 층별 · 용도별 거주밀도 및 거주인원
2. 법 제11조에 따른 재난 및 안전관리협의회 구성 · 운영계획
3. 법 제16조에 따른 종합방재실 설치 · 운영계획
4. 법 제17조에 따른 종합재난관리체제 구축 · 운영계획
5. 재난예방 및 재난발생 시 안전한 대피를 위한 홍보계획

③ 소방청장은 필요하다고 인정하는 경우 재난예방 및 피해경감계획의 수립 · 시행에 필요한 지침을 작성하여 배포할 수 있다.

제13조 (재난예방 및 피해경감계획의 제출 등)

① 초고층건축물등의 관리주체는 초고층 건축물등에 대하여 「건축법」 제19조제2항에 따른 용도변경허가, 같은 법 제22조에 따른 사용승인 또는 「주택법」 제29조에 따른 사용검사 등을 받은 날부터 30일 이내에 시 · 군 · 구본부장에게 재난예방 및 피해경감계획을 제출하여야 한다.

② 시 · 군 · 구본부장은 제1항에 따라 재난예방 및 피해경감계획을 받은 날부터 3일 이내에 초고층건축물등의 소재지를 관할하는 소방서장에게 재난예방 및 피해경감계획을 보내야 한다.

③ 소방서장은 제2항에 따라 재난예방 및 피해경감계획을 받은 날부터 15일 이내에 재난예방 및 피해경감계획에 대한 검토의견을 시 · 군 · 구본부장에게 보내야 한다.

④ 시 · 군 · 구본부장은 제1항에 따라 받은 재난예방 및 피해경감계획을 수정하거나 보완할 필요가 있다고 인정한 경우에는 그 내용을 관리주체에게 통보하여야 하며, 관리주체는 통

보받은 날부터 10일 이내에 재난예방 및 피해경감계획을 수정하거나 보완하여 시 · 군 · 구본부장에게 제출하여야 한다. 이 경우 수정되거나 보완된 재난예방 및 피해경감계획의 송부 등에 관하여는 제2항과 제3항을 따른다.

제14조 (피난안전구역 설치기준 등)

① 초고층건축물등의 관리주체는 법 제18조제1항에 따라 다음 각 호의 구분에 따른 피난안전구역을 설치하여야 한다. 기술사 111회 · 113회 · 120회

1. 초고층 건축물 : 「건축법 시행령」 제34조제3항에 따른 피난안전구역을 설치할 것

1의 2. 30층 이상 49층 이하인 지하연계 복합건축물 : 「건축법 시행령」 제34조제4항에 따른 피난안전구역을 설치할 것 〈신설 2016.11.22〉

2. 16층 이상 29층 이하인 지하연계 복합건축물 : 지상층별 거주밀도가 m^2당 1.5명을 초과하는 층은 해당 층의 사용형태별 면적 합계의 10분의 1에 해당하는 면적을 피난안전구역으로 설치

3. 초고층건축물등의 지하층이 법 제2조제2호나목의 용도로 사용되는 경우 : 해당 지하층에 별표 2의 피난안전구역 면적 산정기준에 따라 피난안전구역을 설치하거나, 선큰[지표 아래에 있고 외기(外氣)에 개방된 공간으로서 건축물 사용자 등의 보행 · 휴식 및 피난 등에 제공되는 공간을 말한다. 이하 같다]을 설치

② 제1항에 따라 설치하는 피난안전구역은 「건축법 시행령」 제34조제5항에 따른 피난안전구역의 규모와 설치기준에 맞게 설치하여야 하며, 다음 각 호의 소방시설을 모두 갖추어야 한다. 이 경우 소방시설은 해당 화재안전기준에 맞는 것이어야 한다. 기술사 113회 · 125회

1. 소화설비 중 소화기구(소화기 및 간이소화용구만 해당), 옥내소화전설비, 스프링클러설비
2. 경보설비 중 자동화재탐지설비
3. 피난설비 중 방열복, 공기호흡기(보조마스크를 포함), 인공소생기, 피난유도선(피난안전구역으로 통하는 직통계단 및 특별피난계단을 포함), 피난안전구역으로 피난을 유도하기 위한 유도등 · 유도표지, 비상조명등 및 휴대용비상조명등
4. 소화활동설비 중 제연설비, 무선통신보조설비

③ 선큰은 다음 각 호의 기준에 맞게 설치 기술사 113회

1. 다음 각 목의 구분에 따라 용도별로 산정한 면적을 합산한 면적 이상으로 설치
   가. 문화 및 집회시설 중 공연장, 집회장 및 관람장은 해당 면적의 7% 이상 〈개정 2015.4.14〉
   나. 판매시설 중 소매시장은 해당 면적의 7% 이상
   다. 그 밖의 용도는 해당 면적의 3% 이상
2. 다음 각 목의 기준에 맞게 설치
   가. 지상 또는 피난층(직접 지상으로 통하는 출입구가 있는 층 및 제1항에 따른 피난안전구역을 말한다)으로 통하는 너비 1.8m 이상의 직통계단을 설치하거나, 너비 1.8m 이상 및 경사도 12.5% 이하의 경사로를 설치

나. 거실(건축물 안에서 거주, 집무, 작업, 집회, 오락, 그 밖에 이와 유사한 목적을 위하여 사용되는 방을 말한다) 바닥면적 100m^2 마다 0.6m 이상을 거실에 접하도록 하고, 선큰과 거실을 연결하는 출입문의 너비는 거실 바닥면적 100m^2 마다 0.3m로 산정한 값 이상

3. 다음 각 목의 기준에 맞는 설비를 갖출 것

가. 빗물에 의한 침수 방지를 위하여 차수판, 집수정(물저장고), 역류방지기를 설치 〈개정 2021.1.5〉

나. 선큰과 거실이 접하는 부분에 제연설비[드렌처(수막)설비 또는 공기조화설비와 별도로 운용하는 제연설비를 말한다]를 설치. 다만, 선큰과 거실이 접하는 부분에 설치된 공기조화설비가 제연설비의 화재안전기준에 맞게 설치되어 있고, 화재발생 시 제연설비 기능으로 자동 전환되는 경우에는 제연설비를 설치하지 않을 수 있다.

④ 초고층 건축물등의 관리주체는 피난안전구역에 제1항부터 제3항까지에서 규정한 사항 외에 재난의 예방 · 대응 및 지원을 위하여 행정안전부령으로 정하는 설비 등을 갖추어야 한다.

[별표 1] **용도별 거주밀도** (제5조 1항 3호, 제12조 2항 1호 및 제14조 1항 2호 관련)

건축용도	사용형태별	거주밀도 (명/m^2)	비고
문화 · 집회 용도	가. 좌석이 있는 극장 · 회의장 · 전시장 및 그 밖에 이와 비슷한 것		1. n은 좌석 수를 말한다. 2. 극장 · 회의장 · 전시장 및 그 밖에 이와 비슷한 것에는 「건축법 시행령」 별표 1 제4호마목의 공연장을 포함한다. 3. 극장 · 회의장 · 전시장에는 로비 · 홀 · 전실(前室)을 포함한다.
	1) 고정식 좌석	n	
	2) 이동식 좌석	1.30	
	3) 입석식	2.60	
	나. 좌석이 없는 극장 · 회의장 · 전시장 및 그 밖에 이와 비슷한 것	1.80	
	다. 회의실	1.50	
	라. 무대	0.70	
	마. 게임제공업	1.00	
	바. 나이트클럽	1.70	
	사. 전시장(산업전시장)	0.70	

상업용도	가. 매장 나. 연속식 점포 1) 매장 2) 통로 다. 창고 및 배송공간 라. 음식점(레스토랑)·바·카페	0.50 0.50 0.25 0.37 1.00	연속식 점포 : 벽체를 연속으로 맞대거나 복도를 공유하고 있는 점포수가 둘 이상인 경우를 말한다.
업무용도	가. 사무실이 높이 60m 초과하는 부분에 위치 나. 사무실이 높이 60m 이하 부분에 위치	1.25 0.25	
주거 용도	가. 공동주택 나. 호텔	R+1 0.05	R은 세대별 방의 개수를 말한다.
교육용도	가. 도서관 1) 서고·통로 2) 열람실 나. 학교 1) 교실 2) 그 밖의 시설	 0.10 0.21 0.52 0.21	
운동용도	운동시설	0.21	
의료용도	가. 입원치료구역 나. 수면구역(숙소 등)	0.04 0.09	
보육용도	보호시설 (아동 관련 시설, 노인복지시설 등)	0.30	

[비고]

둘 이상의 사용형태로 사용되는 층의 거주밀도는 사용형태별 거주밀도에 해당 사용형태의 면적이 해당 층에서 차지하는 비율을 반영하여 각각 산정한 값을 더하여 산정한다.

[별표 2] **피난안전구역 면적 산정기준** (제14조 제1항 제3호 관련)

기술사 111회·125회

1. 지하층이 하나의 용도로 사용되는 경우
   피난안전구역 면적 = (수용인원 × 0.1) × 0.28m²
2. 지하층이 둘 이상의 용도로 사용되는 경우
   피난안전구역 면적 = (사용형태별 수용인원의 합 × 0.1) × 0.28m²

소방법규 초고층법 시행령

[비고]

가. 수용인원은 사용형태별 면적과 거주밀도를 곱한 값을 말한다. 다만, 업무용도와 주거용도의 수용인원은 용도의 면적과 거주밀도를 곱한 값으로 한다.

나. 건축물의 사용형태별 거주밀도는 다음 표와 같다.

건축용도	사용형태별	거주밀도 (명/m²)	비고
문화·집회 용도	가. 좌석이 있는 극장·회의장·전시장 및 기타 이와 비슷한 것 1) 고정식 좌석 2) 이동식 좌석 3) 입석식 나. 좌석이 없는 극장·회의장·전시장 및 기타 이와 비슷한 것 다. 회의실 라. 무대 마. 게임제공업 바. 나이트클럽 사. 전시장(산업전시장)	 N 1.30 2.60 1.80 1.50 0.70 1.00 1.70 0.70	1. N은 좌석 수를 말한다. 2. 극장·회의장·전시장 및 그 밖에 이와 비슷한 것에는 「건축법 시행령」 별표 1 제4호마목의 공연장을 포함한다. 3. 극장·회의장·전시장에는 로비·홀·전실(前室)을 포함한다.
상업용도	가. 매장 나. 연속식 점포 1) 매장 2) 통로 다. 창고 및 배송공간 라. 음식점(레스토랑)·바·카페	0.50 0.50 0.25 0.37 1.00	연속식 점포 : 벽체를 연속으로 맞대거나 복도를 공유하고 있는 점포수가 둘 이상인 경우를 말한다.
업무용도		0.25	
주거용도		0.05	
의료용도	가. 입원치료구역 나. 수면구역	0.04 0.09	

[제15장] 초고층 및 지하연계 복합건축물 재난관리에 관한 특별법 시행규칙

(개정 : 2021. 7. 13. 행정안전부령 제268호)

제2조 (총괄재난관리자의 업무 및 자격)

① 법 제12조제1항제12호에서 "행정안전부령으로 정한 사항"이란 다음 각 호의 사항이다.

1. 법 제3조에 따른 건축물 및 시설물(이하 "초고층건축물등"이라 한다)의 유지 · 관리 및 점검, 보수 등에 관한 사항
2. 방범, 보안, 테러 대비 · 대응 계획의 수립 및 시행에 관한 사항

② 법 제12조제1항에 따른 총괄재난관리자는 다음 각 호의 어느 하나에 해당하는 사람

1. 「건축사법」에 따른 건축사와 「국가기술자격법」에 따른 건축 · 기계 · 전기 · 토목 또는 안전관리 분야 기술사
2. 「소방시설 설치 · 유지 및 안전관리에 관한 법률 시행령」 제23조제1항에 따라 특급 소방안전관리대상물의 소방안전관리자로 선임될 수 있는 자격을 갖춘 사람
3. 「국가기술자격법」에 따른 건축 · 기계 · 전기 · 토목 또는 안전관리 분야 기사로서 재난 및 안전관리에 관한 실무경력이 5년 이상인 사람
4. 「국가기술자격법」에 따른 건축 · 기계 · 전기 · 토목 또는 안전관리 분야 산업기사로서 재난 및 안전관리에 관한 실무경력이 7년 이상인 사람
5. 「주택법」에 따른 주택관리사로서 재난 및 안전관리에 관한 실무경력이 5년 이상인 사람

제7조 (종합방재실의 설치기준) 기술사 111회 · 116회

① 초고층 건축물 등의 관리주체는 법 제16조제1항에 따라 다음 각 호의 기준에 맞는 종합방재실을 설치 · 운영하여야 한다.

1. 종합방재실의 개수 : 1개. 다만, 100층 이상인 초고층건축물등(공동주택은 제외)의 관리주체는 종합방재실이 그 기능을 상실하는 경우에 대비하여 종합방재실을 추가로 설치하거나, 관계지역 내 다른 종합방재실에 보조종합재난관리체제를 구축하여 재난관리업무가 중단되지 않도록 하여야 한다.
2. 종합방재실의 위치
   가. 1층 또는 피난층. 다만, 초고층 건축물등에 특별피난계단이 설치되어 있고, 특별피난계단 출입구로부터 5m 이내에 종합방재실을 설치하려는 경우에는 2층 또는 지하 1층에 설치할 수 있으며, 공동주택의 경우에는 관리사무소 내에 설치할 수 있다.
   나. 비상용승강장, 피난전용승강장 및 특별피난계단으로 이동하기 쉬운 곳

다. 재난정보 수집 및 제공, 방재 활동의 거점(據點) 역할을 할 수 있는 곳
라. 소방대(消防隊)가 쉽게 도달할 수 있는 곳
마. 화재 및 침수 등으로 인하여 피해를 입을 우려가 적은 곳

3. 종합방재실의 구조 및 면적
가. 다른 부분과 방화구획으로 설치할 것. 다만, 다른 제어실 등의 감시를 위하여 두께 7mm 이상의 망입유리(두께 16.3mm 이상의 접합유리 또는 두께 28mm 이상의 복층유리를 포함)로 된 $4m^2$ 미만의 붙박이창으로 설치할 수 있다.
나. 제2항에 따른 인력의 대기 및 휴식 등을 위하여 종합방재실과 방화구획된 부속실을 설치
다. 면적은 $20m^2$ 이상으로 할 것
라. 재난 및 안전관리, 방범 및 보안, 테러 예방을 위하여 필요한 시설 · 장비의 설치와 근무 인력의 재난 및 안전관리 활동, 재난 발생 시 소방대원의 지휘 활동에 지장이 없도록 설치
마. 출입문에는 출입 제한 및 통제 장치를 갖출 것

4. 종합방재실의 설비 등
가. 조명설비(예비전원을 포함) 및 급수 · 배수설비
나. 상용전원과 예비전원의 공급을 자동 또는 수동으로 전환하는 설비
다. 급기 · 배기 설비 및 냉방 · 난방 설비
라. 전력공급상황 확인시스템
마. 공기조화 · 냉난방 · 소방 · 승강기 설비의 감시 및 제어시스템
바. 자료저장시스템
사. 지진계 및 풍향 · 풍속계(초고층 건축물에 한정한다) 〈개정 2016.10.6〉
아. 소화장비 보관함 및 무정전 전원공급장치
자. 피난안전구역, 피난용승강기 승강장 및 테러 등의 감시와 방범 · 보안을 위한 폐쇄회로텔레비전(CCTV)

② 초고층 건축물 등의 관리주체는 종합방재실에 재난 및 안전관리에 필요한 인력을 3명 이상 상주(常住)하도록 하여야 한다.

③ 초고층 건축물 등의 관리주체는 종합방재실의 기능이 항상 정상적으로 작동되도록 종합방재실의 시설 및 장비 등을 수시로 점검하고, 그 결과를 보관하여야 한다.

제8조 (피난안전구역의 설비 등) 기술사 125회

1. 자동제세동기 등 심폐소생술을 할 수 있는 응급장비
2. 다음 각 목의 구분에 따른 수량의 방독면
가. 초고층건축물에 설치된 피난안전구역 : 피난안전구역 위층의 재실자 수의 1/10 이상
나. 지하연계복합건축물에 설치된 피난안전구역 : 피난안전구역이 설치된 층 수용인원의 1/10 이상

제9조 (유해 · 위험물질의 관리 등)

① 초고층건축물등의 관리주체는 그 건축물등에 유해 · 위험물질이 반출 · 반입되었을 때에는 다음 각 호의 사항을 별지 제5호서식의 유해 · 위험물질 관리대장에 기록하고 관리하여야 한다.

1. 반출 · 반입 목적
2. 유해 · 위험물질의 종류, 수량, 용도 및 구입처
3. 유해 · 위험물질 운반자 및 관리책임자
4. 유해 · 위험물질 운반차량 종류

② 초고층건축물등의 관리주체는 제1항에 따른 유해 · 위험물질의 반출 · 반입 정보에 대한 데이터베이스를 구축하고 운영하여야 한다.

③ 초고층건축물등의 관리주체는 유해 · 위험물질의 효율적인 관리를 위하여 유해 · 위험물질 운반차량을 위한 별도의 진입 · 출입로를 설치하거나 진입 · 출입시간을 통제하여야 한다.

제10조 (설계도서의 비치 등)

법 제20조에서 "(종합방재실에 비치하여야 하는)행정안전부령으로 정하는 설계도서"란 다음 각 호의 설계도서를 말한다.

1. 「건축법 시행규칙」 별표 2의 설계도서(건축계획서 및 시방서는 제외)
2. 「화재예방, 소방시설 설치 · 유지 및 안전관리에 관한 법률 시행규칙」 제4조제2항제2호 각 목의 설계도서

제12조 (초기대응대의 구성 · 운영 등)

① 초기대응대는 해당 초고층건축물등에 상주하는 5명 이상의 관계인으로 구성한다. 다만, 공동주택은 3명 이상의 관계인으로 구성할 수 있다.

② 초기대응대는 다음 각 호의 역할을 수행한다.

1. 재난 발생 장소 등 현황 파악, 신고 및 관계지역에 대한 전파
2. 거주자 및 입점자 등의 대피 및 피난 유도
3. 재난 초기 대응
4. 구조 및 응급조치
5. 긴급구조기관에 대한 재난정보 제공
6. 그 밖에 재난예방 및 피해경감을 위하여 필요한 사항

③ 총괄재난관리자는 초기대응대에 대하여 다음 각 호의 내용을 포함한 교육 및 훈련을 매년 1회 이상 하여야 한다.

1. 재난발생장소 확인방법
2. 재난의 신고 및 관계지역 전파 등의 방법
3. 초기대응 및 신체방호 방법
4. 층별 거주자 및 입점자 등의 피난유도 방법

5. 응급구호 방법
6. 소방 및 피난시설 작동방법
7. 불을 사용하는 설비 및 기구 등의 열원(熱源) 차단방법
8. 위험물품 응급조치 방법
9. 소방대 도착 시 현장유도 및 정보제공 등
10. 안전방호 방법
11. 그 밖에 재난 초기대응에 필요한 사항

④ 초기대응대는 거주자 등의 피난 유도, 구조 및 응급조치, 불을 사용하는 설비 및 기구 등의 열원 차단 등에 필요한 장비를 갖추어야 한다.

[제16장] 소방시설 등의 성능위주설계 방법 및 기준

(개정 : 2017. 7. 26. 소방청고시 제2017-1호)

제2조 (성능위주설계 정의)

성능위주설계는 「화재예방, 소방시설 설치 · 유지 및 안전관리에 관한 법률」, 같은 법 시행령 · 시행규칙 및 화재안전기준 등에 따라 제도화된 설계를 대체하여 설계하는 경우를 말한다. 이 경우 성능위주설계 대상이 되는 건축물에 대하여는 화재안전기준 등 법규에 따라 설계된 화재안전성능 보다 동등 이상의 화재안전성능을 확보하도록 설계하여야 한다.

제3조 (성능위주설계의 사전검토) 기술사 123회

① 성능위주설계자는 건축법 제4조에 따른 건축위원회에 건축심의를 신청하기 전에 별지 제1호서식의 성능위주설계 사전검토 신청서에 다음 각 호의 서류를 첨부하여 관할 소방서장에게 사전검토를 신청하여야 한다. 다만, 건축심의를 하지 않는 경우에는 사전검토를 신청하지 않을 수 있다.

1. 다음 각 목의 사항이 포함된 건축물의 기본 설계도서
   가. 건물의 개요(위치, 규모, 구조, 용도)
   나. 부지 및 도로 계획(소방차량 진입동선을 포함한다.)
   다. 화재안전계획의 기본방침

라. 건축물의 기본 설계도면(주 단면도, 입면도, 용도별 기준층 평면도 및 창호도 등을 말한다)
마. 건축물의 구조 설계에 따른 피난계획 및 피난동선도
바. 「화재예방, 소방시설 설치 · 유지 및 안전관리에 관한 법률 시행령」 별표 1의 소방시설의 설치계획 및 설계 설명서
사. 별표 1의 시나리오에 따른 화재 및 피난시뮬레이션
2. 성능위주설계 설계업자 또는 설계기관 등록증 사본
3. 성능위주설계 용역계약서 사본

② 소방서장은 제1항에 따라 성능위주설계 사전검토 신청서를 접수하면 성능위주설계 대상 및 자격여부를 확인한 후 지체 없이 소방본부장에게 보고한다.

③ 제2항에 따라 보고를 받은 소방본부장은 성능위주설계의 확인 · 평가 등 검증을 위한 성능위주설계 확인 · 평가단(이하 "평가단"이라 한다)을 구성 · 운영하여 성능위주설계 내용을 검토한 후 그 검토결과를 신청인 및 관할 소방서장에게 통보하고 시 · 도 또는 시 · 군 · 구 건축위원회에 상정한다.

제4조 (성능위주설계의 신고)

① 성능위주설계자는 건축법 제11조에 따른 건축허가를 신청하기 전에 별지 제2호서식의 성능위주설계 신고서에 다음 각 호의 서류를 첨부하여 관할 소방서장에게 신고하여야 한다. 다만, 사전검토 신청 시 제출한 서류와 동일한 서류는 제외한다. 기술사 104회

1. 건물의 개요(위치, 구조, 규모, 용도)
2. 부지 및 도로계획(소방차량 진입동선을 포함한다)
3. 화재안전기준과 성능위주설계에 따라 소방시설을 설치하였을 경우의 화재안전성능 비교표
4. 화재안전계획의 기본방침
5. 건축물 계획 · 설계도면
가. 주단면도 및 입면도
나. 건축물 내장재료 마감계획
다. 용도별 기준층 평면도 및 창호도
라. 방화구획 계획도 및 화재확대 방지계획(연기의 제어방법을 포함한다)
마. 피난계획 및 피난동선도
바. 「화재예방, 소방시설 설치 · 유지 및 안전관리에 관한 법률 시행령」 별표 1의 소방시설의 설치계획 및 설계 설명서
6. 소방시설 계획 · 설계도면
가. 소방시설 계통도 및 용도별 기준층 평면도
나. 소화용수설비 및 연결송수구 설치위치 평면도
다. 종합방재센터의 운영 및 설치계획

라. 상용전원 및 비상전원의 설치계획
7. 소방시설에 대한 부하 및 용량계산서
8. 적용된 성능위주설계 요소 개요
9. 성능위주설계 요소 설계 설명서
10. 성능위주설계 요소의 성능 평가(별표 1의 시나리오에 따른 화재 및 피난 시뮬레이션을 포함한다)
11. 성능위주설계 설계업자 또는 설계기관 등록증 사본
12. 성능위주설계 용역계약서 사본
13. 그 밖에 성능위주설계를 증빙할 수 있는 자료

② 소방서장은 제1항에 따라 성능위주설계 신고서를 접수하면 성능위주설계 대상 및 자격여부를 확인한 후 지체 없이 소방본부장에게 보고한다.

③ 제1항의 성능위주설계 신고서에 첨부된 서류는 건축허가등의 동의절차에 따른 건축허가동의 신고서류와 상이하여서는 아니 된다.

제5조 (성능위주설계의 심의 절차 및 방법) 기술사 113회

① 제4조제2항에 따라 보고를 받은 소방본부장은 접수한 날부터 20일 이내에 평가단을 구성·운영하여 성능위주설계 신고서를 확인·평가하는 등 검증을 실시하고 그 내용을 심의 결정하여야 한다. 다만, 성능위주설계의 검증 및 심의에 고도의 기술이 필요하여 평가단에서 심의 결정하기 곤란한 경우 소방청의 중앙소방기술심의위원회(이하 "위원회"라 한다)에 상정을 요청할 수 있다.

② 소방본부장은 제1항에 따른 성능위주설계의 검증을 위하여 첨부서류의 보완이 필요한 경우에는 7일 이내의 기간을 정하여 성능위주설계자에게 보완을 요구할 수 있다. 이 경우 서류의 보완기간은 제1항의 처리기간에 산입하지 아니하며, 보완되지 않은 경우 성능위주설계 신고서를 반려한다.

③ 소방청장은 제1항 단서의 규정에 따라 위원회에 상정이 요청된 경우 접수일로부터 20일 이내에 위원회를 개최하여 심의 결정하고 그 결과를 관할 소방본부장에게 통보한다.

④ 소방본부장은 제1항에 따라 평가단이 심의 결정하였거나 제3항에 따라 통보를 받은 경우 그 결과를 신고인 및 관할 소방서장에게 통보한다.

⑤ 제4항에 따라 성능위주설계에 대한 심의 결정을 통보한 경우, 심의 결정된 사항대로 「화재예방, 소방시설 설치·유지 및 안전관리에 관한 법률」 제7조에 따른 건축허가등의 동의를 한 것으로 본다.

제6조 (성능위주설계의 변경신고 등) 기술사 119회

① 성능위주설계자는 다음 각 호의 어느 하나에 해당하는 경우에는 별지 제3호서식의 성능위주설계 변경신고서에 제4조제1항 각 호의 서류(변경되는 부분만을 말한다)를 첨부하여 관할 소방서장에게 신고하여야 한다.

1. 연면적이 10% 이상 증가되는 경우
2. 연면적을 기준으로 10% 이상 용도변경이 되는 경우
3. 층수가 증가되는 경우
4. 「화재예방, 소방시설 설치 · 유지 및 안전관리에 관한 법률」과 「화재안전기준」을 적용하기 곤란한 특수공간으로 변경되는 경우
5. 「건축법」 제16조제1항에 따라 허가를 받았거나 신고한 사항을 변경하려는 경우
6. 제5호에 해당하지 않는 허가 또는 신고사항의 변경으로 종전의 성능위주설계 심의내용과 달라지는 경우

② 소방서장은 제1항에 따라 성능위주설계 변경신고서를 접수하면 성능위주설계의 변경사항을 확인한 후 지체 없이 소방본부장에게 보고한다. 다만, 변경사항이 화재안전성능에 미치는 영향이 경미하다고 인정되는 경우에는 보고하지 않을 수 있다.

③ 제2항의 보고를 받은 소방본부장은 성능위주설계의 심의를 실시한 평가단을 구성 · 운영하여 14일 이내에 심의 결정을 하고, 그 결과를 신고인 및 관할 소방서장에게 통보한다.

④ 성능위주설계 심의 결정을 위원회에서 실시한 경우, 소방본부장은 위원회에 변경 심의 상정을 요청하고, 소방청장은 위원회를 개최하여 14일 이내에 심의 결정을 하고, 그 결과를 관할 소방본부장에게 통보한다.

⑤ 제1항 각 호의 어느 하나가 건축위원회의 심의를 거쳐야 하는 경우에는 제3조를 준용한다.

[별표 1]

화재 및 피난시뮬레이션의 시나리오 작성 기준 (제4조 관련)

1. 공통사항
   가. 시나리오는 실제 건축물에서 발생 가능한 시나리오를 선정하되, 건축물의 특성에 따라 제2호의 시나리오 적용이 가능한 모든 유형 중 가장 피해가 클 것으로 예상되는 최소 3개 이상의 시나리오에 대하여 실시한다.
   나. 시나리오 작성시 제3호에 따른 기준을 적용한다.
2. 시나리오 유형
   가. 시나리오 1
      1) 건물용도, 사용자 중심의 일반적인 화재를 가상한다.
      2) 시나리오에는 다음 사항이 필수적으로 명확히 설명되어야 한다.
         가) 건물사용자 특성
         나) 사용자의 수와 장소
         다) 실 크기
         라) 가구와 실내 내용물

마) 연소 가능한 물질들과 그 특성 및 발화원
바) 환기조건
사) 최초 발화물과 발화물의 위치
3) 설계자가 필요한 경우 기타 시나리오에 필요한 사항을 추가할 수 있다.

나. 시나리오 2
1) 내부 문들이 개방되어 있는 상황에서 피난로에 화재가 발생하여 급격한 화재연소가 이루어지는 상황을 가상한다.
2) 화재시 가능한 피난방법의 수에 중심을 두고 작성한다.

다. 시나리오 3
1) 사람이 상주하지 않는 실에서 화재가 발생하지만, 잠재적으로 많은 재실자에게 위험이 되는 상황을 가상한다.
2) 건축물 내의 재실자가 없는 곳에서 화재가 발생하여 많은 재실자가 있는 공간으로 연소 확대되는 상황에 중심을 두고 작성한다.

라. 시나리오 4
1) 많은 사람들이 있는 실에 인접한 벽이나 덕트 공간 등에서 화재가 발생한 상황을 가상한다.
2) 화재 감지기가 없는 곳이나 자동으로 작동하는 화재진압시스템이 없는 장소에서 화재가 발생하여 많은 재실자가 있는 곳으로의 연소확대가 가능한 상황에 중심을 두고 작성한다.

마. 시나리오 5
1) 많은 거주자가 있는 아주 인접한 장소 중 소방시설의 작동범위에 들어가지 않는 장소에서 아주 천천히 성장하는 화재를 가상한다.
2) 작은 화재에서 시작하지만 큰 대형화재를 일으킬 수 있는 화재에 중심을 두고 작성한다.

바. 시나리오 6
1) 건축물의 일반적인 사용 특성과 관련, 화재하중이 가장 큰 장소에서 발생한 아주 심각한 화재를 가상한다.
2) 재실자가 있는 공간에서 급격하게 연소확대 되는 화재를 중심으로 작성한다.

사. 시나리오 7
1) 외부에서 발생하여 본 건물로 화재가 확대되는 경우를 가상한다.
2) 본 건물에서 떨어진 장소에서 화재가 발생하여 본 건물로 화재가 확대되거나 피난로를 막거나 거주가 불가능한 조건을 만드는 화재에 중심을 두고 작성한다.

3. 시나리오 적용기준

가. 인명안전기준 기술사 104회 · 114회 · 117회 · 124회 · 125회

<table>
<tr><th>구분</th><th>성능기준</th><th>비고</th></tr>
<tr><td>호흡 한계선</td><td>바닥으로부터 1.8m 기준</td><td></td></tr>
<tr><td>열에 의한 영향</td><td>60℃ 이하</td><td></td></tr>
<tr><td>가시거리에 의한 영향</td><td><table><tr><th>용도</th><th>허용가시거리 한계</th></tr><tr><td>기타시설</td><td>5m</td></tr><tr><td>집회시설
판매시설</td><td>10m</td></tr></table></td><td>단, 고휘도유도등, 바닥유도등, 축광유도표지 설치시, 집회시설, 판매시설 7m 적용 가능</td></tr>
<tr><td>독성에 의한 영향</td><td><table><tr><th>성분</th><th>독성기준치</th></tr><tr><td>CO</td><td>1,400ppm</td></tr><tr><td>O_2</td><td>15% 이상</td></tr><tr><td>CO_2</td><td>5% 이하</td></tr></table></td><td>기타, 독성가스는 실험결과에 따른 기준치를 적용 가능</td></tr>
</table>

[비고]

이 기준을 적용하지 않을 경우 실험적 · 공학적 또는 국제적으로 검증된 명확한 근거 및 출처 또는 기술적인 검토자료를 제출하여야 한다.

나. 피난가능시간기준 기술사 104회 · 117회 · 124회

(단위 : 분)

용 도	W1	W2	W3
사무실, 상업 및 산업건물, 학교, 대학교(거주자는 건물의 내부, 경보, 탈출로에 익숙하고, 상시 깨어 있음)	< 1	3	> 4
상점, 박물관, 레저스포츠 센터, 그 밖의 문화집회시설(거주자는 상시 깨어 있으나, 건물의 내부, 경보, 탈출로에 익숙하지 않음)	< 2	3	> 6
기숙사, 중/고층 주택(거주자는 건물의 내부, 경보, 탈출로에 익숙하고, 수면상태일 가능성 있음)	< 2	4	> 5
호텔, 하숙용도(거주자는 건물의 내부, 경보, 탈출로에 익숙하지도 않고, 수면상태일 가능성 있음)	< 2	4	> 6
병원, 요양소, 그 밖의 공공 숙소 (대부분의 거주자는 주변의 도움이 필요함)	< 3	5	> 8

[비고]

W1 : 방재센터 등 CCTV 설비가 갖춰진 통제실의 방송을 통해 육성 지침을 제공할 수 있는 경우 또는 훈련된 직원에 의하여 해당 공간 내의 모든 거주자들이

인지할 수 있는 육성지침을 제공할 수 있는 경우

W2 : 녹음된 음성 메시지 또는 훈련된 직원과 함께 경고방송 제공할 수 있는 경우

W3 : 화재경보신호를 이용한 경보설비와 함께 비 훈련 직원을 활용할 경우

다. 수용인원 산정기준 (단위 : 1인당 면적 m^2)

사용용도	m^2/인	사용용도	m^2/인
집회용도		상업용도	
고밀도지역 (고정좌석 없음)	0.65	피난층 판매지역	2.8
저밀도지역 (고정좌석 없음)	1.4	2층 이상 판매지역	3.7
		지하층 판매지역	2.8
벤치형 좌석	1인/좌석길이 45.7cm	보호용도	3.3
고정좌석	고정좌석 수		
취사장	9.3	의료용도	
		입원치료구역	22.3
서가지역	9.3	수면구역(구내숙소)	11.1
열람실	4.6	교정, 감호용도	11.1
수영장	4.6(물 표면)	주거용도	
수영장 데크	2.8	호텔, 기숙사	18.6
헬스장	4.6	아파트	18.6
운동실	1.4	대형 숙식주거	18.6
무대	1.4	공업용도	
접근출입구, 좁은 통로, 회랑	9.3	일반 및 고위험공업	9.3
카지노 등	1	특수공업	수용인원 이상
		업무용도	9.3
스케이트장	4.6		
교육용도		창고용도 (사업용도 외)	수용인원 이상
교실	1.9		
매점, 도서관, 작업실	4.6		

[제17장] 소방시설의 내진설계기준

(개정 2021. 2. 19. 소방청고시 제2021-15호)

[내진시설 계통도]

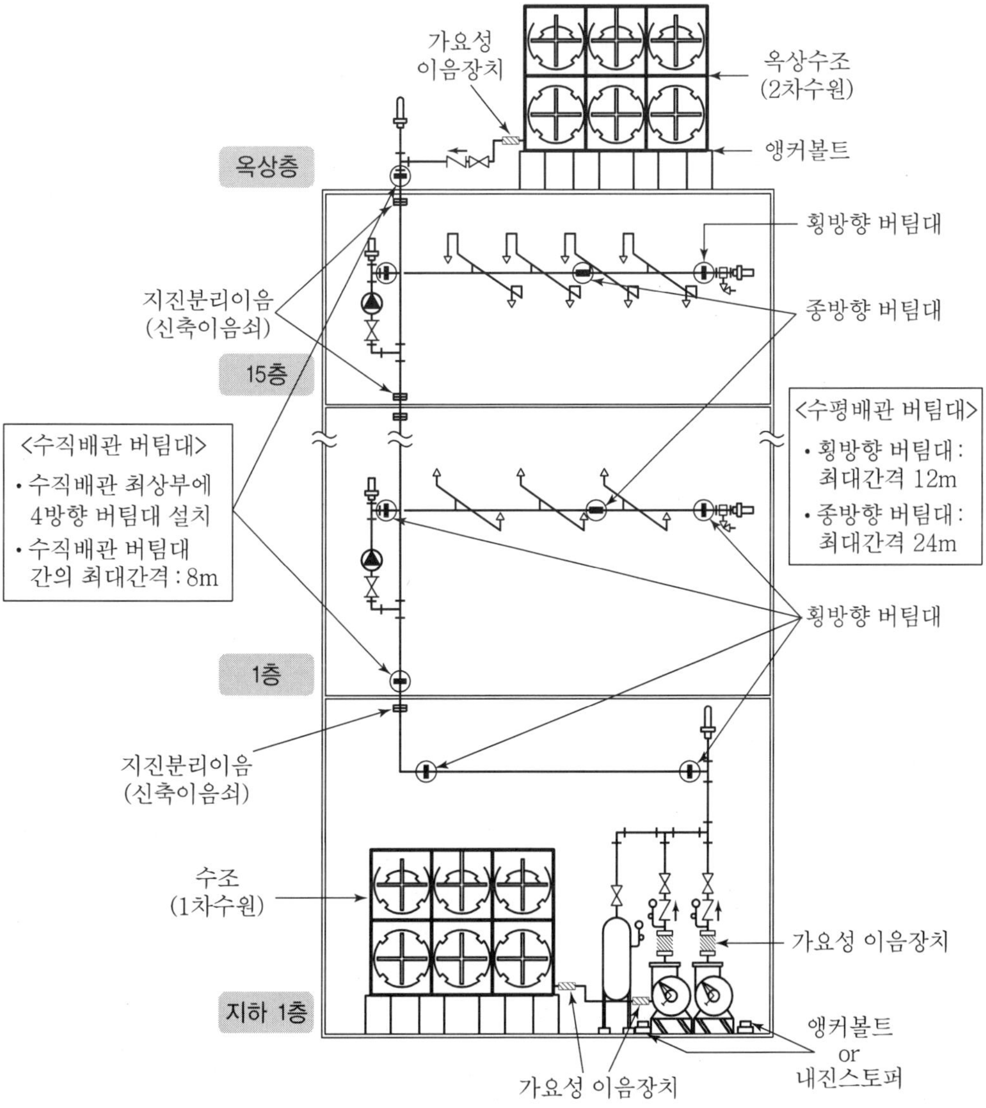

제1조 (목적)

이 기준은 「화재예방, 소방시설 설치 · 유지 및 안전관리에 관한 법률」 제9조의2에 따라 소방청장에게 위임한 소방시설의 내진설계 기준에 관하여 필요한 사항을 규정함을 목적으로 한다.

제2조 (적용범위) 〈개정 2021.2.19〉

① 「화재예방, 소방시설 설치 · 유지 및 안전관리에 관한 법률 시행령」(이하 "영"이라 한다) 제15조의2에 따른 옥내소화전설비, 스프링클러설비, 물분무등소화설비(이하 이 조에서 "각 설비"라 한다)는 이 기준에서 정하는 규정에 적합하게 설치하여야 한다. 다만, 각 설비의 성능시험배관, 지중매설배관, 배수배관 등은 제외한다.

② 제1항의 각 설비에 대하여 특수한 구조 등으로 특별한 조사 · 연구에 의해 설계하는 경우에는 그 근거를 명시하고, 이 기준을 따르지 아니할 수 있다.

제3조 (정의) 〈개정 2021.2.19〉

이 기준에서 사용하는 용어의 정의는 다음과 같다.

1. "내진"이란 면진, 제진을 포함한 지진으로부터 소방시설의 피해를 줄일 수 있는 구조를 의미하는 포괄적인 개념을 말한다.
2. "면진"이란 건축물과 소방시설을 지진동으로부터 격리시켜 지반진동으로 인한 지진력이 직접 구조물로 전달되는 양을 감소시킴으로써 내진성을 확보하는 수동적인 지진 제어 기술을 말한다.
3. "제진"이란 별도의 장치를 이용하여 지진력에 상응하는 힘을 구조물 내에서 발생시키거나 지진력을 흡수하여 구조물이 부담해야 하는 지진력을 감소시키는 지진 제어 기술을 말한다.
4. "수평지진하중(F_{pw})"이란 지진 시 버팀대에 전달되는 배관의 동적지지하중 또는 같은 크기의 정적지진하중으로 환산한 값으로 허용응력설계법으로 산정한 지진하중을 말한다.
5. "세장비(L/r)"란 흔들림방지버팀대 지지대의 길이(L)와, 최소단면2차반경(r)의 비율을 말하며, 세장비가 커질수록 좌굴(Buckling) 현상이 발생하여 지진발생 시 파괴되거나 손상을 입기 쉽다. 기술사 110회 · 119회 · 124회
6. "지진거동특성"이란 지진발생으로 인한 외부적인 힘에 반응하여 움직이는 특성을 말한다.
7. "지진분리이음"이란 지진발생시 지진으로 인한 진동이 배관에 손상을 주지 않고 배관의 축방향 변위, 회전, 1° 이상의 각도 변위를 허용하는 이음을 말한다. 단, 구경 200mm 이상의 배관은 허용하는 각도변위를 0.5° 이상으로 한다.
8. "지진분리장치"란 지진발생 시 건축물 지진분리이음 설치 위치 및 지상에 노출된 건축물과 건축물 사이 등에서 발생하는 상대변위 발생에 대응하기 위해 모든 방향에서의 변위를 허용하는 커플링, 플렉시블 조인트, 관부속품 등의 집합체를 말한다.
9. "가요성이음장치"란 지진 시 수조 또는 가압송수장치와 배관 사이 등에서 발생하는 상

대변위 발생에 대응하기 위해 수평 및 수직 방향의 변위를 허용하는 플렉시블 조인트 등을 말한다. 〈신설 2021.2.19〉

10. "가동중량(W_p)"이란 수조, 가압송수장치, 함류, 제어반등, 가스계 및 분말소화설비의 저장용기, 비상전원, 배관의 작동상태를 고려한 무게를 말하며 다음 각 목의 기준에 따른다.
    가. 배관의 작동상태를 고려한 무게란 배관 및 기타 부속품의 무게를 포함하기 위한 중량으로 용수가 충전된 배관 무게의 1.15배를 적용한다.
    나. 수조, 가압송수장치, 함류, 제어반등, 가스계 및 분말소화설비의 저장용기, 비상전원의 작동상태를 고려한 무게란 유효중량에 안전율을 고려하여 적용한다.
11. "근입 깊이"란 앵커볼트가 벽면 또는 바닥면 속으로 들어가 인발력에 저항할 수 있는 구간의 길이를 말한다.
12. "내진스토퍼"란 지진하중에 의해 과도한 변위가 발생하지 않도록 제한하는 장치를 말한다.
13. "구조부재"란 건축설계에 있어 구조계산에 포함되는 하중을 지지하는 부재를 말한다.
14. "지진하중"이란 지진에 의한 지반운동으로 구조물에 작용하는 하중을 말한다.
15. "편심하중"이란 하중의 합력 방향이 그 물체의 중심을 지나지 않을 때의 하중을 말한다.
16. "지진동"이란 지진 시 발생하는 진동을 말한다.
17. "단부"란 직선배관에서 방향 전환하는 지점과 배관이 끝나는 지점을 말한다. 〈신설 2021.2.19〉
18. "S"란 재현주기 2400년을 기준으로 정의되는 최대고려 지진의 유효수평지반가속도로서 "건축물 내진설계기준(KDS 41 17 00)"의 지진구역에 따른 지진구역계수(Z)에 2400년 재현주기에 해당하는 위험도계수(I) 2.0을 곱한 값을 말한다. 〈신설 2021.2.19〉
19. "S_s"란 단주기 응답지수(short period response parameter)로서 유효수평지반가속도 S를 2.5배한 값을 말한다. 〈신설 2021.2.19〉
20. "영향구역"이란 흔들림방지버팀대가 수평지진하중을 지지할 수 있는 예상구역을 말한다. 〈신설 2021.2.19〉
21. "상쇄배관(offset)"이란 영향구역 내의 직선배관이 방향전환 한 후 다시 같은 방향으로 연속될 경우, 중간에 방향전환 된 짧은 배관은 단부로 보지 않고 상쇄하여 직선으로 볼 수 있는 것을 말하며, 짧은 배관의 합산길이는 3.7m 이하여야 한다. 〈신설 2021.2.19〉
22. "수직직선배관"이란 중력방향으로 설치된 주배관, 교차배관, 가지배관 등으로서 어떠한 방향전환도 없는 직선배관을 말한다. 단, 방향전환부분의 배관길이가 상쇄배관(offset) 길이 이하인 경우 하나의 수직직선배관으로 간주한다. 〈신설 2021.2.19〉
23. "수평직선배관"이란 수평방향으로 설치된 주배관, 교차배관, 가지배관 등으로서 어떠한 방향전환도 없는 직선배관을 말한다. 단, 방향전환부분의 배관길이가 상쇄배관(offset) 길이 이하인 경우 하나의 수평직선배관으로 간주한다. 〈신설 2021.2.19〉

24. "가지배관 고정장치"란 지진거동특성으로부터 가지배관의 움직임을 제한하여 파손, 변형 등으로부터 가지배관을 보호하기 위한 와이어타입, 환봉타입의 고정장치를 말한다. 〈신설 2021.2.19〉
25. "제어반등"이란 수신기(중계반을 포함한다), 동력제어반, 감시제어반 등을 말한다. 〈신설 2021.2.19〉
26. "횡방향 흔들림 방지 버팀대"란 수평직선배관의 진행방향과 직각방향(횡방향)의 수평지진하중을 지지하는 버팀대를 말한다. 〈신설 2021.2.19〉
27. "종방향 흔들림 방지 버팀대"란 수평직선배관의 진행방향(종방향)의 수평지진하중을 지지하는 버팀대를 말한다. 〈신설 2021.2.19〉
28. "4방향 흔들림 방지 버팀대"란 건축물 평면상에서 종방향 및 횡방향 수평지진하중을 지지하거나, 종 · 횡 단면상에서 전 · 후 · 좌 · 우 방향의 수평지진하중을 지지하는 버팀대를 말한다. 〈신설 2021.2.19〉

제3조의2(공통 적용사항) 〈신설 2021.2.19〉

① 소방시설의 내진설계에서 내진등급, 성능수준, 지진위험도, 지진구역 및 지진구역계수는 "건축물 내진설계기준(KDS 41 17 00)"을 따르고 중요도계수(I_p)는 1.5로 한다.

② 지진하중은 다음 각 호의 기준에 따라 계산한다.

1. 소방시설의 지진하중은 "건축물 내진설계기준" 중 비구조요소의 설계지진력 산정방법을 따른다.
2. 허용응력설계법을 적용하는 경우에는 제1호의 산정방법 중 허용응력설계법 외의 방법으로 산정된 설계지진력에 0.7을 곱한 값을 지진하중으로 적용한다.
3. 지진에 의한 소화배관의 수평지진하중(F_{pw}) 산정은 허용응력설계법으로 하며 다음 각 호 중 어느 하나를 적용한다.

   가. $F_{pw} = C_p \times W_p$

   F_{pw} : 수평지진하중, W_p : 가동중량

   C_p : 소화배관의 지진계수(별표 1에 따라 선정한다.)

   나. 제1호에 따른 산정방법 중 허용응력설계법 외의 방법으로 산정된 설계지진력에 0.7을 곱한 값을 수평지진하중(F_{pw})으로 적용한다.
4. 지진에 의한 배관의 수평설계지진력이 $0.5\,W_p$을 초과하고 흔들림 방지 버팀대의 각도가 수직으로부터 45도 미만인 경우 또는 수평설계지진력이 $1.0\,W_p$를 초과하고 흔들림 방지 버팀대의 각도가 수직으로부터 60도 미만인 경우 흔들림 방지 버팀대는 수평설계지진력에 의한 유효수직반력을 견디도록 설치해야 한다.

③ 앵커볼트는 다음 각 호의 기준에 따라 설치한다.

1. 수조, 가압송수장치, 함, 제어반등, 비상전원, 가스계 및 분말소화설비의 저장용기 등은 "건축물 내진설계기준" 비구조요소의 정착부의 기준에 따라 앵커볼트를 설치하여야 한다.
2. 앵커볼트는 건축물 정착부의 두께, 볼트설치 간격, 모서리까지 거리, 콘크리트의 강도,

균열 콘크리트 여부, 앵커볼트의 단일 또는 그룹설치 등을 확인하여 최대허용하중을 결정하여야 한다.

3. 흔들림 방지 버팀대에 설치하는 앵커볼트 최대허용하중은 제조사가 제시한 설계하중 값에 0.43을 곱하여야 한다.
4. 건축물 부착 형태에 따른 프라잉효과나 편심을 고려하여 수평지진하중의 작용하중을 구하고 앵커볼트 최대허용하중과 작용하중과의 내진설계 적정성을 평가하여 설치하여야 한다.
5. 소방시설을 팽창성 · 화학성 또는 부분적으로 현장타설된 건축부재에 정착할 경우에는 수평지진하중을 1.5배 증가시켜 사용한다.

④ 수조 · 가압송수장치 · 제어반등 및 비상전원 등을 바닥에 고정하는 경우 기초(패드 포함) 부분의 구조안전성을 확인하여야 한다.

제4조 (수원) 기술사 108회 · 120회 · 124회 〈개정 2021.2.19〉

수조는 다음 각 호의 기준에 따라 설치하여야 한다.

1. 수조는 지진에 의하여 손상되거나 과도한 변위가 발생하지 않도록 기초(패드 포함), 본체 및 연결부분의 구조안전성을 확인하여야 한다.
2. 수조는 건축물의 구조부재나 구조부재와 연결된 수조 기초부(패드)에 고정하여 지진 시 파손(손상), 변형, 이동, 전도 등이 발생하지 않아야 한다.
3. 수조와 연결되는 소화배관에는 지진 시 상대변위를 고려하여 가요성이음장치를 설치하여야 한다.

제5조 (가압송수장치) 기술사 108회 · 120회 · 124회 〈개정 2021.2.19〉

① 가압송수장치에 방진장치가 있어 앵커볼트로 지지 및 고정할 수 없는 경우에는 다음 각 호의 기준에 따라 내진스토퍼 등을 설치하여야 한다. 다만, 방진장치에 이 기준에 따른 내진성능이 있는 경우는 제외한다.

1. 정상운전에 지장이 없도록 내진스토퍼와 본체 사이에 최소 3mm 이상 이격하여 설치한다.
2. 내진스토퍼는 제조사에서 제시한 허용하중이 제3조의2제2항에 따른 지진하중 이상을 견딜 수 있는 것으로 설치하여야 한다. 단, 내진스토퍼와 본체 사이의 이격거리가 6mm를 초과한 경우에는 수평지진하중의 2배 이상을 견딜 수 있는 것으로 설치하여야 한다.

② 가압송수장치의 흡입측 및 토출측에는 지진 시 상대변위를 고려하여 가요성이음장치를 설치하여야 한다.

제6조 (배관) 〈개정 2021.2.19〉

① 배관은 다음 각 호의 기준에 따라 설치하여야 한다. 기술사 111회

1. 건물 구조부재간의 상대변위에 의한 배관의 응력을 최소화하기 위하여 지진분리이음 또는 지진분리장치를 사용하거나 이격거리를 유지하여야 한다.
2. 건축물 지진분리이음 설치위치 및 건축물 간의 연결배관 중 지상노출 배관이 건축물로

인입되는 위치의 배관에는 관경에 관계없이 지진분리장치를 설치하여야 한다.

3. 천장과 일체 거동을 하는 부분에 배관이 지지되어 있을 경우 배관을 단단히 고정시키기 위해 흔들림 방지 버팀대를 사용하여야 한다.
4. 배관의 흔들림을 방지하기 위하여 흔들림 방지 버팀대를 사용하여야 한다.
5. 흔들림 방지 버팀대와 그 고정장치는 소화설비의 동작 및 살수를 방해하지 않아야 한다.

② 배관의 수평지진하중은 다음 각 호의 기준에 따라 계산하여야 한다. 기술사 111회

1. 흔들림 방지 버팀대의 수평지진하중 산정 시 배관의 중량은 가동중량(W_p)으로 산정한다.
2. 흔들림 방지 버팀대에 작용하는 수평지진하중은 제3조의2제2항제3호에 따라 산정한다.
3. 수평지진하중(F_{pw})은 배관의 횡방향과 종방향에 각각 적용되어야 한다.

③ 벽, 바닥 또는 기초를 관통하는 배관 주위에는 다음 각 호의 기준에 따라 이격거리를 확보하여야 한다. 다만, 벽, 바닥 또는 기초의 각 면에서 300mm 이내에 지진분리이음을 설치하거나 내화성능이 요구되지 않는 석고보드나 이와 유사한 부서지기 쉬운 부재를 관통하는 배관은 그러하지 아니하다. 기술사 111회

1. 관통구 및 배관 슬리브의 호칭구경은 배관의 호칭구경이 25mm 내지 100mm 미만인 경우 배관의 호칭구경보다 50mm 이상, 배관의 호칭구경이 100mm 이상인 경우에는 배관의 호칭구경보다 100mm 이상 커야 한다. 다만, 배관의 호칭구경이 50mm 이하인 경우에는 배관의 호칭구경보다 50mm 미만의 더 큰 관통구 및 배관 슬리브를 설치할 수 있다.
2. 방화구획을 관통하는 배관의 틈새는 「건축물의 피난 · 방화구조 등의 기준에 관한 규칙」 제14조제2항에 따라 인정된 내화충전구조 중 신축성이 있는 것으로 메워야 한다.

④ 소방시설의 배관과 연결된 타 설비배관을 포함한 수평지진하중은 제2항의 기준에 따라 결정하여야 한다. 기술사 111회

제7조 (지진분리이음) 〈개정 2021.2.19〉

① 배관의 변형을 최소화하고 소화설비 주요 부품 사이의 유연성을 증가시킬 필요가 있는 위치에 설치하여야 한다.

② 구경 65mm 이상의 배관에는 지진분리이음을 다음 각 호의 위치에 설치하여야 한다.

1. 모든 수직직선배관은 상부 및 하부의 단부로부터 0.6m 이내에 설치하여야 한다. 다만, 길이가 0.9m 미만인 수직직선배관은 지진분리이음을 설치하지 아니할 수 있으며, 0.9m ~2.1m 사이의 수직직선배관은 하나의 지진분리이음을 설치할 수 있다.
2. 제6조제3항 본문의 단서에도 불구하고 2층 이상의 건물인 경우 각 층의 바닥으로부터 0.3m, 천장으로부터 0.6m 이내에 설치하여야 한다.
3. 수직직선배관에서 티분기된 수평배관 분기지점이 천장 아래 설치된 지진분리이음보다 아래에 위치한 경우 분기된 수평배관에 지진분리이음을 다음 각 목의 기준에 적합하게 설치하여야 한다.

   가. 티분기 수평직선배관으로부터 0.6m 이내에 지진분리이음을 설치한다.

나. <u>티분기 수평직선배관 이후 2차측에 수직직선배관이 설치된 경우 1차측 수직직선배관의 지진분리이음 위치와 동일선상에 지진분리이음을 설치하고, 티분기 수평직선배관의 길이가 0.6m 이하인 경우에는 그 티분기된 수평직선배관에 가목에 따른 지진분리이음을 설치하지 아니한다.</u>

4. <u>수직직선배관</u>에 중간 지지부가 있는 경우에는 지지부로부터 0.6m 이내의 윗부분 및 아랫부분에 설치해야 한다.

③ 제6조제3항제1호에 따른 이격거리 규정을 만족하는 경우에는 지진분리이음을 설치하지 아니할 수 있다. 〈신설 2021.1.15〉

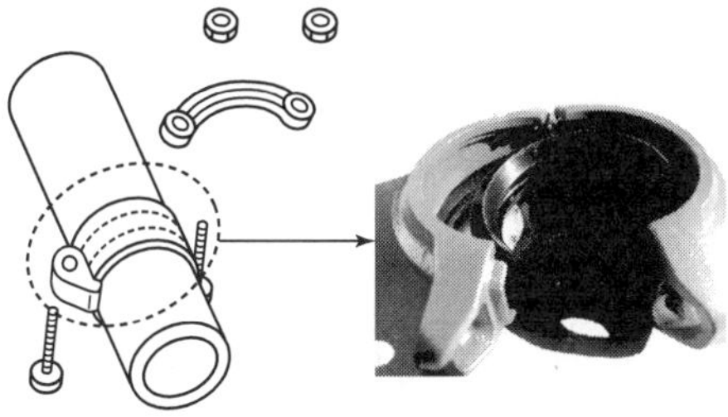

[지진분리이음(신축이음쇠)]

[가요성이음장치(플렉시블조인트)]

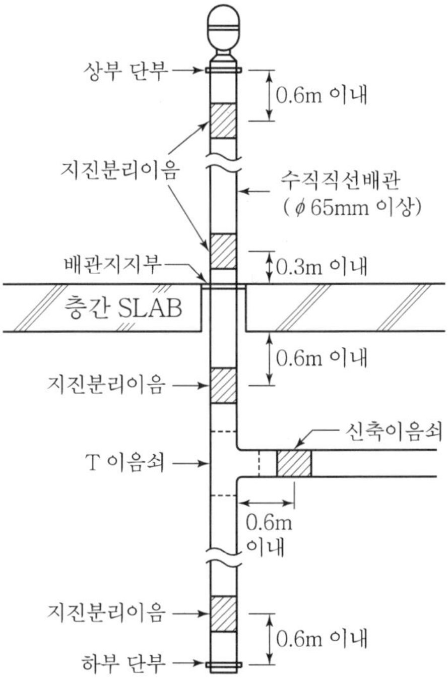

〈2층 이상의 건축물인 경우〉

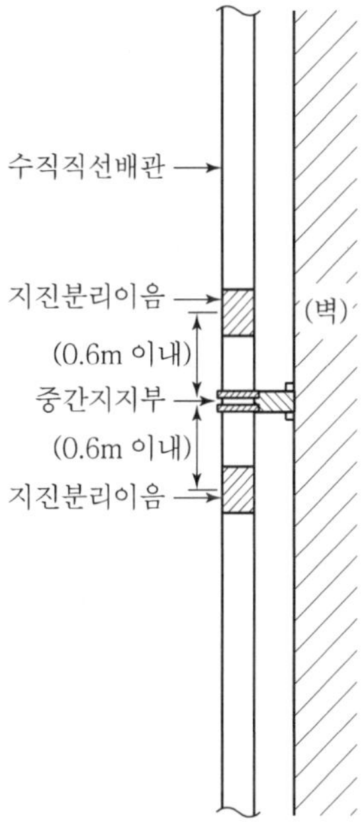

〈중간 지지부가 설치된 경우〉

※ 다만, 수직직선배관의 길이가 0.9m 미만인 경우 지진분리이음(신축이음쇠)을 생략할 수 있으며, 0.9~2.1m인 경우에는 하나의 지진분리이음을 설치할 수 있다.

[지진분리이음의 설치기준]

제8조 (지진분리장치) 〈개정 2021.2.19〉

지진분리장치는 다음 각 호의 기준에 따라 설치하여야 한다.

1. 지진분리장치는 배관의 구경에 관계없이 지상층에 설치된 배관으로 건축물 지진분리이음과 소화배관이 교차하는 부분 및 건축물 간의 연결배관 중 지상 노출 배관이 건축물로 인입되는 위치에 설치하여야 한다.
2. 지진분리장치는 건축물 지진분리이음의 변위량을 흡수할 수 있도록 전후좌우 방향의 변위를 수용할 수 있도록 설치하여야 한다.
3. 지진분리장치의 전단과 후단의 1.8m 이내에는 4방향 흔들림 방지 버팀대를 설치하여야 한다.
4. 지진분리장치 자체에는 흔들림 방지 버팀대를 설치할 수 없다. 〈신설 2021.2.19〉

[지진분리장치]

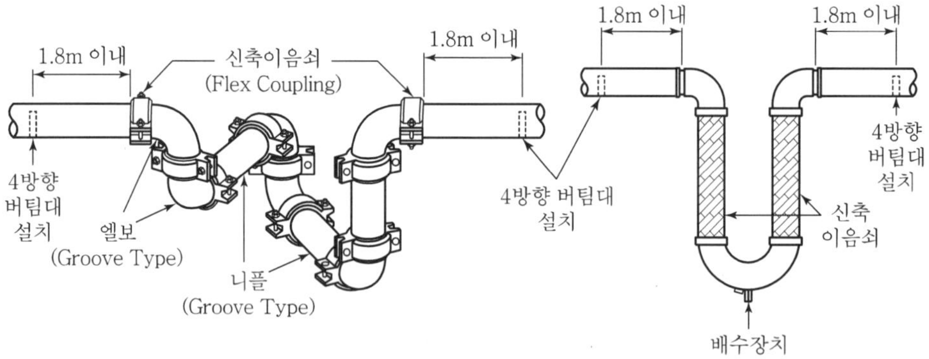

[지진분리이음과 지진분리장치의 차이점]

구분	지진분리이음	지진분리장치
설치개념	지진으로 인한 지진동이 전달되지 않도록 진동을 흡수한다.	지진으로 인한 지진하중이 전달되지 않도록 지진동을 격리시킨다.
변위의 허용범위	• 작은 변위를 흡수한다. • 축방향, 회전방향 및 소폭의 각도 변위를 허용함	• 큰 변위를 흡수한다. • 모든 방향(4방향)으로의 변위 및 큰 각도의 변위가 허용됨
설치대상	배관구경 65mm 이상인 것으로서, 수직직선배관 및 이로부터 티분기된 수평직선배관	• 건축물 지진분리이음과 소화배관이 교차하는 부분 • 건축물 간의 연결배관 중 지상노출배관이 건축물로 인입되는 부분
구성품	신축이음쇠(커플링장치) : 그루브형조인트 등	2개 이상 신축이음쇠(커플링장치)의 집합체장치(Assembly) : 스윙조인트, 플렉시블조인트, 익스펜션루우프 등

제9조 (흔들림 방지 버팀대) 〈개정 2021.2.19〉 기술사 110회

① 흔들림 방지 버팀대는 다음 각 호의 기준에 따라 설치하여야 한다.

1. 흔들림 방지 버팀대는 내력을 충분히 발휘할 수 있도록 견고하게 설치하여야 한다.
2. 배관에는 제6조제2항에서 산정된 횡방향 및 종방향의 수평지진하중에 모두 견디도록 흔들림 방지 버팀대를 설치하여야 한다.
3. 흔들림 방지 버팀대가 부착된 건축 구조부재는 소화배관에 의해 추가된 지진하중을 견딜 수 있어야 한다.
4. 흔들림 방지 버팀대의 세장비(L/r)는 300을 초과하지 않아야 한다.
5. 4방향 흔들림 방지 버팀대는 횡방향 및 종방향 흔들림 방지 버팀대의 역할을 동시에 할 수 있어야 한다.
6. 하나의 수평직선배관은 최소 2개의 횡방향 흔들림 방지 버팀대와 1개의 종방향흔들림 방지 버팀대를 설치하여야 한다. 다만, 영향구역 내 배관의 길이가 6m 미만인 경우에는 횡방향과 종방향 흔들림 방지 버팀대를 각 1개씩 설치 할 수 있다. 〈신설 2021.2.19〉

② 소화펌프(충압펌프를 포함한다. 이하 같다) 주위의 수직직선배관 및 수평직선배관은 다음 각 호의 기준에 따라 흔들림 방지 버팀대를 설치한다. 〈신설 2021.2.19〉

1. 소화펌프 흡입측 수평직선배관 및 수직직선배관의 수평지진하중을 계산하여 흔들림 방지 버팀대를 설치하여야 한다.
2. 소화펌프 토출측 수평직선배관 및 수직직선배관의 수평지진하중을 계산하여 흔들림 방지 버팀대를 설치하여야 한다.

③ 흔들림 방지 버팀대는 소방청장이 고시한 「흔들림 방지 버팀대의 성능인증 및 제품검사의 기술기준」에 따라 성능인증 및 제품검사를 받은 것으로 설치하여야 한다. 〈신설 2021.2.19〉

제10조 (수평직선배관 흔들림 방지 버팀대) 〈개정 2021.2.19〉

① 횡방향 흔들림 방지 버팀대는 다음 각 호에 따라 설치하여야 한다.

1. 배관 구경에 관계없이 모든 수평주행배관 · 교차배관 및 옥내소화전설비의 수평배관에 설치하여야 하고, 가지배관 및 기타배관에는 배관구경 65mm 이상인 배관에 설치하여야 한다. 다만, 옥내소화전설비의 수직배관에서 분기된 구경 50mm 이하의 수평배관에 설치되는 소화전함이 1개인 경우에는 횡방향 흔들림 방지 버팀대를 설치하지 않을 수 있다.
2. 횡방향 흔들림 방지 버팀대의 설계하중은 설치된 위치의 좌우 6m를 포함한 12m 내의 배관에 작용하는 횡방향 수평지진하중으로 영향구역 내의 수평주행배관, 교차배관, 가지배관의 하중을 포함하여 산정한다.
3. 흔들림 방지 버팀대의 간격은 중심선 기준으로 최대간격이 12m를 초과하지 않아야 한다.
4. 마지막 흔들림 방지 버팀대와 배관 단부 사이의 거리는 1.8m를 초과하지 않아야 한다.
5. 영향구역 내에 상쇄배관이 설치되어 있는 경우 배관의 길이는 그 상쇄배관 길이를 합산하여 산정한다. 〈신설 2021.2.19〉

소방법규 내진설계기준

6. 횡방향 흔들림 방지 버팀대가 설치된 지점으로부터 600mm 이내에 그 배관이 방향전환되어 설치된 경우 그 횡방향 흔들림방지 버팀대는 인접배관의 종방향 흔들림 방지 버팀대로 사용할 수 있으며, 배관의 구경이 다른 경우에는 구경이 큰 배관에 설치하여야 한다. 〈신설 2021.2.19〉
7. 가지배관의 구경이 65mm 이상일 경우 다음 각 목의 기준에 따라 설치한다. 〈신설 2021.2.19〉
   가. 가지배관의 구경이 65mm 이상인 배관의 길이가 3.7m 이상인 경우에 횡방향 흔들림 방지 버팀대를 제9조제1항에 따라 설치한다.
   나. 가지배관의 구경이 65mm 이상인 배관의 길이가 3.7m 미만인 경우에는 횡방향 흔들림 방지 버팀대를 설치하지 않을 수 있다.
8. 횡방향 흔들림 방지 버팀대의 수평지진하중은 별표 2에 따른 영향구역의 최대허용하중 이하로 적용하여야 한다. 〈신설 2021.2.19〉
9. 교차배관 및 수평주행배관에 설치되는 행가가 다음 각 목의 기준을 모두 만족하는 경우 횡방향 흔들림 방지 버팀대를 설치하지 않을 수 있다. 〈신설 2021.2.19〉
   가. 건축물 구조부재 고정점으로부터 배관 상단까지의 거리가 150mm 이내일 것
   나. 배관에 설치된 모든 행가의 75% 이상이 가목의 기준을 만족할 것
   다. 교차배관 및 수평주행배관에 연속하여 설치된 행가는 가목의 기준을 연속하여 초과하지 않을 것
   라. 지진계수(C_p) 값이 0.5 이하일 것
   마. 수평주행배관의 구경은 150mm 이하이고, 교차배관의 구경은 100mm 이하일 것
   바. 행가는 「스프링클러설비의 화재안전기준」 제8조제13항에 따라 설치할 것

② 종방향 흔들림 방지 버팀대는 다음 각 호의 기준에 따라 설치하여야 한다. 〈개정 2021.2.19〉

1. 배관 구경에 관계없이 모든 수평주행배관 · 교차배관 및 옥내소화전설비의 수평배관에 설치하여야 한다. 다만, 옥내소화전설비의 수직배관에서 분기된 구경 50mm 이하의 수평배관에 설치되는 소화전함이 1개인 경우에는 종방향 흔들림 방지 버팀대를 설치하지 않을 수 있다.
2. 종방향 흔들림 방지 버팀대의 설계하중은 설치된 위치의 좌우 12m를 포함한 24m 내의 배관에 작용하는 수평지진하중으로 영향구역 내의 수평주행배관, 교차배관 하중을 포함하여 산정하며, 가지배관의 하중은 제외한다.
3. 수평주행배관 및 교차배관에 설치된 종방향 흔들림 방지 버팀대의 간격은 중심선을 기준으로 24m를 넘지 않아야 한다.
4. 마지막 흔들림 방지 버팀대와 배관 단부 사이의 거리는 12m를 초과하지 않아야 한다.
5. 영향구역 내에 상쇄배관이 설치되어 있는 경우 배관 길이는 그 상쇄배관 길이를 합산하여 산정한다.
6. 종방향 흔들림 방지 버팀대가 설치된 지점으로부터 600mm 이내에 그 배관이 방향전환

되어 설치된 경우 그 종방향 흔들림방지 버팀대는 인접배관의 횡방향 흔들림 방지 버팀대로 사용할 수 있으며, 배관의 구경이 다른 경우에는 구경이 큰 배관에 설치하여야 한다. 〈신설 2021.2.19〉

제11조 (수직직선배관 흔들림 방지 버팀대) 〈개정 2021.2.19〉

수직직선배관 흔들림 방지 버팀대는 다음 각 호의 기준에 따라 설치하여야 한다.

1. 길이 1m를 초과하는 수직직선배관의 최상부에는 4방향 흔들림 방지 버팀대를 설치하여야 한다. 다만, 가지배관은 설치하지 아니할 수 있다.
2. 수직직선배관 최상부에 설치된 4방향 흔들림 방지 버팀대가 수평직선배관에 부착된 경우 그 흔들림 방지 버팀대는 수직직선배관의 중심선으로부터 0.6m 이내에 설치되어야 하고, 그 흔들림 방지 버팀대의 하중은 수직 및 수평방향의 배관을 모두 포함하여야 한다.
3. 수직직선배관 4방향 흔들림방지 버팀대 사이의 거리는 8m를 초과하지 않아야 한다.
4. 소화전함에 아래 또는 위쪽으로 설치되는 65mm 이상의 수직직선배관은 다음 각 목의 기준에 따라 설치한다.
   가. 수직직선배관의 길이가 3.7m 이상인 경우, 4방향 흔들림 방지 버팀대를 1개 이상 설치하고, 말단에 U볼트 등의 고정장치를 설치한다.
   나. 수직직선배관의 길이가 3.7m 미만인 경우, 4방향 흔들림 방지 버팀대를 설치하지 아니할 수 있고, U볼트 등의 고정장치를 설치한다.
5. 수직직선배관에 4방향 흔들림 방지 버팀대를 설치하고 수평방향으로 분기된 수평직선배관의 길이가 1.2m 이하인 경우 수직직선배관에 수평직선배관의 지진하중을 포함하는 경우 수평직선배관의 흔들림 방지 버팀대를 설치하지 않을 수 있다. 〈신설 2021.2.19〉
6. 수직직선배관이 다층건물의 중간층을 관통하며, 관통구 및 슬리브의 구경이 제6조제3항제1호에 따른 배관 구경별 관통구 및 슬리브 구경 미만인 경우에는 4방향 흔들림 방지 버팀대를 설치하지 아니할 수 있다. 〈신설 2021.2.19〉

제12조 (흔들림 방지 버팀대 고정장치) 〈개정 2021.2.19〉

흔들림 방지 버팀대 고정장치에 작용하는 수평지진하중은 허용하중을 초과하여서는 아니된다.

제13조 (가지배관 고정장치 및 헤드) 〈개정 2021.2.19〉 기술사 108회

① 가지배관의 고정장치는 각 호에 따라 설치하여야 한다.

1. 가지배관에는 별표 3의 간격에 따라 고정장치를 설치한다. 〈신설 2021.2.19〉
2. 와이어타입 고정장치는 행가로부터 600mm 이내에 설치하여야 한다. 와이어 고정점에 가장 가까운 행거는 가지배관의 상방향 움직임을 지지할 수 있는 유형이어야 한다.

소방법규 내진설계기준

3. 환봉타입 고정장치는 행가로부터 150mm 이내에 설치한다. 〈신설 2021.2.19〉
4. 환봉타입 고정장치의 세장비는 400을 초과하여서는 아니 된다. 단, 양쪽 방향으로 두 개의 고정장치를 설치하는 경우 세장비를 적용하지 아니한다. 〈신설 2021.2.19〉
5. 고정장치는 수직으로부터 45° 이상의 각도로 설치하여야 하고, 설치각도에서 최소 1,340N 이상의 인장 및 압축하중을 견딜 수 있어야 하며 와이어를 사용하는 경우 와이어는 1,960N 이상의 인장하중을 견디는 것으로 설치하여야 한다. 〈신설 2021.2.19〉
6. 가지배관상의 말단 헤드는 수직 및 수평으로 과도한 움직임이 없도록 고정하여야 한다.
7. 가지배관에 설치되는 행가는 「스프링클러설비의 화재안전기준」 제8조제13항에 따라 설치한다.
8. 가지배관에 설치되는 행가가 다음 각 목의 기준을 모두 만족하는 경우 고정장치를 설치하지 않을 수 있다. 〈신설 2021.2.19〉
   가. 건축물 구조부재 고정점으로부터 배관 상단까지의 거리가 150mm 이내일 것
   나. 가지배관에 설치된 모든 행가의 75% 이상이 가목의 기준을 만족할 것
   다. 가지배관에 연속하여 설치된 행가는 가목의 기준을 연속하여 초과하지 않을 것

② 가지배관 고정에 사용되지 않는 건축부재와 헤드 사이의 이격거리는 75mm 이상을 확보하여야 한다. 〈개정 2021.2.19〉

제14조 (제어반등) 〈개정 2021.2.19〉 기술사 108회 · 120회

제어반등은 다음 각 호의 기준에 따라 설치하여야 한다.

1. 제어반등의 지진하중은 제3조의2제2항에 따라 계산하고, 앵커볼트는 제3조의2제3항에 따라 설치하여야 한다. 단, 제어반등의 하중이 450N 이하이고 내력벽 또는 기둥에 설치하는 경우 직경 8mm 이상의 고정용 볼트 4개 이상으로 고정할 수 있다.
2. 건축물의 구조부재인 내력벽 · 바닥 또는 기둥 등에 고정하여야 하며, 바닥에 설치하는 경우 지진하중에 의해 전도가 발생하지 않도록 설치하여야 한다.
3. 제어반등은 지진 발생 시 기능이 유지되어야 한다.

제15조 (유수검지장치)

유수검지장치는 지진발생 시 기능을 상실하지 않아야 하며, 연결부위는 파손되지 않아야 한다.

제16조 (소화전함) 〈개정 2021.2.19〉

소화전함은 다음 각 호의 기준에 따라 설치하여야 한다.

1. 지진 시 파손 및 변형이 발생하지 않아야 하며, 개폐에 장애가 발생하지 않아야 한다.
2. 건축물의 구조부재인 내력벽 · 바닥 또는 기둥 등에 고정하여야 하며, 바닥에 설치하는 경우 지진하중에 의해 전도가 발생하지 않도록 설치하여야 한다.
3. 소화전함의 지진하중은 제3조의2제2항에 따라 계산하고, 앵커볼트는 제3조의2제3항에

따라 설치하여야 한다. 단, 소화전함의 하중이 450N 이하이고 내력벽 또는 기둥에 설치하는 경우 직경 8mm 이상의 고정용 볼트 4개 이상으로 고정할 수 있다.

제17조 (비상전원) 〈개정 2021.2.19〉

비상전원은 다음 각 호의 기준에 따라 설치하여야 한다.

1. 자가발전설비의 지진하중은 제3조의2제2항에 따라 계산하고, 앵커볼트는 제3조의2제3항에 따라 설치하여야 한다.
2. 비상전원은 지진발생 시 전도되지 않도록 설치하여야 한다.

제18조 (가스계 및 분말소화설비) 〈개정 2021.2.19〉

① 이산화탄소소화설비, 할론소화설비, 할로겐화합물 및 불활성기체소화설비, 분말소화설비의 저장용기는 지진하중에 의해 전도가 발생하지 않도록 설치하고, 지진하중은 제3조의2제2항에 따라 계산하고 앵커볼트는 제3조의2제3항에 따라 설치하여야 한다.

② 이산화탄소소화설비, 할론소화설비, 할로겐화합물 및 불활성기체소화설비, 분말소화설비의 제어반등은 제14조의 기준에 따라 설치하여야 한다.

③ 이산화탄소소화설비, 할론소화설비, 할로겐화합물 및 불활성기체소화설비, 분말소화설비의 기동장치 및 비상전원은 지진으로 인한 오동작이 발생하지 않도록 설치하여야 한다.

제19조 (설치 · 유지기준의 특례)

소방본부장 또는 소방서장은 기존건축물이 증축 · 개축 · 대수선되거나 용도변경되는 경우에 있어서 이 기준이 정하는 기준에 따라 해당 건축물에 설치하여야 할 소방시설 내진설계의 공사가 현저하게 곤란하다고 인정되는 경우에는 해당 설비의 기능 및 사용에 지장이 없는 범위 안에서 소방시설의 내진설계 기준 일부를 적용하지 아니할 수 있다.

제20조 (재검토 기한)

소방청장은 「훈령 · 예규 등의 발령 및 관리에 관한 규정」에 따라 이 고시에 대하여 2016년 1월 1일을 기준으로 매 3년이 되는 시점(매 3년째의 12월 31일까지를 말한다)마다 그 타당성을 검토하여 개선 등의 조치를 하여야 한다.

부칙 〈제2021-15호, 2021.2.19〉

제1조(시행일)

이 고시는 발령한 날부터 시행한다. 다만, 제9조제3항의 개정규정은 「흔들림 방지 버팀대의 성능인증 및 제품검사의 기술기준」 제정 후 시행일 이후 6개월이 경과한 날부터 시행한다.

제2조(경과조치)

이 고시 시행 당시 건축허가 등의 동의 또는 착공신고가 완료된 특정소방대상물에 대하여는 종전의 기준에 따른다.

[별표 1] 단주기 응답지수별 소화배관의 지진계수 (제3조의2제2항제3호 관련)

단주기 응답지수(S_s)	지진계수(C_p)
0.33 이하	0.35
0.40	0.38
0.50	0.40
0.60	0.42
0.71	0.42
0.80	0.44
0.90	0.48
0.95	0.50
1.00	0.51

1. 표의 값을 기준으로 S_s의 사이값은 직선보간법 이용하여 적용할 수 있다.
2. S_s : 단주기 응답지수(Short period response parameter)로서 최대고려 지진의 유효지반가속도 S를 2.5배한 값

[별표 2]

소화배관의 종류별 흔들림방지 버팀대의 간격에 따른 영향구역의 최대허용하중(N) (제10조제1항제8호 관련)

1. KSD3507 소화배관의 흔들림 방지 버팀대의 간격에 따른 영향구역의 최대허용하중(N)

재료의 항복강도 F_y : 200MPa

배관구경 (mm)	횡방향 흔들림방지 버팀대의 간격(m)				
	6	8	9	11	12
25	450	338	295	245	212
32	729	547	478	397	343
40	969	727	635	528	456

50	1,770	1,328	1,160	964	832
65	2,836	2,128	1,859	1,545	1,334
80	4,452	3,341	2,918	2,425	2,094
100	8,168	6,130	5,354	4,449	3,842
125	13,424	10,074	8,798	7,311	6,315
150	19,054	14,299	12,488	10,378	8,963
200	39,897	29,943	26,150	21,731	18,769

2. KSD3562(#40) 소화배관의 흔들림방지 버팀대의 간격에 따른 영향구역의 최대허용하중(N)

재료의 항복강도 F_y : 250MPa

배관구경 (mm)	횡방향 흔들림방지 버팀대의 간격(m)				
	6	8	9	11	12
25	597	448	391	325	281
32	1,027	771	673	559	483
40	1,407	1,055	922	766	661
50	2,413	1,811	1,581	1,314	1,135
65	5,022	3,769	3,291	2,735	2,362
80	7,506	5,663	4,920	4,088	3,531
100	13,606	10,211	8,918	7,411	6,400
125	22,829	17,133	14,962	12,434	10,739
150	34,778	26,100	22,794	18,943	16,360
200	70,402	52,836	46,143	38,346	33,119

3. CPVC 소화배관의 흔들림방지 버팀대의 간격에 따른 영향구역의 최대허용하중(N)

재료의 항복강도 F_y : 55MPa

배관구경 (mm)	횡방향 흔들림방지 버팀대의 간격(m)				
	6	8	9	11	12
25	113	85	74	61	46
32	229	172	150	125	108
40	349	262	229	190	164

50	680	510	445	370	277
65	1,199	900	786	653	564
80	2,200	1,651	1,442	1,198	1,035

[별표 3] 가지배관 고정장치의 최대설치간격(m)
(제13조제1항제1호 관련)

1. 강관 및 스테인레스(KSD 3576) 배관의 최대설치간격(m)

호칭구경	지진계수(C_p)			
	$C_p \leq 0.50$	$0.5< C_p \leq 0.71$	$0.71< C_p \leq 1.4$	$1.4< C_p$
25A	13.1	11.0	7.9	6.7
32A	14.0	11.9	8.2	7.3
40A	14.9	12.5	8,8	7.6
50A	16.1	13.7	9.4	8.2

2. 동관, CPVC 및 스테인레스(KSD 3595) 배관의 최대설치간격(m)

호칭구경	지진계수(C_p)			
	$C_p \leq 0.50$	$0.5 < C_p \leq 0.71$	$0.71 < C_p \leq 1.4$	$1.4 < C_p$
25A	10.3	8.5	6.1	5.2
32A	11.3	9.4	6.7	5.8
40A	12.2	10.3	7.3	6.1
50A	13.7	11.6	8.2	7.0

제2편

건축관계법규

※ 밑줄 친 부분은 최근에 개정되었거나 신설된 내용임 ※

[제1장] 건축법

(개정 : 2021. 10. 19. 법률 제18508호)

제2조 (정의)

5. **지하층** : 건축물의 바닥이 지표면 아래에 있는 층으로서 바닥에서 지표면까지 평균높이가 해당 층 높이의 2분의 1 이상인 것
6. **거실** : 건축물 안에서 거주, 집무, 작업, 집회, 오락, 그 밖에 이와 유사한 목적을 위하여 사용되는 방
7. **주요구조부** : 내력벽(耐力壁), 기둥, 바닥, 보, 지붕틀 및 주계단(主階段). 다만, 사이 기둥, 최하층 바닥, 작은 보, 차양, 옥외 계단, 그 밖에 이와 유사한 것으로 건축물의 구조상 중요하지 아니한 부분은 제외한다.
8. **건축** : 건축물을 신축 · 증축 · 개축 · 재축(再築)하거나 건축물을 이전하는 것
9. **대수선** : 건축물의 기둥, 보, 내력벽, 주계단 등의 구조나 외부 형태를 수선 · 변경하거나 증설하는 것으로서 대통령령으로 정하는 것
10. **리모델링** : 건축물의 노후화를 억제하거나 기능 향상 등을 위하여 대수선하거나 건축물의 일부를 증축 또는 개축하는 행위 〈개정 2017.12.26〉
14. **설계도서** : 건축물의 건축 등에 관한 공사용 도면, 구조계산서, 시방서, 그 밖에 국토교통부령으로 정하는 공사에 필요한 서류
17. **관계전문기술자** : 건축물의 구조 · 설비 등 건축물과 관련된 전문기술자격을 보유하고 설계와 공사감리에 참여하여 설계자 및 공사감리자와 협력하는 자
19. **고층건축물** : 층수가 30층 이상이거나 높이가 120m 이상인 건축물
20. **실내건축** : 건축물의 실내를 안전하고 쾌적하며 효율적으로 사용하기 위하여 내부 공간을 칸막이로 구획하거나 벽지, 천장재, 바닥재, 유리 등 대통령령으로 정하는 재료 또는 장식물을 설치하는 것 〈신설 2014.5.28〉
21. **부속구조물** : 건축물의 안전 · 기능 · 환경 등을 향상시키기 위하여 건축물에 추가적으로 설치하는 환기시설물 등 대통령령으로 정하는 구조물 〈신설 2016.2.3〉

제13조의2 (건축물 안전영향평가) 〈본조 신설 2016.2.3〉

① 허가권자는 초고층 건축물 등 대통령령으로 정하는 주요 건축물에 대하여 제11조에 따른 건축허가를 하기 전에 건축물의 <u>구조, 지반 및 풍환경 등이 건축물의</u> 구조안전과 인접 대지의 안전에 미치는 영향 등을 평가하는 건축물 안전영향평가(이하 "안전영향평가"라 한

다)를 안전영향평가기관에 의뢰하여 실시하여야 한다. 〈개정 2021.3.16〉

② 안전영향평가기관은 국토교통부장관이 「공공기관의 운영에 관한 법률」 제4조에 따른 공공기관으로서 건축 관련 업무를 수행하는 기관 중에서 지정하여 고시한다.

③ 안전영향평가 결과는 건축위원회의 심의를 거쳐 확정한다. 이 경우 제4조의2에 따라 건축위원회의 심의를 받아야 하는 건축물은 건축위원회 심의에 안전영향평가 결과를 포함하여 심의할 수 있다.

④ 안전영향평가 대상 건축물의 건축주는 건축허가 신청 시 제출하여야 하는 도서에 안전영향평가 결과를 반영하여야 하며, 건축물의 계획상 반영이 곤란하다고 판단되는 경우에는 그 근거 자료를 첨부하여 허가권자에게 건축위원회의 재심의를 요청할 수 있다.

⑤ 안전영향평가의 검토 항목과 건축주의 안전영향평가 의뢰, 평가 비용 납부 및 처리 절차 등 그 밖에 필요한 사항은 대통령령으로 정한다.

⑥ 허가권자는 제3항 및 제4항의 심의 결과 및 안전영향평가 내용을 국토교통부령으로 정하는 방법에 따라 즉시 공개하여야 한다.

⑦ 안전영향평가를 실시하여야 하는 건축물이 다른 법률에 따라 구조안전과 인접 대지의 안전에 미치는 영향 등을 평가 받은 경우에는 안전영향평가의 해당 항목을 평가 받은 것으로 본다.

제48조의3 (건축물의 내진능력 공개) 〈본조 신설 2016.1.19〉

① 다음 각 호의 어느 하나에 해당하는 건축물을 건축하고자 하는 자는 제22조에 따른 사용승인을 받는 즉시 건축물이 지진 발생 시에 견딜 수 있는 능력(이하 "내진능력"이라 한다)을 공개하여야 한다. 다만, 제48조제2항에 따른 구조안전 확인대상 건축물이 아니거나 내진능력 산정이 곤란한 건축물로서 대통령령으로 정하는 건축물은 공개하지 아니한다.

1. 층수가 2층[주요구조부인 기둥과 보를 설치하는 건축물로서 그 기둥과 보가 목재인 목구조 건축물의 경우에는 3층] 이상인 건축물 〈개정 2017.12.26〉
2. 연면적이 200m^2(목구조 건축물의 경우에는 500m^2) 이상인 건축물 〈개정 2017.12.26〉
3. 그 밖에 건축물의 규모와 중요도를 고려하여 대통령령으로 정하는 건축물

② 제1항의 내진능력의 산정 기준과 공개 방법 등 세부사항은 국토교통부령으로 정한다.

제49조 (건축물의 피난시설 및 용도제한 등) 〈개정 2019. 4. 23〉

① 대통령령으로 정하는 용도 및 규모의 건축물과 그 대지에는 국토교통부령으로 정하는 바에 따라 복도, 계단, 출입구, 그 밖의 피난시설과 저수조, 대지 안의 피난과 소화에 필요한 통로를 설치하여야 한다.

② 대통령령으로 정하는 용도 및 규모의 건축물의 안전·위생 및 방화(防火) 등을 위하여 필요한 용도 및 구조의 제한, 방화구획, 화장실의 구조, 계단·출입구, 거실의 반자 높이, 거실의 채광・환기・배연설비와 바닥의 방습 등에 관하여 필요한 사항은 국토교통부령으로 정한다. 다만, 대규모 창고시설 등 대통령령으로 정하는 용도 및 규모의 건축물에 대해서는 방화구획 등 화재안전에 필요한 사항을 국토교통부령으로 별도로 정할 수 있다. 〈개정 2021.10.19〉

③ 대통령령으로 정하는 건축물은 국토교통부령으로 정하는 기준에 따라 소방관이 진입할 수 있는 창을 설치하고, 외부에서 주야간에 식별할 수 있는 표시를 하여야 한다.
④ 대통령령으로 정하는 용도 및 규모의 건축물에 대하여 가구 · 세대 등 간 소음 방지를 위하여 국토교통부령으로 정하는 바에 따라 경계벽 및 바닥을 설치하여야 한다.
⑤ 「자연재해대책법」 제12조제1항에 따른 자연재해위험개선지구 중 침수위험지구에 국가 · 지방자치단체 또는 「공공기관의 운영에 관한 법률」 제4조제1항에 따른 공공기관이 건축하는 건축물은 침수방지 및 방수를 위하여 다음 각 호의 기준에 따라야 한다.
1. 건축물의 1층 전체를 필로티(건축물을 사용하기 위한 경비실, 계단실, 승강기실, 그 밖에 이와 비슷한 것을 포함한다) 구조로 할 것
2. 국토교통부령으로 정하는 침수 방지시설을 설치할 것

제50조 (건축물의 내화구조와 방화벽)

① 문화 및 집회시설, 의료시설, 공동주택 등 대통령령으로 정하는 건축물은 국토교통부령으로 정하는 기준에 따라 주요구조부와 지붕을 내화구조로 하여야 한다. 다만, 막구조 등 대통령령으로 정하는 구조는 주요구조부에만 내화구조로 할 수 있다. 〈개정 2018.8.14〉
② 대통령령으로 정하는 용도 및 규모의 건축물은 국토교통부령으로 정하는 기준에 따라 방화벽으로 구획하여야 한다.

제50조의2 (고층건축물의 피난 및 안전관리)

① 고층건축물에는 대통령령으로 정하는 바에 따라 피난안전구역을 설치하거나 대피공간을 확보한 계단을 설치하여야 한다. 이 경우 피난안전구역의 설치기준, 계단의 설치기준과 구조 등에 관하여 필요한 사항은 국토교통부령으로 정한다.
② 고층건축물에 설치된 피난안전구역 · 피난시설 또는 대피공간에는 국토교통부령으로 정하는 바에 따라 화재 등의 경우에 피난용도로 사용되는 것임을 표시하여야 한다. 〈신설 2015.1.6, 시행일 2015.7.7〉
③ 고층건축물의 화재예방 및 피해경감을 위하여 국토교통부령으로 정하는 바에 따라 제48조부터 제50조까지 기준을 강화하여 적용할 수 있다. 〈개정 2018.4.17〉

제51조 (방화지구 안의 건축물)

① 「국토의 계획 및 이용에 관한 법률」 제37조제1항제4호에 따른 방화지구 안에서는 건축물의 주요구조부와 지붕 · 외벽 내화구조로 하여야 한다. 다만, 대통령령으로 정하는 경우에는 그러하지 아니하다. 〈개정 2018.8.14〉

시행령 제58조 (방화지구의 건축물)

법 제51조제1항에 따라 그 주요구조부 및 외벽을 내화구조로 하지 아니할 수 있는 건축물은 다음 각 호와 같다.

1. 연면적 30m² 미만인 단층 부속건축물로서 외벽 및 처마면이 내화구조 또는 불연재료로 된 것
2. 도매시장의 용도로 쓰는 건축물로서 그 주요구조부가 불연재료로 된 것

② 방화지구 안의 공작물로서 간판, 광고탑, 그 밖에 대통령령으로 정하는 공작물 중 건축물의 지붕 위에 설치하는 공작물이나 높이 3m 이상의 공작물은 주요부를 불연(不燃)재료로 하여야 한다.

③ 방화지구 안의 지붕 · 방화문 및 인접 대지 경계선에 접하는 외벽은 국토교통부령으로 정하는 구조 및 재료로 하여야 한다.

건축물의 피난 · 방화구조 기준/규칙 제23조 (방화지구안의 지붕 · 방화문 및 외벽 등)

①「건축법」 제51조제3항에 따라 방화지구 안의 건축물의 지붕으로서 내화구조가 아닌 것은 불연재료로 하여야 한다.

② 방화지구안의 건축물의 인접대지경계선에 접하는 외벽에 설치하는 창문 등으로서 제22조제2항의 규정에 의한 연소할 우려가 있는 부분에는 다음 각 호의 방화문 기타 방화설비를 하여야 한다.

1. 제26조에 따른 갑종방화문
2. 소방법령이 정하는 기준에 적합하게 창문 등에 설치하는 드렌처설비
3. 당해 창문등과 연소할 우려가 있는 다른 건축물의 부분을 차단하는 내화구조나 불연재료로 된 벽 · 담장 기타 이와 유사한 방화설비
4. 환기구멍에 설치하는 불연재료로 된 방화커버 또는 그물눈이 2mm 이하인 금속망

제52조 (건축물의 마감재료 등)

① 대통령령으로 정하는 용도 및 규모의 건축물의 벽, 반자, 지붕(반자가 없는 경우에 한정한다) 등 내부의 마감재료(제52조의4제1항의 복합자재의 경우 심재를 포함한다)는 방화에 지장이 없는 재료로 하되, 「다중이용시설 등의 실내공기질관리법」 제5조 및 제6조에 따른 실내공기질 유지기준 및 권고기준을 고려하고 관계 중앙행정기관의 장과 협의하여 국토교통부령으로 정하는 기준에 따른 것이어야 한다. 〈개정 2021.3.16〉

② 대통령령으로 정하는 건축물의 외벽에 사용하는 마감재료(두 가지 이상의 재료로 제작된 자재의 경우 각 재료를 포함한다)는 방화에 지장이 없는 재료로 하여야 한다. 이 경우 마감재료의 기준은 국토교통부령으로 정한다. 〈개정 2021.3.16〉

③ 욕실, 화장실, 목욕장 등의 바닥 마감재료는 미끄럼을 방지할 수 있도록 국토교통부령으로 정하는 기준에 적합하여야 한다. 〈신설 2013.7.16〉

④ 대통령령으로 정하는 용도 및 규모에 해당하는 건축물 외벽에 설치되는 창호(窓戶)는 방화에 지장이 없도록 인접 대지와의 이격거리를 고려하여 방화성능 등이 국토교통부령으로 정하는 기준에 적합하여야 한다. 〈신설 2020.12.22〉

제52조의2 (실내건축) 〈본조신설 2014.5.28〉

① 대통령령으로 정하는 용도 및 규모에 해당하는 건축물의 실내건축은 방화에 지장이 없고 사용자의 안전에 문제가 없는 구조 및 재료로 시공하여야 한다.

② 실내건축의 구조·시공방법 등에 관한 기준은 국토교통부령으로 정한다.

③ 특별자치시장·특별자치도지사 또는 시장·군수·구청장은 제1항 및 제2항에 따라 실내건축이 적정하게 설치 및 시공되었는지를 검사하여야 한다. 이 경우 검사하는 대상 건축물과 주기(週期)는 건축조례로 정한다.

제52조의4 (건축자재의 품질관리 등) 〈개정 2019.4.23〉

① 복합자재(불연재료인 양면 철판, 석재, 콘크리트 또는 이와 유사한 재료와 불연재료가 아닌 심재로 구성된 것을 말한다)를 포함한 제52조에 따른 마감재료, 방화문 등 대통령령으로 정하는 건축자재의 제조업자, 유통업자, 공사시공자 및 공사감리자는 국토교통부령으로 정하는 사항을 기재한 품질관리서(이하 "품질관리서"라 한다)를 대통령령으로 정하는 바에 따라 허가권자에게 제출하여야 한다. 〈개정 2021.3.16〉

② 제1항에 따른 건축자재의 제조업자, 유통업자는 한국건설기술연구원 등 대통령령으로 정하는 시험기관에 건축자재의 성능시험을 의뢰하여야 한다.

제59조 (맞벽 건축과 연결복도)

① 다음 각 호의 어느 하나에 해당하는 경우에는 제58조(대지 안의 공지), 제61조(건축물의 마감재료) 및 「민법」 제242조를 적용하지 아니한다.

1. 대통령령으로 정하는 지역에서 도시미관 등을 위하여 둘 이상의 건축물 벽을 맞벽(대지경계선으로부터 50cm 이내인 경우를 말한다)으로 하여 건축하는 경우
2. 대통령령으로 정하는 기준에 따라 인근 건축물과 이어지는 연결복도나 연결통로를 설치하는 경우

② 제1항 각 호에 따른 맞벽, 연결복도, 연결통로의 구조·크기 등에 관하여 필요한 사항은 대통령령으로 정한다.

제64조 (승강기)

① 건축주는 6층 이상으로서 연면적이 2천m^2 이상인 건축물을 건축하려면 승강기를 설치하여야 한다. 이 경우 승강기의 규모 및 구조는 국토교통부령으로 정한다.

② 높이 31m를 초과하는 건축물에는 대통령령으로 정하는 바에 따라 제1항에 따른 승강기뿐만 아니라 비상용승강기를 추가로 설치하여야 한다. 다만, 국토교통부령으로 정하는 건축물의 경우에는 그러하지 아니하다.

③ 고층건축물에는 제1항에 따라 건축물에 설치하는 승용승강기 중 1대 이상을 대통령령으로 정하는 바에 따라 피난용승강기로 설치하여야 한다. 〈신설 2018.4.17〉 기술사 117회

[제2장] 건축법 시행령

(개정 : 2021. 11. 2. 대통령령 제32102호)

제2조 (정의)

1. **신축** : 건축물이 없는 대지(기존 건축물이 철거되었거나 멸실된 대지를 포함)에 새로 건축물을 축조(築造)하는 것
2. **증축** : 기존건축물이 있는 대지 안에서 건축물의 건축면적 · 연면적 · 층수 또는 높이를 증가시키는 것
3. **개축** : 기존건축물의 전부 또는 일부[내력벽 · 기둥 · 보 · 지붕틀(한옥의 경우에는 지붕틀의 범위에서 서까래는 제외한다) 중 셋 이상이 포함되는 경우를 말한다]를 철거하고 그 대지에 종전과 같은 규모의 범위에서 건축물을 다시 축조하는 것
4. **재축** : 건축물이 천재지변이나 그 밖의 재해(災害)로 멸실된 경우 그 대지에 다음 각 목의 요건을 모두 갖추어 다시 축조하는 것 〈개정 2016.5.17〉
   가. 연면적 합계는 종전 규모 이하로 할 것
   나. 동(棟)수, 층수 및 높이는 다음의 어느 하나에 해당할 것
      1) 동수, 층수 및 높이가 모두 종전 규모 이하일 것
      2) 동수, 층수 또는 높이의 어느 하나가 종전 규모를 초과하는 경우에는 해당 동수, 층수 및 높이가 「건축법」, 이 영 또는 건축조례에 모두 적합할 것
5. **이전** : 건축물의 주요구조부를 해체하지 아니하고 같은 대지의 다른 위치로 옮기는 것

12. **부속건축물** : 같은 대지에서 주된 건축물과 분리된 부속용도의 건축물로서 주된 건축물의 이용 또는 관리하는 데에 필요한 건축물
13. **부속용도** : 건축물의 주된 용도의 기능에 필수적인 용도로서 다음 각 목의 어느 하나에 해당하는 용도를 말한다.
    가. 건축물의 설비, 대피, 위생, 그 밖에 이와 비슷한 시설의 용도
    나. 사무, 작업, 집회, 물품저장, 주차, 그 밖에 이와 비슷한 시설의 용도
    다. 구내식당 · 직장보육시설 · 구내운동시설 등 종업원후생복리시설, 구내소각시설, 그 밖에 이와 비슷한 시설의 용도
    라. 관계법령에서 주된 용도의 부수시설로 설치할 수 있게 규정하고 있는 시설의 용도
14. **발코니** : 건축물의 내부와 외부를 연결하는 완충공간으로서 전망이나 휴식 등의 목적으로 건축물 외벽에 접하여 부가적으로 설치되는 공간을 말한다. 이 경우 주택에 설치되는 발코니로서 국토교통부장관이 정하는 기준에 적합한 발코니는 필요에 따라 거실 · 침실 · 창고 등의 다양한 용도로 사용할 수 있다.
15. **초고층 건축물** : 층수가 50층 이상이거나 높이가 200m 이상인 건축물

15의2. **준초고층 건축물** : 고층건축물 중 초고층건축물이 아닌 것 〈신설 2011.7.16〉

16. **한옥** : 「한옥 등 건축자산의 진흥에 관한 법률」제2조제2호에 따른 한옥을 말한다. 〈개정 2016.1.19〉

17. 다중이용 건축물 : 다음 각 목의 어느 하나에 해당하는 건축물을 말한다. 〈개정 2018.9.4〉
   가. 다음의 어느 하나에 해당하는 용도로 쓰는 바닥면적의 합계가 5천m^2 이상인 건축물
      1) 문화 및 집회시설(동물원 및 식물원은 제외한다) 〈개정 2015.9.22〉
      2) 종교시설
      3) 판매시설
      4) 운수시설 중 여객용 시설
      5) 의료시설 중 종합병원
      6) 숙박시설 중 관광숙박시설
   나. 16층 이상인 건축물

17의2. 준다중이용 건축물 : 다중이용 건축물 외의 건축물로서 다음 각 목의 어느 하나에 해당하는 용도로 쓰는 바닥면적의 합계가 1천m^2 이상인 건축물을 말한다. 〈신설 2015. 9.22〉
   가. 문화 및 집회시설(동물원 및 식물원은 제외)
   나. 종교시설
   다. 판매시설
   라. 운수시설 중 여객용 시설
   마. 의료시설 중 종합병원
   바. 교육연구시설
   사. 노유자시설
   아. 운동시설
   자. 숙박시설 중 관광숙박시설
   차. 위락시설
   카. 관광휴게시설
   타. 장례시설

18. 특수구조 건축물 : 다음 각 목의 어느 하나에 해당하는 건축물을 말한다. 〈신설 2014. 11.28〉
   가. 한쪽 끝은 고정되고 다른 끝은 지지(支持)되지 아니한 구조로 된 보·차양 등이 외벽(외벽이 없는 경우에는 외곽 기둥을 말한다)의 중심선으로부터 3m 이상 돌출된 건축물 〈개정 2018.9.4〉
   나. 기둥과 기둥 사이의 거리(기둥의 중심선 사이의 거리를 말하며, 기둥이 없는 경우에는 내력벽과 내력벽의 중심선 사이의 거리를 말한다.)가 20m 이상인 건축물
   다. 특수한 설계·시공·공법 등이 필요한 건축물로서 국토교통부장관이 정하여 고시하는 구조로 된 건축물

제3조의2 (대수선의 범위) 기술사 101회

다음 각 호의 어느 하나에 해당하는 것으로서 증축·개축 또는 재축에 해당하지 아니하는 것을 말한다.

1. 내력벽을 증설 또는 해체하거나 그 벽면적을 30m^2 이상 수선 또는 변경하는 것
2. 기둥을 증설 또는 해체하거나 3개 이상 수선 또는 변경하는 것

3. 보를 증설 또는 해체하거나 3개 이상 수선 또는 변경하는 것
4. 지붕틀을 증설 또는 해체하거나 3개 이상 수선 또는 변경하는 것(다만, 한옥의 경우 지붕틀의 범위에서 서까래는 포함하지 아니한다)
5. 방화벽 또는 방화구획을 위한 바닥 또는 벽을 증설 또는 해체하거나 수선 또는 변경하는 것
6. 주계단 · 피난계단 또는 특별피난계단을 증설 또는 해체하거나 수선 또는 변경하는 것
7. 미관지구에서 건축물의 외부형태(담장을 포함한다)를 변경하는 것
8. 다가구주택의 가구 간 경계벽 또는 다세대주택의 세대 간 경계벽을 증설 또는 해체하거나 수선 또는 변경하는 것
9. 건축물의 외벽에 사용하는 마감재료(법 제52조제2항에 따른 마감재료를 말한다)를 증설 또는 해체하거나 벽면적 30m² 이상 수선 또는 변경하는 것 〈신설 2014.11.11〉

제10조의3 (건축물 안전영향평가) 〈본조 신설 2017.2.3〉

① 법 제13조의2제1항에서 "초고층 건축물 등 대통령령으로 정하는 주요 건축물"이란 다음 각 호의 어느 하나에 해당하는 건축물을 말한다.

1. 초고층 건축물
2. 다음 각 목의 요건을 모두 충족하는 건축물 〈개정 2017.12.26〉
   가. 연면적(하나의 대지에 둘 이상의 건축물을 건축하는 경우에는 각각의 건축물의 연면적을 말한다)이 10만m² 이상일 것
   나. 16층 이상일 것

② 제1항 각 호의 건축물을 건축하려는 자는 법 제11조에 따른 건축허가를 신청하기 전에 다음 각 호의 자료를 첨부하여 허가권자에게 법 제13조의2제1항에 따른 건축물 안전영향평가(이하 "안전영향평가"라 한다)를 의뢰하여야 한다.

1. 건축계획서 및 기본설계도서 등 국토교통부령으로 정하는 도서
2. 인접 대지에 설치된 상수도 · 하수도 등 국토교통부장관이 정하여 고시하는 지하시설물의 현황도
3. 그 밖에 국토교통부장관이 정하여 고시하는 자료

③ 법 제13조의2제1항에 따라 허가권자로부터 안전영향평가를 의뢰받은 기관(같은 조 제2항에 따라 지정 · 고시된 기관을 말하며, 이하 "안전영향평가기관"이라 한다)은 다음 각 호의 항목을 검토하여야 한다.

1. 해당 건축물에 적용된 설계 기준 및 하중의 적정성
2. 해당 건축물의 하중저항시스템의 해석 및 설계의 적정성
3. 지반조사 방법 및 지내력(地耐力) 산정결과의 적정성
4. 굴착공사에 따른 지하수위 변화 및 지반 안전성에 관한 사항
5. 그 밖에 건축물의 안전영향평가를 위하여 국토교통부장관이 필요하다고 인정하는 사항

④ 안전영향평가기관은 안전영향평가를 의뢰받은 날부터 30일 이내에 안전영향평가 결과를 허가권자에게 제출하여야 한다. 다만, 부득이한 경우에는 20일의 범위에서 그 기간을 한 차례만 연장할 수 있다.

⑤ 제2항에 따라 안전영향평가를 의뢰한 자가 보완하는 기간 및 공휴일 · 토요일은 제4항에 따른 기간의 산정에서 제외한다.

⑥ 허가권자는 제4항에 따라 안전영향평가 결과를 제출받은 경우에는 지체 없이 제2항에 따라 안전영향평가를 의뢰한 자에게 그 내용을 통보하여야 한다.

⑦ 안전영향평가에 드는 비용은 제2항에 따라 안전영향평가를 의뢰한 자가 부담한다.

⑧ 제1항부터 제7항까지에서 규정한 사항 외에 안전영향평가에 관하여 필요한 사항은 국토교통부장관이 정하여 고시한다.

제32조 (구조안전의 확인) 기술사 112회 · 118회

① 법 제11조제1항에 따른 건축물(건축허가대상 건축물)을 건축하거나 대수선하는 경우 해당 건축물의 설계자는 국토교통부령으로 정하는 구조기준 등에 따라 그 구조의 안전을 확인하여야 한다. 〈개정 2014.11.28〉

② 제1항에 따라 구조 안전을 확인한 건축물 중 다음 각 호의 어느 하나에 해당하는 건축물의 건축주는 해당 건축물의 설계자로부터 구조 안전의 확인 서류를 받아 법 제21조에 따른 착공신고를 하는 때에 그 확인 서류를 허가권자에게 제출하여야 한다.

1. 층수가 2층(주요구조부인 기둥과 보를 설치하는 건축물로서 그 기둥과 보가 목재인 목구조 건축물의 경우에는 3층) 이상인 건축물 〈개정 2017.2.3〉
2. 연면적이 $200m^2$(목구조 건축물의 경우에는 $500m^2$) 이상인 건축물. 다만, 창고, 축사, 작물 재배사 및 표준설계도서에 따라 건축하는 건축물은 제외한다. 〈개정 2017.10.24〉
3. 높이가 13m 이상인 건축물
4. 처마높이가 9m 이상인 건축물
5. 기둥과 기둥 사이의 거리가 10m 이상인 건축물
6. 건축물의 용도 및 규모를 고려한 중요도가 높은 건축물로서 국토교통부령으로 정하는 건축물 〈개정 2017.10.24〉
7. 국가적 문화유산으로 보존할 가치가 있는 건축물로서 국토교통부령으로 정하는 것
8. 제2조제18호가목 및 다목의 건축물
9. 별표1제1호의 단독주택 및 같은 표 제2호의 공동주택 〈신설 2017.10.24〉

③ 제6조제1항제6호다목에 따라 기존 건축물을 건축 또는 대수선하려는 건축주는 법 제5조제1항에 따라 적용의 완화를 요청할 때 구조안전의 확인서류를 허가권자에게 제출하여야 한다. 〈신설 2017.2.3〉

<u>제32조의2 (건축물의 내진능력 공개)</u> 〈본조 신설 2018.6.26〉

<u>① 법 제48조의3제1항 각 호 외의 부분 단서에서 "대통령령으로 정하는 건축물"이란 다음 각 호의 어느 하나에 해당하는 건축물을 말한다.</u>

1. 창고, 축사, 작물재배사 및 표준설계도서에 따라 건축하는 건축물로서 제32조제2항제1호 및 제3호부터 제9호까지의 어느 하나에도 해당하지 아니하는 건축물
2. 제32조제1항에 따른 구조기준 중 국토교통부령으로 정하는 소규모건축구조기준을 적용한 건축물

② 법 제48조의3제1항제3호에서 "대통령령으로 정하는 건축물"이란 제32조제2항제3호부터 제9호까지의 어느 하나에 해당하는 건축물을 말한다.

제34조 (직통계단의 설치대상)

① 직통계단의 설치대상 기술사 119회

건축물의 피난층(직접 지상으로 통하는 출입구가 있는 층 및 제3항에 따른 초고층 건축물의 피난안전구역을 말한다) 외의 층에서 피난층 또는 지상으로 통하는 직통계단(경사로를 포함한다)을 거실의 각 부분으로부터 계단에 이르는 보행거리가 다음과 같이 되게 설치하여야 한다.

1. 주요구조부가 내화구조 또는 불연재료로 된 건축물(단, 지하층으로서 바닥면적의 합계가 300m² 이상인 공연장 · 집회장 · 관람장 및 전시장은 제외한다.) : 50m 이하
2. 층수가 16층 이상인 공동주택의 경우 16층 이상인 층 : 40m 이하 〈개정 2020.10.8〉
3. 자동화 생산시설에 스프링클러 등 자동식 소화설비를 설치한 공장으로서 국토교통부령으로 정하는 공장(반도체 및 디스플레이 패널 제조공장) : 75m(단, 무인화 공장인 경우는 100m) 이하
4. 기타(위 사항에 해당하지 아니하는) 건축물 : 30m 이하

② 직통계단을 2개소 이상 설치하여야 하는 대상물 〈개정 2014.3.24, 2015.9.22〉

1. 제2종 근린생활시설 중 공연장 · 종교집회장, 문화 및 집회시설, 종교시설, 장례시설, 주점영업의 용도로 쓰는 층으로서 그 층에서 해당용도로 쓰는 바닥면적의 합계 200m²(제2종 근린생활시설 중 공연장 · 종교집회장은 각각 300m²) 이상인 것 〈개정 2014.3.24〉
2. 단독주택 중 다중주택, 다가구주택, 제1종 근린생활시설 중 정신과의원(입원실이 있는 경우로 한정한다), 제2종 근린생활시설 중 인터넷컴퓨터게임시설제공업소(해당용도로 쓰는 바닥면적의 합계가 300m² 이상인 경우만 해당) · 학원 · 독서실, 판매시설, 운수시설, 의료시설, 노유자시설 중 아동 관련 시설 · 노인복지시설 · 장애인 거주시설 및 「장애인복지법」 제58조제1항제4호에 따른 장애인 의료재활시설, 수련시설 중 유스호스텔 또는 숙박시설의 용도로 쓰는 3층 이상의 층으로서 그 층의 당해 용도로 쓰는 거실의 바닥면적의 합계가 200m² 이상인 것 〈개정 2014.3.24, 2015.9.22〉
3. 공동주택(층당 4세대 이하인 것은 제외) 또는 오피스텔의 용도로 쓰는 층으로서 그 층의 당해용도로 쓰는 거실의 바닥면적의 합계가 300m² 이상인 것
4. 제1호부터 제3호까지의 용도에 쓰지 아니하는 3층 이상의 층으로서 그 층 거실의 바닥면적의 합계가 400m² 이상인 것
5. 지하층으로서 그 층 거실의 바닥면적의 합계가 200m² 이상인 것

③ 초고층 건축물에는 피난층 또는 지상으로 통하는 직통계단과 직접 연결되는 피난안전구역(건축물의 피난·안전을 위하여 건축물 중간층에 설치하는 대피공간을 말한다)을 지상층으로부터 30개 층마다 1개소 이상 설치하여야 한다.

④ 준초고층 건축물에는 피난층 또는 지상으로 통하는 직통계단과 직접 연결되는 피난안전구역을 해당 건축물 전체 층수의 2분의 1에 해당하는 층으로부터 상하 5개층 이내에 1개소 이상 설치하여야 한다. 다만, 국토교통부령으로 정하는 기준에 따라 피난층 또는 지상으로 통하는 직통계단을 설치하는 경우에는 그러하지 아니하다. 〈④항 신설 2011.12.30〉

⑤ 제3항 및 제4항에 따른 피난안전구역의 규모와 설치기준은 국토교통부령으로 정한다.

제35조 (피난계단의 설치대상) 기술사 99회·105회·116회

① 피난계단의 설치대상

지상5층 이상 또는 지하2층 이하인 층으로부터 피난층 또는 지상으로 통하는 직통계단. 다만, 건축물의 주요구조부가 내화구조 또는 불연재료로 되어 있는 경우로서 다음 각 호의 1에 해당하는 경우에는 그러하지 아니하다.

1. 5층 이상인 층의 바닥면적의 합계가 200m^2 이하인 경우
2. 5층 이상인 층의 바닥면적 매 200m^2 이내마다 방화구획이 되어 있는 경우

② 특별피난계단의 설치대상

건축물(갓복도식 공동주택은 제외)의 11층(공동주택의 경우에는 16층) 이상인 층(바닥면적이 400m^2 미만인 층은 제외) 또는 지하3층 이하인 층(바닥면적이 400m^2 미만인 층은 제외)으로부터 피난층 또는 지상으로 통하는 직통계단

다만, 제1항(피난계단의 설치대상)의 경우에 판매시설의 용도에 쓰이는 층으로부터의 직통계단은 그 중 1개소 이상을 특별피난계단으로 설치하여야 한다.

제36조 (옥외피난계단의 설치대상) 기술사 99회

건축물의 3층 이상인 층(피난층은 제외)으로서 다음 각 호의 어느 하나에 해당하는 용도로 쓰는 층

1. 제2종 근린생활시설 중 공연장(해당용도로 쓰는 바닥면적의 합계가 300m^2 이상인 경우만 해당한다), 문화 및 집회시설 중 공연장이나 위락시설 중 주점영업의 용도로 쓰는 층으로서 그 층 거실의 바닥면적의 합계가 300m^2 이상인 것 〈개정 2014.3.24〉
2. 문화 및 집회시설 중 집회장의 용도로 쓰는 층으로서 그 층 거실의 바닥면적의 합계가 1,000m^2 이상인 것

제37조 (지하층과 피난층 사이의 개방공간 설치)

바닥면적의 합계가 3천m^2 이상인 공연장·집회장·관람장 또는 전시장을 지하층에 설치하는 경우에는 각 실에 있는 자가 지하층 각 층에서 건축물 밖으로 피난하여 옥외계단 또는 경사로 등을 이용하여 피난층으로 대피할 수 있도록 천장이 개방된 외부 공간을 설치하여야 한다.

제38조 (관람실 등으로 부터의 출구 설치대상)

1. 제2종 근린생활시설 중 공연장 · 종교집회장(해당용도로 쓰는 바닥면적의 합계가 300 m^2 이상인 경우만 해당한다) 〈신설 2014.3.24〉
2. 문화 및 집회시설(전시장 및 동 · 식물원은 제외)
3. 종교시설
4. 위락시설
5. 장례시설

제39조 (건축물 바깥쪽으로의 출구 설치대상) 기술사 87회

1. 제2종 근린생활시설 중 공연장 · 종교집회장 · 인터넷컴퓨터게임시설제공업소(해당용도로 쓰는 바닥면적의 합계가 300m^2 이상인 경우만 해당) 〈신설 2014.3.24〉
2. 문화 및 집회시설(전시장 및 동 · 식물원은 제외)
3. 종교시설
4. 판매 및 영업시설 중 도매시장 · 소매시장 및 상점
5. 장례시설
6. 업무시설 중 국가 또는 지방자치단체의 청사
7. 위락시설
8. 연면적이 5,000m^2 이상인 창고시설
9. 교육연구시설 중 학교
10. 승강기를 설치하여야 하는 건축물

제40조 (옥상광장 등의 설치기준) 기술사 90회 · 91회 · 98회

① 옥상광장 또는 2층 이상인 층에 있는 노대등(노대나 그 밖에 이와 비슷한 것을 말한다. 이하 같다)의 주위에는 높이 1.2미터 이상의 난간을 설치하여야 한다. 다만, 그 노대등에 출입할 수 없는 구조인 경우에는 그러하지 아니하다. 〈개정 2018.9.4〉

② **피난용도의 옥상광장 설치대상**

5층 이상인 층이 제2종 근린생활시설 중 공연장 · 종교집회장 · 인터넷컴퓨터게임시설제공업소(해당용도로 쓰는 바닥면적의 합계가 300m^2 이상인 경우만 해당), 문화 및 집회시설(전시장 및 동 · 식물원은 제외), 종교시설, 판매시설, 장례시설 또는 위락시설 중 주점영업의 용도로 쓰는 경우 〈개정 2014.3.24〉

③ 다음 각 호의 어느 하나에 해당하는 건축물은 옥상으로 통하는 출입문에 「화재예방, 소방시설 설치 · 유지 및 안전관리에 관한 법률」 제39조제1항에 따른 성능인증 및 같은 조 제2항에 따른 제품검사를 받은 비상문자동개폐장치(화재 등 비상시에 소방시스템과 연동되어 잠김 상태가 자동으로 풀리는 장치를 말한다)를 설치해야 한다.

1. 제2항에 따라 피난용도로 쓸 수 있는 광장을 옥상에 설치해야 하는 건축물
2. 피난용도로 쓸 수 있는 광장을 옥상에 설치하는 다음 각 목의 건축물

가. 다중이용 건축물

나. 연면적 1,000m^2 이상인 공동주택

④ **헬리포트 설치대상** 기술사 99회

층수가 11층 이상인 건축물로서 11층 이상인 층의 바닥면적의 합계가 1만m^2 이상인 건축물의 옥상에는 다음 각 호의 구분에 따른 공간을 확보하여야 한다.

1. 건축물의 지붕을 평지붕으로 하는 경우 : 헬리포트를 설치하거나 헬리콥터를 통하여 인명 등을 구조할 수 있는 공간 〈1호 및 2호 신설 : 2011.12.30〉
2. 건축물의 지붕을 경사지붕으로 하는 경우 : 경사지붕 아래에 설치하는 대피공간

⑤ 제4항에 따른 헬리포트를 설치하거나 헬리콥터를 통하여 인명 등을 구조할 수 있는 공간 및 경사지붕 아래에 설치하는 대피공간의 설치기준은 국토교통부령으로 정한다.

제41조 (대지안의 피난 및 소화에 필요한 통로 설치) 기술사 90회 · 105회

① 건축물의 대지 안에는 그 건축물의 바깥쪽으로 통하는 주된 출구와 지상으로 통하는 피난계단 및 특별피난계단으로부터 도로 또는 공지(공원, 광장, 그 밖에 이와 비슷한 것으로서 피난 및 소화를 위하여 당해 대지의 출입에 지장이 없는 것을 말한다)로 통하는 통로를 다음 각 호의 기준에 따라 설치하여야 한다.

1. 통로의 너비는 다음 각 목의 구분에 따른 기준에 따라 확보할 것

   가. 단독주택 : 유효 너비 0.9m 이상

   나. 바닥면적의 합계가 500m^2 이상인 문화 및 집회시설, 종교시설, 의료시설, 위락시설 또는 장례시설 : 유효 너비 3m 이상

   다. 그 밖의 용도로 쓰는 건축물 : 유효 너비 1.5m 이상
2. 필로티 내 통로의 길이가 2미터 이상인 경우에는 피난 및 소화활동에 장애가 발생하지 아니하도록 자동차 진입억제용 말뚝 등 통로 보호시설을 설치하거나 통로에 단차(段差)를 둘 것 〈개정 2016.5.17〉

② 제1항에도 불구하고 다중이용 건축물, 준다중이용 건축물 또는 층수가 11층 이상인 건축물이 건축되는 대지에는 그 안의 모든 다중이용 건축물, 준다중이용 건축물 또는 층수가 11층 이상인 건축물에 소방자동차의 접근이 가능한 통로를 설치하여야 한다. 다만, 모든 다중이용 건축물, 준다중이용 건축물 또는 층수가 11층 이상인 건축물이 소방자동차의 접근이 가능한 도로 또는 공지에 직접 접하여 건축되는 경우로서 소방자동차가 도로 또는 공지에서 직접 소방활동이 가능한 경우에는 그러하지 아니하다. 〈개정 2015.9.22〉

제44조 (피난규정의 적용례)

건축물이 창문, 출입구, 그 밖의 개구부(이하 "창문등"이라 한다)가 없는 내화구조의 바닥 또는 벽으로 구획되어 있는 경우에는 그 구획된 각 부분을 각각 별개의 건축물로 보아 제34조부터 제41조까지 및 제48조를 적용한다. 〈개정 2018.9.4〉

건축법규 건축법 시행령

제46조 (방화구획 등의 설치)

① **방화구획의 설치대상** 기술사 121회

주요구조부가 내화구조 또는 불연재료로 된 건축물로서 연면적이 1,000m^2를 넘는 것은 국토교통부령으로 정하는 기준에 따라 다음 각 호의 구조물로 구획을 해야 한다. 다만, 「원자력안전법」 제2조제8호 및 제10호에 따른 원자로 및 관계시설은 같은 법에서 정하는 바에 따른다. 〈개정 2020.10.8〉

1. 내화구조로 된 바닥 및 벽
2. 제64조제1호 · 제2호에 따른 방화문 또는 자동방화셔터

② **방화구획의 설치완화(제외) 대상** 기술사 96회 · 121회

1. 문화 및 집회시설(동 · 식물원은 제외), 종교시설, 운동시설 또는 장례시설의 용도로 쓰는 거실로서 시선 및 활동공간의 확보를 위하여 불가피한 부분
2. 물품의 제조 · 가공 · 보관 및 운반 등에 필요한 고정식 대형기기설비의 설치를 위하여 불가피한 부분 다만, 지하층인 경우에는 지하층의 외벽 한쪽 면 전체가 건물 밖으로 개방되어 보행과 자동차의 진입 · 출입이 가능한 경우에 한정한다.
3. 계단실 · 복도 또는 승강기의 승강장 및 승강로로서 그 건축물의 다른 부분과 방화구획으로 구획된 부분. 다만, 해당 부분에 위치하는 설비배관 등이 바닥을 관통하는 부분은 제외한다. 〈개정 2020.10.8〉
4. 건축물의 최상층 또는 피난층으로서 대규모회의장 · 강당 · 스카이라운지 · 로비 등의 용도로 사용하는 부분으로서 그 용도로 사용하기 위하여 불가피한 부분
5. 복층형 공동주택의 세대안의 층간 바닥부분
6. 주요구조부가 내화구조 또는 불연재료로 된 주차장
7. 단독주택, 동물 및 식물관련시설 또는 교정 및 군사시설 중 군사시설(집회, 체육, 창고 등의 용도로 사용되는 시설만 해당한다)에 쓰는 건축물
8. 건축물의 1층과 2층의 일부를 동일한 용도로 사용하며 그 건축물의 다른 부분과 방화구획으로 구획된 부분(바닥면적의 합계가 500m^2 이하인 경우로 한정한다) 〈신설 2019.8.6〉

③ 건축물 일부의 주요구조부를 내화구조로 하거나 제2항에 따라 건축물의 일부에 제1항을 완화하여 적용한 경우에는 내화구조로 한 부분 또는 제1항을 완화하여 적용한 부분과 그 밖의 부분을 방화구획으로 구획하여야 한다. 〈개정 2018.9.4〉

④ 공동주택 중 아파트로서 4층 이상인 층의 각 세대가 2개 이상의 직통계단을 사용할 수 없는 경우에는 발코니에 인접세대와 공동으로 또는 각 세대별로 다음 각 호의 요건을 모두 갖춘 대피공간을 하나 이상 설치해야 한다. 이 경우 인접세대와 공동으로 설치하는 대피공간은 인접세대를 통하여 2개 이상의 직통계단을 사용할 수 있는 위치에 우선 설치되어야 한다. 〈④항 신설 2005.12.2〉

1. 대피공간은 바깥의 공기와 접할 것
2. 대피공간은 실내의 다른 부분과 방화구획으로 구획될 것
3. 대피공간의 바닥면적은 인접세대와 공동으로 설치하는 경우에는 3m^2 이상, 각 세대별

로 설치하는 경우에는 $2m^2$ 이상일 것
4. 대피공간으로 통하는 출입문에는 제64조제1항제1호에 따른 60분+ 방화문을 설치할 것 〈개정 2020.10.8〉

⑤ 제4항의 규정에 불구하고 아파트의 4층 이상인 층에서 발코니에 다음 각 호의 어느 하나에 해당하는 구조 또는 시설을 갖춘 경우에는 대피공간을 설치하지 아니할 수 있다. 〈개정 2021.8.10〉 기술사 118회·123회
1. 발코니와 인접 세대와의 경계벽이 파괴하기 쉬운 경량구조 등인 경우
2. 발코니의 경계벽에 피난구를 설치한 경우
3. 발코니의 바닥에 국토교통부령으로 정하는 하향식 피난구를 설치한 경우
4. 국토교통부장관이 제4항에 따른 대피공간과 동일하거나 그 이상의 성능이 있다고 인정하여 고시하는 구조 또는 시설(이하 이 호에서 "대체시설"이라 한다)을 갖춘 경우

⑥ 요양병원, 정신병원, 「노인복지법」 제34조제1항제1호에 따른 노인요양시설, 장애인 거주시설 및 장애인 의료재활시설의 피난층 외의 층에는 다음 각 호의 어느 하나에 해당하는 시설을 설치하여야 한다. 〈⑥항 신설 2015.9.22〉
1. 각 층마다 별도로 방화구획된 대피공간
2. 거실에 접하여 설치된 노대등
3. 계단을 이용하지 아니하고 건물 외부의 지상으로 통하는 경사로 또는 인접 건축물로 피난할 수 있도록 설치하는 연결복도 또는 연결통로 〈개정 2018.9.4〉

제47조 (방화에 장애가 되는 용도의 제한) 기술사 87회·96회

① 의료시설, 노유자시설, 공동주택 또는 장례시설과 위락시설, 위험물저장 및 처리시설, 공장 또는 자동차관련시설(정비공장)은 같은 건축물에 함께 설치할 수 없다. 다만, 다음 각 호의 어느 하나에 해당하는 경우로서 국토교통부령으로 정하는 경우에는 그러하지 아니하다.
1. 공동주택(기숙사만 해당한다)과 공장이 같은 건축물에 있는 경우
2. 중심상업지역·일반상업지역 또는 근린상업지역에서 「도시 및 주거환경정비법」에 따른 도시환경정비사업을 시행하는 경우
3. 공동주택과 위락시설이 같은 초고층 건축물에 있는 경우. 다만, 사생활을 보호하고 방범·방화 등 주거 안전을 보장하며 소음·악취 등으로부터 주거환경을 보호할 수 있도록 주택의 출입구·계단 및 승강기 등을 주택 외의 시설과 분리된 구조로 하여야 한다.
4. 「산업집적활성화 및 공장설립에 관한 법률」 제2조제13호에 따른 지식산업센터와 「영유아보육법」 제10조제4호에 따른 직장어린이집이 같은 건축물에 있는 경우

② 다음 각 호의 어느 하나에 해당하는 용도의 시설은 같은 건축물에 함께 설치할 수 없다.
1. 노유자시설 중 아동관련시설 또는 노인복지시설과 판매시설 중 도매시장 또는 소매시장
2. 단독주택(다중주택, 다가구주택에 한정한다), 공동주택, 제1종 근린생활시설 중 조산원 또는 산후조리원, 제2종 근린생활시설 중 다중생활시설 〈개정 2014.3.24〉

제51조 (거실의 채광 및 배연설비 등)

① 채광 및 환기를 위한 창문 등의 설치대상

단독주택 및 공동주택의 거실, 교육연구시설 중 학교의 교실, 의료시설의 병실 및 숙박시설의 객실에는 국토교통부령으로 정하는 기준에 따라 환기를 위한 창문 등이나 설비를 설치하여야 한다.

② 배연설비의 설치대상 〈개정 2014.3.24, 2015.9.22〉 기술사 116회

법 제49조제2항에 따라 다음 각 호의 건축물의 거실(피난층의 거실은 제외한다)에는 국토교통부령으로 정하는 기준에 따라 배연설비(排煙設備)를 하여야 한다.

1. 6층 이상인 건축물로서 다음 각 목의 어느 하나에 해당하는 용도로 쓰는 건축물
   가. 제2종 근린생활시설 중 공연장, 종교집회장, 인터넷컴퓨터게임시설제공업소 및 다중생활시설(공연장, 종교집회장 및 인터넷컴퓨터게임시설제공업소는 해당 용도로 쓰는 바닥면적의 합계가 각각 300m^2 이상인 경우만 해당한다)
   나. 문화 및 집회시설
   다. 종교시설
   라. 판매시설
   마. 운수시설
   바. 의료시설(요양병원 및 정신병원은 제외)
   사. 교육연구시설 중 연구소
   아. 노유자시설 중 아동관련시설 · 노인복지시설
   자. 수련시설 중 유스호스텔(노인요양시설은 제외)
   차. 운동시설
   카. 업무시설
   타. 숙박시설
   파. 위락시설
   하. 관광휴게시설
   거. 장례시설
2. 다음 각 목의 어느 하나에 해당하는 용도로 쓰는 건축물 〈신설 2015.9.22〉
   가. 의료시설 중 요양병원 및 정신병원
   나. 노유자시설 중 노인요양시설 · 장애인 거주시설 및 장애인 의료재활시설
   다. 제1종 근리생활시설 중 산후조리원 〈신설 2020.10.8〉

③ 오피스텔에 거실 바닥으로부터 높이 1.2m 이하 부분에 여닫을 수 있는 창문을 설치하는 경우에는 국토교통부령으로 정하는 기준에 따라 추락방지를 위한 안전시설을 설치하여야 한다.

④ 법 제49조제2항에 따라 11층 이하의 건축물에는 국토교통부령으로 정하는 기준에 따라 소방관이 진입할 수 있는 곳을 정하여 외부에서 주 · 야간 식별할 수 있는 표시를 하여야 한다. 다만, 다음 각 호의 어느 하나에 해당하는 아파트는 제외한다. 〈개정 2019.10.24〉

1. 제46조제4항 및 제5항에 따라 대피공간 등을 설치한 아파트
2. 「주택건설기준 등에 관한 규정」 제15조제2항에 따라 비상용승강기를 설치한 아파트

제53조 (경계벽 등의 설치) 기술사 112회

① 다음 각 호의 어느 하나에 해당하는 건축물의 경계벽은 국토교통부령으로 정하는 기준에 따라 설치해야 한다. 〈개정 2020.10.8〉

1. 단독주택 중 다가구주택의 각 가구 간 또는 공동주택(기숙사는 제외)의 각 세대 간 경계벽(제2조제14호 후단에 따라 거실·침실 등의 용도로 쓰지 아니하는 발코니 부분은 제외)
2. 공동주택 중 기숙사의 침실, 의료시설의 병실, 교육연구시설 중 학교의 교실 또는 숙박시설의 객실 간 경계벽
3. 제1종 근린생활시설 중 산후조리원의 다음 각 호의 어느 하나에 해당하는 경계벽
   가. 임산부실 간 경계벽
   나. 신생아실 간 경계벽
   다. 임산부실과 신생아실 간 경계벽
4. 제2종 근린생활시설 중 다중생활시설의 호실 간 경계벽
5. 노유자시설 중 「노인복지법」 제32조제1항제3호에 따른 노인복지주택(이하 "노인복지주택"이라 한다)의 각 세대 간 경계벽
6. 노유자시설 중 노인요양시설의 호실 간 경계벽

② 다음 각 호의 어느 하나에 해당하는 건축물의 층간바닥(화장실의 바닥은 제외)은 국토교통부령으로 정하는 기준에 따라 설치해야 한다. 〈②항 신설 2014.11.28〉

1. 단독주택 중 다가구주택
2. 공동주택(「주택법」 제16조에 따른 주택건설사업계획승인 대상은 제외)
3. 업무시설 중 오피스텔
4. 제2종 근린생활시설 중 다중생활시설
5. 숙박시설 중 다중생활시설

제56조 (건축물의 내화구조) 기술사 89회

① 다음 각 호의 어느 하나에 해당하는 건축물(제5호에 해당하는 건축물로서 2층 이하인 건축물은 지하층 부분만 해당한다)의 주요구조부와 지붕은 이를 내화구조로 해야 한다. 다만, 연면적이 50m² 이하인 단층의 부속건축물로서 외벽 및 처마 밑면을 방화구조로 한 것과 무대의 바닥은 그렇지 않다. 〈개정 2017.2.3〉

1. 제2종 근린생활시설 중 공연장·종교집회장(해당용도로 쓰는 바닥면적의 합계가 300m² 이상인 경우만 해당한다), 문화 및 집회시설(전시장 및 동·식물원은 제외), 종교시설, 장례시설 또는 위락시설 중 주점영업의 용도로 쓰는 건축물로서 관람실 또는 집회실의 바닥면적의 합계가 200m²(옥외관람석의 경우에는 1,000m²) 이상인 건축물 〈개정 2014.3.24〉

2. 문화 및 집회시설 중 전시장 또는 동 · 식물원, 판매시설, 운수시설, 교육연구시설에 설치하는 체육관 · 강당, 수련시설, 운동시설 중 체육관 · 운동장, 위락시설(주점영업의 용도로 쓰는 것을 제외한다), 창고시설, 위험물저장 및 처리시설, 자동차관련시설, 방송통신시설 중 방송국 · 전신전화국 · 촬영소, 묘지 관련시설 중 화장시설 · 동물화장시설 또는 관광휴게시설의 용도로 쓰는 건축물로서 그 용도로 쓰는 바닥면적의 합계가 500m² 이상인 건축물
3. 공장의 용도로 쓰는 건축물로서 그 용도로 쓰는 바닥면적의 합계가 2천m² 이상인 건축물. 다만, 화재의 위험이 적은 공장으로서 건설교통부령이 정하는 공장을 제외한다.
4. 건축물의 2층이 단독주택 중 다중주택, 다가구주택, 공동주택, 제1종 근린생활시설(의료의 용도로 쓰는 시설만 해당한다), 제2종 근린생활시설 중 다중생활시설, 의료시설, 노유자시설 중 아동 관련시설 · 노인복지시설 및 유스호스텔, 업무시설 중 오피스텔, 장례시설 또는 숙박시설의 용도로 쓰는 건축물로서 그 용도로 쓰는 바닥면적의 합계가 400m² 이상인 건축물
5. 3층 이상인 건축물 및 지하층이 있는 건축물. 다만, 단독주택(다중주택 및 다가구주택을 제외한다), 동물 및 식물관련시설, 발전시설(발전소의 부속용도로 사용되는 시설을 제외한다), 교도소 · 감화원 또는 묘지관련시설(화장시설 및 동물화장시설은 제외한다)의 용도로 쓰는 건축물은 제외한다.

② 법 제50조 제1항 단서에 따라 막구조의 건축물은 주요구조부에만 내화구조로 할 수 있다. 〈개정 2019.10.24〉

제57조 (건축물의 대규모 건축물의 방화벽 등) 기술사 116회

① 방화벽에 의한 방화구획 대상

주요구조부가 내화구조 또는 불연재료가 아닌 건축물로서 연면적 1,000m² 이상인 건축물은 방화벽으로 구획하되, 각 구획의 바닥면적 합계는 1,000m² 미만이어야 한다.

② 방화벽에 의한 구획의 완화(제외) 대상

1. 주요구조부가 내화구조이거나 불연재료인 건축물
2. 단독주택(다중주택 및 다가구주택은 제외), 동물 및 식물관련시설, 발전시설, 교도소 및 감화원 또는 묘지관련시설(화장장은 제외)의 용도에 쓰이는 건축물
3. 내부설비의 구조상 방화벽으로 구획할 수 없는 창고시설

③ 구조를 방화구조 또는 불연재료로 하여야 하는 대상

연면적 1,000m² 이상인 목조 건축물

제58조 (방화지구의 건축물)

법 제51조제1항의 규정(방화지구 내에서의 내화구조 완화대상)에 의하여 그 주요구조부 및 외벽을 내화구조로 하지 아니할 수 있는 건축물은 다음 각 호와 같다.

1. 연면적 30m² 미만인 단층 부속건축물로서 외벽 및 처마면이 내화구조 또는 불연재료로

된 것

2. 도매시장의 용도로 쓰는 건축물로서 그 주요구조부가 불연재료로 된 것

제61조 (건축물의 마감재료)

① 건축물 내부 마감재료의 제한 대상 〈개정 2021.8.10〉

[다만, 아래의 건축물 중에서 주요구조부가 내화구조 또는 불연재료로 되어있고, 그 거실의 바닥면적(스프링클러 등 자동식소화설비를 설치한 바닥면적을 제외한 면적) 200m² 이내마다 방화구획되어 있는 건축물은 제외한다]

1. 단독주택 중 다중주택 · 다가구주택 〈개정 2015.9.22〉

1의2. 공동주택 〈신설 2015.9.22〉

2. 제2종 근린생활시설 중 공연장 · 종교집회장 · 인터넷컴퓨터게임시설제공업소 · 학원 · 독서실 · 당구장 · 다중생활시설의 용도로 쓰는 건축물 〈개정 2015.9.22〉

3. 발전시설, 방송통신시설(방송국 · 촬영소의 용도로 쓰는 건축물로 한정한다.) 〈개정 2021.8.10〉

4. 공장, 창고시설, 위험물 저장 및 처리 시설(자가난방과 자가발전 등의 용도로 쓰는 시설을 포함한다), 자동차 관련 시설의 용도로 쓰는 건축물 〈개정 2021.8.10〉

5. 5층 이상인 층 거실의 바닥면적의 합계가 500m² 이상인 건축물

6. 문화 및 집회시설, 종교시설, 판매시설, 운수시설, 의료시설, 교육연구시설 중 학교 · 학원, 노유자시설, 수련시설, 업무시설 중 오피스텔, 숙박시설, 위락시설, 장례시설, 「다중이용업소의 안전관리에 관한 특별법 시행령」 제2조에 따른 다중이용업의 용도로 쓰는 건축물 〈개정 2019.8.6〉

7. 〈삭제 2021.8.10〉

8. 「다중이용업소의 안전관리에 관한 특별법 시행령」 제2조에 따른 다중이용업의 용도로 쓰는 건축물 <신설 2020.10.8>

② 건축물 외벽 마감재료의 제한 대상 기술사 93회 · 104회

1. 상업지역(근린상업지역은 제외)의 건축물로서 다음 각 목의 어느 하나에 해당하는 것
   가. 제1종 근린생활시설, 제2종 근린생활시설, 문화 및 집회시설, 종교시설, 판매시설, 운동시설 및 위락시설의 용도로 쓰는 건축물로서 그 용도로 쓰는 바닥면적의 합계가 2000m² 이상인 건축물 〈개정 2019.8.6〉
   나. 공장(국토교통부령으로 정하는 화재 위험이 적은 공장은 제외한다)의 용도로 쓰는 건축물로부터 6m 이내에 위치한 건축물
2. 의료시설, 교육연구시설, 노유자시설 및 수련시설의 용도로 쓰는 건축물 〈개정 2019.8.6〉
3. 3층 이상 또는 높이 9미터 이상인 건축물 〈신설 2019.8.6〉
4. 1층의 전부 또는 일부를 필로티 구조로 설치하여 주차장으로 쓰는 건축물 〈신설 2019.8.6〉
5. 제1항제4호에 해당하는 건축물 〈5호 신설 2021.8.10〉

③ 법 제52조제4항에서 "대통령령으로 정하는 용도 및 규모에 해당하는 건축물"이란 제2항 각 호의 건축물을 말한다. 〈③항 신설 2021.5.4〉

제61조의2 (실내건축)

법 제52조의2제1항에서 "대통령령으로 정하는 용도 및 규모에 해당하는 건축물"이란 다음 각 호의 어느 하나에 해당하는 건축물을 말한다.

1. 다중이용 건축물
2. 「건축물의 분양에 관한 법률」 제3조에 따른 건축물
3. 별표 1 제3호 나목 및 같은 표 제4호 아목에 따른 건축물(칸막이로 거실의 일부를 가로로 구획하거나 가로 및 세로로 구획하는 경우만 해당한다) 〈신설 2020.4.21〉

제62조 (건축자재의 품질관리 등) 〈개정 2019.10.22〉

① 법 제52조의4 제1항에서 "복합자재[불연재료인 양면 철판, 석재, 콘크리트 또는 이와 유사한 재료와 불연재료가 아닌 심재(心材)로 구성된 것을 말한다]를 포함한 제52조에 따른 마감재료, 방화문 등 대통령령으로 정하는 건축자재"란 다음 각 호의 어느 하나에 해당하는 것을 말한다.

1. 법 제52조의4 제1항에 따른 복합자재
2. 건축물의 외벽에 사용하는 마감재료로서 단열재
3. 제64조제1항제1호부터 제3호까지의 규정에 따른 방화문 〈개정 2020.10.8〉
4. 그 밖에 방화와 관련된 건축자재로서 국토교통부령으로 정하는 건축자재

② 법 제52조의4 제1항에 따른 건축자재의 제조업자는 같은 항에 따른 품질관리서(이하 "품질관리서"라 한다)를 건축자재 유통업자에게 제출해야 하며, 건축자재 유통업자는 품질관리서와 건축자재의 일치 여부 등을 확인하여 품질관리서를 공사시공자에게 전달해야 한다. 〈신설 2019.10.22〉

③ 제2항에 따라 품질관리서를 제출받은 공사시공자는 품질관리서와 건축자재의 일치 여부를 확인한 후 해당 건축물에서 사용된 건축자재 품질관리서 전체를 공사감리자에게 제출해야 한다.

④ 공사감리자는 제3항에 따라 제출받은 품질관리서를 공사감리완료보고서에 첨부하여 법 제25조 제6항에 따라 건축주에게 제출해야 하며, 건축주는 법 제22조에 따른 건축물의 사용승인을 신청할 때에 이를 허가권자에게 제출해야 한다.

제64조 (방화문의 구조) 〈개정 2020.10.8〉

① 방화문은 다음 각 호와 같이 구분한다.

1. 60분+ 방화문 : 연기 및 불꽃을 차단할 수 있는 시간이 60분 이상이고, 열을 차단할 수 있는 시간이 30분 이상인 방화문
2. 60분 방화문 : 연기 및 불꽃을 차단할 수 있는 시간이 60분 이상인 방화문

3. 30분 방화문 : 연기 및 불꽃을 차단할 수 있는 시간이 30분 이상 60분 미만인 방화문

② 제1항 각 호의 구분에 따른 방화문 인정 기준은 국토교통부령으로 정한다.

제81조 (맞벽건축 및 연결복도)

① 법 제59조제1항제1호에서 "대통령령으로 정하는 지역"이란 다음 각 호의 어느 하나에 해당하는 지역을 말한다. 〈개정 2015.9.22〉

1. 상업지역(다중이용 건축물 및 공동주택은 스프링클러나 그 밖에 이와 비슷한 자동식소화설비를 설치한 경우로 한정한다)
2. 주거지역(건축물 및 토지의 소유자 간 맞벽건축을 합의한 경우에 한정한다)
3. 허가권자가 도시미관 또는 한옥 보전 · 진흥을 위하여 건축조례로 정하는 구역
4. 건축협정구역

② 삭제 〈2006.5.8〉

③ 법 제59조제1항제1호에 따른 맞벽은 다음 각 호의 기준에 적합하여야 한다.

1. 주요구조부가 내화구조일 것
2. 마감재료가 불연재료일 것

④ 제1항에 따른 지역(건축협정구역은 제외한다)에서 맞벽건축을 할 때 맞벽 대상 건축물의 용도, 맞벽 건축물의 수 및 층수 등 맞벽에 필요한 사항은 건축조례로 정한다.

⑤ 법 제59조제1항제2호에서 "대통령령으로 정하는 기준"이란 다음 각 호의 기준을 말한다.

1. 주요구조부가 내화구조일 것
2. 마감재료가 불연재료일 것
3. 밀폐된 구조인 경우 벽면적의 10분의 1 이상에 해당하는 면적의 창문을 설치할 것. 다만, 지하층으로서 환기설비를 설치하는 경우에는 그러하지 아니하다.
4. 너비 및 높이가 각각 5m 이하일 것. 다만, 허가권자가 건축물의 용도나 규모 등을 고려할 때 원활한 통행을 위하여 필요하다고 인정하면 지방건축위원회의 심의를 거쳐 그 기준을 완화하여 적용할 수 있다.
5. 건축물과 복도 또는 통로의 연결부분에 자동방화셔터 또는 방화문을 설치할 것
6. 연결복도가 설치된 대지 면적의 합계가 「국토의 계획 및 이용에 관한 법률 시행령」 제55조에 따른 개발행위의 최대 규모 이하일 것. 다만, 지구단위계획구역에서는 그러하지 아니하다.

⑥ 법 제59조제1항제2호에 따른 연결복도나 연결통로는 건축사 또는 「기술사법」에 따라 등록한 건축구조기술사로부터 안전에 관한 확인을 받아야 한다. 〈개정 2016.5.17〉

제91조 (피난용승강기의 설치) 〈신설 2018.10.16〉 기술사 125회

법 제64조제3항에 따른 피난용승강기(피난용승강기의 승강장 및 승강로를 포함한다. 이하 이 조에서 같다)는 다음 각 호의 기준에 맞게 설치하여야 한다.

1. 승강장의 바닥면적은 승강기 1대당 $6m^2$ 이상으로 할 것

2. 각 층으로부터 피난층까지 이르는 승강로를 단일구조로 연결하여 설치할 것
3. 예비전원으로 작동하는 조명설비를 설치할 것
4. 승강장의 출입구 부근의 잘 보이는 곳에 해당 승강기가 피난용승강기임을 알리는 표지를 설치할 것
5. 그 밖에 화재예방 및 피해경감을 위하여 국토교통부령으로 정하는 구조 및 설비 등의 기준에 맞을 것

[제3장] 건축물의 피난 · 방화구조 등의 기준에 관한 규칙

(개정 : 2021. 10. 15. 국토교통부령 제901호)

제3조 (내화구조) 기술사 86회 · 92회 · 114회

1. 벽

가. 철근콘크리트조 또는 철골철근콘크리트조로서 두께가 10cm 이상인 것

나. 골구를 철골조로 하고 그 양면을 두께 4cm 이상의 철망모르타르 또는 두께 5cm 이상의 콘크리트블록 · 벽돌 또는 석재로 덮은 것

다. 철재로 보강된 콘크리트블록조 · 벽돌조 또는 석조로서 철재에 덮은 콘크리트블록 등의 두께가 5cm 이상인 것

라. 벽돌조로서 두께가 19cm 이상인 것

마. 고온 · 고압의 증기로 양생된 경량기포 콘크리트패널 또는 경량기포 콘크리트블록조로서 두께가 10cm 이상인 것

2. 외벽 중 비내력벽

위의 제1호의 규정에 불구하고 다음 각 목의 어느 하나에 해당하는 것

가. 철근콘크리트조 또는 철골철근콘크리트조로서 두께가 7cm 이상인 것

나. 골구를 철골조로 하고 그 양면을 두께 3cm 이상의 철망모르타르 또는 두께 4cm 이상의 콘크리트블록 · 벽돌 또는 석재로 덮은 것

다. 철재로 보강된 콘크리트블록조 · 벽돌조 또는 석조로서 철재에 덮은 콘크리트블록 등의 두께가 4cm 이상인 것

라. 무근콘크리트조 · 콘크리트블록조 · 벽돌조 또는 석조로서 그 두께가 7cm 이상인 것

3. 기둥

작은 부분의 지름이 25cm 이상인 것으로서 다음 각 목의 어느 하나에 해당하는 것. 다만, 고강도 콘크리트(설계기준강도가 50MPa 이상인 콘크리트를 말한다)를 사용하는 경우에는 국토교통부장관이 정하여 고시하는 고강도 콘크리트 내화성능 관리기준에 적합해야 한다.

가. 철근콘크리트조 또는 철골철근콘크리트조

나. 철골을 두께 6cm(경량골재를 사용하는 경우에는 5cm) 이상의 철망모르타르 또는 두께 7cm 이상의 콘크리트블록 · 벽돌 또는 석재로 덮은 것

다. 철골을 두께 5cm 이상의 콘크리트로 덮은 것

4. **바닥**

가. 철근콘크리트조 또는 철골철근콘크리트조로서 두께가 10cm 이상인 것

나. 철재로 보강된 콘크리트블록조 · 벽돌조 또는 석조로서 철재에 덮은 콘크리트블록 등의 두께가 5cm 이상인 것

다. 철재의 양면을 두께 5cm 이상의 철망모르타르 또는 콘크리트로 덮은 것

5. **보(지붕틀을 포함)**

다음 각 목의 어느 하나에 해당하는 것. 다만, 고강도 콘크리트(설계기준강도가 50MPa 이상인 콘크리트)를 사용하는 경우에는 국토교통부장관이 정하여 고시하는 고강도 콘크리트 내화성능 관리기준에 적합해야 한다.

가. 철근콘크리트조 또는 철골철근콘크리트조

나. 철골을 두께 6cm(경량골재를 사용하는 경우에는 5cm)이상의 철망모르타르 또는 두께 5cm 이상의 콘크리트로 덮은 것

다. 철골조의 지붕틀(바닥으로부터 그 아랫부분까지의 높이가 4m 이상인 것에 한한다)로서 바로 아래에 반자가 없거나 불연재료로 된 반자가 있는 것

6. **지붕**

가. 철근콘크리트조 또는 철골철근콘크리트조

나. 철재로 보강된 콘크리트블록조 · 벽돌조 또는 석조

다. 철재로 보강된 유리블록 또는 망입유리로 된 것

7. **계단**

가. 철근콘크리트조 또는 철골철근콘크리트조

나. 무근콘크리트조 · 콘크리트블록조 · 벽돌조 또는 석조

다. 철재로 보강된 콘크리트블록조 · 벽돌조 또는 석조

라. 철골조

8. 한국건설기술연구원의 장이 해당 내화구조에 대하여 다음 각 목의 사항을 모두 인정하는 것. 다만, 「산업표준화법」에 따른 한국산업표준으로 내화성능이 인정된 구조로 된 것은 나목에 따른 품질시험을 생략할 수 있다.

가. 생산공장의 품질 관리 상태를 확인한 결과 국토교통부장관이 정하여 고시하는 기준에 적합할 것

나. 가목에 따라 적합성이 인정된 제품에 대하여 품질시험을 실시한 결과 별표 1에 따른 성능기준에 적합할 것

9. 다음 각 목의 어느 하나에 해당하는 것으로서 한국건설기술연구원장이 국토교통부장관으로부터 승인받은 기준에 적합한 것으로 인정하는 것 〈9호 신설 2010.4.7〉

가. 한국건설기술연구원장이 인정한 내화구조 표준으로 된 것

나. 한국건설기술연구원장이 인정한 성능설계에 따라 내화구조의 성능을 검증할 수 있는 구조로 된 것

10. 한국건설기술연구원장이 제27조제1항에 따라 정한 인정기준에 따라 인정하는 것 〈10호 신설 2010.4.7〉

제4조 (방화구조)

1. 철망모르타르로서 그 바름두께가 2cm 이상인 것
2. 석고판 위에 시멘트모르타르 또는 회반죽을 바른 것으로서 그 두께의 합계가 2.5cm 이상인 것
3. 시멘트모르타르 위에 타일을 붙인 것으로서 그 두께의 합계가 2.5cm 이상인 것
4. 〈삭제 2010.4.7〉
5. 〈삭제 2010.4.7〉
6. 심벽에 흙으로 맞벽치기한 것
7. 「산업표준화법」에 따른 한국산업표준이 정하는 바에 따라 시험한 결과 방화 2급 이상에 해당하는 것

제5조 (난연재료)

불에 잘 타지 아니하는 성능을 가진 재료로서 「산업표준화법」에 따른 한국산업표준에 따라 시험한 결과 가스 유해성, 열방출량 등이 국토교통부장관이 정하여 고시하는 난연재료의 성능기준을 충족하는 것

제6조 (불연재료)

불에 타지 아니하는 성질을 가진 재료로서 다음 각 호의 어느 하나에 해당하는 것

1. 콘크리트·석재·벽돌·기와·철강·알루미늄·유리·시멘트모르타르 및 회, 이 경우 시멘트모르타르 또는 회 등 미장재료를 사용하는 경우에는 건축공사표준시방서에서 정한 두께 이상인 것에 한한다.
2. 「산업표준화법」에 따른 한국산업표준에 따라 시험한 결과 질량감소율 등이 국토교통부장관이 정하여 고시하는 불연재료의 성능기준을 충족하는 것
3. 그 밖에 제1호와 유사한 불연성의 재료로서 국토교통부장관이 인정하는 재료. 다만, 제1호의 재료와 불연성재료가 아닌 재료가 복합으로 구성된 경우를 제외한다.

제7조 (준불연재료)

불연재료에 준하는 성질을 가진 재료로서 「산업표준화법」에 따른 한국산업표준에 따라 시험한 결과 가스 유해성, 열방출량 등이 국토교통부장관이 정하여 고시하는 준불연재료의 성능기준을 충족하는 것

제8조 (직통계단의 설치기준) 〈개정 2019.8.6〉 기술사 75회·87회

① 영 제34조제1항 단서에서 "국토교통부령으로 정하는 공장"이란 반도체 및 디스플레이 패

널을 제조하는 공장을 말한다.

② 영 제34조제2항에 따라 2개소 이상의 직통계단을 설치하는 경우 다음 각 호의 기준에 적합해야 한다.

1. 가장 멀리 위치한 직통계단 2개소의 출입구 간의 가장 가까운 직선거리(직통계단 간을 연결하는 복도가 건축물의 다른 부분과 방화구획으로 구획된 경우 출입구 간의 가장 가까운 보행거리를 말한다)는 건축물 평면의 최대 대각선 거리의 2분의 1 이상으로 할 것. 다만, 스프링클러 또는 그 밖에 이와 비슷한 자동식 소화설비를 설치한 경우에는 3분의 1이상으로 한다.
2. 각 직통계단 간에는 각각 거실과 연결된 복도 등 통로를 설치할 것

제8조의2 (피난안전구역의 설치기준) 〈신설 2010.4.7〉 기술사 91회 · 94회 · 95회 · 98회

① 영 제34조제3항 및 제4항의 규정에 의하여 설치하는 피난안전구역은 해당 건축물의 1개층을 대피공간(이하 "대피층"이라 한다)으로 하며, 대피에 장애가 되지 아니하는 범위에서 기계실, 보일러실, 전기실 등 건축설비를 설치하기 위한 공간과 같은 층에 설치할 수 있다. 이 경우 피난안전구역은 건축설비가 설치되는 공간과 내화구조로 구획하여야 한다.

② 피난안전구역에 연결되는 특별피난계단은 피난안전구역을 거쳐서 상 · 하층으로 갈 수 있는 구조로 설치하여야 한다.

③ 피난안전구역의 구조 및 설비는 다음 각 호의 기준에 적합하여야 한다.

1. 피난안전구역의 바로 아래층 및 위층은 「녹색건축물 조성 지원법」 제15조제1항에 따라 국토교통부장관이 정하여 고시한 기준 적합한 단열재를 설치할 것. 이 경우 아래층은 최상층에 있는 거실의 반자 또는 지붕 기준을 준용하고, 위층은 최하층에 있는 거실의 바닥 기준을 준용할 것 〈개정 2019.8.6〉
2. 피난안전구역의 내부마감재료는 불연재료로 설치할 것
3. 건축물의 내부에서 피난안전구역으로 통하는 계단은 특별피난계단의 구조로 설치
4. 비상용 승강기는 피난안전구역에서 승하차 할 수 있는 구조로 설치할 것
5. 피난안전구역에는 식수공급을 위한 급수전을 1개소 이상 설치하고 예비전원에 의한 조명설비를 설치할 것
6. 관리사무소 또는 방재센터 등과 긴급연락이 가능한 경보 및 통신시설을 설치할 것
7. 피난안전구역의 면적은 다음 식으로 구한 면적 이상일 것
   (피난안전구역 윗층의 재실자 수 $\times$ 0.5) $\times$ 0.28m^2
8. 피난안전구역의 높이는 2.1m 이상일 것
9. 「건축물의 설비기준 등에 관한 규칙」 제14조에 따른 배연설비를 설치할 것
10. 기타 소방청장이 정하는 소방 등 재난관리를 위한 설비를 갖출 것
    〈7호~10호 : 신설 2012. 1. 6〉

제9조 (피난계단 및 특별피난계단의 구조) 기술사 75회·84회·86회·116회

① 피난계단의 설치대상

지상5층 이상 또는 지하2층 이하의 층으로부터 피난층 또는 지상으로 통하는 직통계단(지하1층인 건축물의 경우에는 5층 이상 층의 피난계단과 직접 연결된 지하 1층의 계단을 포함한다)은 피난계단 또는 특별피난계단으로 설치해야 한다.

② 피난계단 및 특별피난계단의 구조

1. **옥내피난계단의 구조**

가. 계단실은 창문·출입구 기타 개구부(이하 "창문등"이라 한다)를 제외한 당해 건축물의 다른 부분과 내화구조의 벽으로 구획할 것

나. 계단실의 실내에 접하는 부분(바닥 및 반자 등 실내에 면한 모든 부분을 말한다)의 마감(마감을 위한 바탕을 포함한다)은 불연재료로 할 것

다. 계단실에는 예비전원에 의한 조명 설비를 할 것

라. 계단실의 바깥쪽과 접하는 창문 등(망이 들어 있는 유리의 붙박이창으로서 그 면적이 각각 1m² 이하인 것을 제외한다)은 당해 건축물의 다른 부분에 설치하는 창문등으로부터 2m 이상의 거리를 두고 설치할 것

마. 건축물의 내부와 접하는 계단실의 창문 등(출입구를 제외한다)은 망이 들어 있는 유리의 붙박이창으로서 그 면적을 각각 1m² 이하로 할 것

바. 건축물의 내부에서 계단실로 통하는 출입구의 유효너비는 0.9m 이상으로 하고, 그 출입구에는 피난의 방향으로 열 수 있는 것으로서 언제나 닫힌 상태를 유지하거나 화재로 인한 연기 또는 불꽃을 감지하여 자동적으로 닫히는 구조로 된 영 제64조제1항제1호의 60+방화문(이하 "60+방화문"이라 한다) 또는 같은 항 제2호의 방화문(이하 "60분방화문"이라 한다)을 설치할 것. 다만, 연기 또는 불꽃을 감지하여 자동적으로 닫히는 구조로 할 수 없는 경우에는 온도를 감지하여 자동적으로 닫히는 구조로 할 수 있다. 〈개정 2019.8.6, 2021.3.26〉

사. 계단은 내화구조로 하고 피난층 또는 지상까지 직접 연결되도록 할 것

2. **옥외피난계단의 구조** 기술사 91회·114회

가. 계단은 그 계단으로 통하는 출입구외의 창문 등(망이 들어 있는 유리의 붙박이창으로서 그 면적이 각각 1m² 이하인 것을 제외한다)으로부터 2m 이상의 거리를 두고 설치할 것

나. 건축물의 내부에서 계단으로 통하는 출입구에는 60+방화문 또는 60분방화문을 설치 〈개정 2021.3.26〉

다. 계단의 유효너비는 0.9m 이상으로 할 것

라. 계단은 내화구조로 하고 지상까지 직접 연결되도록 할 것

3. **특별피난계단의 구조** 기술사 123회

가. 건축물의 내부와 계단실은 노대를 통하여 연결하거나 외부를 향하여 열 수 있는 면적 1m² 이상인 창문(바닥으로부터 1m 이상의 높이에 설치한 것에 한한다) 또는

「건축물의 설비기준 등에 관한 규칙」 제14조의 규정에 적합한 구조의 배연설비가 있는 면적 $3m^2$ 이상인 부속실을 통하여 연결할 것

나. 계단실 · 노대 및 부속실(「건축물의 설비기준 등에 관한 규칙」 제10조제2호 가목의 규정에 의하여 비상용승강기의 승강장을 겸용하는 부속실을 포함한다)은 창문 등을 제외하고는 내화구조의 벽으로 각각 구획할 것

다. 계단실 및 부속실의 실내에 접하는 부분(바닥 및 반자 등 실내에 면한 모든 부분을 말한다)의 마감(마감을 위한 바탕을 포함한다)은 불연재료로 할 것

라. 계단실에는 예비전원에 의한 조명 설비를 할 것

마. 계단실 · 노대 또는 부속실에 설치하는 건축물의 바깥쪽에 접하는 창문 등(망이 들어 있는 유리의 붙박이창으로서 그 면적이 각각 $1m^2$ 이하인 것을 제외한다)은 계단실 · 노대 또는 부속실외의 당해 건축물의 다른 부분에 설치하는 창문 등으로부터 2m 이상의 거리를 두고 설치할 것

바. 계단실에는 노대 또는 부속실에 접하는 부분 외에는 건축물의 내부와 접하는 창문 등을 설치하지 아니할 것

사. 계단실의 노대 또는 부속실에 접하는 창문은 망이 들어 있는 유리의 붙박이창으로서 그 면적을 각각 $1m^2$ 이하로 할 것

아. 노대 및 부속실에는 계단실외의 건축물의 내부와 접하는 창문을 설치하지 아니할 것

자. 건축물의 내부에서 노대 또는 부속실로 통하는 출입구에는 60+방화문 또는 60분방화문을 설치하고, 노대 또는 부속실로부터 계단실로 통하는 출입구에는 60+방화문, 60분방화문 또는 영 제64조제1항제3호의 30분 방화문을 설치할 것. 이 경우 방화문은 언제나 닫힌 상태를 유지하거나 화재로 인한 연기 또는 불꽃을 감지하여 자동적으로 닫히는 구조로 해야 하고, 연기 또는 불꽃으로 감지하여 자동적으로 닫히는 구조로 할 수 없는 경우에는 온도를 감지하여 자동적으로 닫히는 구조로 할 수 있다. 〈개정 2019.8.6, 2021.3.26〉

차. 계단은 내화구조로 하되, 피난층 또는 지상까지 직접 연결되도록 할 것

카. 출입구의 유효너비는 0.9m 이상으로 하고 피난의 방향으로 열 수 있을 것

③ 피난계단 또는 특별피난계단은 돌음계단으로 해서는 안되며 영 제40조제2항의 규정에 의하여 옥상광장을 설치해야 하는 건축물의 피난계단 또는 특별피난계단은 당해 건축물의 옥상으로 통하도록 설치해야 한다. 이 경우 옥상으로 통하는 출입문은 피난방향으로 열리는 구조로서 피난 시 이용에 장애가 없어야 한다. 〈후단 신설 2010.4.7〉

④ 영 제35조제2항에서 "갓복도식 공동주택"이라 함은 각 층의 계단실 및 승강기에서 각 세대로 통하는 복도의 한쪽 면이 외기에 개방된 구조의 공동주택을 말한다.

제10조 (관람석등으로부터의 출구의 설치기준) 기술사 96회

① 영 제38조 각 호의 어느 하나에 해당하는 건축물의 관람실 또는 집회실로부터 바깥쪽으로의 출구로 쓰이는 문은 안여닫이로 하여서는 아니된다.

② 영 제38조에 따라 문화 및 집회시설 중 공연장의 개별관람실(바닥면적이 300m^2 이상인 것만 해당한다)의 출구는 다음 각 호의 기준에 적합하게 설치해야 한다.

1. 관람실별로 2개소 이상 설치할 것
2. 각 출구의 유효너비는 1.5m 이상일 것
3. 개별 관람실 출구의 유효너비의 합계는 개별 관람실의 바닥면적 100m^{2}마다 0.6m의 비율로 산정한 너비 이상으로 할 것

제11조 (건축물의 바깥쪽으로의 출구의 설치기준) 기술사 87회

① 영 제39조제1항에 따라 건축물의 바깥쪽으로 나가는 출구를 설치하는 경우 피난층의 계단으로부터 건축물의 바깥쪽으로의 출구에 이르는 보행거리(가장 가까운 출구와의 보행거리를 말한다. 이하 같다)는 영 제34조제1항의 규정에 의한 거리이하로 하여야 하며, 거실(피난에 지장이 없는 출입구가 있는 것을 제외한다)의 각 부분으로부터 건축물의 바깥쪽으로의 출구에 이르는 보행거리는 영 제34조제1항의 규정에 의한 거리의 2배 이하로 하여야 한다.

② 영 제39조제1항에 따라 건축물의 바깥쪽으로 나가는 출구를 설치하는 건축물중 문화 및 집회시설(전시장 및 동 · 식물원을 제외한다), 종교시설, 장례식장 또는 위락시설의 용도에 쓰이는 건축물의 바깥쪽으로의 출구로 쓰이는 문은 안여닫이로 하여서는 아니된다.

③ 영 제39조제1항에 따라 건축물의 바깥쪽으로 나가는 출구를 설치하는 경우 관람실의 바닥면적의 합계가 300m^2 이상인 집회장 또는 공연장은 주된 출구 외에 보조출구 또는 비상구를 2개소 이상 설치해야 한다.

④ 판매시설(도매시장 · 소매시장 및 상점에 한한다.)의 용도에 쓰이는 피난층에 설치하는 건축물의 바깥쪽으로의 출구의 유효너비의 합계는 당해 용도에 쓰이는 바닥면적이 최대인 층에 있어서의 당해 용도의 바닥면적 100m^{2}마다 0.6m의 비율로 산정한 너비 이상으로 하여야 한다.

⑤ 다음 각 호의 어느 하나에 해당하는 건축물의 피난층 또는 피난층의 승강장으로부터 건축물의 바깥쪽에 이르는 통로에는 제15조제5항에 따른 경사로를 설치하여야 한다.

1. 제1종 근린생활시설 중 지역자치센터 · 파출소 · 지구대 · 소방서 · 우체국 · 방송국 · 보건소 · 공공도서관 · 지역건강보험조합 기타 이와 유사한 것으로서 동일한 건축물안에서 당해 용도에 쓰이는 바닥면적의 합계가 1천제곱미터 미만인 것
2. 제1종 근린생활시설 중 마을회관 · 마을공동작업소 · 마을공동구판장 · 변전소 · 양수장 · 정수장 · 대피소 · 공중화장실 기타 이와 유사한 것
3. 연면적이 5천제곱미터 이상인 판매시설, 운수시설
4. 교육연구시설 중 학교
5. 업무시설중 국가 또는 지방자치단체의 청사와 외국공관의 건축물로서 제1종 근린생활시설에 해당하지 아니하는 것
6. 승강기를 설치하여야 하는 건축물

⑥ 「건축법」 제49조제1항에 따라 영 제39조제1항 각 호의 어느 하나에 해당하는 건축물의 바깥쪽으로 나가는 출입문에 유리를 사용하는 경우에는 안전유리를 사용하여야 한다.

제12조 (회전문의 설치기준) 기술사 90회

1. 계단이나 에스컬레이터로부터 2m 이상의 거리를 둘 것
2. 회전문과 문틀사이 및 바닥사이는 다음 각 목에서 정하는 간격을 확보하고 틈 사이를 고무와 고무펠트의 조합체 등을 사용하여 신체나 물건 등에 손상이 없도록 할 것
   가. 회전문과 문틀 사이는 5cm 이상
   나. 회전문과 바닥 사이는 3cm 이하
3. 출입에 지장이 없도록 일정한 방향으로 회전하는 구조로 할 것
4. 회전문의 중심축에서 회전문과 문틀 사이의 간격을 포함한 회전문날개 끝부분까지의 길이는 140cm 이상이 되도록 할 것
5. 회전문의 회전속도는 분당회전수가 8회를 넘지 아니하도록 할 것
6. 자동회전문은 충격이 가하여지거나 사용자가 위험한 위치에 있는 경우에는 전자감지장치 등을 사용하여 정지하는 구조로 할 것

제13조 (헬리포트와 구조공간 설치기준 등) 기술사 75회 · 98회 · 119회

① 제40조제4항제1호에 따라 건축물에 설치하는 헬리포트는 다음 각 호의 기준에 적합해야 한다.

1. 헬리포트의 길이와 너비는 각각 22m 이상으로 할 것. 다만, 건축물의 옥상바닥의 길이와 너비가 각각 22m 이하인 경우에는 헬리포트의 길이와 너비를 각각 15m까지 감축할 수 있다.
2. 헬리포트의 중심으로부터 반경 12m 이내에는 헬리콥터의 이 · 착륙에 장애가 되는 건축물, 공작물, 조경시설 또는 난간 등을 설치하지 아니할 것
3. 헬리포트의 주위한계선은 백색으로 하되, 그 선의 너비는 38cm로 할 것
4. 헬리포트의 중앙부분에는 지름 8m의 "H"표지를 백색으로 하되, "H"표지의 선의 너비는 38cm로, "○"표지의 선의 너비는 60cm로 할 것
5. 헬리포트로 통하는 출입문에 영 제40조제3항 각 호 외의 부분에 따른 비상문자동개폐장치(이하 "비상문자동개폐장치"라 한다)를 설치할 것 〈신설 2021.3.26〉

② 영 제40조제4항제1호에 따라 옥상에 헬리콥터를 통하여 인명 등을 구조할 수 있는 공간을 설치하는 경우에는 직경 10m 이상의 구조공간을 확보해야 하며, 구조공간에는 구조활동에 장애가 되는 건축물, 공작물 또는 난간 등을 설치해서는 안 된다. 이 경우 구조공간의 표시기준 및 설치기준 등에 관하여는 제1항제3호부터 제5호까지의 규정을 준용한다. 〈개정 2021.3.26〉 기술사 119회

③ 영 제40조제4항제2호에 따라 건축물의 지붕을 경사지붕으로 하는 경우 경사지붕 아래에 설치하는 대피공간의 설치기준 〈③항 신설 2012.1.6〉 기술사 99회 · 119회

1. 대피공간의 면적은 지붕 수평투영면적의 10분의 1 이상일 것
2. 특별피난계단 또는 피난계단과 연결할 것
3. 출입구 · 창문을 제외한 부분은 해당 건축물의 다른 부분과 내화구조의 바닥 및 벽으로 구획할 것
4. 출입구는 유효너비 0.9m 이상으로 하고, 그 출입구에는 60+방화문 또는 60분방화문을 설치할 것

4의2. 제4호에 따른 방화문에 비상문자동개폐장치를 설치할 것 〈신설 2021.3.26〉

5. 내부마감재료는 불연재료로 설치할 것
6. 예비전원으로 작동하는 조명설비를 설치할 것
7. 관리사무소 또는 종합방재실 등과 긴급 연락이 가능한 통신시설을 설치할 것

제14조 (방화구획의 설치기준) 기술사 82회 · 98회 · 114회 · 124회

① 방화구획의 구획설정 기준

1. 10층 이하의 층은 바닥면적 1,000m^2(자동식 소화설비를 설치한 경우에는 바닥면적 3,000m^2) 이내마다 구획할 것
2. 매 층마다 구획할 것. 다만, 지하 1층에서 지상으로 직접 연결하는 경사로 부위는 제외한다. 〈개정 2019.8.6〉
3. 11층 이상의 층은 바닥면적 200m^2(자동식 소화설비를 설치한 경우에는 600m^2) 이내마다 구획할 것. 다만, 벽 및 반자의 실내에 접하는 부분의 마감을 불연재료로 한 경우에는 바닥면적 500m^2(자동식 소화설비를 설치한 경우에는 1,500m^2) 이내마다 구획할 것
4. 필로티나 그 밖에 이와 비슷한 구조(벽면적의 2분의 1 이상이 그 층의 바닥면에서 위층 바닥 아래면까지 공간으로 된 것만 해당한다)의 부분을 주차장으로 사용하는 경우 그 부분은 건축물의 다른 부분과 구획할 것 〈신설 2019.8.6〉

② 제1항의 규정에 의한 방화구획은 다음 각 호의 기준에 적합하게 설치해야 한다.

1. 영 제46조에 따른 방화구획으로 사용하는 60+방화문 또는 60분방화문은 언제나 닫힌 상태를 유지하거나 화재로 인한 연기 또는 불꽃을 감지하여 자동적으로 닫히는 구조로 할 것 다만, 연기 또는 불꽃을 감지하여 자동적으로 닫히는 구조로 할 수 없는 경우에는 온도를 감지하여 자동적으로 닫히는 구조로 할 수 있다. 〈개정 2019.8.6, 2021.3.26〉
2. 외벽과 바닥 사이에 틈이 생긴 때나 급수관 · 배전관 그 밖의 관이 방화구획을 관통하는 경우 그로 인하여 방화구획에 틈이 생긴 때에는 그 틈을 한국건설기술연구원장이 국토교통부장관이 정하여 고시하는 기준에 따라 내화채움성능을 인정한 구조로 메울 것 〈개정 2021.3.26〉
3. 환기 · 난방 또는 냉방시설의 풍도가 방화구획을 관통하는 경우에는 그 관통부분 또는 이에 근접한 부분에 다음 각 목의 기준에 적합한 댐퍼를 설치할 것. 다만, 반도체공장건축물로서 방화구획을 관통하는 풍도의 주위에 스프링클러헤드를 설치하는 경우에는 그렇지 않다. 기술사 116회

가. 화재로 인한 연기 또는 불꽃을 감지하여 자동적으로 닫히는 구조로 할 것. 다만, 주방 등 연기가 항상 발생하는 부분에는 온도를 감지하여 자동적으로 닫히는 구조로 할 수 있다. 〈개정 2019.8.6〉

나. 국토교통부장관이 정하여 고시하는 비차열(非遮熱) 성능 및 방연성능 등의 기준에 적합할 것 〈개정 2019.8.6〉

4. 영 제46조제1항제2호와 제81조제5항제5호에 따라 설치되는 자동방화셔터는 피난이 가능한 60+방화문 또는 60분방화문으로부터 3미터 이내에 별도로 설치할 것 〈신설 2021.3.26〉

[한국산업표준상 방화댐퍼의 성능기준 (KS F 2815)]

(1) 재질 : 1.5mm 이상의 철판
(2) 폐쇄 시 누출량(방연시험) : 온도 20℃, 압력차 19.6N/m²에서 통기량이 5m³/min·m³ 이하일 것
(3) 미끄럼부 : 열팽창, 녹, 먼지 등에 의해 작동이 저해받지 않는 구조일 것
(4) 검사구, 점검구 : 적정한 위치에 설치
(5) 부착방법 : 구조체에 견고하게 부탁시키는 공법으로, 화재시 덕트가 탈락, 낙하해도 손상되지 아니할 것
(6) 배연기의 압력에 의해 방재상 해로운 진동 및 간격이 발생하지 않는 구조일 것

③ 영 제46조제1항제2호에서 "국토교통부령으로 정하는 기준에 적합한 것"이란 한국건설기술연구원장이 국토교통부장관이 정하여 고시하는 바에 따라 다음 각 호의 사항을 모두 인정한 것을 말한다. 〈신설 2019.8.6〉

1. 생산공장의 품질 관리 상태를 확인한 결과 국토교통부장관이 정하여 고시하는 기준에 적합할 것
2. 해당 제품의 품질시험을 실시한 결과 비차열 1시간 이상의 내화성능을 확보하였을 것

④ 영 제46조 제5항 3호에 따른 하향식 피난구(덮개, 사다리, 경보시스템을 포함)의 구조는 다음 각 호의 기준에 적합하게 설치해야 한다. 기술사 93회 · 96회 · 113회 · 118회

1. 피난구의 덮개는 품질시험을 실시한 결과 비차열 1시간 이상의 내화성능을 가져야 하며, 피난구의 유효 개구부 규격은 직경 60cm 이상일 것 〈개정 2021.3.26〉
2. 상층 · 하층간 피난구의 설치위치는 수직방향 간격을 15cm 이상 띄어서 설치할 것
3. 아래층에서는 바로 윗층의 피난구를 열 수 없는 구조일 것
4. 사다리는 바로 아래층의 바닥면으로부터 50cm 이하까지 내려오는 길이로 할 것
5. 덮개가 개방될 경우에는 건축물관리시스템 등을 통하여 경보음이 울리는 구조일 것
6. 피난구가 있는 곳에는 예비전원에 의한 조명설비를 설치할 것

⑤ 제2항제2호에 따른 건축물의 외벽과 바닥 사이의 내화채움방법에 필요한 사항은 국토교통부장관이 정하여 고시한다. 〈신설 2019.8.6〉

제14조의2 (복합건축물의 피난시설 등) 기술사 97회

영 제47조제1항 단서의 규정에 의하여 같은 건축물 안에 공동주택 · 의료시설 · 아동관련시설 또는 노인복지시설(이하 이 조에서 "공동주택 등"이라 한다)중 하나 이상과 위락시설 · 위험물저장 및 처리시설 · 공장 또는 자동차정비공장(이하 이 조에서 "위락시설등"이라 한다)중 하나 이상을 함께 설치하고자 하는 경우에는 다음 각 호의 기준에 적합하여야 한다.

1. 공동주택 등의 출입구와 위락시설 등의 출입구는 서로 그 보행거리가 30m 이상이 되도록 설치할 것
2. 공동주택 등(당해 공동주택등에 출입하는 통로를 포함한다)과 위락시설 등(당해 위락시설 등에 출입하는 통로를 포함한다)은 내화구조로 된 바닥 및 벽으로 구획하여 서로 차단할 것
3. 공동주택등과 위락시설 등은 서로 이웃하지 아니하도록 배치할 것
4. 건축물의 주요구조부를 내화구조로 할 것
5. 거실의 벽 및 반자가 실내에 면하는 부분(반자돌림대 · 창대 그 밖에 이와 유사한 것을 제외한다. 이하 이 조에서 같다)의 마감은 불연재료 · 준불연재료 또는 난연재료로 하고, 그 거실로부터 지상으로 통하는 주된 복도 · 계단 그밖에 통로의 벽 및 반자가 실내에 면하는 부분의 마감은 불연재료 또는 준불연재료로 할 것

제15조의2 (복도의 너비 및 설치기준)

① 연면적 200m²를 초과하는 건축물에 설치하는 복도의 유효너비

구 분	양 옆에 거실이 있는 복도	기타의 복도
유치원 · 초등학교 중학교 · 고등학교	2.4m 이상	1.8m 이상
공동주택 · 오피스텔	1.8m 이상	1.2m 이상
당해 층 거실의 바닥면적 합계가 200m² 이상인 경우	1.5m 이상 (의료시설의 복도는 1.8m 이상)	1.2m 이상

② 문화 및 집회시설(공연장 · 집회장 · 관람장 · 전시장에 한정한다), 종교시설 중 종교집회장, 노유자시설 중 아동관련시설 · 노인복지시설, 수련시설 중 생활권수련시설, 위락시설 중 유흥주점 및 장례식장의 관람실 또는 집회실과 접하는 복도의 유효너비는 제1항에도 불구하고 다음 각 호에서 정하는 너비로 해야 한다. 〈개정 2019.8.6〉

1. 해당 층에서 해당 용도로 쓰는 바닥면적의 합계가 500m² 미만인 경우 : 1.5m 이상
2. 해당 층에서 해당 용도로 쓰는 바닥면적의 합계가 500m² 이상 1,000m² 미만인 경우 : 1.8m 이상
3. 해당 층에서 해당 용도로 쓰는 바닥면적의 합계가 1,000m² 이상인 경우 : 2.4m 이상

③ 문화 및 집회시설 중 공연장에 설치하는 복도는 다음 각 호의 기준에 적합해야 한다.

1. 공연장의 개별 관람실(바닥면적이 300m² 이상인 경우에 한정한다)의 바깥쪽에는 그 양쪽 및 뒤쪽에 각각 복도를 설치할 것
2. 하나의 층에 개별 관람실(바닥면적이 300m² 미만인 경우에 한정한다)을 2개소 이상 연속하여 설치하는 경우에는 그 관람실의 바깥쪽의 앞쪽과 뒤쪽에 각각 복도를 설치할 것

제16조 (거실의 반자높이)

① 일반 건축물의 반자높이 : 2.1m 이상

② 문화 및 집회시설(전시장 및 동 · 식물원을 제외한다), 종교시설, 장례식장 또는 위락시설 중 유흥주점문화 및 집회시설, 장례식장 또는 주점영업의 용도에 쓰이는 건축물의 관람석 또는 집회실로서 그 바닥면적이 200m² 이상인 것의 반자높이 : 4.0m 이상

③ 제1항 및 제2항의 규정을 적용함에 있어서 수시로 개방할 수 있는 미닫이로 구획된 2개의 거실은 이를 1개의 거실로 본다.

제17조 (채광 및 환기를 위한 창문 등)

① 채광을 위하여 거실에 설치하는 창문 등의 면적 : 그 거실 바닥면적의 10분의 1 이상

② 환기를 위하여 거실에 설치하는 창문 등의 면적 : 그 거실 바닥면적의 20분의 1 이상. 다만, 기계환기장치 등 공기조화설비를 설치하는 경우에는 그러하지 아니하다.

제18조의2 (소방관 진입창의 기준) 〈신설 2019.8.6〉 기술사 121회

법 제49조제3항에서 "국토교통부령으로 정하는 기준"이란 다음 각 호의 요건을 모두 충족하는 것을 말한다.

1. 2층 이상 11층 이하인 층에 각각 1개소 이상 설치할 것. 이 경우 소방관이 진입할 수 있는 창의 가운데에서 벽면 끝까지의 수평거리가 40m 이상인 경우에는 40m 이내마다 소방관이 진입할 수 있는 창을 추가로 설치해야 한다.
2. 소방차 진입로 또는 소방차 진입이 가능한 공터에 면할 것
3. 창문의 가운데에 지름 20cm 이상의 역삼각형을 야간에도 알아볼 수 있도록 빛 반사 등으로 붉은색으로 표시할 것
4. 창문의 한쪽 모서리에 타격지점을 지름 3cm 이상의 원형으로 표시할 것
5. 창문의 크기는 폭 90cm 이상, 높이 1.2m 이상으로 하고, 실내 바닥면으로부터 창의 아랫부분까지의 높이는 80cm 이내로 할 것
6. 다음 각 목의 어느 하나에 해당하는 유리를 사용할 것
   가. 플로트판유리로서 그 두께가 6mm 이하인 것
   나. 강화유리 또는 배강도유리로서 그 두께가 5mm 이하인 것
   다. 가목 또는 나목에 해당하는 유리로 구성된 이중 유리로서 그 두께가 24mm 이하인 것

제19조 (경계벽 등의 구조) 기술사 98회 · 112회

① 법 제49조제4항에서 규정하는 건축물에 설치하는 경계벽은 내화구조로 하고, 지붕밑 또는 바로 위층의 바닥판까지 닿게 해야 한다.

② 소리를 차단하는데 장애가 되는 부분이 없도록 다음 각 호의 어느 하나에 해당하는 구조로 하여야 한다. 다만, 다가구주택 및 공동주택의 세대간의 경계벽인 경우에는 「주택건설기준 등에 관한 규정」 제14조에 따른다.

1. 철근콘크리트조 · 철골철근콘크리트조로서 두께가 10cm이상인 것
2. 무근콘크리트조 또는 석조로서 두께가 10cm(시멘트모르타르 · 회반죽 또는 석고플라스터의 바름두께를 포함한다)이상인 것
3. 콘크리트블록조 또는 벽돌조로서 두께가 19cm 이상인 것
4. 제1호 내지 제3호의 것 외에 국토교통부장관이 정하여 고시하는 기준에 따라 건설교통부장관이 지정하는 자 또는 한국건설기술연구원장이 실시하는 품질시험에서 그 성능이 확인된 것
5. 한국건설기술연구원장이 제27조제1항에 따라 정한 인정기준에 따라 인정하는 것

③ 법 제49조제4항에 따른 가구 · 세대 등 간 소음방지를 위한 바닥은 경량충격음(비교적 가볍고 딱딱한 충격에 의한 바닥충격음을 말한다)과 중량충격음(무겁고 부드러운 충격에 의한 바닥충격음을 말한다)을 차단할 수 있는 구조로 하여야 한다. 〈③항 신설 2014.11.28〉

④ 제3항에 따른 가구 · 세대 등 간 소음방지를 위한 바닥의 세부기준은 국토교통부장관이 정하여 고시한다. 〈④항 신설 2014.11.28〉

제21조 (방화벽의 구조) 기술사 101회 · 116회

1. 내화구조로서 홀로 설 수 있는 구조일 것
2. 방화벽의 양쪽 끝과 윗쪽 끝을 건축물의 외벽면 및 지붕면으로부터 0.5m 이상 튀어 나오게 할 것
3. 방화벽에 설치하는 출입문의 너비 및 높이는 각각 2.5m 이하로 하고, 해당 출입문에는 60+방화문 또는 60분방화문을 설치할 것 〈개정 2021.3.26〉

제22조 (대규모 목조건축물의 외벽 등)

① 연면적이 1,000m^2 이상인 목조의 건축물은 그 외벽 및 처마밑의 연소할 우려가 있는 부분을 방화구조로 하되, 그 지붕은 불연재료로 하여야 한다.

② 제1항에서 "연소할 우려가 있는 부분"이라 함은 인접대지경계선 · 도로중심선 또는 동일한 대지안에 있는 2동 이상의 건축물(연면적의 합계가 500m^2 이하인 건축물은 이를 하나의 건축물로 본다) 상호의 외벽간의 중심선으로부터 1층에 있어서는 3m 이내, 2층 이상에 있어서는 5m 이내의 거리에 있는 건축물의 각 부분을 말한다. 다만, 공원 · 광장 · 하천의 공지나 수면 또는 내화구조의 벽 기타 이와 유사한 것에 접하는 부분을 제외한다.

제22조의2 (고층건축물 피난안전구역 등의 피난 용도 표시) 〈신설 2015. 7.9〉

법 제50조의2제2항에 따라 고층건축물에 설치된 피난안전구역, 피난시설 또는 대피공간에는 다음 각 호에서 정하는 바에 따라 화재 등의 경우에 피난 용도로 사용되는 것임을 표시하여야 한다.

1. 피난안전구역
   가. 출입구 상부 벽 또는 측벽의 눈에 잘 띄는 곳에 "피난안전구역" 문자를 적은 표시판을 설치할 것
   나. 출입구 측벽의 눈에 잘 띄는 곳에 해당 공간의 목적과 용도, 다른 용도로 사용하지 아니할 것을 안내하는 내용을 적은 표시판을 설치할 것
2. 특별피난계단의 계단실 및 그 부속실, 피난계단의 계단실 및 피난용 승강기 승강장
   가. 출입구 측벽의 눈에 잘 띄는 곳에 해당 공간의 목적과 용도, 다른 용도로 사용하지 아니할 것을 안내하는 내용을 적은 표시판을 설치할 것
   나. 해당 건축물에 피난안전구역이 있는 경우 가목에 따른 표시판에 피난안전구역이 있는 층을 적을 것
3. 대피공간 : 출입문에 해당 공간이 화재 등의 경우 대피장소이므로 물건적치 등 다른 용도로 사용하지 아니할 것을 안내하는 내용을 적은 표시판을 설치할 것

제23조 (방화지구안의 지붕 · 방화문 및 외벽 등)

① 법 제51조제3항에 따라 방화지구 내의 건축물의 지붕으로서 내화구조가 아닌 것은 불연재료로 하여야 한다.

② 방화지구 안의 건축물의 인접대지경계선에 접하는 외벽에 설치하는 창문 등으로서 제22조제2항의 규정에 의한 연소할 우려가 있는 부분에는 다음 각 호의 방화설비를 설치해야 한다.

1. <u>60+방화문 또는 60분방화문</u> 〈개정 2021.3.26〉
2. 소방법령이 정하는 기준에 적합하게 창문 등에 설치하는 드렌처설비
3. 당해 창문등과 연소할 우려가 있는 다른 건축물의 부분을 차단하는 내화구조나 불연재료로 된 벽 · 담장 기타 이와 유사한 방화설비
4. 환기구멍에 설치하는 불연재료로 된 방화커버 또는 그물눈이 2mm 이하인 금속망

제24조 (건축물의 마감재료 등)

① 법 제52조제1항에 따라 영 제61조제1항 각호의 건축물에 대하여는 그 거실의 벽 및 반자의 실내에 접하는 부분(반자돌림대 · 창대 기타 이와 유사한 것을 제외한다)의 <u>마감재료(영 제61조제1항제4호에 해당하는 건축물의 경우에는 단열재를 포함한다)는 불연재료 · 준불연재료 또는 난연재료를 사용해야 하며</u>, 그 거실에서 지상으로 통하는 주된 복도 · 계단 기타 통로의 벽 및 반자의 실내에 접하는 부분의 마감은 불연재료 또는 준불연재료로 할 것. <u>다만, 다음 각 호에 해당하는 부분의 마감재료는 불연재료 또는 준불연재료를 사용해야 한다.</u> 〈개정(단서 추가) 2021.9.3.〉

1. 거실에서 지상으로 통하는 주된 복도 · 계단 그 밖의 벽 및 반자의 실내에 접하는 부분
2. 강판과 심재(心材)로 이루어진 복합자재를 마감재료로 사용하는 부분

② 영 제61조제1항 각 호의 건축물 중 다음 각 호의 어느 하나에 해당하는 거실의 벽 및 반자의 실내에 접하는 부분의 마감은 제1항의 규정에 불구하고 불연재료 또는 준불연재료로 하여야 한다.

1. 영 제61조제1항 각 호에 따른 용도에 쓰이는 거실 등을 지하층 또는 지하의 공작물에 설치한 경우의 그 거실(출입문 및 문틀을 포함한다) 〈개정 2015.10.7〉
2. 영 제61조제1항제6호에 따른 용도에 쓰이는 건축물의 거실

③ 제1항 및 제2항에도 불구하고 영 제61조제1항제4호에 해당하는 건축물에서 단열재를 사용하는 경우로서 해당 건축물의 구조, 설계 또는 시공방법 등을 고려할 때, 단열재로 불연재료 · 준불연재료 또는 난연재료를 사용하는 것이 곤란하여 법 제4조에 따른 건축위원회(시 · 도 및 시 · 군 · 구에 두는 건축위원회를 말한다)의 심의를 거친 경우에는 단열재를 불연재료 · 준불연재료 또는 난연재료가 아닌 것으로 사용할 수 있다.

④ 법 제52조제1항에서 "내부마감재료"란 건축물 내부의 천장 · 반자 · 벽(경계벽 포함) · 기둥 등에 부착되는 마감재료를 말한다. 다만, 「다중이용업소의 안전관리에 관한 특별법 시행령」 제3조에 따른 실내장식물을 제외한다. 〈개정 2014.11.28〉

⑤ 영 제61조제1항제1호의2에 따른 공동주택에는 「다중이용시설 등의 실내공기질관리법」 제11조제1항 및 동법 시행규칙 제10조에 따라 환경부장관이 고시한 오염물질방출 건축자재를 사용해서는 안 된다. 〈개정 2021.3.26〉

⑥ 영 제61조제2항제1호부터 제3호까지의 규정 및 제5호에 해당하는 건축물의 외벽에는 법 제52조제2항 후단에 따라 불연재료 또는 준불연재료를 마감재료(단열재, 도장 등 코팅재료 및 그 밖에 마감재료를 구성하는 모든 재료를 포함한다. 이하 이 조에서 같다)로 사용해야 한다. 다만, 다음 각 호의 어느 하나에 해당하는 경우 난연재료(제2호의 경우 단열재만 해당한다)를 사용할 수 있다. 〈개정 2019.8.6〉

1. 국토교통부장관이 정하여 고시하는 화재 확산 방지구조 기준에 적합하게 설치하는 경우 〈신설 2019.8.6〉
2. 마감재료를 구성하는 재료 전체를 하나로 보아 국토교통부장관이 고시하는 기준에 따라 난연성능을 시험한 결과 불연재료 또는 준불연재료에 해당하는 경우 〈신설 2019.8.6〉

⑦ 제6항에도 불구하고 영 제61조제2항제1호 · 제3호 및 제5호에 해당하는 건축물로서 5층 이하이면서 높이 22미터 미만인 건축물의 경우 난연재료를 마감재료로 할 수 있다. 다만, 건축물의 외벽을 국토교통부장관이 정하여 고시하는 화재 확산 방지구조 기준에 적합하게 설치하는 경우에는 난연성능이 없는 재료를 마감재료로 사용할 수 있다. 〈개정 2021.9.3〉

⑧ 영 제14조제4항 각 호의 어느 하나에 해당하는 건축물 상호 간의 용도변경 중 영 별표 1 제3호다목(목욕장만 해당) · 라목, 같은 표 제4호가목 · 사목 · 카목 · 파목(골프연습장, 놀이형시설만 해당) · 더목 · 러목, 같은 표 제7호다목2) 및 같은 표 제16호가목 · 나목에 해당하는 용도로 변경하는 경우로서 스프링클러 또는 간이스프링클러의 헤드가 창문등으로

건축법규
피난 · 방화구조

부터 60cm 이내에 설치되어 건축물 내부가 화재로부터 방호되는 경우에는 제6항 및 제7항을 적용하지 않을 수 있다. 〈⑧항 신설 2021.7.5〉

⑨ 영 제61조제2항제4호에 해당하는 건축물의 외벽(필로티 구조의 외기에 면하는 천장 및 벽체를 포함) 중 1층과 2층 부분에는 불연재료 또는 준불연재료를 마감재료로 해야 한다. 다만, 마감재료를 구성하는 재료 전체를 하나로 보아 국토교통부장관이 고시하는 기준에 따라 난연성능을 시험한 결과 불연재료 또는 준불연재료에 해당하는 경우 난연재료를 단열재로 사용할 수 있다. 〈⑨항 신설 2019.8.6〉

⑩ 법 제52조제4항에 따라 영 제61조제2항 각 호에 해당하는 건축물의 인접대지경계선에 접하는 외벽에 설치하는 창호와 인접대지경계선 간의 거리가 1.5m 이내인 경우 해당 창호는 방화유리창[「산업표준화법」에 따른 한국산업표준 KS F 2845(유리구획 부분의 내화 시험방법)에 규정된 방법에 따라 시험한 결과 비차열 20분 이상의 성능이 있는 것으로 한정한다]으로 설치해야 한다. 다만, 스프링클러 또는 간이스프링클러의 헤드가 창호로부터 60cm 이내에 설치되어 건축물 내부가 화재로부터 방호되는 경우에는 방화유리창으로 설치하지 않을 수 있다. 〈⑩항 신설 2021.7.5〉

제24조의 2 (화재위험이 적은 공장과 인접한 건축물의 내부마감재료) 기술사 88회 · 105회

① 영 제61조제2항제1호나목에서 "국토교통부령으로 정하는 화재위험이 적은 공장"이란 별표 3의 업종에 해당하는 공장을 말한다. 다만, 공장의 일부 또는 전체를 기숙사 및 구내식당의 용도로 사용하는 건축물을 제외한다. 〈개정 2021.9.3〉

② 삭제 〈2021.9.3〉

③ 삭제 〈2021.9.3〉

[건축물 내부마감재료 기준의 요점정리]

<table>
<tr><th rowspan="2"></th><th rowspan="2">용 도</th><th rowspan="2">해당 용도
거실의 바닥면적</th><th colspan="2">마감재료(벽 및 반자)</th></tr>
<tr><th>거실</th><th>복도,
계단, 통로</th></tr>
<tr><td>1</td><td>공동주택, 단독주택 중 다중주택 · 다가구주택</td><td rowspan="2">(면적에 관계없이)
모두 적용</td><td rowspan="2">불연재료
준불연재료
난연재료</td><td rowspan="2">불연재료
준불연재료</td></tr>
<tr><td>2</td><td>제2종 근린생활시설 중 공연장 · 종교집회장 · 인터넷컴퓨터게임시설제공업소 · 학원 · 독서실 · 당구장 · 다중생활시설의 용도로 쓰는 건축물</td></tr>
<tr><td>3</td><td>위험물 저장 및 처리시설(자가난방용, 자가발전용 포함), 자동차 관련시설, 방송국, 촬영소, 발전시설</td><td>(면적에 관계없이)
모두 적용</td><td rowspan="4">불연재료
준불연재료
난연재료</td><td rowspan="4">불연재료
준불연재료</td></tr>
<tr><td>4</td><td>5층 이상의 건축물</td><td>5층 이상 층의 거실 바닥면적 합계 500m² 이상</td></tr>
<tr><td>5</td><td>창고</td><td>600m²(자동식소화설비를 설치한 경우 1,200m²) 이상</td></tr>
<tr><td>6</td><td colspan="2">공장 (다만, 1층 이하이고, 연면적 1,000m² 미만으로서 국토교통부령으로 정하는 요건을 모두 갖춘 경우에는 제외)</td></tr>
<tr><td>7</td><td>위 1호~6호 용도의 거실 등을 지하층에 설치할 경우의 그 거실</td><td rowspan="2">(면적에 관계없이)
모두 적용</td><td colspan="2" rowspan="2">불연재료
준불연재료</td></tr>
<tr><td>8</td><td>문화 및 집회시설, 종교 · 판매 · 운수 · 의료 · 노유자 · 수련 · 숙박 · 위락시설(단란주점 및 유흥주점은 제외), 장례식장, 초등학교, 학원, 오피스텔, 다중이용업소(단란주점영업 및 유흥주점영업은 제외)로 쓰는 건축물</td></tr>
</table>

[비고]

1. 위에서 주요구조부가 내화구조 또는 불연재료로 된 건축물로서 그 거실의 바닥면적(자동식 소화설비가 설치된 면적은 제외) 200m² 이내마다 방화구획된 건축물은 제외한다.
2. 계단실이 건축법령에 의한 피난계단 또는 특별피난계단일 경우에는 벽, 반자 및 **바닥까지 모두** 불연재료로 하여야 한다.

제24조의3 (건축자재 품질관리서) 〈개정 2019.8.6〉

① 영 제62조제1항제4호에서 "국토교통부령으로 정하는 건축자재"란 영 제46조 및 이 규칙 제14조에 따라 방화구획을 구성하는 자동방화셔터, 내화채움성능이 인정된 구조 및 방화댐퍼를 말한다.

② 법 제52조의4 제1항에서 "국토교통부령으로 정하는 사항을 기재한 품질관리서"란 다음 각 호의 구분에 따른 서식을 말한다. 이 경우 다음 각 호에서 정한 서류를 첨부한다.

1. 영 제62조제1항제1호의 경우 : 별지 제1호서식. 이 경우 다음 각 목의 서류를 첨부할 것
   가. 난연성능이 표시된 복합자재 시험성적서 사본
   나. 강판의 두께, 도금 종류 및 도금 부착량이 표시된 강판생산업체의 품질검사증명서 사본
2. 영 제62조제1항제2호의 경우 : 별지 제2호서식. 이 경우 난연성능이 표시된 단열재 시험성적서 사본을 첨부할 것
3. 영 제62조제1항제3호의 경우 : 별지 제3호서식. 이 경우 연기, 불꽃 및 열을 차단할 수 있는 성능이 표시된 방화문 시험성적서 사본을 첨부할 것 〈개정 2021.3.26〉
4. 자동방화셔터의 경우 : 별지 제4호서식. 이 경우 연기 및 불꽃을 차단할 수 있는 성능이 표시된 자동방화셔터 시험성적서 사본을 첨부할 것 〈개정 2021.3.26〉
5. 내화채움성능이 인정된 구조의 경우 : 별지 제5호서식. 이 경우 연기, 불꽃 및 열을 차단할 수 있는 성능이 표시된 내화채움구조 시험성적서 사본을 첨부할 것 〈개정 2021.3.26〉
6. 방화댐퍼의 경우 : 별지 제6호서식. 이 경우 「산업표준화법」에 따른 한국산업규격에서 정하는 방화댐퍼의 방연시험방법에 적합한 것을 증명하는 시험성적서 사본을 첨부할 것

③ 공사시공자는 법 제52조의4제1항에 따라 작성한 품질관리서의 내용과 같게 별지 제7호서식의 건축자재 품질관리서 대장을 작성하여 공사감리자에게 제출해야 한다.

④ 공사감리자는 제3항에 따라 제출받은 건축자재 품질관리서 대장의 내용과 영 제62조제3항에 따라 제출받은 품질관리서의 내용이 같은지를 확인하고 이를 영 제62조제4항에 따라 건축주에게 제출해야 한다.

⑤ 건축주는 제4항에 따라 제출받은 건축자재 품질관리서 대장을 영 제62조제4항에 따라 허가권자에게 제출해야 한다.

제25조 (지하층의 구조) 기술사 104회

① **지하층의 구조 및 설비의 설치기준** 기술사 104회 · 118회

1. 거실의 바닥면적이 $50m^2$ 이상인 층에는 직통계단 외에 피난층 또는 지상으로 통하는 비상탈출구 및 환기통을 설치할 것. 다만, 직통계단이 2개소 이상 설치되어 있는 경우에는 그러하지 아니하다.

1의 2. 제2종 근린생활시설 중 공연장 · 단란주점 · 당구장 · 노래연습장, 문화 및 집회시설 중 예식장 · 공연장, 수련시설, 숙박시설 중 여관 · 여인숙, 위락시설 중 단란주점 · 유흥주점 또는 「다중이용업소의 안전관리에 관한 특별법 시행령」 제2조에 따른 용도에 쓰

이는 층으로서 그 층의 거실 바닥면적의 합계가 50m² 이상인 건축물에는 직통계단을 2개소 이상 설치할 것

2. 바닥면적 1,000m² 이상인 층에는 피난층 또는 지상으로 통하는 직통계단을 방화구획되는 각 부분마다 1개소 이상 설치하되, 이를 피난계단 또는 특별피난계단의 구조로 할 것
3. 거실의 바닥면적의 합계가 1,000m² 이상인 층에는 환기설비를 설치할 것
4. 지하층의 바닥면적이 300m² 이상인 층에는 식수공급을 위한 급수전을 1개소 이상 설치할 것

② 지하층 비상탈출구의 설치기준 기술사 118회

1. 비상탈출구의 유효너비는 0.75m 이상으로 하고, 유효높이는 1.5m 이상으로 할 것
2. 비상탈출구의 문은 피난방향으로 열리도록 하고, 실내에서 항상 열 수 있는 구조로 하여야 하며, 내부 및 외부에는 비상탈출구의 표시를 할 것
3. 비상탈출구는 출입구로부터 3m 이상 떨어진 곳에 설치할 것
4. 지하층의 바닥으로부터 비상탈출구의 아랫부분까지의 높이가 1.2m 이상이 되는 경우에는 벽체에 발판의 너비가 20cm 이상인 사다리를 설치할 것
5. 비상탈출구는 피난층 또는 지상으로 통하는 복도나 직통계단에 직접 접하거나 통로 등으로 연결될 수 있도록 설치하여야 하며, 피난층 또는 지상으로 통하는 복도나 직통계단까지 이르는 피난통로의 유효너비는 0.75m 이상으로 하고, 피난통로의 실내에 접하는 부분의 마감과 그 바탕은 불연재료로 할 것
6. 비상탈출구의 진입부분 및 피난통로에는 통행에 지장이 있는 물건을 방치하거나 시설물을 설치하지 아니할 것
7. 비상탈출구의 유도등과 피난통로의 비상조명등의 설치는 소방법령이 정하는 바에 의할 것

제26조 (방화문의 구조) 〈개정 2021.3.26〉 기술사 121회

영 제64조제1항에 따른 방화문은 국토교통부장관이 정하여 고시하는 바에 따라 다음 각 호의 구분에 따른 기준에 적합하다고 인정한 것을 말한다. 〈개정 2021.3.26〉

1. 생산공장의 품질관리 상태를 확인한 결과 국토교통부장관이 정하여 고시하는 기준에 적합할 것 〈개정 2019.8.6〉
2. 품질시험을 실시한 결과 영 제64조제1항 각 호의 기준에 따른 성능을 확보할 것 〈개정 2019.8.6, 2021.3.26〉

제29조 (피난용승강기의 설치 및 구조) 〈본조 삭제 2018.10.18〉

제30조 (피난용승강기의 설치기준) 기술사 96회·100회·104회·110회·113회·116회·117회·125회

영 제91조제5호에서 "국토교통부령으로 정하는 구조 및 설비 등의 기준"이란 다음 각 호를 말한다. 〈개정 2018.10.18〉

1. 피난용승강기 승강장의 구조

   가. 승강장의 출입구를 제외한 부분은 해당 건축물의 다른 부분과 내화구조의 바닥 및

벽으로 구획할 것

나. 승강장은 각 층의 내부와 연결될 수 있도록 하되, 그 출입구에는 60+방화문 또는 60분방화문을 설치할 것. 이 경우 방화문은 언제나 닫힌 상태를 유지할 수 있는 구조이어야 한다. 〈개정 2021.3.26〉

다. 실내에 접하는 부분(바닥 및 반자 등 실내에 면한 모든 부분을 말한다)의 마감(마감을 위한 바탕을 포함한다)은 불연재료로 할 것

라. 〈삭제 2018.10.18〉

마. 〈삭제 2018.10.18〉

바. 〈삭제 2018.10.18〉

사. 〈삭제 2014.3.5〉

아. 「건축물의 설비기준 등에 관한 규칙」 제14조에 따른 배연설비를 설치할 것 다만, 「화재예방, 소방시설 설치 · 유지 및 안전관리에 관한 법률 시행령」 별표 5 제5호가목에 따른 제연설비를 설치한 경우에는 배연설비를 설치하지 아니할 수 있다. 〈단서 신설 2014.3.5〉

자. 〈삭제 2014.3.5〉

2. 피난용승강기 승강로의 구조

가. 승강로는 해당 건축물의 다른 부분과 내화구조로 구획할 것

나. 〈삭제 2018.10.18〉

다. 승강로 상부에 「건축물의 설비기준 등에 관한 규칙」 제14조에 따른 배연설비를 설치할 것

3. 피난용승강기 기계실의 구조

가. 출입구를 제외한 부분은 해당 건축물의 다른 부분과 내화구조의 바닥 및 벽으로 구획할 것

나. 출입구에는 60+방화문 또는 60분방화문을 설치할 것 〈개정 2021.3.26〉

4. 피난용승강기의 전용 예비전원

가. 정전시 피난용승강기, 기계실, 승강장 및 폐쇄회로 텔레비전 등의 설비를 작동할 수 있는 별도의 예비전원 설비를 설치할 것

나. 가목에 따른 예비전원은 초고층 건축물의 경우에는 2시간 이상, 준초고층 건축물의 경우에는 1시간 이상 작동이 가능한 용량일 것

다. 상용전원과 예비전원 공급을 자동 또는 수동으로 전환이 가능한 설비를 갖출 것

라. 전선관 및 배선은 고온에 견딜 수 있는 내열성 자재를 사용하고, 방수조치 할 것

[별표 1]

내화구조의 성능기준 (제3조제8호 관련) 〈개정 2019.10.24〉

1. 일반기준

(단위 : 시간)

용도 (구성부재)				벽						보·기둥	바닥	지붕·지붕틀
				외벽			내벽					
				내력벽	비내력벽		내력벽	비내력벽				
용도구분		용도규모 층수 / 최고 높이(m)			연소 우려가 있는 부분	연소 우려가 없는 부분		간막이벽	승강기·계단실의 수직벽			
일반시설	제1종 및 제2종 근린생활·문화 및 집회·종교·판매·운수·교육연구·노유자·수련·운동·업무·위락·자동차관련(정비공장 제외)·동물 및 식물 관련·교정 및 군사·방송통신·발전·묘지관련·관광휴게·장례시설	12/50	초과	3	1	0.5	3	2	2	3	2	1
			이하	2	1	0.5	2	1.5	1.5	2	2	0.5
		4 / 20 이하		1	1	0.5	1	1	1	1	1	0.5
주거시설	단독주택, 공동주택, 숙박시설, 의료시설	12/50	초과	2	1	0.5	2	2	2	3	2	1
			이하	2	1	0.5	2	1	1	2	2	0.5
		4/20 이하		1	1	0.5	1	1	1	1	1	0.5
산업시설	공장, 창고시설, 위험물 저장 및 처리시설, 자동차 관련시설 중 정비공장, 자연순환관련시설	12/50	초과	2	1.5	0.5	2	1.5	1.5	3	2	1
			이하	2	1	0.5	2	1	1	2	2	0.5
		4/20 이하		1	1	0.5	1	1	1	1	1	0.5

2. 적용기준 〈개정 2019.10.24〉

가. 용도

1) 건축물이 하나 이상의 용도로 사용될 경우 위 표의 용도구분에 따른 기준 중 가장 높은 내화시간의 용도를 적용한다.

2) 건축물의 부분별 높이 또는 층수가 다를 경우 최고 높이 또는 최고 층수를 기준으로 제1호에 따른 구성부재별 내화시간을 건축물 전체에 동일하게 적용한다.

3) 용도규모에서 건축물의 층수와 높이의 산정은 「건축법 시행령」 제119조에 따른다. 다만, 승강기탑, 계단탑, 망루, 장식탑, 옥탑 그 밖에 이와 유사한 부분은 건축물의 높이와 층수의 산정에서 제외한다.

나. 구성 부재

1) 외벽 중 비내력벽으로서 연소우려가 있는 부분은 제22조제2항에 따른 부분을 말한다.

2) 외벽 중 비내력벽으로서 연소우려가 없는 부분은 제22조제2항에 따른 부분을 제외한 부분을 말한다.

3) 내벽 중 비내력벽인 간막이벽은 건축법령에 따라 내화구조로 해야 하는 벽을 말한다.

다. 그 밖의 기준

1) 화재의 위험이 적은 제철 · 제강공장 등으로서 품질확보를 위해 불가피한 경우에는 지방건축위원회의 심의를 받아 주요구조부의 내화시간을 완화하여 적용할 수 있다.

2) 외벽의 내화성능 시험은 건축물 내부면을 가열하는 것으로 한다.

[별표 1의2] <신설 2012.1.6>

피난안전구역의 면적산정기준 (제8조의2제3항제7호 관련)

기술사 108회

1. 피난안전구역의 면적은 다음 산식에 따라 산정한다.

   (피난안전구역 윗층의 재실자 수 × 0.5) × 0.28m^2

   가. 피난안전구역 윗층의 재실자 수는 해당 피난안전구역과 다음 피난안전구역 사이의 용도별 바닥면적을 사용 형태별 재실자 밀도로 나눈 값의 합계를 말한다. 다만, 문화 · 집회용도 중 벤치형 좌석을 사용하는 공간과 고정좌석을 사용하는 공간은 다음의 구분에 따라 피난안전구역 윗층의 재실자 수를 산정한다.

1) 벤치형 좌석을 사용하는 공간 : 좌석길이 / 45.5cm

2) 고정좌석을 사용하는 공간 : 휠체어 공간 수 + 고정좌석 수

나. 피난안전구역 설치 대상 건축물의 용도에 따른 사용 형태별 재실자 밀도는 다음 표와 같다.

용 도	사용 형태별		재실자 밀도
문화 · 집회	고정좌석을 사용하지 않는 공간		0.45
	고정좌석이 아닌 의자를 사용하는 공간		1.29
	벤치형 좌석을 사용하는 공간		–
	고정좌석을 사용하는 공간		–
	무대		1.40
	게임제공업 등의 공간		1.02
운동	운동시설		4.60
교육	도서관	서고	9.30
		열람실	4.60
	학교 및 학원	교실	1.90
보육	보호시설		3.30
의료	입원치료구역		22.3
	수면구역		11.1
교정	교정시설 및 보호관찰소 등		11.1
주거	호텔 등 숙박시설		18.6
	공동주택		18.6
업무	업무시설, 운수시설 및 관련 시설		9.30
판매	지하층 및 1층		2.80
	그 외의 층		5.60
	배송공간		27.9
저장	창고, 자동차 관련 시설		46.5
산업	공장		9.30
	제조업 시설		18.6

※ 계단실, 승강로, 복도 및 화장실은 사용 형태별 재실자 밀도의 산정에서 제외하고, 취사장 · 조리장의 사용 형태별 재실자 밀도는 9.30으로 본다.

2. 피난안전구역 설치 대상 용도에 대한 「건축법 시행령」 별표 1에 따른 용도별 건축물의 종류는 다음 표와 같다.

용도	용도별 건축물
문화 · 집회	문화 및 집회시설(공연장 · 집회장 · 관람장 · 전시장만 해당한다), 종교시설, 위락시설, 제1종 근린생활시설 및 제2종 근린생활시설 중 휴게음식점 · 제과점 · 일반음식점 등 음식 · 음료를 제공하는 시설, 제2종 근린생활시설 중 공연장 · 종교집회장 · 게임제공업 시설, 그 밖에 이와 비슷한 문화 · 집회시설
운동	운동시설, 제1종 근린생활시설 및 제2종 근린생활시설 중 운동시설
교육	교육연구시설, 수련시설, 자동차 관련 시설 중 운전학원 및 정비학원, 제2종 근린생활시설 중 학원 · 직업훈련소 · 독서실, 그 밖에 이와 비슷한 교육시설
보육	노유자시설, 제1종 근린생활시설 중 지역아동센터
의료	의료시설, 제1종 근린생활시설 중 의원, 치과의원, 한의원, 침술원, 접골원(接骨院), 조산원 및 안마원
교정	교정 및 군사시설
주거	공동주택 및 숙박시설
업무	업무시설, 운수시설, 제1종 근린생활시설과 제2종 근린생활시설 중 지역자치센터 · 파출소 · 사무소 · 이용원 · 미용원 · 목욕장 · 세탁소 · 기원 · 사진관 · 표구점, 그 밖에 이와 비슷한 업무시설
판매	판매시설(게임제공업 시설 등은 제외한다), 제1종 근린생활시설 중 수퍼마켓과 일용품 등의 소매점
저장	창고시설, 자동차 관련 시설(운전학원 및 정비학원은 제외한다)
산업	공장, 제2종 근린생활시설 중 제조업 시설

[제4장] 건축물의 설비기준 등에 관한 규칙

(개정 : 2021. 8. 27. 국토교통부령 제882호)

제9조 (비상용승강기를 설치하지 아니할 수 있는 건축물) 기술사 84회 · 88회 · 91회 · 116회 · 124회

1. 높이 31m를 넘는 각층을 거실외의 용도로 쓰는 건축물
2. 높이 31m를 넘는 각층의 바닥면적의 합계가 500m^2 이하인 건축물
3. 높이 31m를 넘는 층수가 4개층 이하로서 당해 각층의 바닥면적의 합계 200m^2(벽 및 반자가 실내에 접하는 부분의 마감을 불연재료로 한 경우에는 500m^2) 이내마다 방화구획으로 구획한 건축물

※ 〈비상용승강기의 설치대상〉 : 높이 31m를 초과하는 건축물(건축법 제64조)

제10조 (비상용승강기의 승강장 및 승강로의 구조)

1. 삭제 〈1996.2.9〉
2. **비상용승강기 승강장의 구조** 기술사 84회 · 91회 · 110회 · 116회

가. 승강장의 창문 · 출입구 기타 개구부를 제외한 부분은 당해 건축물의 다른 부분과 내화구조의 바닥 및 벽으로 구획할 것. 다만, 공동주택의 경우에는 승강장과 특별피난계단의 부속실과의 겸용부분을 특별피난계단의 계단실과 별도로 구획하는 때에는 승강장을 특별피난계단의 부속실과 겸용할 수 있다.

나. 승강장은 각층의 내부와 연결될 수 있도록 하되, 그 출입구(승강로의 출입구를 제외한다)에는 갑종방화문을 설치할 것. 다만, 피난층에는 갑종방화문을 설치하지 아니할 수 있다.

다. 노대 또는 외부를 향하여 열 수 있는 창문이나 제14조제2항의 규정에 의한 배연설비를 설치할 것

라. 벽 및 반자가 실내에 접하는 부분의 마감재료(마감을 위한 바탕을 포함한다)는 불연재료로 할 것

마. 채광이 되는 창문이 있거나 예비전원에 의한 조명설비를 할 것

바. 승강장의 바닥면적은 비상용승강기 1대에 대하여 6m^2 이상으로 할 것. 다만, 옥외에 승강장을 설치하는 경우에는 그러하지 아니하다.

사. 피난층이 있는 승강장의 출입구(승강장이 없는 경우에는 승강로의 출입구)로부터 도로 또는 공지(공원 · 광장 기타 이와 유사한 것으로서 피난 및 소화를 위한 당해 대지에의 출입에 지장이 없는 것을 말한다)에 이르는 거리가 30m 이하일 것

아. 승강장 출입구 부근의 잘 보이는 곳에 당해 승강기가 비상용승강기임을 알 수 있는 표지를 할 것

3. **비상용승강기의 승강로의 구조** 기술사 91회 · 116회
   가. 승강로는 당해 건축물의 다른 부분과 내화구조로 구획할 것
   나. 각층으로부터 피난층까지 이르는 승강로를 단일구조로 연결하여 설치할 것

제14조 (배연설비)

① 배연설비의 설치기준 기술사 80회

1. 건축물이 방화구획으로 구획되는 경우에는 그 구획마다 1개소 이상의 배연창을 설치하되, 배연창의 상변과 천장 또는 반자로부터 수직거리가 0.9m 이내일 것. 다만, 반자높이가 바닥으로부터 3m 이상인 경우에는 배연창의 하변이 바닥으로부터 2.1m 이상의 위치에 놓이도록 설치하여야 한다.
2. 배연창의 유효면적은 별표 2의 산정기준에 의하여 산정된 면적이 $1m^2$ 이상으로서 그 면적의 합계가 당해 건축물의 바닥면적(방화구획이 설치된 경우에는 그 구획된 부분의 바닥면적을 말한다)의 100분의 1이상일 것. 이 경우 바닥면적의 산정에 있어서 거실바닥면적의 20분의 1 이상으로 환기창을 설치한 거실의 면적은 이에 산입하지 아니한다.
3. 배연구는 연기감지기 또는 열감지기에 의하여 자동으로 열 수 있는 구조로 하되, 손으로도 열고 닫을 수 있도록 할 것
4. 배연구는 예비전원에 의하여 열 수 있도록 할 것
5. 기계식 배연설비를 하는 경우에는 제1호 내지 제4호의 규정에 불구하고 소방관계법령의 규정에 적합하도록 할 것

② 특별피난계단 및 비상용승강기의 승강장에 설치하는 배연설비의 구조 기술사 98회 · 114회 · 123회

1. 배연구 및 배연풍도는 불연재료로 하고, 화재가 발생한 경우 원활하게 배연시킬 수 있는 규모로서 외기 또는 평상시에 사용하지 아니하는 굴뚝에 연결할 것
2. 배연구에 설치하는 수동개방장치 또는 자동개방장치(열감지기 또는 연기감지기에 의한 것을 말한다)는 손으로도 열고 닫을 수 있도록 할 것
3. 배연구는 평상시에는 닫힌 상태를 유지하고, 연 경우에는 배연에 의한 기류로 인하여 닫히지 아니하도록 할 것
4. 배연구가 외기에 접하지 아니하는 경우에는 배연기를 설치할 것
5. 배연기는 배연구의 열림에 따라 자동적으로 작동하고, 충분한 공기배출 또는 가압능력이 있을 것
6. 배연기에는 예비전원을 설치할 것
7. 공기유입방식을 급기가압방식 또는 급 · 배기방식으로 하는 경우에는 제1호 내지 제6호의 규정에 불구하고 소방관계법령의 규정에 적합하게 할 것

제20조 (피뢰설비)

[피뢰설비의 설치대상]

1. 낙뢰의 우려가 있는 건축물
2. 높이 20m 이상의 건축물
3. 건축법 시행령 118조 1항에 따른 공작물로서 높이 20m 이상인 것

[피뢰설비의 설치기준] 〈개정 2012.4.30〉 기술사 90회

1. 피뢰설비는 한국산업표준이 정하는 피뢰레벨 등급에 적합한 피뢰설비일 것. 다만, 위험물저장 및 처리시설에 설치하는 피뢰설비는 한국산업표준이 정하는 피뢰시스템레벨 Ⅱ 이상이어야 한다.
2. 돌침은 건축물의 맨 윗부분으로부터 25cm 이상 돌출시켜 설치하되, 「건축물의 구조기준 등에 관한 규칙」 제9조에 따른 설계하중에 견딜 수 있는 구조일 것
3. 피뢰설비의 재료는 최소 단면적이 피복이 없는 동선을 기준으로 수뢰부, 인하도선 및 접지극은 $50mm^2$ 이상이거나 이와 동등 이상의 성능을 갖출 것
4. 피뢰설비의 인하도선을 대신하여 철골조의 철골구조물과 철근콘크리트조의 철근 구조체 등을 사용하는 경우에는 전기적 연속성이 보장될 것. 이 경우 전기적 연속성이 있다고 판단되기 위하여는 건축물 금속 구조체의 최상단부와 지표레벨 사이의 전기저항이 0.2옴 이하이어야 한다.
5. 측면 낙뢰를 방지하기 위하여 높이가 60m를 초과하는 건축물 등에는 지면에서 건축물 높이의 4/5가 되는 지점으로부터 최상단부분까지의 측면에 수뢰부를 설치하여야 하며, 지표레벨에서 최상단부의 높이가 150m를 초과하는 건축물은 120m 지점부터 최상단부분까지의 측면에 수뢰부를 설치할 것. 다만, 건축물의 외벽이 금속부재(部材)로 마감되고, 금속부재 상호간에 제4호 후단에 적합한 전기적 연속성이 보장되며 피뢰시스템레벨 등급에 적합하게 설치하여 인하도선에 연결한 경우에는 측면 수뢰부가 설치된 것으로 본다.
6. 접지(接地)는 환경오염을 일으킬 수 있는 시공방법이나 화학 첨가물 등을 사용하지 아니할 것
7. 급수 · 급탕 · 난방 · 가스 등을 공급하기 위하여 건축물에 설치하는 금속배관 및 금속재 설비는 전위(電位)가 균등하게 이루어지도록 전기적으로 접속할 것
8. 전기설비의 접지계통과 건축물의 피뢰설비 및 통신설비 등의 접지극을 공용하는 통합접지공사를 하는 경우에는 낙뢰 등으로 인한 과전압으로부터 전기설비 등을 보호하기 위하여 한국산업표준에 적합한 서지보호장치(SPD)를 설치할 것 〈신설 : 2010.11.5〉
9. 그 밖에 피뢰설비와 관련된 사항은 한국산업규격에 적합하게 설치할 것

[별표 2] 배연창의 유효면적 산정기준 (제14조제1항제2호 관련)

기술사 100회 · 116회

1. **미서기창** : $H \times l$
   l : 미서기창의 유효폭
   H : 창의 유효 높이
   W : 창문의 폭

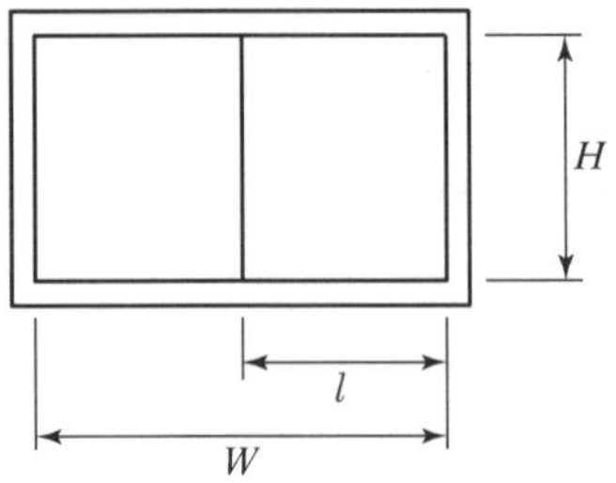

2. Pivot **종축창** : $\dfrac{H \times l'}{2 \times 2}$
   H : 창의 유효 높이
   l : 90° 회전시 창호와 직각방향으로 개방된 수평거리
   l' : 90° 미만 0° 초과시 창호와 직각방향으로 개방된 수평거리

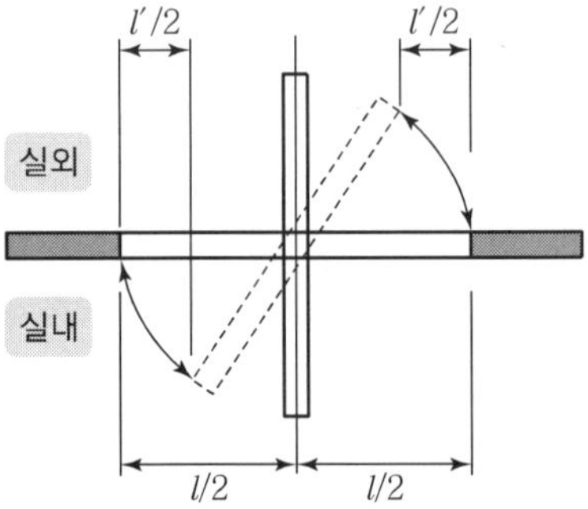

3. Pivot **횡축창** : $(W \times l_1) + (W \times l_2)$
   W : 창의 폭
   l_1 : 실내측으로 열린 상부창호의 길이방향으로 평행하게 개방된 순거리
   l_2 : 실외측으로 열린 하부창호로서 창틀과 평행하게 개방된 수평투영거리

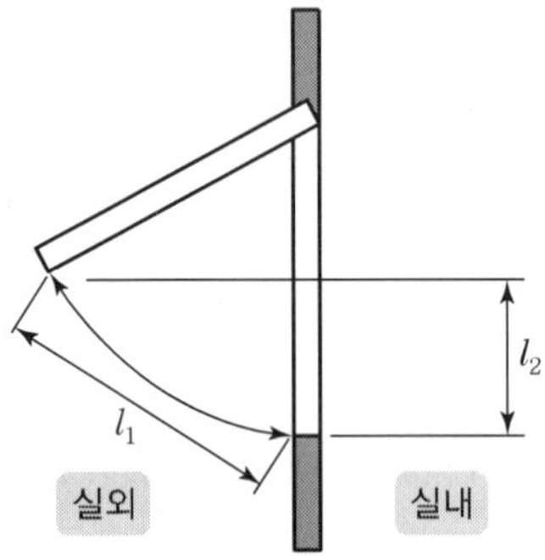

4. **들창** : $W \times l_2$
   W : 창의 폭
   l_2 : 창틀과 평행하게 개방된 순수수평투명면적

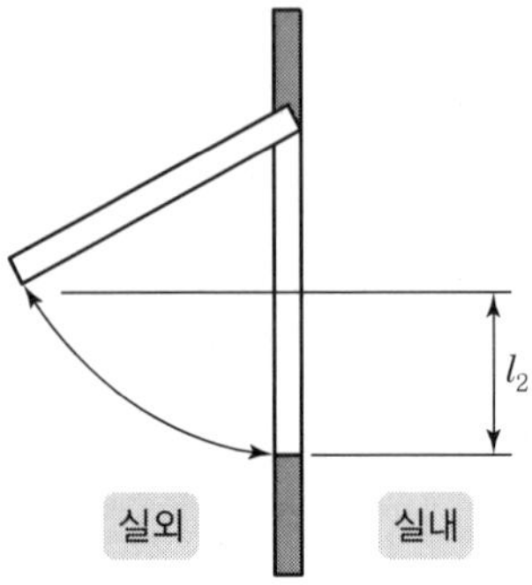

5. **미들창**

① 창이 실외측으로 열리는 경우 : $W \times l$

② 창이 실내측으로 열리는 경우 :

$W \times l_1$(단, 창이 천장(반자)에 근접하는 경우 : $W \times l_2$)

W : 창의 폭

l : 실외측으로 열린 상부창호의 길이방향으로 평행하게 개방된 순거리

l_1 : 실내측으로 열린 상호창호의 길이방향으로 개방된 순거리

l_2 : 창틀과 평행하게 개방된 순수수평투영면적

※ 창이 천장(또는 반자)에 근접된 경우

창의 상단에서 천장면까지의 거리≤l_1

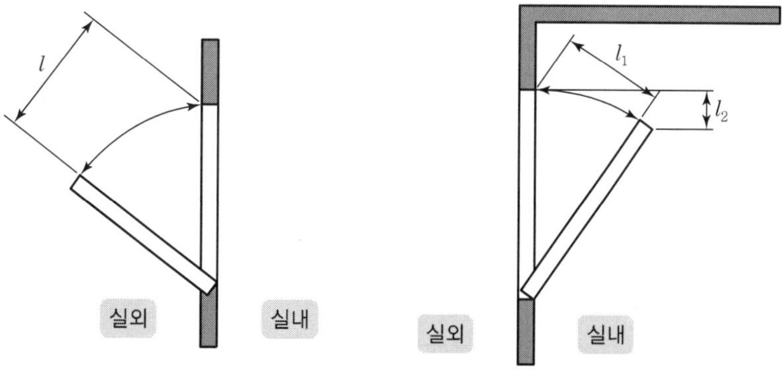

[제5장] 방화문 및 자동방화셔터의 인정 및 관리기준

(개정 : 2021. 8. 7. 국토교통부고시 제2021-1009호)

제1조 (목적)

이 기준은 「건축법 시행령」 제46조제1항제2호 및 「건축물의 피난·방화구조 등의 기준에 관한 규칙」 제14조제3항에 의한 방화문과 자동방화셔터의 인정 및 관리에 관한 사항을 정함을 목적으로 한다.

제2조 (정의)

1. **방화문** : 화재의 확대, 연소를 방지하기 위해 건축물의 개구부에 설치하는 문으로 「건축물의 피난·방화구조 등의 기준에 관한 규칙」 제26조의 규정에 따른 성능을 확보하여 한국건설기술연구원장(이하 "원장"이라 한다)이 성능을 인정한 구조
2. **자동방화셔터** : 공항·체육관 등 넓은 공간에 부득이하게 수직 또는 수평 구획 벽을 설치하지 못하는 경우에 사용하는 셔터를 말하며, 규칙 제14조제3항의 규정에 따른 성능을 확보하여 원장이 성능을 인정한 구조
3. **방화댐퍼** : 「건축물의 피난·방화구조 등의 기준에 관한 규칙」 제14조제2항제3호나목에 따라 이 기준에서 정하는 성능을 확보한 댐퍼
4. **하향식 피난구** : 규칙 제14조제4항의 구조로서 발코니 바닥에 설치하는 수평 피난설비
5. **품질시험** : 방화문(셔터)의 인정에 필요한 내화시험 및 부가시험
6. **제조업자** : 방화문(셔터)를 구성하는 주요 재료·제품의 생산 및 제조를 업으로 하는 자
7. **시공자** : 방화문(셔터)를 사용하여 건축물을 건축하고자 하는 자로서 「건설산업기본법」 제9조의 규정에 따라 등록된 일반건설업을 영위하는 자(직영공사인 경우에는 건축주)
8. **신청자** : 이 기준에 의하여 방화문(셔터)의 인정을 받고자 신청하는 자 또는 방화댐퍼, 하향식 피난구 성능확인을 신청하는 자
9. **인정업자** : 이 기준에 의하여 원장이 방화문 또는 셔터의 성능을 인정한 구조를 보유한 자
10. **인정품목** : 방화문 또는 셔터를 구분하는 데 있어 그 구성 제품의 종류에 따라 유사한 형상, 작동방식 및 재료 등으로 분류한 것

제3조 (인정제도 운영위원회의 구성·운영) : (국가기술자격시험 및 실무에 불필요하므로 생략)

제4조 (성능기준 및 구성)

① 건축물 방화구획을 위해 설치하는 방화문 및 셔터는 건축물의 용도 등 구분에 따라 화재 시의 가열에 규칙 제14조제3항 또는 제26조에서 정하는 시간 이상을 견딜 수 있어야 하며, 차연성능, 개폐성능 등 방화문 또는 셔터가 갖추어야 하는 성능에 대해서는 세부운영지침에서 정하는 바에 따른다.

② 원장은 규칙 제14조제3항 또는 제26조에서 정하는 내화성능보다 나은 성능을 확보한 방화문 또는 셔터에 대해 30분 단위로 추가하여 인정할 수 있다.

③ 방화문은 항상 닫혀 있는 구조 또는 화재발생 시 불꽃, 연기 및 열에 의하여 자동으로 닫힐 수 있는 구조여야 한다.

④ 셔터는 전동 및 수동에 의해서 개폐할 수 있는 장치와 화재발생 시 불꽃, 연기 및 열에 의하여 자동폐쇄되는 장치 일체로서 화재발생 시 불꽃 또는 연기감지기에 의한 일부폐쇄와 열감지기에 의한 완전폐쇄가 이루어질 수 있는 구조를 가진 것이어야 한다. 다만, 수직방향으로 폐쇄되는 구조가 아닌 경우는 불꽃, 연기 및 열감지에 의해 완전폐쇄가 될 수 있는 구조여야 한다.

⑤ 셔터의 상부는 상층 바닥에 직접 닿도록 하여야 하며, 그렇지 않은 경우 방화구획 처리를 하여 연기와 화염의 이동통로가 되지 않도록 하여야 한다.

제5조～제22조 : (국가기술자격시험 및 실무에 불필요하므로 생략)

제23조 (방화댐퍼)

① 성능시험은 「건축법 시행령」 제63조에 따라 지정된 기관에서 할 수 있다.

② 방화댐퍼는 다음 각 호에 적합하게 설치되어야 한다.

1. 미끄럼부는 열팽창, 녹, 먼지 등에 의해 작동이 저해받지 않는 구조일 것
2. 방화댐퍼의 주기적인 작동상태, 점검, 청소 및 수리 등 유지 · 관리를 위하여 검사구 · 점검구는 방화댐퍼에 인접하여 설치할 것
3. 부착방법은 구조체에 견고하게 부착시키는 공법으로 화재 시 덕트가 탈락, 낙하해도 손상되지 않을 것
4. 배연기의 압력에 의해 방재상 해로운 진동 및 간격이 생기지 않는 구조일 것

③ 방화댐퍼는 다음 각 호의 성능을 확보하여야 한다.

1. 별표 6에 따른 내화성능시험 결과 비차열 1시간 이상의 성능
2. KS F 2822(방화댐퍼의 방연시험방법)에서 규정한 방연성능

④ 방화댐퍼의 성능시험은 다음의 기준을 따라야 한다.

1. 시험체는 날개, 케이싱, 각종 부속품 등을 포함하여 실제의 것과 동일한 구성 · 재료 및 크기의 것으로 하되, 실제의 크기가 3m 곱하기 3m의 가열로 크기보다 큰 경우에는 시험체 크기를 가열로에 설치할 수 있는 최대크기로 한다.
2. 내화시험 및 방연시험은 시험체 양면에 대하여 각 1회씩 실시한다. 단, 수평부재에 설치되는 방화댐퍼의 경우 내화시험은 화재노출면에 대해 2회 실시한다.

3. 내화성능 시험체와 방연성능 시험체는 동일한 구성 · 재료로 제작되어야 하며, 내화성능 시험체는 가장 큰 크기로, 방연성능 시험체는 가장 작은 크기로 제작되어야 한다.

⑤ 시험성적서는 2년간 유효하며, 시험성적서와 동일한 구성 및 재질로서 내화성능 시험체 크기와 방연성능 시험체 크기 사이의 것인 경우에는 이미 발급된 성적서로 그 성능을 갈음할 수 있다.

제24조 (하향식 피난구)

① 성능시험은 「건축법 시행령」 제63조에 따라 지정된 기관에서 할 수 있다.

② 하향식 피난구는 다음 각 호의 성능을 확보하여야 한다.

1. KS F 2257-1(건축부재의 내화시험방법-일반요구사항)에 적합한 수평가열로에서 시험한 결과 KS F 2268-1(방화문의 내화시험방법)에서 정한 비차열 1시간 이상의 내화성능이 있을 것
2. 사다리는 「소방시설설치유지 및 안전관리에 관한 법률 시행령」 제37조에 따른 '피난사다리의 형식승인 및 검정기술기준'의 재료기준 및 작동시험기준에 적합할 것
3. 덮개는 장변 중앙부에 637N/0.2m^{2}의 등분포하중을 가했을 때 중앙부 처짐량이 15mm 이하일 것

제25조(건축자재 품질관리정보 구축기관 지정)

「건축사법」 제31조에 따라 설립된 건축사협회는 제4조의 성능을 만족하는 방화문, 셔터, 제23조의 기준에 적합한 댐퍼의 품질관리에 필요한 정보를 홈페이지 등에 게시하여 일반인이 알 수 있도록 하여야 한다.

제26조(재검토기한)

국토교통부장관은 「훈령 · 예규 등의 발령 및 관리에 관한 규정」에 따라 이 고시에 대하여 2019년 7월 1일 기준으로 매 3년이 되는 시점(매 3년째의 6월 30일까지를 말한다)마다 그 타당성을 검토하여 개선 등의 조치를 하여야 한다.

부칙 〈제2021-1009호, 2021. 8. 6.〉

제1조 (시행일) 이 고시는 2021년 8월 7일부터 발령한다.

제2조 (인정 방화문 및 방화셔터 대상 건축물에 관한 적용례) 이 고시 발령 이후 법 제11조에 따른 건축허가 또는 대수선허가를 신청(건축허가 또는 대수선허가를 신청하기 위해 법 제4조의2제1항에 따라 건축위원회에 심의를 신청하는 경우를 포함한다)하거나 법 제14조에 따른 건축신고를 하는 경우부터 적용한다.

제3조 (세부운영지침) 제22조에 따른 세부운영지침은 이 고시 발령 이후 1개월 이내에 국토교통부장관의 승인을 받아야 한다.

[별표 6] 방화댐퍼의 내화시험방법 (제23조제3항제1호 관련)

〈2020.1.30. 신설〉

1. 개요

(1) 목적

이 방화댐퍼의 내화시험방법(이하 "내화시험방법"이라 한다)은 「자동방화셔터, 방화문 및 방화댐퍼의 기준」의 제2조의 '방화댐퍼'의 내화성능 확인을 위한 시험방법을 정하는 것을 목적으로 한다.

(2) 적용범위

이 내화시험방법은 「산업표준화법」에 따른 한국산업표준(KS)에 우선하여 적용하며, 이 내화시험방법에서 정하지 않은 사항은 한국산업표준(KS)에 따른다. 단, 이 내화시험방법에서 적용하는 한국산업표준은 최신 표준을 적용하여야 한다.

2. 용어의 정의

이 내화시험방법에서 사용하는 용어는 한국산업표준에서 정한 정의를 적용한다.

3. 시험방법

(1) 시험체 제작

1) 시험체는 연결되는 덕트 등을 제외한 방화댐퍼 본체만을 대상으로 하며, 시험체 제작은 한국산업표준 KS F 2257-1(건축 부재의 내화 시험방법 - 일반 요구사항) 및 시험 신청내용에 따라 가능한 현장 시공조건과 동일하게 제작하여야 한다.

2) 시험체의 크기 등 시험체 제작과 관련된 사항은 한국산업표준 KS F 2257-1에 따른다.

(2) 시험체 양생

시험체의 양생은 일반적인 사용 조건 및 한국산업표준 KS F 2257-1에 따른다.

(3) 내화시험

1) 시험조건

(가) 로내열전대 및 가열로의 압력

로내열전대 및 가열로의 압력조건은 KS F 2257-1에 따른다.

(나) 시험환경

시험환경 조건은 KS F 2257-1에 따른다.

(다) 시험의 실시 등

시험의 실시, 측정 및 관측사항 등 시험조건에 관한 기타의 사항에 대하여는 한국산업표준 KS F 2257-1에 따른다.

2) 시험체수

방화댐퍼의 내화시험은 2회를 실시한다. 수직부재에 설치되는 방화댐퍼의 경우 양면에 대해 각 1회씩 시험하며 수평부재에 설치되는 방화댐퍼의 경우 화재노출면에 대해 2회 시험한다.

3) 내화시험방법

내화시험 전 주위 온도에서 방화댐퍼의 작동장치(모터 등)를 사용하여 10번 개폐하여 작동에 이상이 없는지를 확인한 후, 방화댐퍼를 폐쇄 상태로 하여 한국산업표준 KS F 2257-1의 표준 시간-가열온도 곡선에 따라 가열하면서 차염성을 측정한다.

(4) 판정기준

내화성능은 한국산업표준 KS F 2257-1의 차염성 성능기준에 의하여 결정되어야 한다. 단, 면패드는 적용하지 않는다.

4. 시험결과의 표현

시험성적서에는 신청 내화등급을 표시하고 합·부 표기를 하여야 한다. 기타 시험결과의 표현 및 시험성적서에 명시되어야 할 사항으로서 고시에서 정하지 않은 사항은 한국산업표준 KS F 2257-1에 따른다.

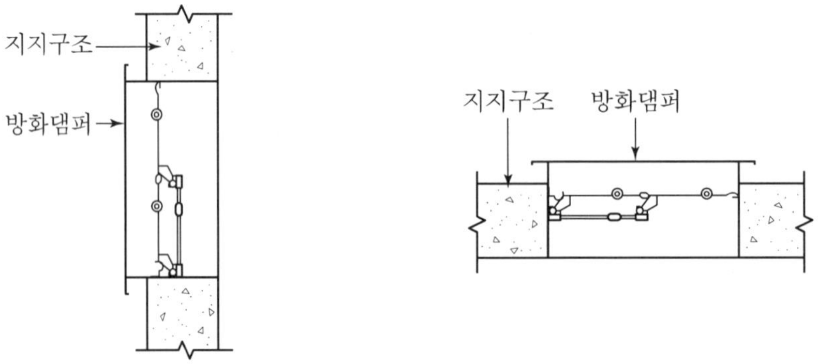

벽체에 설치되는 경우　　바닥에 설치되는 경우

[방화댐퍼 시험체 제작 예시]

[제6장] 건축물 마감재료의 난연성능 및 화재확산방지구조기준

(개정 : 2020. 12. 28. 국토교통부고시 제2020-1053호)

제1조 (목적)

이 기준은 건축물의 화재발생시 재료에서의 유독가스 발생 및 화재 확산 등을 방지하여 인명 및 재산을 보호하기 위한 마감재료의 난연성능 시험방법 및 성능기준, 화재 확산 방지구조 기준을 정함을 목적으로 한다.

제2조 (불연재료) 기술사 85회 · 89회 · 93회 · 101회 · 114회 · 117회 · 121회 〈개정 2020.12.28〉

1. 「산업표준화법」 제4조의 규정에 따라 제정한 한국산업규격(이하 "한국산업규격"이라 한다) KS F ISO 1182(건축 재료의 불연성 시험 방법)에 따른 시험결과, 제5조제1항제2호에 따른 모든 시험에 있어 다음 각 목을 모두 만족하여야 한다. 〈개정 2020.12.28〉
   가. 가열시험 개시 후 20분간 가열로 내의 최고온도가 최종평형온도를 20K 초과 상승하지 않을 것(단, 20분 동안 평형에 도달하지 않으면 최종 1분간 평균온도를 최종평형온도로 한다)
   나. 가열종료 후 시험체의 질량 감소율이 30% 이하일 것
2. 한국산업규격 KS F 2271(건축물의 내장 재료 및 구조의 난연성 시험방법) 중 가스유해성 시험 결과, 제5조제3항제2호에 따른 모든 시험에 있어 실험용 쥐의 평균행동정지 시간이 9분 이상이어야 한다. 〈개정 2020.12.28〉
3. 강판과 심재로 이루어진 복합자재의 경우 강판의 두께는 도금 후 도장 전 0.5mm 이상이고 전면도장 횟수는 2회 이상이어야 하며, 도금의 종류에 따른 도금의 부착량은 다음 각 목 중 어느 하나에 적합하여야 한다. 〈개정 2020.12.28〉
   가. 용융아연도금강판 : 한국산업표준 KS D 3506(용융아연도금강판 및 강대)에 따른 도금의 부착량 180g/m^2 이상
   나. 용융 55%알루미늄아연합금도금강판 : 한국산업표준 KS D 3770(용융 55% 알루미늄아연합금도금강판 및 강대)에 따른 도금의 부착량 90g/m^2 이상
   다. 용융 55% 알루미늄아연마그네슘합금도금강판 : 한국산업표준 KS D 3033(용융 55% 알루미늄아연마그네슘합금도금강판 및 강대)에 따른 도금의 부착량 90g/m^2 이상
   라. 용융아연마그네슘알루미늄합금도금강판 : 한국산업표준 KS D 3030(용융아연마그네슘알루미늄합금도금강판 및 강대)에 따른 도금의 부착량 90g/m^2 이상

제3조 (준불연재료) 기술사 85회 · 89회 · 101회 · 114회 · 117회 · 121회 〈개정 2020.12.28〉

1. 한국산업규격 KS F ISO 5660-1[연소성능시험-열 방출, 연기 발생, 질량 감소율-제1부 : 열 방출률(콘칼로리미터법)]에 따른 가열시험 결과, 제5조제2항제2호에 따른 모든 시험에 있어 다음 각 목을 모두 만족하여야 한다. 〈개정 2020.12.28〉
   가. 가열 개시 후 10분간 총방출열량이 8MJ/m^2 이하일 것
   나. 10분간 최대 열방출률이 10초 이상 연속으로 200kW/m^2 를 초과하지 않을 것
   다. 10분간 가열 후 시험체를 관통하는 방화상 유해한 균열(시험체가 갈라져 바닥면이 보이는 변형을 말한다), 구멍(시험체 표면으로부터 바닥면이 보이는 변형을 말한다) 및 용융(시험체가 녹아서 바닥면이 보이는 경우를 말한다) 등이 없어야 한다. 복합자재의 경우에는 위 조건을 만족하는 동시에 심재의 일부 용융 및 수축(시험체의 심재가 녹거나 줄어들어 시험체 바닥면의 강판이 보이는 경우를 말한다)이 없어야 한다.
2. 한국산업규격 KS F 2271 중 가스유해성 시험 결과, 제5조제3항제2호에 따른 모든 시험에 있어 실험용 쥐의 평균행동정지 시간이 9분 이상이어야 한다. 〈개정 2020.12.28〉
3. 강판과 심재로 이루어진 복합자재의 경우 강판의 두께는 도금 후 도장 전 0.5mm 이상이고 전면도장 횟수는 2회 이상이어야 하며, 도금의 종류에 따른 도금의 부착량은 다음 각 목 중 어느 하나에 적합하여야 한다. 〈개정 2020.12.28〉
   가. 용융아연도금강판 : 한국산업표준 KS D 3506(용융아연도금강판 및 강대)에 따른 도금의 부착량 180g/m^2 이상
   나. 용융 55% 알루미늄아연합금도금강판 : 한국산업표준 KS D 3770(용융 55% 알루미늄아연합금도금강판 및 강대)에 따른 도금의 부착량 90g/m^2 이상
   다. 용융 55% 알루미늄아연마그네슘합금도금강판 : 한국산업표준 KS D 3033(용융 55% 알루미늄아연마그네슘합금도금강판 및 강대)에 따른 도금의 부착량 90g/m^2 이상
   라. 용융아연마그네슘알루미늄합금도금강판 : 한국산업표준 KS D 3030(용융아연마그네슘알루미늄합금도금강판 및 강대)에 따른 도금의 부착량 90g/m^2 이상

제4조 (난연재료) 기술사 85회 · 89회 · 93회 · 114회 · 117회 · 121회 〈개정 2020.12.28〉

난연재료는 다음 각 호에 적합하여야 한다. 다만, 「건축물의 피난·방화구조 등의 기준에 관한 규칙」 제24조의2의 규정에 의한 복합자재로서 건축물의 실내에 접하는 부분에 12.5mm이상의 방화석고보드로 마감하거나, 한국산업규격 KS F 2257-1(건축 부재의 내화 시험 방법)에 따라 내화성능 시험한 결과 15분의 차염성능 및 이면온도가 120K 이상 상승하지 않는 재료로 마감하는 경우 그러하지 아니하다.

1. 한국산업규격 KS F ISO 5660-1에 따른 가열시험 결과, 제5조제2항제2호에 따른 모든 시험에 있어 다음 각 목을 모두 만족하여야 한다. 〈개정 2020.12.28〉
   가. 가열 개시 후 5분간 총방출열량이 8MJ/m^2 이하일 것
   나. 5분간 최대 열방출률이 10초 이상 연속으로 200kW/m^2를 초과하지 않을 것

다. 5분간 가열 후 시험체를 관통하는 방화상 유해한 균열(시험체가 갈라져 바닥면이 보이는 변형을 말한다), 구멍(시험체 표면으로부터 바닥면이 보이는 변형을 말한다) 및 용융(시험체가 녹아서 바닥면이 보이는 경우를 말한다) 등이 없어야 한다. 복합자재의 경우에는 위 조건을 만족하는 동시에 심재의 일부 용융 및 수축(시험체의 심재가 녹거나 줄어들어 시험체 바닥면의 강판이 보이는 경우를 말한다)이 없어야 한다.

2. 한국산업규격 KS F 2271 중 가스유해성 시험 결과, 제5조제3항제2호에 따른 모든 시험에 있어 실험용 쥐의 평균 행동정지시간이 9분 이상이어야 한다. 〈개정 2020.12.28〉
3. 강판과 심재로 이루어진 복합자재의 경우 강판의 두께는 도금 후 도장 전 0.5mm 이상이고 전면도장 횟수는 2회 이상이어야 하며, 도금의 종류에 따른 도금의 부착량은 다음 각 목 중 어느 하나에 적합하여야 한다. 〈개정 2020.12.28〉
   가. 용융아연도금강판 : 한국산업표준 KS D 3506(용융아연도금강판 및 강대)에 따른 도금의 부착량 180g/m^2 이상
   나. 용융 55% 알루미늄아연합금도금강판 : 한국산업표준 KS D 3770(용융 55% 알루미늄아연합금도금강판 및 강대)에 따른 도금의 부착량 90g/m^2 이상
   다. 용융 55% 알루미늄아연마그네슘합금도금강판 : 한국산업표준 KS D 3033(용융 55% 알루미늄아연마그네슘합금도금강판 및 강대)에 따른 도금의 부착량 90g/m^2 이상
   라. 용융아연마그네슘알루미늄합금도금강판 : 한국산업표준 KS D 3030(용융아연마그네슘알루미늄합금도금강판 및 강대)에 따른 도금의 부착량 90g/m^2 이상

제5조 (시험체 및 시험횟수 등) 〈개정 2020.12.28〉

① 제2조의 규정에 의하여 한국산업규격 KS F ISO 1182에 따라 시험을 하는 경우 〈개정 2020.12.28〉

1. 시험체는 실제의 것과 동일한 구성과 재료로 되어야 하며, 제품을 대표할 수 있는 충분한 크기의 샘플에서 채취하여야 한다. 또한, 시험체는 방화상 불리한 면을 아래로 하여 제작한다.
2. 시험체는 총 3개이며, 각각의 시험체에 대하여 1회씩 총 3회의 시험을 실시하여야 한다.
3. 시험체는 원기둥 모양으로 하여야 하며, 각각의 시험체의 부피는 (76±8)cm^3, 지름 (45 +0, −2)mm와 높이 (50±3)mm여야 한다. 다만, 재료의 높이가 (50±3)mm가 되지 않으면, 재료를 여러층으로 겹쳐서 사용하거나 또는 높이를 조정하여야 한다.
4. 복합자재인 경우에는 시험체의 각 단면에 별도의 마감을 하지 않아야 한다.
5. 액상 재료(도료, 접착제 등)인 경우에는 지름 45mm, 두께 1mm 이하의 강판에 사용두께 만큼 도장 후 적층하여 높이 (50±3)mm가 되도록 시험체를 제작하여야 하며, 상세사항을 제품명에 포함하도록 한다.
6. 시험체 및 액상 재료의 도장용 강판의 지름 오차 범위는 −2mm로 한다.

② 제3조 및 제4조에 따라 한국산업규격 KS F ISO 5660-1의 시험을 하는 경우 〈개정 2020.

12.28〉

1. 시험체는 실제의 것과 동일한 구성과 재료로 되어야 하며, 제품을 대표할 수 있는 충분한 크기의 샘플에서 채취하여야 한다.
2. 시험은 시험체가 내부마감재료의 경우에는 실내에 접하는 면에 대하여 3회 실시하며, 외벽 마감재료의 경우에는 앞면, 뒷면, 측면 1면에 대하여 각 3회 실시한다. 다만, 다음 각 목에 해당하는 외벽 마감재료는 각 목에 따라야 한다.
   가. 단일재료로 이루어진 경우: 한면에 대해서만 실시
   나. 각 측면의 재질 등이 달라 성능이 다른 경우: 앞면, 뒷면, 각 측면에 대하여 각 3회씩 실시
3. 시험체는 직육면체 모양으로 하여야 하며, 각각의 시험체는 가로와 세로 100mm, 두께 50mm여야 한다. 다만, 시험체의 두께가 50mm에 이르지 못하는 경우에는 다음 각 목을 따른다.
   가. 두께가 50mm 이하인 건축물 마감재료의 시험체는 그대로 시험을 실시한다. 단, 두께가 6mm 미만인 건축물 마감재료의 시험체는 KS F ISO 5660-1 8.1.7항의 규정에 따라 시험체를 구성하여 시험한다.
   나. 두께가 50mm 초과하는 건축물 마감재료의 시험체는 패널의 중심부분을 절단하여 시험체의 두께를 50mm로 조정하여야 한다.
   다. 시험체의 가로와 세로 100mm를 포함한 두께 50mm의 오차 범위는 －2mm로 한다.
4. 복합자재인 경우에는 시험체의 각 단면에 별도의 마감을 하지 않아야 한다.
5. 가열강도는 50kW/m²로 한다.

③ 제2조부터 제4조까지에 따라 한국산업규격 KS F 2271 중 가스유해성 시험을 하는 경우에는 다음 각 호에 따라야 한다.
1. 시험은 시험체가 내부마감재료인 경우에는 실내에 접하는 면에 대하여 2회 실시하며, 외벽 마감재료인 경우에는 외기(外氣)에 접하는 면에 대하여 2회 실시한다.
2. 시험은 시험체가 실내에 접하는 면에 대하여 2회 실시한다.
3. 복합자재인 경우에는 시험체의 각 단면에 별도의 마감을 하지 않아야 한다.

제6조 (시험성적서) 〈개정 2020.12.28〉

① 시험기관은 의뢰인이 제시한 시험시료의 재질, 주요성분 및 시험체 가열면 등 세부적인 내용을 확인하여 시험성적서에 명기하여야 하며, 시험의뢰인은 필요한 자료를 제공하여야 한다.

② 이 기준에 따른 시험성적서 갑지는 다음 각 호의 사항을 포함하여 별표2에 따른 서식에 따라 발급되어야 한다. 단, 각 호의 사항 중 시험대상품, 시험규격, 시험결과, 유효기간은 굵은 글씨로 표기하여야 한다. 〈개정 2020.12.28〉
1. 신청자 : 회사명, 주소, 접수일자
2. 시험대상품 : 시료명, 모델명, 제품번호

3. 시험규격 : 국토교통부 고시에 의한 시험임을 명기
4. 성적서 용도
5. 시험기간
6. 시험환경
7. 시험결과 : 불연, 준불연, 난연, 불합격에 해당하는지를 명기. 단, 이와 별도로 불연, 준불연, 난연 등 시험결과는 기울기 315(45), HY 견명조, 사이즈 22, 회색투명도 50%로 별표2에 따라 표시
8. 시험성적서 진위 여부 확인을 위한 QR 코드, 문서 위변조 방지 장치, 진위 확인을 위한 홈페이지 주소

③ 이 기준에 따른 시험성적서 을지는 다음 각 호의 사항을 포함하여 발급되어야 한다. 〈개정 2020.12.28〉
1. 제품의 주요성분, 두께, 가열면 등이 표기된 구성도
2. 재질 및 규격, 제조사, 모델명 등이 포함된 제품의 구성 목록
3. 시험체의 밀도(복합자재의 경우 심재의 밀도를 측정)

④ 이 기준에 따라 발급된 시험성적서는 발급일로부터 1년간 유효한 것으로 한다.

⑤ 성능시험을 실시하는 시험기관의 장은 시험체 및 시험에 관한 기록을 유지・관리하여야 한다.

제7조 (화재확산 방지구조) 기술사 104회・106회・113회・114회・116회・121회

「건축물의 피난・방화구조 등의 기준에 관한 규칙」 제24조제5항에서 "국토교통부장관이 정하여 고시하는 화재확산 방지구조"는 수직화재 확산방지를 위하여 외벽마감재와 외벽마감재 지지구조 사이의 공간([별표1]에서 "화재확산방지재료" 부분)을 다음 각 호 중 어느 하나에 해당하는 재료로 매 층마다 최소 높이 400mm 이상 밀실하게 채운 것을 말한다.
1. 한국산업표준 KS F 3504(석고 보드 제품)에서 정하는 12.5mm 이상의 방화 석고 보드
2. 한국산업표준 KS L 5509(석고 시멘트판)에서 정하는 석고 시멘트판 6mm 이상인 것 또는 KS L 5114(섬유강화 시멘트판)에서 정하는 6mm 이상의 평형 시멘트판인 것
3. 한국산업표준 KS L 9102(인조 광물섬유 단열재)에서 정하는 미네랄울 보온판 2호 이상인 것
4. 한국산업표준 KS F 2257-8(건축 부재의 내화 시험 방법-수직 비내력 구획 부재의 성능 조건)에 따라 내화성능 시험한 결과 15분의 차염성능 및 이면온도가 120K 이상 상승하지 않는 재료

제8조 (단열재 표면 정보 표시) 〈신설 2020.3.13〉

① 단열재 제조·유통업자는 다음 각 호의 순서대로 단열재의 성능과 관련된 정보를 일반인이 쉽게 식별할 수 있도록 단열재 표면에 표시하여야 한다.
1. 제조업자 : 한글 또는 영문

2. 제품명, 단 제품명이 없는 경우에는 단열재의 종류
3. 밀도 : 단위 K
4. 난연성능 : 불연, 준불연, 난연
5. 로트번호 : 생산일자 등 포함

② 제1항의 정보는 시공현장에 공급하는 최소 포장 단위별로 1회 이상 표기하되, 단열재의 성능에 영향을 미치지 않은 표면에 표기하여야 한다. 또한, 표기하는 글자의 크기는 2.0cm 이상이어야 한다.

③ 단열재의 성능정보는 반영구적으로 표기될 수 있도록 인쇄, 등사, 낙인, 날인의 방법으로 표기하여야 한다.(라벨, 스티커, 꼬리표, 박음질 등 외부 환경에 영향을 받아 지워지거나, 떨어질 수 있는 표기방식은 제외한다.)

제9조 (건축자재 품질관리정보 구축기관 지정) 〈신설 2020.3.13〉

건축사법 제31조에 따라 설립된 건축사협회는 제2조, 제3조, 제4조의 규정에 따라 불연, 준불연, 난연 성능을 갖추어야 하는 건축물의 마감재료의 품질관리에 필요한 정보를 홈페이지 등에 게시하여 일반인이 알 수 있도록 하여야 한다.

제10조 (재검토기한)

국토교통부장관은 「훈령 · 예규 등의 발령 및 관리에 관한 규정」(대통령 훈령 334호)에 따라 이 고시에 대하여 2019년 1월 1일 기준으로 매 3년이 되는 시점(매 3년째의 12월 31일까지를 말한다)마다 그 타당성을 검토하여 개선 등의 조치를 하여야 한다.

[별표 1] **화재확산방지구조의 예** (제7조 관련)

[예시 1] 커튼월 Type **[예시 2] 외단열공법 Type**

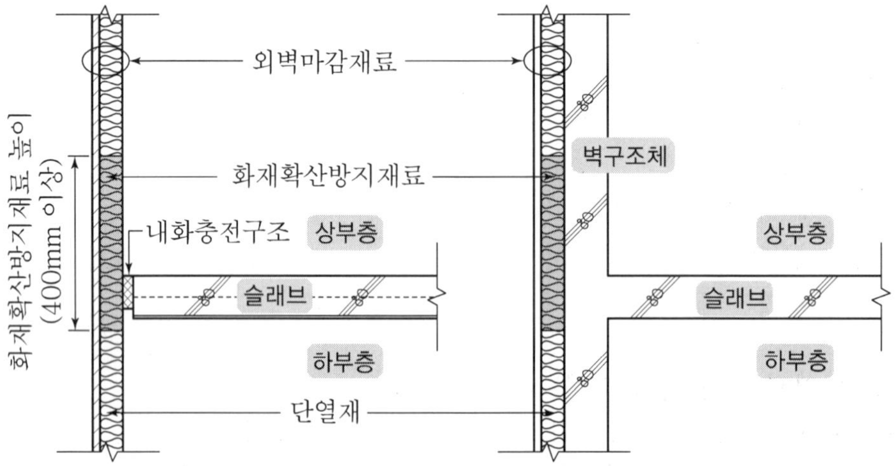

[제7장] 발코니 등의 구조변경절차 및 설치기준

(개정 : 2018. 12. 7. 국토교통부고시 제2018-775호)

제1조 (목적)

이 기준은 「건축법 시행령」 제2조제14호 및 제46조제4항제4호의 규정에 따라 주택의 발코니 및 대피공간의 구조변경절차 및 설치기준을 정함을 목적으로 한다.

제2조 (단독주택의 발코니 구조변경 범위)

단독주택(다가구주택 및 다중주택은 제외)의 발코니는 외벽 중 2면 이내의 발코니에 대하여 변경할 수 있다.

제3조 (대피공간의 구조) 기술사 123회

① 건축법 시행령 제46조제4항의 규정에 따라 설치되는 대피공간은 채광방향과 관계없이 거실 각 부분에서 접근이 용이하고 외부에서 신속하고 원활한 구조활동을 할 수 있는 장소에 설치하여야 하며, 출입구에 설치하는 갑종방화문은 거실쪽에서만 열 수 있는 구조(대피공간임을 알 수 있는 표지판을 설치할 것)로서 대피공간을 향해 열리는 밖여닫이로 하여야 한다.

② 대피공간은 1시간 이상의 내화성능을 갖는 내화구조의 벽으로 구획되어야 하며, 벽 · 천장 및 바닥의 내부마감재료는 준불연재료 또는 불연재료를 사용하여야 한다.

③ 대피공간은 외기에 개방되어야 한다. 다만, 창호를 설치하는 경우에는 폭 0.7m 이상, 높이 1.0m 이상(구조체에 고정되는 창틀 부분은 제외)은 반드시 외기에 개방될 수 있어야 하며, 비상시 외부의 도움을 받는 경우 피난에 장애가 없는 구조로 설치하여야 한다.

④ 대피공간에는 정전에 대비해 휴대용 손전등을 비치하거나 비상전원이 연결된 조명설비가 설치되어야 한다.

⑤ 대피공간은 대피에 지장이 없도록 시공 · 유지관리되어야 하며, 대피공간을 보일러실 또는 창고 등 대피에 장애가 되는 공간으로 사용하여서는 아니된다. 다만, 에어컨 실외기 등 냉방설비의 배기장치를 대피공간에 설치하는 경우에는 다음 각 호의 기준에 적합하여야 한다.

1. 냉방설비의 배기장치를 불연재료로 구획할 것
2. 제1호에 따라 구획된 면적은 건축법 시행령 제46조제4항제3호에 따른 대피공간 바닥면적 산정시 제외할 것

제4조 (방화판 또는 방화유리창의 구조) 기술사 123회

① 아파트 2층 이상의 층에서 스프링클러의 살수범위에 포함되지 않는 발코니를 구조변경하는 경우에는 발코니 끝부분에 바닥판 두께를 포함하여 높이가 90cm 이상의 방화판 또는 방화유리창을 설치하여야 한다.

② 제1항의 규정에 의하여 설치하는 방화판과 방화유리창은 창호와 일체 또는 분리하여 설치할 수 있다. 다만, 난간은 별도로 설치하여야 한다.

③ 방화판은 「건축물의 피난 · 방화구조 등의 기준에 관한 규칙」 제6조의 규정에서 규정하고 있는 불연재료를 사용할 수 있다. 다만, 방화판으로 유리를 사용하는 경우에는 제5항의 규정에 따른 방화유리를 사용하여야 한다.

④ 제1항부터 제3항까지에 따라 설치하는 방화판은 화재시 아래층에서 발생한 화염을 차단할 수 있도록 발코니 바닥과의 사이에 틈새가 없이 고정되어야 하며, 틈새가 있는 경우에는 「건축물의 피난 · 방화구조 등의 기준에 관한 규칙」 제14조제2항제2호에서 정한 재료로 틈새를 메워야 한다.

⑤ 방화유리창에서 방화유리(창호 등을 포함한다)는 한국산업표준 KS F 2845(유리구획부분의 내화시험방법)에서 규정하고 있는 시험방법에 따라 시험한 결과 비차열 30분 이상의 성능을 가져야 한다.

⑥ 입주자 및 사용자는 관리규약을 통해 방화판 또는 방화유리창 중 하나를 선택할 수 있다.

제5조 (발코니 창호 및 난간등의 구조)

① 발코니를 거실등으로 사용하는 경우 난간의 높이는 1.2m 이상이어야 하며 난간에 난간살이 있는 경우에는 난간살 사이의 간격을 10cm 이하의 간격으로 설치하는 등 안전에 필요한 조치를 하여야 한다.

② 발코니를 거실등으로 사용하는 경우 발코니에 설치하는 창호 등은 「건축법 시행령」 제91조제3항에 따른 「건축물의 에너지절약 설계기준」 및 「건축물의 구조기준 등에 관한 규칙」 제3조에 따른 「건축구조기준」에 적합하여야 한다.

③ 제4조에 따라 방화유리창을 설치하는 경우에는 추락 등의 방지를 위하여 필요한 조치를 하여야 한다. 다만, 방화유리창의 방화유리가 난간높이 이상으로 설치되는 경우는 그러하지 아니하다.

제6조 (발코니 내부마감재료 등) 기술사 123회

스프링클러의 살수범위에 포함되지 않는 발코니를 구조변경하여 거실등으로 사용하는 경우 발코니에 자동화재탐지기를 설치(단독주택은 제외한다)하고 내부마감재료는 「건축물의 피난 · 방화구조 등의 기준에 관한 규칙」 제24조의 규정에 적합하여야 한다.

[제8장] 건축물의 화재안전성능보강 방법 등에 관한 기준

(제정 : 2020. 4. 28. 국토교통부고시 제2020-358호)

제1조 (목적)

이 기준은 「건축물관리법」 제28조제7항에 따른 화재안전성능 보강대상 건축물에 대한 보강방법 및 기준을 정함을 목적으로 한다.

제2조 (용어의 정의)

이 기준에서 사용하는 용어의 정의는 다음과 같다.

1. "필로티 건축물"이란 1층의 전부 또는 일부를 필로티 구조로 설치하여 주차장으로 쓰는 건축물을 말한다.
2. "난연재료(難燃材料)"란 「건축법 시행령」 제2조제9호에 해당하는 불에 잘 타지 아니하는 성능을 가진 재료로서 국토교통부령으로 정하는 기준에 적합한 재료를 말한다.
3. "불연재료(不燃材料)"란 「건축법 시행령」 제2조제10호에 해당하는 불에 타지 아니하는 성질을 가진 재료로서 국토교통부령으로 정하는 기준에 적합한 재료를 말한다.
4. "준불연재료"란 「건축법 시행령」 제2조제11호에 해당하는 불연재료에 준하는 성질을 가진 재료로서 국토교통부령으로 정하는 기준에 적합한 재료를 말한다.
5. "가연성 외부 마감재"란 외단열 공법을 적용한 건축물의 단열재 및 외벽마감재가 제2호에서 규정한 난연재료의 기준에 적합하지 않은 재료를 말한다.
6. "차양식 켄틸레버"란 필로티 주차장에서 발생한 화재가 외벽을 통해 수직으로 확산되는 것을 방지하고자 필로티 기둥 최상단에 설치되는 돌출식 켄틸레버 구조체를 말한다.
7. "불연재료띠"란 제3호에서 규정한 불연재료를 사용하여 건축물의 횡방향으로 연속 시공하여 띠를 형성하도록 한 것을 말한다.
8. "드렌처"란 '스프링클러설비의 화재안전기준(NFSC 103)'에 따라 창이나 벽, 처마, 지붕에 물을 뿌려 수막을 형성함으로써 화재확산방지를 위한 소화설비를 말한다.
9. "소화펌프"란 소화설비 운용을 위한 송수용의 펌프로 화재나 기타 사고의 영향이 미치지 않는 장소에 설치되는 펌프를 말한다.

제3조 (적용대상)

「건축물관리법」 제27조제2항 및 같은 법 시행령 제19조에 해당하는 건축물에 대하여 적용한다.

「건축물관리법」 제27조 (기존 건축물의 화재안전성능보강)

② 다음 각 호의 어느 하나에 해당하는 건축물 중 3층 이상으로 연면적, 용도, 마감재료 등 대통령령으로 정하는 요건에 해당하는 건축물로서 이 법 시행 전 「건축법」 제11조에 따른 건축허가를 신청한 건축물의 관리자는 제28조에 따라 화재안전성능보강을 하여야 한다.

1. 「건축법」 제2조제2항제3호에 따른 제1종 근린생활시설
2. 「건축법」 제2조제2항제4호에 따른 제2종 근린생활시설
3. 「건축법」 제2조제2항제9호에 따른 의료시설
4. 「건축법」 제2조제2항제10호에 따른 교육연구시설
5. 「건축법」 제2조제2항제11호에 따른 노유자시설
6. 「건축법」 제2조제2항제12호에 따른 수련시설
7. 「건축법」 제2조제2항제15호에 따른 숙박시설

「건축물관리법 시행령」 제19조 (건축물의 화재안전성능보강)

법 제27조제2항 각 호 외의 부분에서 "연면적, 용도, 마감재료 등 대통령령으로 정하는 요건에 해당하는 건축물"이란 다음 각 호의 요건을 모두 충족하는 건축물을 말한다. 다만, 제4호의 요건은 제1호가목 · 다목 · 마목 및 아목만 해당한다.

1. 건축물의 용도가 다음 각 목의 어느 하나에 해당하는 건축물일 것
   가. 「건축법 시행령」 별표 1 제3호의 시설 중 목욕장 · 산후조리원
   나. 「건축법 시행령」 별표 1 제3호의 시설 중 지역아동센터
   다. 「건축법 시행령」 별표 1 제4호의 시설 중 학원 · 다중생활시설
   라. 「건축법 시행령」 별표 1 제9호의 시설 중 종합병원 · 병원 · 치과병원 · 한방병원 · 정신병원 · 격리병원
   마. 「건축법 시행령」 별표 1 제10호의 시설 중 학원
   바. 「건축법 시행령」 별표 1 제11호의 시설 중 아동 관련 시설 · 노인복지시설 · 사회복지시설
   사. 「건축법 시행령」 별표 1 제12호의 시설 중 청소년수련원
   아. 「건축법 시행령」 별표 1 제15호의 시설 중 다중생활시설
2. 외단열(外斷熱) 공법으로서 건축물의 단열재 및 외벽마감재를 난연재료(불에 잘 타지 않는 성질의 재료) 기준 미만의 재료로 건축한 건축물일 것
3. 스프링클러 또는 간이스프링클러가 설치되지 않은 건축물일 것
4. 1층의 전부 또는 일부를 필로티 구조로 설치하여 주차장으로 쓰는 건축물로서 해당 건축물의 연면적이 1,000m^2 미만인 건축물일 것

제4조 (품질기준)

화재안전성능보강에 적용되는 재료는 불연재료, 준불연재료, 난연재료를 적용하여야 하

고, 설비에 적용되는 재료는 KS표시제품, 형식승인제품 또는 성능인증제품을 사용하여야 하며, KS표시제품이 없을 때에는 KS 규격에 준한 제품을 사용하여야 한다.

제5조 (화재안전성능보강 공법의 적용범위) 기술사 124회

① 화재안전성능보강 대상 건축물은 해당 건축물의 구조형식 등을 고려하여 별표에 따른 보강공법을 적용하여야 한다.

② 제1항에서 규정하고 있는 보강공법 이외의 공법을 적용하기 위해서는 「건축법」 제4조에 따른 건축위원회의 심의를 거쳐야 한다.

제6조 (재검토기한)

「훈령 · 예규 등의 발령 및 관리에 관한 규정」에 따라 이 고시에 대하여 2020년 5월 1일 기준으로 매 3년이 되는 시점(매 3년째의 4월 30일까지를 말한다)마다 그 타당성을 검토하여 개선 등의 조치를 하여야 한다.

부칙 〈제2020-358호, 2020.4.28〉

이 고시는 2020년 5월 1일부터 시행한다.

[별표] 건축물 구조형식에 따른 화재안전성능 보강공법 기술사 124회

구 분			비 고
필수 적용	필로티 건축물	1층 필로티 천장 보강 공법	필수
		(1층 상부) 차양식 캔틸레버 수평구조 적용 공법	택 1 필수
		(1층 상부) 화재확산방지구조 적용 공법	
		(전층) 외벽 준불연재료 적용 공법	
		(전층) 화재확산방지구조 적용 공법	
		옥상 드렌쳐설비 적용 공법	
	일반 건축물	스프링클러 또는 간이스프링클러 설치 공법	택 1 필수
		(전층) 외벽 준불연재료 적용 공법	
		(전층) 화재확산방지구조 적용 공법	
선택 적용		스프링클러 또는 간이스프링클러 설치 공법	일반건축물은 필수
		옥외피난계단 설치 공법	모든 층
		방화문 설치 공법	-
		하향식 피난구 설치 공법	-

[비고]

1. 1층 필로티 천장보강 공법에 대한 시공기준은 다음 각 목과 같다.
   가. 외기에 노출된 천장면의 가연성 외부 마감재료를 완전히 제거하여야 한다.
   나. 마감재료는 화재, 지진 및 강풍 등으로 인한 탈락을 방지할 수 있도록 고정철물로 고정하여야 하며 준불연재료 또는 난연재료로 한다.
2. 1층 상부 차양식 캔틸레버 수평구조 적용 공법에 대한 시공기준은 다음 각 목과 같다.
   가. 차양식 캔틸레버 구조물은 1층 필로티 기둥 최상단을 기준으로 높이 400mm 이내에서 200mm 이상의 마감재료를 제거한 부위에 설치하여야 한다.
   나. 차양식 캔틸레버 구조물은 금속재질의 브라켓을 외벽 구조체 표면에서 800mm 이상 돌출되어야 하고 두께는 200mm 이상 확보하여야 하며, 브라켓의 내부 충진을 위한 단열재는 불연재료로 한다.
   다. 차양식 캔틸레버 구조물과 기존 외부 마감재료와의 틈은 내화성능을 확보할 수 있는 재료로 밀실하게 채워야 한다.
   라. 차양식 캔틸레버 구조물은 불연속 구간이 없도록 하여야 한다. 다만 현장 여건에 따라 설치 불가능한 구간이 발생할 경우, 해당 구간은 다른 화재안전성능보강 공법을 적용하여야 한다.
3. 1층 상부 화재확산방지구조 적용 공법에 대한 시공기준은 다음 각 목과 같다. 기술사 124회
   가. 1층 필로티 기둥 최상단을 기준으로 2,500mm 이내에 적용된 단열재를 포함한 외부 마감재료를 완전히 제거하여야 한다.
   나. 단열재를 포함한 가연성 외부 마감재료 제거 부위의 마감은 두께 155mm 이상의 불연재료로 한다.
4. 전층 외벽 준불연재료 적용 공법에 대한 시공기준은 다음 각 목과 같다.
   가. 외벽 전체에 적용된 단열재를 포함한 가연성 외부 마감재료를 완전히 제거하여야 한다.
   나. 단열재를 포함한 가연성 외부 마감재료를 제거한 외벽의 마감은 두께 90mm 이상의 준불연재료로 한다.
5. 전층 화재확산방지구조 적용 공법에 대한 시공기준은 다음 각 목과 같다.
   가. 외벽 전체에 적용된 단열재를 포함한 가연성 외부 마감재료를 완전히 제거하여야 한다.
   나. 불연재료띠는 1층 필로티 기둥 최상단을 기준으로 높이 400mm의 연속된 띠를 형성하도록 시공하고 최대 2,900mm 이내의 간격으로 반복 시공하여야 한다.
   다. 불연재료띠 이외의 외벽 마감은 두께 155mm 이상의 난연재료로 한다.
6. 옥상 드렌처설비 적용 공법에 대한 시공기준은 다음 각 목과 같다.
   가. 옥상 드렌처설비는 아래의 마목을 제외하고는 '스프링클러설비의 화재안전기준(NFSC 103)'을 따른다.
   나. 소화펌프는 설계도서에서 정하고 있는 토출압 및 토출량을 만족시킬 수 있어야 하

며, 콘크리트와 같이 지지력이 있는 바닥면에 고정시켜 진동에 대한 안전성을 확보할 수 있도록 시공되어야 한다.

다. 배관은 설계도서에 정하고 규격의 사이즈로 소화펌프에서 보강대상 건축물의 최상층부의 스프링클러 헤드까지 연결되어야 하며, 동파방지 조치를 취해야 한다.

라. 소화펌프에 전원을 공급하기 위하여 전기배관 및 전기배선은 내화배선으로 시공하여야 한다.

마. 드렌쳐설비는 각각의 드렌처헤드 선단에 방수압력 0.05MPa 이상이어야 하며, 헤드와 신속히 개방가능한 전동밸브를 적용하여야 한다. 또한 최상층부의 드렌쳐 헤드는 설계도서에 따라 고르게 분배하여 시공하여야 한다.

7. 스프링클러, 간이스프링클러, 하향식피난구, 방화문, 옥외피난계단의 시공기준은 다음 각 목과 같다.

가. 스프링클러 설비는 '스프링클러설비의 화재안전기준(NFSC 103)'에 적합하게 설치하여야 한다.

나. 간이스프링클러설비는 '간이스프링클러설비의 화재안전기준(NFSC 103A)'에 적합하게 설치하여야 한다.

다. 하향식 피난구는 「건축물의 피난 · 방화구조 등의 기준에 관한 규칙」 제14조제3항에 따라 설치하여야 한다.

라. 방화문은 「건축물의 피난 · 방화구조 등의 기준에 관한 규칙」 제26조에 따른 비차열 1시간 이상 방화문을 건축공사 표준시방서에 따라 설치하여야 한다.

마. 옥외피난계단은 건축공사 표준시방서에 따라 설치하여야 한다.

제3편

국가화재안전기준

화재안전기준 중 설비별 공통기준

Ⅰ. 수계소화설비의 공통기준

※ 모든 수계소화설비(옥내 · 옥외소화전, 스프링클러 · 미분무 · 물분무 · 포 · 연결송수관 · 연결살수설비)에 공통 적용 ※

1. 수조의 설치기준 (모든 수계소화설비에 공통적용)

(1) 점검이 편리한 곳에 설치할 것
(2) 동결방지조치를 하거나 동결의 우려가 없는 장소에 설치
(3) 수조의 외측에 수위계를 설치
(4) 수조의 외측에 고정식 사다리를 설치(수조의 상단이 바닥보다 높은 경우에 한함)
(5) 수조가 실내에 설치된 경우에는 그 실내에 조명설비를 설치
(6) 수조의 밑부분에 청소용 배수밸브 또는 배수관을 설치
(7) 수조의 상부에(압력수조 · 가압수조의 경우에는 하부에) 급수관을 설치
(8) 수조 외측의 보기 쉬운 곳에 "○○○○설비용 수조"의 표지를 설치
(9) 가압송수장치용 고가수조인 경우 추가설치 사항 : 오버플로우관, 맨홀
(10) 가압송수장치용 압력수조인 경우 추가설치 사항 : 급기관, 맨홀, 압력계, 안전장치, 압력저하 방지를 위한 자동식 공기압축기

2. 옥상수조(2차수원)의 설치제외 대상 (단, 옥외소화전 · 미분무 · 물분무 · 간이스프링클러 · 포소화설비에는 옥상수조의 법적 설치의무가 없으므로 해당사항 없음)

층수가 29층 이하인 특정소방대상물로서 다음의 어느 하나에 해당하는 경우. 단, (2), (3)의 경우에는 30층 이상(고층건축물)이라도 옥상수조 제외대상에 해당됨

(1) 지하층만 있는 건축물
(2) 수원이 건축물의 최상층에 설치된 방수구(헤드)보다 높은 위치에 설치된 경우 〈개정 2015.1.23〉
(3) 고가수조를 가압송수장치로 설치한 경우
(4) 지표면으로부터 당해 건축물의 상단까지의 높이가 10m 이하인 경우
(5) 주펌프와 동등 이상의 성능이 있는 별도의 펌프로서 내연기관의 기동과 연동하여 작동되거나 비상전원을 연결하여 설치한 경우
(6) 가압수조를 가압송수장치로 설치한 경우

3. 소방용 합성수지배관으로 설치할 수 있는 조건 (미분무소화설비는 제외)

(1) 배관을 지하에 매설하는 경우
(2) 다른 부분과는 내화구조로 방화구획된 덕트 또는 피트의 내부에 설치하는 경우
(3) 천장과 반자를 불연재료 또는 준불연재료로 설치하고, 그 내부에 습식 배관으로 설치하는 경우

4. 송수구 설치기준 (미분무 · 옥외소화전설비에는 송수구의 법적 설치의무가 없음)

(1) 송수구는 소방차가 쉽게 접근할 수 있는 잘 보이는 장소에 설치하되, 화재 층으로부터 지면으로 떨어지는 유리창 등이 송수 및 그 밖의 소화작업에 지장을 주지 아니하는 장소에 설치할 것
(2) 송수구로부터 주배관에 이르는 연결배관에 개폐밸브를 설치한 때에는 그 개폐상태를 쉽게 확인 및 조작할 수 있는 옥외 또는 기계실 등의 장소에 설치할 것(단, 옥내소화전설비에서 전용배관인 경우에는 개폐밸브 설치금지)
(3) 구경 65mm 쌍구형으로 할 것(단, 옥내소화전설비 및 간이스프링클러설비는 쌍구형 또는 단구형)
(4) 송수구에는 그 가까운 곳의 보기 쉬운 곳에 송수압력 범위를 표시한 표지를 할 것(단, 옥내소화전설비는 제외)
(5) 지면으로부터 높이 0.5m 이상 1m 이하의 위치에 설치
(6) 하나의 층의 바닥면적이 3,000m^2를 넘을 때마다 1개 이상(최대 5개) 설치 : (단, 옥내소화전설비 · 간이스프링클러설비 · 연결송수관설비는 제외)
(7) 송수구에 이물질을 막기 위한 마개를 씌울 것
(8) 송수구의 가까운 부분에 자동배수밸브 및 체크밸브 설치

※ 연결송수관설비의 경우 위의 (8)을 아래의 (9)과 같이 하고 (10) · (11)를 추가한다.

(9) 송수구 부근에는 자동배수밸브 및 체크밸브를 다음과 같이 설치한다.
  1) 습식 : 송수구 - 자동배수밸브 - 체크밸브의 순으로 설치
  2) 건식 : 송수구 - 자동배수밸브 - 체크밸브 - 자동배수밸브의 순으로 설치
(10) 송수구는 연결송수관의 수직배관마다 1개 이상을 설치
(11) 송수구에는 가까운 곳의 보기 쉬운 곳에 "연결송수관설비송수구"라고 표시한 표지를 설치

5. 전원 (간이스프링클러 · 옥외소화전설비를 제외한 모든 수계소화설비에 공통적용)

(1) 비상전원의 설치대상 기술사 94회

1) 옥내소화전설비 · 비상콘센트설비
  ① 층수가 7층 이상으로서 연면적 2,000m^2 이상인 특정소방대상물
  ② 지하층의 바닥면적 합계가 3,000m^2 이상인 특정소방대상물
2) 위의 1)항 이외의 모든 소화설비에서는 전체가 비상전원 설치대상 임

(2) 비상전원의 설치면제대상 기술사 94회

모든 소방설비의 비상전원에 동일 적용

1) 2 이상의 변전소에서 전력을 동시에 공급받을 수 있도록 상용전원을 설치한 경우
2) 하나의 변전소로부터 전력의 공급이 중단되는 때에는 자동으로 다른 변전소로부터 전력을 공급받을 수 있도록 상용전원을 설치한 경우
3) 가압수조방식의 가압송수장치를 사용하는 경우

(3) 비상전원의 설치기준 기술사 88회

모든 소방설비의 비상전원에 동일 적용. 다만, 5) ~ 8)은 스프링클러설비와 미분무소화설비에만 해당 됨

1) 설치장소
   ① 점검에 편리하고 화재 및 침수 등의 재해로 인한 피해를 받을 우려가 없는 곳
   ② 다른 장소와의 사이에 방화구획하여야 한다.
   ③ 그 장소에는 비상전원의 공급에 필요한 기구나 설비 외의 것을 두어서는 아니 된다.
2) 용량 : 해당 설비를 유효하게 20분(층수 30층~49층 : 40분, 50층 이상 : 60분) 이상 작동할 수 있어야 한다.
3) 상용전원으로부터 전력의 공급이 중단된 때에는 자동으로 비상전원으로부터 전력을 공급받을 수 있어야 한다.
4) 비상전원을 실내에 설치하는 경우에는 비상조명등을 설치하여야 한다.
   〈이하는 스프링클러설비 및 미분무소화설비에만 해당 됨〉
5) 옥내에 설치하는 비상전원실에는 옥외로 직접 통하는 충분한 용량의 급배기설비를 설치할 것
6) 비상전원의 출력용량은 다음 각 목의 기준을 충족할 것
   ① 비상전원설비에 설치되어 동시에 운전될 수 있는 모든 부하의 합계 입력용량을 기준으로 정격출력을 선정할 것. 다만, 소방전원 보존형발전기를 사용할 경우에는 그러하지 아니하다.
   ② 기동전류가 가장 큰 부하가 기동될 때에도 부하의 허용 최저입력전압 이상의 출력전압을 유지할 것
   ③ 단시간 과전류에 견디는 내력은 입력용량이 가장 큰 부하가 최종 기동할 경우에도 견딜 수 있을 것
7) 자가발전설비는 부하의 용도와 조건에 따라 다음 각 목 중의 하나를 설치할 것
   ① 소방부하 전용 발전기
   ② 소방부하 이외의 부하와 겸용일 경우에는 소방전원 보존형발전기. 다만, 모든 부하의 합계입력용량을 기준으로 정격출력용량을 선정하는 경우에는 그러하지 아니하다.(수용률은 하나의 건축물에 있어서 소방부하는 1로 하고, 비상부

하는 1 또는 국토교통부 건축전기설비기술기준의 수용률 범위 중 최대값 이상을 적용한다.)

8) 비상전원실의 출입구 외부에는 실의 위치와 비상전원의 종류를 식별할 수 있도록 표지판을 부착할 것

(4) 상용전원회로의 설치기준

1) 저압수전

인입개폐기 직후에서 분기하여 전용배선으로 한다.

2) 고압수전 또는 특별고압수전

전력용 변압기 2차측의 주차단기 1차측에서 분기하여 전용배선으로 한다.(다만, 상용전원의 상시 공급에 지장이 없을 경우에는 주차단기 2차측에서 분기할 수 있다.)

6. 제어반 (간이스프링클러설비는 제외)

(1) 감시제어반의 기능 관리사 10회

1) 각 소화펌프의 작동여부의 표시등 및 음향경보 기능
2) 각 펌프를 자동 및 수동으로 작동시키거나 중단시키는 기능
3) 비상전원을 설치한 경우에는 상용전원 및 비상전원 공급여부의 확인
4) 수조 또는 물올림탱크의 저수위표시등 및 음향경보 기능
5) 각 확인회로(기동용수압개폐장치의 압력스위치회로, 수조 또는 물올림탱크의 감시회로 등)의 도통시험 및 작동시험 기능 : (스프링클러설비 및 미분무소화설비에서는 제외)
6) 예비전원이 확보되고 예비전원 적합여부의 시험기능이 있을 것

(2) 감시제어반의 설치기준 관리사 7회 · 10회

1) 화재 · 침수 등의 피해를 받을 우려가 없는 곳에 설치
2) 당해 소화설비 전용으로 할 것(단, 당해 설비의 제어에 지장이 없을 경우에는 타설비와 겸용 가능함)
3) 다음 기준의 전용실 안에 설치할 것

① 다른 부분과 방화구획할 것

다만, 전용실의 벽에 감시창이 있는 경우에는 다음 중 어느 하나에 해당하는 붙박이 창으로 설치하여야 한다.

㉮ 두께 7mm 이상의 망입유리
㉯ 두께 16.3mm 이상의 접합유리
㉰ 두께 28mm 이상의 복층유리

② 설치장소 : 피난층 또는 지하 1층에 설치

다만, 특별피난계단 부속실의 출입구로부터 보행거리 5m 이내에 전용실의 출입구가 있는 경우 또는 아파트의 관리동에 설치하는 경우에는 지상 2층 또는

지하 1층 외의 지하층에 설치할 수 있다.

4) 비상조명등 및 급·배기설비를 설치

5) 무선통신보조설비의 무선기기접속단자 설치 : (단, 무선통신보조설비가 설치된 대상물에 한함)

6) 바닥면적은 화재시 소방대원이 제어반의 조작에 필요한 최소면적 이상으로 할 것

7) 다음의 각 확인회로마다 도통시험 및 작동시험을 할 수 있도록 할 것 : (스프링클러설비 및 미분무소화설비에만 해당 됨)

① 기동용수압개폐장치의 압력스위치회로

② 수조 또는 물올림탱크의 저수위감시회로

③ 유수검지장치 또는 일제개방밸브의 압력스위치회로

④ 일제개방밸브를 사용하는 설비의 화재감지기회로

⑤ 급수배관개폐밸브의 폐쇄상태 확인회로

⑥ 그 밖의 이와 비슷한 회로

(3) 감시제어반과 동력제어반을 구분하여 설치하지 않아도 되는 경우 관리사 12회

1) 다음 각 목의 1에 해당하지 아니하는 소방대상물에 설치되는 스프링클러설비

① 지하층을 제외한 층수가 7층 이상으로서 연면적이 2,000m^2 이상인 것

② 제①호에 해당하지 아니하는 소방대상물로서 지하층의 바닥면적의 합계가 3,000m^2 이상인 것. 다만, 차고·주차장 또는 보일러실·기계실·전기실 및 이와 유사한 장소의 면적은 제외한다.

2) 내연기관에 따른 가압송수장치를 사용하는 소화설비

3) 고가수조에 따른 가압송수장치를 사용하는 소화설비

4) 가압수조에 따른 가압송수장치를 사용하는 소화설비

※ 미분무소화설비에서는 위 내용과 관계없이, 별도의 시방서를 제시하는 경우 또는 가압수조에 따른 가압송수장치를 사용하는 경우에는 감시제어반과 동력제어반을 구분하여 설치하지 않아도 된다.

Ⅱ. 가스계소화설비의 공통기준

※ 모든 가스계소화설비(CO_2 · 할론 · 할로겐화합물 및 불활성기체 · 분말)에 공통 적용 ※

1. 소화약제 저장용기의 설치기준

(1) 설치장소

1) 방호구역 외의 장소에 설치
다만, 방호구역 내에 설치할 경우에는 피난 및 조작이 용이하도록 피난구 부근에 설치할 것
2) 온도가 40℃(단, 할로겐화합물 및 불활성기체소화약제는 온도 55℃) 이하이고, 온도변화가 적은 곳
3) 직사광선 및 빗물의 침투우려가 없는 곳
4) 용기 설치장소에는 표지를 설치
5) 용기 간의 간격은 3cm 이상 유지
6) 저장용기를 방호구역 외에 설치하는 경우에는 방화문으로 구획된 실에 설치
7) 저장용기와 집합관을 연결하는 배관에 체크밸브 설치

(2) CO_2소화약제 저장용기

1) 충전비
① 고압식 : 1.5~1.9
② 저압식 : 1.1~1.4
2) 강도
고압식은 25MPa 이상의 내압시험에 합격한 것
저압식은 3.5MPa 이상의 내압시험에 합격한 것
3) 개방밸브
① 수동 및 자동(전기식 · 가스압력식 · 기계식)으로 개방되는 것으로 한다.
② 안전장치를 부착
4) 안전장치
① 저장용기와 선택밸브 또는 개폐밸브 사이에 설치
② 작동압력 : 내압시험 압력의 0.8배
5) 저압식 CO_2 저장용기 설치기준
① 안전밸브 : 내압시험압력의 0.64~0.8배의 압력에서 작동
② 봉판 : 내압시험의 0.8~1.0배의 압력에서 작동

③ 액면계 및 압력계 설치

④ 압력경보장치 : 1.9MPa 이하 및 2.3MPa 이상에서 작동

⑤ 자동냉동장치 : 용기 내부온도 −18℃ 이하에서 2.1MPa의 압력을 유지할 수 있을 것

(3) 할론소화약제 저장용기(할론 1301 기준)

1) 축압식 저장용기의 질소가스 축압압력 : 20℃에서 2.5MPa 또는 4.2MPa

2) 충전비(1301) : 0.9~1.6(분말소화약제 : 0.8)

3) 개방밸브

① 수동 및 자동(전기식 · 가스압력식 · 기계식)으로 개방되는 것

② 안전장치 부착

4) 가압용 가스용기의 질소가스압력 : 2.5MPa 또는 4.2MPa

5) 별도 독립배관 기준 : 하나의 방호구역을 담당하는 소화약제 용적에 비해 그 방출경로의 배관 내용적이 1.5배 이상일 경우에는 당해 방호구역에 대한 설비는 별도 독립배관방식으로 하여야 한다.

(4) 분말소화약제 저장용기

1) 안전밸브

① 가압식 : 최고 사용압력의 1.8배 이하에서 작동

② 축압식 : 용기 내압시험압력의 0.8배 이하에서 작동

2) 정압작동장치 설치 : 저장용기의 내부압력이 설정압력에 도달하였을 때 주밸브를 개방하는 역할

3) 청소장치

4) 지시압력계 설치 : 사용압력의 범위를 표시함

5) 충전비 : 0.8 이상

2. 기동장치

(1) 수동식 기동장치

1) 설치장소

① 전역방출식 : 방호구역마다 설치
국소방출식 : 방호대상물마다 설치

② 당해 방호구역의 출입구 부분 등 조작하는 자가 쉽게 피난할 수 있는 장소

③ 기동장치의 조작부 위치 : 바닥으로부터 0.8~1.5m 높이

2) 비상정지장치 설치

① 수동기동장치 부근에 설치하며

② 자동복귀형 스위치로서 기동장치의 타이머를 순간 정지시키는 기능의 스위치

3) 표지설치 : "OOOO소화설비 기동장치"로 표시한 표지를 설치

4) 전원표시등(전기방식의 기동장치에 한함) 설치

5) 소화약제방출표시등 : 출입구 등의 보기 쉬운 곳에 설치

6) 기동장치의 방출용스위치는 음향경보장치와 연동하여 조치될 수 있도록 설치

(2) 자동식 기동장치

1) 자동화재탐지설비의 감지기 작동과 연동할 것

2) 수동으로도 기동하는 구조일 것(수동식 기동장치를 함께 설치)

3) 전기식 기동장치로서 7병 이상을 동시에 개방하는 설비에는 2병 이상의 저장용기에 전자개방밸브를 부착할 것

4) 가스압력식 기동장치

① 기동용 가스용기 및 밸브 : 25MPa 이상의 압력에 견딜 것

② 기동용 가스용기의 안전장치 : 내압시험 압력의 0.8~1.0배의 압력에서 작동

③ 기동용 가스용기(CO_2소화설비는 해당 없음)
- 용적 : 1ℓ 이상
- CO_2량 : 0.6kg 이상
- 충전비 : 1.5 이상

④ CO_2소화설비의 기동용 가스용기〈개정 2015.1.23〉
- 용적 : 5ℓ 이상
- 질소 등의 비활성기체 : 6.0MPa (21℃ 기준)의 압력으로 충전
- 충전여부를 확인할 수 있는 압력게이지 설치

5) 기계식 기동장치 : 약제저장용기를 쉽게 개방할 수 있는 구조로 할 것

6) 소화약제방출표시등 : 출입구 등의 보기 쉬운 곳에 설치

3. 제어반 및 화재표시반의 설치기준

1. 제어반은 수동기동장치 또는 감지기에서의 신호를 수신하여 음향경보장치의 작동, 소화약제의 방출 또는 지연 기타의 제어기능을 가진 것으로 하고, 제어반에는 전원표시등을 설치할 것

2. 화재표시반은 제어반에서의 신호를 수신하여 작동하는 기능을 가진 것으로 하되, 다음 각 목의 기준에 따라 설치할 것

가. 각 방호구역마다 음향경보장치의 조작 및 감지기의 작동을 명시하는 표시등과 이와 연동하여 작동하는 벨·부자 등의 경보기를 설치할 것. 이 경우 음향경보장치의 조작 및 감지기의 작동을 명시하는 표시등을 겸용할 수 있다.

나. 수동식 기동장치는 그 방출용스위치의 작동을 명시하는 표시등을 설치할 것

다. 소화약제의 방출을 명시하는 표시등을 설치할 것

라. 자동식 기동장치는 자동·수동의 절환을 명시하는 표시등을 설치할 것

3. 제어반 및 화재표시반의 설치장소는 화재에 따른 영향, 진동 및 충격에 따른 영향 및 부식의 우려가 없고 점검에 편리한 장소에 설치할 것

4. 제어반 및 화재표시반에는 해당 회로도 및 취급설명서를 비치할 것

5. 기동장치와 방출배관 사이에 설치한 수동잠금밸브의 개폐여부를 확인할 수 있는 표시등을 설치할 것〈신설 2015.1.23〉: (단, CO_2 소화설비에 한함)

4. 배관의 설치기준

(1) 배관은 전용으로 할 것

(2) 강관의 경우 압력배관용 탄소강관(KS D 3562) 중 스케줄(CO_2 고압식 : 80, CO_2 저압식 : 40, 할론 : 40) 이상의 것 또는 이와 동등 이상의 강도를 가진 것으로서 아연도금 등으로 방식처리된 것

(3) 동관의 경우, 이음이 없는 동 및 동합금관(KS D 5301)으로서, 고압식은 16.5MPa 이상, 저압식은 3.75MPa 이상의 압력에 견딜 수 있는 것을 사용 : (분말은 제외)

(4) 배관의 구경 : (할론 및 분말은 제외)

다음의 기준시간 내에 약제량이 방사될 수 있는 배관구경으로 할 것

1) 이산화탄소소화설비

① 전역방출식 : 표면화재 - 1분

심부화재 - 7분(단, 2분 내에 30%의 설계농도에 도달)

② 국소방출식 : 30초

2) 할로겐화합물 및 불활성기체소화설비 : 10초(단, 불활성기체소화설비는 60초) 이내에 최소 설계농도의 95% 이상의 해당량이 방출될 것

(5) 배관부속 : (이산화탄소소화설비에 한함)

다음의 압력에 견딜 수 있는 배관부속을 사용하여야 한다.

1) 고압식
- 선택밸브 2차측 : 2.0MPa
- 선택밸브 1차측 : 4.0MPa

2) 저압식 : 2.0MPa의 압력에 견딜 수 있는 것을 사용할 것

(6) 배관의 두께 : (청정소화약제소화설비에 한함)

$$\text{배관의 두께 [mm]} = \frac{PD}{2\sigma} + A$$

여기서, P : 최대허용압력 [KPa]

D : 배관의 바깥지름 [mm]

σ : 최대허용응력 [KPa](배관재질 인장강도의 1/4 값과 항복점의 2/3 값 중 적은 값 × 배관이음효율 × 1.2)

A : 나사이음 · 홈이음 등의 허용값[mm] {
• 나사이음 : 나사의 높이
• 절단홈 이음 : 홈의 깊이
• 용접이음 : 0

[배관이음효율] {
• 이음매 없는 배관 : 1.0
• 전기저항용접 배관 : 0.85
• 가열 및 맞대기용접 배관 : 0.60

(7) 수동잠금밸브 설치〈신설 2015.1.23〉: (CO_2소화설비에 한함)
소화약제 저장용기와 선택밸브사이의 집합배관에는 수동잠금밸브를 설치하되 선택밸브 직전에 설치할 것. 다만, 선택밸브가 없는 설비의 경우에는 소화약제 저장용기실 내에 설치하되 조작 및 점검이 쉬운 위치에 설치하여야 한다.

5. 호스릴 가스계소화설비 : (할로겐화합물 및 불활성기체소화설비는 제외)

(1) 설치대상(장소)

1) 지상 1층 또는 피난층으로서 수동 또는 원격 조작에 의하여 개방할 수 있는 개구부의 유효면적 합계가 바닥면적의 15% 이상 되는 부분
2) 전기설비가 설치된 부분 또는 다량의 화기를 사용하는 부분의 바닥면적이 당해 설비구획 바닥면적의 1/5 미만이 되는 부분

(2) 설치기준

1) 방호대상물의 각 부분으로부터 하나의 호스접결구까지의 수평거리
① CO_2, 분말 : 15m 이하
② 할론 : 20m 이하
2) 노즐의 방사용량 : 20°C에서 하나의 노즐당 약제 방사량
① CO_2 : 60kg/min
② 할론1301 : 35kg/min
③ 분말(3종) : 27kg/min
3) 약제 저장용기는 호스릴을 설치하는 장소마다 설치
4) 약제 저장용기의 개방밸브는 호스릴 설치장소에서 수동으로 개폐할 수 있을 것
5) 표지설치 : 저장용기의 가장 가깝고 보기 쉬운 곳에 설치

6. 분사헤드의 설치 제외장소

(1) CO_2 소화설비

1) 방재실 · 제어실 등 사람이 상시 근무하는 장소
2) 자기연소성 물질(니트로셀룰로오스 · 셀룰로이드 제품 등)을 저장 · 취급하는 장소

3) 활성금속물질(Na, K Ca 등)을 저장 · 취급하는 장소
4) 전시장 등의 관람을 위하여 다수인이 출입 · 통행하는 전시실 · 통로 등

(2) 할로겐화합물 및 불활성기체 소화설비

1) 사람이 상주하는 곳으로서 소화에 필요한 약제량이 최대허용설계농도를 초과하는 장소
2) 제3류 또는 제5류 위험물을 사용하는 장소

7. 가스계소화설비의 부대설비

(1) 배출설비 : CO_2 소화설비에만 해당
(2) 과압배출구 : CO_2 소화설비 및 청정소화약제 설비에만 해당
(3) 설계프로그램 적용 : 전체 가스계 소화설비에 공통으로 적용(단, 분말은 제외)

8. 자동폐쇄장치의 설치기준

(1) 환기장치를 설치한 것에 있어서는 소화약제가 방사되기 전에 당해 환기장치가 정지할 수 있도록 하여야 한다.
(2) 개구부가 있거나 천장으로부터 1m 이상의 아래부분 또는 바닥으로부터 당해층 높이의 3분의 2 이내의 부분에 통기구가 있어 소화약제의 유출에 따라 소화효과를 감소시킬 우려가 있는 것에 있어서는 소화약제가 방사되기 전에 당해 개구부 및 통기구를 폐쇄할 수 있도록 하여야 한다.
(3) 자동폐쇄장치는 방호구역 또는 방호대상물이 있는 구획의 밖에서 복구할 수 있는 구조로 하고, 그 위치를 표시하는 표지를 하여야 한다.

9. 비상전원의 설치기준

(1) 가스계소화설비용 비상전원의 종류

자가발전설비, 축전지설비, 전기저장장치

(2) 설치장소

① 점검에 편리하고 화재 및 침수 등의 재해로 인한 피해를 받을 우려가 없는 곳
② 다른 장소와의 사이에 방화구획하여야 한다.
③ 그 장소에는 비상전원의 공급에 필요한 기구나 설비 외의 것을 두어서는 아니된다.

(3) 용량 : 당해 설비를 유효하게 20분 이상 작동할 수 있어야 한다.
(4) 상용전원으로부터 전력의 공급이 중단된 때에는 자동으로 비상전원으로부터 전력을 공급받을 수 있어야 한다.
(5) 비상전원을 실내에 설치하는 경우에는 비상조명등을 설치하여야 한다.

[제1장] 소화기구 및 자동소화장치의 화재안전기준(NFSC 101)

(개정 : 2021. 1. 15. 소방청고시 제2021-11호)

[소화기구 및 자동소화장치의 분류]

- 소화기구
  - 소화기
    - 소형소화기 : 능력단위가 1단위 이상이고 대형소화기의 능력단위 미만인 것
    - 대형소화기 : 운반대와 바퀴가 설치되어 있고 능력단위가 A급 10단위 이상, B급 20단위 이상인 것
  - 자동확산소화기 : 화재를 감지하여 자동으로 소화약제를 방출 확산시켜 국소적으로 소화하는 소화기
  - 간이소화용구
    - 에어로졸식자동소화용구
    - 투척용소화용구
    - 소화약제 외의 것을 이용한 소화용구
- 자동소화장치 기술사 104회 기술사 109회
  - 주거용 주방자동소화장치 : 주거용 주방에 설치된 열발생 조리기구의 사용으로 인한 화재발생 시 열원(전기 또는 가스)을 자동으로 차단하며 소화약제를 방출하는 소화장치
  - 상업용 주방자동소화장치 : 상업용 주방에 설치된 열발생 조리기구의 사용으로 인한 화재발생 시 열원(전기 또는 가스)을 자동으로 차단하며 소화약제를 방출하는 소화장치
  - 캐비닛형 자동소화장치 : 열, 연기 또는 불꽃 등을 감지하고 소화약제를 방사하여 소화하는 캐비닛 형태의 소화장치
  - 가스자동소화장치 : 열, 연기 또는 불꽃 등을 감지하여 가스계 소화약제를 방사하여 소화하는 소화장치
  - 분말자동소화장치 : 열, 연기 또는 불꽃 등을 감지하여 분말의 소화약제를 방사하여 소화하는 소화장치
  - 고체에어로졸자동소화장치 : 열, 연기 또는 불꽃 등을 감지하여 에어로졸의 소화약제를 방사하여 소화하는 소화장치

Ⅰ. 소화기구의 주요 화재안전기준

1. 기본소요 능력단위기준

소방대상물	소화기구의 능력단위
1. 위락시설	바닥면적 30m²마다 1단위 이상
2. 공연장, 집회장, 관람장, 문화재, 장례식장, 의료시설	바닥면적 50m²마다 1단위 이상
3. 근린생활·판매·운수·숙박·노유자·업무·방송통신·창고·관광휴게시설, 공동주택, 전시장, 공장, 항공기 및 자동차관련시설	바닥면적 100m²마다 1단위 이상
4. 그 밖의 것	바닥면적 200m²마다 1단위 이상

[완화적용기준]

(1) 주요구조부가 내화구조이고 실내 마감재료가 난연재료급 이상인 경우 : 위의 기준면적의 2배를 적용(단, 추가소요 단위분은 완화적용 제외)

(2) 고정식소화설비(옥내·옥외소화전, 스프링클러 등) 또는 대형소화기를 설치한 경우 : 소화기의 2/3(대형소화기를 둔 경우에는 1/2)를 감소하여 적용
[단, 지상 11층 이상인 부분과 근린생활·숙박·판매·노유자·위락·의료·업무·문화 및 집회·방송통신·운동시설, 아파트 등은 감소대상에서 제외]

2. 추가소요 능력단위기준

(1) **소화기**(바닥면적 $25m^2$마다 1단위 이상) **및 자동확산소화기**(바닥면적 $10m^2$ 이하 : 1개, $10m^2$ 초과 : 2개)**의 추가설치 대상**

1) 보일러실(아파트로서 방화구획된 경우는 제외), 건조실, 세탁소, 대량화기취급소
2) 음식점 및 호텔·기숙사·다중이용업소·의료시설·업무시설·공장 등의 주방
3) 관리자의 출입이 곤란한 변전실, 송전실, 변압기실, 배전반실

(2) **바닥면적 $50m^2$마다 소화기 1개 이상 또는 유효설치방호체적 이내의 가스·분말·고체에어로졸 자동소화장치, 캐비닛형자동소화장치의 추가설치 대상**

1) 발전실, 변전실, 송전실, 변압기실, 배전반실로서 사용전압 교류 600V 또는 직류 750V 이상의 것
2) 통신기기실, 전산기기실 : (교류 600V 또는 직류 750V 이하의 것도 포함)

(3) **소화기 능력단위 2단위 이상 또는 유효설치방호체적 이내의 가스·분말·고체에어로졸 자동소화장치, 캐비닛형자동소화장치의 추가설치 대상**

위험물안전관리법 시행령 별표에 따른 지정수량의 1/5 이상~지정수량 미만의 위험물을 저장 또는 취급하는 장소

(4) 각 가스관련 법령에서 규정하는 가연성가스를 연료로 사용하는 장소

각 연소기로부터 보행거리 10m 이내에 3단위 이상의 소화기 1개 이상 추가

3. 간이소화용구의 능력단위기준

(1) 마른 모래 : 삽을 상비한 50ℓ 이상의 것 1포 : 0.5단위

(2) 팽창질석 또는 팽창진주암 : 삽을 상비한 80ℓ 이상의 것 1포 : 0.5단위

※ 능력단위 2단위 이상의 소화기 설치대상 특정소방대상물 또는 그 부분에는 간이소화용구의 능력단위가 전체 능력단위의 1/2를 초과하지 않게 할 것. 다만, 노유자시설의 경우에는 그러하지 아니하다.

4. 투척용 소화용구

(1) 설치대상 : 노유자시설

(2) 설치수량 : 소화기구 화재안전기준에 따라 산정된 소화기의 수량 중 1/2이상을 투척용소화용구로 설치할 수 있다.

5. 소화기 능력단위의 감소기준

(1) 기본소요 단위분만 감소하는 것

주요구조부가 내화구조이고 실내마감재료가 불연재료·준불연재료 또는 난연재료로 된 경우에는 기본소요단위의 1/2로 적용할 수 있다.

(2) 기본소요 단위분 및 추가소요 단위분까지 포함하여 감소하는 것

1) 소형소화기를 설치하여야 할 특정소방대상물

옥내소화전설비·스프링클러설비·물분무등소화설비·옥외소화전설비 또는 대형소화기를 설치한 경우에는 소화기 소요능력단위의 2/3(대형소화기를 둔 경우에는 1/2)를 감소할 수 있다.(단, 층수가 11층 이상인 부분과 근린생활·위락·운동·판매·운수·숙박·노유자·의료·문화 및 집회·방송통신·업무시설, 아파트 등은 감소대상에서 제외)

2) 대형소화기를 설치하여야 할 특정소방대상물

옥내소화전설비·스프링클러설비·물분무등소화설비·옥외소화전설비를 설치한 경우에는 대형소화기의 설치를 제외할 수 있다.

6. 소화기의 설치기준

(1) 각 층마다 설치
(2) 바닥면적 $33m^2$ 이상으로 구획된 거실마다 배치(아파트는 세대마다 배치) : 층마다 설치하는 것 외에 추가로 거실마다 배치
(3) 소방대상물의 각 부분으로부터 1개의 소화기까지의 보행거리 : 소형 20m 이내, 대형 30m 이내(단, 가연성 물질이 없는 작업장 또는 지하구는 완화 가능)
(4) 거주자 등이 손쉽게 사용할 수 있는 장소에 바닥에서 높이 1.5m 이하의 곳에 비치
(5) 능력단위 2단위 이상의 소화기 설치대상 특정소방대상물 또는 그 부분에는 간이소화용구의 능력단위가 전체 능력단위의 1/2를 초과하지 않게 할 것. 다만, 노유자시설의 경우에는 그렇지 않다.
(6) 이산화탄소 또는 할로겐화합물(할론1301과 청정소화약제는 제외)을 방사하는 소화기는 지하층이나 무창층 또는 밀폐된 거실로서 그 바닥면적이 $20m^2$ 미만의 장소에는 설치할 수 없다. 다만, 배기를 위한 유효한 개구부가 있는 장소인 경우에는 그러하지 아니하다.
(7) 소화기에는 "소화기", 간이소화용구에는 "투척용소화용구" 또는 "소화질석" 이라고 표시한 표지를 설치

Ⅱ. 자동소화장치의 주요 화재안전기준

1. 주거용 주방자동소화장치 기술사 94회 관리사 12회 기술사 109회

(1) 소화약제 방출구 : 환기구의 청소부분과 분리되어 있어야 하며, 형식승인 받은 유효설치 높이 및 방호면적에 따라 설치
(2) 감지부 : 형식승인 받은 유효한 높이 및 위치에 설치
(3) 차단장치(전기 또는 가스) : 상시 확인 및 점검이 가능하도록 설치
(4) 가스용 주방자동소화장치의 경우 탐지부의 위치
공기보다 가벼운 가스를 사용하는 장소 : 천장면으로부터 30cm 이하에 설치
공기보다 무거운 가스를 사용하는 장소 : 바닥면으로부터 30cm 이하에 설치
(5) 수신부 : 주위의 열기류 · 습기 · 온도에 영향을 받지 아니하고 사용자가 상시 볼 수 있는 장소에 설치

2. 상업용 주방자동소화장치

(1) 소화장치 : 조리기구의 종류별로 성능인증 받은 설계 매뉴얼에 적합하게 설치

(2) 감지부 : 성능인증 받은 유효높이 및 위치에 설치
(3) 차단장치(전기 또는 가스) : 상시 확인 및 점검이 가능하도록 설치
(4) 후드에 방출되는 분사헤드는 후드의 가장 긴 변의 길이까지 방출될 수 있도록 약제방출 방향 및 거리를 고려하여 설치
(5) 덕트에 방출되는 분사헤드는 성능인증 받은 길이 이내로 설치

3. 캐비닛형 자동소화장치

(1) 분사헤드의 설치높이 : 바닥으로부터 최소 0.2m 이상 최대 3.7m 이하
(2) 화재감지기 : 방호구역내의 천장 또는 옥내에 면하는 부분에 설치하되 「자동화재탐지설비의 화재안전기준」 제7조에 적합하도록 설치
(3) 화재감지기의 회로 : 교차회로방식으로 설치
(4) 방호구역내의 화재감지기의 감지에 따라 작동되도록 할 것
(5) 교차회로내의 각 화재감지기 회로별로 설치된 화재감지기 1개가 담당하는 바닥면적은 NFSC 203 제7조3항5호 · 8호 · 10호에 따른 바닥면적으로 할 것
(6) 개구부 및 통기구(환기장치를 포함)를 설치한 것은 약제가 방사되기 전에 해당 개구부 및 통기구를 자동으로 폐쇄할 수 있도록 할 것. 다만, 가스압에 의하여 폐쇄되는 것은 소화약제 방출과 동시에 폐쇄할 수 있다.
(7) 작동에 지장이 없도록 견고하게 고정시킬 것
(8) 구획된 장소의 방호체적 이상을 방호할 수 있는 소화성능이 있을 것

4. 가스 · 분말 · 고체에어로졸 자동소화장치

(1) 소화약제 방출구는 형식승인 받은 유효설치범위 내에 설치
(2) 자동소화장치는 방호구역내에 형식승인 된 1개의 제품을 설치
(3) 감지부는 형식승인된 유효설치범위 내에 설치하여야 하며, 설치장소의 평상시 최고주위온도에 따라 다음 표에 따른 표시온도의 것으로 설치
다만, 열감지선의 감지부는 형식승인 받은 최고주위온도범위 내에 설치

설치장소의 최고주위온도	표시온도
39℃ 미만	79℃ 미만
39℃ 이상 64℃ 미만	79℃ 이상 121℃ 미만
64℃ 이상 106℃ 미만	121℃ 이상 162℃ 미만
106℃ 이상	162℃ 이상

(4) 화재감지기를 감지부로 사용하는 경우에는 캐비닛형자동소화장치의 화재감지기 설치방법에 따를 것

제1조 (목적)

이 기준은 「화재예방, 소방시설 설치 · 유지 및 안전관리에 관한 법률」 제9조제1항에 따라 소방청장에게 위임한 사항 중 소화설비인 소화기구 및 자동소화장치의 설치 · 유지 및 안전관리에 필요한 사항을 규정함을 목적으로 한다. 〈개정 2017.4.11〉

제2조 (적용범위)

「화재예방, 소방시설 설치 · 유지 및 안전관리에 관한 법률 시행령」(이하 "영"이라 한다) 별표 5 제1호가목 및 나목에 따른 소화기구 및 자동소화장치는 이 기준에서 정하는 규정에 따라 설치하고 유지 · 관리하여야 한다. 〈개정 2017.4.11〉

제3조 (정의)

이 기준에서 사용하는 용어의 정의는 다음과 같다.

1. "소화약제"란 소화기구 및 자동소화장치에 사용되는 소화성능이 있는 고체 · 액체 및 기체의 물질을 말한다. 〈개정 2017.4.11〉
2. "소화기"란 소화약제를 압력에 따라 방사하는 기구로서 사람이 수동으로 조작하여 소화하는 다음 각 목의 것을 말한다.
   가. "소형소화기"란 능력단위가 1단위 이상이고 대형소화기의 능력단위 미만인 소화기를 말한다.
   나. "대형소화기"란 화재 시 사람이 운반할 수 있도록 운반대와 바퀴가 설치되어 있고 능력단위가 A급 10단위 이상, B급 20단위 이상인 소화기를 말한다.
3. "자동확산소화기"란 화재를 감지하여 자동으로 소화약제를 방출 확산시켜 국소적으로 소화하는 소화기를 말한다. 〈신설 2017.4.11〉
4. "자동소화장치"란 소화약제를 자동으로 방사하는 고정된 소화장치로서 법 제36조 또는 제39조에 따라 형식승인이나 성능인증을 받은 유효설치범위(설계방호체적, 최대설치높이, 방호면적 등을 말한다) 이내에 설치하여 소화하는 다음 각 목의 것을 말한다. 〈개정 2017.4.11〉
   가. "주거용 주방자동소화장치"란 주거용 주방에 설치된 열발생 조리기구의 사용으로 인한 화재 발생 시 열원(전기 또는 가스)을 자동으로 차단하며 소화약제를 방출하는 소화장치를 말한다. 〈개정 2017.4.11〉
   나. "상업용 주방자동소화장치"란 상업용 주방에 설치된 열발생 조리기구의 사용으로 인한 화재 발생 시 열원(전기 또는 가스)을 자동으로 차단하며 소화약제를 방출하는 소화장치를 말한다. 〈신설 2017.4.11〉
   다. "캐비닛형자동소화장치"란 열, 연기 또는 불꽃 등을 감지하여 소화약제를 방사하여 소화하는 캐비넷형태의 소화장치를 말한다.
   라. "가스자동소화장치"란 열, 연기 또는 불꽃 등을 감지하여 가스계 소화약제를 방사하여 소화하는 소화장치를 말한다.

마. “분말자동소화장치”란 열, 연기 또는 불꽃 등을 감지하여 분말의 소화약제를 방사하여 소화하는 소화장치를 말한다.

바. “고체에어로졸자동소화장치”란 열, 연기 또는 불꽃 등을 감지하여 에어로졸의 소화약제를 방사하여 소화하는 소화장치를 말한다. [종전의 제9호에서 이동 2012.6.11]

5. “거실”이란 거주 · 집무 · 작업 · 집회 · 오락 그 밖에 이와 유사한 목적을 위하여 사용하는 방을 말한다. [종전의 제8호에서 이동 2012.6.11] 〈개정 2012.6.11〉
6. “능력단위”란 소화기 및 소화약제에 따른 간이소화용구에 있어서는 법 제36조제1항에 따라 형식승인 된 수치를 말하며, 소화약제 외의 것을 이용한 간이소화용구에 있어서는 별표 2에 따른 수치를 말한다. 〈전문개정 2012.6.11〉
7. “일반화재(A급 화재)”란 나무, 섬유, 종이, 고무, 플라스틱류와 같은 일반 가연물이 타고 나서 재가 남는 화재를 말한다. 일반화재에 대한 소화기의 적응 화재별 표시는 ‘A’로 표시한다. 〈신설 2015.1.23〉
8. “유류화재(B급 화재)”란 인화성 액체, 가연성 액체, 석유 그리스, 타르, 오일, 유성도료, 솔벤트, 래커, 알코올 및 인화성 가스와 같은 유류가 타고 나서 재가 남지 않는 화재를 말한다. 유류화재에 대한 소화기의 적응 화재별 표시는 ‘B’로 표시한다. 〈신설 2015.1.23〉
9. “전기화재(C급 화재)”란 전류가 흐르고 있는 전기기기, 배선과 관련된 화재를 말한다. 전기화재에 대한 소화기의 적응 화재별 표시는 ‘C’로 표시한다. 〈신설 2015.1.23〉
10. “주방화재(K급 화재)”란 주방에서 동식물유를 취급하는 조리기구에서 일어나는 화재를 말한다. 주방화재에 대한 소화기의 적응 화재별 표시는 ‘K’로 표시한다. 〈신설 2017.4.11〉

제4조 (설치기준)

① 소화기구는 다음 각 호의 기준에 따라 설치하여야 한다. 〈개정 2012.6.11〉

1. 특정소방대상물의 설치장소에 따라 별표 1에 적합한 종류의 것으로 할 것 〈개정 2012.6.11〉
2. 특정소방대상물에 따라 소화기구의 능력단위는 별표 3의 기준에 따를 것 〈개정 2012.6.11〉
3. 제2호에 따른 능력단위 외에 별표 4에 따라 부속용도별로 사용되는 부분에 대하여는 소화기구 및 자동소화장치를 추가하여 설치할 것 〈개정 2017.4.11〉
4. 소화기는 다음 각 목의 기준에 따라 설치할 것 〈개정 2012.6.11〉

〈소화기의 설치기준〉

가. 각층마다 설치하되, 특정소방대상물의 각 부분으로부터 1개의 소화기까지의 보행거리가 소형소화기의 경우에는 20m 이내, 대형소화기의 경우에는 30m 이내가 되도록 배치할 것. 다만, 가연성물질이 없는 작업장의 경우에는 작업장의 실정에 맞게 보행거리를 완화하여 배치할 수 있다. 〈개정 2021.1.15〉

나. 특정소방대상물의 각층이 2 이상의 거실로 구획된 경우에는 가목의 규정에 따라 각 층마다 설치하는 것 외에 바닥면적이 33m² 이상으로 구획된 각 거실(아파트의 경우에는 각 세대를 말한다)에도 배치할 것 〈개정 2012.6.11〉

다. 〈삭제〉 〈2008.12.15〉

5. 능력단위가 2단위 이상이 되도록 소화기를 설치하여야 할 특정소방대상물 또는 그 부분에 있어서는 간이소화용구의 능력단위가 전체 능력단위의 2분의 1을 초과하지 아니하게 할 것 다만, 노유자시설의 경우에는 그렇지 않다. 〈개정 2012.6.11〉

6. 소화기구(자동확산소화기를 제외한다)는 거주자 등이 손쉽게 사용할 수 있는 장소에 바닥으로부터 높이 1.5m 이하의 곳에 비치하고, 소화기에 있어서는 "소화기", 투척용소화용구에 있어서는 "투척용소화용구", 마른모래에 있어서는 "소화용모래", 팽창질석 및 팽창진주암에 있어서는 "소화질석"이라고 표시한 표지를 보기 쉬운 곳에 부착할 것. 다만, 주차장의 경우 표지를 바닥으로부터 1.5m 이상의 높이에 설치하고, 소화기 및 투척용소화용구의 표지는 「축광표지의 성능인증 및 제품검사의 기술기준」에 적합한 축광식표지로 설치할 것 〈단서 신설예고 2020.12.24〉

7. 자동확산소화기는 다음 각 목의 기준에 따라 설치할 것 〈개정 2017.4.11〉

〈자동확산소화기의 설치기준〉

가. 방호대상물에 소화약제가 유효하게 방사될 수 있도록 설치할 것

나. 작동에 지장이 없도록 견고하게 고정할 것

② 자동소화장치는 다음 각 호의 기준에 따라 설치하여야 한다. 〈②항 신설 2017.4.11〉

1. **〈주거용 주방자동소화장치의 설치기준〉** 〈개정 2017.4.11〉

가. 소화약제 방출구는 환기구(주방에서 발생하는 열기류 등을 밖으로 배출하는 장치를 말한다. 이하 같다)의 청소부분과 분리되어 있어야 하며, 형식승인 받은 유효설치 높이 및 방호면적에 따라 설치할 것

나. 감지부는 형식승인 받은 유효한 높이 및 위치에 설치할 것

다. 차단장치(전기 또는 가스)는 상시 확인 및 점검이 가능하도록 설치할 것

라. 가스용 주방자동소화장치를 사용하는 경우 탐지부는 수신부와 분리하여 설치하되, 공기보다 가벼운 가스를 사용하는 경우에는 천장 면으로부터 30cm 이하의 위치에 설치하고, 공기보다 무거운 가스를 사용하는 장소에는 바닥 면으로부터 30cm 이하의 위치에 설치할 것

마. 수신부는 주위의 열기류 또는 습기 등과 주위온도에 영향을 받지 아니하고 사용자가 상시 볼 수 있는 장소에 설치할 것

2. **〈상업용 주방자동소화장치의 설치기준〉** 〈신설 2017.4.11〉 기술사 124회

가. 소화장치는 조리기구의 종류 별로 성능인증 받은 설계 매뉴얼에 적합하게 설치할 것

나. 감지부는 성능인증 받은 유효높이 및 위치에 설치할 것

다. 차단장치(전기 또는 가스)는 상시 확인 및 점검이 가능하도록 설치할 것

라. 후드에 방출되는 분사헤드는 후드의 가장 긴 변의 길이까지 방출될 수 있도록 약제 방출 방향 및 거리를 고려하여 설치할 것

마. 덕트에 방출되는 분사헤드는 성능인증 받은 길이 이내로 설치할 것

3. **〈캐비닛형 자동소화장치의 설치기준〉** 〈개정 2017.4.11〉

가. 분사헤드의 설치 높이는 방호구역의 바닥으로부터 최소 0.2m 이상 최대 3.7m 이하로 하여야 한다. 다만, 별도의 높이로 형식승인 받은 경우에는 그 범위 내에서 설치할 수 있다.

나. 화재감지기는 방호구역내의 천장 또는 옥내에 면하는 부분에 설치하되 「자동화재탐지설비 및 시각경보장치의 화재안전기준(NFSC 203)」 제7조에 적합하도록 설치할 것

다. 방호구역내의 화재감지기의 감지에 따라 작동되도록 할 것

라. 화재감지기의 회로는 교차회로방식으로 설치할 것. 다만, 화재감지기를 「자동화재탐지설비 및 시각경보장치의 화재안전기준(NFSC 203)」 제7조제1항 단서의 각 호의 감지기로 설치하는 경우에는 그러하지 아니하다.

마. 교차회로내의 각 화재감지기회로별로 설치된 화재감지기 1개가 담당하는 바닥면적은 「자동화재탐지설비의 화재안전기준(NFSC 203)」 제7조제3항제5호 · 제8호 및 제10호에 따른 바닥면적으로 할 것

바. 개구부 및 통기구(환기장치를 포함한다. 이하 같다)를 설치한 것에 있어서는 약제가 방사되기 전에 해당 개구부 및 통기구를 자동으로 폐쇄할 수 있도록 할 것. 다만, 가스압에 의하여 폐쇄되는 것은 소화약제방출과 동시에 폐쇄할 수 있다.

사. 작동에 지장이 없도록 견고하게 고정시킬 것

아. 구획된 장소의 방호체적 이상을 방호할 수 있는 소화성능이 있을 것

4. **〈가스 · 분말 · 고체에어로졸 자동소화장치의 설치기준〉** 〈개정 2017.4.11〉

가. 소화약제 방출구는 형식승인 받은 유효설치범위 내에 설치할 것

나. 자동소화장치는 방호구역내에 형식승인 된 1개의 제품을 설치할 것. 이 경우 연동방식으로서 하나의 형식을 받은 경우에는 1개의 제품으로 본다.

다. 감지부는 형식승인된 유효설치범위 내에 설치하여야 하며 설치장소의 평상시 최고주위온도에 따라 다음 표에 따른 표시온도의 것으로 설치할 것. 다만, 열감지선의 감지부는 형식승인 받은 최고주위온도범위 내에 설치하여야 한다.

설치장소의 최고주위온도	표시온도
39℃ 미만	79℃ 미만
39℃ 이상 64℃ 미만	79℃ 이상 121℃ 미만
64℃ 이상 106℃ 미만	121℃ 이상 162℃ 미만
106℃ 이상	162℃ 이상

라. 다목에도 불구하고 화재감지기를 감지부로 사용하는 경우에는 제3호 나목부터 마목까지의 설치방법에 따를 것

③ 이산화탄소 또는 할로겐화합물을 방사하는 소화기구(자동확산소화기를 제외한다)는 지하층이나 무창층 또는 밀폐된 거실로서 그 바닥면적이 20m² 미만의 장소에는 설치할 수 없다. 다만, 배기를 위한 유효한 개구부가 있는 장소인 경우에는 그러하지 아니하다. 〈개정 2017.4.11〉

제5조 (소화기의 감소)

① 소형소화기를 설치하여야 할 특정소방대상물 또는 그 부분에 옥내소화전설비·스프링클러설비·물분무등소화설비·옥외소화전설비 또는 대형소화기를 설치한 경우에는 해당 설비의 유효범위의 부분에 대하여는 제4조제1항제2호 및 제3호에 따른 소화기의 3분의 2(대형소화기를 둔 경우에는 2분의 1)를 감소할 수 있다. 다만, 층수가 11층 이상인 부분, 근린생활시설, 위락시설, 문화 및 집회시설, 운동시설, 판매시설, 운수시설, 숙박시설, 노유자시설, 의료시설, 아파트, 업무시설(무인변전소를 제외한다), 방송통신시설, 교육연구시설, 항공기 및 자동차관련시설, 관광 휴게시설은 그러하지 아니하다. 〈개정 2012.6.11〉

② 대형소화기를 설치하여야 할 특정소방대상물 또는 그 부분에 옥내소화전설비·스프링클러설비·물분무등소화설비 또는 옥외소화전설비를 설치한 경우에는 해당 설비의 유효범위안의 부분에 대하여는 대형소화기를 설치하지 아니할 수 있다. 〈개정 2012.6.11〉

〈제목개정 2012.6.11〉

제6조 (설치·유지기준의 특례)

소방본부장 또는 소방서장은 특정소방대상물의 위치·구조·설비의 상황에 따라 유사한 소방시설로도 이 기준에 따라 해당 특정소방대상물에 설치하여야 할 소화기구의 기능을 수행할 수 있다고 인정되는 경우에는 그 효력 범위 안에서 그 유사한 소방시설을 이 기준에 따른 소방시설로 보고 소화기구의 설치·유지기준의 일부를 적용하지 아니할 수 있다. 〈개정 2012.6.11〉

제7조 (재검토 기한)

소방청장은 「훈령·예규 등의 발령 및 관리에 관한 규정」에 따라 이 고시에 대하여 2017년 7월 1일 기준으로 매 3년이 되는 시점(매 3년째의 6월 30일까지를 말한다)마다 그 타당성을 검토하여 개선 등의 조치를 하여야 한다.

부칙 〈제2021-11호, 2021.1.15〉

제1조 (시행일)

이 고시는 발령한 날부터 시행한다.

[별표 1]

소화기구의 소화약제별 적응성 (제4조제1항제1호 관련)

<개정 2018.11.19>

구분 \ 소화약제 / 적응대상	가스			분말		액체				기타			
	이산화탄소소화약제	할론소화약제	할로겐화합물 및 불활성기체소화약제	인산염류소화약제	중탄산염류소화약제	산알칼리소화약제	강화액소화약제	포소화약제	물·침윤소화약제	고체에어로졸화합물	마른모래	팽창질석·팽창진주암	그 밖의 것
일반화재 (A급 화재)	-	○	○	○	-	○	○	○	○	○	○	○	-
유류화재 (B급 화재)	○	○	○	○	○	○	○	○	○	○	○	○	-
전기화재 (C급 화재)	○	○	○	○	○	*	*	*	*	○	-	-	-
주방화재 (K급 화재)	-	-	-	-	*	-	*	*	*	-	-	-	*

[주]

"*"의 소화약제별 적응성은 「화재예방, 소방시설 설치유지 및 안전관리에 관한 법률」 제36조에 의한 형식승인 및 제품검사의 기술 기준에 따라 화재 종류별 적응성에 적합한 것으로 인정되는 경우에 한한다.

[별표 2]

소화약제 외의 것을 이용한 간이소화용구의 능력단위

(제3조제6호 관련) <개정 2012.6.11>

간 이 소 화 용 구		능력단위
1. 마른모래	삽을 상비한 50 L 이상의 것 1포	0.5 단위
2. 팽창질석 또는 팽창진주암	삽을 상비한 80 L 이상의 것 1포	

[별표 3] 기술사 101회 관리사 12회·14회

특정소방대상물별 소화기구의 능력단위기준

(제4조제1항제2호 관련) <개정 2012.6.11>

특정소방대상물	소화기구의 능력단위
1. 위락시설	해당 용도의 바닥면적 30m² 마다 능력단위 1단위 이상
2. 공연장 · 집회장 · 관람장 · 문화재 · 장례식장 및 의료시설	해당 용도의 바닥면적 50m² 마다 능력단위 1단위 이상
3. 근린생활시설 · 판매시설 · 운수시설 · 숙박시설 · 노유자시설 · 전시장 · 공동주택 · 업무시설 · 방송통신시설 · 공장 · 창고시설 · 항공기 및 자동차 관련 시설 및 관광휴게시설	해당 용도의 바닥면적 100m² 마다 능력단위 1단위 이상
4. 그 밖의 것	해당 용도의 바닥면적 200m² 마다 능력단위 1단위 이상

[주]

소화기구의 능력단위를 산출함에 있어서 건축물의 주요구조부가 내화구조이고, 벽 및 반자의 실내에 면하는 부분이 불연재료 · 준불연재료 또는 난연재료로 된 특정소방대상물에 있어서는 위 표의 기준면적의 2배를 해당 특정소방대상물의 기준면적으로 한다.

[별표 4] 기술사 01회 관리사 12회 · 14회

부속용도별로 추가하여야 할 소화기구 및 자동소화장치

(제4조제1항제3호 관련) <개정 2021.1.15>

<table>
<tr><th colspan="2">용 도 별</th><th>소화기구의 능력단위</th></tr>
<tr><td colspan="2">1. 다음 각목의 시설. 다만, 스프링클러설비 · 간이스프링클러설비 · 물분무등소화설비 또는 상업용 주방자동소화장치가 설치된 경우에는 자동확산소화기를 설치하지 아니할 수 있다.
가. 보일러실(아파트의 경우 방화구획된 것을 제외한다) · 건조실 · 세탁소 · 대량화기취급소
나. 음식점(지하가의 음식점을 포함한다) · 다중이용업소 · 호텔 · 기숙사 · 노유자 시설 · 의료시설 · 업무시설 · 공장 · 장례식장 · 교육연구시설 · 교정 및 군사시설의 주방 다만, 의료시설 · 업무시설 및 공장의 주방은 공동취사를 위한 것에 한한다. <개정 2017.4.11>
다. 관리자의 출입이 곤란한 변전실 · 송전실 · 변압기실 및 배전반실(불연재료로된 상자안에 장치된 것을 제외한다)</td><td>1. 해당 용도의 바닥면적 25m²마다 능력단위 1단위 이상의 소화기로 하고, 그 외에 자동확산소화기를 바닥면적 10m² 이하는 1개, 10m² 초과는 2개를 설치할 것 <단서 삭제 2021.1.15>
2. 나목의 주방의 경우, 1호에 의하여 설치하는 소화기 중 1개 이상은 주방화재용소화기(K급)를 설치하여야 한다. <신설 2017.4.11></td></tr>
<tr><td colspan="2">2. 발전실 · 변전실 · 송전실 · 변압기실 · 배전반실 · 통신기기실 · 전산기기실 · 기타 이와 유사한 시설이 있는 장소. 다만, 제1호 다목의 장소를 제외한다.</td><td>해당 용도의 바닥면적 50m²마다 적응성이 있는 소화기 1개 이상 또는 유효설치방호체적 이내의 가스 · 분말 · 고체에어로졸 자동소화장치, 캐비닛형자동소화장치(다만, 통신기기실 · 전자기기실을 제외한 장소에 있어서는 교류 600V 또는 직류 750V 이상의 것에 한한다)</td></tr>
<tr><td colspan="2">3. 위험물안전관리법시행령 별표 1에 따른 지정수량의 1/5 이상 지정수량 미만의 위험물을 저장 또는 취급하는 장소</td><td>능력단위 2단위 이상 또는 유효설치방호체적 이내의 가스 · 분말 · 고체에어로졸 자동소화장치, 캐비닛형자동소화장치</td></tr>
<tr><td rowspan="2">4. 소방기본법시행령 별표 2에 따른 특수가연물을 저장 또는 취급하는 장소</td><td>소방기본법시행령 별표 2에서 정하는 수량 이상</td><td>소방기본법시행령 별표 2에서 정하는 수량의 50배 이상마다 능력단위 1단위 이상</td></tr>
<tr><td>소방기본법시행령 별표 2에서 정하는 수량의 500배 이상</td><td>대형소화기 1개 이상</td></tr>
</table>

5. 고압가스안전관리법·액화석유가스의 안전관리 및 사업법 및 도시가스사업법에서 규정하는 가연성가스를 연료로 사용하는 장소	액화석유가스 기타 가연성가스를 연료로 사용하는 연소기기가 있는 장소			각 연소기로부터 보행거리 10m 이내에 능력단위 3단위 이상의 소화기 1개 이상. 다만, 상업용 주방자동소화장치가 설치된 장소는 제외한다. <개정 2017.4.11>
	액화석유가스 기타 가연성가스를 연료로 사용하기 위하여 저장하는 저장실(저장량 300kg 미만은 제외한다)			능력단위 5단위 이상의 소화기 2개 이상 및 대형소화기 1개 이상
6. 고압가스 안전관리법·액화석유가스의 안전관리 및 사업법 또는 도시가스사업법에서 규정하는 가연성가스를 제조하거나 연료외의 용도로 저장·사용하는 장소	저장하고 있는 양 또는 1개월 동안 제조·사용하는 양	200kg 미만	저장하는 장소	능력단위 3단위 이상의 소화기 2개 이상
			제조·사용하는 장소	능력단위 3단위 이상의 소화기 2개 이상
		200kg 이상 300kg 미만	저장하는 장소	능력단위 5단위 이상의 소화기 2개 이상
			제조·사용하는 장소	바닥면적 $50m^2$마다 능력단위 5단위 이상의 소화기 1개 이상
		300kg 이상	저장하는 장소	대형소화기 2개 이상
			제조·사용하는 장소	바닥면적 $50m^2$마다 능력단위 5단위 이상의 소화기 1개 이상

[비고]

액화석유가스·기타 가연성가스를 제조하거나 연료외의 용도로 사용하는 장소에 소화기를 설치하는 때에는 해당 장소 바닥면적 $50m^2$ 이하인 경우에도 해당 소화기를 2개 이상 비치하여야 한다.

[제2장] 옥내소화전설비의 화재안전기준(NFSC 102)

(개정 : 2021. 12. 16. 소방청고시 제2021-43호)

[옥내소화전설비 계통도]

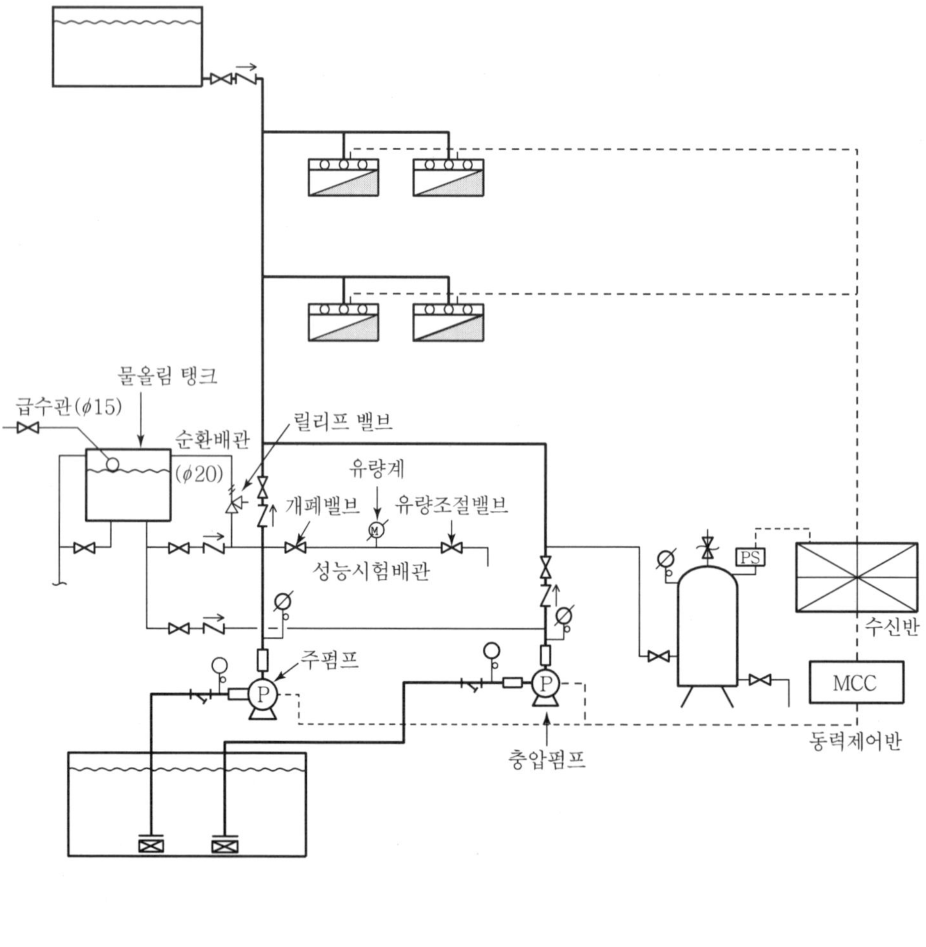

[옥내소화전설비의 주요 화재안전기준]

1. 옥내소화전설비의 주요 설계기준 관리사 2회

항 목		내 용	옥내 소화전	호스릴 소화전
수원량		N : 옥내소화전의 설치개수가 가장 많은 층의 설치개수(2개 이상 설치된 경우에는 2개)에 우측 항의 수량을 곱한 량	$2.6m^3 \times \underline{N}$ (30~49층 : 5.2 / 50층 이상 : 7.8)	$2.6m^3 \times \underline{N}$ (30~49층 : 5.2 / 50층 이상 : 7.8)
방수압력		옥내소화전의 설치개수가 가장 많은 층의 옥내소화전(2개 이상 설치된 경우에는 2개)을 동시에 방수할 때 각 소화전의 노즐선단에서의 방수압력	0.17MPa ~0.7MPa	0.17MPa ~0.7MPa
가압송수장치	정격 유량	옥내소화전의 설치개수가 가장 많은 층의 옥내소화전(N : 2개 이상 설치된 경우에는 2개)을 동시에 방수할 때 각 소화전의 노즐선단에서의 유량	$130\ell/min \times N$ 이상	$130\ell/min \times N$ 이상
	정격 압력	옥내소화전의 설치개수가 가장 많은 층의 옥내소화전(2개 이상 설치된 경우에는 2개)을 동시에 방수할 때 각 소화전의 노즐선단에서의 방수압력	0.17MPa 이상	0.17MPa 이상
배관		주배관 중 수직배관의 구경	50mm	32mm
		옥내소화전 방수구와 연결되는 가지배관의 구경	40mm	25mm
방수구		소방대상물 각 부분으로부터 하나의 옥내소화전 방수구까지의 수평거리	25m	25m
		호스의 구경	40mm 이상	25mm 이상
		노즐의 개폐장치	필요 없음	있어야 함

2. 옥내소화전설비 방수구의 설치제외 대상

(1) 냉장창고 중 온도가 영하인 냉장실 또는 냉동창고의 냉동실
(2) 고온의 노가 설치된 장소 또는 물과 격렬하게 반응하는 물품의 저장 · 취급 장소
(3) 발전소 · 변전소 등으로서 전기시설이 설치된 장소
(4) 식물원 · 수족관 · 목욕실 · 수영장(관람석 부분은 제외) 또는 그 밖의 이와 비슷한 장소
(5) 야외극장 · 야외음악당 또는 그 밖의 이와 비슷한 장소

3. 옥내소화전설비의 비상전원 설치대상

(1) 지상 7층 이상으로서 연면적 2,000m^2 이상인 특정소방대상물
(2) 지하층 바닥면적 합계가 3,000m^2 이상인 특정소방대상물
다만, 여기서 차고 · 주차장 · 보일러실 · 기계실 · 전기실 등의 바닥면적은 제외

4. 옥내소화전설비 송수구의 설치기준

(1) 구경 65mm의 쌍구형 또는 단구형으로 설치
(2) 지면으로부터 높이 0.5~1.0m 위치에 설치
(3) 송수구의 가까운 부분에 자동배수밸브 및 체크밸브를 설치
(4) 소방차가 쉽게 접근할 수 있는 잘 보이는 장소에 설치하되, 화재층으로 부터 지면으로 떨어지는 유리창 등이 송수 및 그 밖의 소화작업에 지장을 주지 아니하는 장소에 설치
(5) 송수구로부터 주배관에 이르는 연결배관에는 개폐밸브를 설치하지 아니할 것

제1조 (목적)

이 기준은 「화재예방, 소방시설 설치 · 유지 및 안전관리에 관한 법률」 제9조제1항에 따라 소방청장에게 위임한 사항 중 소화설비인 옥내소화전설비의 설치 · 유지 및 안전관리에 필요한 사항을 규정함을 목적으로 한다.

제2조 (적용범위)

「화재예방, 소방시설 설치 · 유지 및 안전관리에 관한 법률 시행령」(이하 "영"이라 한다) 별표 5 제1호다목에 따른 옥내소화전설비는 이 기준에서 정하는 규정에 따라 설비를 설치하고 유지 · 관리하여야 한다.

제3조 (정의)

이 기준에서 사용하는 용어의 정의는 다음과 같다.

1. "고가수조"란 구조물 또는 지형지물 등에 설치하여 자연낙차의 압력으로 급수하는 수조를 말한다.
2. "압력수조"란 소화용수와 공기를 채우고 일정압력 이상으로 가압하여 그 압력으로 급수하는 수조를 말한다.
3. "충압펌프"란 배관 내 압력손실에 따른 주펌프의 빈번한 기동을 방지하기 위하여 충압역할을 하는 펌프를 말한다.
4. "정격토출량"이란 정격토출압력에서의 펌프의 토출량을 말한다.
5. "정격토출압력"이란 정격토출량에서의 펌프의 토출측 압력을 말한다.
6. "진공계"란 대기압 이하의 압력을 측정하는 계측기를 말한다.
7. "연성계"란 대기압 이상의 압력과 대기압 이하의 압력을 측정할 수 있는 계측기를 말한다.
8. "체절운전"이란 펌프의 성능시험을 목적으로 펌프토출측의 개폐밸브를 닫은 상태에서 펌프를 운전하는 것을 말한다.
9. "기동용수압개폐장치"란 소화설비의 배관내 압력변동을 검지하여 자동적으로 펌프를 기동 및 정지시키는 것으로서 압력챔버 또는 기동용압력스위치 등을 말한다.
10. "급수배관"이란 수원 및 옥외송수구로부터 옥내소화전방수구에 급수하는 배관을 말한다.

10의2. "분기배관"이란 배관 측면에 구멍을 뚫어 둘 이상의 관로가 생기도록 가공한 배관으로서 확관형 분기배관과 비확관형 분기배관을 말한다. 〈신설 2021.12.16〉

10의3. "확관형 분기배관"이란 배관의 측면에 조그만 구멍을 뚫고 소성가공으로 확관시켜 배관 용접이음자리를 만들거나 배관 용접이음자리에 배관이음쇠를 용접이음한 배관을 말한다. 〈신설 2021.12.16〉

10의4. "비확관형 분기배관"이란 배관의 측면에 분기호칭내경 이상의 구멍을 뚫고 배관이음쇠를 용접이음한 배관을 말한다. 〈신설 2021.12.16〉

11. "개폐표시형밸브"란 밸브의 개폐여부를 외부에서 식별이 가능한 밸브를 말한다.
12. "가압수조"란 가압원인 압축공기 또는 불연성 고압기체에 따라 소방용수를 가압시키는 수조를 말한다. 〈신설 2008.12.15〉

제4조 (수원)

① 옥내소화전설비의 수원은 그 저수량이 옥내소화전의 설치개수가 가장 많은 층의 설치개수(2개 이상 설치된 경우에는 2개)에 2.6m³(호스릴옥내소화전설비를 포함한다)를 곱한 양 이상이 되도록 하여야 한다. 〈개정 2021.4.1〉

② 옥내소화전설비의 수원은 제1항에 따라 산출된 유효수량 외에 유효수량의 3분의 1 이상을 옥상(옥내소화전설비가 설치된 건축물의 주된 옥상을 말한다. 이하 같다)에 설치하여야 한다. 다만, 다음 각 호의 어느 하나에 해당하는 경우에는 그러하지 아니하다. 〈개정 2013.6.10〉

1. 삭제 〈2013.6.10〉
2. 지하층만 있는 건축물
3. 제5조제2항에 따른 고가수조를 가압송수장치로 설치한 옥내소화전설비
4. 수원이 건축물의 최상층에 설치된 방수구보다 높은 위치에 설치된 경우 〈개정 2015.1.23〉
5. 건축물의 높이가 지표면으로부터 10m 이하인 경우
6. 주펌프와 동등 이상의 성능이 있는 별도의 펌프로서 내연기관의 기동과 연동하여 작동되거나 비상전원을 연결하여 설치한 경우
7. 제5조제1항제9호 단서에 해당하는 경우 〈신설 2008.12.15〉
8. 제5조제4항에 따라 가압수조를 가압송수장치로 설치한 옥내소화전설비 〈신설 2009.10.22〉

③ 삭제 〈2013.6.11〉

④ 옥상수조(제1항에 따라 산출된 유효수량의 3분의 1 이상을 옥상에 설치한 설비를 말한다. 이하 같다)는 이와 연결된 배관을 통하여 상시 소화수를 공급할 수 있는 구조인 특정소방대상물인 경우에는 둘 이상의 특정소방대상물이 있더라도 하나의 특정소방대상물에만 이를 설치할 수 있다. [종전의 제3항에서 이동 2012.2.15]

⑤ 옥내소화전설비의 수원을 수조로 설치하는 경우에는 소방설비의 전용수조로 하여야 한다. 다만, 다음 각 호의 어느 하나에 해당하는 경우에는 그러하지 아니하다. [종전의 제4항에서 이동 2012.2.15] 〈개정 2013.6.10〉

1. 옥내소화전펌프의 후드밸브 또는 흡수배관의 흡수구(수직회전축펌프의 흡수구를 포함한다. 이하 같다)를 다른 설비(소방용설비 외의 것을 말한다. 이하 같다)의 후드밸브 또는 흡수구보다 낮은 위치에 설치한 때
2. 제5조제2항에 따른 고가수조로부터 옥내소화전설비의 수직배관에 물을 공급하는 급수구를 다른 설비의 급수구보다 낮은 위치에 설치한 때

⑥ 제1항 및 제2항에 따른 저수량을 산정함에 있어서 다른 설비와 겸용하여 옥내소화전설비용 수조를 설치하는 경우에는 옥내소화전설비의 후드밸브 · 흡수구 또는 수직배관의 급수구와 다른 설비의 후드밸브 · 흡수구 또는 수직배관의 급수구와의 사이의 수량을 그 유효수량으로 한다. [종전의 제5항에서 이동 2012.2.15]

⑦ 옥내소화전설비용 수조는 다음 각 호의 기준에 따라 설치하여야 한다. [종전의 제6항에서 이동 2012.2.15]

1. 점검에 편리한 곳에 설치할 것
2. 동결방지조치를 하거나 동결의 우려가 없는 장소에 설치할 것
3. 수조의 외측에 수위계를 설치할 것. 다만, 구조상 불가피한 경우에는 수조의 맨홀 등을 통하여 수조 안의 물의 양을 쉽게 확인할 수 있도록 하여야 한다.
4. 수조의 상단이 바닥보다 높은 때에는 수조의 외측에 고정식 사다리를 설치할 것
5. 수조가 실내에 설치된 때에는 그 실내에 조명설비를 설치할 것
6. 수조의 밑 부분에는 청소용 배수밸브 또는 배수관을 설치할 것
7. 수조의 외측의 보기 쉬운 곳에 "옥내소화전설비용 수조"라고 표시한 표지를 할 것. 이 경우 그 수조를 다른 설비와 겸용하는 때에는 그 겸용되는 설비의 이름을 표시한 표지를 함께 하여야 한다.
8. 옥내소화전펌프의 흡수배관 또는 옥내소화전설비의 수직배관과 수조의 접속부분에는 "옥내소화전설비용 배관"이라고 표시한 표지를 할 것. 다만, 수조와 가까운 장소에 옥내소화전펌프가 설치되고 옥내소화전펌프에 제5조제1항제14호에 따른 표지를 설치한 때에는 그러하지 아니하다.

제5조 (가압송수장치)

① 전동기 또는 내연기관에 따른 펌프를 이용하는 가압송수장치는 다음 각 호의 기준에 따라 설치하여야 한다. 다만, 가압송수장치의 주펌프는 전동기에 따른 펌프로 설치하여야 한다. 〈개정 2015.1.23〉

1. 쉽게 접근할 수 있고 점검하기에 충분한 공간이 있는 장소로서 화재 및 침수 등의 재해로 인한 피해를 받을 우려가 없는 곳에 설치할 것
2. 동결방지조치를 하거나 동결의 우려가 없는 장소에 설치할 것
3. 특정소방대상물의 어느 층에 있어서도 해당 층의 옥내소화전(<u>2개 이상</u> 설치된 경우에는 <u>2개의</u> 옥내소화전)을 동시에 사용할 경우 각 소화전의 노즐선단에서의 방수압력이 0.17MPa(호스릴옥내소화전설비를 포함한다) 이상이고, 방수량이 130ℓ/min(호스릴옥내소화전설비를 포함한다) 이상이 되는 성능의 것으로 할 것. 다만, 하나의 옥내소화전을 사용하는 노즐선단에서의 방수압력이 0.7MPa을 초과할 경우에는 호스접결구의 인입 측에 감압장치를 설치하여야 한다. 〈개정예고 2020.8.19〉
4. 펌프의 토출량은 옥내소화전이 가장 많이 설치된 층의 설치개수(옥내소화전이 <u>2개 이상</u> 설치된 경우에는 <u>2개</u>)에 130ℓ/min를 곱한 양 이상이 되도록 할 것 〈개정 2021.4.1〉

5. 펌프는 전용으로 할 것. 다만, 다른 소화설비와 겸용하는 경우 각각의 소화설비의 성능에 지장이 없을 때에는 그러하지 아니하다.
5의2. 삭제 〈2013.6.11〉
6. 펌프의 토출 측에는 압력계를 체크밸브 이전에 펌프토출 측 플랜지에서 가까운 곳에 설치하고, 흡입 측에는 연성계 또는 진공계를 설치할 것. 다만, 수원의 수위가 펌프의 위치보다 높거나 수직회전축 펌프의 경우에는 연성계 또는 진공계를 설치하지 아니할 수 있다.
7. 가압송수장치에는 정격부하운전 시 펌프의 성능을 시험하기 위한 배관을 설치할 것. 다만, 충압펌프의 경우에는 그러하지 아니하다.
8. 가압송수장치에는 체절운전 시 수온의 상승을 방지하기 위한 순환배관을 설치할 것. 다만, 충압펌프의 경우에는 그러하지 아니하다.
9. 기동장치로는 기동용수압개폐장치 또는 이와 동등 이상의 성능이 있는 것을 설치할 것. 다만, 학교 · 공장 · 창고시설(제4조제2항에 따라 옥상수조를 설치한 대상은 제외한다)로서 동결의 우려가 있는 장소에 있어서는 기동스위치에 보호판을 부착하여 옥내소화전함 내에 설치할 수 있다. 〈개정 2016.5.16〉
9의2. 제9호 단서의 경우에는 주펌프와 동등 이상의 성능이 있는 별도의 펌프로서 내연기관의 기동과 연동하여 작동되거나 비상전원을 연결한 펌프를 추가 설치할 것. 다만, 다음 각 목의 경우는 제외한다. 〈신설 2016.5.16〉
   가. 지하층만 있는 건축물
   나. 고가수조를 가압송수장치로 설치한 경우
   다. 수원이 건축물의 최상층에 설치된 방수구보다 높은 위치에 설치된 경우
   라. 건축물의 높이가 지표면으로부터 10m 이하인 경우
   마. 가압수조를 가압송수장치로 설치한 경우
10. 기동용수압개폐장치(압력챔버)를 사용할 경우 그 용적은 100ℓ 이상의 것으로 할 것
11. 수원의 수위가 펌프보다 낮은 위치에 있는 가압송수장치에는 다음 각 목의 기준에 따른 물올림장치를 설치할 것 〈개정 2013.6.10〉 관리사 1회
   가. 물올림장치에는 전용의 탱크를 설치할 것
   나. 탱크의 유효수량은 100ℓ 이상으로 하되, 구경 15mm 이상의 급수배관에 따라 해당 탱크에 물이 계속 보급되도록 할 것
12. 기동용수압개폐장치를 기동장치로 사용할 경우에는 다음 각 목의 기준에 따른 충압펌프를 설치할 것 〈단서 삭제예고 2020.8.19〉
   가. 펌프의 토출압력은 그 설비의 최고위 호스접결구의 자연압보다 적어도 0.2MPa이 더 크도록 하거나 가압송수장치의 정격토출압력과 같게 할 것
   나. 펌프의 정격토출량은 정상적인 누설량보다 적어서는 아니 되며, 옥내소화전설비가 자동적으로 작동할 수 있도록 충분한 토출량을 유지할 것
13. 내연기관을 사용하는 경우에는 다음 각 목의 기준에 적합한 것으로 할 것 〈개정 2013.6.10〉

가. 내연기관의 기동은 제9호의 기동장치를 설치하거나 또는 소화전함의 위치에서 원격조작이 가능하고 기동을 명시하는 적색등을 설치할 것

나. 제어반에 따라 내연기관의 자동기동 및 수동기동이 가능하고, 상시 충전되어 있는 축전지설비를 갖출 것

다. 내연기관의 연료량은 펌프를 20분(층수가 30층 이상 49층 이하는 40분, 50층 이상은 60분) 이상 운전할 수 있는 용량일 것 〈신설 2013.6.10〉

14. 가압송수장치에는 "옥내소화전펌프"라고 표시한 표지를 할 것. 이 경우 그 가압송수장치를 다른 설비와 겸용하는 때에는 그 겸용되는 설비의 이름을 표시한 표지를 함께 하여야 한다.

15. 가압송수장치가 기동이 된 경우에는 자동으로 정지되지 아니하도록 하여야 한다. 다만, 충압펌프의 경우에는 그러하지 아니하다. 〈개정 2008.12.15〉

16. 가압송수장치는 부식 등으로 인한 펌프의 고착을 방지할 수 있도록 다음 각 목의 기준에 적합한 것으로 할 것. 다만, 충압펌프는 제외한다. 〈신설 2021.4.1〉

가. 임펠러는 청동 또는 스테인리스 등 부식에 강한 재질을 사용할 것

나. 펌프축은 스테인리스 등 부식에 강한 재질을 사용할 것

② 고가수조의 자연낙차를 이용한 가압송수장치는 다음 각 호의 기준에 따라 설치하여야 한다.

1. 고가수조의 자연낙차수두(수조의 하단으로부터 최고층에 설치된 소화전 호스 접결구까지의 수직거리를 말한다)는 다음의 식에 따라 산출한 수치 이상이 되도록 할 것〈개정 2008.12.15〉

$H = h_1 + h_2 + 17$ (호스릴옥내소화전설비를 포함한다)

여기서, H : 필요한 낙차(m)

h_1 : 소방용호스 마찰손실 수두(m)

h_2 : 배관의 마찰손실 수두(m)

2. 고가수조에는 수위계 · 배수관 · 급수관 · 오버플로우관 및 맨홀을 설치할 것

③ 압력수조를 이용한 가압송수장치는 다음 각 호의 기준에 따라 설치하여야 한다.

1. 압력수조의 압력은 다음의 식에 따라 산출한 수치 이상으로 할 것 〈개정 2008.12.15〉

$P = p_1 + p_2 + p_3 + 0.17$ (호스릴옥내소화전설비를 포함한다)

여기서, P : 필요한 압력(MPa)

p_1 : 소방용호스의 마찰손실 수두압(MPa)

p_2 : 배관의 마찰손실 수두압(MPa)

p_3 : 낙차의 환산 수두압(MPa)

2. 압력수조에는 수위계 · 급수관 · 배수관 · 급기관 · 맨홀 · 압력계 · 안전장치 및 압력저

하 방지를 위한 자동식 공기압축기를 설치할 것

④ 가압수조를 이용한 가압송수장치는 다음 각 호의 기준에 따라 설치하여야 한다. 〈신설 2008.12.15〉

1. 가압수조의 압력은 제1항제3호에 따른 방수량 및 방수압이 20분 이상 유지되도록 할 것 〈개정 2012.2.15, 2013.6.11〉
2. 삭제 〈2015.1.23〉
3. 가압수조 및 가압원은 「건축법 시행령」 제46조에 따른 방화구획 된 장소에 설치할 것
4. 삭제 〈2015.1.23〉
5. 가압수조를 이용한 가압송수장치는 소방청장이 정하여 고시한 「가압수조식가압송수장치의 성능인증 및 제품검사의 기술기준」에 적합한 것으로 설치할 것

제6조 (배관 등)

① 배관과 배관이음쇠는 다음 각 호의 어느 하나에 해당하는 것 또는 동등 이상의 강도·내식성 및 내열성을 국내·외 공인기관으로부터 인정받은 것을 사용하여야 하고, 배관용 스테인레스강관(KS D 3576)의 이음을 용접으로 할 경우에는 알곤용접방식에 따른다. 다만, 본조에서 정하지 않은 사항은 건설기술진흥법 제44조제1항의 규정에 따른 건축기계설비공사 표준설명서에 따른다. 〈개정 2016.7.13〉

1. 배관 내 사용압력이 1.2MPa 미만일 경우에는 다음 각 목의 어느 하나에 해당하는 것 〈개정 2016.7.13〉
   가. 배관용 탄소강관(KS D 3507)
   나. 이음매 없는 구리 및 구리합금관(KS D 5301). 다만, 습식의 배관에 한한다.
   다. 배관용 스테인리스강관(KS D 3576) 또는 일반배관용 스테인리스강관(KS D 3595)
   라. 덕타일 주철관(KS D 4311)
2. 배관 내 사용압력이 1.2MPa 이상일 경우에는 다음 각 목의 어느 하나에 해당하는 것 〈개정 2016.7.13〉
   가. 압력배관용 탄소강관(KS D 3562)
   나. 배관용 아크용접 탄소강 강관(KS D 3583)

② 제1항에도 불구하고 다음 각 호의 어느 하나에 해당하는 장소에는 소방청장이 정하여 고시한 「소방용합성수지배관의 성능인증 및 제품검사의 기술기준」에 적합한 소방용 합성수지배관으로 설치할 수 있다. 〈개정 2013.6.10, 2015.1.23〉

1. 배관을 지하에 매설하는 경우
2. 다른 부분과 내화구조로 구획된 덕트 또는 피트의 내부에 설치하는 경우
3. 천장(상층이 있는 경우에는 상층바닥의 하단을 포함한다. 이하 같다)과 반자를 불연재료 또는 준불연 재료로 설치하고 그 내부에 습식으로 배관을 설치하는 경우

③ 급수배관은 전용으로 하여야 한다. 다만, 옥내소화전의 기동장치의 조작과 동시에 다른 설비의 용도에 사용하는 배관의 송수를 차단할 수 있거나, 옥내소화전설비의 성능에 지장이

없는 경우에는 다른 설비와 겸용할 수 있다.

④ 삭제 〈2013.6.11〉

⑤ 펌프의 흡입 측 배관은 다음 각 호의 기준에 따라 설치하여야 한다. [종전의 제4항에서 이동 2012.2.15]

1. 공기고임이 생기지 아니하는 구조로 하고 여과장치를 설치할 것
2. 수조가 펌프보다 낮게 설치된 경우에는 각 펌프(충압펌프를 포함한다)마다 수조로부터 별도로 설치할 것

⑥ 펌프의 토출 측 주배관의 구경은 유속이 4m/s 이하가 될 수 있는 크기 이상으로 하여야 하고, 옥내소화전방수구와 연결되는 가지배관의 구경은 40mm(호스릴옥내소화전설비의 경우에는 25mm) 이상으로 하여야 하며, 주배관중 수직배관의 구경은 50mm(호스릴옥내소화전설비의 경우에는 32mm) 이상으로 하여야 한다. 〈개정 2008.12.15〉 [종전의 제5항에서 이동 2012.2.15]

⑦ 연결송수관설비의 배관과 겸용할 경우의 주배관은 구경 100mm 이상, 방수구로 연결되는 배관의 구경은 65mm 이상의 것으로 하여야 한다. [종전의 제6항에서 이동 2012.2.15]

⑧ 펌프의 성능은 체절운전 시 정격토출압력의 140%를 초과하지 아니하고, 정격토출량의 150%로 운전 시 정격토출압력의 65% 이상이 되어야 하며, 펌프의 성능시험배관은 다음 각 호의 기준에 적합하여야 한다. [종전의 제7항에서 이동 2012.2.15]

1. 성능시험배관은 펌프의 토출측에 설치된 개폐밸브 이전에서 분기하여 설치하고, 유량측정장치를 기준으로 전단 직관부에 개폐밸브를 후단 직관부에는 유량조절밸브를 설치할 것 관리사 19회
2. 유량측정장치는 성능시험배관의 직관부에 설치하되, 펌프의 정격토출량의 175% 이상 측정할 수 있는 성능이 있을 것 관리사 19회

⑨ 가압송수장치의 체절운전 시 수온의 상승을 방지하기 위하여 체크밸브와 펌프사이에서 분기한 구경 20mm 이상의 배관에 체절압력 미만에서 개방되는 릴리프밸브를 설치하여야 한다. [종전의 제8항에서 이동 2012.2.15]

⑩ 동결방지조치를 하거나 동결의 우려가 없는 장소에 설치하여야 한다. 다만, 보온재를 사용할 경우에는 난연재료 성능이상의 것으로 하여야 한다. 〈개정 2012.2.15, 2015.1.23〉

⑪ 급수배관에 설치되어 급수를 차단할 수 있는 개폐밸브(옥내소화전방수구를 제외한다)는 개폐표시형으로 하여야 한다. 이 경우 펌프의 흡입측 배관에는 버터플라이밸브 외의 개폐표시형밸브를 설치하여야 한다. [종전의 제10항에서 이동 2012.2.15]

⑫ 배관은 다른 설비의 배관과 쉽게 구분이 될 수 있는 위치에 설치하거나, 그 배관표면 또는 배관 보온재표면의 색상은 「한국산업표준(배관계의 식별 표시, KS A 0503)」 또는 적색으로 식별이 가능하도록 소방용설비의 배관임을 표시하여야 한다. 〈개정 2008.12.15〉 [종전의 제11항에서 이동 2012.2.15]〈개정 2013.6.10〉

⑬ 옥내소화전설비에는 소방차로부터 그 설비에 송수할 수 있는 송수구를 다음 각 호의 기준에 의하여 설치하여야 한다. [종전의 제12항에서 이동 2012.2.15] 〈개정 2013.6.10〉

1. 송수구는 소방차가 쉽게 접근할 수 있는 잘 보이는 장소에 설치하되 화재층으로부터 지면으로 떨어지는 유리창 등이 송수 및 그 밖의 소화작업에 지장을 주지 아니하는 장소에 설치할 것 〈개정 2013.6.10〉
2. 송수구로부터 주 배관에 이르는 연결배관에는 개폐밸브를 설치하지 아니할 것. 다만, 스프링클러설비 · 물분무소화설비 · 포소화설비 또는 연결송수관 설비의 배관과 겸용하는 경우에는 그러하지 아니하다.
3. 지면으로부터 높이가 0.5m 이상 1m 이하의 위치에 설치할 것
4. 구경 65mm의 쌍구형 또는 단구형으로 할 것
5. 송수구의 가까운 부분에 자동배수밸브(또는 직경 5mm의 배수공) 및 체크밸브를 설치할 것. 이 경우 자동배수밸브는 배관안의 물이 잘 빠질 수 있는 위치에 설치하되, 배수로 인하여 다른 물건 또는 장소에 피해를 주지 아니하여야 한다.
6. 송수구에는 이물질을 막기 위한 마개를 씌울 것 〈신설 2008.12.15〉

⑭ 확관형 분기배관을 사용할 경우에는 소방청장이 정하여 고시한 「분기배관의 성능인증 및 제품검사의 기술기준」에 적합한 것으로 설치하여야 한다. 〈개정 2021.12.16〉

제7조 (함 및 방수구 등)

① 옥내소화전설비의 함은 다음 각 호의 기준에 따라 설치하여야 한다.

1. 함은 소방청장이 정하여 고시한 「소화전함 성능인증 및 제품검사의 기술기준」에 적합한 것으로 설치하되 밸브의 조작, 호스의 수납 및 문의 개방 등 옥내소화전 사용에 장애가 없도록 설치할 것. 연결송수관의 방수구를 같이 설치하는 경우에도 또한 같다. 〈개정 2021.4.1〉
2. 삭제 〈2015.1.23〉
3. 제1호와 제2호에도 불구하고 제2항제1호의 기준을 초과하는 경우로서 기둥 또는 벽이 설치되지 아니한 대형공간의 경우는 다음 각 목의 기준에 따라 설치할 수 있다. 〈개정 2013.6.10〉
   가. 호스 및 관창은 방수구의 가장 가까운 장소의 벽 또는 기둥 등에 함을 설치하여 비치 할 것
   나. 방수구의 위치표지는 표시등 또는 축광도료 등으로 상시 확인이 가능토록 할 것

② 옥내소화전방수구는 다음 각 호의 기준에 따라 설치하여야 한다.

1. 특정소방대상물의 층마다 설치하되, 해당 특정소방대상물의 각 부분으로부터 하나의 옥내소화전방수구까지의 수평거리가 25m(호스릴옥내소화전설비를 포함한다) 이하가 되도록 할 것. 다만, 복층형 구조의 공동주택의 경우에는 세대의 출입구가 설치된 층에만 설치할 수 있다. 〈개정 2008.12.15, 2009.10.22〉
2. 바닥으로부터의 높이가 1.5m 이하가 되도록 할 것
3. 호스는 구경 40mm(호스릴옥내소화전설비의 경우에는 25mm) 이상의 것으로서 특정소방대상물의 각 부분에 물이 유효하게 뿌려질 수 있는 길이로 설치할 것

4. 호스릴옥내소화전설비의 경우 그 노즐에는 노즐을 쉽게 개폐할 수 있는 장치를 부착할 것

③ 표시등은 다음 각 호의 기준에 따라 설치하여야 한다.

1. 옥내소화전설비의 위치를 표시하는 표시등은 함의 상부에 설치하되, 소방청장이 고시하는 「표시등의 성능인증 및 제품검사의 기술기준」에 적합한 것으로 할 것 〈개정 2015.1.23〉
2. 가압송수장치의 기동을 표시하는 표시등은 옥내소화전함의 상부 또는 그 직근에 설치하되 적색등으로 할 것. 다만, 자체소방대를 구성하여 운영하는 경우(「위험물 안전관리법 시행령」 별표8에서 정한 소방자동차와 자체소방대원의 규모를 말한다) 가압송수장치의 기동표시등을 설치하지 않을 수 있다. 〈개정 2013.6.10〉
3. 삭제 〈2015.1.23〉

④ 옥내소화전설비의 함에는 그 표면에 "소화전"이라는 표시와 그 사용요령을 기재한 표지판(외국어 병기)을 붙여야 한다. 〈개정 2010.12.27〉

제8조 (전원)

① 옥내소화전설비에는 그 특정소방대상물의 수전방식에 따라 다음 각 호의 기준에 따른 상용전원회로의 배선을 설치하여야 한다. 다만, 가압수조방식으로서 모든 기능이 20분 이상 유효하게 지속될 수 있는 경우에는 그러하지 아니하다. 〈개정 2008.12.15, 2012.2.15, 2013.6.11〉

1. 저압수전인 경우에는 인입개폐기의 직후에서 분기하여 전용배선으로 하여야 하며, 전용의 전선관에 보호 되도록 할 것
2. 특별고압수전 또는 고압수전일 경우에는 전력용 변압기 2차측의 주차단기 1차측에서 분기하여 전용배선으로 하되, 상용전원의 상시공급에 지장이 없을 경우에는 주차단기 2차측에서 분기하여 전용배선으로 할 것. 다만, 가압송수장치의 정격입력전압이 수전전압과 같은 경우에는 제1호의 기준에 따른다.

② 다음 각 호의 어느 하나에 해당하는 특정소방대상물의 옥내소화전설비에는 비상전원을 설치하여야 한다. 다만, 2 이상의 변전소(「전기사업법」 제67조에 따른 변전소를 말한다. 이하 같다)에서 전력을 동시에 공급받을 수 있거나 하나의 변전소로부터 전력의 공급이 중단되는 때에는 자동으로 다른 변전소로부터 전원을 공급받을 수 있도록 상용전원을 설치한 경우와 가압수조방식에는 그러하지 아니하다. 〈개정 2008.12.15, 2013.6.10〉 기술사 94회

1. 층수가 7층 이상으로서 연면적이 2,000m^2 이상인 것 〈개정 2013.6.10〉
2. 제1호에 해당하지 아니하는 특정소방대상물로서 지하층의 바닥면적의 합계가 3,000m^2 이상인 것 〈개정 2013.6.10〉

③ 제2항에 따른 비상전원은 자가발전설비, 축전지설비(내연기관에 따른 펌프를 사용하는 경우에는 내연기관의 기동 및 제어용 축전지를 말한다) 또는 전기저장장치(외부 전기에너지를 저장해 두었다가 필요한 때 전기를 공급하는 장치)로서 다음 각 호의 기준에 따라 설치하여야 한다. 〈개정 2016.7.13〉 기술사 88회

1. 점검에 편리하고 화재 및 침수 등의 재해로 인한 피해를 받을 우려가 없는 곳에 설치할 것
2. 옥내소화전설비를 유효하게 20분 이상 작동할 수 있어야 할 것 〈개정 2012.2.15, 2013.6.11〉
3. 상용전원으로부터 전력의 공급이 중단된 때에는 자동으로 비상전원으로부터 전력을 공급받을 수 있도록 할 것
4. 비상전원(내연기관의 기동 및 제어용 축전기를 제외한다)의 설치장소는 다른 장소와 방화구획 할 것. 이 경우 그 장소에는 비상전원의 공급에 필요한 기구나 설비외의 것(열병합발전설비에 필요한 기구나 설비는 제외한다)을 두어서는 아니 된다. 〈개정 2008.12.15〉
5. 비상전원을 실내에 설치하는 때에는 그 실내에 비상조명등을 설치할 것

제9조 (제어반)

① 옥내소화전설비에는 제어반을 설치하되, 감시제어반과 동력제어반으로 구분하여 설치하여야 한다. 다만, 다음 각 호의 어느 하나에 해당하는 옥내소화전설비의 경우에는 감시제어반과 동력제어반으로 구분하여 설치하지 아니할 수 있다. 〈개정 2013.6.10〉

1. 제8조제2항에 해당하지 아니하는 특정소방대상물에 설치되는 옥내소화전설비
2. 내연기관에 따른 가압송수장치를 사용하는 옥내소화전설비
3. 고가수조에 따른 가압송수장치를 사용하는 옥내소화전설비
4. 가압수조에 따른 가압송수장치를 사용하는 옥내소화전설비 〈신설 2008.12.15〉

② 감시제어반의 기능은 다음 각 호의 기준에 적합하여야 한다. 관리사 10회

1. 각 펌프의 작동여부를 확인할 수 있는 표시등 및 음향경보기능이 있어야 할 것
2. 각 펌프를 자동 및 수동으로 작동시키거나 중단시킬 수 있어야 할 것 〈개정 2008.12.15, 2013.6.10〉
3. 비상전원을 설치한 경우에는 상용전원 및 비상전원의 공급여부를 확인할 수 있어야 할 것 〈개정 2008.12.15〉
4. 수조 또는 물올림탱크가 저수위로 될 때 표시등 및 음향으로 경보할 것
5. 각 확인회로(기동용수압개폐장치의 압력스위치회로 · 수조 또는 물올림탱크의 감시회로를 말한다)마다 도통시험 및 작동시험을 할 수 있어야 할 것
6. 예비전원이 확보되고 예비전원의 적합여부를 시험할 수 있어야 할 것

③ 감시제어반은 다음 각 호의 기준에 따라 설치하여야 한다.

1. 화재 및 침수 등의 재해로 인한 피해를 받을 우려가 없는 곳에 설치할 것
2. 감시제어반은 옥내소화전설비의 전용으로 할 것. 다만, 옥내소화전설비의 제어에 지장이 없는 경우에는 다른 설비와 겸용할 수 있다.
3. 감시제어반은 다음 각 목의 기준에 따른 전용실 안에 설치할 것. 다만 제1항 각 호의 어느 하나에 해당하는 경우와 공장, 발전소 등에서 설비를 집중 제어 · 운전할 목적으로 설치하는 중앙제어실내에 감시제어반을 설치하는 경우에는 그러하지 아니하다.

가. 다른 부분과 방화구획을 할 것. 이 경우 전용실의 벽에는 기계실 또는 전기실 등의 감시를 위하여 두께 7mm 이상의 망입유리(두께 16.3mm 이상의 접합유리 또는 두께 28mm 이상의 복층유리를 포함한다)로 된 $4m^2$ 미만의 붙박이창을 설치할 수 있다.

나. 피난층 또는 지하 1층에 설치할 것. 다만, 다음 각 세목의 어느 하나에 해당하는 경우에는 지상 2층에 설치하거나 지하 1층 외의 지하층에 설치할 수 있다. 〈개정 2013.6.10〉

(1) 「건축법시행령」 제35조에 따라 특별피난계단이 설치되고 그 계단(부속실을 포함한다)출입구로부터 보행거리 5m이내에 전용실의 출입구가 있는 경우

(2) 아파트의 관리동(관리동이 없는 경우에는 경비실)에 설치하는 경우

다. 비상조명등 및 급·배기설비를 설치할 것

라. 「무선통신보조설비의 화재안전기준(NFSC 505)」 제5조제3항에 따라 유효하게 통신이 가능할 것(영 별표 5의 제5호마목에 따른 무선통신보조설비가 설치된 특정소방대상물에 한한다) 〈개정 2021.3.25〉

마. 바닥면적은 감시제어반의 설치에 필요한 면적 외에 화재 시 소방대원이 그 감시제어반의 조작에 필요한 최소면적 이상으로 할 것

4. 제3호에 따른 전용실에는 특정소방대상물의 기계·기구 또는 시설 등의 제어 및 감시설비외의 것을 두지 아니할 것

④ 동력제어반은 다음 각 호의 기준에 따라 설치하여야 한다.

1. 앞면은 적색으로 하고 "옥내소화전설비용 동력제어반"이라고 표시한 표지를 설치할 것
2. 외함은 두께 1.5mm 이상의 강판 또는 이와 동등 이상의 강도 및 내열성능이 있는 것으로 할 것
3. 그 밖의 동력제어반의 설치에 관하여는 제3항제1호 및 제2호의 기준을 준용할 것

제10조 (배선 등)

① 옥내소화전설비의 배선은 「전기사업법」 제67조에 따른 기술기준에서 정한 것 외에 다음 각 호의 기준에 따라 설치하여야 한다.

1. 비상전원으로부터 동력제어반 및 가압송수장치에 이르는 전원회로의 배선은 내화배선으로 할 것. 다만, 자가발전설비와 동력제어반이 동일한 실에 설치된 경우에는 자가발전기로부터 그 제어반에 이르는 전원회로의 배선은 그러하지 아니하다.
2. 상용전원으로부터 동력제어반에 이르는 배선, 그 밖의 옥내소화전설비의 감시·조작 또는 표시등회로의 배선은 내화배선 또는 내열배선으로 할 것. 다만, 감시제어반 또는 동력제어반 안의 감시·조작 또는 표시등회로의 배선은 그러하지 아니하다.

② 제1항에 따른 내화배선 및 내열배선에 사용되는 전선 및 설치방법은 별표 1의 기준에 따른다.

③ 옥내소화전설비의 과전류차단기 및 개폐기에는 "옥내소화전설비용"이라고 표시한 표지를

하여야 한다.

④ 옥내소화전설비용 전기배선의 양단 및 접속단자에는 다음 각 호의 기준에 따라 표지하여야 한다.

1. 단자에는 "옥내소화전단자"라고 표시한 표지를 부착할 것
2. 옥내소화전설비용 전기배선의 양단에는 다른 배선과 식별이 용이하도록 표시할 것

제11조 (방수구의 설치제외)

불연재료로 된 특정소방대상물 또는 그 부분으로서 다음 각 호의 어느 하나에 해당하는 곳에는 옥내소화전 방수구를 설치하지 아니할 수 있다. 〈개정 2013.6.10〉

1. 냉장창고 중 온도가 영하인 냉장실 또는 냉동창고의 냉동실 〈개정 2013.6.10〉
2. 고온의 노가 설치된 장소 또는 물과 격렬하게 반응하는 물품의 저장 또는 취급 장소
3. 발전소·변전소 등으로서 전기시설이 설치된 장소
4. 식물원·수족관·목욕실·수영장(관람석 부분을 제외한다) 또는 그 밖의 이와 비슷한 장소
5. 야외음악당·야외극장 또는 그 밖의 이와 비슷한 장소

제12조 (수원 및 가압송수장치의 펌프 등의 겸용)

① 옥내소화전설비의 수원을 스프링클러설비·간이스프링클러설비·화재조기진압용 스프링클러설비·물분무소화설비·포소화전설비 및 옥외소화전설비의 수원과 겸용하여 설치하는 경우의 저수량은 각 소화설비에 필요한 저수량을 합한 양 이상이 되도록 하여야 한다. 다만, 이들 소화설비 중 고정식 소화설비(펌프·배관과 소화수 또는 소화약제를 최종 방출하는 방출구가 고정된 설비를 말한다. 이하 같다)가 2 이상 설치되어 있고, 그 소화설비가 설치된 부분이 방화벽과 방화문으로 구획되어 있는 경우에는 각 고정식 소화설비에 필요한 저수량 중 최대의 것 이상으로 할 수 있다.

② 옥내소화전설비의 가압송수장치로 사용하는 펌프를 스프링클러설비·간이스프링클러설비·화재조기진압용 스프링클러설비·물분무소화설비·포소화설비 및 옥외소화전설비의 가압송수장치와 겸용하여 설치하는 경우의 펌프의 토출량은 각 소화설비에 해당하는 토출량을 합한 양 이상이 되도록 하여야 한다. 다만, 이들 소화설비 중 고정식 소화설비가 2 이상 설치되어 있고, 그 소화설비가 설치된 부분이 방화벽과 방화문으로 구획되어 있으며 각 소화설비에 지장이 없는 경우에는 펌프의 토출량 중 최대의 것 이상으로 할 수 있다.

③ 옥내소화전설비·스프링클러설비·간이스프링클러설비·화재조기진압용 스프링클러설비·물분무소화설비·포소화설비 및 옥외소화전설비의 가압송수장치에 있어서 각 토출측배관과 일반급수용의 가압송수장치의 토출측배관을 상호 연결하여 화재시 사용할 수 있다. 이 경우 연결배관에는 개폐표시형밸브를 설치하여야 하며, 각 소화설비의 성능에 지장이 없도록 하여야 한다.

④ 옥내소화전설비의 송수구를 스프링클러설비·간이스프링클러설비·화재조기진압용 스프

링클러설비 · 물분무소화설비 · 포소화설비 또는 연결송수관비의 송수구와 겸용으로 설치하는 경우에는 스프링클러설비의 송수구의 설치기준에 따르고, 연결살수설비의 송수구와 겸용으로 설치하는 경우에는 옥내소화전설비의 송수구의 설치기준에 따르되 각각의 소화설비의 기능에 지장이 없도록 하여야 한다.

제13조 (설치 · 유지기준의 특례)

소방본부장 또는 소방서장은 기존건축물이 증축 · 개축 · 대수선되거나 용도변경 되는 경우에 있어서 이 기준이 정하는 기준에 따라 해당 건축물에 설치하여야 할 옥내소화전설비의 배관 · 배선 등의 공사가 현저하게 곤란하다고 인정되는 경우에는 해당 설비의 기능 및 사용에 지장이 없는 범위 안에서 옥내소화전설비설치 · 유지기준의 일부를 적용하지 아니할 수 있다.

제14조 (재검토 기한)

소방청장은 「훈령 · 예규 등의 발령 및 관리에 관한 규정」에 따라 이 고시에 대하여 2016년 7월 1일 기준으로 매 3년이 되는 시점(매 3년째의 6월 30일까지를 말한다)마다 그 타당성을 검토하여 개선 등의 조치를 하여야 한다.

부칙 <제2021-18호, 2021.4.1>

제1조 (시행일)

이 고시는 발령한 날부터 시행한다.

[별표 1]

배선에 사용되는 전선의 종류 및 공사방법 (제10조제2항관련)

1. 내화배선 기술사 121 · 123회 관리사 20회

사용전선의 종류	공 사 방 법
1. 450/750V 저독성 난연 가교 폴리올레핀 절연 전선 2. 0.6/1KV 가교 폴리에틸렌 절연 저독성 난연 폴리올레핀 시스 전력 케이블 3. 6/10kV 가교 폴리에틸렌 절연 저독성 난연 폴리올레핀 시스 전력용 케이블 4. 가교 폴리에틸렌 절연 비닐시스 트레이용 난연 전력 케이블 5. 0.6/1kV EP 고무절연 클로로프렌 시스 케이블 6. 300/500V 내열성 실리콘 고무 절연전선(180℃) 7. 내열성 에틸렌-비닐 아세테이트 고무 절연 케이블 8. 버스덕트(Bus Duct) 9. 기타 전기용품안전관리법 및 전기설비기술기준에 따라 동등 이상의 내화성능이 있다고 주무부장관이 인정하는 것	금속관·2종 금속제 가요전선관 또는 합성 수지관에 수납하여 내화구조로 된 벽 또는 바닥 등에 벽 또는 바닥의 표면으로부터 25mm 이상의 깊이로 매설하여야 한다. 다만 다음 각목의 기준에 적합하게 설치하는 경우에는 그러하지 아니하다. 가. 배선을 내화성능을 갖는 배선전용실 또는 배선용 샤프트·피트·덕트 등에 설치하는 경우 나. 배선전용실 또는 배선용 샤프트·피트·덕트 등에 다른 설비의 배선이 있는 경우에는 이로 부터 15cm 이상 떨어지게 하거나 소화설비의 배선과 이웃하는 다른 설비의 배선사이에 배선지름(배선의 지름이 다른 경우에는 가장 큰 것을 기준으로 한다)의 1.5배 이상의 높이의 불연성 격벽을 설치하는 경우
내화전선	케이블공사의 방법에 따라 설치하여야 한다.

[비고]

내화전선의 내화성능은 버어너의 노즐에서 75mm의 거리에서 온도가 750±5℃인 불꽃으로 3시간동안 가열한 다음 12시간 경과 후 전선 간에 허용전류용량 3A의 퓨우즈를 연결하여 내화시험 전압을 가한 경우 퓨우즈가 단선되지 아니하는 것. 또는 소방청장이 정하여 고시한 「내화전선의 성능인증 및 제품검사의 기술기준」에 적합할 것

2. 내열배선 기술사 123회 관리사 20회

사용전선의 종류	공 사 방 법
1. 450/750V 저독성 난연 가교 폴리올레핀 절연 전선 2. 0.6/1KV 가교 폴리에틸렌 절연 저독성 난연 폴리올레핀 시스 전력 케이블 3. 6/10kV 가교 폴리에틸렌 절연 저독성 난연 폴리올레핀 시스 전력용 케이블 4. 가교 폴리에틸렌 절연 비닐시스 트레이용 난연 전력 케이블 5. 0.6/1kV EP 고무절연 클로로프렌 시스 케이블 6. 300/500V 내열성 실리콘 고무 절연전선(180℃) 7. 내열성 에틸렌－비닐 아세테이트 고무 절연케이블 8. 버스덕트(Bus Duct) 9. 기타 전기용품안전관리법 및 전기설비기술기준에 따라 동등 이상의 내열성능이 있다고 주무부장관이 인정하는 것	금속관·금속제 가요전선관·금속덕트 또는 케이블(불연성덕트에 설치하는 경우에 한한다.) 공사방법에 따라야 한다. 다만, 다음 각목의 기준에 적합하게 설치하는 경우에는 그러하지 아니하다. 가. 배선을 내화성능을 갖는 배선전용실 또는 배선용 샤프트·피트·덕트 등에 설치하는 경우 나. 배선전용실 또는 배선용 샤프트·피트·덕트 등에 다른 설비의 배선이 있는 경우에는 이로부터 15cm 이상 떨어지게 하거나 소화설비의 배선과 이웃하는 다른 설비의 배선사이에 배선지름(배선의 지름이 다른 경우에는 지름이 가장 큰 것을 기준으로 한다)의 1.5배 이상의 높이의 불연성 격벽을 설치하는 경우
내화전선·내열전선	케이블공사의 방법에 따라 설치하여야 한다.

[비고]

내열전선의 내열성능은 온도가 816±10℃인 불꽃을 20분간 가한 후 불꽃을 제거하였을 때 10초 이내에 자연소화가 되고, 전선의 연소된 길이가 180mm 이하이거나 가열온도의 값을 한국산업표준(KS F 2257-1)에서 정한 건축구조부분의 내화시험방법으로 15분 동안 380℃까지 가열한 후 전선의 연소된 길이가 가열로의 벽으로부터 150mm 이하일 것. 또는 소방청장이 정하여 고시한 「내열전선의 성능인증 및 제품검사의 기술기준」에 적합할 것

[제3장] 스프링클러설비의 화재안전기준(NFSC 103)

(개정 : 2021. 12. 16. 소방청고시 제2021-44호)

[스프링클러설비 계통도]

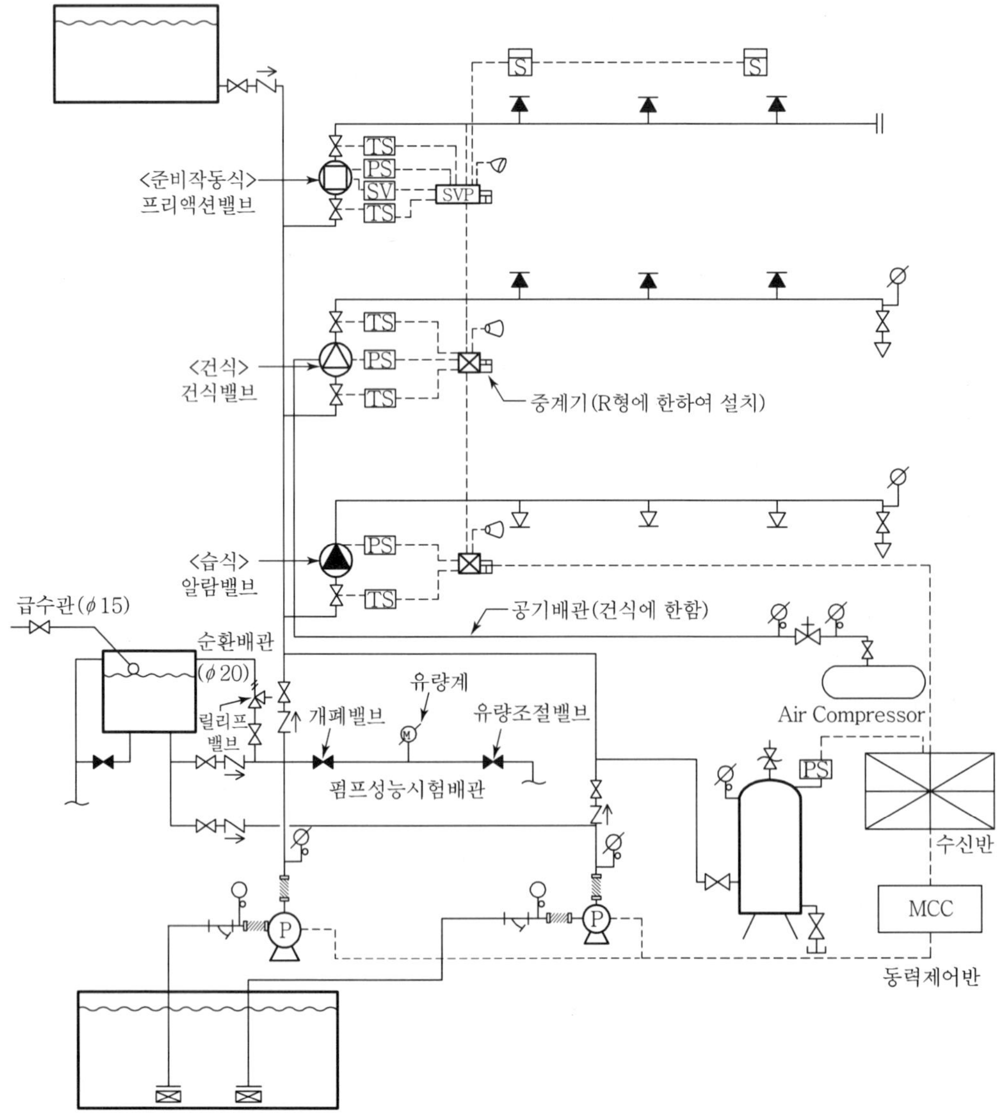

[스프링클러설비의 주요 화재안전기준]

1. 펌프의 정격토출량

(1) 폐쇄형 헤드 : 헤드의 기준개수×80[ℓ /min]

(단, 헤드의 설치개수가 기준개수 미만인 경우 : 설치개수×80[ℓ/min])

(2) 개방형 헤드

1) 최대 방수구역의 헤드 설치개수 30개 이하 : 설치개수×80[ℓ/min]

2) 최대 방수구역의 헤드 설치개수 30개 초과 : 설치개수×$K\sqrt{P}$: (수리계산)

여기서, P : 헤드선단의 방수압력, K : 방출계수

2. 스프링클러헤드의 기준개수

소방대상물			기준개수
지상 층수 10층 이하인 소방대상물	공장, 창고	특수가연물을 저장 취급하는 것	30
		그 밖의 것	20
	근린생활시설·운수시설 또는 복합건축물	판매시설 또는 복합건축물(판매시설이 설치되는 복합건축물)	30
		그 밖의 것	20
지상 층수 10층 이하인 소방대상물	그 밖의 것	헤드 부착 높이 8m 이상	20
		헤드 부착 높이 8m 미만	10
아파트			10
지상층수 11층 이상 또는 지하가 또는 지하역사			30

3. 수원의 양

수원량 = 펌프의 정격토출량×T

여기서, T :
- 29층 이하 : 20분 이상
- 30층~49층 : 40분 이상
- 50층 이상 : 60분 이상

4. 스프링클러헤드의 배치

(1) 헤드의 유효살수반경(포소화설비 헤드의 경우 : 전부 2.1m)

1) 무대부 · 특수가연물을 저장 · 취급하는 장소 : 1.7m 이하

2) 랙크식 창고 : 2.5m 이하(단, 특수가연물을 저장 · 취급하는 랙크식 창고는 1.7m 이하)

3) 아파트 : 3.2m 이하

4) 기타 소방대상물 ┌ 비내화구조 : 2.1m 이하
　　　　　　　　　└ 내화구조 : 2.3m 이하

(2) 헤드의 배치 및 간격

1) 정사각형 배치

헤드와 헤드 간의 간격(직각선) : $S = 2R\cos 45°$

여기서, S : 스프링클러헤드와 헤드 간의 간격

R : 소방대상물의 각 부분으로부터 스프링클러헤드까지의 수평거리

2) 직사각형 배치

헤드와 헤드 간의 간격(대각선) : $X = 2R$

여기서, X : 스프링클러헤드와 헤드 간의 간격(대각선 방향)

R : 소방대상물의 각 부분으로부터 스프링클러헤드까지의 수평거리

4. 스프링클러헤드의 설치기준

(1) 스프링클러 헤드로부터 반경 60cm 이상의 공간을 보유할 것. 다만, 벽과 헤드 간의 공간은 10cm 이상일 것

(2) 헤드와 부착면과의 거리 : 30cm 이하 되게 설치

(3) 배관 · 행거 및 조명기구 등이 있는 경우에는 그로부터 아래에 설치하여 살수에 장애가 없도록 할 것. 다만, 스프링클러헤드와 장애물과의 이격거리를 장애물 폭의 3배 이상 확보한 경우에는 그러하지 아니하다.

(4) 헤드의 반사판은 그 부착면과 평행되게 설치한다.

(5) 습식 스프링클러설비 또는 부압식 스프링클러설비 외의 것은 상향식 헤드로 설치한다.

(6) 연소할 우려가 있는 개구부 : 상하 좌우에 2.5m 간격으로 헤드설치. 다만, 사람이 상시 출입하는 개구부로서 통행에 지장이 있는 경우에는 개구부의 상부 또는 측면에 1.2m 간격으로 설치

(7) 상부 헤드의 방출수가 하부 헤드의 감열부에 영향을 줄 수 있는 경우에는 유효한 차폐판을 설치

(8) 보와 가까운 헤드의 설치기준

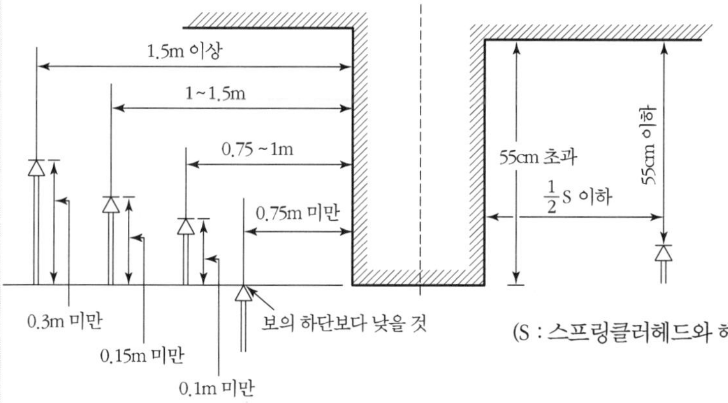

※ 보의 높이가 55cm 초과하고 보의 하단측면 끝부분에서 헤드까지의 거리가 1/2 S 이하인 경우에는 천장면에서 헤드반사판까지의 거리를 55cm 이내로 할 수 있다.

(S : 스프링클러헤드와 헤드 간의 거리)

5. 폐쇄형 스프링클러설비의 방호구역 · 유수검지장치

(1) 하나의 방호구역의 바닥면적은 3,000m^2 이하일 것

(2) 하나의 방호구역은 2개 층에 미치지 아니하도록 할 것. 다만, 1개 층의 스프링클러 헤드수가 10개 이하인 경우와 복층형 구조의 공동주택에는 3개 층 이내로 할 수 있다.

(3) 하나의 방호구역에는 1개 이상(단, 50층 이상인 건축물은 2개 이상)의 유수검지장치를 설치하되, 화재 시 접근이 쉽고 점검이 편리한 장소에 설치할 것

(4) 스프링클러 헤드에 공급되는 물은 유수검지장치 등을 지나도록 할 것. 다만, 송수구를 통하여 공급되는 물은 그러하지 아니하다.

(5) 유수검지장치는 바닥으로부터 0.8~1.5m 높이에 설치하고, 가로 0.5m × 세로 1m 이상의 출입문을 설치. 그 출입문 상단에 '유수검지장치실'이라는 표지를 설치

(6) 자연낙차에 따른 압력수가 흐르는 배관상에 설치된 유수검지장치는 물의 흐름을 검지할 수 있는 최소한의 압력이 얻어질 수 있도록 수조의 하단으로부터 낙차를 두어 설치할 것

(7) 조기반응형 스프링클러헤드를 설치하는 경우에는 습식유수검지장치 또는 부압식 스프링클러설비를 설치할 것

6. 스프링클러헤드의 설치 제외 대상

(1) 계단실, 특별피난계단의 부속실, 비상용승강기의 승강장, 경사로, 승강기의 승강로, 파이프덕트 및 덕트피트, 목욕실, 화장실, 수영장(관람석 부분은 제외), 직접 외기에 개방되어 있는 복도, 기타 이와 유사한 장소

(2) 발전실, 변전실, 변압기, 기타 이와 유사한 전기설비가 설치된 장소

(3) 병원의 수술실, 응급 처치실, 기타 이와 유사한 장소

(4) 통신기기실, 전자기기실, 기타 이와 유사한 장소
(5) 펌프실, 물탱크실, 그 밖의 이와 유사한 장소
(6) 현관 또는 로비 등으로서 바닥으로부터 높이가 20m 이상인 장소
(7) 냉동창고의 냉동실 또는 평상시 온도가 영하인 냉장창고의 냉장실
(8) 고온의 노가 설치된 장소 또는 물과 격렬하게 반응하는 물품의 저장 · 취급장소
(9) 불연재료로 된 소방대상물로서 다음 각목의 1에 해당하는 장소
 1) 정수장, 오물처리장, 그 밖의 이와 비슷한 장소
 2) 펄프 공장의 작업장, 음료수 공장의 세정 · 충전하는 작업장, 그 밖의 이와 유사한 장소
 3) 불연금속 · 석재 등의 가공공장으로서 가연성물질을 저장 · 취급하지 아니하는 장소
 4) 가연성물질이 존재하지 않는 「건축물의 에너지절약설계기준」에 따른 방풍실
(10) 천장과 반자의 양쪽이 불연재료로 되어 있고 그 사이의 거리 및 구조가 다음 각목의 1에 해당하는 부분
 1) 천장과 반자 사이의 거리가 2m 미만인 부분
 2) 천장과 반자 사이의 거리가 2m 이상으로서 그 사이에 가연물이 존재하지 아니하고, 그 벽이 불연재료인 부분
(11) 천장 · 반자 중 한쪽이 불연재료 : 천장과 반자 사이 거리 1m 미만인 곳
(12) 천장 · 반자 중 양쪽 모두 불연재료 이외의 것 : 천장과 반자 사이 거리 0.5m 미만인 곳
(13) 실내의 테니스장, 게이트볼장, 정구장 등으로서 실내 마감재료가 불연재료 또는 준불연재료로 되어 있고 가연물이 존재하지 않는 장소로서 관람석이 없는 운동시설
(14) 공동주택의 발코니에 설치되는 대피공간(거실과 출입문이 면하는 경우는 제외)

7. 준비작동식 스프링클러설비에서 화재감지기회로를 교차회로방식으로 아니할 수 있는 경우
(1) 스프링클러설비의 배관 또는 헤드에 누설경보용 물 또는 압축공기가 채워지는 경우
(2) 부압식 스프링클러설비의 경우
(3) 화재감지기를 「자동화재탐지설비의 화재안전기준」 제7조 제1항 단서 각 호의 감지기(특수감지기 8종) 중 적응성이 있는 감지기로 설치하는 경우

8. 우선경보방식(구분명동방식)의 적용기준

(1) 적용대상

층수가 5층(지하층은 제외) 이상으로서 연면적이 3,000m²를 초과하는 특정소방대상물 또는 그 부분

(2) 층수가 29층 이하인 특정소방대상물의 우선경보 기준

1) 2층 이상의 층에서 발화한 때 : 발화층 및 그 직상층에 한하여 경보

2) 1층에서 발화한 때 : 발화층 · 그 직상층 및 지하층에 한하여 경보

3) 지하층에서 발화한 때 : 발화층 · 그 직상층 및 기타의 지하층에 한하여 경보

(3) 고층건축물(층수 30층 이상)인 특정소방대상물의 우선경보 기준

1) 2층 이상의 층에서 발화한 때 : 발화층 및 그 직상 4개층에 경보

2) 1층에서 발화한 때 : 발화층 · 그 직상 4개층 및 지하층에 경보

3) 지하층에서 발화한 때 : 발화층 · 그 직상층 및 기타의 지하층에 경보

제1조 (목적)

이 기준은 「화재예방, 소방시설 설치 · 유지 및 안전관리에 관한 법률」 제9조제1항에 따라 소방청장에게 위임한 사항 중 소화설비인 스프링클러설비의 설치 · 유지 및 안전관리에 필요한 사항을 규정함을 목적으로 한다.

제2조 (적용범위)

「화재예방, 소방시설 설치 · 유지 및 안전관리에 관한 법률 시행령」(이하 "영"이라 한다) 별표 5 제1호라목에 따른 스프링클러설비는 이 기준에서 정하는 규정에 따라 설비를 설치하고 유지 · 관리하여야 한다.

제3조 (정의)

이 기준에서 사용하는 용어의 정의는 다음과 같다.

1. "고가수조"란 구조물 또는 지형지물 등에 설치하여 자연낙차 압력으로 급수하는 수조를 말한다.
2. "압력수조"란 소화용수와 공기를 채우고 일정압력 이상으로 가압하여 그 압력으로 급수하는 수조를 말한다.
3. "충압펌프"란 배관 내 압력손실에 따른 주펌프의 빈번한 기동을 방지하기 위하여 충압역할을 하는 펌프를 말한다.
4. "정격토출량"이란 정격토출압력에서의 펌프의 토출량을 말한다.
5. "정격토출압력"이란 정격토출량에서의 펌프의 토출측 압력을 말한다.
6. "진공계"란 대기압 이하의 압력을 측정하는 계측기를 말한다.
7. "연성계"란 대기압 이상의 압력과 대기압 이하의 압력을 측정할 수 있는 계측기를 말한다.
8. "체절운전"이란 펌프의 성능시험을 목적으로 펌프토출측의 개폐밸브를 닫은 상태에서

펌프를 운전하는 것을 말한다.

9. “기동용수압개폐장치”란 소화설비의 배관내 압력변동을 검지하여 자동적으로 펌프를 기동 및 정지시키는 것으로서 압력챔버 또는 기동용압력스위치 등을 말한다.
10. “개방형스프링클러헤드”란 감열체 없이 방수구가 항상 열려져 있는 스프링클러헤드를 말한다.
11. “폐쇄형스프링클러헤드”란 정상상태에서 방수구를 막고 있는 감열체가 일정온도에서 자동적으로 파괴 · 용해 또는 이탈됨으로써 방수구가 개방되는 스프링클러헤드를 말한다.
12. “조기반응형헤드”란 표준형스프링클러헤드 보다 기류온도 및 기류속도에 조기에 반응하는 것을 말한다.
13. “측벽형스프링클러헤드”란 가압된 물이 분사될 때 헤드의 축심을 중심으로 한 반원상에 균일하게 분산시키는 헤드를 말한다.
14. “건식스프링클러헤드”란 물과 오리피스가 분리되어 동파를 방지할 수 있는 스프링클러헤드를 말한다.
15. “유수검지장치”란 습식유수검지장치(패들형을 포함한다), 건식유수검지장치, 준비작동식유수검지장치를 말하며 본체 내의 유수현상을 자동적으로 검지하여 신호 또는 경보를 발하는 장치를 말한다. 〈개정 2008.12.15〉
16. “일제개방밸브”란 개방형스프링클러헤드를 사용하는 일제살수식 스프링클러설비에 설치하는 밸브로서 화재발생시 자동 또는 수동식 기동장치에 따라 밸브가 열려지는 것을 말한다. 〈개정 2008.12.15〉
17. “가지배관”이란 스프링클러헤드가 설치되어 있는 배관을 말한다.
18. “교차배관”이란 직접 또는 수직배관을 통하여 가지배관에 급수하는 배관을 말한다.
19. “주배관”이란 각 층을 수직으로 관통하는 수직배관을 말한다.
20. “신축배관”이란 가지배관과 스프링클러헤드를 연결하는 구부림이 용이하고 유연성을 가진 배관을 말한다.
21. “급수배관”이란 수원 및 옥외송수구로부터 스프링클러헤드에 급수하는 배관을 말한다.

21의2. “분기배관”이란 배관 측면에 구멍을 뚫어 둘 이상의 관로가 생기도록 가공한 배관으로서 확관형 분기배관과 비확관형 분기배관을 말한다. 〈신설 2021.12.16〉

21의3. “확관형 분기배관”이란 배관의 측면에 조그만 구멍을 뚫고 소성가공으로 확관시켜 배관 용접이음자리를 만들거나 배관 용접이음자리에 배관이음쇠를 용접이음한 배관을 말한다. 〈신설 2021.12.16〉

21의4. “비확관형 분기배관”이란 배관의 측면에 분기호칭내경 이상의 구멍을 뚫고 배관이음쇠를 용접이음한 배관을 말한다. 〈신설 2021.12.16〉

22. “습식스프링클러설비”란 가압송수장치에서 폐쇄형스프링클러헤드까지 배관 내에 항상 물이 가압되어 있다가 화재로 인한 열로 폐쇄형스프링클러헤드가 개방되면 배관

내에 유수가 발생하여 습식유수검지장치가 작동하게 되는 스프링클러설비를 말한다.

22의2. "부압식스프링클러설비"란 가압송수장치에서 준비작동식유수검지장치의 1차측까지는 항상 정압의 물이 가압되고, 2차측 폐쇄형 스프링클러헤드까지는 소화수가 부압으로 되어 있다가 화재 시 감지기의 작동에 의해 정압으로 변하여 유수가 발생하면 작동하는 스프링클러설비를 말한다. 〈신설 2011.11.24〉

23. "준비작동식스프링클러설비"란 가압송수장치에서 준비작동식유수검지장치 1차 측까지 배관 내에 항상 물이 가압되어 있고 2차 측에서 폐쇄형스프링클러헤드까지 대기압 또는 저압으로 있다가 화재발생시 감지기의 작동으로 준비작동식유수검지장치가 작동하여 폐쇄형스프링클러헤드까지 소화용수가 송수되어 폐쇄형스프링클러헤드가 열에 따라 개방되는 방식의 스프링클러설비를 말한다.

24. "건식스프링클러설비"란 건식유수검지장치 2차 측에 압축공기 또는 질소 등의 기체로 충전된 배관에 폐쇄형스프링클러헤드가 부착된 스프링클러설비로서, 폐쇄형스프링클러헤드가 개방되어 배관내의 압축공기 등이 방출되면 건식유수검지장치 1차 측의 수압에 의하여 건식유수검지장치가 작동하게 되는 스프링클러설비를 말한다. 〈신설 2008.12.15〉

25. "일제살수식스프링클러설비"란 가압송수장치에서 일제개방밸브 1차 측까지 배관 내에 항상 물이 가압되어 있고 2차 측에서 개방형스프링클러헤드까지 대기압으로 있다가 화재발생시 자동감지장치 또는 수동식 기동장치의 작동으로 일제개방밸브가 개방되면 스프링클러헤드까지 소화용수가 송수되는 방식의 스프링클러설비를 말한다. 〈신설 2008.12.15〉

26. "반사판(디프렉타)"이란 스프링클러헤드의 방수구에서 유출되는 물을 세분시키는 작용을 하는 것을 말한다. 〈개정 2008.12.15〉

27. "개폐표시형밸브"란 밸브의 개폐여부를 외부에서 식별이 가능한 밸브를 말한다. 〈개정 2008.12.15〉

28. "연소할 우려가 있는 개구부"란 각 방화구획을 관통하는 컨베이어 · 에스컬레이터 또는 이와 유사한 시설의 주위로서 방화구획을 할 수 없는 부분을 말한다. 〈개정 2008.12.15〉

29. "가압수조"란 가압원인 압축공기 또는 불연성 고압기체에 따라 소방용수를 가압시키는 수조를 말한다. 〈신설 2008.12.15〉

30. "소방부하"란 법 제2조제1항제1호에 따른 소방시설 및 방화 · 피난 · 소화활동을 위한 시설의 전력부하를 말한다. 〈신설 2011.11.24〉

31. "소방전원 보존형 발전기"란 소방부하 및 소방부하 이외의 부하(이하 비상부하라 한다)겸용의 비상발전기로서, 상용전원 중단 시에는 소방부하 및 비상부하에 비상전원이 동시에 공급되고, 화재 시 과부하에 접근될 경우 비상부하의 일부 또는 전부를 자동적으로 차단하는 제어장치를 구비하여, 소방부하에 비상전원을 연속 공급하는 자가발전설비를 말한다. 〈신설 2011.11.24, 개정 2013.6.10〉

제4조 (수원)

① 스프링클러설비의 수원은 그 저수량이 다음 각 호의 기준에 적합하도록 하여야 한다.

1. 폐쇄형스프링클러헤드를 사용하는 경우에는 다음 표의 스프링클러설비 설치장소별 스프링클러헤드의 기준개수[스프링클러헤드의 설치개수가 가장 많은 층(아파트의 경우에는 설치개수가 가장 많은 세대)에 설치된 스프링클러헤드의 개수가 기준개수보다 작은 경우에는 그 설치개수를 말한다. 이하 같다]에 1.6m³를 곱한 양 이상이 되도록 할 것 〈개정 2013.6.10〉

스프링클러설비 설치장소			기준개수
지하층을 제외한 층수가 10층 이하인 소방대상물	공장 또는 창고(랙크식 창고를 포함한다)	특수가연물을 저장·취급하는 것	30
		그 밖의 것	20
	근린생활시설·판매시설·운수시설 또는 복합건축물	판매시설 또는 복합건축물(판매시설이 설치되는 복합건축물을 말한다)	30
		그 밖의 것	20
	그 밖의 것	헤드의 부착높이가 8m 이상인 것	20
		헤드의 부착높이가 8m 미만인 것	10
아파트			10
지하층을 제외한 층수가 11층 이상인 소방대상물(아파트를 제외한다)·지하가 또는 지하역사			30
비고 : 하나의 소방대상물이 2 이상의 "스프링클러헤드의 기준개수"란에 해당하는 때에는 기준개수가 많은 난을 기준으로 한다. 다만, 각 기준개수에 해당하는 수원을 별도로 설치하는 경우에는 그러하지 아니하다.			

2. 개방형스프링클러헤드를 사용하는 스프링클러설비의 수원은 최대 방수구역에 설치된 스프링클러헤드의 개수가 30개 이하일 경우에는 설치헤드수에 1.6m³를 곱한 양 이상으로 하고, 30개를 초과하는 경우에는 제5조제1항제9호 및 제10호에 따라 산출된 가압송수장치의 1분당 송수량에 20을 곱한 양 이상이 되도록 할 것
3. 삭제 〈2013.6.11〉

② 스프링클러설비의 수원은 제1항에 따라 산출된 유효수량 외에 유효수량의 3분의 1 이상을 옥상(스프링클러설비가 설치된 건축물의 주된 옥상을 말한다. 이하 같다)에 설치하여야 한다. 다만, 다음 각 호의 어느 하나에 해당하는 경우에는 그러하지 아니하다.

1. 삭제 〈2013.6.10〉
2. 지하층만 있는 건축물

3. 제5조제2항에 따라 고가수조를 가압송수장치로 설치한 스프링클러설비
4. 수원이 건축물의 최상층에 설치된 헤드보다 높은 위치에 설치된 경우 〈개정 2015.1.23〉
5. 건축물의 높이가 지표면으로부터 10m 이하인 경우
6. 주펌프와 동등 이상의 성능이 있는 별도의 펌프로서 내연기관의 기동과 연동하여 작동되거나 비상전원을 연결하여 설치한 경우
7. 제5조제4항에 따라 가압수조를 가압송수장치로 설치한 스프링클러설비 〈신설 2009.10.22〉

③ 삭제 〈2013.6.11〉

④ 옥상수조 (제1항에 따라 산출된 유효수량의 3분의 1 이상을 옥상에 설치한 설비를 말한다)는 이와 연결된 배관을 통하여 상시 소화수를 공급할 수 있는 구조인 특정소방대상물인 경우에는 둘 이상의 특정소방대상물이 있더라도 하나의 특정소방대상물에만 이를 설치할 수 있다. [종전의 제3항에서 이동 2012.2.15]

⑤ 스프링클러설비의 수원을 수조로 설치하는 경우에는 소방설비의 전용수조로 하여야 한다. 다만, 다음 각 호의 어느 하나에 해당하는 경우에는 그러하지 아니하다. [종전의 제4항에서 이동 2012.2.15]
1. 스프링클러펌프의 후드밸브 또는 흡수배관의 흡수구(수직회전축펌프의 흡수구를 포함한다. 이하 같다)를 다른 설비(소방용 설비 외의 것을 말한다. 이하 같다)의 후드밸브 또는 흡수구보다 낮은 위치에 설치한 때
2. 제5조제2항에 따른 고가수조로부터 스프링클러설비의 수직배관에 물을 공급하는 급수구를 다른 설비의 급수구보다 낮은 위치에 설치한 때

⑥ 제1항 및 제2항에 따른 저수량을 산정함에 있어서 다른 설비와 겸용하여 스프링클러설비용 수조를 설치하는 경우에는 스프링클러설비의 후드밸브 · 흡수구 또는 수직배관의 급수구와 다른 설비의 후드밸브 · 흡수구 또는 수직배관의 급수구와의 사이의 수량을 그 유효수량으로 한다. [종전의 제5항에서 이동 2012.2.15]

⑦ 스프링클러설비용 수조는 다음 각 호의 기준에 따라 설치하여야 한다. [종전의 제6항에서 이동 2012.2.15]
1. 점검에 편리한 곳에 설치할 것
2. 동결방지조치를 하거나 동결의 우려가 없는 장소에 설치할 것
3. 수조의 외측에 수위계를 설치할 것. 다만, 구조상 불가피한 경우에는 수조의 맨홀 등을 통하여 수조 안의 물의 양을 쉽게 확인할 수 있도록 하여야 한다.
4. 수조의 상단이 바닥보다 높은 때에는 수조의 외측에 고정식 사다리를 설치할 것
5. 수조가 실내에 설치된 때에는 그 실내에 조명설비를 설치할 것
6. 수조의 밑부분에는 청소용 배수밸브 또는 배수관을 설치할 것
7. 수조의 외측의 보기 쉬운 곳에 "스프링클러설비용 수조"라고 표시한 표지를 할 것. 이 경우 그 수조를 다른 설비와 겸용하는 때에는 그 겸용되는 설비의 이름을 표시한 표지를 함께 하여야 한다.
8. 스프링클러펌프의 흡수배관 또는 스프링클러설비의 수직배관과 수조의 접속부분에는

"스프링클러설비용 배관"이라고 표시한 표지를 할 것. 다만, 수조와 가까운 장소에 스프링클러펌프가 설치되고 스프링클러펌프에 제5조제1항제15호에 따른 표지를 설치한 때에는 그러하지 아니하다.

제5조 (가압송수장치)

① 전동기 또는 내연기관에 따른 펌프를 이용하는 가압송수장치는 다음 각 호의 기준에 따라 설치하여야 한다. 다만, 가압송수장치의 주펌프는 전동기에 따른 펌프로 설치하여야 한다. 〈개정 2015.1.23〉

1. 쉽게 접근할 수 있고 점검하기에 충분한 공간이 있는 장소로서 화재 및 침수 등의 재해로 인한 피해를 받을 우려가 없는 곳에 설치할 것
2. 동결방지조치를 하거나 동결의 우려가 없는 장소에 설치할 것
3. 펌프는 전용으로 할 것. 다만, 다른 소화설비와 겸용하는 경우 각각의 소화설비의 성능에 지장이 없을 때에는 그러하지 아니하다.

3의2. 삭제 〈2013.6.11〉

4. 펌프의 토출측에는 압력계를 체크밸브 이전에 펌프토출측 플랜지에서 가까운 곳에 설치하고, 흡입측에는 연성계 또는 진공계를 설치할 것. 다만, 수원의 수위가 펌프의 위치보다 높거나 수직회전축 펌프의 경우에는 연성계 또는 진공계를 설치하지 아니할 수 있다.
5. 가압송수장치에는 정격부하 운전 시 펌프의 성능을 시험하기 위한 배관을 설치할 것. 다만, 충압펌프의 경우에는 그러하지 아니하다.
6. 가압송수장치에는 체절운전 시 수온의 상승을 방지하기 위한 순환배관을 설치할 것. 다만, 충압펌프의 경우에는 그러하지 아니하다.
7. 기동장치로는 기동용수압개폐장치 또는 이와 동등 이상의 성능이 있는 것으로 설치할 것. 다만, 기동용수압개폐장치 중 압력챔버를 사용할 경우 그 용적은 100L 이상의 것으로 할 것 〈개정 2013.6.10〉
8. 수원의 수위가 펌프보다 낮은 위치에 있는 가압송수장치에는 다음 각 목의 기준에 따른 물올림장치를 설치할 것
   가. 물올림장치에는 전용의 수조를 설치할 것
   나. 수조의 유효수량은 100ℓ 이상으로 하되, 구경 15mm 이상의 급수배관에 따라 해당 수조에 물이 계속 보급되도록 할 것
9. 가압송수장치의 정격토출압력은 하나의 헤드선단에 0.1MPa 이상 1.2MPa 이하의 방수압력이 될 수 있게 하는 크기일 것 관리사 3회
10. 가압송수장치의 송수량은 0.1MPa의 방수압력 기준으로 80ℓ/min 이상의 방수성능을 가진 기준개수의 모든 헤드로부터의 방수량을 충족시킬 수 있는 양 이상의 것으로 할 것. 이 경우 속도수두는 계산에 포함하지 아니할 수 있다. 관리사 3회
11. 제10호의 기준에 불구하고 가압송수장치의 1분당 송수량은 폐쇄형스프링클러헤드를 사용하는 설비의 경우 제4조제1항제1호에 따른 기준개수에 80ℓ를 곱한 양 이상으로

도 할 수 있다.

12. 제10호의 기준에 불구하고 가압송수장치의 1분당 송수량은 제4조제1항제2호의 개방형스프링클러 헤드수가 30개 이하의 경우에는 그 개수에 80 ℓ를 곱한 양 이상으로 할 수 있으나 30개를 초과하는 경우에는 제9호 및 제10호에 따른 기준에 적합하게 할 것

13. 기동용수압개폐장치를 기동장치로 사용하는 경우에는 다음의 각 목의 기준에 따른 충압펌프를 설치할 것 관리사 20회

    가. 펌프의 토출압력은 그 설비의 최고위 살수장치(일제 개방밸브의 경우는 그 밸브)의 자연압보다 적어도 0.2MPa이 더 크도록 하거나 가압송수장치의 정격토출압력과 같게 할 것

    나. 펌프의 정격토출량은 정상적인 누설량보다 적어서는 아니되며 스프링클러설비가 자동적으로 작동할 수 있도록 충분한 토출량을 유지할 것

14. 내연기관을 사용하는 경우에는 다음 각 목의 기준에 적합하게 설치할 것 〈개정 2013.6.10〉

    가. 제어반에 따라 내연기관의 자동기동 및 수동기동이 가능하고, 상시 충전되어 있는 축전지설비를 갖출 것

    나. 내연기관의 연료량은 펌프를 20분(층수가 30층 이상 49층 이하는 40분, 50층이 이상은 60분) 이상 운전할 수 있는 용량일 것

15. 가압송수장치에는 "스프링클러펌프"라고 표시한 표지를 할 것. 이 경우 그 가압송수장치를 다른 설비와 겸용하는 때에는 그 겸용되는 설비의 이름을 표시한 표지를 함께 하여야 한다.

16. 가압송수장치가 기동되는 경우에는 자동으로 정지되지 아니하도록 하여야 한다. 다만, 충압펌프의 경우에는 그러하지 아니하다. 〈개정 2008.12.15〉

17. 가압송수장치는 부식 등으로 인한 펌프의 고착을 방지할 수 있도록 다음 각 목의 기준에 적합한 것으로 할 것. 다만, 충압펌프는 제외한다. 〈신설 2021.1.29〉

    가. 임펠러는 청동 또는 스테인리스 등 부식에 강한 재질을 사용한 것

    나. 펌프축은 스테인리스 등 부식에 강한 재질을 사용할 것

② 고가수조의 자연낙차를 이용한 가압송수장치는 다음 각 호의 기준에 따라 설치하여야 한다.

1. 고가수조의 자연낙차수두(수조의 하단으로부터 최고층에 설치된 헤드까지의 수직거리를 말한다)는 다음의 식에 따라 산출한 수치 이상이 되도록 할 것

$$H = h_1 + 10$$

여기서, H : 필요한 낙차(m)

h_1 : 배관의 마찰손실 수두(m)

2. 고가수조에는 수위계 · 배수관 · 급수관 · 오버플로우관 · 맨홀을 설치할 것 관리사 3회

③ 압력수조를 이용한 가압송수장치는 다음 각 호의 기준에 따라 설치하여야 한다.

1. 압력수조의 압력은 다음의 식에 따라 산출한 수치 이상으로 할 것

NFSC 103 스프링클러설비

$P = p_1 + p_2 + 0.1$

여기서, P : 필요한 압력(MPa)

p_1 : 낙차의 환산 수두압(MPa)

p_2 : 배관의 마찰손실 수두압(MPa)

2. 압력수조에는 수위계 · 급수관 · 배수관 · 급기관 · 맨홀 · 압력계 · 안전장치 및 압력저하방지를 위한 자동식 공기압축기를 설치할 것 관리사 3회

④ 가압수조를 이용한 가압송수장치는 다음 각 호의 기준에 따라 설치하여야 한다. 〈신설 2008.12.15〉

1. 가압수조의 압력은 제1항제10호에 따른 방수량 및 방수압이 20분 이상 유지되도록 할 것 〈개정 2012.2.15, 2013.6.11〉
2. 삭제 〈2015.1.23〉
3. 가압수조 및 가압원은 「건축법 시행령」 제46조에 따른 방화구획 된 장소에 설치 할 것
4. 삭제 〈2015.1.23〉
5. 가압수조를 이용한 가압송수장치는 소방청장이 정하여 고시한 「가압수조식가압송수장치의 성능인증 및 제품검사의 기술기준」에 적합한 것으로 설치할 것 〈개정 2013.6.10, 2015.1.23〉

제6조 (폐쇄형스프링클러설비의 방호구역 · 유수검지장치) 관리사 13회 · 19회

폐쇄형스프링클러헤드를 사용하는 설비의 방호구역(스프링클러설비의 소화범위에 포함된 영역을 말한다. 이하 같다) · 유수검지장치는 다음 각 호의 기준에 적합하여야 한다. 〈개정 2008.12.15〉

1. 하나의 방호구역의 바닥면적은 3,000m²를 초과하지 아니할 것. 다만, 폐쇄형스프링클러설비에 격자형배관방식(2이상의 수평주행배관 사이를 가지배관으로 연결하는 방식을 말한다)을 채택하는 때에는 3,700m² 범위 내에서 펌프용량, 배관의 구경 등을 수리학적으로 계산한 결과 헤드의 방수압 및 방수량이 방호구역 범위 내에서 소화목적을 달성하는 데 충분할 것 〈개정 2011.11.24〉
2. 하나의 방호구역에는 1개 이상의 유수검지장치를 설치하되, 화재발생시 접근이 쉽고 점검하기 편리한 장소에 설치할 것 〈개정 2008.12.15〉
3. 하나의 방호구역은 2개 층에 미치지 아니하도록 할 것. 다만, 1개 층에 설치되는 스프링클러헤드의 수가 10개 이하인 경우와 복층형구조의 공동주택에는 3개 층 이내로 할 수 있다. 〈개정 2009.10.22〉
4. 유수검지장치를 실내에 설치하거나 보호용 철망 등으로 구획하여 바닥으로부터 0.8m 이상 1.5m 이하의 위치에 설치하되, 그 실 등에는 개구부가 가로 0.5m 이상 세로 1m 이상의 출입문을 설치하고 그 출입문 상단에 "유수검지장치실"이라고 표시한 표지를 설치할 것. 다만, 유수검지장치를 기계실(공조용기계실을 포함한다)안에 설치하는 경우에는 별도의 실 또는 보호용 철망을 설치하지 아니하고 기계실 출입문 상단에 "유수

검지장치실"이라고 표시한 표지를 설치할 수 있다. 〈개정 2021.1.29〉

5. 스프링클러헤드에 공급되는 물은 유수검지장치를 지나도록 할 것. 다만, 송수구를 통하여 공급되는 물은 그러하지 아니하다.
6. 자연낙차에 따른 압력수가 흐르는 배관 상에 설치된 유수검지장치는 화재시 물의 흐름을 검지할 수 있는 최소한의 압력이 얻어질 수 있도록 수조의 하단으로부터 낙차를 두어 설치할 것 〈개정 2008.12.15〉
7. 조기반응형 스프링클러헤드를 설치하는 경우에는 습식유수검지장치 또는 부압식스프링클러설비를 설치할 것 〈개정 2011.11.24〉

제7조 (개방형스프링클러설비의 방수구역 및 일제개방밸브)

개방형스프링클러설비의 방수구역 및 일제개방밸브는 다음 각 호의 기준에 적합하여야 한다.

1. 하나의 방수구역은 2개 층에 미치지 아니 할 것
2. 방수구역마다 일제개방밸브를 설치할 것
3. 하나의 방수구역을 담당하는 헤드의 개수는 50개 이하로 할 것. 다만, 2개 이상의 방수구역으로 나눌 경우에는 하나의 방수구역을 담당하는 헤드의 개수는 25개 이상으로 할 것
4. 일제개방밸브의 설치위치는 제6조제4호의 기준에 따르고, 표지는 "일제개방밸브실"이라고 표시할 것 〈개정 2008.12.15〉

제8조 (배관)

① 배관과 배관이음쇠는 다음 각 호의 어느 하나에 해당하는 것 또는 동등 이상의 강도·내식성 및 내열성을 국내·외 공인기관으로부터 인정받은 것을 사용하여야 하고, 배관용 스테인레스강관(KS D 3576)의 이음을 용접으로 할 경우에는 알곤용접방식에 따른다. 다만, 본 조에서 정하지 않은 사항은 건설기술진흥법 제44조제1항의 규정에 따른 건축기계설비공사 표준설명서에 따른다. 〈개정 2016.7.13〉

1. 배관 내 사용압력이 1.2MPa 미만일 경우에는 다음 각 목의 어느 하나에 해당하는 것 〈개정 2016.7.13〉
   가. 배관용 탄소강관(KS D 3507)
   나. 이음매 없는 구리 및 구리합금관(KS D 5301). 다만, 습식의 배관에 한한다.
   다. 배관용 스테인리스강관(KS D 3576) 또는 일반배관용 스테인리스강관(KS D 3595)
   라. 덕타일 주철관(KS D 4311)
2. 배관 내 사용압력이 1.2MPa 이상일 경우에는 다음 각 목의 어느 하나에 해당하는 것 〈개정 2016.7.13〉
   가. 압력배관용 탄소강관(KS D 3562)
   나. 배관용 아크용접 탄소강 강관(KS D 3583)

② 제1항에도 불구하고 다음 각 호의 어느 하나에 해당하는 장소에는 소방청장이 정하여 고시한 「소방용합성수지배관의 성능인증 및 제품검사의 기술기준」에 적합한 소방용 합성수지배관으로 설치할 수 있다. 〈개정 2013.6.10, 2015.1.23〉

1. 배관을 지하에 매설하는 경우
2. 다른 부분과 내화구조로 구획된 덕트 또는 피트의 내부에 설치하는 경우
3. 천장(상층이 있는 경우에는 상층바닥의 하단을 포함한다. 이하 같다)과 반자를 불연재료 또는 준불연재료로 설치하고 소화배관 내부에 항상 소화수가 채워진 상태로 설치하는 경우 〈개정 2011.11.24〉

③ 급수배관은 다음 각 호의 기준에 따라 설치하여야 한다.

1. 전용으로 할 것. 다만, 스프링클러설비의 기동장치의 조작과 동시에 다른 설비의 용도에 사용하는 배관의 송수를 차단할 수 있거나, 스프링클러설비의 성능에 지장이 없는 경우에는 다른 설비와 겸용할 수 있다.

1의2. 삭제 〈2013.6.11〉

2. 급수를 차단할 수 있는 개폐밸브는 개폐표시형으로 할 것. 이 경우 펌프의 흡입측배관에는 버터플라이밸브외의 개폐표시형밸브를 설치하여야 한다.
3. 배관의 구경은 제5조제1항제10호에 적합하도록 수리계산에 의하거나 별표 1의 기준에 따라 설치할 것. 다만, 수리계산에 따르는 경우 가지배관의 유속은 6m/s, 그 밖의 배관의 유속은 10m/s를 초과할 수 없다.

④ 펌프의 흡입측 배관은 다음 각 호의 기준에 따라 설치하여야 한다.

1. 공기고임이 생기지 아니하는 구조로 하고 여과장치를 설치할 것
2. 수조가 펌프보다 낮게 설치된 경우에는 각 펌프(충압펌프를 포함한다)마다 수조로부터 별도로 설치할 것

⑤ 연결송수관설비의 배관과 겸용할 경우의 주배관은 구경 100mm 이상, 방수구로 연결되는 배관의 구경은 65mm 이상의 것으로 하여야 한다.

⑥ 펌프의 성능은 체절운전 시 정격토출압력의 140%를 초과하지 아니하고, 정격토출량의 150%로 운전 시 정격토출압력의 65% 이상이 되어야 하며, 펌프의 성능시험배관은 다음 각 호의 기준에 적합하여야 한다.

1. 성능시험배관은 펌프의 토출측에 설치된 개폐밸브 이전에서 분기하여 설치하고, 유량측정장치를 기준으로 전단 직관부에 개폐밸브를 후단 직관부에는 유량조절밸브를 설치할 것 관리사 19회
2. 유량측정장치는 성능시험배관의 직관부에 설치하되, 펌프의 정격토출량의 175% 이상 측정할 수 있는 성능이 있을 것 관리사 19회

⑦ 가압송수장치의 체절운전 시 수온의 상승을 방지하기 위하여 체크밸브와 펌프사이에서 분기한 구경 20mm 이상의 배관에 체절압력 미만에서 개방되는 릴리프밸브를 설치하여야 한다.

⑧ 동결방지조치를 하거나 동결의 우려가 없는 장소에 설치하여야 한다. 다만, 보온재를 사용

할 경우에는 난연재료 성능 이상의 것으로 하여야 한다. 〈개정 2015.1.23〉

⑨ 가지배관의 배열은 다음 각 호의 기준에 따른다.

1. 토너먼트(Tournament)방식이 아닐 것
2. 교차배관에서 분기되는 지점을 기점으로 한쪽 가지배관에 설치되는 헤드의 개수(반자 아래와 반자속의 헤드를 하나의 가지배관 상에 병설하는 경우에는 반자 아래에 설치하는 헤드의 개수)는 8개 이하로 할 것. 다만, 다음 각 목의 어느 하나에 해당하는 경우에는 그러하지 아니하다.
   가. 기존의 방호구역안에서 칸막이 등으로 구획하여 1개의 헤드를 증설하는 경우
   나. 습식스프링클러설비 또는 부압식스프링클러설비에 격자형 배관방식(2 이상의 수평주행배관 사이를 가지배관으로 연결하는 방식을 말한다)을 채택하는 때에는 펌프의 용량, 배관의 구경 등을 수리학적으로 계산한 결과 헤드의 방수압 및 방수량이 소화목적을 달성하는 데 충분하다고 인정되는 경우 〈개정 2011.11.24〉
3. 가지배관과 스프링클러헤드 사이의 배관을 신축배관으로 하는 경우에는 소방청장이 정하여 고시한 「스프링클러설비신축배관 성능인증 및 제품검사의 기술기준」에 적합한 것으로 설치할 것. 이 경우 신축배관의 설치길이는 제10조제3항의 거리를 초과하지 아니할 것 [본호 전문개정 2015.1.23.]

⑩ 교차배관의 위치 · 청소구 및 가지배관의 헤드설치는 다음 각 호의 기준에 따른다.

1. 교차배관은 가지배관과 수평으로 설치하거나 또는 가지배관 밑에 설치하고, 그 구경은 제3항제3호에 따르되 최소구경이 40mm 이상이 되도록 할 것. 다만, 패들형유수검지장치를 사용하는 경우에는 교차배관의 구경과 동일하게 설치할 수 있다.
2. 청소구는 교차배관 끝에 개폐밸브를 설치하고, 호스접결이 가능한 나사식 또는 고정배수 배관식으로 할 것. 이 경우 나사식의 개폐밸브는 옥내소화전 호스접결용의 것으로 하고, 나사보호용의 캡으로 마감하여야 한다.
3. 하향식헤드를 설치하는 경우에 가지배관으로부터 헤드에 이르는 헤드접속배관은 가지관상부에서 분기할 것. 다만, 소화설비용 수원의 수질이 「먹는물관리법」 제5조에 따라 먹는물의 수질기준에 적합하고 덮개가 있는 저수조로부터 물을 공급받는 경우에는 가지배관의 측면 또는 하부에서 분기할 수 있다.

⑪ 준비작동식유수검지장치 또는 일제개방밸브를 사용하는 스프링클러설비에 있어서 동밸브 2차 측 배관의 부대설비는 다음 각 호의 기준에 따른다. 〈개정 2008.12.15〉

1. 개폐표시형밸브를 설치할 것
2. 제1호에 따른 밸브와 준비작동식유수검지장치 또는 일제개방밸브 사이의 배관은 다음 각 목과 같은 구조로 할 것 〈개정 2008.12.15〉
   가. 수직배수배관과 연결하고 동 연결배관상에는 개폐밸브를 설치할 것
   나. 자동배수장치 및 압력스위치를 설치할 것
   다. 나목에 따른 압력스위치는 수신부에서 준비작동식유수검지장치 또는 일제개방밸브의 개방여부를 확인할 수 있게 설치할 것 〈개정 2008.12.15〉

⑫ 습식유수검지장치 또는 건식유수검지장치를 사용하는 스프링클러설비와 부압식스프링클러설비에는 동장치를 시험할 수 있는 시험 장치를 다음 각 호의 기준에 따라 설치하여야 한다. 〈개정 2021.1.29〉 기술사 110회

1. 습식 스프링클러설비 및 부압식 스프링클러설비에 있어서는 유수검지장치 2차측 배관에 연결하여 설치하고 건식 스프링클러설비인 경우 유수검지장치에서 가장 먼 거리에 위치한 가지배관의 끝으로부터 연결하여 설치할 것. 유수검지장치 2차측 설비의 내용적이 2,840ℓ를 초과하는 건식 스프링클러설비의 경우 시험장치 개폐밸브를 완전 개방 후 1분 이내에 물이 방사되어야 한다. 〈개정 2021.1.29〉
2. 시험장치 배관의 구경은 25mm 이상으로 하고, 그 끝에 개폐밸브 및 개방형헤드 또는 스프링클러헤드와 동등한 방수성능을 가진 오리피스를 설치할 것. 이 경우 개방형헤드는 반사판 및 프레임을 제거한 오리피스만으로 설치할 수 있다. 〈개정 2021.1.29〉
3. 시험배관의 끝에는 물받이 통 및 배수관을 설치하여 시험 중 방사된 물이 바닥에 흘러내리지 아니하도록 할 것. 다만, 목욕실 · 화장실 또는 그 밖의 곳으로서 배수처리가 쉬운 장소에 시험배관을 설치한 경우에는 그러하지 아니하다.

⑬ 배관에 설치되는 행가는 다음 각 호의 기준에 따라 설치하여야 한다.

1. 가지배관에는 헤드의 설치지점 사이마다 1개 이상의 행가를 설치하되, 헤드간의 거리가 3.5m를 초과하는 경우에는 3.5m 이내마다 1개 이상 설치할 것. 이 경우 상향식헤드와 행가 사이에는 8cm 이상의 간격을 두어야 한다.
2. 교차배관에는 가지배관과 가지배관 사이마다 1개 이상의 행가를 설치하되, 가지배관 사이의 거리가 4.5m를 초과하는 경우에는 4.5m 이내마다 1개 이상 설치할 것
3. 제1호 및 제2호의 수평주행배관에는 4.5m 이내마다 1개 이상 설치할 것

⑭ 수직배수배관의 구경은 50mm 이상으로 하여야 한다. 다만, 수직배관의 구경이 50mm 미만인 경우에는 수직배관과 동일한 구경으로 할 수 있다.

⑮ 주차장의 스프링클러설비는 습식외의 방식으로 하여야 한다. 다만, 다음 각 호의 어느 하나에 해당하는 경우에는 그러하지 아니하다. 〈개정 2008.12.15〉

1. 동절기에 상시 난방이 되는 곳이거나 그 밖에 동결의 염려가 없는 곳
2. 스프링클러설비의 동결을 방지할 수 있는 구조 또는 장치가 된 것

⑯ 급수배관에 설치되어 급수를 차단할 수 있는 개폐밸브에는 그 밸브의 개폐상태를 감시제어반에서 확인할 수 있도록 급수개폐밸브 작동표시 스위치를 다음 각 호의 기준에 따라 설치하여야 한다. 관리사 20회

1. 급수개폐밸브가 잠길 경우 탬퍼 스위치의 동작으로 인하여 감시제어반 또는 수신기에 표시되어야 하며 경보음을 발할 것
2. 탬퍼 스위치는 감시제어반 또는 수신기에서 동작의 유무확인과 동작시험, 도통시험을 할 수 있을 것
3. 급수개폐밸브의 작동표시 스위치에 사용되는 전기배선은 내화전선 또는 내열전선으로 설치할 것

⑰ 스프링클러설비 배관의 배수를 위한 기울기는 다음 각 호의 기준에 따른다. 〈개정 2011. 11.24〉

1. 습식스프링클러설비 또는 부압식 스프링클러설비의 배관을 수평으로 할 것. 다만, 배관의 구조상 소화수가 남아 있는 곳에는 배수밸브를 설치하여야 한다.
2. 습식스프링클러설비 또는 부압식 스프링클러설비 외의 설비에는 헤드를 향하여 상향으로 수평주행배관의 기울기를 500분의 1 이상, 가지배관의 기울기를 250분의 1 이상으로 할 것. 다만, 배관의 구조상 기울기를 줄 수 없는 경우에는 배수를 원활하게 할 수 있도록 배수밸브를 설치하여야 한다.

⑱ 배관은 다른 설비의 배관과 쉽게 구분이 될 수 있는 위치에 설치하거나, 그 배관표면 또는 배관 보온재표면의 색상은 「한국산업표준(배관계의 식별 표시, KS A 0503)」 또는 적색으로 식별이 가능하도록 소방용설비의 배관임을 표시하여야 한다. 〈개정 2008.12.15, 2013. 6.10〉

⑲ 확관형 분기배관을 사용할 경우에는 소방청장이 정하여 고시한 「분기배관의 성능인증 및 제품검사의 기술기준」에 적합한 것으로 설치하여야 한다. 〈개정 2021.12.16〉

제9조 (음향장치 및 기동장치)

① 스프링클러설비의 음향장치 및 기동장치는 다음 각 호의 기준에 따라 설치하여야 한다.

1. 습식유수검지장치 또는 건식유수검지장치를 사용하는 설비에 있어서는 헤드가 개방되면 유수검지장치가 화재신호를 발신하고 그에 따라 음향장치가 경보되도록 할 것 〈개정 2008.12.15〉
2. 준비작동식유수검지장치 또는 일제개방밸브를 사용하는 설비에는 화재감지기의 감지에 따라 음향장치가 경보되도록 할 것. 이 경우 화재감지기회로를 교차회로방식(하나의 준비작동식유수검지장치 또는 일제개방밸브의 담당구역 내에 2 이상의 화재감지기회로를 설치하고 인접한 2 이상의 화재감지기가 동시에 감지되는 때에 준비작동식유수검지장치 또는 일제개방밸브가 개방·작동되는 방식을 말한다)으로 하는 때에는 하나의 화재감지기회로가 화재를 감지하는 때에도 음향장치가 경보되도록 하여야 한다. 〈개정 2008.12.15〉
3. 음향장치는 유수검지장치 및 일제개방밸브 등의 담당구역마다 설치하되 그 구역의 각 부분으로부터 하나의 음향장치까지의 수평거리는 25m 이하가 되도록 할 것 〈개정 2008.12.15〉
4. 음향장치는 경종 또는 사이렌(전자식 사이렌을 포함한다)으로 하되, 주위의 소음 및 다른 용도의 경보와 구별이 가능한 음색으로 할 것. 이 경우 경종 또는 사이렌은 자동화재탐지설비·비상벨설비 또는 자동식사이렌설비의 음향장치와 겸용할 수 있다.
5. 주 음향장치는 수신기의 내부 또는 그 직근에 설치할 것.
6. 층수가 5층 이상으로서 연면적이 3,000m^2를 초과하는 특정소방대상물은 다음 각목에 따라 경보를 발할 수 있도록 하여야 한다. 〈개정 2012.2.15〉

가. 2층 이상의 층에서 발화한 때에는 발화층 및 그 직상층에 경보를 발할 것
나. 1층에서 발화한 때에는 발화층 · 그 직상층 및 지하층에 경보를 발할 것
다. 지하층에서 발화한 때에는 발화층 · 그 직상층 및 기타의 지하층에 경보를 발할 것
6의2. 삭제 〈2013.6.11〉
7. 음향장치는 다음 각 목의 기준에 따른 구조 및 성능의 것으로 할 것
가. 정격전압의 80% 전압에서 음향을 발할 수 있는 것으로 할 것
나. 음량은 부착된 음향장치의 중심으로부터 1m 떨어진 위치에서 90dB 이상이 되는 것으로 할 것 〈개정 2008.12.15〉

② 스프링클러설비의 가압송수장치로서 펌프가 설치되는 경우에는 그 펌프의 작동은 다음 각 호의 어느 하나의 기준에 적합하여야 한다.
1. 습식유수검지장치 또는 건식유수검지장치를 사용하는 설비에 있어서는 유수검지장치의 발신이나 기동용수압개폐장치에 의하여 작동되거나 또는 이 두 가지의 혼용에 따라 작동 될 수 있도록 할 것 〈개정 2008.12.15, 2013.6.10〉
2. 준비작동식유수검지장치 또는 일제개방밸브를 사용하는 설비에 있어서는 화재감지기의 화재감지나 기동용수압개폐장치에 따라 작동되거나 또는 이 두 가지의 혼용에 따라 작동할 수 있도록 할 것 〈개정 2009.10.22〉

③ 준비작동식유수검지장치 또는 일제개방밸브의 작동은 다음 각 호의 기준에 적합하여야 한다. 〈개정 2008.12.15〉
1. 담당구역내의 화재감지기의 동작에 따라 개방 및 작동될 것
2. 화재감지회로는 교차회로방식으로 할 것. 다만, 다음 각 목의 어느 하나에 해당하는 경우에는 그러하지 아니하다.
가. 스프링클러설비의 배관 또는 헤드에 누설경보용 물 또는 압축공기가 채워지거나부압식스프링클러설비의 경우 〈개정 2011.11.24〉
나. 화재감지기를 「자동화재탐지설비의 화재안전기준(NFSC 203)」 제7조제1항 단서의 각 호의 감지기로 설치한 때 〈개정 2013.6.10〉
3. 준비작동식유수검지장치 또는 일제개방밸브의 인근에서 수동기동(전기식 및 배수식)에 따라서도 개방 및 작동될 수 있게 할 것 〈개정 2008.12.15〉
4. 제1호 및 제2호에 따른 화재감지기의 설치기준에 관하여는 「자동화재탐지설비의 화재안전기준(NFSC 203)」 제7조 및 제11조를 준용할 것. 이 경우 교차회로방식에 있어서의 화재감지기의 설치는 각 화재감지기 회로별로 설치하되, 각 화재감지기회로별 화재감지기 1개가 담당하는 바닥면적은 「자동화재탐지설비의 화재안전기준(NFSC 203)」 제7조제3항제5호 · 제8호부터 제10호까지에 따른 바닥면적으로 한다. 〈개정 2013.6.10〉
5. 화재감지기 회로에는 다음 각 목의 기준에 따른 발신기를 설치할 것. 다만, 자동화재탐지설비의 발신기가 설치된 경우에는 그러하지 아니하다. 〈개정 2008.12.15〉
가. 조작이 쉬운 장소에 설치하고, 스위치는 바닥으로부터 0.8m 이상 1.5m 이하의 높이에 설치할 것

나. 특정소방대상물의 층마다 설치하되, 해당 특정소방대상물의 각 부분으로부터 하나의 발신기까지의 수평거리가 25m 이하가 되도록 할 것. 다만, 복도 또는 별도로 구획된 실로서 보행거리가 40m 이상일 경우에는 추가로 설치하여야 한다.

다. 발신기의 위치를 표시하는 표시등은 함의 상부에 설치하되, 그 불빛은 부착 면으로부터 15° 이상의 범위 안에서 부착지점으로부터 10m 이내의 어느 곳에서도 쉽게 식별할 수 있는 적색등으로 할 것

제10조 (헤드)

① 스프링클러헤드는 특정소방대상물의 천장 · 반자 · 천장과 반자사이 · 덕트 · 선반 기타 이와 유사한 부분(폭이 1.2m를 초과하는 것에 한한다)에 설치하여야 한다. 다만, 폭이 9m 이하인 실내에 있어서는 측벽에 설치할 수 있다.

② 랙크식창고의 경우로서 「소방기본법시행령」 별표 2의 특수가연물을 저장 또는 취급하는 것에 있어서는 랙크높이 4m 이하마다, 그 밖의 것을 취급하는 것에 있어서는 랙크높이 6m 이하마다 스프링클러헤드를 설치하여야 한다. 다만, 랙크식창고의 천장높이가 13.7m 이하로서 「화재조기진압용 스프링클러설비의 화재안전기준(NFSC 103B)」에 따라 설치하는 경우에는 천장에만 스프링클러헤드를 설치할 수 있다. 〈개정 2013.6.10〉

③ 스프링클러헤드를 설치하는 천장 · 반자 · 천장과 반자사이 · 덕트 · 선반등의 각 부분으로부터 하나의 스프링클러헤드까지의 수평거리는 다음 각 호와 같이 하여야 한다. 다만, 성능이 별도로 인정된 스프링클러헤드를 수리계산에 따라 설치하는 경우에는 그러하지 아니하다.

1. 무대부 · 「소방기본법시행령」 별표 2의 특수가연물을 저장 또는 취급하는 장소에 있어서는 1.7m 이하
2. 랙크식 창고에 있어서는 2.5m 이하 다만, 특수가연물을 저장 또는 취급하는 랙크식 창고의 경우에는 1.7m 이하
3. 공동주택(아파트) 세대 내의 거실에 있어서는 3.2m 이하(「스프링클러헤드의 형식승인 및 제품검사의 기술기준」 유효반경의 것으로 한다)〈개정 2008.12.15, 2013.6.10〉
4. 제1호부터 제3호까지 규정 외의 특정소방대상물에 있어서는 2.1m 이하(내화구조로 된 경우에는 2.3m 이하)

④ 영 별표 4 소화설비의 소방시설 적용기준란 제3호가목에 따른 무대부 또는 연소할 우려가 있는 개구부에 있어서는 개방형스프링클러헤드를 설치하여야 한다.

⑤ 다음 각 호의 어느 하나에 해당하는 장소에는 조기반응형 스프링클러헤드를 설치하여야 한다.

1. 공동주택 · 노유자시설의 거실
2. 오피스텔 · 숙박시설의 침실, 병원의 입원실

⑥ 폐쇄형스프링클러헤드는 그 설치장소의 평상시 최고 주위온도에 따라 다음 표에 따른 표시온도의 것으로 설치하여야 한다. 다만, 높이가 4m 이상인 공장 및 창고(랙크식창고를

포함한다)에 설치하는 스프링클러헤드는 그 설치장소의 평상시 최고 주위온도에 관계없이 표시온도 121℃ 이상의 것으로 할 수 있다. 관리사 16회

설치장소의 최고 주위온도	표 시 온 도
39℃ 미만	79℃ 미만
39℃ 이상 64℃ 미만	79℃ 이상 121℃ 미만
64℃ 이상 106℃ 미만	121℃ 이상 162℃ 미만
106℃ 이상	162℃ 이상

⑦ 스프링클러헤드는 다음 각 호의 방법에 따라 설치하여야 한다.

1. 살수가 방해되지 아니하도록 스프링클러헤드로부터 반경 60cm 이상의 공간을 보유할 것. 다만, 벽과 스프링클러헤드간의 공간은 10cm 이상으로 한다.
2. 스프링클러헤드와 그 부착면(상향식헤드의 경우에는 그 헤드의 직상부의 천장 · 반자 또는 이와 비슷한 것을 말한다. 이하 같다)과의 거리는 30cm 이하로 할 것
3. 배관 · 행가 및 조명기구 등 살수를 방해하는 것이 있는 경우에는 제1호 및 제2호에도 불구하고 그로부터 아래에 설치하여 살수에 장애가 없도록 할 것. 다만, 스프링클러헤드와 장애물과의 이격거리를 장애물 폭의 3배 이상 확보한 경우에는 그러하지 아니하다. 〈개정 2008.12.15〉
4. 스프링클러헤드의 반사판은 그 부착 면과 평행하게 설치할 것. 다만, 측벽형헤드 또는 제6호에 따른 연소할 우려가 있는 개구부에 설치하는 스프링클러헤드의 경우에는 그러하지 아니하다.
5. 천장의 기울기가 10분의 1을 초과하는 경우에는 가지관을 천장의 마루와 평행하게 설치하고, 스프링클러헤드는 다음 각 목의 어느 하나의 기준에 적합하게 설치할 것
   가. 천장의 최상부에 스프링클러헤드를 설치하는 경우에는 최상부에 설치하는 스프링클러헤드의 반사판을 수평으로 설치할 것
   나. 천장의 최상부를 중심으로 가지관을 서로 마주보게 설치하는 경우에는 최상부의 가지관 상호간의 거리가 가지관상의 스프링클러헤드 상호간의 거리의 2분의 1이하(최소 1m 이상이 되어야 한다)가 되게 스프링클러헤드를 설치하고, 가지관의 최상부에 설치하는 스프링클러헤드는 천장의 최상부로부터의 수직거리가 90cm 이하가 되도록 할 것. 톱날지붕, 둥근지붕 기타 이와 유사한 지붕의 경우에도 이에 준한다.
6. 연소할 우려가 있는 개구부에는 그 상하좌우에 2.5m 간격으로(개구부의 폭이 2.5m 이하인 경우에는 그 중앙에) 스프링클러헤드를 설치하되, 스프링클러헤드와 개구부의 내측 면으로부터 직선거리는 15cm 이하가 되도록 할 것. 이 경우 사람이 상시 출입하는 개구부로서 통행에 지장이 있는 때에는 개구부의 상부 또는 측면(개구부의 폭이 9m 이하인 경우에 한한다)에 설치하되, 헤드 상호간의 간격은 1.2m 이하로 설치하여야 한다. 기술사 109회 · 124회

7. 습식스프링클러설비 및 부압식스프링클러설비 외의 설비에는 상향식스프링클러헤드를 설치할 것. 다만, 다음 각 목의 어느 하나에 해당하는 경우에는 그러하지 아니하다. 〈개정 2011.11.24〉
   가. 드라이펜던트스프링클러헤드를 사용하는 경우
   나. 스프링클러헤드의 설치장소가 동파의 우려가 없는 곳인 경우
   다. 개방형스프링클러헤드를 사용하는 경우
8. 측벽형스프링클러헤드를 설치하는 경우 긴 변의 한쪽 벽에 일렬로 설치(폭이 4.5m 이상 9m 이하인 실에 있어서는 긴 변의 양쪽에 각각 일렬로 설치하되 마주보는 스프링클러헤드가 나란히꼴이 되도록 설치)하고 3.6m 이내마다 설치할 것
9. 상부에 설치된 헤드의 방출수에 따라 감열부에 영향을 받을 우려가 있는 헤드에는 방출수를 차단할 수 있는 유효한 차폐판을 설치할 것

⑧ 제7항제2호에도 불구하고 특정소방대상물의 보와 가장 가까운 스프링클러 헤드는 다음 표의 기준에 따라 설치하여야 한다. 다만, 천장 면에서 보의 하단까지의 길이가 55cm를 초과하고 보의 하단 측면 끝부분으로부터 스프링클러헤드까지의 거리가 스프링클러헤드 상호간 거리의 2분의 1 이하가 되는 경우에는 스프링클러헤드와 그 부착 면과의 거리를 55cm 이하로 할 수 있다. 〈개정 2013.6.10〉

스프링클러헤드의 반사판 중심과 보의 수평거리	스프링클러헤드의 반사판 높이와 보의 하단 높이의 수직거리
0.75m 미만	보의 하단보다 낮을 것
0.75m 이상 1m 미만	0.1m 미만일 것
1m 이상 1.5m 미만	0.15m 미만일 것
1.5m 이상	0.3m 미만일 것

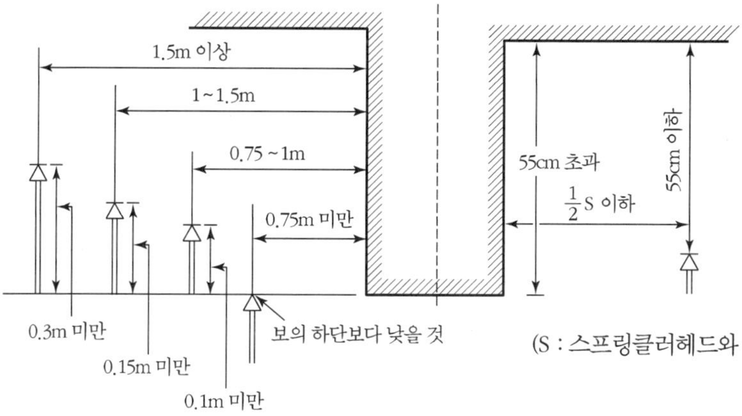

※ 보의 높이가 55cm 초과하고 보의 하단측면 끝부분에서 헤드까지의 거리가 1/2 S 이하인 경우에는 천장면에서 헤드반사판까지의 거리를 55cm 이내로 할 수 있다.

(S : 스프링클러헤드와 헤드 간의 거리)

제11조 (송수구)

스프링클러설비에는 소방차로부터 그 설비에 송수할 수 있는 송수구를 다음 각 호의 기준에 따라 설치하여야 한다.

1. 송수구는 소방차가 쉽게 접근할 수 있는 잘 보이는 장소에 설치하되 화재 층으로부터 지면으로 떨어지는 유리창 등이 송수 및 그 밖의 소화작업에 지장을 주지 아니하는 장소에 설치할 것 〈개정 2013.6.10〉
2. 송수구로부터 스프링클러설비의 주배관에 이르는 연결배관에 개폐밸브를 설치한 때에는 그 개폐상태를 쉽게 확인 및 조작할 수 있는 옥외 또는 기계실 등의 장소에 설치할 것
3. 구경 65mm의 쌍구형으로 할 것
4. 송수구에는 그 가까운 곳의 보기 쉬운 곳에 송수압력범위를 표시한 표지를 할 것
5. 폐쇄형스프링클러헤드를 사용하는 스프링클러설비의 송수구는 하나의 층의 바닥면적이 3,000m^2를 넘을 때마다 1개 이상(5개를 넘을 경우에는 5개로 한다)을 설치할 것
6. 지면으로부터 높이가 0.5m 이상 1m 이하의 위치에 설치할 것
7. 송수구의 가까운 부분에 자동배수밸브(또는 직경 5mm의 배수공) 및 체크밸브를 설치할 것. 이 경우 자동배수밸브는 배관안의 물이 잘 빠질 수 있는 위치에 설치하되, 배수로 인하여 다른 물건 또는 장소에 피해를 주지 아니하여야 한다.
8. 송수구에는 이물질을 막기 위한 마개를 씌워야 한다. 〈개정 2008.12.15〉

제12조 (전원)

① 스프링클러설비에는 다음 각 호의 기준에 따른 상용전원회로의 배선을 설치하여야 한다. 다만, 가압수조방식으로서 모든 기능이 20분 이상 유효하게 지속될 수 있는 경우에는 그러하지 아니하다. 〈개정 2008.12.15, 2012.2.15, 2013.6.11〉 기술사 124회

1. 저압수전인 경우에는 인입개폐기의 직후에서 분기하여 전용배선으로 하여야 하며, 전용의 전선관에 보호 되도록 할 것
2. 특별고압수전 또는 고압수전일 경우에는 전력용 변압기 2차측의 주차단기 1차측에서 분기하여 전용배선으로 하되, 상용전원의 상시공급에 지장이 없을 경우에는 주차단기 2차측에서 분기하여 전용배선으로 할 것. 다만, 가압송수장치의 정격입력전압이 수전전압과 같은 경우에는 제1호의 기준에 따른다.

② 스프링클러설비에는 자가발전설비, 축전지설비 또는 전기저장장치에 따른 비상전원을 설치하여야 한다. 다만, 차고 · 주차장으로서 스프링클러설비가 설치된 부분의 바닥면적(「포소화설비의 화재안전기준(NFSC 105)」 제13조제2항제2호에 따른 차고 · 주차장의 바닥면적을 포함한다)의 합계가 1,000m^2 미만인 경우에는 비상전원수전설비로 설치할 수 있으며, 2이상의 변전소(「전기사업법」 제67조에 따른 변전소를 말한다. 이하 같다)에서 전력을 동시에 공급받을 수 있거나 하나의 변전소로부터 전력의 공급이 중단되는 때에는 자동으로 다른 변전소로부터 전력을 공급받을 수 있도록 상용전원을 설치한 경우와 가압수조방식에는 비상전원을 설치하지 아니할 수 있다. 〈개정 2008.12.15, 2013.6.10〉

③ 제2항에 따른 비상전원 중 자가발전설비, 축전지설비(내연기관에 따른 펌프를 설치한 경우에는 내연기관의 기동 및 제어용축전지를 말한다)또는 전기저장장치(외부 전기에너지를 저장해 두었다가 필요한 때 전기를 공급하는 장치)는 다음 각 호의 기준을, 비상전원수전설비는 「소방시설용비상전원수전설비의 화재안전기준(NFSC 602)」에 따라 설치하여야 한다. 〈개정 2016.7.13〉

1. 점검에 편리하고 화재 및 침수 등의 재해로 인한 피해를 받을 우려가 없는 곳에 설치할 것
2. 스프링클러설비를 유효하게 20분 이상 작동할 수 있어야 할 것 〈개정 2013.6.11〉
3. 상용전원으로부터 전력의 공급이 중단된 때에는 자동으로 비상전원으로부터 전력을 공급받을 수 있도록 할 것
4. 비상전원(내연기관의 기동 및 제어용 축전기를 제외한다)의 설치장소는 다른 장소와 방화구획 할 것. 이 경우 그 장소에는 비상전원의 공급에 필요한 기구나 설비외의 것(열병합발전설비에 필요한 기구나 설비는 제외한다)을 두어서는 아니 된다. 〈개정 2008.12.15〉
5. 비상전원을 실내에 설치하는 때에는 그 실내에 비상조명등을 설치할 것
6. 옥내에 설치하는 비상전원실에는 옥외로 직접 통하는 충분한 용량의 급배기설비를 설치할 것 〈개정 2011.11.24〉
7. 비상전원의 출력용량은 다음 각 목의 기준을 충족할 것 〈신설 2011.11.24〉
   가. 비상전원 설비에 설치되어 동시에 운전될 수 있는 모든 부하의 합계 입력용량을 기준으로 정격출력을 선정할 것. 다만, 소방전원 보존형발전기를 사용할 경우에는 그러하지 아니하다.
   나. 기동전류가 가장 큰 부하가 기동될 때에도 부하의 허용 최저입력전압이상의 출력전압을 유지할 것
   다. 단시간 과전류에 견디는 내력은 입력용량이 가장 큰 부하가 최종 기동할 경우에도 견딜 수 있을 것
8. 자가발전설비는 부하의 용도와 조건에 따라 다음 각 목 중의 하나를 설치하고 그 부하용도별 표지를 부착하여야 한다. 다만, 자가발전설비의 정격출력용량은 하나의 건축물에 있어서 소방부하의 설비용량을 기준으로 하고, 나목의 경우 비상부하는 국토교통부장관이 정한 건축전기설비설계기준의 수용률 범위 중 최대값 이상을 적용한다. 〈신설 2011.11.24, 개정 2013.6.10〉
   가. 소방전용 발전기 : 소방부하용량을 기준으로 정격출력용량을 산정하여 사용하는 발전기 〈개정 2013.6.10〉
   나. 소방부하 겸용 발전기 : 소방 및 비상부하 겸용으로서 소방부하와 비상부하의 전원용량을 합산하여 정격출력용량을 산정하여 사용하는 발전기 〈개정 2013.6.10〉
   다. 소방전원 보존형 발전기 : 소방 및 비상부하 겸용으로서 소방부하의 전원용량을 기준으로 정격출력용량을 산정하여 사용하는 발전기 〈신설 2013.6.10〉

9. 비상전원실의 출입구 외부에는 실의 위치와 비상전원의 종류를 식별할 수 있도록 표지판을 부착할 것 〈신설 2011.11.24〉

제13조 (제어반)

① 스프링클러설비에는 제어반을 설치하되, 감시제어반과 동력제어반으로 구분하여 설치하여야 한다. 다만, 다음 각 호의 어느 하나에 해당하는 경우에는 감시제어반과 동력제어반으로 구분하여 설치하지 아니할 수 있다. 관리사 12회

1. 다음 각 목의 어느 하나에 해당하지 아니하는 특정소방대상물에 설치되는 스프링클러설비
   가. 지하층을 제외한 층수가 7층 이상으로서 연면적이 $2,000m^2$ 이상인 것
   나. 가목에 해당하지 아니하는 특정소방대상물로서 지하층의 바닥면적의 합계가 $3,000m^2$ 이상인 것 〈개정 2013.6.10, 2015.1.23〉
2. 내연기관에 따른 가압송수장치를 사용하는 스프링클러설비
3. 고가수조에 따른 가압송수장치를 사용하는 스프링클러설비
4. 가압수조에 따른 가압송수장치를 사용하는 스프링클러설비 〈신설 2008.12.15〉

② 감시제어반의 기능은 다음 각 호의 기준에 적합하여야 한다. 〈개정 2013.6.10〉

1. 각 펌프의 작동여부를 확인할 수 있는 표시등 및 음향경보기능이 있어야 할 것
2. 각 펌프를 자동 및 수동으로 작동시키거나 중단시킬 수 있어야 한다. 〈개정 2008.12.15, 2013.6.10〉
3. 비상전원을 설치한 경우에는 상용전원 및 비상전원의 공급여부를 확인할 수 있어야 할 것 〈신설 2008.12.15〉
4. 수조 또는 물올림탱크가 저수위로 될 때 표시등 및 음향으로 경보할 것
5. 예비전원이 확보되고 예비전원의 적합여부를 시험할 수 있어야 할 것

③ 감시제어반은 다음 각 호의 기준에 따라 설치하여야 한다.

1. 화재 및 침수 등의 재해로 인한 피해를 받을 우려가 없는 곳에 설치할 것
2. 감시제어반은 스프링클러설비의 전용으로 할 것. 다만, 스프링클러설비의 제어에 지장이 없는 경우에는 다른 설비와 겸용할 수 있다.
3. 감시제어반은 다음 각 목의 기준에 따른 전용실 안에 설치할 것. 다만, 제1항 각 호의 어느 하나에 해당하는 경우와 공장, 발전소 등에서 설비를 집중 제어·운전할 목적으로 설치하는 중앙제어실내에 감시제어반을 설치하는 경우에는 그러하지 아니하다.
   가. 다른 부분과 방화구획을 할 것. 이 경우 전용실의 벽에는 기계실 또는 전기실 등의 감시를 위하여 두께 7mm 이상의 망입유리(두께 16.3mm 이상의 접합유리 또는 두께 28mm 이상의 복층유리를 포함한다)로 된 $4m^2$ 미만의 붙박이창을 설치할 수 있다.
   나. 피난층 또는 지하 1층에 설치할 것. 다만, 다음 각 세목의 어느 하나에 해당하는 경우에는 지상 2층에 설치하거나 지하 1층 외의 지하층에 설치할 수 있다. 〈개정 2013.6.10〉

(1) 「건축법시행령」 제35조에 따라 특별피난계단이 설치되고 그 계단(부속실을 포함한다)출입구로부터 보행거리 5m 이내에 전용실의 출입구가 있는 경우

(2) 아파트의 관리동(관리동이 없는 경우에는 경비실)에 설치하는 경우

다. 비상조명등 및 급 · 배기설비를 설치할 것

라. 「무선통신보조설비의 화재안전기준(NFSC 505)」 제5조제3항에 따라 유효하게 통신이 가능할 것(영 별표 5 제5호마목에 따른 무선통신보조설비가 설치된 특정소방대상물에 한한다) 〈개정 2021.3.25〉

마. 바닥면적은 감시제어반의 설치에 필요한 면적 외에 화재 시 소방대원이 그 감시제어반의 조작에 필요한 최소면적 이상으로 할 것

4. 제3호에 따른 전용실에는 특정소방대상물의 기계 · 기구 또는 시설 등의 제어 및 감시설비외의 것을 두지 아니할 것

5. 각 유수검지장치 또는 일제개방밸브의 작동여부를 확인할 수 있는 표시 및 경보기능이 있도록 할 것

6. 일제개방밸브를 개방시킬 수 있는 수동조작스위치를 설치할 것

7. 일제개방밸브를 사용하는 설비의 화재감지는 각 경계회로별로 화재표시가 되도록 할 것

8. 다음의 각 확인회로마다 도통시험 및 작동시험을 할 수 있도록 할 것 관리사 7회 · 11회

가. 기동용수압개폐장치의 압력스위치회로

나. 수조 또는 물올림탱크의 저수위감시회로

다. 유수검지장치 또는 일제개방밸브의 압력스위치회로

라. 일제개방밸브를 사용하는 설비의 화재감지기회로

마. 제8조제16항에 따른 개폐밸브의 폐쇄상태 확인회로

바. 그 밖의 이와 비슷한 회로

9. 감시제어반과 자동화재탐지설비의 수신기를 별도의 장소에 설치하는 경우에는 이들 상호간 연동하여 화재발생 및 제2항제1호 · 제3호와 제4호의 기능을 확인할 수 있도록 할 것 〈개정 2013.6.10〉

④ 동력제어반은 다음 각 호의 기준에 따라 설치하여야 한다.

1. 앞면은 적색으로 하고 "스프링클러설비용 동력제어반"이라고 표시한 표지를 설치할 것

2. 외함은 두께 1.5mm 이상의 강판 또는 이와 동등 이상의 강도 및 내열성능이 있는 것으로 할 것

3. 그 밖의 동력제어반의 설치에 관하여는 제3항제1호 및 제2호의 기준을 준용할 것

⑤ 자가발전설비 제어반의 제어장치는 비영리 공인기관의 시험을 필한 것으로 설치하여야 한다. 다만, 소방전원 보존형 발전기의 제어장치는 다음 각 호의 기준이 포함되어야 한다.〈신설 2011.11.24, 개정 2013.6.10〉

1. 소방전원 보존형임을 식별할 수 있도록 표기할 것 〈개정 2013.6.10〉

2. 발전기 운전 시 소방부하 및 비상부하에 전원이 동시 공급되고, 그 상태를 확인할 수

있는 표시가 되도록 할 것 〈개정 2013.6.10〉

3. 발전기가 정격용량을 초과할 경우 비상부하는 자동적으로 차단되고, 소방부하만 공급되는 상태를 확인할 수 있는 표시가 되도록 할 것 〈개정 2013.6.10〉

제14조 (배선 등)

① 스프링클러설비의 배선은 「전기사업법」 제67조에 따른 기술기준에서 정한 것 외에 다음 각 호의 기준에 따라 설치하여야 한다.

1. 비상전원으로부터 동력제어반 및 가압송수장치에 이르는 전원회로배선은 내화배선으로 할 것. 다만, 자가발전설비와 동력제어반이 동일한 실에 설치된 경우에는 자가발전기로부터 그 제어반에 이르는 전원회로배선은 그러하지 아니하다.
2. 상용전원으로부터 동력제어반에 이르는 배선, 그 밖의 스프링클러설비의 감시 · 조작 또는 표시등회로의 배선은 내화배선 또는 내열배선으로 할 것. 다만, 감시제어반 또는 동력제어반 안의 감시 · 조작 또는 표시등회로의 배선은 그러하지 아니하다.

② 제1항에 따른 내화배선 및 내열배선에 사용되는 전선 및 설치방법은 「옥내소화전설비의 화재안전기준(NFSC 102)」의 별표 1의 기준에 따른다. 〈개정 2013.6.10〉

③ 스프링클러설비의 과전류차단기 및 개폐기에는 "스프링클러설비용"이라고 표시한 표지를 하여야 한다.

④ 스프링클러설비용 전기배선의 양단 및 접속단자에는 다음 각 호의 기준에 따라 표지하여야 한다.

1. 단자에는 "스프링클러설비단자"라고 표시한 표지를 부착할 것
2. 스프링클러설비용 전기배선의 양단에는 다른 배선과 식별이 용이하도록 표시할 것

제15조 (헤드의 설치제외) 기술사 115회

① 스프링클러설비를 설치하여야 할 특정소방대상물에 있어서 다음 각 호의 어느 하나에 해당하는 장소에는 스프링클러헤드를 설치하지 아니할 수 있다.

1. 계단실(특별피난계단의 부속실을 포함한다) · 경사로 · 승강기의 승강로 · 비상용승강기의 승강장 · 파이프덕트 및 덕트피트(파이프 · 덕트를 통과시키기 위한 구획된 구멍에 한한다) · 목욕실 · 수영장(관람석부분을 제외한다) · 화장실 · 직접 외기에 개방되어 있는 복도 · 기타 이와 유사한 장소 〈개정 2008.12.15, 2011.11.24〉
2. 통신기기실 · 전자기기실 · 기타 이와 유사한 장소
3. 발전실 · 변전실 · 변압기 · 기타 이와 유사한 전기설비가 설치되어 있는 장소
4. 병원의 수술실 · 응급처치실 · 기타 이와 유사한 장소
5. 천장과 반자 양쪽이 불연재료로 되어 있는 경우로서 그 사이의 거리 및 구조가 다음 각 목의 어느 하나에 해당하는 부분
   가. 천장과 반자사이의 거리가 2m 미만인 부분
   나. 천장과 반자사이의 벽이 불연재료이고 천장과 반자사이의 거리가 2m 이상으로서

그 사이에 가연물이 존재하지 아니하는 부분

6. 천장ㆍ반자중 한쪽이 불연재료로 되어있고 천장과 반자사이의 거리가 1m 미만인 부분
7. 천장 및 반자가 불연재료 외의 것으로 되어 있고 천장과 반자사이의 거리가 0.5m 미만인 부분
8. 펌프실ㆍ물탱크실 엘리베이터 권상기실 그 밖의 이와 비슷한 장소 〈신설 2008.12.15〉
9. 삭제 〈2013.6.10〉
10. 현관 또는 로비 등으로서 바닥으로부터 높이가 20m 이상인 장소
11. 영하의 냉장창고의 냉장실 또는 냉동창고의 냉동실 〈신설 2008.12.15〉
12. 고온의 노가 설치된 장소 또는 물과 격렬하게 반응하는 물품의 저장 또는 취급장소
13. 불연재료로 된 특정소방대상물 또는 그 부분으로서 다음 각 목의 어느 하나에 해당하는 장소
   가. 정수장ㆍ오물처리장 그 밖의 이와 비슷한 장소
   나. 펄프공장의 작업장ㆍ음료수공장의 세정 또는 충전하는 작업장 그 밖의 이와 비슷한 장소
   다. 불연성의 금속ㆍ석재 등의 가공공장으로서 가연성물질을 저장 또는 취급하지 아니하는 장소
   라. 가연성물질이 존재하지 않는「건축물의 에너지절약설계기준」에 따른 방풍실 〈신설 2021.1.29〉
14. 실내에 설치된 테니스장ㆍ게이트볼장ㆍ정구장 또는 이와 비슷한 장소로서 실내 바닥ㆍ벽ㆍ천장이 불연재료 또는 준불연재료로 구성되어 있고 가연물이 존재하지 않는 장소로서 관람석이 없는 운동시설(지하층은 제외한다)
15. 「건축법 시행령」 제46조제4항에 따른 공동주택 중 아파트의 대피공간 〈신설 2013.6.10〉

② 제10조제7항제6호의 연소할 우려가 있는 개구부에 다음 각 호의 기준에 따른 드렌처설비를 설치한 경우에는 해당 개구부에 한하여 스프링클러헤드를 설치하지 아니할 수 있다.

1. 드렌처헤드는 개구부 위 측에 2.5m 이내마다 1개를 설치할 것
2. 제어밸브(일제개방밸브ㆍ개폐표시형밸브 및 수동조작부를 합한 것을 말한다. 이하 같다)는 특정소방대상물 층마다에 바닥 면으로부터 0.8m 이상 1.5m 이하의 위치에 설치할 것
3. 수원의 수량은 드렌처헤드가 가장 많이 설치된 제어밸브의 드렌처헤드의 설치개수에 $1.6m^3$를 곱하여 얻은 수치 이상이 되도록 할 것
4. 드렌처설비는 드렌처헤드가 가장 많이 설치된 제어밸브에 설치된 드렌처헤드를 동시에 사용하는 경우에 각각의 헤드선단에 방수압력이 0.1MPa 이상, 방수량이 80ℓ/min 이상이 되도록 할 것
5. 수원에 연결하는 가압송수장치는 점검이 쉽고 화재 등의 재해로 인한 피해우려가 없는 장소에 설치할 것

제16조 (수원 및 가압송수장치의 펌프 등의 겸용)

① 스프링클러설비의 수원을 옥내소화전설비 · 간이스프링클러설비 · 화재조기진압용 스프링클러설비 · 물분무소화설비 · 포소화전설비 및 옥외소화전설비의 수원과 겸용하여 설치하는 경우의 저수량은 각 소화설비에 필요한 저수량을 합한 양 이상이 되도록 하여야 한다. 다만, 이들 소화설비중 고정식 소화설비(펌프 · 배관과 소화수 또는 소화약제를 최종 방출하는 방출구가 고정된 설비를 말한다. 이하 같다)가 2 이상 설치되어 있고, 그 소화설비가 설치된 부분이 방화벽과 방화문으로 구획되어 있는 경우에는 각 고정식 소화설비에 필요한 저수량 중 최대의 것 이상으로 할 수 있다.

② 스프링클러설비의 가압송수장치로 사용하는 펌프를 옥내소화전설비 · 간이스프링클러설비 · 화재조기진압용 스프링클러설비 · 물분무소화설비 · 포소화설비 및 옥외소화전설비의 가압송수장치와 겸용하여 설치하는 경우의 펌프의 토출량은 각 소화설비에 해당하는 토출량을 합한 양 이상이 되도록 하여야 한다. 다만, 이들 소화설비 중 고정식 소화설비가 2 이상 설치되어 있고, 그 소화설비가 설치된 부분이 방화벽과 방화문으로 구획되어 있으며 각 소화설비에 지장이 없는 경우에는 펌프의 토출량 중 최대의 것 이상으로 할 수 있다.

③ 옥내소화전설비 · 스프링클러설비 · 간이스프링클러설비 · 화재조기진압용 스프링클러설비 · 물분무소화설비 · 포소화설비 및 옥외소화전설비의 가압송수장치에 있어서 각 토출측배관과 일반급수용의 가압송수장치의 토출 측 배관을 상호 연결하여 화재 시 사용할 수 있다. 이 경우 연결배관에는 개폐표시형밸브를 설치하여야 하며, 각 소화설비의 성능에 지장이 없도록 하여야 한다.

④ 스프링클러설비의 송수구를 옥내소화전설비 · 간이스프링클러설비 · 화재조기진압용 스프링클러설비 · 물분무소화설비 · 포소화설비 · 연결송수관설비 또는 연결살수설비의 송수구와 겸용으로 설치하는 경우에는 스프링클러설비의 송수구의 설치기준에 따르되 각각의 소화설비의 기능에 지장이 없도록 하여야 한다.

제17조 (설치 · 유지기준의 특례)

소방본부장 또는 소방서장은 기존건축물이 증축 · 개축 · 대수선되거나 용도변경 되는 경우에 있어서 이 기준이 정하는 기준에 따라 해당 건축물에 설치하여야 할 스프링클러설비의 배관 · 배선 등의 공사가 현저하게 곤란하다고 인정되는 경우에는 해당 설비의 기능 및 사용에 지장이 없는 범위 안에서 스프링클러설비의 설치 · 유지기준의 일부를 적용하지 아니할 수 있다.

제18조 (재검토 기한)

소방청장은 「훈령 · 예규 등의 발령 및 관리에 관한 규정」에 따라 이 고시에 대하여 2017년 1월 1일 기준으로 매 3년이 되는 시점(매 3년째의 12월 31일까지를 말한다)마다 그 타당성을 검토하여 개선 등의 조치를 하여야 한다.

부칙 <제2021-16호, 2021.3.25>

제1조 (시행일)

이 고시는 발령한 날부터 시행한다.

[별표 1]

스프링클러헤드 수별 급수관의 구경 (제8조제3항제3호 관련)

(단위 : mm)

구분 \ 급수관의 구경	25	32	40	50	65	80	90	100	125	150
가	2	3	5	10	30	60	80	100	160	161 이상
나	2	4	7	15	30	60	65	100	160	161 이상
다	1	2	5	8	15	27	40	55	90	91 이상

[주] 기술사 118회

1. 폐쇄형스프링클러헤드를 사용하는 설비의 경우로서 1개층에 하나의 급수배관(또는 밸브 등)이 담당하는 구역의 최대면적은 3,000m²를 초과하지 아니할 것
2. 폐쇄형스프링클러헤드를 설치하는 경우에는 "가"란의 헤드 수에 따를 것. 다만, 100개 이상의 헤드를 담당하는 급수배관(또는 밸브)의 구경을 100mm로 할 경우에는 수리계산을 통하여 제8조제3항제3호에서 규정한 배관의 유속에 적합하도록 할 것
3. 폐쇄형스프링클러헤드를 설치하고 반자 아래의 헤드와 반자속의 헤드를 동일 급수관의 가지관상에 병설하는 경우에는 "나"란의 헤드 수에 따를 것
4. 제10조제3항제1호의 경우로서 폐쇄형스프링클러헤드를 설치하는 설비의 배관구경은 "다"란에 따를 것
5. 개방형스프링클러헤드를 설치하는 경우 하나의 방수구역이 담당하는 헤드의 개수가 30개 이하일 때는 "다"란의 헤드수에 의하고, 30개를 초과할 때는 수리계산 방법에 따를 것

[제4장] 간이스프링클러설비의 화재안전기준(NFSC 103A)

(개정 : 2021. 12. 16. 소방청고시 제2021-45호)

제1조 (목적)

이 기준은 「화재예방, 소방시설 설치 · 유지 및 안전관리에 관한 법률」 제9조제1항에 따라 소방청장에게 위임한 사항 중 소화설비인 간이스프링클러설비의 설치 · 유지 및 안전관리에 필요한 사항을 규정함을 목적으로 한다.

제2조 (적용범위)

「화재예방, 소방시설 설치 · 유지 및 안전관리에 관한 법률 시행령」(이하 "영"이라 한다) 별표 5 제1호마목에 따른 간이스프링클러설비 및 「다중이용업소의 안전관리에 관한 특별법」(이하 "특별법"이라 한다) 제9조제1항 및 같은 법 시행령(이하 "특별법령"이라 한다) 제9조제1항제1호가목에 따른 간이스프링클러설비는 이 기준에서 정하는 규정에 따라 설비를 설치하고 유지 관리하여야 한다.

제3조 (정의)

이 기준에서 사용하는 용어의 정의는 다음과 같다.

1. "간이헤드"란 폐쇄형헤드의 일종으로 간이스프링클러설비를 설치하여야 하는 특정소방대상물의 화재에 적합한 감도 · 방수량 및 살수분포를 갖는 헤드를 말한다. 〈개정 2011.11.24〉
2. 삭제 〈2011.11.24〉
3. "충압펌프"란 배관 내 압력 손실에 따른 주펌프의 빈번한 기동을 방지하기 위하여 압력을 보충하는 역할을 하는 펌프를 말한다. 〈신설 2013.6.10〉
4. "고가수조"란 구조물 또는 지형지물 등에 설치하여 자연낙차 압력으로 급수하는 수조를 말한다.
5. "압력수조"란 소화용수와 공기를 채우고 일정압력 이상으로 가압하여 그 압력으로 급수하는 수조를 말한다.
6. "가압수조"란 가압원인 압축공기 또는 불연성 고압기체에 따라 소방용수를 가압시키는 수조를 말한다.
7. "진공계"란 대기압 이하의 압력을 측정하는 계측기를 말한다.
8. "연성계"란 대기압 이상의 압력과 대기압 이하의 압력을 측정할 수 있는 계측기를 말

한다.

9. "기동용수압개폐장치"란 소화설비의 배관 내 압력변동을 검지하여 자동적으로 펌프를 기동 및 정지시키는 것으로서 압력챔버 또는 기동용압력스위치 등을 말한다.
10. "가지배관"이란 간이헤드가 설치되어 있는 배관을 말한다.
11. "교차배관"이란 직접 또는 수직배관을 통하여 가지배관에 급수하는 배관을 말한다.
12. "주배관"이란 각 층을 수직으로 관통하는 수직배관을 말한다.
13. "신축배관"이란 가지배관과 간이헤드를 연결하는 구부림이 용이하고 유연성을 가진 배관을 말한다.
14. "급수배관"이란 수원 및 옥외송수구로부터 간이헤드에 급수하는 배관을 말한다.

14의2. "분기배관"이란 배관 측면에 구멍을 뚫어 둘 이상의 관로가 생기도록 가공한 배관으로서 확관형 분기배관과 비확관형 분기배관을 말한다. 〈신설 2021.12.16〉

14의3. "확관형 분기배관"이란 배관의 측면에 조그만 구멍을 뚫고 소성가공으로 확관시켜 배관 용접이음자리를 만들거나 배관 용접이음자리에 배관이음쇠를 용접이음한 배관을 말한다. 〈신설 2021.12.16〉

14의4. "비확관형 분기배관"이란 배관의 측면에 분기호칭내경 이상의 구멍을 뚫고 배관이음쇠를 용접이음한 배관을 말한다. 〈신설 2021.12.16〉

15. "습식유수검지장치"란 1차측 및 2차측에 가압수를 가득 채운상태에서 폐쇄형 스프링클러헤드가 열린 경우 2차측의 압력저하로 시트가 열리어 가압수 등이 2차측으로 유출되도록 하는 장치(패들형을 포함한다)를 말한다. 〈개정 2008.12.15, 2011.11.24〉
16. "준비작동식유수검지장치"란 1차측에 가압수 등을 채우고 2차측에서 폐쇄형스프링클러 헤드까지 대기압 또는 저압으로 있다가 화재감지설비의 감지기 또는 화재감지용 헤드의 작동에 의하여 시트가 열리어 가압수 등이 2차측으로 유출되도록 하는 장치를 말한다. 〈신설 2013.6.10〉
17. "반사판(디프렉타)"이란 간이헤드의 방수구에서 유출되는 물을 세분시키는 작용을 하는 것을 말한다.
18. "개폐표시형밸브"란 밸브의 개폐여부를 외부에서 식별이 가능한 밸브를 말한다.
19. "캐비닛형 간이스프링클러설비"란 가압송수장치, 수조(「캐비넷형 간이스프링클러설비 성능인증 및 제품검사의 기술기준」에서 정하는 바에 따라 분리형으로 할 수 있다) 및 유수검지장치 등을 집적화하여 캐비닛 형태로 구성시킨 간이 형태의 스프링클러설비를 말한다. 〈신설 2011.11.24, 개정 2013.6.10〉
20. "상수도직결형 간이스프링클러설비"란 수조를 사용하지 아니하고 상수도에 직접 연결하여 항상 기준 압력 및 방수량 이상을 확보할 수 있는 설비를 말한다. 〈신설 2011.11.24〉
21. "정격토출량"이란 정격토출압력에서의 펌프의 토출량을 말한다. 〈신설 2011.11.24〉
22. "정격토출압력"이란 정격토출량에서의 펌프의 토출측 압력을 말한다. 〈신설 2011.11.24〉

제4조 (수원)

① 간이스프링클러설비의 수원은 다음 각 호와 같다.

1. 상수도직결형의 경우에는 수돗물 〈개정 2011.11.24〉
2. 수조("캐비닛형"을 포함한다)를 사용하고자 하는 경우에는 적어도 1개 이상의 자동급수장치를 갖추어야 하며, 2개의 간이헤드에서 최소 10분[영 별표 5 제1호마목1)가 또는 6)과 7)에 해당하는 경우에는 5개의 간이헤드에서 최소 20분] 이상 방수할 수 있는 양 이상을 수조에 확보할 것 〈개정 2021.1.12〉

② 간이스프링클러설비의 수원을 수조로 설치하는 경우에는 소방설비의 전용수조로 하여야 한다. 다만, 다음 각 호의 어느 하나에 해당하는 경우에는 그러하지 아니하다.

1. 간이스프링클러펌프의 후드밸브 또는 흡수배관의 흡수구(수직회전축펌프의 흡수구를 포함한다. 이하 같다)를 다른 설비(소방용 설비 외의 것을 말한다. 이하 같다)의 후드밸브 또는 흡수구보다 낮은 위치에 설치한 때
2. 제5조제3항에 따른 고가수조로부터 간이스프링클러설비의 수직배관에 물을 공급하는 급수구를 다른 설비의 급수구보다 낮은 위치에 설치한 때

③ 제1항제2호에 따른 저수량을 산정함에 있어서 다른 설비와 겸용하여 간이스프링클러설비용 수조를 설치하는 경우에는 간이스프링클러설비의 후드밸브 · 흡수구 또는 수직배관의 급수구와 다른 설비의 후드밸브 · 흡수구 또는 수직배관의 급수구와의 사이의 수량을 그 유효수량으로 한다.

④ 간이스프링클러설비용 수조는 다음 각 호의 기준에 따라 설치하여야 한다.

1. 점검에 편리한 곳에 설치할 것
2. 동결방지조치를 하거나 동결의 우려가 없는 장소에 설치할 것
3. 수조의 외측에 수위계를 설치할 것. 다만, 구조상 불가피한 경우에는 수조의 맨홀 등을 통하여 수조 안의 물의 양을 쉽게 확인할 수 있도록 하여야 한다.
4. 수조의 상단이 바닥보다 높은 때에는 수조의 외측에 고정식 사다리를 설치할 것
5. 수조가 실내에 설치된 때에는 그 실내에 조명설비를 설치할 것
6. 수조의 밑부분에는 청소용 배수밸브 또는 배수관을 설치할 것
7. 수조의 외측의 보기 쉬운 곳에 "간이스프링클러설비용 수조"라고 표시한 표지를 할 것. 이 경우 그 수조를 다른 설비와 겸용하는 때에는 그 겸용되는 설비의 이름을 표시한 표지를 함께 하여야 한다.
8. 간이스프링클러펌프의 흡수배관 또는 간이스프링클러설비의 수직배관과 수조의 접속부분에는 "간이스프링클러설비용 배관"이라고 표시한 표지를 할 것. 다만, 수조와 가까운 장소에 간이스프링클러펌프가 설치되고 "간이스프링클러설비펌프"라고 표지를 설치한 때에는 그러하지 아니하다.

제5조 (가압송수장치)

① 방수압력(상수도직결형의 상수도압력)은 가장 먼 가지배관에서 2개[영 별표 5 제1호마목

1)가 또는 6)과 7)에 해당하는 경우에는 5개]의 간이헤드를 동시에 개방할 경우 각각의 간이헤드 선단 방수압력은 0.1MPa 이상, 방수량은 50L/min 이상이어야 한다. 다만, 제6조 제7호에 따른 주차장에 표준반응형스프링클러헤드를 사용할 경우 헤드 1개의 방수량은 80L/min 이상이어야 한다. 〈개정 2021.1.12〉

② 전동기 또는 내연기관에 따른 펌프를 이용하는 가압송수장치는 다음 각 호의 기준에 따라 설치하여야 한다.

1. 쉽게 접근할 수 있고 점검하기에 충분한 공간이 있는 장소로서 화재 및 침수등의 재해로 인한 피해를 받을 우려가 없는 곳에 설치할 것
2. 동결방지조치를 하거나 동결의 우려가 없는 장소에 설치할 것
3. 펌프는 전용으로 할 것. 다만, 다른 소화설비와 겸용하는 경우 각각의 소화설비의 성능에 지장이 없을 때에는 그러하지 아니하다.
4. 펌프의 토출측에는 압력계를 체크밸브 이전에 펌프토출측 플랜지에서 가까운 곳에 설치하고, 흡입측에는 연성계 또는 진공계를 설치할 것. 다만, 수원의 수위가 펌프의 위치보다 높거나 수직회전축 펌프의 경우에는 연성계 또는 진공계를 설치하지 아니할 수 있다.
5. 가압송수장치에는 정격부하운전 시 펌프의 성능을 시험하기 위한 배관을 설치할 것 〈개정 2011.11.24〉
6. 가압송수장치에는 체절운전시 수온의 상승을 방지하기 위한 순환배관을 설치할 것 〈개정 2011.11.24〉
7. 기동장치로는 기동용수압개폐장치 또는 이와 동등 이상의 성능이 있는 것을 설치하고 다음 각 목의 기준에 따른 충압펌프를 설치할 것. 다만, 캐비닛형의 경우에는 그러하지 아니하다. 〈개정 2013.6.10〉
   가. 펌프의 토출압력은 그 설비의 최고위 살수장치의 자연압보다 적어도 0.2MPa이 더 크도록 하거나 가압송수장치의 정격토출압력과 같게 할 것 〈신설 2013.6.10〉
   나. 펌프의 정격토출량은 정상적인 누설량보다 적어서는 아니되며 간이스프링클러설비가 자동적으로 작동할 수 있도록 충분한 토출량을 유지할 것 〈신설 2013.6.10〉
8. 수원의 수위가 펌프보다 낮은 위치에 있는 가압송수장치에는 다음 각 목의 기준에 따른 물올림장치를 설치할 것 다만, 캐비닛형일 경우에는 그러하지 아니하다. 〈개정 2011.11.24〉
   가. 물올림장치에는 전용의 탱크를 설치할 것
   나. 탱크의 유효수량은 100L 이상으로 하되, 구경 15mm 이상의 급수배관에 따라 당해 탱크에 물이 계속 보급되도록 할 것
9. 내연기관을 사용하는 경우에는 제어반에 따라 내연기관의 자동기동 및 수동기동이 가능하고, 상시 충전되어 있는 축전지설비를 갖출 것
10. 삭제 〈2011.11.24〉
11. 가압송수장치에는 "간이스프링클러펌프"라고 표시한 표지를 할 것. 이 경우 그 가압송

수장치를 다른 설비와 겸용하는 때에는 그 겸용되는 설비의 이름을 함께 표시한 표지를 하여야 한다.

12. 가압송수장치는 부식 등으로 인한 펌프의 고착을 방지할 수 있도록 다음 각 목의 기준에 적합한 것으로 할 것. 다만, 충압펌프는 제외한다. 〈신설 2021.7.22〉
   가. 임펠러는 청동 또는 스테인리스 등 부식에 강한 재질을 사용할 것
   나. 펌프축은 스테인리스 등 부식에 강한 재질을 사용할 것

③ 고가수조의 자연낙차를 이용한 가압송수장치는 다음 각 호의 기준에 따라 설치하여야 한다.

1. 고가수조의 자연낙차수두(수조의 하단으로부터 최고층에 설치된 헤드까지의 수직거리를 말한다)는 다음의 식에 따라 산출한 수치 이상이 되도록 할 것

$$H = h_1 + 10$$

여기서, H : 필요한 낙차(m)
h_1 : 배관의 마찰손실 수두(m)

2. 고가수조에는 수위계 · 배수관 · 급수관 · 오버플로우관 및 맨홀을 설치할 것

④ 압력수조를 이용한 가압송수장치는 다음 각 호의 기준에 따라 설치하여야 한다.

1. 압력수조의 압력은 다음의 식에 따라 산출한 수치 이상으로 할 것

$$P = p_1 + p_2 + 0.1$$

여기서, P : 필요한 압력(MPa)
p_1 : 낙차의 환산 수두압(MPa)
p_2 : 배관의 마찰손실 수두압(MPa)

2. 압력수조에는 수위계 · 급수관 · 배수관 · 급기관 · 맨홀 · 압력계 · 안전장치 및 압력저하 방지를 위한 자동식 공기압축기를 설치 할 것

⑤ 가압수조를 이용한 가압송수장치는 다음 각 호의 기준에 따라 설치하여야 한다.

1. 가압수조의 압력은 간이헤드 2개를 동시에 개방할 때 적정방수량 및 방수압이 10분[영 별표 5 제1호마목1)가 또는 6)과 7)에 해당하는 경우에는 5개의 간이헤드에서 최소 20분] 이상 유지되도록 할 것 〈개정 2021.1.12〉
2. 삭제 〈2015.1.23〉
3. 삭제 〈2015.1.23〉
4. 소방청장이 정하여 고시한 「가압수조식가압송수장치의 성능인증 및 제품검사의 기술기준」에 적합한 것으로 설치할 것 〈신설 2011.11.24, 2013.6.10, 2015.1.23〉

⑥ 캐비닛형 간이스프링클러설비를 사용할 경우 소방청장이 정하여 고시한 「캐비넷형간이스프링클러설비 성능인증 및 제품검사의 기술기준」에 적합한 것으로 설치하여야 한다. 〈신설 2011.11.24, 개정 2013.6.10, 2015.1.23〉

⑦ 영 별표 5 제1호마목1)가 또는 6)과 7)에 해당하는 특정소방대상물의 경우에는 상수도직

결형 및 캐비닛형 간이스프링클러설비를 제외한 가압송수장치를 설치하여야 한다. 〈신설 2013.6.10, 개정 2021.1.12〉 관리사 20회

제6조 (간이스프링클러설비의 방호구역 · 유수검지장치)

간이스프링클러설비의 방호구역(간이스프링클러설비의 소화범위에 포함된 영역을 말한다. 이하 같다) · 유수검지장치는 다음 각 호의 기준에 적합하여야 한다. 다만, 캐비닛형의 경우에는 제3호의 기준에 적합하여야 한다. 〈개정 2008.12.15, 2011.11.24〉

1. 하나의 방호구역의 바닥면적은 1,000m^2를 초과하지 아니할 것 〈개정 2013.6.10〉
2. 하나의 방호구역에는 1개 이상의 유수검지장치를 설치하되, 화재발생시 접근이 쉽고 점검하기 편리한 장소에 설치할 것 〈개정 2008.12.15〉
3. 하나의 방호구역은 2개층에 미치지 아니하도록 할 것. 다만, 1개층에 설치되는 간이헤드의 수가 10개 이하인 경우에는 3개층 이내로 할 수 있다.
4. 유수검지장치는 실내에 설치하거나 보호용 철망 등으로 구획하여 바닥으로부터 0.8m 이상 1.5m 이하의 위치에 설치하되, 그 실 등에는 개구부가 가로 0.5m 이상 세로 1m 이상의 출입문을 설치하고 그 출입문 상단에 "유수검지장치실"이라고 표시한 표지를 설치할 것. 다만, 유수검지장치를 기계실(공조용기계실을 포함한다) 안에 설치하는 경우에는 별도의 실 또는 보호용 철망을 설치하지 아니하고 기계실 출입문 상단에 "유수검지장치실"이라고 표시한 표지를 설치할 수 있다. 〈개정 2021.7.22〉
5. 간이헤드에 공급되는 물은 유수검지장치를 지나도록 할 것. 다만, 송수구를 통하여 공급되는 물은 그러하지 아니하다. 〈개정 2008.12.15〉
6. 자연낙차에 따른 압력수가 흐르는 배관 상에 설치된 유수검지장치는 화재 시 물의 흐름을 검지할 수 있는 최소한의 압력이 얻어질 수 있도록 수조의 하단으로부터 낙차를 두어 설치할 것 〈개정 2008.12.15〉
7. 간이스프링클러설비가 설치되는 특정소방대상물에 부설된 주차장부분(영 별표 5 제1호마목에 해당하지 아니하는 부분에 한한다)에는 습식 외의 방식으로 하여야 한다. 다만, 동결의 우려가 없거나 동결을 방지할 수 있는 구조 또는 장치가 된 곳은 그러하지 아니하다. 〈신설 2013.6.10〉

제7조 (제어반)

간이스프링클러설비에는 다음 각 호의 어느 하나의 기준에 따른 제어반을 설치하여야 한다. 다만, 캐비닛형 간이스프링클러설비의 경우에는 그러하지 아니하다. 〈신설 2013.6.10〉

1. 상수도 직결형의 경우에는 급수배관에 설치되어 급수를 차단할 수 있는 개폐밸브(제8조제16항제1호나목의 급수차단장치를 포함한다) 및 유수검지장치의 작동상태를 확인할 수 있어야 하며, 예비전원이 확보되고 예비전원의 적합여부를 시험할 수 있어야 한다. 〈신설 2013.6.10〉
2. 상수도 직결형을 제외한 방식의 것에 있어서는 「스프링클러설비의 화재안전기준(NFSC

NFSC 103A 간이스프링클러설비

103)」 제13조를 준용한다. 〈신설 2013.6.10〉

제8조 (배관 및 밸브)

① 배관과 배관이음쇠는 다음 각 호의 어느 하나에 해당하는 것 또는 동등 이상의 강도 · 내식성 및 내열성을 국내 · 외 공인기관으로부터 인정받은 것을 사용하여야 하고, 배관용 스테인레스강관(KS D 3576)의 이음을 용접으로 할 경우에는 알곤용접방식에 따른다. 다만, 상수도직결형에 사용하는 배관 및 밸브는 「수도법」 제14조(수도용 자재와 제품의 인증 등)에 적합한 제품을 사용하여야 한다. 또한, 본 조에서 정하지 않은 사항은 건설기술진흥법 제44조제1항의 규정에 따른 건축기계설비공사 표준설명서에 따른다. 〈개정 2016.7.13〉

1. 배관 내 사용압력이 1.2MPa 미만일 경우에는 다음 각 목의 어느 하나에 해당하는 것 〈개정 2016.7.13〉
   가. 배관용 탄소강관(KS D 3507)
   나. 이음매 없는 구리 및 구리합금관(KS D 5301). 다만, 습식의 배관에 한한다.
   다. 배관용 스테인리스강관(KS D 3576) 또는 일반배관용 스테인리스강관(KS D 3595)
   라. 덕타일 주철관(KS D 4311)
2. 배관 내 사용압력이 1.2MPa 이상일 경우에는 다음 각 목의 어느 하나에 해당하는 것 〈개정 2016.7.13〉
   가. 압력배관용 탄소강관(KS D 3562)
   나. 배관용 아크용접 탄소강 강관(KS D 3583)

② 제1항에도 불구하고 다음 각 호의 어느 하나에 해당하는 장소에는 소방청장이 정하여 고시한 「소방용합성수지배관의 성능인증 및 제품검사의 기술기준」에 적합한 소방용 합성수지배관으로 설치할 수 있다. 〈개정 2013.6.10, 2015.1.23〉

1. 배관을 지하에 매설하는 경우
2. 다른 부분과 내화구조로 구획된 덕트 또는 피트의 내부에 설치하는 경우
3. 천장(상층이 있는 경우에는 상층바닥의 하단을 포함한다. 이하 같다)과 반자를 불연재료 또는 준불연재료로 설치하고 그 내부에 습식으로 배관을 설치하는 경우

③ 급수배관은 다음 각 호의 기준에 따라 설치하여야 한다.

1. 전용으로 할 것. 다만, 상수도직결형의 경우에는 수도배관 호칭지름 32mm 이상의 배관이어야 하고, 간이헤드가 개방될 경우에는 유수신호 작동과 동시에 다른 용도로 사용하는 배관의 송수를 자동 차단할 수 있도록 하여야 하며, 배관과 연결되는 이음쇠 등의 부속품은 물이 고이는 현상을 방지하는 조치를 하여야 한다. 〈개정 2011.11.24〉
2. 급수를 차단할 수 있는 개폐밸브는 개폐표시형으로 할 것. 이 경우 펌프의 흡입측배관에는 버터플라이밸브외의 개폐표시형밸브를 설치하여야 한다.
3. 배관의 구경은 제5조제1항에 적합하도록 수리계산에 의하거나 별표 1의 기준에 따라 설치할 것. 다만, 수리계산에 의하는 경우 가지배관의 유속은 6m/s, 그 밖의 배관의 유속은 10m/s를 초과할 수 없다.

④ 펌프의 흡입측배관은 다음 각 호의 기준에 따라 설치하여야 한다.
  1. 공기고임이 생기지 아니하는 구조로 하고 여과장치를 설치할 것
  2. 수조가 펌프보다 낮게 설치된 경우에는 각 펌프(충압펌프를 포함한다)마다 수조로부터 별도로 설치할 것

⑤ 연결송수관설비의 배관과 겸용할 경우의 주배관은 구경 100mm 이상, 방수구로 연결되는 배관의 구경은 65mm 이상의 것으로 하여야 한다.

⑥ 펌프의 성능은 체절운전 시 정격토출압력의 140%를 초과하지 아니하고, 정격토출량의 150%로 운전 시 정격토출압력의 65% 이상이 되어야 하며, 펌프의 성능시험배관은 다음 각 호의 기준에 적합하여야 한다.
  1. 성능시험배관은 펌프의 토출측에 설치된 개폐밸브 이전에서 분기하여 설치하고, 유량측정장치를 기준으로 전단 직관부에 개폐밸브를 후단 직관부에는 유량조절밸브를 설치할 것
  2. 유량측정장치는 성능시험배관의 직관부에 설치하되, 펌프의 정격토출량의 175% 이상 측정할 수 있는 성능이 있을 것

⑦ 가압송수장치의 체절운전 시 수온의 상승을 방지하기 위하여 체크밸브와 펌프사이에서 분기한 구경 20mm 이상의 배관에 체절압력 미만에서 개방되는 릴리프밸브를 설치하여야 한다.

⑧ 동결방지조치를 하거나 동결의 우려가 없는 장소에 설치하여야 한다. 다만, 보온재를 사용할 경우에는 난연재료 성능 이상의 것으로 하여야 한다. 〈개정 2015.1.23〉

⑨ 가지배관의 배열은 다음 각 호의 기준에 따른다.
  1. 토너먼트(Tournament)방식이 아닐 것
  2. 교차배관에서 분기되는 지점을 기점으로 한쪽 가지배관에 설치되는 간이헤드의 개수(반자 아래와 반자속의 헤드를 하나의 가지배관 상에 병설하는 경우에는 반자 아래에 설치하는 헤드의 개수)는 8개 이하로 할 것. 다만, 다음 각 목의 어느 하나에 해당하는 경우에는 그러하지 아니하다.
    가. 기존의 방호구역 안에서 칸막이 등으로 구획하여 1개의 간이헤드를 증설하는 경우
    나. 격자형 배관방식(2 이상의 수평주행배관 사이를 가지배관으로 연결하는 방식을 말한다)을 채택하는 때에는 펌프의 용량, 배관의 구경 등을 수리학적으로 계산한 결과 간이헤드의 방수압 및 방수량이 소화목적을 달성하는 데 충분하다고 인정되는 경우 〈개정 2011.11.24〉
  3. 가지배관과 간이헤드 사이의 배관을 신축배관으로 하는 경우에는 소방청장이 정하여 고시한 「스프링클러설비신축배관 성능인증 및 제품검사의 기술기준」에 적합한 것으로 설치할 것. 이 경우 신축배관의 설치길이는 소방청장이 정하여 고시한 「스프링클러설비의 화재안전기준」 제10조제3항의 거리를 초과하지 아니할 것 [본호 전문개정 2015.1.23.]

⑩ 가지배관에 하향식간이헤드를 설치하는 경우에 가지배관으로부터 간이헤드에 이르는 헤드접속배관은 가지관상부에서 분기할 것. 다만, 소화설비용 수원의 수질이 「먹는물관리법」

제5조에 따라 먹는물의 수질기준에 적합하고 덮개가 있는 저수조로부터 물을 공급받는 경우에는 가지배관의 측면 또는 하부에서 분기할 수 있다. 〈개정 2011.11.24〉

⑪ 준비작동식유수검지장치를 사용하는 간이스프링클러설비에 있어서 유수검지장치 2차측 배관의 부대설비는 다음 각 호의 기준에 따른다. 〈신설 2013.6.10〉

1. 개폐표시형밸브를 설치할 것
2. 제1호에 따른 밸브와 준비작동식유수검지장치 사이의 배관은 다음 각 목과 같은 구조로 할 것
   가. 수직배수배관과 연결하고 동 연결배관상에는 개폐밸브를 설치할 것
   나. 자동배수장치 및 압력스위치를 설치할 것
   다. 나목에 따른 압력스위치는 수신부에서 준비작동식유수검지장치의 개방여부를 확인할 수 있게 설치할 것

⑫ 간이스프링클러설비에는 유수검지장치를 시험할 수 있는 시험 장치를 다음 각 호의 기준에 따라 설치하여야 한다. 다만, 준비작동식유수검지장치를 설치하는 부분은 그러하지 아니하다. 〈개정 2021.7.22〉

1. 펌프(캐비닛형 제외)를 가압송수장치로 사용하는 경우 유수검지장치 2차측 배관에 연결하여 설치하고, 펌프 외의 가압송수장치를 사용하는 경우 유수검지장치에서 가장 먼 거리에 위치한 가지배관의 끝으로부터 연결하여 설치할 것 〈개정 2021.7.22〉
2. 시험장치배관의 구경은 25mm 이상으로 하고, 그 끝에 개폐밸브 및 개방형간이헤드 또는 간이스프링클러헤드와 동등한 방수성능을 가진 오리피스를 설치할 것. 이 경우 개방형간이헤드는 반사판 및 프레임을 제거한 오리피스만으로 설치할 수 있다. 〈개정 2021.7.22〉
3. 시험배관의 끝에는 물받이 통 및 배수관을 설치하여 시험 중 방사된 물이 바닥에 흘러내리지 아니하도록 하여야 한다. 다만, 목욕실 · 화장실 또는 그 밖의 곳으로서 배수처리가 쉬운 장소에 시험배관을 설치한 경우에는 그러하지 아니하다.

⑬ 배관에 설치되는 행가는 다음 각 호의 기준에 따라 설치하여야 한다.

1. 가지배관에는 간이헤드의 설치지점 사이마다 1개 이상의 행가를 설치하되, 간이헤드간의 거리가 3.5m를 초과하는 경우에는 3.5m 이내마다 1개 이상 설치할 것. 이 경우 상향식간이헤드와 행가 사이에는 8cm 이상의 간격을 두어야 한다.
2. 교차배관에는 가지배관과 가지배관 사이마다 1개 이상의 행가를 설치하되, 가지배관 사이의 거리가 4.5m를 초과하는 경우에는 4.5m 이내마다 1개 이상 설치할 것
3. 제1호 및 제2호의 수평주행배관에는 4.5m 이내마다 1개 이상 설치할 것

⑭ 급수배관에 설치되어 급수를 차단할 수 있는 개폐밸브에는 그 밸브의 개폐상태를 감시제어반에서 확인할 수 있도록 급수개폐밸브 작동표시 스위치를 다음 각 호의 기준에 따라 설치하여야 한다.

1. 급수개폐밸브가 잠길 경우 탬퍼스위치의 동작으로 인하여 감시제어반 또는 수신기에 표시 되어야 하며 경보음을 발할 것

2. 탬퍼스위치는 감시제어반 또는 수신기에서 동작의 유무확인과 동작시험, 도통시험을 할 수 있을 것
3. 급수개폐밸브의 작동표시 스위치에 사용되는 전기배선은 내화전선 또는 내열전선으로 설치할 것

⑮ 간이스프링클러설비 배관의 배수를 위한 기울기는 다음 각 호의 기준에 따른다.
1. 간이스프링클러설비의 배관을 수평으로 할 것. 다만, 배관의 구조상 소화수가 남아 있는 곳에는 배수밸브를 설치하여야 한다. 〈개정 2011.11.24〉
2. 삭제 〈2011.11.24〉

⑯ 간이스프링클러설비의 배관 및 밸브 등의 순서는 다음 각 호의 기준에 따라 설치하여야 한다.
1. 상수도직결형은 다음 각 목의 기준에 따라 설치할 것 〈개정 2011.11.24〉 관리사 16회
가. 수도용계량기, 급수차단장치, 개폐표시형밸브, 체크밸브, 압력계, 유수검지장치(압력스위치 등 유수검지장치와 동등 이상의 기능과 성능이 있는 것을 포함한다. 이하 같다), 2개의 시험밸브의 순으로 설치할 것 〈개정 2011.11.24〉

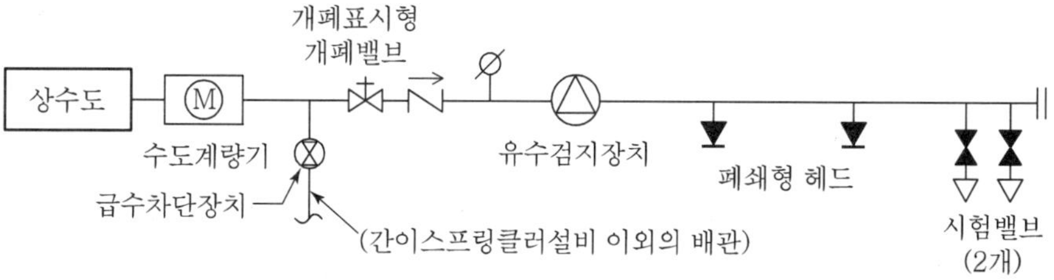

나. 간이스프링클러설비 이외의 배관에는 화재시 배관을 차단할 수 있는 급수차단장치를 설치할 것 〈개정 2011.11.24〉

2. 펌프 등의 가압송수장치를 이용하여 배관 및 밸브 등을 설치하는 경우에는 수원, 연성계 또는 진공계(수원이 펌프보다 높은 경우를 제외한다. 이하 같다), 펌프 또는 압력수조, 압력계, 체크밸브, 성능시험배관, 개폐표시형밸브, 유수검지장치, 시험밸브의 순으로 설치할 것 〈개정 2011.11.24〉 관리사 16회

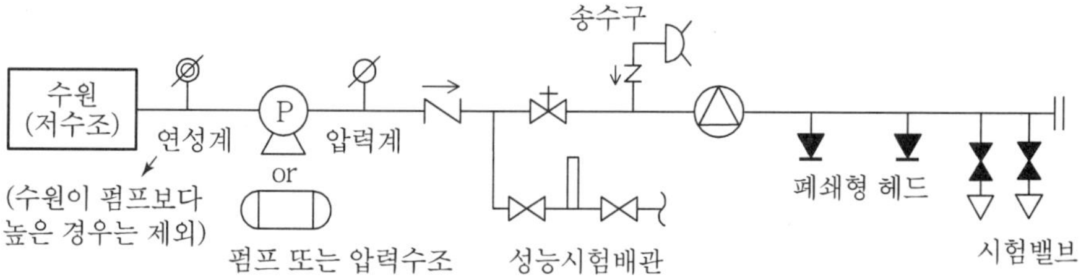

3. 가압수조를 가압송수장치로 이용하여 배관 및 밸브등을 설치하는 경우에는 수원, 가압수조, 압력계, 체크밸브, 성능시험배관, 개폐표시형밸브, 유수검지장치, 2개의 시험밸브의 순으로 설치할 것 〈개정 2011.11.24〉 관리사 20회

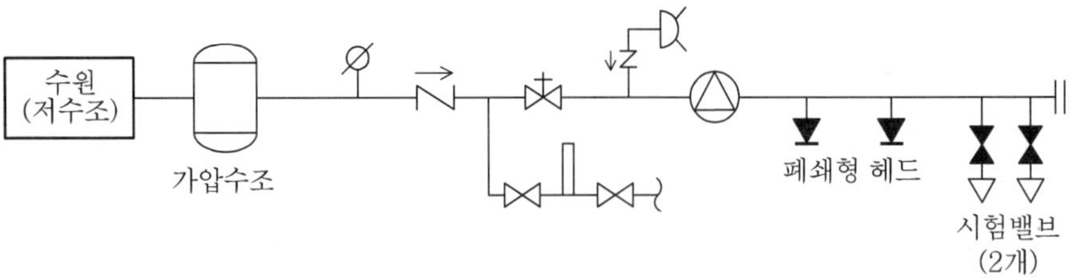

4. 캐비닛형의 가압송수장치에 배관 및 밸브 등을 설치하는 경우에는 수원, 연성계 또는 진공계(수원이 펌프보다 높은 경우를 제외한다. 이하 같다), 펌프 또는 압력수조, 압력계, 체크밸브, 개폐표시형밸브, 2개의 시험밸브의 순으로 설치할 것. 다만, 소화용수의 공급은 상수도와 직결된 바이패스관 또는 펌프에서 공급받아야 한다.

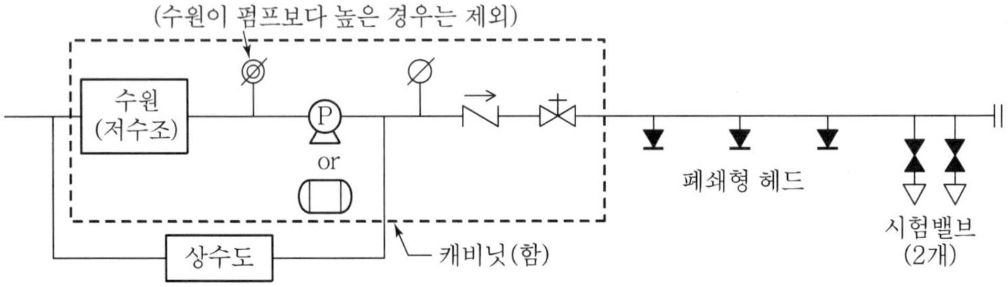

⑰ 배관은 다른 설비의 배관과 쉽게 구분이 될 수 있는 위치에 설치하거나 그 배관표면 또는 배관 보온재표면은 「한국산업표준(배관계의 식별 표시, KS A 0503)」 또는 적색으로 식별이 가능하도록 소방용설비의 배관임을 표시하여야 한다. 〈개정 2008.12.15, 2013.6.10〉

⑱ 확관형 분기배관을 사용할 경우에는 소방청장이 정하여 고시한 「분기배관의 성능인증 및 제품검사의 기술기준」에 적합한 것으로 설치하여야 한다. 〈개정 2021.12.16〉

제9조 (간이헤드)

간이헤드는 다음 각 호의 기준에 적합한 것을 사용하여야 한다.

1. 폐쇄형간이헤드를 사용할 것 〈개정 2011.11.24〉
2. 간이헤드의 작동온도는 실내의 최대 주위천장온도가 0℃ 이상 38℃ 이하인 경우 공칭작동온도가 57℃에서 77℃의 것을 사용하고, 39℃ 이상 66℃ 이하인 경우에는 공칭작동온도가 79℃에서 109℃의 것을 사용할 것 관리사 19회
3. 간이헤드를 설치하는 천장 · 반자 · 천장과 반자사이 · 덕트 · 선반 등의 각 부분으로부터 간이헤드까지의 수평거리는 2.3m(「스프링클러헤드의 형식승인 및 제품검사의 기술기준」 유효반경의 것으로 한다.) 이하가 되도록 하여야 한다. 다만, 성능이 별도로 인정된 간이헤드를 수리계산에 따라 설치하는 경우에는 그러하지 아니하다. 〈개정 2011.11.24, 2013.6.10〉
4. 상향식간이헤드 또는 하향식간이헤드의 경우에는 간이헤드의 디플렉터에서 천장 또는 반자까지의 거리는 25mm에서 102mm 이내가 되도록 설치하여야 하며, 측벽형간이헤

드의 경우에는 102mm에서 152mm 사이에 설치할 것 다만, 플러쉬 스프링클러헤드의 경우에는 천장 또는 반자까지의 거리를 102mm 이하가 되도록 설치할 수 있다.

5. 간이헤드는 천장 또는 반자의 경사 · 보 · 조명장치 등에 따라 살수장애의 영향을 받지 아니하도록 설치할 것
6. 제4호의 규정에도 불구하고 소방대상물의 보와 가장 가까운 간이헤드는 다음 표의 기준에 따라 설치할 것. 다만, 천장면에서 보의 하단까지의 길이가 55cm를 초과하고 보의 하단 측면 끝부분으로부터 간이헤드까지의 거리가 간이헤드 상호간 거리의 2분의 1 이하가 되는 경우에는 간이헤드와 그 부착면과의 거리를 55cm 이하로 할 수 있다. 〈개정 2013.6.10〉

간이헤드의 반사판 중심과 보의 수평거리	간이헤드의 반사판 높이와 보의 하단 높이의 수직거리
0.75m 미만	보의 하단보다 낮을 것
0.75m 이상 1m 미만	0.1m 미만일 것
1m 이상 1.5m 미만	0.15m 미만일 것
1.5m 이상	0.3m 미만일 것

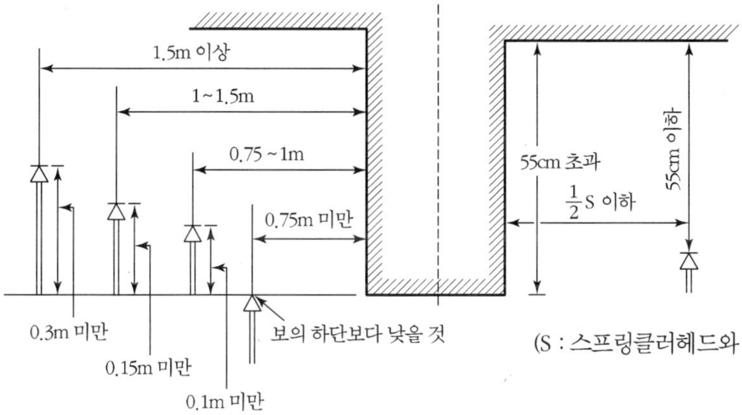

※ 보의 높이가 55cm 초과하고 보의 하단측면 끝부분에서 헤드까지의 거리가 1/2 S 이하인 경우에는 천장면에서 헤드반사판까지의 거리를 55cm 이내로 할 수 있다.

(S : 스프링클러헤드와 헤드 간의 거리)

7. 상향식간이헤드 아래에 설치되는 하향식간이헤드에는 상향식 헤드의 방출수를 차단할 수 있는 유효한 차폐판을 설치할 것
8. 간이스프링클러설비를 설치하여야 할 소방대상물에 있어서는 간이헤드 설치 제외에 관한 사항은 「스프링클러설비의 화재안전기준」 제15조제1항을 준용한다.
9. 제6조제7호에 따른 주차장에는 표준반응형스프링클러헤드를 설치하여야 하며 설치기준은 「스프링클러설비의 화재안전기준(NFSC 103)」 제10조를 준용한다. 〈신설 2013.6.10〉

제10조 (음향장치 및 기동장치)

① 간이스프링클러설비의 음향장치 및 기동장치는 다음 각 호의 기준에 따라 설치하여야 한다.

1. 습식유수검지장치를 사용하는 설비에 있어서는 간이헤드가 개방되면 유수검지장치가 화재신호를 발신하고 그에 따라 음향장치가 경보되도록 할 것 〈개정 2008.12.15, 2011.11.24〉
2. 음향장치는 습식유수검지장치의 담당구역마다 설치하되 그 구역의 각 부분으로부터 하나의 음향장치까지의 수평거리는 25m 이하가 되도록 할 것 〈개정 2008.12.15, 2011.11.24〉
3. 음향장치는 경종 또는 사이렌(전자식 사이렌을 포함한다)으로 하되, 주위의 소음 및 다른 용도의 경보와 구별이 가능한 음색으로 할 것. 이 경우 경종 또는 사이렌은 자동화재탐지설비 · 비상벨설비 또는 자동식사이렌설비의 음향장치와 겸용할 수 있다.
4. 주음향장치는 수신기의 내부 또는 그 직근에 설치할 것.
5. 5층(지하층을 제외한다) 이상으로서 연면적이 3,000m²를 초과하는 소방대상물 또는 그 부분에 있어서는 2층 이상의 층에서 발화한 때에는 발화층 및 그 직상층에 한하여, 1층에서 발화한 때에는 발화층 · 그 직상층 및 지하층에 한하여, 지하층에서 발화한 때에는 발화층 · 그 직상층 및 기타의 지하층에 한하여 경보를 발할 수 있도록 할 것
6. 음향장치는 다음 각 목의 기준에 따른 구조 및 성능의 것으로 할 것
   가. 정격전압의 80% 전압에서 음향을 발할 수 있는 것으로 할 것
   나. 음량은 부착된 음향장치의 중심으로부터 1m 떨어진 위치에서 90dB 이상이 되는 것으로 할 것 〈개정 2008.12.15〉

② 간이스프링클러설비의 가압송수장치로서 펌프가 설치되는 경우에는 그 펌프의 작동은 다음 각 호의 어느 하나의 기준에 적합하여야 한다.

1. 습식유수검지장치를 사용하는 설비에 있어서는 동장치의 발신이나 기동용수압개폐장치에 따라 작동되거나 또는 이 두 가지의 혼용에 따라 작동될 수 있도록 할 것 〈개정 2008.12.15, 2011.11.24〉
2. 준비작동식유수검지장치를 사용하는 설비에 있어서는 화재감지기의 화재감지나 기동용수압개폐장치에 따라 작동되거나 또는 이 두 가지의 혼용에 따라 작동될 수 있도록 할 것 〈신설 2013.6.10〉

③ 준비작동식유수검지장치의 작동 기준은 「스프링클러설비의 화재안전기준(NFSC 103)」 제9조제3항을 준용한다. 〈신설 2013.6.10〉

1. 삭제 〈2011.11.24〉
2. 삭제 〈2011.11.24〉
   가. 삭제 〈2011.11.24〉
   나. 삭제 〈2011.11.24〉
3. 삭제 〈2011.11.24〉
4. 삭제 〈2011.11.24〉

5. 삭제 〈2011.11.24〉
   가. 삭제 〈2011.11.24〉
   나. 삭제 〈2011.11.24〉
   다. 삭제 〈2011.11.24〉

④ 제1항부터 제3항의 배선(감지기 상호간의 배선은 제외한다)은 「옥내소화전설비의 화재안전기준(NFSC 102)」 별표 1에 따라 내화 또는 내열성능이 있는 배선을 사용하되, 다른 배선과 공유하는 회로방식이 되지 아니하도록 하여야 한다. 다만, 음향장치의 작동에 지장을 주지 아니하는 회로방식의 경우에는 그러하지 아니하다. 〈개정 2011.11.24, 2013.6.10〉

제11조 (송수구)

간이스프링클러설비에는 소방차로부터 그 설비에 송수할 수 있는 송수구를 다음 각 호의 기준에 따라 설치하여야 한다. 다만, 「다중이용업소의 안전관리에 관한 특별법」 제9조제1항 및 같은 법 시행령 제9조에 해당하는 영업장(건축물 전체가 하나의 영업장일 경우는 제외)에 설치되는 상수도직결형 또는 캐비닛형의 경우에는 송수구를 설치하지 아니할 수 있다. 〈개정 2011.11.24, 2013.6.10〉

1. 송수구는 소방차가 쉽게 접근할 수 있는 잘 보이는 장소에 설치하되 화재층으로부터 지면으로 떨어지는 유리창 등이 송수 및 그 밖의 소화작업에 지장을 주지 아니하는 장소에 설치할 것 〈개정 2013.6.10〉
2. 송수구로부터 간이스프링클러설비의 주배관에 이르는 연결배관에 개폐밸브를 설치한 때에는 그 개폐상태를 쉽게 확인 및 조작할 수 있는 옥외 또는 기계실 등의 장소에 설치할 것
3. 구경 65mm의 단구형 또는 쌍구형으로 하여야 하며, 송수배관의 안지름은 40mm 이상으로 할 것
4. 지면으로부터 높이가 0.5m 이상 1m 이하의 위치에 설치할 것
5. 송수구의 가까운 부분에 자동배수밸브(또는 직경 5mm의 배수공) 및 체크밸브를 설치할 것. 이 경우 자동배수밸브는 배관안의 물이 잘 빠질 수 있는 위치에 설치하되, 배수로 인하여 다른 물건 또는 장소에 피해를 주지 아니하여야 한다.
6. 송수구에는 이물질을 막기 위한 마개를 씌울 것 〈신설 2008.12.15〉

제12조 (비상전원)

간이스프링클러설비에는 다음 각 호의 기준에 적합한 비상전원 또는 「소방시설용비상전원수전설비의 화재안전기준(NFSC 602)」의 규정에 따른 비상전원수전설비를 설치하여야 한다. 다만, 무전원으로 작동되는 간이스프링클러설비의 경우에는 모든 기능이 10분[영 별표 5 제1호마목1)가 또는 6)과 7)에 해당하는 경우에는 20분] 이상 유효하게 지속될 수 있는 구조를 갖추어야 한다. 〈개정 2021.1.12〉

1. 간이스프링클러설비를 유효하게 10분[영 별표 5 제1호마목1)가 또는 6)과 7)에 해당하

는 경우에는 20분]이상 작동할 수 있도록 할 것 〈개정 2021.1.12〉

2. 상용전원으로부터 전력의 공급이 중단된 때에는 자동으로 비상전원으로부터 전원을 공급받을 수 있는 구조로 할 것

제13조 (수원 및 가압송수장치의 펌프 등의 겸용)

① 간이스프링클러설비의 수원을 옥내소화전설비 · 스프링클러설비 · 화재조기진압용 스프링클러설비 · 물분무소화설비 · 포소화전설비 및 옥외소화전설비의 수원과 겸용하여 설치하는 경우의 저수량은 각 소화설비에 필요한 저수량을 합한 양이상이 되도록 하여야 한다. 다만, 이들 소화설비 중 고정식 소화설비(펌프 · 배관과 소화수 또는 소화약제를 최종 방출하는 방출구가 고정된 설비를 말한다. 이하 같다)가 2 이상 설치되어 있고, 그 소화설비가 설치된 부분이 방화벽과 방화문으로 구획되어 있는 경우에는 각 고정식 소화설비에 필요한 저수량중 최대의 것 이상으로 할 수 있다.

② 간이스프링클러설비의 가압송수장치로 사용하는 펌프를 옥내소화전설비 · 스프링클러설비 · 화재조기진압용 스프링클러설비 · 물분무소화설비 · 포소화설비 및 옥외소화전설비의 가압송수장치와 겸용하여 설치하는 경우의 펌프의 토출량은 각 소화설비에 해당하는 토출량을 합한 양 이상이 되도록 하여야 한다. 다만, 이들 소화설비 중 고정식 소화설비가 2 이상 설치되어 있고, 그 소화설비가 설치된 부분이 방화벽과 방화문으로 구획되어 있으며 각 소화설비에 지장이 없는 경우에는 펌프의 토출량 중 최대의 것 이상으로 할 수 있다.

③ 옥내소화전설비 · 스프링클러설비 · 간이스프링클러설비 · 화재조기진압용 스프링클러설비 · 물분무소화설비 · 포소화설비 및 옥외소화전설비의 가압송수장치에 있어서 각 토출측배관과 일반급수용의 가압송수장치의 토출측배관을 상호 연결하여 화재시 사용할 수 있다. 이 경우 연결배관에는 개 · 폐표시형밸브를 설치하여야 하며, 각 소화설비의 성능에 지장이 없도록 하여야 한다.

④ 간이스프링클러설비의 송수구를 옥내소화전설비 · 스프링클러설비 · 화재조기진압용 스프링클러설비 · 물분무소화설비 · 포소화설비 · 연결송수관설비 또는 연결살수설비의 송수구와 겸용으로 설치하는 경우에는 스프링클러설비의 송수구의 설치기준에 따르되 각각의 소화설비의 기능에 지장이 없도록 하여야 한다.

제14조 (설치 · 유지기준의 특례)

소방본부장 또는 소방서장은 기존건축물이 증축 · 개축 · 대수선되거나 용도 변경되는 경우에 있어서 이 기준이 정하는 기준에 따라 해당 건축물에 설치하여야 할 간이스프링클러설비의 배관 · 배선 등의 공사가 현저하게 곤란하다고 인정되는 경우에는 해당 설비의 기능 및 사용에 지장이 없는 범위 안에서 간이스프링클러설비의 설치 · 유지기준의 일부를 적용하지 아니할 수 있다. 〈개정 2013.6.10〉

제15조 (재검토 기한)

소방청장은 「훈령 · 예규 등의 발령 및 관리에 관한 규정」에 따라 이 고시에 대하여 2017년 1월 1일 기준으로 매 3년이 되는 시점(매 3년째의 12월 31일까지를 말한다)마다 그 타당성을 검토하여 개선 등의 조치를 하여야 한다.

부칙 <제2021-24호, 2021.7.22>

제1조 (시행일)

이 고시는 발령한 날부터 시행한다.

[별표 1]

간이헤드 수별 급수관의 구경

(제8조제3항제3호관련) <개정 2015.1.23>

(단위 : mm)

급수관의 구경 / 구분	25	32	40	50	65	80	100	125	150
가	2	3	5	10	30	60	100	160	161이상
나	2	4	7	15	30	60	100	160	161이상
다	<삭제 2011.11.24>								

[주]

1. 폐쇄형간이헤드를 사용하는 설비의 경우로서 1개층에 하나의 급수배관(또는 밸브 등)이 담당하는 구역의 최대면적은 1,000m^2를 초과하지 아니할 것 〈개정 2015.1.23〉
2. 폐쇄형간이헤드를 설치하는 경우에는 "가"란의 헤드수에 따를 것 〈개정 201 1.11.24〉
3. 폐쇄형간이헤드를 설치하고 반자 아래의 헤드와 반자속의 헤드를 동일 급수관의 가지관상에 병설하는 경우에는"나"란의 헤드수에 따를 것
4. "캐비닛형" 및 "상수도직결형"을 사용하는 경우 주배관은 32, 수평주행배관은 32, 가지배관은 25 이상으로 할 것. 이 경우 최장배관은 제5조제6항에 따라 인정받은 길이로 하며 하나의 가지배관에는 간이헤드를 3개 이내로 설치하여야 한다. 〈개정 2011.11.24〉 관리사 20회

[제5장] 화재조기진압용 스프링클러설비의 화재안전기준(NFSC 103B)

(개정 : 2021. 12. 16. 소방청고시 제2021-46호)

제1조 (목적)

이 기준은 「화재예방, 소방시설 설치 · 유지 및 안전관리에 관한 법률」 제9조제1항에 따라 소방청장에게 위임한 사항 중 소화설비인 화재조기진압용 스프링클러설비의 설치 · 유지 및 안전관리에 필요한 사항을 규정함을 목적으로 한다.

제2조 (적용범위)

「화재예방, 소방시설 설치 · 유지 및 안전관리에 관한 법률 시행령」(이하 "영"이라 한다) 별표 5 제1호라목에 따른 스프링클러설비 중 「스프링클러설비의 화재안전기준(NFSC 103)」 제10조제2항의 랙크식창고에 설치하는 화재조기진압용 스프링클러설비는 이 기준에서 정하는 규정에 따라 설비를 설치하고 유지 · 관리하여야 한다.

제3조 (정의)

이 기준에서 사용하는 용어의 정의는 다음과 같다

1. "화재조기진압용 스프링클러헤드"란 특정 높은 장소의 화재위험에 대하여 조기에 진화할 수 있도록 설계된 스프링클러헤드를 말한다. 〈개정 2012.8.20〉
2. "충압펌프"란 배관 내 압력손실에 따른 주펌프의 빈번한 기동을 방지하기 위하여 충압역할을 하는 펌프를 말한다. 〈개정 2012.8.20〉
3. "고가수조"란 구조물 또는 지형지물 등에 설치하여 자연낙차압력으로 급수하는 수조를 말한다. 〈개정 2012.8.20〉
4. "압력수조"란 소화용수와 공기를 채우고 일정압력 이상으로 가압하여 그 압력으로 급수하는 수조를 말한다. 〈개정 2012.8.20〉
5. "정격토출량"이란 정격토출압력에서의 펌프의 토출량을 말한다. 〈개정 2012.8.20〉
6. "정격토출압력"이란 정격토출량에서의 펌프의 토출측 압력을 말한다. 〈개정 2012.8.20〉
7. "진공계"란 대기압 이하의 압력을 측정하는 계측기를 말한다. 〈개정 2012.8.20〉
8. "연성계"란 대기압 이상의 압력과 대기압 이하의 압력을 측정할 수 있는 계측기를 말한다. 〈개정 2012.8.20〉
9. "체절운전"이란 펌프의 성능시험을 목적으로 펌프토출측의 개폐밸브를 닫은 상태에서 펌프를 운전하는 것을 말한다. 〈개정 2012.8.20〉
10. "기동용수압개폐장치"란 소화설비의 배관내 압력변동을 검지하여 자동적으로 펌프를

기동 및 정지시키는 것으로서 압력챔버 또는 기동용압력스위치 등을 말한다. 〈개정 2012.8.20〉

11. "유수검지장치"란 습식유수검지장치를 말하며 본체내의 유수현상을 자동적으로 검지하여 신호 또는 경보를 발하는 장치를 말한다. 〈개정 2012.8.20〉
12. "가지배관"이란 화재조기진압용 스프링클러헤드가 설치되어 있는 배관을 말한다. 〈개정 2012.8.20〉
13. "교차배관"이란 직접 또는 수직배관을 통하여 가지배관에 급수하는 배관을 말한다. 〈개정 2012.8.20〉
14. "주배관"이란 각 층을 수직으로 관통하는 수직배관을 말한다. 〈개정 2012.8.20〉
15. "신축배관"이란 가지배관과 스프링클러헤드를 연결하는 구부림이 용이하도록 유연성을 가진 배관을 말한다. 〈개정 2012.8.20〉
16. "급수배관"이란 수원 및 옥외송수구로부터 화재조기진압용 스프링클러헤드에 급수하는 배관을 말한다. 〈개정 2012.8.20〉

16의2. "분기배관"이란 배관 측면에 구멍을 뚫어 둘 이상의 관로가 생기도록 가공한 배관으로서 확관형 분기배관과 비확관형 분기배관을 말한다. 〈신설 2021.12.16〉

16의3. "확관형 분기배관"이란 배관의 측면에 조그만 구멍을 뚫고 소성가공으로 확관시켜 배관 용접이음자리를 만들거나 배관 용접이음자리에 배관이음쇠를 용접이음한 배관을 말한다. 〈신설 2021.12.16〉

16의4. "비확관형 분기배관"이란 배관의 측면에 분기호칭내경 이상의 구멍을 뚫고 배관이음쇠를 용접이음한 배관을 말한다. 〈신설 2021.12.16〉

17. "개폐표시형밸브"란 밸브의 개폐여부를 외부에서 식별이 가능한 밸브를 말한다. 〈개정 2012.8.20〉
18. "가압수조"란 가압원인 압축공기 또는 불연성 고압기체에 따라 소방용수를 가압시키는 수조를 말한다. 〈신설 2008.12.15, 개정 2012.8.20〉

제4조 (설치장소의 구조) 기술사 87회 · 125회

화재조기진압용 스프링클러설비를 설치할 장소의 구조는 다음 각 호에 적합하여야 한다. 〈개정 2012.8.20〉

1. 해당층의 높이가 13.7m 이하일 것. 다만, 2층 이상일 경우에는 해당층의 바닥을 내화구조로 하고 다른 부분과 방화구획 할 것 〈개정 2012.8.20〉
2. 천장의 기울기가 1,000분의 168을 초과하지 않아야 하고, 이를 초과하는 경우에는 반자를 지면과 수평으로 설치할 것
3. 천장은 평평하여야 하며 철재나 목재트러스 구조인 경우, 철재나 목재의 돌출부분이 102mm를 초과하지 아니할 것
4. 보로 사용되는 목재 · 콘크리트 및 철재사이의 간격이 0.9m 이상 2.3m 이하일 것. 다만, 보의 간격이 2.3m 이상인 경우에는 화재조기진압용 스프링클러헤드의 동작을 원활히

하기 위하여 보로 구획된 부분의 천장 및 반자의 넓이가 $28m^2$를 초과하지 아니할 것
5. 창고 내의 선반의 형태는 하부로 물이 침투되는 구조로 할 것

제5조 (수원) 관리사 2회

① 화재조기진압용 스프링클러설비의 수원은 수리학적으로 가장 먼 가지배관 3개에 각각 4개의 스프링클러헤드가 동시에 개방되었을 때 헤드선단의 압력이 별표 3에 따른 값 이상으로 60분간 방사할 수 있는 양으로 계산식은 다음과 같다.

$$Q = 12 \times 60 \times K\sqrt{10p}$$

여기서, Q : 수원의 양(ℓ)
K : 상수[ℓ/min/(MPa)$^{\frac{1}{2}}$]
p : 헤드선단의 압력(MPa)

② 화재조기진압용 스프링클러설비의 수원은 제1항에 따라 산출된 유효수량 외 유효수량의 3분의 1 이상을 옥상(화재조기진압용 스프링클러설비가 설치된 건축물의 주된 옥상을 말한다)에 설치하여야 한다. 다만, 다음 각 호의 어느 하나에 해당하는 경우에는 그러하지 아니하다. 〈개정 2012.8.20〉
1. 옥상이 없는 건축물 또는 공작물
2. 지하층만 있는 건축물
3. 제6조제2항에 따라 고가수조를 가압송수장치로 설치한 화재조기진압용 스프링클러설비 〈개정 2012.8.20〉
4. 수원이 건축물의 지붕보다 높은 위치에 설치된 경우
5. 건축물의 높이가 지표면으로부터 10m 이하인 경우
6. 주펌프와 동등 이상의 성능이 있는 별도의 펌프로서 내연기관의 기동과 연동하여 작동되거나 비상전원을 연결하여 설치한 경우
7. 제6조제4항에 따라 가압수조를 가압송수장치로 설치한 화재조기진압용 스프링클러설비 〈신설 2009.10.22, 개정 2012.8.20〉

③ 옥상수조 (제1항에 따라 산출된 유효수량의 3분의 1 이상을 옥상에 설치한 설비를 말한다. 이하 같다)는 이와 연결된 배관을 통하여 상시 소화수를 공급할 수 있는 구조인 특정소방대상물인 경우에는 둘 이상의 특정소방대상물이 있더라도 하나의 특정소방대상물에만 이를 설치할 수 있다. 〈개정 2012.8.00〉

④ 화재조기진압용 스프링클러설비의 수원을 수조로 설치하는 경우에는 소방설비의 전용수조로 하여야 한다. 다만, 다음 각 호의 어느 하나에 해당하는 경우에는 그러하지 아니하다. 〈개정 2012.8.20〉
1. 화재조기진압용스프링클러펌프의 후드밸브 또는 흡수배관의 흡수구(수직회전축펌프의 흡수구를 포함한다. 이하 같다)를 다른 설비(소방용 설비 외의 것을 말한다. 이하 같다)의 후드밸브 또는 흡수구보다 낮은 위치에 설치한 때

2. 제6조제2항에 따른 고가수조로부터 화재조기진압용 스프링클러설비의 수직배관에 물을 공급하는 급수구를 다른 설비의 급수구보다 낮은 위치에 설치한 때 〈개정 2012.8.20〉

⑤ 제1항과 제2항에 따른 저수량을 산정함에 있어서 다른 설비와 겸용하여 화재조기진압용 스프링클러설비용 수조를 설치하는 경우에는 화재조기진압용 스프링클러설비의 후드밸브 · 흡수구 또는 수직배관의 급수구와 다른 설비의 후드밸브 · 흡수구 또는 수직배관의 급수구와의 사이의 수량을 그 유효수량으로 한다. 〈개정 2012.8.20〉

⑥ 화재조기진압용 스프링클러설비용 수조는 다음 각 호의 기준에 따라 설치하여야 한다. 〈개정 2012.8.20〉

1. 점검에 편리한 곳에 설치할 것
2. 동결방지조치를 하거나 동결의 우려가 없는 장소에 설치할 것
3. 수조의 외측에 수위계를 설치할 것. 다만, 구조상 불가피한 경우에는 수조의 맨홀 등을 통하여 수조 안의 물의 양을 쉽게 확인할 수 있도록 하여야 한다.
4. 수조의 상단이 바닥보다 높은 때에는 수조의 외측에 고정식 사다리를 설치할 것
5. 수조가 실내에 설치된 때에는 그 실내에 조명설비를 설치할 것
6. 수조의 밑 부분에는 청소용 배수밸브 또는 배수관을 설치할 것
7. 수조의 외측의 보기 쉬운 곳에 "화재조기진압용 스프링클러설비용 수조"라고 표시한 표지를 할 것. 이 경우 그 수조를 다른 설비와 겸용하는 때에는 그 겸용되는 설비의 이름을 표시한 표지를 함께 하여야 한다.
8. 화재조기진압용 스프링클러펌프의 흡수배관 또는 화재조기진압용 스프링클러설비의 수직배관과 수조의 접속 부분에는 "화재조기진압용 스프링클러설비용 배관"이라고 표시한 표지를 할 것. 다만, 수조와 가까운 장소에 화재조기진압용 스프링클러펌프가 설치되고 화재조기진압용 스프링클러펌프에 제6조제1항제12호에 따른 표지를 설치한 때에는 그러하지 아니하다. 〈개정 2012.8.20〉

제6조 (가압송수장치)

① 전동기 또는 내연기관에 따라 펌프를 이용하는 가압송수장치는 다음 각 호의 기준에 따라 설치하여야 한다. 〈개정 2012.8.20〉

1. 쉽게 접근할 수 있고 점검하기에 충분한 공간이 있는 장소로서 화재 및 침수 등의 재해로 인한 피해를 받을 우려가 없는 곳에 설치할 것
2. 동결방지조치를 하거나 동결의 우려가 없는 장소에 설치할 것
3. 펌프는 전용으로 할 것. 다만, 다른 소화설비와 겸용하는 경우 각각의 소화설비의 성능에 지장이 없을 때에는 그러하지 아니하다.
4. 펌프의 토출측에는 압력계를 체크밸브 이전에 펌프토출측 플랜지에서 가까운 곳에 설치하고, 흡입측에는 연성계 또는 진공계를 설치할 것. 다만, 수원의 수위가 펌프의 위치보다 높거나 수직회전축 펌프의 경우에는 연성계 또는 진공계를 설치하지 아니할 수 있다.
5. 가압송수장치에는 정격부하 운전 시 펌프의 성능을 시험하기 위한 배관을 설치할 것.

다만, 충압펌프의 경우에는 그러하지 아니하다.

6. 가압송수장치에는 체절운전 시 수온의 상승을 방지하기 위한 순환배관을 설치할 것. 다만, 충압펌프의 경우에는 그러하지 아니하다.
7. 기동용수압개폐장치(압력챔버)를 사용할 경우 그 용적은 100ℓ 이상의 것으로 할 것
8. 수원의 수위가 펌프보다 낮은 위치에 있는 가압송수장치에는 다음 각 목의 기준에 따른 물올림장치를 설치할 것 〈개정 2012.8.20〉
   가. 물올림장치에는 전용의 수조를 설치할 것
   나. 수조의 유효수량은 100ℓ 이상으로 하되, 구경 15mm 이상의 급수배관에 따라 당해 수조에 물이 계속 보급되도록 할 것
9. 제5조의 방사량 및 헤드선단의 압력을 충족할 것
10. 기동용수압개폐장치를 기동장치로 사용하는 경우에는 다음 각 목의 기준에 따른 충압펌프를 설치할 것 〈개정 2012.8.20〉
    가. 펌프의 토출압력은 그 설비의 최고위 살수장치의 자연압보다 적어도 0.2MPa이 더 크도록 하거나 가압송수장치의 정격토출압력과 같게 할 것
    나. 펌프의 정격토출량은 정상적인 누설량보다 적어서는 아니 되며 화재조기진압용 스프링클러설비가 자동적으로 작동할 수 있도록 충분한 토출량을 유지할 것
11. 내연기관을 사용하는 경우에는 제어반에 따라 내연기관의 자동기동 및 수동기동이 가능하고, 상시 충전되어 있는 축전지설비를 갖출 것
12. 가압송수장치에는 "화재조기진압용 스프링클러펌프"라고 표시한 표지를 할 것. 이 경우 그 가압송수장치를 다른 설비와 겸용하는 때에는 그 겸용되는 설비의 이름을 표시한 표지를 함께 하여야 한다.
13. 가압송수장치가 기동이 된 경우에는 자동으로 정지되지 아니하도록 하여야 한다. 다만, 충압펌프의 경우에는 그러하지 아니하다. 〈개정 2008.12.15〉
14. 가압송수장치는 부식 등으로 인한 펌프의 고착을 방지할 수 있도록 다음 각 목의 기준에 적합한 것으로 할 것. 다만, 충압펌프는 제외한다. 〈신설 2021.7.22〉
    가. 임펠러는 청동 또는 스테인리스 등 부식에 강한 재질을 사용할 것
    나. 펌프축은 스테인리스 등 부식에 강한 재질을 사용할 것

② 고가수조의 자연낙차를 이용한 가압송수장치는 다음 각 호의 기준에 따라 설치하여야 한다. 〈개정 2012.8.20〉

1. 고가수조의 자연낙차수두(수조의 하단으로부터 최고층에 설치된 헤드까지의 수직거리를 말한다)는 다음의 식에 따라 산출한 수치 이상이 되도록 할 것

$$H = h_1 + h_2$$

여기서, H : 필요한 낙차(m)

h_1 : 배관의 마찰손실 수두(m)

h_2 : 별표 3에 의한 최소방사압력의 환산수두(m)

2. 고가수조에는 수위계 · 배수관 · 급수관 · 오버플로우관 및 맨홀을 설치할 것

③ 압력수조를 이용한 가압송수장치는 다음 각 호의 기준에 따라 설치하여야 한다. 〈개정 2012.8.20〉

1. 압력수조의 압력은 다음의 식에 따라 산출한 수치 이상으로 할 것

$$P = p_1 + p_2 + p_3$$

여기서, P : 필요한 압력(MPa)

p_1 : 낙차의 환산 수두압(MPa)

p_2 : 배관의 마찰손실 수두압(MPa)

p_3 : 별표 3에 의한 최소방사압력(MPa)

2. 압력수조에는 수위계 · 급수관 · 배수관 · 급기관 · 맨홀 · 압력계 · 안전장치 및 압력저하 방지를 위한 자동식 공기압축기를 설치할 것

④ 가압수조를 이용한 가압송수장치는 다음 각 호의 기준에 따라 설치하여야 한다. 〈신설 2008.12.15, 개정 2012.8.20〉

1. 가압수조의 압력은 제1항제9호에 따른 방수량 및 방수압이 20분 이상 유지되도록 할 것 〈개정 2012.8.20〉
2. 삭제 〈2015.1.23〉
3. 가압수조 및 가압원은 「건축법 시행령」 제46조에 따른 방화구획 된 장소에 설치 할 것
4. 삭제 〈2015.1.23〉
5. 소방청장이 정하여 고시한 「가압수조식 가압송수장치의 성능인증 및 제품검사의 기술기준」에 적합한 것으로 설치할 것 〈개정 2012.8.20, 2015.1.23〉

제7조 (방호구역 · 유수검지장치)

화재조기진압용 스프링클러설비의 방호구역(화재조기진압용 스프링클러설비의 소화범위에 포함된 영역을 말한다. 이하 같다) · 유수검지장치는 다음 각 호의 기준에 적합하여야 한다. 〈개정 2012.8.20〉

1. 하나의 방호구역의 바닥면적은 3,000m^{2}를 초과하지 아니할 것
2. 하나의 방호구역에는 1개 이상의 유수검지장치를 설치하되, 화재발생시 접근이 쉽고 점검하기 편리한 장소에 설치할 것
3. 하나의 방호구역은 2개층에 미치지 아니하도록 할 것. 다만, 1개층에 설치되는 화재조기진압용 스프링클러헤드의 수가 10개 이하인 경우에는 3개층 이내로 할 수 있다.
4. 유수검지장치를 실내에 설치하거나 보호용 철망 등으로 구획하여 바닥으로부터 0.8m 이상 1.5m 이하의 위치에 설치하되, 그 실 등에는 개구부가 가로 0.5m 이상 세로 1m 이상의 출입문을 설치하고 그 출입문 상단에 "유수검지장치실"이라고 표시한 표지를 설치할 것. 다만, 유수검지장치를 기계실(공조용기계실을 포함한다)안에 설치하는 경우에는 별도의 실 또는 보호용 철망을 설치하지 아니하고 기계실 출입문 상단에 "유수

검지장치실"이라고 표시한 표지를 설치할 수 있다. 〈개정 2021.7.22〉

5. 화재조기진압용 스프링클러헤드에 공급되는 물은 유수검지장치를 지나도록 할 것. 다만, 송수구를 통하여 공급되는 물은 그러하지 아니하다.
6. 자연낙차에 따른 압력수가 흐르는 배관 상에 설치된 유수검지장치는 화재시 물의 흐름을 검지할 수 있는 최소한의 압력이 얻어질 수 있도록 수조의 하단으로부터 낙차를 두어 설치할 것

제8조 (배관)

① 화재조기진압용 스프링클러설비의 배관은 습식으로 하여야 한다.

② 배관은 배관용탄소강관(KS D 3507) 또는 배관 내 사용압력이 1.2MPa 이상일 경우에는 압력배관용탄소강관(KS D 3562) 또는 이음매 없는 동 및 동합금(KS D 5301)의 배관용 동관이나 이와 동등 이상의 강도·내식성 및 내열성을 가진 것으로 하여야 한다.

③ 제2항에도 불구하고 다음 각 호의 어느 하나에 해당하는 장소에는 법 제39조에 따라 제품검사에 합격한 소방용 합성수지배관으로 설치할 수 있다. 〈개정 2012.8.20〉

1. 배관을 지하에 매설하는 경우
2. 다른 부분과 내화구조로 구획된 덕트 또는 피트의 내부에 설치하는 경우
3. 천장(상층이 있는 경우에는 상층바닥의 하단을 포함한다. 이하 같다)과 반자를 불연재료 또는 준불연재료로 설치하고 그 내부에 습식으로 배관을 설치하는 경우

④ 급수배관은 다음 각 호의 기준에 따라 설치하여야 한다. 〈개정 2012.8.20〉

1. 전용으로 할 것. 다만, 화재조기진압용 스프링클러설비의 기동장치의 조작과 동시에 다른 설비의 용도에 사용하는 배관의 송수를 차단할 수 있거나, 화재조기진압용 스프링클러의 성능에 지장이 없는 경우에는 다른 설비와 겸용할 수 있다.
2. 급수를 차단할 수 있는 개폐밸브는 개폐표시형으로 할 것. 이 경우 펌프의 흡입측 배관에는 버터플라이밸브외의 개폐표시형밸브를 설치하여야 한다.
3. 배관의 구경은 제5조제1항에 적합하도록 수리계산에 따라 설치할 것. 다만, 이 경우 가지배관의 유속은 6m/s, 그 밖의 배관의 유속은 10m/s를 초과할 수 없다. 〈개정 2012.8.20〉

⑤ 펌프의 흡입측배관은 다음 각 호의 기준에 따라 설치하여야 한다. 〈개정 2012.8.20〉

1. 공기고임이 생기지 아니하는 구조로 하고 여과장치를 설치할 것
2. 수조가 펌프보다 낮게 설치된 경우에는 각 펌프(충압펌프를 포함한다)마다 수조로부터 별도로 설치할 것

⑥ 연결송수관설비의 배관과 겸용할 경우의 주배관은 구경 100mm 이상, 방수구로 연결되는 배관의 구경은 65mm 이상의 것으로 하여야 한다.

⑦ 펌프의 성능은 체절운전 시 정격토출압력의 140%를 초과하지 아니하고, 정격토출량의 150%로 운전 시 정격토출압력의 65% 이상이 되어야 하며, 펌프의 성능시험배관은 다음 각 호의 기준에 적합하여야 한다. 〈개정 2012.8.20〉

1. 성능시험배관은 펌프의 토출측에 설치된 개폐밸브 이전에서 분기하여 설치하고, 유량

측정장치를 기준으로 전단 직관부에 개폐밸브를 후단 직관부에는 유량조절밸브를 설치할 것

2. 유량측정장치는 성능시험배관의 직관부에 설치하되, 펌프의 정격토출량의 175% 이상 측정할 수 있는 성능이 있을 것 〈개정 2012.8.20〉

⑧ 가압송수장치의 체절운전 시 수온의 상승을 방지하기 위하여 체크밸브와 펌프사이에서 분기한 구경 20mm 이상의 배관에 체절압력 미만에서 개방되는 릴리프밸브를 설치하여야 한다.

⑨ 동결방지조치를 하거나 동결의 우려가 없는 장소에 설치하여야 한다. 다만, 보온재를 사용할 경우에는 난연재료 성능 이상의 것으로 하여야 한다. 〈개정 2015.1.23〉

⑩ 가지배관의 배열은 다음 각 호의 기준에 따른다. 〈개정 2012.8.20〉

1. 토너먼트(Tournament)방식이 아닐 것
2. 가지배관 사이의 거리는 2.4m 이상 3.7m 이하로 할 것. 다만, 천장의 높이가 9.1m 이상 13.7m 이하인 경우에는 2.4m 이상 3.1m 이하로 한다.
3. 교차배관에서 분기되는 지점을 기점으로 한쪽 가지배관에 설치되는 헤드의 개수(반자 아래와 반자속의 헤드를 하나의 가지배관 상에 병설하는 경우에는 반자 아래에 설치하는 헤드의 개수)는 8개 이하로 할 것. 다만, 다음 각 목의 어느 하나에 해당하는 경우에는 그러하지 아니하다. 〈개정 2012.8.20〉
   가. 기존의 방호구역 안에서 칸막이 등으로 구획하여 1개의 헤드를 증설하는 경우
   나. 격자형 배관방식(2 이상의 수평주행배관 사이를 가지배관으로 연결하는 방식을 말한다)을 채택하는 때에는 펌프의 용량, 배관의 구경 등을 수리학적으로 계산한 결과 헤드의 방수압 및 방수량이 소화목적을 달성하는 데 충분하다고 인정되는 경우. 다만, 중앙소방기술심의위원회 또는 지방소방기술심의위원회의 심의를 거친 경우에 한정한다.
4. 가지배관과 화재조기진압용 스프링클러헤드 사이의 배관을 신축배관으로 하는 경우에는 소방청장이 정하여 고시한 「스프링클러설비신축배관 성능인증 및 제품검사의 기술기준」에 적합한 것으로 설치할 것. 이 경우 신축배관의 설치길이는 소방청장이 정하여 고시한 「스프링클러설비의 화재안전기준」 제10조제3항의 거리를 초과하지 아니할 것 [본호 전문개정 2015.1.23.]

⑪ 교차배관의 위치 · 청소구 및 가지배관의 헤드설치는 다음 각 호의 기준에 따른다. 〈개정 2012.8.20〉

1. 교차배관은 가지배관과 수평으로 설치하거나 또는 가지배관 밑에 설치하고, 그 구경은 제4항제3호에 따르되, 최소구경이 40mm 이상이 되도록 할 것 〈개정 2012.8.20〉
2. 청소구는 교차배관 끝에 40mm 이상 크기의 개폐밸브를 설치하고, 호스접결이 가능한 나사식 또는 고정배수 배관식으로 할 것. 이 경우 나사식의 개폐밸브는 옥내소화전 호스접결용의 것으로 하고, 나사보호용의 캡으로 마감하여야 한다.
3. 하향식헤드를 설치하는 경우에 가지배관으로부터 헤드에 이르는 헤드접속배관은 가지

관상부에서 분기할 것. 다만, 소화설비용 수원의 수질이 「먹는물관리법」 제5조에 따라 먹는물의 수질기준에 적합하고 덮개가 있는 저수조로부터 물을 공급받는 경우에는 가지배관의 측면 또는 하부에서 분기할 수 있다. 〈개정 2012.8.20〉

⑫ 유수검지장치를 시험할 수 있는 시험장치를 다음 각 호의 기준에 따라 설치하여야 한다. 〈개정 2012.8.20〉

1. 유수검지장치 2차측 배관에 연결하여 설치할 것 〈개정 2021.7.22〉
2. 시험장치 배관의 구경은 32mm 이상으로 하고, 그 끝에 개방형 헤드 또는 화재조기진압용 스프링클러헤드와 동등한 방수성능을 가진 오리피스를 설치할 것. 이 경우 개방형 헤드는 반사판 및 프레임을 제거한 오리피스만으로 설치할 수 있다. 〈개정 2021.7.22〉
3. 시험배관의 끝에는 물받이통 및 배수관을 설치하여 시험 중 방사된 물이 바닥에 흘러내리지 아니하도록 할 것. 다만, 목욕실 · 화장실 또는 그 밖의 곳으로서 배수처리가 쉬운 장소에 시험배관을 설치한 경우에는 그러하지 아니하다.

⑬ 배관에 설치되는 행가는 다음 각 호의 기준에 따라 설치하여야 한다. 〈개정 2012.8.20〉

1. 가지배관에는 헤드의 설치지점 사이마다 1개 이상의 행가를 설치하되, 헤드간의 거리가 3.5m를 초과하는 경우에는 3.5m 이내마다 1개 이상 설치할 것. 이 경우 상향식헤드와 행가 사이에는 8cm 이상의 간격을 두어야 한다.
2. 교차배관에는 가지배관과 가지배관 사이마다 1개 이상의 행가를 설치하되, 가지배관 사이의 거리가 4.5m를 초과하는 경우에는 4.5m 이내마다 1개 이상 설치할 것
3. 제1호와 제2호의 수평주행배관에는 4.5m 이내마다 1개 이상 설치할 것 〈개정 2012.8.20〉

⑭ 수직배수배관의 구경은 50mm 이상으로 하여야 한다.

⑮ 급수배관에 설치되어 급수를 차단할 수 있는 개폐밸브에는 그 밸브의 개폐상태를 감시제어반에서 확인할 수 있도록 급수개폐밸브 작동표시 스위치를 다음 각 호의 기준에 따라 설치하여야 한다. 〈개정 2012.8.20〉

1. 급수개폐밸브가 잠길 경우 탬퍼스위치의 동작으로 인하여 감시제어반 또는 수신기에 표시 되어야 하며 경보음을 발할 것
2. 탬퍼스위치는 감시제어반 또는 수신기에서 동작의 유무확인과 동작시험, 도통시험을 할 수 있을 것
3. 급수개폐밸브의 작동표시 스위치에 사용되는 전기배선은 내화전선 또는 내열전선으로 설치할 것

⑯ 화재조기진압용 스프링클러설비 배관을 수평으로 하여야 한다. 다만, 배관의 구조상 소화수가 남아 있는 곳에는 배수밸브를 설치할 수 있다.

⑰ 배관은 다른 설비의 배관과 쉽게 구분이 될 수 있는 위치에 설치하거나 그 배관표면 또는 배관 보온재표면의 색상을 달리하는 방법 등으로 소방용설비의 배관임을 표시하여야 한다. 〈개정 2008.12.15〉

⑱ 확관형 분기배관을 사용할 경우에는 소방청장이 정하여 고시한 「분기배관의 성능인증 및 제품검사의 기술기준」에 적합한 것으로 설치하여야 한다. 〈개정 2021.12.16〉

제9조 (음향장치 및 기동장치)

① 화재조기진압용 스프링클러설비의 음향장치 및 기동장치는 다음 각 호의 기준에 따라 설치하여야 한다. 〈개정 2012.8.20〉

1. 유수검지장치를 사용하는 설비는 헤드가 개방되면 유수검지장치가 화재신호를 발신하고 그에 따라 음향장치가 경보되도록 할 것 〈개정 2012.8.20〉
2. 음향장치는 유수검지장치의 담당구역마다 설치하되 그 구역의 각 부분으로부터 하나의 음향장치까지의 수평거리는 25m 이하가 되도록 할 것
3. 음향장치는 경종 또는 사이렌(전자식 사이렌을 포함한다)으로 하되, 주위의 소음 및 다른 용도의 경보와 구별이 가능한 음색으로 할 것. 이 경우 경종 또는 사이렌은 자동화재탐지설비 · 비상벨설비 또는 자동식사이렌설비의 음향장치와 겸용할 수 있다.
4. 주음향장치는 수신기의 내부 또는 그 직근에 설치할 것
5. 층수가 5층 이상으로서 연면적이 3,000m^{2}를 초과하는 특정소방대상물은 다음 각 목에 따라 경보를 발할 수 있도록 하여야 한다. 〈개정 2012.8.00〉
   가. 2층 이상의 층에서 발화한 때에는 발화층 및 그 직상층에 경보를 발할 수 있도록 할 것
   나. 1층에서 발화한 때에는 발화층 · 그 직상층 및 지하층에 경보를 발할 수 있도록 할 것
   다. 지하층에서 발화한 때에는 발화층 · 그 직상층 및 기타의 지하층에 경보를 발할 수 있도록 할 것
6. 음향장치는 다음 각 목의 기준에 따른 구조 및 성능의 것으로 할 것 〈개정 2012.8.20〉
   가. 정격전압의 80% 전압에서 음향을 발할 수 있는 것으로 할 것
   나. 음량은 부착된 음향장치의 중심으로부터 1m 떨어진 위치에서 90폰 이상이 되는 것으로 할 것

② 화재조기진압용 스프링클러설비의 가압송수장치로서 펌프가 설치되는 경우에는 그 펌프의 작동은 유수검지장치의 발신이나 기동용수압개폐장치에 따라 작동되거나 또는 이 두 가지의 혼용에 따라 작동될 수 있도록 하여야 한다.

제10조 (헤드) 기술사 122회 · 125회

화재조기진압용 스프링클러설비의 헤드는 다음 각 호에 적합하여야 한다. 〈개정 2012.8.20〉

1. 헤드 하나의 방호면적은 6.0m^2 이상 9.3m^2 이하로 할 것
2. 가지배관의 헤드 사이의 거리는 천장의 높이가 9.1m 미만인 경우에는 2.4m 이상 3.7m 이하로, 9.1m 이상 13.7m 이하인 경우에는 3.1m 이하로 할 것
3. 헤드의 반사판은 천장 또는 반자와 평행하게 설치하고 저장물의 최상부와 914mm 이상 확보되도록 할 것
4. 하향식 헤드의 반사판의 위치는 천장이나 반자 아래 125mm 이상 355mm 이하일 것
5. 상향식 헤드의 감지부 중앙은 천장 또는 반자와 101mm 이상 152mm 이하이어야 하며,

반사판의 위치는 스프링클러배관의 윗부분에서 최소 178mm 상부에 설치되도록 할 것
6. 헤드와 벽과의 거리는 헤드 상호간 거리의 2분의 1을 초과하지 않아야 하며 최소 102mm 이상일 것
7. 헤드의 작동온도는 74℃ 이하일 것. 다만, 헤드 주위의 온도가 38℃ 이상의 경우에는 그 온도에서의 화재시험 등에서 헤드작동에 관하여 공인기관의 시험을 거친 것을 사용할 것

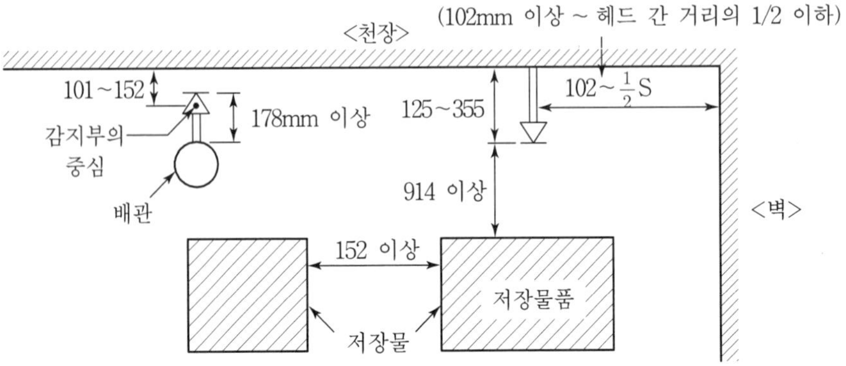

8. 헤드의 살수분포에 장애를 주는 장애물이 있는 경우에는 다음 각 목의 어느 하나에 적합할 것 〈개정 2012.8.20〉
   가. 천장 또는 천장근처에 있는 장애물과 반사판의 위치는 별도 1 또는 별도 2와 같이 하며, 천장 또는 천장근처에 보 · 덕트 · 기둥 · 난방기구 · 조명기구 · 전선관 및 배관 등의 기타 장애물이 있는 경우에는 장애물과 헤드 사이의 수평거리에 따른 장애물의 하단과 그 보다 윗부분에 설치되는 헤드 반사판 사이의 수직거리는 별표 1 또는 별도 3에 따를 것.
   나. 헤드 아래에 덕트 · 전선관 · 난방용배관 등이 설치되어 헤드의 살수를 방해하는 경우에는 별표 1 또는 별도 3에 따를 것. 다만, 2개 이상의 헤드의 살수를 방해하는 경우에는 별표 2를 참고로 한다.
9. 상부에 설치된 헤드의 방출수에 따라 감열부에 영향을 받을 우려가 있는 헤드에는 방출수를 차단할 수 있는 유효한 차폐판을 설치할 것

제11조 (저장물의 간격)

저장물품 사이의 간격은 모든 방향에서 152mm 이상의 간격을 유지하여야 한다.

제12조 (환기구)

화재조기진압용 스프링클러설비의 환기구는 다음 각 호에 적합하여야 한다.
1. 공기의 유동으로 인하여 헤드의 작동온도에 영향을 주지 않는 구조일 것
2. 화재감지기와 연동하여 동작하는 자동식 환기장치를 설치하지 아니할 것. 다만, 자동식 환기장치를 설치할 경우에는 최소작동온도가 180℃ 이상일 것

제13조 (송수구)

화재조기진압용 스프링클러설비에는 소방차로부터 그 설비에 송수할 수 있는 송수구를 다음 각 호의 기준에 따라 설치하여야 한다. 〈개정 2012.8.20〉

1. 송수구는 화재층으로부터 지면으로 떨어지는 유리창 등이 송수 및 그 밖의 소화작업에 지장을 주지 아니하는 장소에 설치할 것
2. 송수구로부터 주배관에 이르는 연결배관에 개폐밸브를 설치한 때에는 그 개폐상태를 쉽게 확인 및 조작할 수 있는 옥외 또는 기계실 등의 장소에 설치할 것
3. 구경 65mm의 쌍구형으로 할 것
4. 송수구에는 그 가까운 곳의 보기 쉬운 곳에 송수압력범위를 표시한 표지를 할 것
5. 송수구는 하나의 층의 바닥면적이 3,000m^2를 넘을 때마다 1개(5개를 넘을 경우에는 5개로 한다) 이상을 설치할 것
6. 지면으로부터 높이가 0.5m 이상 1m 이하의 위치에 설치할 것
7. 송수구의 가까운 부분에 자동배수밸브(또는 직경 5mm의 배수공) 및 체크밸브를 설치할 것. 이 경우 자동배수밸브는 배관안의 물이 잘 빠질 수 있는 위치에 설치하되, 배수로 인하여 다른 물건 또는 장소에 피해를 주지 아니하여야 한다.
8. 송수구에는 이물질을 막기 위한 마개를 씌어야 한다. 〈신설 2008.12.15〉

제14조 (전원)

① 화재조기진압용 스프링클러설비에는 다음 각 호의 기준에 따른 상용전원회로의 배선을 설치하여야 한다. 다만, 가압수조방식으로서 모든 기능이 20분 이상 유효하게 지속될 수 있는 경우에는 그러하지 아니하다. 〈개정 2008.12.15, 2012.8.20〉

1. 저압수전인 경우에는 인입개폐기의 직후에서 분기하여 전용배선으로 하여야 하며, 전용의 전선관에 보호 되도록 할 것
2. 특별고압수전 또는 고압수전일 경우에는 전력용 변압기 2차측의 주차단기 1차측에서 분기하여 전용배선으로 하되, 상용전원의 상시공급에 지장이 없을 경우에는 주차단기 2차측에서 분기하여 전용배선으로 할 것. 다만, 가압송수장치의 정격입력전압이 수전전압과 같은 경우에는 제1호의 기준에 따른다.

② 화재조기진압용 스프링클러설비에는 자가발전설비, 축전지설비 또는 전기저장장치(외부 전기에너지를 저장해 두었다가 필요한 때 전기를 공급하는 장치)에 따른 비상전원을 설치하여야 한다. 다만, 2 이상의 변전소(「전기사업법」 제67조에 따른 변전소를 말한다. 이하 같다)에서 전력을 동시에 공급받을 수 있거나 하나의 변전소로부터 전력의 공급이 중단되는 때에는 자동으로 다른 변전소로부터 전력을 공급받을 수 있도록 상용전원을 설치한 경우와 가압수조방식에는 비상전원을 설치하지 아니할 수 있다. 〈개정 2016.7.13〉

③ 제2항에 따라 비상전원 중 자가발전설비, 축전지설비(내연기관에 따른 펌프를 설치한 경우에는 내연기관의 기동 및 제어용축전지를 말한다) 또는 전기저장장치(외부 전기에너지를 저장해 두었다가 필요한 때 전기를 공급하는 장치)는 다음 각 호의 기준에 따라 설치하여

야 한다. 〈개정 2016.7.13〉

1. 점검에 편리하고 화재 및 침수 등의 재해로 인한 피해를 받을 우려가 없는 곳에 설치할 것
2. 화재조기진압용 스프링클러설비를 유효하게 20분 이상 작동할 수 있어야 할 것
3. 상용전원으로부터 전력의 공급이 중단된 때에는 자동으로 비상전원으로부터 전력을 공급받을 수 있도록 할 것
4. 비상전원(내연기관의 기동 및 제어용 축전기를 제외한다)의 설치장소는 다른 장소와 방화구획 할 것. 이 경우 그 장소에는 비상전원의 공급에 필요한 기구나 설비외의 것(열병합발전설비에 필요한 기구나 설비는 제외한다)을 두어서는 아니 된다. 〈개정 2008.12.15〉
5. 비상전원을 실내에 설치하는 때에는 그 실내에 비상조명등을 설치할 것

제15조 (제어반)

① 화재조기진압용 스프링클러설비에는 제어반을 설치하되, 감시제어반과 동력제어반으로 구분하여 설치하여야 한다. 다만, 다음 각 호의 어느 하나에 해당하는 경우에는 감시제어반과 동력제어반으로 구분하여 설치하지 아니할 수 있다. 〈개정 2012.8.20〉

1. 다음 각 목의 어느 하나에 해당하지 아니하는 특정소방대상물에 설치되는 화재조기진압용 스프링클러설비 〈개정 2012.8.20〉
   가. 지하층을 제외한 층수가 7층 이상으로서 연면적이 2,000m^2 이상인 것
   나. 제1호에 해당하지 아니하는 특정소방대상물로서 지하층의 바닥면적의 합계가 3,000m^2 이상인 것. 다만, 차고 · 주차장 또는 보일러실 · 기계실 · 전기실 등 이와 유사한 장소의 면적은 제외한다. 〈개정 2012.8.20〉
2. 내연기관에 따른 가압송수장치를 사용하는 화재조기진압용 스프링클러설비
3. 고가수조에 따른 가압송수장치를 사용하는 화재조기진압용 스프링클러설비
4. 가압수조에 따른 가압송수장치를 사용하는 화재조기진압용 스프링클러설비 〈신설 2008.12.15〉

② 감시제어반의 기능은 다음 각 호의 기준에 적합하여야 한다. 다만, 제1항 각 호의 어느 하나에 해당하는 경우에는 제3호 및 제5호의 규정을 적용하지 아니한다. 〈개정 2012.8.20〉

1. 각 펌프의 작동여부를 확인할 수 있는 표시등 및 음향경보기능이 있어야 할 것
2. 각 펌프를 자동 및 수동으로 작동시키거나 중단시킬 수 있어야 한다. 〈개정 2008.12.15〉
3. 비상전원을 설치한 경우에는 상용전원 및 비상전원의 공급여부를 확인할 수 있어야 할 것 〈개정 2008.12.15〉
4. 수조 또는 물올림탱크가 저수위로 될 때 표시등 및 음향으로 경보할 것
5. 예비전원이 확보되고 예비전원의 적합여부를 시험할 수 있어야 할 것

③ 감시제어반은 다음 각 호의 기준에 따라 설치하여야 한다. 〈개정 2012.8.20〉

1. 화재 및 침수 등의 재해로 인한 피해를 받을 우려가 없는 곳에 설치할 것
2. 감시제어반은 스프링클러설비의 전용으로 할 것. 다만, 스프링클러설비의 제어에 지장

이 없는 경우에는 다른 설비와 겸용할 수 있다.

3. 감시제어반은 다음 각 목의 기준에 따른 전용실안에 설치할 것. 다만 제1항 각 호의 어느 하나에 해당하는 경우와 공장, 발전소 등에서 설비를 집중 제어 · 운전할 목적으로 설치하는 중앙제어실내에 감시제어반을 설치하는 경우에는 그러하지 아니하다. 〈개정 2012.8.20〉
   가. 다른 부분과 방화구획을 할 것. 이 경우 전용실의 벽에는 기계실 또는 전기실 등의 감시를 위하여 두께 7mm 이상의 망입유리(두께 16.3mm 이상의 접합유리 또는 두께 28mm 이상의 복층유리를 포함한다)로 된 4m² 미만의 붙박이창을 설치할 수 있다.
   나. 피난층 또는 지하 1층에 설치할 것. 다만, 「건축법 시행령」 제35조에 따라 특별피난계단이 설치되고 그 계단(부속실을 포함한다)출입구로부터 보행거리 5m이내에 전용실의 출입구가 있는 경우에는 지상 2층에 설치하거나 지하 1층 외의 지하층에 설치할 수 있다. 〈개정 2012.8.20〉
   다. 비상조명등 및 급 · 배기설비를 설치할 것
   라. 「무선통신보조설비의 화재안전기준(NFSC 505)」 제5조제3항에 따라 유효하게 통신이 가능할 것(영 별표 5의 제5호마목에 따른 무선통신보조설비가 설치된 특정소방대상물에 한한다) 〈개정 2021.3.25〉
   마. 바닥면적은 감시제어반의 설치에 필요한 면적 외에 화재 시 소방대원이 그 감시제어반의 조작에 필요한 최소면적 이상으로 할 것
4. 제3호에 따른 전용실에는 특정소방대상물의 기계 · 기구 또는 시설 등의 제어 및 감시설비외의 것을 두지 아니할 것 〈개정 2012.8.20〉
5. 각 유수검지장치의 작동여부를 확인할 수 있는 표시 및 경보기능이 있도록 할 것
6. 다음 각 목의 확인회로마다 도통시험 및 작동시험을 할 수 있도록 할 것 〈개정 2012.8.20〉
   가. 기동용수압개폐장치의 압력스위치회로
   나. 수조 또는 물올림탱크의 저수위감시회로
   다. 유수검지장치 또는 압력스위치회로
   라. 제8조제15항에 따른 개폐밸브의 폐쇄상태 확인회로 〈개정 2012.8.20〉
   마. 그 밖의 이와 비슷한 회로
7. 감시제어반과 자동화재탐지설비의 수신기를 별도의 장소에 설치하는 경우에는 이들 상호간에 동시 통화가 가능하도록 할 것

④ 동력제어반은 다음 각 호의 기준에 따라 설치하여야 한다. 〈개정 2012.8.20〉
1. 앞면은 적색으로 하고 "화재조기진압용 스프링클러설비용 동력제어반"이라고 표시한 표지를 설치할 것
2. 외함은 두께 1.5mm 이상의 강판 또는 이와 동등 이상의 강도 및 내열성능이 있는 것으로 할 것

3. 그 밖의 동력제어반의 설치에 관하여는 제3항제1호 및 제2호의 기준을 준용할 것

제16조 (배선 등)

① 화재조기진압용 스프링클러설비 배선은 「전기사업법」 제67조에 따른 기술기준에서 정한 것 외에 다음 각 호의 기준에 따라 설치하여야 한다. 〈개정 2012.8.20〉

1. 비상전원으로부터 동력제어반 및 가압송수장치에 이르는 전원회로배선은 내화배선으로 할 것. 다만, 자가발전설비와 동력제어반이 동일한 실에 설치된 경우에는 자가발전기로부터 그 제어반에 이르는 전원회로 배선은 그러하지 아니하다.
2. 상용전원으로부터 동력제어반에 이르는 배선, 그 밖의 스프링클러설비의 감시·조작 또는 표시등회로의 배선은 내화배선 또는 내열배선으로 할 것. 다만, 감시제어반 또는 동력제어반 안의 감시·조작 또는 표시등회로의 배선은 그러하지 아니하다.

② 제1항에 따른 내화배선 및 내열배선에 사용되는 전선 및 설치방법은 「옥내소화전설비의 화재안전기준(NFSC 102)」 별표 1의 기준에 따른다. 〈개정 2012.8.20〉

③ 화재조기진압용 스프링클러설비의 과전류차단기 및 개폐기에는 "화재조기진압용 스프링클러설비용"이라고 표시한 표지를 하여야 한다.

④ 화재조기진압용 스프링클러설비용 전기배선의 양단 및 접속단자에는 다음 각 호의 기준에 따라 표지하여야 한다. 〈개정 2012.8.20〉

1. 단자에는 "화재조기진압용 스프링클러설비단자"라고 표시한 표지를 부착할 것
2. 화재조기진압용 스프링클러설비용 전기배선의 양단에는 다른 배선과 식별이 용이하도록 표시할 것

제17조 (설치제외) 관리사 17회 기술사 121회·125회

다음 각 호에 해당하는 물품의 경우에는 화재조기진압용 스프링클러를 설치하여서는 아니 된다. 다만, 물품에 대한 화재시험등 공인기관의 시험을 받은 것은 제외한다. 〈개정 2012.8.20〉

1. 제4류 위험물
2. 타이어, 두루마리 종이 및 섬유류, 섬유제품 등 연소 시 화염의 속도가 빠르고 방사된 물이 하부까지에 도달하지 못하는 것

제18조 (수원 및 가압송수장치의 펌프 등의 겸용)

① 화재조기진압용 스프링클러설비의 수원을 옥내소화전설비·스프링클러설비·간이스프링클러설비·물분무소화설비·포소화전설비 및 옥외소화전설비의 수원과 겸용하여 설치하는 경우의 저수량은 각 소화설비에 필요한 저수량을 합한 양 이상이 되도록 하여야 한다. 다만, 이들 소화설비 중 고정식 소화설비(펌프·배관과 소화수 또는 소화약제를 최종 방출하는 방출구가 고정된 설비를 말한다. 이하 같다)가 2 이상 설치되어 있고, 그 소화설비가 설치된 부분이 방화벽과 방화문으로 구획되어 있는 경우에는 각 고정식 소화설비에 필요

한 저수량 중 최대의 것 이상으로 할 수 있다.

② 화재조기진압용 스프링클러설비의 가압송수장치로 사용하는 펌프를 옥내소화전설비 · 스프링클러설비 · 간이스프링클러설비 · 물분무소화설비 · 포소화설비 및 옥외소화전설비의 가압송수장치와 겸용하여 설치하는 경우의 펌프의 토출량은 각 소화설비에 해당하는 토출량을 합한 양 이상이 되도록 하여야 한다. 다만, 이들 소화설비 중 고정식 소화설비가 2 이상 설치되어 있고, 그 소화설비가 설치된 부분이 방화벽과 방화문으로 구획되어 있으며 각 소화설비에 지장이 없는 경우에는 펌프의 토출량 중 최대의 것 이상으로 할 수 있다.

③ 옥내소화전설비 · 스프링클러설비 · 간이스프링클러설비 · 화재조기진압용 스프링클러설비 · 물분무소화설비 · 포소화설비 및 옥외소화전설비의 가압송수장치에 있어서 각 토출측배관과 일반급수용의 가압송수장치의 토출측 배관을 상호 연결하여 화재 시 사용할 수 있다. 이 경우 연결배관에는 개폐표시형 밸브를 설치하여야 하며, 각 소화설비의 성능에 지장이 없도록 하여야 한다.

④ 화재조기진압용 스프링클러설비의 송수구를 옥내소화전설비 · 스프링클러설비 · 간이스프링클러설비 · 물분무소화설비 · 포소화설비 · 연결송수관설비 또는 연결살수설비의 송수구와 겸용으로 설치하는 경우에는 스프링클러설비의 송수구의 설치기준에 따르되 각각의 소화설비의 기능에 지장이 없도록 하여야 한다.

제19조 (설치 · 유지기준의 특례)

소방본부장 또는 소방서장은 기존건축물이 증축 · 개축 · 수선되거나 용도변경 되는 경우에 있어서 이 기준이 정하는 기준에 따라 해당 건축물에 설치하여야 할 화재조기진압용 스프링클러설비의 배관 · 배선 등의 공사가 현저하게 곤란하다고 인정되는 경우에는 당해 설비의 기능 및 사용에 지장이 없는 범위 안에서 화재조기진압용 스프링클러설비의 설치 · 유지기준의 일부를 적용하지 아니할 수 있다. 〈개정 2012.8.20〉

제20조 (재검토기한)

소방청장은 「훈령 · 예규 등의 발령 및 관리에 관한 규정」에 따라 이 고시에 대하여 2017년 1월 1일 기준으로 매 3년이 되는 시점(매 3년째의 12월 31일까지를 말한다)마다 그 타당성을 검토하여 개선 등의 조치를 하여야 한다.

부칙 <제2021-25호, 2021.7.22>

제1조 (시행일)

이 고시는 발령한 날부터 시행한다.

[별표 1]

보 또는 기타 장애물 아래에 헤드가 설치된 경우의 반사판 위치
(제10조제8호 관련)

장애물과 헤드 사이의 수평거리	장애물의 하단과 헤드의 반사판 사이의 수직거리	장애물과 헤드 사이의 수평거리	장애물의 하단과 헤드의 반사판 사이의 수직거리
0.3m 미만	0mm	1.1m 이상~1.2m 미만	300mm
0.3m 이상~0.5m 미만	40mm	1.2m 이상~1.4m 미만	380mm
0.5m 이상~0.7m 미만	75mm	1.4m 이상~1.5m 미만	460mm
0.7m 이상~0.8m 미만	140mm	1.5m 이상~1.7m 미만	560mm
0.8m 이상~0.9m 미만	200mm	1.7m 이상~1.8m 미만	660mm
0.9m 이상~1.1m 미만	250mm	1.8m 이상	790mm

[별표 2]

저장물 위에 장애물이 있는 경우의 헤드설치 기준
(제10조제8호 관련)

장애물의 류(폭)		조 건
돌출 장애물	0.6m 이하	1. 별표 1 또는 별도 2에 적합하거나 2. 장애물의 끝부근에서 헤드 반사판까지의 수평 거리가 0.3m 이하로 설치할 것
	0.6m 초과	별표 1 또는 별도 3에 적합할 것
연속 장애물	5cm 이하	1. 별표 1 또는 별도 3에 적합하거나 2. 장애물이 헤드 반사판 아래 0.6m 이하로 설치된 경우는 허용한다.
	5cm 초과~0.3m 이하	1. 별표 1 또는 별도 3에 적합하거나 2. 장애물의 끝부근에서 헤드 반사판까지의 수평 거리가 0.3m 이하로 설치할 것
	0.3m 초과~0.6m 이하	1. 별표 1 또는 별도 3에 적합하거나 2. 장애물이 끝부근에서 헤드 반사판까지의 수평 거리가 0.6m 이하로 설치할 것

	0.6m 초과	1. 별표 1 또는 별도 3에 적합하거나 2. 장애물이 평편하고 견고하며 수평적인 경우에는 저장물의 최상단과 헤드반사판의 간격이 0.9m 이하로 설치할 것 3. 장애물이 평편하지 않거나 비연속적인 경우에는 저장물 아래에 평편한 판을 설치한 후 헤드를 설치할 것

[별표 3] 화재조기진압용 스프링클러헤드의 최소방사압력(MPa) (제5조제1항 관련)

최대층고	최대 저장높이	화재조기진압용 스프링클러헤드				
		K = 360 하향식	K = 320 하향식	K = 240 하향식	K = 240 상향식	K = 200 하향식
13.7m	12.2m	0.28	0.28	–	–	–
13.7m	10.7m	0.28	0.28	–	–	–
12.2m	10.7m	0.17	0.28	0.36	0.36	0.52
10.7m	9.1m	0.14	0.24	0.36	0.36	0.52
9.1m	7.6m	0.10	0.17	0.24	0.24	0.34

[별도 1]

보 또는 기타 장애물 위에 헤드가 설치된 경우의 반사판 위치

(별도 3 또는 별표 1을 함께 사용할 것)

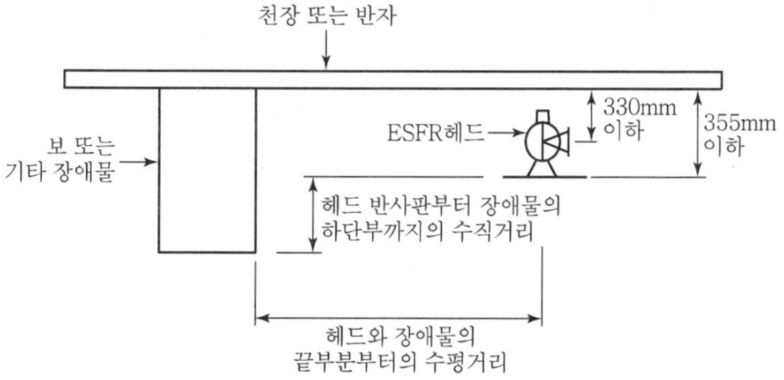

[별도 2]

장애물이 헤드 아래에 연속적으로 설치된 경우의 반사판 위치

(별도 3 또는 별표 1을 함께 사용할 것)

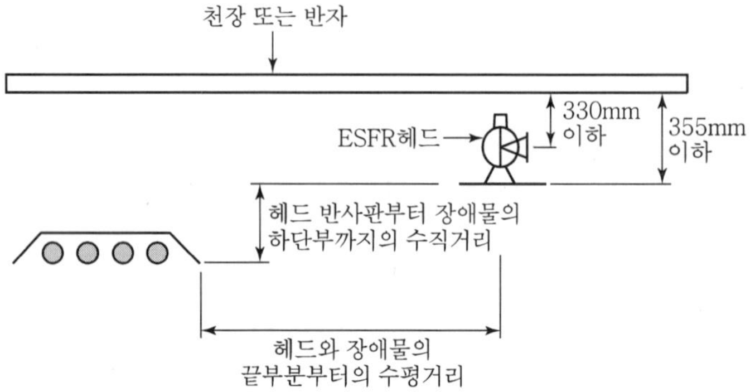

[별도 3]

장애물 아래에 설치되는 헤드 반사판의 위치

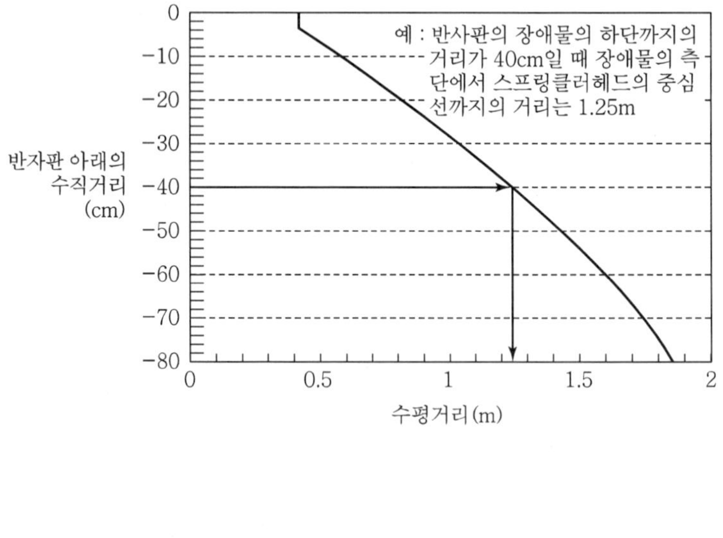

[제6장] 물분무소화설비의 화재안전기준(NFSC 104)

(개정 : 2021. 12. 16. 소방청고시 제2021-47호)

[물분무소화설비 계통도]

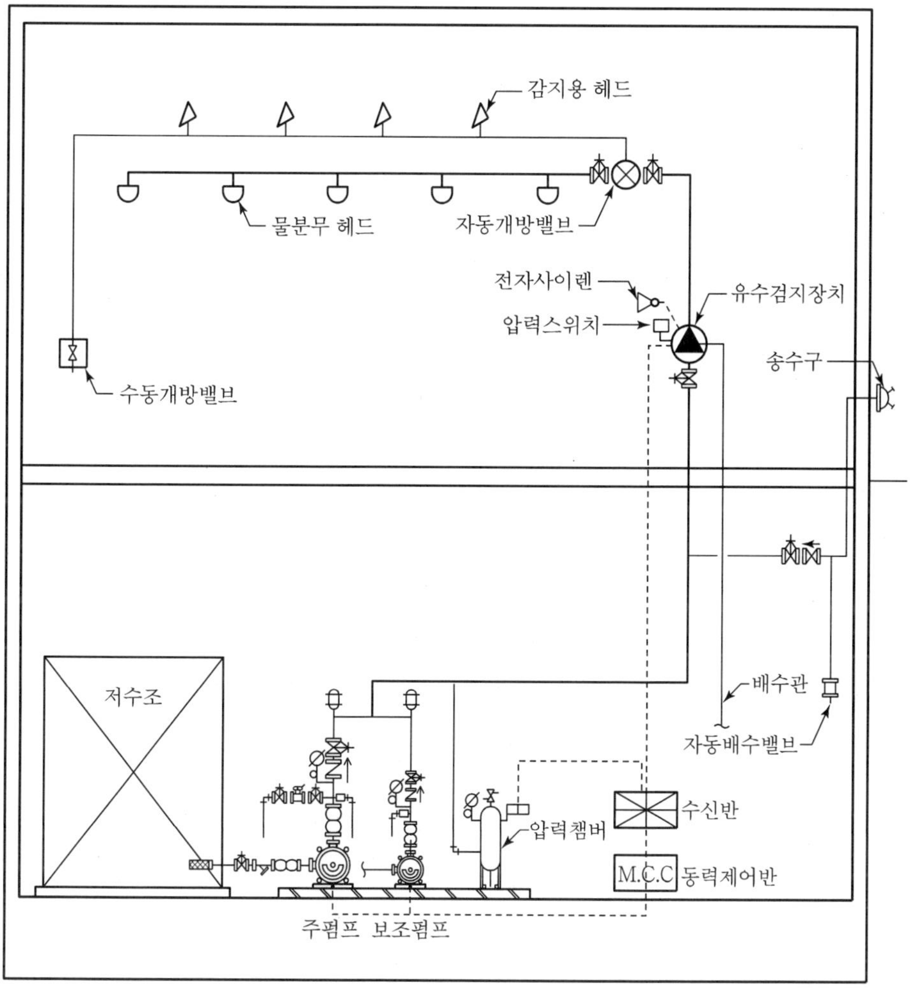

[물분무소화설비의 주요 화재안전기준]

1. 수원의 양 관리사 11회

(1) 특수가연물의 저장취급소 : 10 ℓ/min × 20분 × S 이상
S : 최대방수구역의 바닥면적[m^2](최소 50m^2)

(2) 차고 또는 주차장 : 20 ℓ/min × 20분 × S 이상
S : 최대방수구역의 바닥면적[m^2](최소 50m^2)

(3) 절연유 봉입변압기 : 10 ℓ/min × 20분 × S 이상
S : 변압기의 표면적 합계[m^2](단, 바닥부분은 제외)

(4) 케이블트레이 · 케이블덕트 : 12 ℓ/min × 20분 × S 이상
S : 투영된 바닥면적[m^2]

(5) 컨베어벨트 : 10 ℓ/min × 20분 × S 이상
S : 벨트부분의 바닥면적[m^2]

2. 펌프의 정격토출량

위의 수원량 산출공식에서 "20분"을 제외한 계산량이 펌프의 정격토출량이 된다.(기타는 상기와 동일)

즉, 펌프의 정격토출량 $= \dfrac{\text{수원량}}{20}$

3. 펌프의 정격양정

양정 : $H(m) = H_1 + H_2 + H_3$

여기서, H_1 : 자연낙차수두(실양정)[m]
H_2 : 배관의 마찰손실수두[m]
H_3 : 물분무헤드의 설계압력 환산수두[m] : 35m

4. 물분무헤드와 고압전기기기의 이격기준 관리사 11회

전압[kV]	거리[cm]	전압[kV]	거리[cm]
66 이하	70 이상	154 초과 181 이하	180 이상
66 초과 77 이하	80 이상	181 초과 220 이하	210 이상
77 초과 110 이하	110 이상	220 초과 275 이하	260 이상
110 초과 154 이하	150 이상		

제1조 (목적)

이 기준은 「화재예방, 소방시설 설치 · 유지 및 안전관리에 관한 법률」 제9조제1항에 따라 소방청장에게 위임한 사항 중 물분무등소화설비인 물분무소화설비의 설치유지 및 안전관리에 필요한 사항을 규정함을 목적으로 한다.

제2조 (적용범위)

「화재예방, 소방시설 설치 · 유지 및 안전관리에 관한 법률 시행령」(이하 "영"이라 한다) 별표 5 제1호바목에 따른 물분무소화설비는 이 기준에서 정하는 규정에 따라 설비를 설치하고 유지 · 관리하여야 한다.

제3조 (정의)

이 기준에서 사용하는 용어의 정의는 다음과 같다.

1. "물분무헤드"란 화재 시 직선류 또는 나선류의 물을 충돌 · 확산시켜 미립상태로 분무함으로서 소화하는 헤드를 말한다. 〈개정 2012.8.20〉
2. "고가수조"란 구조물 또는 지형지물 등에 설치하여 자연낙차 압력으로 급수하는 수조를 말한다. 〈개정 2012.8.20〉
3. "압력수조"란 소화용수와 공기를 채우고 일정압력 이상으로 가압하여 그 압력으로 급수하는 수조를 말한다. 〈개정 2012.8.20〉
4. "급수배관"이란 수원 및 옥외송수구로부터 물분무헤드에 급수하는 배관을 말한다. 〈개정 2012.8.20〉

4의2. "분기배관"이란 배관 측면에 구멍을 뚫어 둘 이상의 관로가 생기도록 가공한 배관으로서 확관형 분기배관과 비확관형 분기배관을 말한다. 〈신설 2021.12.16〉

4의3. "확관형 분기배관"이란 배관의 측면에 조그만 구멍을 뚫고 소성가공으로 확관시켜 배관 용접이음자리를 만들거나 배관 용접이음자리에 배관이음쇠를 용접이음한 배관을 말한다. 〈신설 2021.12.16〉

4의4. "비확관형 분기배관"이란 배관의 측면에 분기호칭내경 이상의 구멍을 뚫고 배관이음쇠를 용접이음한 배관을 말한다. 〈신설 2021.12.16〉

5. "진공계"란 대기압 이하의 압력을 측정하는 계측기를 말한다. 〈개정 2012.8.20〉
6. "연성계"란 대기압 이상의 압력과 대기압 이하의 압력을 측정할 수 있는 계측기를 말한다. 〈개정 2012.8.20〉
7. "기동용수압개폐장치"란 소화설비의 배관 내 압력변동을 검지하여 자동적으로 펌프를 기동 및 정지시키는 것으로서 압력챔버 또는 기동용압력스위치 등을 말한다. 〈개정 2012.8.20〉
8. "일제개방밸브"란 화재발생시 자동 또는 수동식 기동장치에 따라 밸브가 열려지는 것을 말한다. 〈개정 2012.8.20〉
9. "가압수조"란 가압원인 압축공기 또는 불연성 고압기체에 따라 소방용수를 가압시키는 수조를 말한다.〈신설 2008.12.15, 개정 2012.8.20〉

제4조 (수원) 관리사 11회 기술사 125회

① 물분무소화설비의 수원은 그 저수량이 다음 각 호의 기준에 적합하도록 하여야 한다. 〈개정 2012.8.20〉

1. 「소방기본법 시행령」 별표 2의 특수가연물을 저장 또는 취급하는 특정소방대상물 또는 그 부분에 있어서 그 바닥면적(최대 방수구역의 바닥면적을 기준으로 하며, $50m^2$ 이하인 경우에는 $50m^2$) $1m^2$에 대하여 10ℓ/min로 20분간 방수할 수 있는 양 이상으로 할 것 〈개정 2008.12.15, 2012.8.20〉
2. 차고 또는 주차장은 그 바닥면적(최대 방수구역의 바닥면적을 기준으로 하며, $50m^2$ 이하인 경우에는 $50m^2$) $1m^2$에 대하여 20ℓ/min로 20분간 방수할 수 있는 양 이상으로 할 것 〈개정 2008.12.15, 2012.8.20〉
3. 절연유 봉입 변압기는 바닥부분을 제외한 표면적을 합한 면적 $1m^2$에 대하여 10ℓ/min로 20분간 방수할 수 있는 양 이상으로 할 것 〈개정 2012.8.20〉
4. 케이블트레이, 케이블덕트 등은 투영된 바닥면적 $1m^2$에 대하여 12ℓ/min로 20분간 방수할 수 있는 양 이상으로 할 것 〈개정 2012.8.20〉
5. 콘베이어 벨트 등은 벨트부분의 바닥면적 $1m^2$에 대하여 10ℓ/min로 20분간 방수할 수 있는 양 이상으로 할 것 〈개정 2012.8.20〉

② 물분무소화설비의 수원을 수조로 설치하는 경우에는 소방설비의 전용수조로 하여야 한다. 다만, 다음 각 호의 어느 하나에 해당하는 경우에는 그러하지 아니하다. 〈개정 2012.8.20〉

1. 물분무소화설비 펌프의 후드밸브 또는 흡수배관의 흡수구(수직회전축펌프의 흡수구를 포함한다. 이하 같다)를 다른 설비(소방용 설비 외의 것을 말한다. 이하 같다)의 후드밸브 또는 흡수구보다 낮은 위치에 설치한 때
2. 제5조제2항에 따른 고가수조로부터 물분무소화설비의 수직배관에 물을 공급하는 급수구를 다른 설비의 급수구보다 낮은 위치에 설치한 때〈개정 2012.8.20〉

③ 제1항에 따른 저수량을 산정함에 있어서 다른 설비와 겸용하여 물분무소화설비용 수조를 설치하는 경우에는 물분무소화설비의 후드밸브·흡수구 또는 수직배관의 급수구와 다른 설비의 후드밸브·흡수구 또는 수직배관의 급수구와의 사이의 수량을 그 유효수량으로 한다. 〈개정 2012.8.20〉

④ 물분무소화설비용 수조는 다음 각 호의 기준에 따라 설치하여야 한다. 〈개정 2012.8.20〉

1. 점검에 편리한 곳에 설치할 것
2. 동결방지조치를 하거나 동결의 우려가 없는 장소에 설치할 것
3. 수조의 외측에 수위계를 설치할 것. 다만, 구조상 불가피한 경우에는 수조의 맨홀 등을 통하여 수조 안의 물의 양을 쉽게 확인할 수 있도록 하여야 한다.
4. 수조의 상단이 바닥보다 높은 때에는 수조의 외측에 고정식 사다리를 설치할 것
5. 수조가 실내에 설치된 때에는 그 실내에 조명설비를 설치할 것
6. 수조의 밑부분에는 청소용 배수밸브 또는 배수관을 설치할 것
7. 수조의 외측의 보기 쉬운 곳에 "물분무소화설비용 수조"라고 표시한 표지를 할 것. 이

경우 그 수조를 다른 설비와 겸용하는 때에는 그 겸용되는 설비의 이름을 표시한 표지를 함께 하여야 한다.

8. 물분무소화설비의 흡수배관 또는 물분무소화설비의 수직배관과 수조의 접속 부분에는 "물분무소화설비용 배관"이라고 표시한 표지를 할 것. 다만, 수조와 가까운 장소에 물분무소화설비펌프가 설치되고 물분무소화설비에 제5조제1항제13호에 따른 표지를 설치한 때에는 그러하지 아니하다. 〈개정 2012.8.20〉

제5조 (가압송수장치)

① 전동기 또는 내연기관에 따른 펌프를 이용하는 가압송수장치는 다음 각 호의 기준에 따라 설치하여야 한다. 〈개정 2012.8.20〉 관리사 11회

1. 점검에 편리하고 화재 등의 재해로 인한 피해를 받을 우려가 없는 곳에 설치할 것
2. 펌프의 1분당 토출량은 다음 각 목의 기준에 따라 설치할 것 〈개정 2012.8.20〉
   가. 「소방기본법 시행령」 별표 2의 특수가연물을 저장 · 취급하는 특정소방대상물 또는 그 부분은 그 바닥면적(최대 방수구역의 바닥면적을 기준으로 하며, $50m^2$이하인 경우에는 $50m^2$) $1m^2$에 대하여 10ℓ를 곱한 양 이상이 되도록 할 것 〈개정 2008.12.15, 2012.8.20〉
   나. 차고 또는 주차장은 그 바닥면적(최대 방수구역의 바닥면적을 기준으로 하며, $50m^2$이하인 경우에는 $50m^2$) $1m^2$에 대하여 20ℓ를 곱한 양 이상이 되도록 할 것 〈개정 2008.12.15, 2012.8.20〉
   다. 절연유 봉입 변압기는 바닥면적을 제외한 표면적을 합한 면적 $1m^2$당 10ℓ를 곱한 양 이상이 되도록 할 것 〈개정 2012.8.20〉
   라. 케이블트레이, 케이블덕트 등은 투영된 바닥면적 $1m^2$당 12ℓ를 곱한 양 이상이 되도록 할 것 〈개정 2012.8.20〉
   마. 콘베이어 벨트 등은 벨트부분의 바닥면적 $1m^2$당 10ℓ를 곱한 양 이상이 되도록 할 것 〈개정 2012.8.20〉
3. 펌프의 양정은 다음의 식에 따라 산출한 수치 이상이 되도록 할 것 〈개정 2012.8.20〉

$$H = h_1 + h_2$$

여기서, H : 펌프의 양정(m)
h_1 : 물분무헤드의 설계압력 환산수두(m)
h_2 : 배관의 마찰손실 수두(m)

4. 동결방지조치를 하거나 동결의 우려가 없는 장소에 설치할 것
5. 펌프는 전용으로 할 것. 다만, 다른 소화설비와 겸용하는 경우 각각의 소화설비의 성능에 지장이 없을 때에는 그러하지 아니하다.
6. 펌프의 토출측에는 압력계를 체크밸브이전에 펌프토출측 플랜지에서 가까운 곳에 설치하고, 흡입측에는 연성계 또는 진공계를 설치할 것. 다만, 수원의 수위가 펌프의 위

치보다 높거나 수직회전축 펌프의 경우에는 연성계 또는 진공계를 설치하지 아니할 수 있다.

7. 가압송수장치에는 정격부하운전 시 펌프의 성능을 시험하기 위한 배관을 설치할 것. 다만, 충압펌프의 경우에는 그러하지 아니하다.
8. 가압송수장치에는 체절운전 시 수온의 상승을 방지하기 위한 순환배관을 설치할 것. 다만, 충압펌프의 경우에는 그러하지 아니하다.
9. 기동용수압개폐장치(압력챔버)를 사용할 경우 그 용적은 100ℓ 이상의 것으로 할 것
10. 수원의 수위가 펌프보다 낮은 위치에 있는 가압송수장치에는 다음 각 목의 기준에 따른 물올림장치를 설치할 것 〈개정 2012.8.20〉
   가. 물올림장치에는 전용의 수조를 설치할 것
   나. 수조의 유효수량은 100ℓ 이상으로 하되, 구경 15mm 이상의 급수배관에 따라 해당 수조에 물이 계속 보급되도록 할 것 〈개정 2012.8.20〉
11. 기동용수압개폐장치를 기동장치로 사용할 경우에는 다음 각 목의 기준에 따른 충압펌프를 설치할 것 〈개정 2012.8.20〉
   가. 펌프의 토출압력은 그 설비의 최고위 물분무헤드의 자연압 보다 적어도 0.2MPa이 더 크도록 하거나 가압송수장치의 정격토출압력과 같게 할 것 〈개정 2008.12.15〉
   나. 펌프의 정격토출량은 정상적인 누설량 보다 적어서는 아니 되며, 물분무소화설비가 자동적으로 작동할 수 있도록 충분한 토출량을 유지할 것
12. 내연기관을 사용하는 경우에는 제어반에 따라 내연기관의 자동기동 및 수동기동이 가능하고, 상시 충전되어 있는 축전지설비를 갖출 것
13. 가압송수장치에는 "물분무소화설비펌프"라고 표시한 표지를 할 것. 이 경우 그 가압송수장치를 다른 설비와 겸용하는 때에는 그 겸용되는 설비의 이름을 표시한 표지를 함께 하여야 한다.
14. 가압송수장치가 기동이 된 경우에는 자동으로 정지되지 아니하도록 하여야 한다. 다만, 충압펌프의 경우에는 그러하지 아니하다. 〈개정 2008.12.15〉
15. <u>가압송수장치는 부식 등으로 인한 펌프의 고착을 방지할 수 있도록 다음 각 목의 기준에 적합한 것으로 할 것. 다만, 충압펌프는 제외한다.</u> 〈신설 2021.7.22〉
   <u>가. 임펠러는 청동 또는 스테인리스 등 부식에 강한 재질을 사용할 것</u>
   <u>나. 펌프축은 스테인리스 등 부식에 강한 재질을 사용할 것</u>

② 고가수조의 자연낙차를 이용한 가압송수장치는 다음 각 호의 기준에 따라 설치하여야 한다. 〈개정 2012.8.20〉

1. 고가수조의 자연낙차수두(수조의 하단으로부터 최고층에 설치된 물분무헤드까지의 수직거리를 말한다)는 다음의 식에 따라 산출한 수치 이상이 되도록 할 것

$$H = h_1 + h_2$$

여기서, H : 필요한 낙차(m)

h_1 : 물분무헤드의 설계압력 환산수두(m)

h_2 : 배관의 마찰손실 수두(m)

2. 고가수조에는 수위계 · 배수관 · 급수관 · 오버플로우관 및 맨홀을 설치할 것

③ 압력수조를 이용한 가압송수장치는 다음 각 호의 기준에 따라 설치하여야 한다. 〈개정 2012.8.20〉

1. 압력수조의 압력은 다음의 식에 따라 산출한 수치 이상이 되도록 할 것

$$P = p_1 + p_2 + p_3$$

여기서, P : 필요한 압력(MPa)

p_1 : 물분무헤드의 설계압력(MPa)

p_2 : 배관의 마찰손실 수두압(MPa)

p_3 : 낙차의 환산수두압(MPa)

2. 압력수조에는 수위계 · 급수관 · 배수관 · 급기관 · 맨홀 · 압력계 · 안전장치 및 압력저하방지를 위한 자동식 공기압축기를 설치할 것

④ 가압수조를 이용한 가압송수장치는 다음 각 호의 기준에 따라 설치하여야 한다. 〈신설 2008.12.15, 개정 2012.8.20〉

1. 가압수조의 압력은 제5조제1항제2호에 따른 방수량 및 방수압이 20분 이상 유지되도록 할 것 〈개정 2012.8.20〉
2. 삭제 〈2015.1.23〉
3. 가압수조 및 가압원은 「건축법 시행령」 제46조에 따른 방화구획 된 장소에 설치 할 것
4. 삭제 〈2015.1.23〉
5. 소방청장이 정하여 고시한 「가압수조식 가압송수장치의 성능인증 및 제품검사의 기술기준」에 적합한 것으로 설치할 것 〈개정 2012.8.20, 2015.1.23〉

제6조 (배관 등)

① 배관은 배관용탄소강관(KS D 3507) 또는 배관 내 사용압력이 1.2MPa 이상일 경우에는 압력배관용탄소강관(KS D 3562) 또는 이음매 없는 동 및 동합금(KS D5301)의 배관용동관이나 이와 동등 이상의 강도 · 내식성 및 내열성을 가진 것으로 하여야 한다. 다만, 다음 각 호의 어느 하나에 해당하는 장소에는 법 제39조에 따라 제품검사에 합격한 소방용 합성수지배관으로 설치할 수 있다. 〈개정 2008.12.15, 2012.8.20〉

1. 배관을 지하에 매설하는 경우
2. 다른 부분과 내화구조로 구획된 덕트 또는 피트의 내부에 설치하는 경우
3. 천장(상층이 있는 경우에는 상층바닥의 하단을 포함한다. 이하 같다)과 반자를 불연재료 또는 준불연재료로 설치하고 그 내부에 습식으로 배관을 설치하는 경우

② 급수배관은 전용으로 하여야 한다. 다만, 물분무소화설비의 기동장치의 조작과 동시에 다

른 설비의 용도에 사용하는 배관의 송수를 차단할 수 있거나, 물분무소화설비의 성능에 지장이 없는 경우에는 다른 설비와 겸용할 수 있다.

③ 펌프의 흡입측배관은 다음 각 호의 기준에 따라 설치하여야 한다. 〈개정 2012.8.20〉
  1. 공기고임이 생기지 아니하는 구조로 하고 여과장치를 설치할 것
  2. 수조가 펌프보다 낮게 설치된 경우에는 각 펌프(충압펌프를 포함한다)마다 수조로부터 별도로 설치할 것

④ 연결송수관설비의 배관과 겸용할 경우의 주배관은 구경 100mm 이상, 방수구로 연결되는 배관의 구경은 65mm 이상의 것으로 하여야 한다.

⑤ 삭제 〈2008.12.15〉

⑥ 펌프의 성능은 체절운전 시 정격토출압력의 140%를 초과하지 아니하고, 정격토출량의 150%로 운전 시 정격토출압력의 65% 이상이 되어야 하며, 펌프의 성능시험배관은 다음 각 호의 기준에 적합하여야 한다. 〈개정 2012.8.20〉
  1. 성능시험배관은 펌프의 토출측에 설치된 개폐밸브 이전에서 분기하여 설치하고, 유량측정장치를 기준으로 전단 직관부에 개폐밸브를 후단 직관부에는 유량조절밸브를 설치할 것
  2. 유량측정장치는 성능시험배관의 직관부에 설치하되, 펌프의 정격토출량의 175% 이상 측정할 수 있는 성능이 있을 것

⑦ 가압송수장치의 체절운전 시 수온의 상승을 방지하기 위하여 체크밸브와 펌프사이에서 분기한 구경 20mm 이상의 배관에 체절압력 미만에서 개방되는 릴리프밸브를 설치하여야 한다.

⑧ 동결방지조치를 하거나 동결의 우려가 없는 장소에 설치하여야 한다. 다만, 보온재를 사용할 경우에는 난연재료 성능 이상의 것으로 하여야 한다. 〈개정 2015.1.23〉

⑨ 급수배관에 설치되어 급수를 차단할 수 있는 개폐밸브는 개폐표시형으로 하여야 한다. 이 경우 펌프의 흡입측배관에는 버터플라이밸브외의 개폐표시형밸브를 설치하여야 한다.

⑩ 급수배관에 설치되어 급수를 차단할 수 있는 개폐밸브에는 그 밸브의 개폐상태를 감시제어반에서 확인할 수 있도록 급수개폐밸브 작동표시 스위치를 다음 각 호의 기준에 따라 설치하여야 한다. 〈개정 2012.8.20〉
  1. 급수개폐밸브가 잠길 경우 탬퍼스위치의 동작으로 인하여 감시제어반 또는 수신기에 표시 되어야 하며 경보음을 발할 것
  2. 탬퍼스위치는 감시제어반에서 동작의 유무확인과 동작시험, 도통시험을 할 수 있을 것
  3. 급수개폐밸브의 작동표시 스위치에 사용되는 전기배선은 내화전선 또는 내열전선으로 설치할 것

⑪ 배관은 다른 설비의 배관과 쉽게 구분이 될 수 있는 위치에 설치하거나 그 배관표면 또는 배관 보온재표면의 색상을 달리하는 방법 등으로 소방용설비의 배관임을 표시하여야 한다. 〈개정 2008.12.15〉

⑫ 확관형 분기배관을 사용할 경우에는 소방청장이 정하여 고시한 「분기배관의 성능인증 및 제품검사의 기술기준」에 적합한 것으로 설치하여야 한다. 〈개정 2021.12.16〉

제7조 (송수구)

물분무소화설비에는 소방펌프자동차로부터 그 설비에 송수할 수 있는 송수구를 다음 각 호의 기준에 따라 설치하여야 한다. 〈개정 2012.8.20〉

1. 송수구는 화재층으로부터 지면으로 떨어지는 유리창 등이 송수 및 그 밖의 소화작업에 지장을 주지 아니하는 장소에 설치할 것. 이 경우 가연성가스의 저장 · 취급시설에 설치하는 송수구는 그 방호대상물로부터 20m 이상의 거리를 두거나 방호대상물에 면하는 부분이 높이 1.5m 이상 폭 2.5m 이상의 철근콘크리트 벽으로 가려진 장소에 설치하여야 한다. 〈개정 2015.1.23〉
2. 송수구로부터 물분무소화설비의 주배관에 이르는 연결배관에 개폐밸브를 설치한 때에는 그 개폐상태를 쉽게 확인 및 조작할 수 있는 옥외 또는 기계실 등의 장소에 설치할 것
3. 구경 65mm의 쌍구형으로 할 것
4. 송수구에는 그 가까운 곳의 보기 쉬운 곳에 송수압력범위를 표시한 표지를 할 것
5. 송수구는 하나의 층의 바닥면적이 3,000m^2를 넘을 때마다 1개(5개를 넘을 경우에는 5개로 한다) 이상을 설치할 것
6. 지면으로부터 높이가 0.5m 이상 1m 이하의 위치에 설치할 것
7. 송수구의 가까운 부분에 자동배수밸브(또는 직경 5mm의 배수공) 및 체크밸브를 설치할 것. 이 경우 자동배수밸브는 배관안의 물이 잘 빠질 수 있는 위치에 설치하되, 배수로 인하여 다른 물건 또는 장소에 피해를 주지 아니하여야 한다.
8. 송수구에는 이물질을 막기 위한 마개를 씌울 것 〈신설 2008.12.15〉

제8조 (기동장치)

① 물분무소화설비의 수동식기동장치는 다음 각 호의 기준에 따라 설치하여야 한다. 〈개정 2012.8.20〉

1. 직접 조작 또는 원격조작에 따라 각각의 가압송수장치 및 수동식 개방밸브 또는 가압송수장치 및 자동개방밸브를 개방할 수 있도록 설치할 것
2. 기동장치의 가까운 곳의 보기 쉬운 곳에 "기동장치"라고 표시한 표지를 할 것

② 자동식 기동장치는 자동화재탐지설비의 감지기의 작동 또는 폐쇄형스프링클러헤드의 개방과 연동하여 경보를 발하고, 가압송수장치 및 자동개방밸브를 기동할 수 있는 것으로 하여야 한다. 다만, 자동화재탐지설비의 수신기가 설치되어 있는 장소에 상시 사람이 근무하고 있고, 화재 시 물분무소화설비를 즉시 작동시킬 수 있는 경우에는 그러하지 아니하다.

제9조 (제어밸브 등)

① 물분무소화설비의 제어밸브 기타 밸브는 다음 각 호의 기준에 따라 설치하여야 한다. 〈개정 2012.8.20〉

1. 제어밸브는 바닥으로부터 0.8m 이상 1.5m 이하의 위치에 설치할 것
2. 제어밸브의 가까운 곳의 보기 쉬운 곳에 "제어밸브"라고 표시한 표지를 할 것

② 자동 개방밸브 및 수동식 개방밸브는 다음 각 호의 기준에 따라 설치하여야 한다. 〈개정 2012.8.20〉

1. 자동개방밸브의 기동조작부 및 수동식개방밸브는 화재시 용이하게 접근할 수 있는 곳의 바닥으로부터 0.8m 이상 1.5m 이하의 위치에 설치할 것
2. 자동개방밸브 및 수동식개방밸브의 2차측 배관부분에는 해당 방수구역 외에 밸브의 작동을 시험할 수 있는 장치를 설치할 것. 다만, 방수구역에서 직접 방사시험을 할 수 있는 경우에는 그러하지 아니하다. 〈개정 2012.8.20〉

제10조 (물분무헤드)

① 물분무헤드는 표준방사량으로 해당 방호대상물의 화재를 유효하게 소화하는데 필요한 수를 적정한 위치에 설치하여야 한다. 〈개정 2012.8.20〉

② 고압의 전기기기가 있는 장소는 전기의 절연을 위하여 전기기기와 물분무헤드 사이에 다음 표에 따른 거리를 두어야 한다. 〈개정 2012.8.20〉 관리사 11회 기술사 125회

전압(kV)	거리(cm)	전압(kV)	거리(cm)
66 이하	70 이상	154 초과 181 이하	180 이상
66 초과 77 이하	80 이상	181 초과 220 이하	210 이상
77 초과 110 이하	110 이상	220 초과 275 이하	260 이상
110 초과 154 이하	150 이상		

제11조 (배수설비) 관리사 11회

물분무소화설비를 설치하는 차고 또는 주차장에는 다음 각 호의 기준에 따라 배수설비를 하여야 한다. 〈개정 2012.8.20〉

1. 차량이 주차하는 장소의 적당한 곳에 높이 10cm 이상의 경계턱으로 배수구를 설치할 것
2. 배수구에는 새어나온 기름을 모아 소화할 수 있도록 길이 40m 이하마다 집수관 · 소화핏트 등 기름분리장치를 설치할 것
3. 차량이 주차하는 바닥은 배수구를 향하여 100분의 2 이상의 기울기를 유지할 것
4. 배수설비는 가압송수장치의 최대송수능력의 수량을 유효하게 배수할 수 있는 크기 및 기울기로 할 것

제12조 (전원)

① 물분무소화설비에는 그 특정소방대상물의 수전방식에 따라 다음 각 호의 기준에 따른 상용전원회로의 배선을 설치하여야 한다. 다만, 가압수조방식으로서 모든 기능이 20분 이상 유효하게 지속될 수 있는 경우에는 그러하지 아니하다. 〈개정 2008.12.15, 2012.8.20〉

1. 저압수전인 경우에는 인입개폐기의 직후에서 분기하여 전용배선으로 하여야 하며, 전용의 전선관에 보호 되도록 할 것

2. 특별고압수전 또는 고압수전일 경우에는 전력용 변압기 2차측의 주차단기 1차측에서 분기하여 전용배선으로 하되, 상용전원의 상시공급에 지장이 없을 경우에는 주차단기 2차측에서 분기하여 전용배선으로 할 것. 다만, 가압송수장치의 정격입력전압이 수전전압과 같은 경우에는 제1호의 기준에 따른다.

② 물분무소화설비의 비상전원은 자가발전설비, 축전지설비(내연기관에 따른 펌프를 사용하는 경우에는 내연기관의 기동 및 제어용 축전지를 말한다)또는 전기저장장치(외부 전기에너지를 저장해 두었다가 필요한 때 전기를 공급하는 장치)로서 다음 각 호의 기준에 따라 설치하여야 한다. 다만, 2 이상의 변전소(「전기사업법」 제67조에 따른 변전소를 말한다. 이하 같다)에서 전력을 동시에 공급받을 수 있거나 하나의 변전소로부터 전력의 공급이 중단되는 때에는 자동으로 다른 변전소로부터 전원을 공급받을 수 있도록 상용전원을 설치한 경우와 가압수조방식에는 비상전원을 설치하지 아니할 수 있다. 〈개정 2016.7.13〉

1. 점검에 편리하고 화재 및 침수 등의 재해로 인한 피해를 받을 우려가 없는 곳에 설치할 것
2. 물분무소화설비를 유효하게 20분 이상 작동할 수 있도록 할 것
3. 상용전원으로부터 전력의 공급이 중단된 때에는 자동으로 비상전원으로부터 전력을 공급받을 수 있도록 할 것
4. 비상전원(내연기관의 기동 및 제어용 축전지를 제외한다)의 설치장소는 다른 장소와 방화구획 할 것. 이 경우 그 장소에는 비상전원의 공급에 필요한 기구나 설비외의 것(열병합발전설비에 필요한 기구나 설비는 제외한다)을 두어서는 아니된다. 〈개정 2008.12.15〉
5. 비상전원을 실내에 설치하는 때에는 그 실내에 비상조명등을 설치할 것

제13조 (제어반)

① 물분무소화설비에는 제어반을 설치하되, 감시제어반과 동력제어반으로 구분하여 설치하여야 한다. 다만, 다음 각 호의 어느 하나에 해당하는 경우에는 감시제어반과 동력제어반으로 구분하여 설치하지 아니할 수 있다. 〈개정 2012.8.20〉

1. 다음 각 목의 어느 하나에 해당하지 아니하는 특정소방대상물에 설치되는 물분무소화설비〈개정 2012.8.20〉
   가. 지하층을 제외한 층수가 7층 이상으로서 연면적이 2,000m^2 이상인 것
   나. 제1호에 해당하지 아니하는 특정소방대상물로서 지하층의 바닥면적의 합계가 3,000m^2 이상인 것. 다만, 차고 · 주차장 또는 보일러실 · 기계실 · 전기실 등 이와 유사한 장소의 면적은 제외한다. 〈개정 2012.8.20〉
2. 내연기관에 따른 가압송수장치를 사용하는 물분무소화설비
3. 고가수조에 따른 가압송수장치를 사용하는 물분무소화설비
4. 가압수조에 따른 가압송수장치를 사용하는 물분무소화설비〈신설 2008.12.15〉

② 감시제어반의 기능은 다음 각 호의 기준에 적합하여야 한다. 다만, 제1항 각 호의 어느 하나에 해당하는 경우에는 제3호 및 제6호의 규정을 적용하지 아니한다. 〈개정 2012.8.20〉

1. 각 펌프의 작동여부를 확인할 수 있는 표시등 및 음향경보기능이 있어야 할 것
2. 각 펌프를 자동 및 수동으로 작동시키거나 중단시킬 수 있어야 한다. 〈개정 2008.12.15〉
3. 비상전원을 설치한 경우에는 상용전원 및 비상전원의 공급여부를 확인할 수 있어야 할 것 〈개정 2008.12.15〉
4. 수조 또는 물올림탱크가 저수위로 될 때 표시등 및 음향으로 경보할 것
5. 각 확인회로(기동용수압개폐장치의 압력스위치회로 · 수조 또는 물올림탱크의 감시회로를 말한다)마다 도통시험 및 작동시험을 할 수 있어야 할 것
6. 예비전원이 확보되고 예비전원의 적합여부를 시험할 수 있어야 할 것

③ 감시제어반은 다음 각 호의 기준에 따라 설치하여야 한다. 〈개정 2012.8.20〉
1. 화재 및 침수 등의 재해로 인한 피해를 받을 우려가 없는 곳에 설치할 것
2. 감시제어반은 물분무소화설비의 전용으로 할 것. 다만, 물분무소화설비의 제어에 지장이 없는 경우에는 다른 설비와 겸용할 수 있다.
3. 감시제어반은 다음 각 목의 기준에 따른 전용실 안에 설치할 것. 다만 제1항 각 호의 어느 하나에 해당하는 경우와 공장, 발전소 등에서 설비를 집중 제어 · 운전할 목적으로 설치하는 중앙제어실내에 감시제어반을 설치하는 경우에는 그러하지 아니하다. 〈개정 2012.8.20〉
   가. 다른 부분과 방화구획을 할 것. 이 경우 전용실의 벽에는 기계실 또는 전기실 등의 감시를 위하여 두께 7mm 이상의 망입유리(두께 16.3mm 이상의 접합유리 또는 두께 28mm 이상의 복층유리를 포함한다)로 된 $4m^2$ 미만의 붙박이창을 설치할 수 있다.
   나. 피난층 또는 지하 1층에 설치할 것. 다만, 다음의 어느 하나에 해당하는 경우에는 지상 2층에 설치하거나 지하 1층외의 지하층에 설치할 수 있다. 〈개정 2012.8.20〉
      (1) 「건축법 시행령」 제35조에 따라 특별피난계단이 설치되고 그 계단(부속실을 포함한다)출입구로부터 보행거리 5m 이내에 전용실의 출입구가 있는 경우 〈개정 2012.8.20〉
      (2) 아파트의 관리동(관리동이 없는 경우에는 경비실)에 설치하는 경우
   다. 비상조명등 및 급 · 배기설비를 설치할 것
   라. 「무선통신보조설비의 화재안전기준(NFSC 505)」 제5조제3항에 따라 유효하게 통신이 가능할 것(영 별표 5의 제5호마목에 따른 무선통신보조설비가 설치된 특정소방대상물에 한한다) 〈개정 2021.3.25〉
   마. 바닥면적은 감시제어반의 설치에 필요한 면적 외에 화재 시 소방대원이 그 감시제어반의 조작에 필요한 최소면적 이상으로 할 것
4. 제3호에 따른 전용실에는 특정소방대상물의 기계 · 기구 또는 시설 등의 제어 및 감시설비외의 것을 두지 아니할 것 〈개정 2012.8.20〉

④ 동력제어반은 다음 각 호의 기준에 따라 설치하여야 한다. 〈개정 2012.8.20〉
1. 앞면은 적색으로 하고 "물분무소화설비용 동력제어반"이라고 표시한 표지를 설치할 것

2. 외함은 두께 1.5mm 이상의 강판 또는 이와 동등 이상의 강도 및 내열성능이 있는 것으로 할 것
3. 그 밖의 동력제어반의 설치에 관하여는 제3항제1호 및 제2호의 기준을 준용할 것

제14조 (배선 등)

① 물분무소화설비의 배선은 「전기사업법」 제67조에 따른 기술기준에서 정한 것 외에 다음 각 호의 기준에 따라 설치하여야 한다. 〈개정 2012.8.20〉
1. 비상전원으로부터 동력제어반 및 가압송수장치에 이르는 전원회로배선은 내화배선으로 할 것. 다만, 자가발전설비와 동력제어반이 동일한 실에 설치된 경우에는 자가발전기로부터 그 제어반에 이르는 전원회로배선은 그러하지 아니하다.
2. 상용전원으로부터 동력제어반에 이르는 배선, 그 밖의 물분무소화설비의 감시·조작 또는 표시등회로의 배선은 내화배선 또는 내열배선으로 할 것. 다만, 감시제어반 또는 동력제어반 안의 감시·조작 또는 표시등회로의 배선은 그러하지 아니하다.

② 제1항에 따른 내화배선 및 내열배선에 사용되는 전선 및 설치방법은 「옥내소화전설비의 화재안전기준(NFSC 102)」 별표 1의 기준에 따른다. 〈개정 2012.8.20〉

③ 물분무소화설비의 과전류차단기 및 개폐기에는 "물분무소화설비용"이라고 표시한 표지를 하여야 한다.

④ 물분무소화설비용 전기배선의 양단 및 접속단자에는 다음 각 호의 기준에 따라 표지하여야 한다. 〈개정 2012.8.20〉
1. 단자에는 "물분무소화설비단자"라고 표시한 표지를 부착할 것
2. 물분무소화설비용 전기배선의 양단에는 다른 배선과 식별이 용이하도록 표시할 것

제15조 (물분무헤드의 설치제외) 기술사 121회

다음 각 호의 장소에는 물분무헤드를 설치하지 아니할 수 있다. 〈개정 2012.8.20〉
1. 물에 심하게 반응하는 물질 또는 물과 반응하여 위험한 물질을 생성하는 물질을 저장 또는 취급하는 장소
2. 고온의 물질 및 증류범위가 넓어 끓어 넘치는 위험이 있는 물질을 저장 또는 취급하는 장소
3. 운전시에 표면의 온도가 260℃ 이상으로 되는 등 직접 분무를 하는 경우 그 부분에 손상을 입힐 우려가 있는 기계장치 등이 있는 장소

제16조 (수원 및 가압송수장치의 펌프 등의 겸용)

① 물분무소화설비의 수원을 옥내소화전설비·스프링클러설비·간이스프링클러설비·화재조기진압용 스프링클러설비·포소화전설비 및 옥외소화전설비의 수원과 겸용하여 설치하는 경우의 저수량은 각 소화설비에 필요한 저수량을 합한 양 이상이 되도록 하여야 한다. 다만, 이들 소화설비 중 고정식 소화설비(펌프·배관과 소화수 또는 소화약제를 최종 방

출하는 방출구가 고정된 설비를 말한다. 이하 같다)가 2 이상 설치되어 있고, 그 소화설비가 설치된 부분이 방화벽과 방화문으로 구획되어 있는 경우에는 각 고정식 소화설비에 필요한 저수량 중 최대의 것 이상으로 할 수 있다.

② 물분무소화설비의 가압송수장치로 사용하는 펌프를 옥내소화전설비 · 스프링클러설비 · 간이스프링클러설비 · 화재조기진압용 스프링클러설비 · 포소화설비 및 옥외소화전설비의 가압송수장치와 겸용하여 설치하는 경우의 펌프의 토출량은 각 소화설비에 해당하는 토출량을 합한 양 이상이 되도록 하여야 한다. 다만, 이들 소화설비 중 고정식 소화설비가 2 이상 설치되어 있고, 그 소화설비가 설치된 부분이 방화벽과 방화문으로 구획되어 있으며 각 소화설비에 지장이 없는 경우에는 펌프의 토출량중 최대의 것 이상으로 할 수 있다.

③ 옥내소화전설비 · 스프링클러설비 · 간이스프링클러설비 · 화재조기진압용 스프링클러설비 · 물분무소화설비 · 포소화설비 및 옥외소화전설비의 가압송수장치에 있어서 각 토출측배관과 일반급수용의 가압송수장치의 토출측배관을 상호 연결하여 화재시 사용할 수 있다. 이 경우 연결배관에는 개 · 폐표시형밸브를 설치하여야 하며, 각 소화설비의 성능에 지장이 없도록 하여야 한다.

④ 물분무소화설비의 송수구를 옥내소화전설비 · 스프링클러설비 · 간이스프링클러설비 · 화재조기진압용 스프링클러설비 · 포소화설비 · 연결송수관설비 또는 연결살수설비의 송수구와 겸용으로 설치하는 경우에는 스프링클러설비의 송수구의 설치기준에 따르되 각각의 소화설비의 기능에 지장이 없도록 하여야 한다.

제17조 (설치 · 유지기준의 특례)

소방본부장 또는 소방서장은 기존건축물이 증축 · 개축 · 대수선되거나 용도변경되는 경우에 있어서 이 기준이 정하는 기준에 따라 해당 건축물에 설치하여야 할 물분무소화설비의 배관 · 배선 등의 공사가 현저하게 곤란하다고 인정되는 경우에는 해당 설비의 기능 및 사용에 지장이 없는 범위 안에서 물분무소화설비의 설치 · 유지기준의 일부를 적용하지 아니할 수 있다. 〈개정 2012.8.20〉

제18조 (재검토 기한)

소방청장은 「훈령 · 예규 등의 발령 및 관리에 관한 규정」에 따라 이 고시에 대하여 2017년 1월 1일 기준으로 매 3년이 되는 시점(매 3년째의 12월 31일까지를 말한다)마다 그 타당성을 검토하여 개선 등의 조치를 하여야 한다.

부칙 <제2021-26호, 2021.7.22>

제1조(시행일)

이 고시는 발령한 날부터 시행한다.

[제7장] 미분무소화설비의 화재안전기준(NFSC 104A)

(개정 : 2021. 3. 25. 소방청고시 제2021-16호)

[미분무소화설비의 주요 화재안전기준]

1. 수원의 양(Q) 기술사 102회 관리사 13회

$Q[\mathrm{m}^3] = N \times M \times T \times S + V$

여기서, N : 방호구역(방수구역) 내 헤드의 설치개수

M : 설계유량[m^3/min] T : 설계방수시간[min]

S : 안전율(1.2 이상) V : 배관 내의 체적[m^3]

2. 펌프의 정격토출량

가압송수장치의 송수량은 최저설계압력에서 설계유량[L/min] 이상의 방수성능을 가진 기준개수의 모든 헤드로부터의 방수량을 충족시킬 수 있는 양 이상의 것으로 한다.

3. 방호구역(방수구역) 설정기준

(1) 폐쇄형 미분무소화설비의 방호구역

① 하나의 방호구역은 2개 층에 미치지 아니할 것

② 하나의 방호구역의 바닥면적은 펌프용량, 배관의 구경 등을 수리학적으로 계산한 결과 헤드의 방수압 및 방수량이 방호구역 범위 내에서 소화목적을 달성할 수 있도록 산정하여야 한다.

(2) 개방형 미분무소화설비의 방수구역

① 하나의 방수구역은 2개 층에 미치지 아니할 것

② 하나의 방수구역을 담당하는 헤드의 개수는 최대 설계개수 이하로 할 것. 다만, 2개 이상의 방수구역으로 나눌 경우에는 하나의 방수구역을 담당하는 헤드의 개수는 최대설계개수의 1/2 이상으로 할 것

③ 터널, 지하가 등에 설치할 경우에는 동시에 방수되어야 하는 방수구역을 화재발생 당해 방수구역 및 이에 접한 방수구역으로 할 것

제1조 (목적)

이 기준은 「화재예방, 소방시설 설치 · 유지 및 안전관리에 관한 법률」 제9조제1항에 따라 소방청장에게 위임한 사항 중 미분무소화설비의 설치 · 유지 및 안전관리에 관한 사항을 규정함을 목적으로 한다. 〈개정 2014.8.18, 2015.1.23〉

제2조 (적용범위)

「화재예방, 소방시설 설치 · 유지 및 안전관리에 관한 법률 시행령」(이하 "영"이라 한다) 별표 5 제1호바목에 따른 물분무등소화설비 중 미분무소화설비는 이 기준에서 정하는 규정에 따라 설비를 설치하고 유지 · 관리하여야 한다. 〈개정 2014.8.18, 2015.1.23〉

제3조 (정의) 기술사 102회

이 기준에서 사용하는 용어의 정의는 다음과 같다.

1. "미분무소화설비"란 가압된 물이 헤드 통과 후 미세한 입자로 분무됨으로써 소화성능을 가지는 설비를 말하며, 소화력을 증가시키기 위해 강화액 등을 첨가할 수 있다.
2. "미분무"란 물만을 사용하여 소화하는 방식으로 최소설계압력에서 헤드로부터 방출되는 물입자 중 99 %의 누적체적분포가 400μm 이하로 분무되고 A, B, C급화재에 적응성을 갖는 것을 말한다. 관리사 20회
3. "미분무헤드"란 하나 이상의 오리피스를 가지고 미분무소화설비에 사용되는 헤드를 말한다.
4. "개방형 미분무헤드"란 감열체 없이 방수구가 항상 열려져 있는 헤드를 말한다.
5. "폐쇄형 미분무헤드"란 정상상태에서 방수구를 막고 있는 감열체가 일정온도에서 자동적으로 파괴 · 용융 또는 이탈됨으로써 방수구가 개방되는 헤드를 말한다.
6. "저압 미분무 소화설비"란 최고사용압력이 1.2MPa 이하인 미분무소화설비를 말한다.
7. "중압 미분무 소화설비"란 사용압력이 1.2MPa을 초과하고 3.5MPa 이하인 미분무소화설비를 말한다.
8. "고압 미분무 소화설비"란 최저사용압력이 3.5MPa을 초과하는 미분무소화설비를 말한다.
9. "폐쇄형 미분무소화설비"란 배관 내에 항상 물 또는 공기 등이 가압되어 있다가 화재로 인한 열로 폐쇄형 미분무헤드가 개방되면서 소화수를 방출하는 방식의 미분무소화설비를 말한다.
10. "개방형 미분무소화설비"란 화재감지기의 신호를 받아 가압송수장치를 동작시켜 미분무수를 방출하는 방식의 미분무소화설비를 말한다.
11. "유수검지장치(패들형을 포함한다.)"란 본체내의 유수현상을 자동적으로 검지하여 신호 또는 경보를 발하는 장치를 말한다.
12. "전역방출방식"이란 고정식 미분무소화설비에 배관 및 헤드를 고정 설치하여 구획된 방호구역 전체에 소화수를 방출하는 설비를 말한다.

13. "국소방출방식"이란 고정식 미분무소화설비에 배관 및 헤드를 설치하여 직접 화점에 소화수를 방출하는 설비로서 화재발생 부분에 집중적으로 소화수를 방출하도록 설치하는 방식을 말한다.
14. "호스릴방식"이란 미분무건을 소화수 저장용기 등에 연결하여 사람이 직접 화점에 소화수를 방출하는 소화설비를 말한다.
15. "교차회로방식"이란 하나의 방호구역 내에 2 이상의 화재감지기회로를 설치하고 인접한 2 이상의 화재감지기가 동시에 감지되는 때에는 미분무 소화설비가 작동하여 소화수가 방출되는 방식을 말한다.
16. "가압수조"란 가압원인 압축공기 또는 불연성 고압기체에 의해 소방용수를 가압시키는 수조를 말한다.
17. "개폐표시형밸브"란 밸브의 개폐여부를 외부에서 식별이 가능한 밸브를 말한다.
18. "연소할 우려가 있는 개구부"란 각 방화구획을 관통하는 컨베이어 · 에스컬레이터 또는 이와 유사한 시설의 주위로서 방화구획을 할 수 없는 부분을 말한다.
19. "설계도서"란 특정소방대상물의 점화원, 연료의 특성과 형태 등에 따라서 발생할 수 있는 화재의 유형이 고려되어 작성된 것을 말한다.

제4조 (설계도서 작성) 기술사 124회

① 미분무소화설비의 성능을 확인하기 위하여 하나의 발화원을 가정한 설계도서는 다음 각 호 및 별표 1을 고려하여 작성되어야 하며, 설계도서는 일반설계도서와 특별설계도서로 구분한다.

1. 점화원의 형태
2. 초기 점화되는 연료 유형
3. 화재 위치
4. 문과 창문의 초기상태(열림, 닫힘) 및 시간에 따른 변화상태
5. 공기조화설비, 자연형(문, 창문) 및, 기계형 여부
6. 시공 유형과 내장재 유형

② 일반설계도서는 유사한 특정소방대상물의 화재사례 등을 이용하여 작성하고, 특별설계도서는 일반설계도서에서 발화 장소 등을 변경하여 위험도를 높게 만들어 작성하여야 한다.

③ 제1항 및 제2항에도 불구하고 검증된 기준에서 정하고 있는 것을 사용할 경우에는 적합한 도서로 인정할 수 있다.

제5조 (설계도서의 검증)

① 소방관서에 허가동의를 받기 전에 법 제42조제1항에 따라 성능시험기관으로 지정받은 기관에서 그 성능을 검증받아야 한다.

② 설계도서의 변경이 필요한 경우 제1항에 의해 재검증을 받아야 한다.

제6조 (수원)

① 미분무수 소화설비에 사용되는 용수는 「먹는물관리법」 제5조에 적합하고, 저수조 등에 충수할 경우 필터 또는 스트레이너를 통하여야 하며, 사용되는 물에는 입자 · 용해고체 또는 염분이 없어야 한다.

② 배관의 연결부(용접부 제외) 또는 주배관의 유입측에는 필터 또는 스트레이너를 설치하여야 하고, 사용되는 스트레이너에는 청소구가 있어야 하며, 검사 · 유지관리 및 보수 시에 배치위치를 변경하지 아니하여야 한다. 다만, 노즐이 막힐 우려가 없는 경우에는 설치하지 아니할 수 있다.

③ 사용되는 필터 또는 스트레이너의 메쉬는 헤드 오리피스 지름의 80% 이하가 되어야 한다.

④ 수원의 양은 다음의 식을 이용하여 계산한 양 이상으로 하여야 한다.

$Q = N \times D \times T \times S + V$ 기술사 102회 관리사 13회

여기서, Q : 수원의 양(m^3)

N : 방호구역(방수구역) 내 헤드의 개수

D : 설계유량[m^3/min]

T : 설계방수시간[min]

S : 안전율(1.2 이상)

V : 배관의 총체적[m^3]

⑤ 첨가제의 양은 설계방수시간 내에 충분히 사용될 수 있는 양 이상으로 산정한다. 이 경우 첨가제가 소화약제인 경우 소방청장이 정하여 고시한 「소화약제 형식승인 및 제품검사의 기술기준」에 적합한 것으로 사용하여야 한다. 〈개정 2014.8.18, 2015.1.23〉

제7조 (수조)

① 수조의 재료는 냉간 압연 스테인리스 강판 및 강대(KS D 3698)의 STS 304 또는 이와 동등 이상의 강도 · 내식성 · 내열성이 있는 것으로 하여야 한다.

② 수조를 용접할 경우 용접찌꺼기 등이 남아 있지 아니하여야 하며, 부식의 우려가 없는 용접방식으로 하여야 한다.

③ 미분무 소화설비용 수조는 다음 각 호의 기준에 따라 설치하여야 한다.

1. 전용으로 하며 점검에 편리한 곳에 설치할 것
2. 동결방지조치를 하거나 동결의 우려가 없는 장소에 설치할 것
3. 수조의 외측에 수위계를 설치할 것. 다만, 구조상 불가피한 경우에는 수조의 맨홀 등을 통하여 수조 내 물의 양을 쉽게 확인할 수 있도록 하여야 한다.
4. 수조의 상단이 바닥보다 높은 때에는 수조의 외측에 고정식 사다리를 설치할 것
5. 수조가 실내에 설치된 때에는 그 실내에 조명 설비를 설치할 것
6. 수조의 밑 부분에는 청소용 배수밸브 또는 배수관을 설치할 것
7. 수조 외측의 보기 쉬운 곳에 "미분무설비용 수조"라고 표시한 표지를 할 것

8. 미분무펌프의 흡수배관 또는 수직배관과 수조의 접속부분에는 "미분무설비용 배관"이라고 표시한 표지를 할 것. 다만, 수조와 가까운 장소에 미분무펌프가 설치되고 미분무펌프에 제7호에 따른 표지를 설치한 때에는 그러하지 아니하다.

제8조 (가압송수장치)

① 전동기 또는 내연기관에 따른 펌프를 이용하는 가압송수장치는 다음 각 호의 기준에 따라 설치하여야 한다.

1. 쉽게 접근할 수 있고 점검하기에 충분한 공간이 있는 장소로서 화재 및 침수 등의 재해로 인한 피해를 받을 우려가 없는 곳에 설치할 것
2. 동결방지조치를 하거나 동결의 우려가 없는 장소에 설치할 것
3. 펌프는 전용으로 할 것
4. 펌프의 토출 측에는 압력계를 체크밸브 이전에 펌프토출 측 가까운 곳에 설치할 것
5. 가압송수장치에는 정격부하 운전시 펌프의 성능을 시험하기 위한 배관을 설치할 것
6. 가압송수장치의 송수량은 최저설계압력에서 설계유량(L/min) 이상의 방수성능을 가진 기준개수의 모든 헤드로부터의 방수량을 충족시킬 수 있는 양 이상의 것으로 할 것
7. 내연기관을 사용하는 경우에는 제어반에 따라 내연기관의 자동기동 및 수동기동이 가능하고, 상시 충전되어 있는 축전지설비를 갖출 것
8. 가압송수장치에는 "미분무펌프"라고 표시한 표지를 할 것. 다만, 호스릴방식의 경우 "호스릴방식 미분무펌프"라고 표시한 표지를 할 것
9. 가압송수장치가 기동되는 경우에는 자동으로 정지되지 아니하도록 할 것
10. 가압송수장치는 부식 등으로 인한 펌프의 고착을 방지할 수 있도록 다음 각 목의 기준에 적합한 것으로 할 것. 다만, 충압펌프는 제외한다. 〈신설〉
    가. 임펠러는 청동 또는 스테인리스 등 부식에 강한 재질을 사용할 것
    나. 펌프축은 스테인리스 등 부식에 강한 재질을 사용할 것

② 압력수조를 이용하는 가압송수장치는 다음 각 호의 기준에 따라 설치하여야 한다.

1. 압력수조는 배관용 스테인리스 강관(KS D 3676) 또는 이와 동등이상의 강도·내식성, 내열성을 갖는 재료를 사용할 것
2. 용접한 압력수조를 사용할 경우 용접찌꺼기 등이 남아 있지 아니하여야 하며, 부식의 우려가 없는 용접방식으로 하여야 한다.
3. 쉽게 접근할 수 있고 점검하기에 충분한 공간이 있는 장소로서 화재 및 침수 등의 재해로 인한 피해를 받을 우려가 없는 곳에 설치할 것
4. 동결방지조치를 하거나 동결의 우려가 없는 장소에 설치할 것
5. 압력수조는 전용으로 할 것
6. 압력수조에는 수위계·급수관·배수관·급기관·맨홀·압력계·안전장치 및 압력저하방지를 위한 자동식 공기압축기를 설치할 것
7. 압력수조의 토출 측에는 사용압력의 1.5배 범위를 초과하는 압력계를 설치하여야 한다.

8. 작동장치의 구조 및 기능은 다음 각 목의 기준에 적합하여야 한다.
   가. 화재감지기의 신호에 의하여 자동적으로 밸브를 개방하고 소화수를 배관으로 송출할 것
   나. 수동으로 작동할 수 있게 하는 장치를 설치할 경우에는 부주의로 인한 작동을 방지하기 위한 보호 장치를 강구할 것

③ 가압수조를 이용하는 가압송수장치는 다음 각 호의 기준에 따라 설치하여야 한다.

1. 가압수조의 압력은 설계 방수량 및 방수압이 설계방수시간 이상 유지되도록 할 것
2. 삭제 〈2014.8.18〉
3. 가압수조 및 가압원은 「건축법 시행령」 제46조에 따른 방화구획 된 장소에 설치 할 것
4. 삭제 〈2014.8.18〉
5. 가압수조를 이용한 가압송수장치는 소방청장이 정하여 고시한 「가압수조식 가압송수장치의 성능인증 및 제품검사의 기술기준」에 적합한 것으로 설치할 것 〈개정 2014.8.18, 2015.1.23〉
6. 가압수조는 전용으로 설치할 것

제9조 (폐쇄형 미분무소화설비의 방호구역)

폐쇄형 미분무헤드를 사용하는 설비의 방호구역(미분무소화설비의 소화범위에 포함된 영역을 말한다. 이하 같다)은 다음 각 호의 기준에 적합하여야 한다.

1. 하나의 방호구역의 바닥면적은 펌프용량, 배관의 구경 등을 수리학적으로 계산한 결과 헤드의 방수압 및 방수량이 방호구역 범위 내에서 소화목적을 달성할 수 있도록 산정하여야 한다.
2. 하나의 방호구역은 2개 층에 미치지 아니하도록 할 것

제10조 (개방형 미분무소화설비의 방수구역)

개방형 미분무 소화설비의 방수구역은 다음 각 호의 기준에 적합하여야 한다.

1. 하나의 방수구역은 2개 층에 미치지 아니 할 것
2. 하나의 방수구역을 담당하는 헤드의 개수는 최대 설계개수 이하로 할 것. 다만, 2개 이상의 방수구역으로 나눌 경우에는 하나의 방수구역을 담당하는 헤드의 개수는 최대설계개수의 1/2 이상으로 할 것
3. 터널, 지하가 등에 설치할 경우 동시에 방수되어야 하는 방수구역은 화재가 발생된 방수구역 및 접한 방수구역으로 할 것 〈개정 2021.1.15〉

제11조 (배관 등)

① 설비에 사용되는 구성요소는 STS 304 이상의 재료를 사용하여야 한다.

② 배관은 배관용 스테인리스 강관(KS D 3576)이나 이와 동등 이상의 강도 · 내식성 및 내열성을 가진 것으로 하여야 하고, 용접할 경우 용접찌꺼기 등이 남아 있지 아니하여야 하며,

부식의 우려가 없는 용접방식으로 하여야 한다.

③ 급수배관은 다음 각 호의 기준에 따라 설치하여야 한다.

1. 전용으로 할 것
2. 급수를 차단할 수 있는 개폐밸브는 개폐표시형으로 할 것

④ 펌프를 이용하는 가압송수장치에는 펌프의 성능이 체절운전 시 정격토출압력의 140%를 초과하지 아니하고, 정격토출량의 150%로 운전 시 정격토출압력의 65% 이상이 되어야 하며 다음 각 호의 기준에 적합하도록 설치하여야 한다. 다만, 공인된 방법에 의한 별도의 성능을 제시할 경우에는 그러하지 아니하며 그 성능을 별도의 기준에 따라 확인하여야 한다.

1. 성능시험배관은 펌프의 토출 측에 설치된 개폐밸브 이전에서 분기하여 직선으로 설치하고, 유량측정장치를 기준으로 전단 직관부에는 개폐밸브를 후단 직관부에는 유량조절밸브를 설치할 것
2. 유입구에는 개폐밸브를 둘 것
3. 개폐밸브와 유량측정장치 사이의 직관부 거리 및 유량측정장치와 유량조절밸브 사이의 직관부 거리는 해당 유량측정장치 제조사의 설치사양에 따른다. 〈개정 2014.8.18〉
4. 유량측정장치는 펌프의 정격토출량의 175 % 이상까지 측정할 수 있는 성능이 있을 것
5. 삭제 〈2014.8.18〉
6. 성능시험배관의 호칭은 유량계 호칭에 따를 것

⑤ 동결방지조치를 하거나 동결의 우려가 없는 장소에 설치하여야 한다. 다만, 보온재를 사용할 경우에는 난연재료 성능 이상의 것으로 하여야 한다. 〈개정 2015.1.23〉

⑥ 교차배관의 위치 · 청소구 및 가지배관의 헤드설치는 다음 각 호의 기준에 따른다.

1. 교차배관은 가지배관과 수평으로 설치하거나 또는 가지배관 밑에 설치할 것
2. 청소구는 교차배관 끝에 개폐밸브를 설치하고, 호스접결이 가능한 나사식 또는 고정배수 배관식으로 할 것. 이 경우 나사식의 개폐밸브는 나사보호용의 캡으로 마감할 것

⑦ 미분무설비에는 그 성능을 확인하기 위한 시험장치를 다음 각 호의 기준에 따라 설치하여야 한다. 다만, 개방형헤드를 설치한 경우에는 그러하지 아니하다.

1. 가압장치에서 가장 먼 가지배관의 끝으로부터 연결하여 설치할 것
2. 시험장치 배관의 구경은 가압장치에서 가장 먼 가지배관의 구경과 동일한 구경으로 하고, 그 끝에 개방형헤드를 설치할 것. 이 경우 개방형헤드는 동일 형태의 오리피스만으로 설치할 수 있다.
3. 시험배관의 끝에는 물받이 통 및 배수관을 설치하여 시험 중 방사된 물이 바닥에 흘러내리지 아니하도록 할 것. 다만, 목욕실 · 화장실 또는 그 밖의 곳으로서 배수처리가 쉬운 장소에 시험배관을 설치한 경우에는 그러하지 아니하다.

⑧ 배관에 설치되는 행가는 다음 각 호의 기준에 따라 설치하여야 한다.

1. 가지배관에는 헤드의 설치지점 사이마다, 교차배관에는 가지배관과 가지배관 사이마다 1개 이상의 행가를 설치할 것
2. 제1호의 수평주행배관에는 4.5m 이내마다 1개 이상 설치할 것

⑨ 수직배수배관의 구경은 50mm 이상으로 하여야 한다. 다만, 수직배관의 구경이 50mm 미만인 경우에는 수직배관과 동일한 구경으로 할 수 있다.

⑩ 주차장의 미분무 소화설비는 습식외의 방식으로 하여야 한다. 다만, 주차장이 벽 등으로 차단되어 있고 출입구가 자동으로 열리고 닫히는 구조인 것으로서 다음 각 호의 어느 하나에 해당하는 경우에는 그러하지 아니하다.

1. 동절기에 상시 난방이 되는 곳이거나 그 밖에 동결의 염려가 없는 곳
2. 미분무 소화설비의 동결을 방지할 수 있는 구조 또는 장치가 된 것

⑪ 급수배관에 설치되어 급수를 차단할 수 있는 개폐밸브에는 그 밸브의 개폐상태를 감시제어반에서 확인할 수 있도록 급수개폐밸브 작동표시 스위치를 다음 각 호의 기준에 따라 설치하여야 한다.

1. 급수개폐밸브가 잠길 경우 탬퍼스위치의 동작으로 인하여 감시제어반 또는 수신기에 표시되어야 하며 경보음을 발할 것
2. 탬퍼스위치는 감시제어반 또는 수신기에서 동작의 유무확인과 동작시험, 도통시험을 할 수 있을 것
3. 급수개폐밸브의 작동표시 스위치에 사용되는 전기배선은 내화전선 및 내열전선으로 설치할 것

⑫ 미분무설비 배관의 배수를 위한 기울기는 다음 각 호의 기준에 따른다.

1. 폐쇄형 미분무 소화설비의 배관을 수평으로 할 것. 다만, 배관의 구조상 소화수가 남아 있는 곳에는 배수밸브를 설치하여야 한다.
2. 개방형 미분무 소화설비에는 헤드를 향하여 상향으로 수평주행배관의 기울기를 500분의 1 이상, 가지배관의 기울기를 250분의 1 이상으로 할 것. 다만, 배관의 구조상 기울기를 줄 수 없는 경우에는 배수를 원활하게 할 수 있도록 배수밸브를 설치하여야 한다.

⑬ 배관은 다른 설비의 배관과 쉽게 구분이 될 수 있는 위치에 설치하거나, 그 배관표면 또는 배관 보온재표면의 색상은 「한국산업표준(배관계의 식별 표시, KS A 0503)」 또는 적색으로 식별이 가능하도록 소방용설비의 배관임을 표시하여야 한다. 〈개정 2014.8.18〉

⑭ 호스릴방식의 설치는 다음 각 호에 따라 설치하여야 한다.

1. 차고 또는 주차장 외의 장소에 설치하되 방호대상물의 각 부분으로부터 하나의 호스 접결구까지의 수평거리가 25m 이하가 되도록 할 것 〈개정예고 2020.8.19〉
2. 소화약제 저장용기의 개방밸브는 호스의 설치 장소에서 수동으로 개폐할 수 있는 것으로 할 것
3. 소화약제 저장용기의 가장 가까운 곳의 보기 쉬운 곳에 표시등을 설치하고 호스릴 미분무 소화설비가 있다는 뜻을 표시한 표지를 할 것
4. 그 밖의 사항은 「옥내소화전설비의 화재안전기준」 제7조 (함 및 방수구 등)에 적합할 것

제12조 (음향장치 및 기동장치)

① 미분무 소화설비의 음향장치 및 기동장치는 다음 각 호의 기준에 따라 설치하여야 한다.

1. 폐쇄형 미분무헤드가 개방되면 화재신호를 발신하고 그에 따라 음향장치가 경보되도록 할 것
2. 개방형 미분무설비는 화재감지기의 감지에 따라 음향장치가 경보되도록 할 것. 이 경우 화재감지기 회로를 교차회로방식으로 하는 때에는 하나의 화재감지기 회로가 화재를 감지하는 때에도 음향장치가 경보되도록 하여야 한다.
3. 음향장치는 방호구역 또는 방수구역마다 설치하되 그 구역의 각 부분으로부터 하나의 음향장치까지의 수평거리는 25m 이하가 되도록 할 것
4. 음향장치는 경종 또는 사이렌(전자식 사이렌을 포함한다)으로 하되, 주위의 소음 및 다른 용도의 경보와 구별이 가능한 음색으로 할 것. 이 경우 경종 또는 사이렌은 자동화재탐지설비·비상벨설비 또는 자동식사이렌설비의 음향장치와 겸용할 수 있다.
5. 주음향장치는 수신기의 내부 또는 그 직근에 설치할 것
6. 5층(지하층을 제외한다) 이상의 소방대상물 또는 그 부분에 있어서는 2층 이상의 층에서 발화한 때에는 발화층 및 그 직상층에 한하여, 1층에서 발화한 때에는 발화층과 그 직상층 및 지하층에 한하여, 지하층에서 발화한 때에는 발화층·그 직상층 및 기타의 지하층에 한하여 경보를 발할 수 있도록 할 것
7. 음향장치는 다음 각 목의 기준에 따른 구조 및 성능의 것으로 할 것
   가. 정격전압의 80% 전압에서 음향을 발할 수 있는 것으로 할 것
   나. 음량은 부착된 음향장치의 중심으로부터 1m 떨어진 위치에서 90dB 이상이 되는 것으로 할 것
8. 화재감지기 회로에는 다음 각 목의 기준에 따른 발신기를 설치할 것. 다만, 자동화재탐지설비의 발신기가 설치된 경우에는 그러하지 아니하다.
   가. 조작이 쉬운 장소에 설치하고, 스위치는 바닥으로부터 0.8m 이상 1.5m 이하의 높이에 설치할 것
   나. 소방대상물의 층마다 설치하되, 당해 소방대상물의 각 부분으로부터 하나의 발신기까지의 수평거리가 25m 이하가 되도록 할 것. 다만, 복도 또는 별도로 구획된 실로서 보행거리가 40m 이상일 경우에는 추가로 설치하여야 한다.
   다. 발신기의 위치를 표시하는 표시등은 함의 상부에 설치하되, 그 불빛은 부착면으로부터 15° 이상의 범위안에서 부착지점으로부터 10m 이내의 어느 곳에서도 쉽게 식별할 수 있는 적색등으로 할 것

NFSC 104A 미분무소화설비

제13조 (헤드)

① 미분무헤드는 소방대상물의 천장·반자·천장과 반자사이·덕트·선반 기타 이와 유사한 부분에 설계자의 의도에 적합하도록 설치하여야 한다.
② 하나의 헤드까지의 수평거리 산정은 설계자가 제시하여야 한다.
③ 미분무 설비에 사용되는 헤드는 조기반응형 헤드를 설치하여야 한다.
④ 폐쇄형 미분무헤드는 그 설치장소의 평상시 최고주위온도에 따라 다음 식에 따른 표시온

도의 것으로 설치하여야 한다.

〈폐쇄형미분무헤드의 최고주위온도〉 관리사 13회

$T_a = 0.9\,T_m - 27.3$℃

여기서, T_a : 최고주위온도

T_m : 헤드의 표시온도

⑤ 미분무 헤드는 배관, 행거 등으로부터 살수가 방해되지 아니하도록 설치하여야 한다.

⑥ 미분무 헤드는 설계도면과 동일하게 설치하여야 한다.

⑦ 미분무 헤드는 '한국소방산업기술원' 또는 법 제42조제1항의 규정에 따라 성능시험기관으로 지정받은 기관에서 검증받아야 한다.

제14조 (전원)

미분무소화설비의 전원은 「스프링클러설비의 화재안전기준」 제12조를 준용한다.

제15조 (제어반)

① 미분무 소화설비에는 제어반을 설치하되, 감시제어반과 동력제어반으로 구분하여 설치하여야 한다. 다만, 가압수조에 따른 가압송수장치를 사용하는 미분무 소화설비의 경우와 별도의 시방서를 제시할 경우에는 그러하지 아니할 수 있다.

② 감시제어반의 기능은 다음 각 호의 기준에 적합하여야 한다.

1. 각 펌프의 작동여부를 확인할 수 있는 표시등 및 음향경보기능이 있어야 할 것
2. 각 펌프를 자동 및 수동으로 작동시키거나 작동을 중단시킬 수 있어야 할 것
3. 비상전원을 설치한 경우에는 상용전원 및 비상전원의 공급여부를 확인할 수 있어야 할 것
4. 수조가 저수위로 될 때 표시등 및 음향으로 경보할 것
5. 예비전원이 확보되고 예비전원의 적합여부를 시험할 수 있어야 할 것

③ 감시제어반은 다음 각 호의 기준에 따라 설치하여야 한다.

1. 화재 및 침수 등의 재해로 인한 피해를 받을 우려가 없는 곳에 설치할 것
2. 감시제어반은 미분무 소화설비의 전용으로 할 것
3. 감시제어반은 다음 각 목의 기준에 따른 전용실안에 설치할 것

가. 다른 부분과 방화구획을 할 것. 이 경우 전용실의 벽에는 기계실 또는 전기실 등의 감시를 위하여 두께 7mm 이상의 망입유리(두께 16.3mm 이상의 접합유리 또는 두께 28mm 이상의 복층유리를 포함한다)로 된 $4m^2$ 미만의 붙박이창을 설치할 수 있다.

나. 피난층 또는 지하 1층에 설치할 것

다. 무선통신보조설비의 화재안전기준(NFSC 505) 제5조제3항에 따라 유효하게 통신이 가능할 것(영 별표 5의 제5호마목에 따른 무선통신보조설비가 설치된 특정소방

대상물에 한한다) 〈개정 2021.3.25〉
라. 바닥면적은 감시제어반의 설치에 필요한 면적 외에 화재시 소방대원이 그 감시제어반의 조작에 필요한 최소면적 이상으로 할 것
4. 제3호에 따른 전용실에는 소방대상물의 기계 · 기구 또는 시설 등의 제어 및 감시설비 외의 것을 두지 아니할 것
5. 다음의 각 확인회로마다 도통시험 및 작동시험을 할 수 있도록 할 것
가. 수조의 저수위감시회로
나. 개방식 미분무 소화설비의 화재감지기회로
다. 개폐밸브의 폐쇄상태 확인회로
라. 그 밖의 이와 비슷한 회로
6. 감시제어반과 자동화재탐지설비의 수신기를 별도의 장소에 설치하는 경우에는 이들 상호간에 동시 통화가 가능하도록 할 것

④ 동력제어반은 다음 각 호의 기준에 따라 설치하여야 한다.
1. 앞면은 적색으로 하고 "미분무 소화설비용 동력제어반"이라고 표시한 표지를 설치할 것
2. 외함은 두께 1.5mm 이상의 강판 또는 이와 동등 이상의 강도 및 내열성능이 있는 것으로 할 것
3. 그 밖의 동력제어반의 설치에 관하여는 제3항제1호 및 제2호의 기준을 준용할 것

⑤ 발전기 제어반은 「스프링클러설비의 화재안전기준」 제13조를 준용한다.

NFSC 104A 미분무소화설비

제16조 (배선 등)

① 미분무 소화설비의 배선은 「전기사업법」 제67조에 따른 기술기준에서 정한 것 외에 다음 각 호의 기준에 따라 설치하여야 한다.
1. 비상전원으로부터 동력제어반 및 가압송수장치에 이르는 전원회로배선은 내화배선으로 할 것. 다만, 자가발전설비와 동력제어반이 동일한 실에 설치된 경우에는 자가발전기로부터 그 제어반에 이르는 전원회로배선은 그러하지 아니하다.
2. 상용전원으로부터 동력제어반에 이르는 배선, 그 밖의 미분무 소화설비의 감시 · 조작 또는 표시등회로의 배선은 내화배선 또는 내열배선으로 할 것. 다만, 감시제어반 또는 동력제어반 안의 감시 · 조작 또는 표시등회로의 배선은 그러하지 아니하다.

② 제1항에 따른 내화배선 및 내열배선에 사용되는 전선 및 설치방법은 「옥내소화전설비의 화재안전기준」의 별표 1의 기준에 따른다.

③ 미분무 소화설비의 과전류차단기 및 개폐기에는 "미분무 소화설비용"이라고 표시한 표지를 하여야 한다.

④ 미분무 소화설비용 전기배선의 양단 및 접속단자에는 다음 각 호의 기준에 따라 표지하여야 한다.
1. 단자에는 "미분무 소화설비단자"라고 표시한 표지를 부착할 것

2. 미분무 소화설비용 전기배선의 양단에는 다른 배선과 식별이 용이하도록 표시할 것

제17조 (청소 · 시험 · 유지 및 관리 등)

① 미분무 소화설비의 청소 · 유지 및 관리 등은 건축물의 모든 부분(건축설비를 포함한다.)을 완성한 시점부터 최소 연 1회 이상 실시하여 그 성능 등을 확인하여야 한다.

② 미분무 소화설비의 배관 등의 청소는 배관의 수리계산 시 설계된 최대방출량으로 방출하여 배관 내 이물질이 제거될 수 있는 충분한 시간동안 실시하여야 한다.

③ 미분무 소화설비의 성능시험은 제8조에서 정한 기준에 따라 실시한다.

제18조 (재검토 기한)

소방청장은 이 고시에 대하여 「훈령 · 예규 등의 발령 및 관리에 관한 규정」에 따라 2019년 1월 1일 기준으로 매 3년이 되는 시점(매 3년째의 12월 31일까지를 말한다)마다 그 타당성을 검토하여 개선 등의 조치를 하여야 한다. 〈개정 2019.5.24〉

부칙 〈제2021-16호, 2021.3.25〉

제1조 (시행일)

이 고시는 발령한 날부터 시행한다.

[별표 1] 설계도서 작성기준 (제4조 관련) 기술사 111회 · 124회

1. 공통사항

설계도서는 건축물에서 발생 가능한 상황을 선정하되, 건축물의 특성에 따라 제2호의 설계도서 유형 중 가목의 일반설계도서와 나목부터 사목까지의 특별설계도서 중 1개 이상을 작성한다.

2. 설계도서 유형

가. 일반설계도서

1) 건물용도, 사용자 중심의 일반적인 화재를 가상한다.

2) 설계도서에는 다음 사항이 필수적으로 명확히 설명되어야 한다.

가) 건물사용자 특성

나) 사용자의 수와 장소

다) 실 크기

라) 가구와 실내 내용물
마) 연소 가능한 물질들과 그 특성 및 발화원
바) 환기조건
사) 최초 발화물과 발화물의 위치

3) 설계자가 필요한 경우 기타 설계도서에 필요한 사항을 추가할 수 있다.

나. 특별설계도서 1

1) 내부 문들이 개방되어 있는 상황에서 피난로에 화재가 발생하여 급격한 화재연소가 이루어지는 상황을 가상한다.

2) 화재시 가능한 피난방법의 수에 중심을 두고 작성한다.

다. 특별설계도서 2

1) 사람이 상주하지 않는 실에서 화재가 발생하지만, 잠재적으로 많은 재실자에게 위험이 되는 상황을 가상한다.

2) 건축물 내의 재실자가 없는 곳에서 화재가 발생하여 많은 재실자가 있는 공간으로 연소 확대되는 상황에 중심을 두고 작성한다.

라. 특별설계도서 3

1) 많은 사람들이 있는 실에 인접한 벽이나 덕트 공간 등에서 화재가 발생한 상황을 가상한다.

2) 화재감지기가 없는 곳이나 자동으로 작동하는 소화설비가 없는 장소에서 화재가 발생하여 많은 재실자가 있는 곳으로의 연소 확대가 가능한 상황에 중심을 두고 작성한다.

마. 특별설계도서 4

1) 많은 거주자가 있는 아주 인접한 장소 중 소방시설의 작동범위에 들어가지 않는 장소에서 아주 천천히 성장하는 화재를 가상한다.

2) 작은 화재에서 시작하지만 큰 대형화재를 일으킬 수 있는 화재에 중심을 두고 작성한다.

바. 특별설계도서 5

1) 건축물의 일반적인 사용 특성과 관련, 화재하중이 가장 큰 장소에서 발생한 아주 심각한 화재를 가상한다.

2) 재실자가 있는 공간에서 급격하게 연소 확대되는 화재를 중심으로 작성한다.

사. 특별설계도서 6

1) 외부에서 발생하여 본 건물로 화재가 확대되는 경우를 가상한다.

2) 본 건물에서 떨어진 장소에서 화재가 발생하여 본 건물로 화재가 확대되거나 피난로를 막거나 거주가 불가능한 조건을 만드는 화재에 중심을 두고 작성한다.

[제8장] 포소화설비의 화재안전기준(NFSC 105)

(개정 : 2021. 12. 16. 소방청고시 제2021-48호)

[포소화설비 계통도]

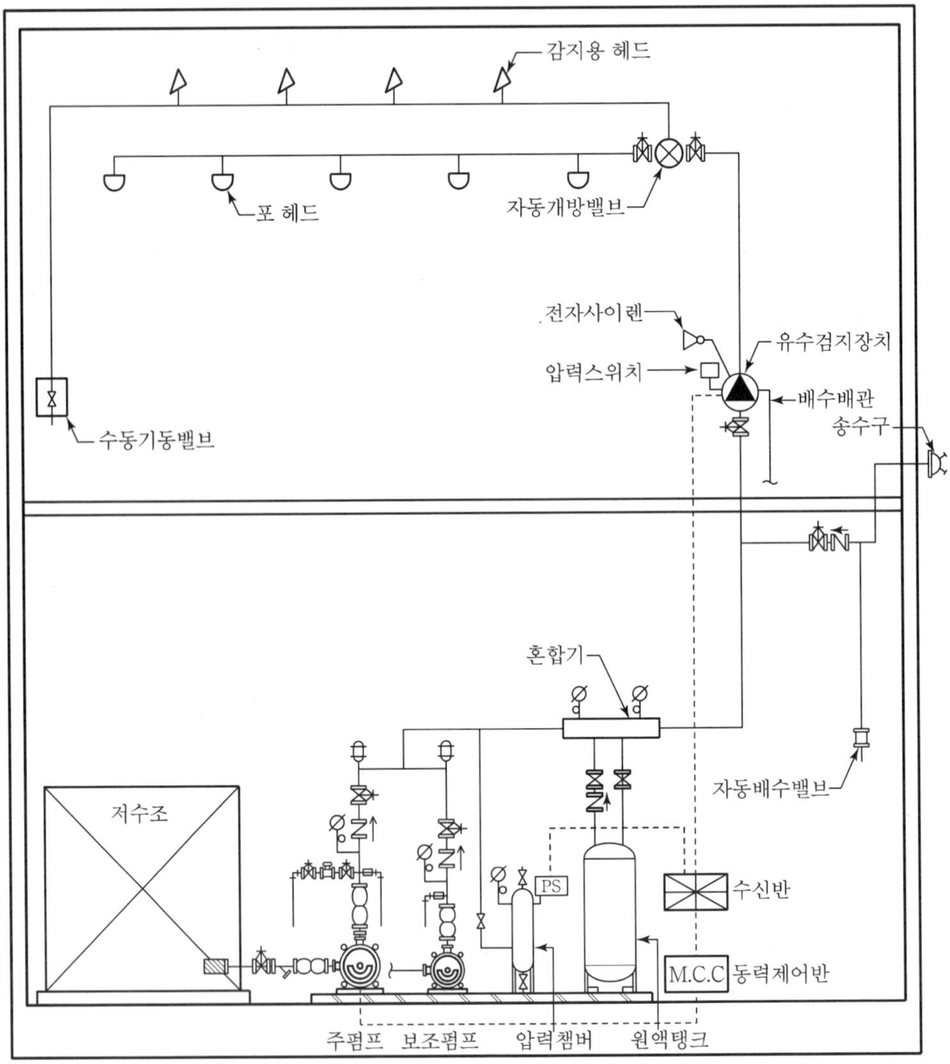

[포소화설비의 주요 화재안전기준]

1. 포수용액량 계산 관리사 5회·8회·15회

(1) 고정포 방출방식(옥외탱크저장소에 한함)

수용액량(Q) = 고정포 방출구의 양(Q_1) + 보조 포소화전의 양(Q_2)
+ 가장 먼 송액관의 내용적(Q_3)

$$Q_1 = A \times q$$

$$Q_2 = N \times 8{,}000\ell = N \times 400\ell/\text{min} \times 20\text{min}$$

$$Q_3 = \frac{\pi d^2}{4} \times L$$

여기서, A : 탱크액 표면적[m²]
q : 포 수용액의 방사밀도(포 수용액량)[ℓ/m²]
= 방출률[ℓ/min·m²] × 방출시간[분]
N : 소화전 수량(최대 3개)
d : 송액관 내경[m]
L : 송액관 길이[m]

	특형		II · III · IV형	
	포수용액량 [ℓ/m²]	방출률 [ℓ/min·m²]	포수용액량 [ℓ/m²]	방출률 [ℓ/min·m²]
제1석유류 (인화점 21℃ 미만)	240	8	220	4
제2석유류 (인화점 21~70℃ 미만)	160	8	120	4

(2) 포헤드방식

〈적용〉 옥외탱크저장소를 제외한 모든 대상물에 해당
(압축공기포소화설비 및 옥내 고정포방출방식도 해당됨)

$$Q = N \times q \times T$$

여기서, N : 최대방사구역의 모든 헤드 개수(단, 하나의 방사구역당 바닥면적 최대 $200m^2$까지만 적용)

q : N개의 헤드를 동시 개방한 경우의 표준방사량[ℓ/min]
(단, 홈워터 스프링클러헤드의 경우 : 75[ℓ/min])

T : 방사시간(10분)

(3) 포소화전방식(압축공기포소화설비 및 호스릴설비 포함)

〈적용〉 차고, 주차장

$$Q = N \times 6{,}000\ell$$

여기서, N : 호스접결구 수(최대 5개)

$6{,}000\ell = 300\ell/\text{min} \times 20\text{min}$

※ 단, 바닥면적이 $200m^2$ 미만인 건축물에 있어서는 위 산출된 양의 75%로 할 수 있다.

(4) 포모니터 노즐방식

〈적용〉 위험물저장탱크, 위험물제조소 등

$$Q = N \times q \times T$$

여기서, N : 노즐개수(최소 2개)

q : N개의 노즐 동시 사용시의 표준방사량 : 1,900[ℓ/min] 이상

T : 방사시간(30분)

2. 포소화약제량 계산

포소화약제량 = 수용액량 × 약제농도

3. 수원량 계산

수원량 = 수용액량 × (1 − 약제농도)

제1조 (목적)

이 기준은 「화재예방, 소방시설 설치 · 유지 및 안전관리에 관한 법률」 제9조제1항에 따라 소방청장에게 위임한 사항 중 물분무등소화설비인 포소화설비의 설치 · 유지 및 안전관리에 필요한 사항을 규정함을 목적으로 한다.

제2조 (적용범위)

「화재예방, 소방시설 설치 · 유지 및 안전관리에 관한 법률 시행령」(이하 "영"이라 한다) 별표 5 제1호바목에 따른 포소화설비는 이 기준에서 정하는 규정에 따라 설비를 설치하고 유지 · 관리하여야 한다.

제3조 (정의) <개정 2012.8.20, 2015.10.28>

이 기준에서 사용하는 용어의 정의는 다음과 같다.

1. "고가수조"란 구조물 또는 지형지물 등에 설치하여 자연낙차 압력으로 급수하는 수조를 말한다.
2. "압력수조"란 소화용수와 공기를 채우고 일정압력 이상으로 가압하여 그 압력으로 급수하는 수조를 말한다.
3. "충압펌프"란 배관내 압력손실에 따른 주펌프의 빈번한 기동을 방지하기 위하여 충압역할을 하는 펌프를 말한다.
4. "연성계"란 대기압 이상의 압력과 대기압 이하의 압력을 측정할 수 있는 계측기를 말한다
5. "진공계"란 대기압 이하의 압력을 측정하는 계측기를 말한다.
6. "정격토출량"이란 정격토출압력에서의 펌프의 토출량을 말한다.
7. "정격토출압력"이란 정격토출량에서의 펌프의 토출측 압력을 말한다.
8. "전역방출방식"이란 고정식 포 발생장치로 구성되어 포 수용액이 방호대상물 주위가 막혀진 공간이나 밀폐 공간 속으로 방출되도록 된 설비방식을 말한다.
9. "국소방출방식"이란 고정된 포 발생장치로 구성되어 화점이나 연소 유출물 위에 직접 포를 방출하도록 설치된 설비방식을 말한다.
10. "팽창비"란 최종 발생한 포 체적을 원래 포 수용액 체적으로 나눈 값을 말한다.
11. "개폐표시형밸브"란 밸브의 개폐여부를 외부에서 식별이 가능한 밸브를 말한다.
12. "기동용수압개폐장치"란 소화설비의 배관내 압력변동을 검지하여 자동적으로 펌프를 기동 및 정지시키는 것으로서 압력챔버 또는 기동용압력스위치 등을 말한다.
13. "포워터스프링클러설비"란 포워터스프링클러헤드를 사용하는 포소화설비를 말한다.
14. "포헤드설비"란 포헤드를 사용하는 포소화설비를 말한다.
15. "고정포방출설비"란 고정포방출구를 사용하는 설비를 말한다.
16. "호스릴포소화설비"란 호스릴포방수구 · 호스릴 및 이동식 포노즐을 사용하는 설비를 말한다.
17. "포소화전설비"란 포소화전방수구 · 호스 및 이동식포노즐을 사용하는 설비를 말한다.

18. “송액관”이란 수원으로부터 포헤드 · 고정포방출구 또는 이동식포노즐에 급수하는 배관을 말한다.
19. “급수배관”이란 수원 및 옥외송수구로부터 포소화설비의 헤드 또는 방출구에 급수하는 배관을 말한다.
19의2. “분기배관”이란 배관 측면에 구멍을 뚫어 둘 이상의 관로가 생기도록 가공한 배관으로서 확관형 분기배관과 비확관형 분기배관을 말한다. 〈신설 2021.12.16〉
19의3. “확관형 분기배관”이란 배관의 측면에 조그만 구멍을 뚫고 소성가공으로 확관시켜 배관 용접이음자리를 만들거나 배관 용접이음자리에 배관이음쇠를 용접이음한 배관을 말한다. 〈신설 2021.12.16〉
19의4. “비확관형 분기배관”이란 배관의 측면에 분기호칭내경 이상의 구멍을 뚫고 배관이음쇠를 용접이음한 배관을 말한다. 〈신설 2021.12.16〉
20. “펌프 푸로포셔너방식”이란 펌프의 토출관과 흡입관 사이의 배관도중에 설치한 흡입기에 펌프에서 토출된 물의 일부를 보내고, 농도 조정밸브에서 조정된 포 소화약제의 필요량을 포 소화약제 탱크에서 펌프 흡입측으로 보내어 이를 혼합하는 방식을 말한다.
21. “프레져 푸로포셔너방식”이란 펌프와 발포기의 중간에 설치된 벤추리관의 벤추리작용과 펌프 가압수의 포 소화약제 저장탱크에 대한 압력에 따라 포 소화약제를 흡입 · 혼합하는 방식을 말한다.
22. “라인 푸로포셔너방식”이란 펌프와 발포기의 중간에 설치된 벤추리관의 벤추리작용에 따라 포 소화약제를 흡입 · 혼합하는 방식을 말한다.
23. “프레져사이드 푸로포셔너방식”이란 펌프의 토출관에 압입기를 설치하여 포 소화약제 압입용펌프로 포 소화약제를 압입시켜 혼합하는 방식을 말한다.
24. “가압수조”란 가압원인 압축공기 또는 불연성 고압기체에 따라 소방용수를 가압시키는 수조를 말한다.
25. “압축공기포소화설비”란 압축공기 또는 압축질소를 일정비율로 포수용액에 강제 주입 혼합하는 방식을 말한다. 〈신설 2015.10.28〉

제4조 (종류 및 적응성)

특정소방대상물에 따라 적응하는 포소화설비는 다음 각 호와 같다. 〈개정 2012.8.20〉

1. 「소방기본법 시행령」 별표 2의 특수가연물을 저장 · 취급하는 공장 또는 창고 : 포워터스프링클러설비 · 포헤드설비 또는 고정포방출설비, 압축공기포소화설비 〈개정 2015.10.28〉
2. 차고 또는 주차장 : 포워터스프링클러설비 · 포헤드설비 또는 고정포방출설비, 압축공기포소화설비. 다만, 다음 각 목의 어느 하나에 해당하는 차고 · 주차장의 부분에는 호스릴포소화설비 또는 포소화전설비를 설치할 수 있다.〈개정 2015.10.28〉 관리사 15회
   가. 완전 개방된 옥상주차장 또는 고가 밑의 주차장 등으로서 주된 벽이 없고 기둥뿐이

거나 주위가 위해방지용 철주 등으로 둘러쌓인 부분

나. 삭제 〈2019.8.13〉

다. 지상 1층으로서 지붕이 없는 부분 〈개정 2019.8.13〉

라. 삭제 〈2019.8.13〉

3. 항공기격납고 : 포워터스프링클러설비 · 포헤드설비 또는 고정포방출설비, 압축공기포소화설비. 다만, 바닥면적의 합계가 1,000m² 이상이고 항공기의 격납위치가 한정되어 있는 경우에는 그 한정된 장소외의 부분에 대하여는 호스릴포소화설비를 설치할 수 있다. 〈개정 2015.10.28〉
4. 발전기실, 엔진펌프실, 변압기, 전기케이블실, 유압설비 : 바닥면적의 합계가 300m² 미만의 장소에는 고정식 압축공기포소화설비를 설치 할 수 있다. 〈신설 2015.10.28〉

제5조 (수원)

① 포소화설비의 수원은 그 저수량이 특정소방대상물에 따라 다음 각 호의 기준에 적합하도록 하여야 한다. 〈개정 2012.8.20〉

1. 「소방기본법 시행령」 별표 2의 특수가연물을 저장 · 취급하는 공장 또는 창고 : 포워터스프링클러설비 또는 포헤드설비의 경우에는 포워터스프링클러헤드 또는 포헤드(이하 "포헤드"라 한다)가 가장 많이 설치된 층의 포헤드(바닥면적이 200m²를 초과한 층은 바닥면적 200m² 이내에 설치된 포헤드를 말한다)에서 동시에 표준방사량으로 10분간 방사할 수 있는 양 이상으로, 고정포방출설비의 경우에는 고정포방출구가 가장 많이 설치된 방호구역안의 고정포방출구에서 표준방사량으로 10분간 방사할 수 있는 양 이상으로 한다. 이 경우 하나의 공장 또는 창고에 포워터스프링클러설비 · 포헤드설비 또는 고정포방출설비가 함께 설치된 때에는 각 설비별로 산출된 저수량중 최대의 것을 그 특정소방대상물에 설치하여야 할 수원의 양으로 한다. 〈개정 2012.8.20〉
2. 차고 또는 주차장 : 호스릴포소화설비 또는 포소화전설비의 경우에는 방수구가 가장 많은 층의 설치개수(호스릴포방수구 또는 포소화전방수구가 5개 이상 설치된 경우에는 5개)에 6m³를 곱한 양 이상으로 포워터스프링클러설비 · 포헤드설비 또는 고정포방출설비의 경우에는 제1호의 기준을 준용한다. 이 경우 하나의 차고 또는 주차장에 호스릴포소화설비 · 포소화전설비 · 포워터스프링클러설비 · 포헤드설비 또는 고정포방출설비가 함께 설치된 때에는 각 설비별로 산출된 저수량중 최대의 것을 그 차고 또는 주차장에 설치하여야 할 수원의 양으로 한다.
3. 항공기격납고 : 포워터스프링클러설비 · 포헤드설비 또는 고정포방출설비의 경우에는 포헤드 또는 고정포방출구가 가장 많이 설치된 항공기격납고의 포헤드 또는 고정포방출구에서 동시에 표준방사량으로 10분간 방사할 수 있는 양 이상으로 하되, 호스릴포소화설비를 함께 설치한 경우에는 호스릴포방수구가 가장 많이 설치된 격납고의 호스릴방수구수(호스릴포방수구가 5개 이상 설치된 경우에는 5개)에 6m³를 곱한 양을 합한 양 이상으로 하여야 한다.

4. 압축공기포소화설비를 설치하는 경우 방수량은 설계 사양에 따라 방호구역에 최소 10분간 방사할수 있어야 한다. 〈신설 2015.10.28〉
5. 압축공기포소화설비의 설계방출밀도(L/min · m^2)는 설계사양에 따라 정하여야 하며 일반가연물, 탄화수소류는 1.63L/min · m^2 이상, 특수가연물, 알코올류와 케톤류는 2.3L/min · m^2 이상으로 하여야 한다. 〈신설 2015.10.28〉

② 포소화설비의 수원을 수조로 설치하는 경우에는 소방설비의 전용수조로 하여야 한다. 다만, 다음 각 호의 어느 하나에 해당하는 경우에는 그러하지 아니하다. 〈개정 2012.8.20〉
1. 포소화설비 펌프의 후드밸브 또는 흡수배관의 흡수구(수직회전축펌프의 흡수구를 포함한다. 이하 같다)를 다른 설비(소방용설비 외의 것을 말한다. 이하 같다)의 후드밸브 또는 흡수구보다 낮은 위치에 설치한 때
2. 제6조제2항에 따라 고가수조로부터 포소화설비의 수직배관에 물을 공급하는 급수구를 다른 설비의 급수구보다 낮은 위치에 설치한 때 〈개정 2012.8.20〉

③ 제1항에 따른 저수량을 산정함에 있어서 다른 설비와 겸용하여 포소화설비용 수조를 설치하는 경우에는 포소화설비의 후드밸브 · 흡수구 또는 수직배관의 급수구와의 다른 설비의 후드밸브 · 흡수구 또는 수직배관의 급수구와의 사이의 수량을 그 유효수량으로 한다. 〈개정 2012.8.20〉

④ 포소화설비용 수조는 다음 각 호의 기준에 따라 설치하여야 한다. 〈개정 2012.8.20〉
1. 점검에 편리한 곳에 설치할 것
2. 동결방지조치를 하거나 동결의 우려가 없는 장소에 설치할 것
3. 수조의 외측에 수위계를 설치할 것. 다만, 구조상 불가피한 경우에는 수조의 맨홀 등을 통하여 수조 안의 물의 양을 쉽게 확인할 수 있도록 하여야 한다.
4. 수조의 상단이 바닥보다 높은 때에는 수조의 외측에 고정식 사다리를 설치할 것
5. 수조가 실내에 설치된 때에는 그 실내에 조명설비를 설치할 것
6. 수조의 밑 부분에는 청소용 배수밸브 또는 배수관을 설치할 것
7. 수조의 외측의 보기 쉬운 곳에 "포소화설비용 수조"라고 표시한 표지를 할 것. 이 경우 그 수조를 다른 설비와 겸용하는 때에는 그 겸용되는 설비의 이름을 표시한 표지를 함께 하여야 한다.
8. 포소화설비 펌프의 흡수배관 또는 포소화설비의 수직배관과 수조의 접속부분에는 "포소화설비용 배관"이라고 표시한 표지를 할 것. 다만, 수조와 가까운 장소에 포소화설비 펌프가 설치되고 포소화설비 펌프에 제6조제1항제14호에 따른 표지를 설치한 때에는 그러하지 아니하다. 〈개정 2012.8.20〉

제6조 (가압송수장치)

① 전동기 또는 내연기관에 따른 펌프를 이용하는 가압송수장치는 다음 각 호의 기준에 따라 설치하여야 한다. 다만, 가압송수장치의 주펌프는 전동기에 따른 펌프를 설치하여야 한다.
1. 쉽게 접근할 수 있고 점검하기에 충분한 공간이 있는 장소로서 화재 및 침수 등의 재해

로 인한 피해를 받을 우려가 없는 곳에 설치할 것

2. 동결방지조치를 하거나 동결의 우려가 없는 장소에 설치 하여야 한다. 다만, 보온재를 사용할 경우에는 난연재료 성능이상의 것으로 하여야 한다. 〈단서신설 2015.10.28〉
3. 소화약제가 변질될 우려가 없는 곳에 설치할 것
4. 펌프의 토출량은 포헤드 · 고정포방출구 또는 이동식 포노즐의 설계압력 또는 노즐의 방사압력의 허용범위 안에서 포수용액을 방출 또는 방사할 수 있는 양 이상이 되도록 할 것
5. 펌프는 전용으로 할 것. 다만, 다른 소화설비와 겸용하는 경우 각각의 소화설비의 성능에 지장이 없을 때에는 그러하지 아니하다.
6. 펌프의 양정은 다음의 식에 따라 산출한 수치 이상이 되도록 할 것

$$H = h_1 + h_2 + h_3 + h_4$$

여기서, H : 펌프의 양정(m)

h_1 : 방출구의 설계압력 환산수두 또는 노즐 선단의 방사압력 환산수두(m)

h_2 : 배관의 마찰손실 수두(m)

h_3 : 낙차(m)

h_4 : 소방용 호스의 마찰손실수두(m)

7. 펌프의 토출측에는 압력계를 체크밸브 이전에 펌프토출측 플랜지에서 가까운 곳에 설치하고, 흡입측에는 연성계 또는 진공계를 설치할 것. 다만, 수원의 수위가 펌프의 위치보다 높거나 수직 회전축 펌프의 경우에는 연성계 또는 진공계를 설치하지 아니할 수 있다.
8. 가압송수장치에는 정격부하운전 시 펌프의 성능을 시험하기 위한 배관을 설치할 것. 다만, 충압펌프의 경우에는 그러하지 아니하다
9. 가압송수장치에는 체절운전 시 수온의 상승을 방지하기 위한 순환배관을 설치할 것. 다만, 충압펌프의 경우에는 그러하지 아니하다.
10. 기동용수압개폐장치(압력챔버)를 사용할 경우 그 용적은 100ℓ 이상의 것으로 할 것
11. 수원의 수위가 펌프보다 낮은 위치에 있는 가압송수장치에는 다음 각 목의 기준에 따른 물올림장치를 설치할 것 〈개정 2012.8.20〉
    가. 물올림장치에는 전용의 수조를 설치할 것
    나. 수조의 유효수량은 100ℓ 이상으로 하되, 구경 15mm 이상의 급수배관에 따라 해당 수조에 물이 계속 보급되도록 할 것 〈개정 2012.8.20〉
12. 기동용수압개폐장치를 기동장치로 사용하는 경우에는 다음 각 목의 기준에 따른 충압펌프를 설치할 것. 다만, 호스릴포소화설비 또는 포소화전설비를 설치한 경우 소화용 급수펌프로 상시충압이 가능하고 1개의 호스릴포방수구 또는 포소화전방수구를 개방할 때에 급수펌프가 정지되는 시간 없이 지속적으로 작동될 수 있고 다음 가목의 성능을 갖춘 경우에는 충압펌프를 별도로 설치하지 아니할 수 있다. 〈개정 2012.8.20〉

가. 펌프의 토출압력은 그 설비의 최고위 일제개방밸브 · 포소화전 또는 호스릴포방수구의 자연압 보다 적어도 0.2MPa이 더 크도록 하거나 가압송수장치의 정격토출압력과 같게 할 것

나. 펌프의 정격토출량은 정상적인 누설량보다 적어서는 아니 되며, 포소화설비가 자동적으로 작동할 수 있도록 충분한 토출량을 유지할 것

13. 내연기관을 사용하는 경우에는 제어반에 따라 내연기관의 자동기동 및 수동기동이 가능하고, 상시 충전되어 있는 축전지설비를 갖출 것

14. 가압송수장치에는 "포소화설비펌프"라고 표시한 표지를 할 것. 이 경우 그 가압송수장치를 다른 설비와 겸용하는 때에는 그 겸용되는 설비의 이름을 표시한 표지를 함께 하여야 한다.

15. 가압송수장치가 기동이 된 경우에는 자동으로 정지되지 아니하도록 하여야 한다. 다만, 충압펌프의 경우에는 그러하지 아니하다.

16. 압축공기포소화설비에 설치되는 펌프의 양정은 0.4MPa 이상이 되어야 한다. 다만, 자동으로 급수되는 급수장치를 설치한 때에는 전용펌프를 설치하지 아니할 수 있다. 〈신설 2015.10.28〉

17. 가압송수장치는 부식 등으로 인한 펌프의 고착을 방지할 수 있도록 다음 각 목의 기준에 적합한 것으로 할 것. 다만, 충압펌프는 제외한다. 〈신설 2021.8.5〉

가. 임펠러는 청동 또는 스테인리스 등 부식에 강한 재질을 사용할 것

나. 펌프축은 스테인리스 등 부식에 강한 재질을 사용할 것

② 고가수조의 자연낙차를 이용한 가압송수장치는 다음 각 호의 기준에 따라 설치하여야 한다. 〈개정 2012.8.20〉

1. 고가수조의 자연낙차수두(수조의 하단으로부터 최고층에 설치된 포헤드까지의 수직거리를 말한다)는 다음의 식에 따라 산출한 수치 이상이 되도록 할 것

$$H = h_1 + h_2 + h_3$$

여기서, H : 필요한 낙차(m)

h_1 : 방출구의 설계압력 환산수두 또는 노즐 선단의 방사압력 환산수두(m)

h_2 : 배관의 마찰손실 수두(m)

h_3 : 소방용 호스의 마찰손실수두(m)

2. 고가수조에는 수위계 · 배수관 · 급수관 · 오버플로우관 및 맨홀을 설치할 것

③ 압력수조를 이용한 가압송수장치는 다음 각 호의 기준에 따라 설치하여야 한다. 〈개정 2012.8.20〉

1. 압력수조의 압력은 다음의 식에 따라 산출한 수치 이상이 되도록 할 것

$$P = p_1 + p_2 + p_3 + p_4$$

여기서, P : 필요한 압력(MPa)

p_1 : 방출구의 설계압력 또는 노즐선단의 방사압력(MPa)

p_2 : 배관의 마찰손실 수두압(MPa)

p_3 : 낙차의 환산수두압(MPa)

p_4 : 소방용호스의 마찰손실수두압(MPa)

2. 압력수조에는 수위계 · 급수관 · 배수관 · 급기관 · 맨홀 · 압력계 · 안전장치 및 압력저하방지를 위한 자동식 공기압축기를 설치할 것

④ 가압송수장치에는 포헤드 · 고정포방출구 또는 이동식 포노즐의 방사압력이 설계압력 또는 방사압력의 허용범위를 넘지 아니하도록 감압장치를 설치하여야 한다.

⑤ 가압송수장치는 다음 표에 따른 표준방사량을 방사할 수 있도록 하여야 한다.

구 분	표 준 방 사 량
포워터스프링클러헤드	75ℓ/min 이상
포헤드 · 고정포방출구 또는 이동식포노즐 · 압축공기포헤드 <추가 2015.10.28>	각 포헤드 · 고정포방출구 또는 이동식포노즐의 설계압력에 따라 방출되는 소화약제의 양

⑥ 가압수조를 이용한 가압송수장치는 다음 각 호의 기준에 따라 설치하여야 한다. 〈신설 2008.12.15, 개정 2012.8.20〉

1. 가압수조의 압력은 제5항에 따른 방수량 및 방수압이 20분 이상 유지되도록 할 것 〈개정 2012.8.20〉
2. 삭제 〈2015.1.23〉
3. 가압수조 및 가압원은 「건축법 시행령」 제46조에 따른 방화구획 된 장소에 설치 할 것
4. 삭제 〈2015.1.23〉
5. 소방청장이 정하여 고시한 「가압수조식 가압송수장치의 성능인증 및 제품검사의 기술기준」에 적합한 것으로 설치할 것 〈개정 2012.8.20, 2015.1.23〉

제7조 (배관 등)

① 배관은 배관용탄소강관(KS D 3507) 또는 배관 내 사용압력이 1.2MPa 이상일 경우에는 압력배관용탄소강관(KS D 3562) 또는 이음매 없는 동 및 동합금(KS D5301)의 배관용동관이거나 이와 동등 이상의 강도 · 내식성 및 내열성을 가진 것으로 하여야 한다. 다만, 다음 각 호의 어느 하나에 해당하는 장소에는 법 제39조에 따라 제품검사에 합격한 소방용 합성수지배관으로 설치할 수 있다. 〈개정 2008.12.15, 2012.8.20〉

1. 배관을 지하에 매설하는 경우
2. 다른 부분과 내화구조로 구획된 덕트 또는 피트의 내부에 설치하는 경우
3. 천장(상층이 있는 경우에는 상층바닥의 하단을 포함한다. 이하 같다)과 반자를 불연재료 또는 준불연재료로 설치하고 그 내부에 습식으로 배관을 설치하는 경우

② 송액관은 포의 방출 종료 후 배관안의 액을 배출하기 위하여 적당한 기울기를 유지하도록

하고 그 낮은 부분에 배액밸브를 설치하여야 한다.

③ 포워터스프링클러설비 또는 포헤드설비의 가지배관의 배열은 토너먼트방식이 아니어야 하며, 교차배관에서 분기하는 지점을 기점으로 한쪽 가지배관에 설치하는 헤드의 수는 8개 이하로 한다.

④ 송액관은 전용으로 하여야 한다. 다만, 포소화전의 기동장치의 조작과 동시에 다른 설비의 용도에 사용하는 배관의 송수를 차단할 수 있거나, 포소화설비의 성능에 지장이 없는 경우에는 다른 설비와 겸용할 수 있다.

⑤ 펌프의 흡입측배관은 다음 각 호의 기준에 따라 설치하여야 한다. 〈개정 2012.8.20〉

1. 공기고임이 생기지 아니하는 구조로 하고 여과장치를 설치할 것
2. 수조가 펌프보다 낮게 설치된 경우에는 각 펌프(충압펌프를 포함한다)마다 수조로부터 별도로 설치할 것 〈개정 2012.8.20〉

⑥ 연결송수관설비의 배관과 겸용할 경우의 주배관은 구경 100mm 이상, 방수구로 연결되는 배관의 구경은 65mm 이상의 것으로 하여야 한다.

⑦ 펌프의 성능은 체절운전시 정격토출압력의 140%를 초과하지 아니하고, 정격토출량의 150%로 운전시 정격토출압력의 65% 이상이 되어야 하며, 펌프의 성능시험배관은 다음 각 호의 기준에 적합하여야 한다. 〈개정 2012.8.20〉

1. 성능시험배관은 펌프의 토출측에 설치된 개폐밸브 이전에서 분기하여 설치하고, 유량측정장치를 기준으로 전단 직관부에 개폐밸브를 후단 직관부에는 유량조절밸브를 설치할 것 관리사 19회
2. 유량측정장치는 성능시험배관의 직관부에 설치하되, 펌프의 정격토출량의 175% 이상 측정할 수 있는 성능이 있을 것 관리사 19회

⑧ 가압송수장치의 체절운전시 수온의 상승을 방지하기 위하여 체크밸브와 펌프사이에서 분기한 구경 20mm 이상의 배관에 체절압력 미만에서 개방되는 릴리프밸브를 설치하여야 한다.

⑨ 동결방지조치를 하거나 동결의 우려가 없는 장소에 설치하여야 한다. 다만, 보온재를 사용할 경우에는 난연재료 성능 이상의 것으로 하여야 한다. 〈개정 2015.1.23〉

⑩ 급수배관에 설치되어 급수를 차단할 수 있는 개폐밸브(포헤드 · 고정포방출구 또는 이동식포노즐은 제외한다)는 개폐표시형으로 하여야 한다. 이 경우 펌프의 흡입측배관에는 버터플라이밸브외의 개폐표시형밸브를 설치하여야 한다.

⑪ 제10항의 개폐밸브에는 그 밸브의 개폐상태를 감시제어반에서 확인할 수 있는 급수개폐밸브 작동표시 스위치를 다음 각 호의 기준에 따라 설치하여야 한다. 〈개정 2012.8.20〉

1. 급수개폐밸브가 잠길 경우 탬퍼스위치의 동작으로 인하여 감시제어반 또는 수신기에 표시 되어야 하며 경보음을 발할 것
2. 탬퍼스위치는 감시제어반에서 동작의 유무확인과 동작시험, 도통시험을 할 수 있을 것
3. 급수개폐밸브의 작동표시 스위치에 사용되는 전기배선은 내화전선 또는 내열전선으로 설치할 것

⑫ 배관은 다른 설비의 배관과 쉽게 구분이 될 수 있는 위치에 설치하거나 그 배관표면 또는

배관 보온재표면의 색상은 적색 등으로 소방용 설비의 배관임을 표시하여야 한다.

⑬ 포소화설비에는 소방차로부터 그 설비에 송수할 수 있는 송수구를 다음 각 호의 기준에 따라 설치하여야 한다. 〈개정 2012.8.20〉

1. 송수구는 화재층으로부터 지면으로 떨어지는 유리창 등이 송수 및 그 밖의 소화작업에 지장을 주지 아니하는 장소에 설치할 것
2. 송수구로부터 포소화설비의 주배관에 이르는 연결배관에 개폐밸브를 설치한 때에는 그 개폐상태를 쉽게 확인 및 조작할 수 있는 옥외 또는 기계실 등의 장소에 설치할 것
3. 구경 65mm의 쌍구형으로 할 것
4. 송수구에는 그 가까운 곳의 보기 쉬운 곳에 송수압력범위를 표시한 표지를 할 것
5. 포소화설비의 송수구는 하나의 층의 바닥면적이 3,000m^{2}를 넘을 때마다 1개 이상을 설치할 것(5개를 넘을 경우에는 5개로 한다)
6. 지면으로부터 높이가 0.5m 이상 1m 이하의 위치에 설치할 것
7. 송수구의 가까운 부분에 자동배수밸브(또는 직경 5mm의 배수공) 및 체크밸브를 설치할 것. 이 경우 자동배수밸브는 배관안의 물이 잘 빠질 수 있는 위치에 설치하되, 배수로 인하여 다른 물건 또는 장소에 피해를 주지 아니하여야 한다.
8. 송수구에는 이물질을 막기 위한 마개를 씌울 것
9. 압축공기포소화설비를 스프링클러 보조설비로 설치하거나 압축공기포 소화설비에 자동으로 급수되는 장치를 설치한때에는 송수구 설치를 아니할 수 있다. 〈신설 2015.10.28〉

⑭ 압축공기포소화설비의 배관은 토너먼트방식으로 하여야 하고 소화약제가 균일하게 방출되는 등거리 배관구조로 설치하여야 한다. 〈신설 2015.10.28〉

⑮ 확관형 분기배관을 사용할 경우에는 소방청장이 정하여 고시한 「분기배관의 성능인증 및 제품검사의 기술기준」에 적합한 것으로 설치하여야 한다. 〈개정 2021.12.16〉

제8조 (저장탱크 등)

① 포 소화약제의 저장탱크(용기를 포함한다. 이하 같다)는 다음 각 호의 기준에 따라 설치하고 제9조에 따른 혼합장치와 배관 등으로 연결하여 두어야 한다. 〈개정 2012.8.20〉

1. 화재 등의 재해로 인한 피해를 받을 우려가 없는 장소에 설치할 것
2. 기온의 변동으로 포의 발생에 장애를 주지 아니하는 장소에 설치할 것. 다만, 기온의 변동에 영향을 받지 아니하는 포 소화약제의 경우에는 그러하지 아니하다.
3. 포 소화약제가 변질될 우려가 없고 점검에 편리한 장소에 설치할 것
4. 가압송수장치 또는 포 소화약제 혼합장치의 기동에 따라 압력이 가해지는 것 또는 상시 가압된 상태로 사용되는 것은 압력계를 설치할 것 〈개정 2012.8.20〉
5. 포 소화약제 저장량의 확인이 쉽도록 액면계 또는 계량봉 등을 설치할 것
6. 가압식이 아닌 저장탱크는 그라스게이지를 설치하여 액량을 측정할 수 있는 구조로 할 것

② 포 소화약제의 저장량은 다음 각 호의 기준에 따른다. 〈개정 2012.8.20〉

NFSC 105 포소화설비

1. 고정포방출구 방식은 다음 각 목의 양을 합한 양 이상으로 할 것 〈개정 2012.8.20〉
   가. 고정포방출구에서 방출하기 위하여 필요한 양

$$Q = A \times Q_1 \times T \times S$$

여기서, Q : 포 소화약제의 양(ℓ)
A : 탱크의 액표면적(m^2)
Q_1 : 단위 포소화수용액의 양($\ell/m^2 \cdot min$)
T : 방출시간(min)
S : 포 소화약제의 사용농도(%)

   나. 보조 소화전에서 방출하기 위하여 필요한 양

$$Q = N \times S \times 8{,}000\,\ell$$

여기서, Q : 포 소화약제의 양(ℓ)
N : 호스 접결구수(3개 이상인 경우는 3)
S : 포 소화약제의 사용농도(%)

   다. 가장 먼 탱크까지의 송액관(내경 75mm 이하의 송액관을 제외한다)에 충전하기 위하여 필요한 양
2. 옥내포소화전방식 또는 호스릴방식에 있어서는 다음의 식에 따라 산출한 양 이상으로 할 것. 다만, 바닥면적이 200m^2 미만인 건축물에 있어서는 그 75%로 할 수 있다.

$$Q = N \times S \times 6{,}000\,\ell$$

여기서, Q : 포 소화약제의 양(ℓ)
N : 호스 접결구수(5개 이상인 경우는 5)
S : 포 소화약제의 사용농도(%)

3. 포헤드방식 및 압축공기포소화설비에 있어서는 하나의 방사구역안에 설치된 포헤드를 동시에 개방하여 표준방사량으로 10분간 방사할 수 있는 양 이상으로 할 것 〈개정 2015.10.28〉

제9조 (혼합장치) 관리사 1회 · 7회

포 소화약제의 혼합장치는 포 소화약제의 사용농도에 적합한 수용액으로 혼합할 수 있도록 다음 각 호의 어느 하나에 해당하는 방식에 따르되, 법 제39조에 따라 제품검사에 합격한 것으로 설치하여야 한다. 〈개정 2012.8.20〉

1. 펌프 푸로포셔너방식
2. 프레져 푸로포셔너방식
3. 라인 푸로포셔너방식
4. 프레져 사이드 푸로포셔너방식
5. 압축공기포 믹싱챔버방식 〈신설 2015.10.28〉

제10조 (개방밸브)

포소화설비의 개방밸브는 다음 각 호의 기준에 따라 설치하여야 한다. 〈개정 2012.8.20〉

1. 자동 개방밸브는 화재감지장치의 작동에 따라 자동으로 개방되는 것으로 할 것
2. 수동식 개방밸브는 화재 시 쉽게 접근할 수 있는 곳에 설치할 것

제11조 (기동장치)

① 포소화설비의 수동식 기동장치는 다음 각 호의 기준에 따라 설치하여야 한다. 〈개정 2012.8.20〉

1. 직접조작 또는 원격조작에 따라 가압송수장치 · 수동식개방밸브 및 소화약제 혼합장치를 기동할 수 있는 것으로 할 것
2. 2 이상의 방사구역을 가진 포소화설비에는 방사구역을 선택할 수 있는 구조로 할 것
3. 기동장치의 조작부는 화재 시 쉽게 접근할 수 있는 곳에 설치하되, 바닥으로부터 0.8m 이상 1.5m 이하의 위치에 설치하고, 유효한 보호장치를 설치할 것
4. 기동장치의 조작부 및 호스 접결구에는 가까운 곳의 보기 쉬운 곳에 각각 "기동장치의 조작부" 및 "접결구"라고 표시한 표지를 설치할 것
5. 차고 또는 주차장에 설치하는 포소화설비의 수동식 기동장치는 방사구역마다 1개 이상 설치할 것
6. 항공기격납고에 설치하는 포소화설비의 수동식 기동장치는 각 방사구역마다 2개 이상을 설치하되, 그 중 1개는 각 방사구역으로부터 가장 가까운 곳 또는 조작에 편리한 장소에 설치하고, 1개는 화재감지수신기를 설치한 감시실 등에 설치할 것

② 포소화설비의 자동식 기동장치는 자동화재탐지설비의 감지기의 작동 또는 폐쇄형스프링클러헤드의 개방과 연동하여 가압송수장치 · 일제개방밸브 및 포 소화약제 혼합장치를 기동시킬 수 있도록 다음 각 호의 기준에 따라 설치하여야 한다. 다만, 자동화재탐지설비의 수신기가 설치된 장소에 상시 사람이 근무하고 있고, 화재시 즉시 해당 조작부를 작동시킬 수 있는 경우에는 그러하지 아니하다. 〈개정 2012.8.20〉

1. 폐쇄형스프링클러헤드를 사용하는 경우에는 다음 각 목의 기준에 따를 것 〈개정 2012.8.20〉
   가. 표시온도가 79℃ 미만인 것을 사용하고, 1개의 스프링클러헤드의 경계면적은 $20m^2$ 이하로 할 것
   나. 부착면의 높이는 바닥으로부터 5m 이하로 하고, 화재를 유효하게 감지할 수 있도록 할 것
   다. 하나의 감지장치 경계구역은 하나의 층이 되도록 할 것
2. 화재감지기를 사용하는 경우에는 다음 각 목의 기준에 따를 것 〈개정 2012.8.20〉
   가. 화재감지기는 「자동화재탐지설비의 화재안전기준(NFSC 203)」 제7조의 기준에 따라 설치할 것 〈개정 2012.8.20〉
   나. 화재감지기 회로에는 다음 각 세목의 기준에 따른 발신기를 설치할 것 〈개정 2012.8.20〉

(1) 조작이 쉬운 장소에 설치하고, 스위치는 바닥으로부터 0.8m 이상 1.5m 이하의 높이에 설치할 것

(2) 특정소방대상물의 층마다 설치하되, 해당 특정소방대상물의 각 부분으로부터 수평거리가 25m 이하가 되도록 할 것. 다만, 복도 또는 별도로 구획된 실로서 보행거리가 40m 이상일 경우에는 추가로 설치하여야 한다. 〈개정 2012.8.20〉

(3) 발신기의 위치를 표시하는 표시등은 함의 상부에 설치하되, 그 불빛은 부착 면으로부터 15° 이상의 범위 안에서 부착지점으로부터 10m 이내의 어느 곳에서도 쉽게 식별할 수 있는 적색등으로 할 것

3. 동결우려가 있는 장소의 포소화설비의 자동식 기동장치는 자동화재탐지설비와 연동으로 할 것

③ 포소화설비의 기동장치에 설치하는 자동경보장치는 다음 각 호의 기준에 따라 설치하여야 한다. 다만, 자동화재탐지설비에 따라 경보를 발할 수 있는 경우에는 음향경보장치를 설치하지 아니할 수 있다. 〈개정 2012.8.20〉 관리사 15회

1. 방사구역마다 일제개방밸브와 그 일제개방밸브의 작동여부를 발신하는 발신부를 설치할 것. 이 경우 각 일제개방밸브에 설치되는 발신부 대신 1개층에 1개의 유수검지장치를 설치할 수 있다.
2. 상시 사람이 근무하고 있는 장소에 수신기를 설치하되, 수신기에는 폐쇄형스프링클러헤드의 개방 또는 감지기의 작동여부를 알 수 있는 표시장치를 설치할 것
3. 하나의 소방대상물에 2 이상의 수신기를 설치하는 경우에는 수신기가 설치된 장소 상호간에 동시 통화가 가능한 설비를 할 것

제12조 (포헤드 및 고정포방출구)

① 포헤드 및 고정포방출구는 포의 팽창비율에 따라 다음 표에 따른 것으로 하여야 한다.

팽창비율에 따른 포의 종류	포방출구의 종류
팽창비가 20 이하인 것(저발포)	포헤드, 압축공기포헤드
팽창비가 80 이상 1,000 미만인 것(고발포)	고발포용 고정포방출구

② 포헤드는 다음 각 호의 기준에 따라 설치하여야 한다. 〈개정 2012.8.20〉

1. 포워터스프링클러헤드는 특정소방대상물의 천장 또는 반자에 설치하되, 바닥면적 $8m^2$마다 1개 이상으로 하여 해당 방호대상물의 화재를 유효하게 소화할 수 있도록 할 것
2. 포헤드는 특정소방대상물의 천장 또는 반자에 설치하되, 바닥면적 $9m^2$마다 1개 이상으로 하여 해당 방호대상물의 화재를 유효하게 소화할 수 있도록 할 것 〈개정 2012.8.20〉
3. 포헤드는 특정소방대상물별로 그에 사용되는 포 소화약제에 따라 1분당 방사량이 다음 표에 따른 양 이상이 되는 것으로 할 것 〈개정 2012.8.20〉

소 방 대 상 물	포 소화약제의 종류	바닥면적1㎡ 당 방사량
차고 · 주차장 및 항공기격납고	단백포 소화약제	6.5ℓ 이상
	합성계면활성제포 소화약제	8.0ℓ 이상
	수성막포 소화약제	3.7ℓ 이상
소방기본법시행령 별표 2의 특수가연물을 저장 · 취급하는 소방대상물	단백포 소화약제	6.5ℓ 이상
	합성계면활성제포 소화약제	6.5ℓ 이상
	수성막포 소화약제	6.5ℓ 이상

4. 특정소방대상물의 보가 있는 부분의 포헤드는 다음 표의 기준에 따라 설치할 것

포헤드와 보의 하단의 수직거리	포헤드와 보의 수평거리
0	0.75m 미만
0.1m 미만	0.75m 이상 1m 미만
0.1m 이상 0.15m 미만	1m 이상 1.5m 미만
0.15m 이상 0.30m 미만	1.5m 이상

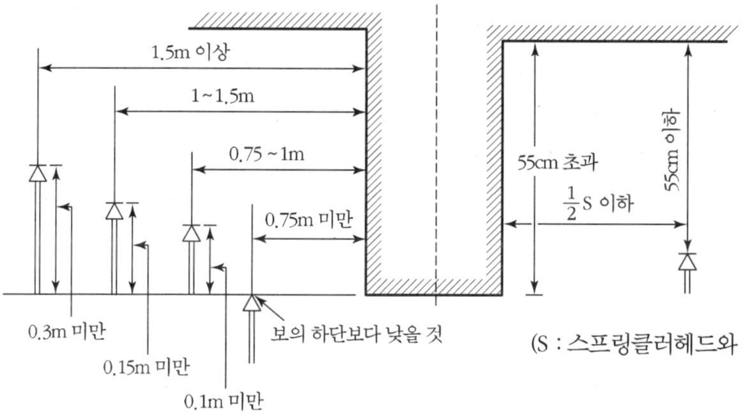

※ 보의 높이가 55cm 초과하고 보의 하단측면 끝부분에서 헤드까지의 거리가 $\frac{1}{2}$S 이하인 경우에는 천장면에서 헤드반사판까지의 거리를 55cm 이내로 할 수 있다.

(S : 스프링클러헤드와 헤드 간의 거리)

5. 포헤드 상호간에는 다음 각 목의 기준에 따른 거리를 두도록 할 것 〈개정 2012.8.20〉

가. 정방형으로 배치한 경우에는 다음의 식에 따라 산정한 수치 이하가 되도록 할 것

$$S = 2r \times \cos 45°$$

여기서, S : 포헤드 상호 간의 거리(m)

r : 유효반경(2.1m)

나. 장방형으로 배치한 경우에는 그 대각선의 길이가 다음의 식에 따라 산정한 수치 이하가 되도록 할 것

$pt = 2r$

여기서, pt : 대각선의 길이(m)

r : 유효반경(2.1m)

6. 포헤드와 벽 방호구역의 경계선과는 제5호에 따른 거리의 2분의 1 이하의 거리를 둘 것 〈개정 2012.8.20〉
7. 압축공기포소화설비의 분사헤드는 천장 또는 반자에 설치하되 방호대상물에 따라 측벽에 설치할 수 있으며 유류탱크주위에는 바닥면적 13.9m^2마다 1개 이상, 특수가연물저장소에는 바닥면적 9.3m^2마다 1개 이상으로 당해 방호대상물의 화재를 유효하게 소화할 수 있도록 할 것 〈신설 2015.10.28〉

방호대상물	방호면적 1㎡에 대한 1분당 방출량
특수가연물	2.3L
기타의 것	1.63L

③ 차고 · 주차장에 설치하는 호스릴포소화설비 또는 포소화전설비는 다음 각 호의 기준에 따라야 한다. 〈개정 2012.8.20〉

1. 특정소방대상물의 어느 층에 있어서도 그 층에 설치된 호스릴포방수구 또는 포소화전방수구(호스릴포방수구 또는 포소화전방수구가 5개 이상 설치된 경우에는 5개)를 동시에 사용할 경우 각 이동식 포노즐 선단의 포수용액 방사압력이 0.35MPa 이상이고 300ℓ/min 이상(1개층의 바닥면적이 200m^2 이하인 경우에는 230ℓ/min 이상)의 포수용액을 수평거리 15m 이상으로 방사할 수 있도록 할 것 〈개정 2012.8.20〉
2. 저발포의 포소화약제를 사용할 수 있는 것으로 할 것
3. 호스릴 또는 호스를 호스릴포방수구 또는 포소화전방수구로부터 분리하여 비치하는 때에는 그로부터 3m 이내의 거리에 호스릴함 또는 호스함을 설치할 것
4. 호스릴함 또는 호스함은 바닥으로부터 높이 1.5m 이하의 위치에 설치하고 그 표면에는 "포호스릴함(또는 포소화전함)"이라고 표시한 표지와 적색의 위치표시등을 설치할 것
5. 방호대상물의 각 부분으로부터 하나의 호스릴포방수구까지의 수평거리는 15m 이하(포소화전방수구의 경우에는 25m 이하)가 되도록 하고 호스릴 또는 호스의 길이는 방호대상물의 각 부분에 포가 유효하게 뿌려질 수 있도록 할 것

④ 고발포용포방출구는 다음 각 호의 기준에 따라 설치하여야 한다. 〈개정 2012.8.20〉

1. 전역방출방식의 고발포용고정포방출구는 다음 각 목의 기준에 따를 것 〈개정 2012.8.20〉
   가. 개구부에 자동폐쇄장치(갑종방화문 · 을종방화문 또는 불연재료로된 문으로 포수용액이 방출되기 직전에 개구부가 자동적으로 폐쇄될 수 있는 장치를 말한다)를 설치할 것. 다만, 해당 방호구역에서 외부로 새는 양 이상의 포수용액을 유효하게 추가하여 방출하는 설비가 있는 경우에는 그러하지 아니하다. 〈개정 2012.8.20〉

나. 고정포방출구(포발생기가 분리되어 있는 것은 해당 포발생기를 포함한다)는 특정소방대상물 및 포의 팽창비에 따른 종별에 따라 해당 방호구역의 관포체적(해당 바닥면으로부터 방호대상물의 높이보다 0.5m 높은 위치까지의 체적을 말한다) $1m^3$에 대하여 1분당 방출량이 다음 표에 따른 양 이상이 되도록 할 것 〈개정 2012.8.20〉

소방대상물	포의 팽창비	$1m^3$에 대한 분당포수용액 방출량
항공기 격납고	팽창비 80 이상 250 미만의 것	2.00ℓ
	팽창비 250 이상 500 미만의 것	0.50ℓ
	팽창비 500 이상 1,000 미만의 것	0.29ℓ
차고 또는 주차장	팽창비 80 이상 250 미만의 것	1.11ℓ
	팽창비 250 이상 500 미만의 것	0.28ℓ
	팽창비 500 이상 1,000 미만의 것	0.16ℓ
특수가연물을 저장 또는 취급하는 소방 대상물	팽창비 80 이상 250 미만의 것	1.25ℓ
	팽창비 250 이상 500 미만의 것	0.31ℓ
	팽창비 500 이상 1,000 미만의 것	0.18ℓ

다. 고정포방출구는 바닥면적 $500m^2$마다 1개 이상으로 하여 방호대상물의 화재를 유효하게 소화할 수 있도록 할 것

라. 고정포방출구는 방호대상물의 최고부분보다 높은 위치에 설치할 것. 다만, 밀어올리는 능력을 가진 것은 방호대상물과 같은 높이로 할 수 있다. 〈개정 2012.8.20〉

2. 국소방출방식의 고발포용고정포방출구는 다음 각 목의 기준에 따를 것 〈개정 2012.8.20〉

가. 방호대상물이 서로 인접하여 불이 쉽게 붙을 우려가 있는 경우에는 불이 옮겨 붙을 우려가 있는 범위내의 방호대상물을 하나의 방호대상물로 하여 설치할 것

나. 고정포방출구(포발생기가 분리되어 있는 것에 있어서는 해당 포발생기를 포함한다)는 방호대상물의 구분에 따라 당해 방호대상물의 높이의 3배(1m 미만의 경우에는 1m)의 거리를 수평으로 연장한 선으로 둘러쌓인 부분의 면적 $1m^2$에 대하여 1분당 방출량이 다음 표에 따른 양 이상이 되도록 할 것 〈개정 2012.8.20〉

방호대상물	방호면적 $1m^2$에 대한 1분당 방출량
특수가연물	3ℓ
기타의 것	2ℓ

제13조 (전원)

① 포소화설비에는 다음 각 호의 기준에 따라 상용전원회로의 배선을 설치하여야 한다. 다만, 가압수조방식으로서 모든 기능이 20분 이상 유효하게 지속될 수 있는 경우에는 그러하지 아니하다. 〈개정 2008.12.15, 2012.8.20〉

1. 저압수전인 경우에는 인입개폐기의 직후에서 분기하여 전용배선으로 하여야 하며, 전용의 전선관에 보호 되도록 할 것
2. 특별고압수전 또는 고압수전일 경우에는 전력용 변압기 2차측의 주차단기 1차측에서 분기하여 전용배선으로 하되, 상용전원의 상시공급에 지장이 없을 경우에는 주차단기 2차측에서 분기하여 전용배선으로 할 것. 다만, 가압송수장치의 정격입력전압이 수전전압과 같은 경우에는 제1호의 기준에 따른다.

② 포소화설비에는 자가발전설비, 축전지설비 또는 전기저장장치에 따른 비상전원을 설치하되, 다음 각 호의 어느 하나에 해당하는 경우에는 비상전원수전설비로 설치할 수 있다. 다만, 2 이상의 변전소(「전기사업법」 제67조에 따른 변전소를 말한다. 이하 같다)로부터 동시에 전력을 공급받을 수 있거나 하나의 변전소로부터 전력의 공급이 중단되는 때에는 자동으로 다른 변전소로부터 전력을 공급받을 수 있도록 상용전원을 설치한 경우와 가압수조방식에는 비상전원을 설치하지 아니할 수 있다. 〈개정 2008.12.15, 2012.8.20〉

1. 제4조제2호단서에 따라 호스릴포소화설비 또는 포소화전만을 설치한 차고 · 주차장〈개정 2012.8.20〉
2. 포헤드설비 또는 고정포방출설비가 설치된 부분의 바닥면적(스프링클러설비가 설치된 차고 · 주차장의 바닥면적을 포함한다)의 합계가 1,000m^2 미만인 것

③ 제2항에 따른 비상전원 중 자가발전설비, 축전지설비(내연기관에 따른 펌프를 사용하는 경우에는 내연기관의 기동 및 제어용 축전지를 말한다) 또는 전기저장장치(외부 전기에너지를 저장해 두었다가 필요한 때 전기를 공급하는 장치)는 다음 각 호의 기준에 따르고, 비상전원수전설비는 「소방시설용비상전원수전설비의 화재안전기준(NFSC 602)」에 따라 설치하여야 한다. 〈개정 2016.7.13〉

1. 점검에 편리하고 화재 및 침수 등의 재해로 인한 피해를 받을 우려가 없는 곳에 설치할 것
2. 포소화설비를 유효하게 20분 이상 작동할 수 있도록 할 것
3. 상용전원으로부터 전력의 공급이 중단된 때에는 자동으로 비상전원으로부터 전력을 공급받을 수 있도록 할 것
4. 비상전원(내연기관의 기동 및 제어용 축전기를 제외한다)의 설치장소는 다른 장소와 방화구획 할 것. 이 경우 그 장소에는 비상전원의 공급에 필요한 기구나 설비외의 것(열병합발전설비에 필요한 기구나 설비는 제외한다)을 두어서는 아니된다. 〈개정 2008.12.15〉
5. 비상전원을 실내에 설치하는 때에는 그 실내에 비상조명등을 설치할 것

제14조 (제어반)

① 포소화설비에는 제어반을 설치하되, 감시제어반과 동력제어반으로 구분하여 설치하여야 한다. 다만, 다음 각 호의 어느 하나에 해당하는 경우에는 감시제어반과 동력제어반으로 구분하여 설치하지 아니할 수 있다. 〈개정 2012.8.20〉

1. 다음 각 목의 어느 하나에 해당하지 아니하는 특정소방대상물에 설치되는 포소화설비 〈개정 2012.8.20〉
   가. 지하층을 제외한 층수가 7층 이상으로서 연면적이 2,000m^2 이상인 것
   나. 가목에 해당하지 아니하는 특정소방대상물로서 지하층의 바닥면적의 합계가 3,000m^2 이상인 것. 다만, 차고 · 주차장 또는 보일러실 · 기계실 · 전기실 등 이와 유사한 장소의 면적은 제외한다. 〈개정 2012.8.20〉
2. 내연기관에 따른 가압송수장치를 사용하는 포소화설비
3. 고가수조에 따른 가압송수장치를 사용하는 포소화설비
4. 가압수조에 따른 가압송수장치를 사용하는 포소화설비 〈신설 2008.12.15〉

② 감시제어반의 기능은 다음 각 호의 기준에 적합하여야 한다. 다만, 제1항 각 호의 어느 하나에 해당하는 경우에는 제3호 및 제6호의 규정을 적용하지 아니한다. 〈개정 2012.8.20〉

1. 각 펌프의 작동여부를 확인할 수 있는 표시등 및 음향경보기능이 있어야 할 것
2. 각 펌프를 자동 및 수동으로 작동시키거나 중단시킬 수 있어야 할 것 〈개정 2008.12.15〉
3. 비상전원을 설치한 경우에는 상용전원 및 비상전원의 공급여부를 확인할 수 있어야 할 것 〈개정 2008.12.15〉
4. 수조 또는 물올림탱크가 저수위로 될 때 표시등 및 음향으로 경보할 것
5. 각 확인회로(기동용수압개폐장치의 압력스위치회로 · 수조 또는 물올림탱크의 감시회로를 말한다)마다 도통시험 및 작동시험을 할 수 있어야 할 것
6. 예비전원이 확보되고 예비전원의 적합여부를 시험할 수 있어야 할 것

③ 감시제어반은 다음 각 호의 기준에 따라 설치하여야 한다. 〈개정 2012.8.20〉

1. 화재 및 침수 등의 재해로 인한 피해를 받을 우려가 없는 곳에 설치할 것
2. 감시제어반은 포소화설비의 전용으로 할 것. 다만, 포소화설비의 제어에 지장이 없는 경우에는 다른 설비와 겸용할 수 있다.
3. 감시제어반은 다음 각 목의 기준에 따른 전용실안에 설치할 것. 다만 제1항 각 호의 어느 하나에 해당하는 경우와 공장, 발전소 등에서 설비를 집중 제어 · 운전할 목적으로 설치하는 중앙제어실내에 감시제어반을 설치하는 경우에는 그러하지 아니하다. 〈개정 2012.8.20〉
   가. 다른 부분과 방화구획을 할 것. 이 경우 전용실의 벽에는 기계실 또는 전기실 등의 감시를 위하여 두께 7mm 이상의 망입유리(두께 16.3mm 이상의 접합유리 또는 두께 28mm 이상의 복층유리를 포함한다)로 된 4m^2 미만의 붙박이창을 설치할 수 있다.
   나. 피난층 또는 지하 1층에 설치할 것. 다만, 다음 각 세목의 어느 하나에 해당하는 경우에는 지상 2층에 설치하거나 지하 1층 외의 지하층에 설치할 수 있다. 〈개정

2012.8.20〉

(1) 「건축법 시행령」 제35조에 따라 특별피난계단이 설치되고 그 계단(부속실을 포함한다)출입구로부터 보행거리 5m이내에 전용실의 출입구가 있는 경우 〈개정 2012.8.20〉

(2) 아파트의 관리동(관리동이 없는 경우에는 경비실)에 설치하는 경우

다. 비상조명등 및 급·배기설비를 설치할 것

라. 「무선통신보조설비의 화재안전기준(NFSC 505)」 제5조제3항에 따라 유효하게 통신이 가능할 것(영 별표 5의 제5호마목에 따른 무선통신보조설비가 설치된 특정소방대상물에 한한다) 〈개정 2021.3.25〉

마. 바닥면적은 감시제어반의 설치에 필요한 면적외에 화재시 소방대원이 그 감시제어반의 조작에 필요한 최소면적 이상으로 할 것

4. 제3호에 따른 전용실에는 특정소방대상물의 기계·기구 또는 시설등의 제어 및 감시설비외의 것을 두지 아니할 것 〈개정 2012.8.20〉

④ 동력제어반은 다음 각 호의 기준에 따라 설치하여야 한다. 〈개정 2012.8.20〉

1. 앞면은 적색으로 하고 "포소화설비용 동력제어반"이라고 표시한 표지를 설치할 것
2. 외함은 두께 1.5mm 이상의 강판 또는 이와 동등 이상의 강도 및 내열성능이 있는 것으로 할 것
3. 그 밖의 동력제어반의 설치에 관하여는 제3항제1호 및 제2호의 기준을 준용할 것

제15조 (배선 등)

① 포소화설비의 배선은 「전기사업법」 제67조에 따른 기술기준에서 정한 것 외에 다음 각 호의 기준에 따라 설치하여야 한다. 〈개정 2012.8.20〉

1. 비상전원으로부터 동력제어반 및 가압송수장치에 이르는 전원회로배선은 내화배선으로 할 것. 다만, 자가발전설비와 동력제어반이 동일한 실에 설치된 경우에는 자가발전기로부터 그 제어반에 이르는 전원회로배선은 그러하지 아니하다.
2. 상용전원으로부터 동력제어반에 이르는 배선, 그 밖의 포소화설비의 감시·조작 또는 표시등회로의 배선은 내화배선 또는 내열배선으로 할 것. 다만, 감시제어반 또는 동력제어반 안의 감시·조작 또는 표시등회로의 배선은 그러하지 아니하다.

② 제1항에 따른 내화배선 및 내열배선에 사용되는 전선 및 설치방법은 「옥내소화전설비의 화재안전기준(NFSC 102)」 별표 1의 기준에 따른다. 〈개정 2012.8.20〉

③ 포소화설비의 과전류차단기 및 개폐기에는 "포소화설비용"이라고 표시한 표지를 하여야 한다.

④ 포소화설비용 전기배선의 양단 및 접속단자에는 다음 각 호의 기준에 따라 표지하여야 한다. 〈개정 2012.8.20〉

1. 단자에는 "포소화설비단자"라고 표시한 표지를 부착할 것
2. 포소화설비용 전기배선의 양단에는 다른 배선과 식별이 용이하도록 표시할 것

제16조 (수원 및 가압송수장치의 펌프 등의 겸용)

① 포소화전설비의 수원을 옥내소화전설비 · 스프링클러설비 · 간이스프링클러설비 · 화재조기진압용 스프링클러설비 · 물분무소화설비 및 옥외소화전설비의 수원과 겸용하여 설치하는 경우의 저수량은 각 소화설비에 필요한 저수량을 합한 양 이상이 되도록 하여야 한다. 다만, 이들 소화설비 중 고정식 소화설비(펌프 · 배관과 소화수 또는 소화약제를 최종 방출하는 방출구가 고정된 설비를 말한다. 이하 같다)가 2 이상 설치되어 있고, 그 소화설비가 설치된 부분이 방화벽과 방화문으로 구획되어 있는 경우에는 각 고정식 소화설비에 필요한 저수량 중 최대의 것 이상으로 할 수 있다.

② 포소화설비의 가압송수장치로 사용하는 펌프를 옥내소화전설비 · 스프링클러설비 · 간이스프링클러설비 · 화재조기진압용 스프링클러설비 · 물분무소화설비 및 옥외소화전설비의 가압송수장치와 겸용하여 설치하는 경우의 펌프의 토출량은 각 소화설비에 해당하는 토출량을 합한 양 이상이 되도록 하여야 한다. 다만, 이들 소화설비 중 고정식 소화설비가 2 이상 설치되어 있고, 그 소화설비가 설치된 부분이 방화벽과 방화문으로 구획되어 있으며 각 소화설비에 지장이 없는 경우에는 펌프의 토출량중 최대의 것 이상으로 할 수 있다.

③ 옥내소화전설비 · 스프링클러설비 · 간이스프링클러설비 · 화재조기진압용 스프링클러설비 · 물분무소화설비 · 포소화설비 및 옥외소화전설비의 가압송수장치에 있어서 각 토출측배관과 일반급수용의 가압송수장치의 토출측 배관을 상호 연결하여 화재시 사용할 수 있다. 이 경우 연결배관에는 개 · 폐표시형밸브를 설치하여야 하며, 각 소화설비의 성능에 지장이 없도록 하여야 한다.

④ 포소화설비의 송수구를 옥내소화전설비 · 스프링클러설비 · 간이스프링클러설비 · 화재조기진압용 스프링클러설비 · 물분무소화설비 · 연결송수관설비 또는 연결살수설비의 송수구와 겸용으로 설치하는 경우에는 스프링클러설비의 송수구의 설치기준에 따르되 각각의 소화설비의 기능에 지장이 없도록 하여야 한다.

제17조 (설치 · 유지기준의 특례)

소방본부장 또는 소방서장은 기존건축물이 증축 · 개축 · 대수선되거나 용도변경되는 경우에 있어서 이 기준이 정하는 기준에 따라 해당 건축물에 설치하여야 할 포소화설비의 배관 · 배선 등의 공사가 현저하게 곤란하다고 인정되는 경우에는 해당 설비의 기능 및 사용에 지장이 없는 범위 안에서 포소화설비의 설치 · 유지기준의 일부를 적용하지 아니할 수 있다. 〈개정 2012.8.20〉

제18조 (재검토 기한)

소방청장은 「훈령 · 예규 등의 발령 및 관리에 관한 규정」에 따라 이 고시에 대하여 2016년 1월 1일을 기준으로 매3년이 되는 시점(매 3년째의 12월 31일까지를 말한다)마다 그 타당성을 검토하여 개선 등의 조치를 하여야 한다. 〈개정 2015.10.28〉

[제9장] 이산화탄소소화설비의 화재안전기준(NFSC 106)

(개정 : 2019. 8. 13. 소방청고시 제2019-46호)

[CO_2 소화설비의 주요 화재안전기준]

1. 표면화재와 심부화재의 적용

(1) 표면화재

1) 주된 소화효과 : 질식소화
2) 불꽃연소의 화재에 해당 : 연소의 4요소－Flaming Mode 적용
3) 설계농도 34% 미만으로서 1분 이내 소화
4) 적용대상 : B급 및 C급 화재에 적용 : 유입식 기기가 있는 전기실, 연료가 있는 발전기실, 보일러실, 차량이 있는 방호대상물(주차타워 등), 가연성 가스 및 액체의 저장 · 취급소

(2) 심부화재

1) 주된 소화효과 : 질식소화＋냉각소화
2) A급 화재를 위주로 하는 훈소화재에 해당 : 연소의 3요소－Glowing Mode 적용
3) 설계농도 34% 이상 및 Soaking Time 20분 이상 필요
4) 적용 : 특수가연물, 종이, 목재, 석탄, 섬유류, 합성수지류 등의 A급 가연물을 수용하는 창고, 박물관, 도서관, 통신기기실, 전자기기실, 기계실(보일러실은 제외), 몰드변압기

2. 소화약제량 산출기준

(1) 전역방출방식 관리사 6회 기술사 123회

$$W = V \cdot K_1 + A \cdot K_2$$

여기서, W : 약제량[kg]
V : 방호구역 체적[m^3]
A : 개구부 면적[m^2]
K_1, K_2 : 방출계수(Flooding Factor)

K_1 : 기본량(아래 표)
K_2 : 개구부 보정계수 ─ 표면화재 : 5kg/m²
　　　　　　　　　　　 └ 심부화재 : 10kg/m²
(단, 개구부 면적은 방호구역 전체 표면적의 3% 이하로 할 것)

1) 표면화재(가연성 액체, 가연성 가스 등)

방호구역 체적[m³]	소화약제량[kg/m³]	최저한도의 양[kg]
45m³ 미만	1.0	45kg
45m³ 이상, 150m³ 미만	0.9	45kg
150m³ 이상, 1,450m³ 미만	0.8	135kg
1,450m³ 이상	0.75	1,125kg

2) 심부화재(종이, 목재, 석탄, 섬유류, 합성수지류 등)

방호대상물	소화약제량 [kg/m³]	설계농도 [%]
유입식 기기 없는 전기설비실	1.3	50
체적 55m³ 미만의 전기설비실	1.6	50
서고, 박물관, 전자제품의 창고, 목재가공품 창고	2.0	65
집진설비, 고무류·면화류·모피·석탄 등의 저장창고	2.7	75

단, 가연성액체 및 가연성기체인 경우(설계농도 34% 이상)에는 보정계수 (N) 추가반영

$$W = (V \cdot K_1 \cdot N) + (A \cdot K_2)$$

(2) 국소방출방식

1) 평면화재(윗면이 개방된 용기의 액면화재 등에 적용)

$$W = S \times K \times h$$

여기서, W : 소화약제량[kg]
S : 방호대상물 표면적[m²]
K : 방출계수 : 13[kg/m²]

h : 할증계수 ┌ 고압식 : 1.4
└ 저압식 : 1.1

2) 입면화재

$$W = V \times Q \times h$$

$$Q = 8 - 6\frac{a}{A}$$

여기서, W : 소화약제량[kg]

Q : 방호공간 $1m^3$에 대한 소화약제의 양[kg/m^3]

h : 할증계수 ┌ 고압식 : 1.4
└ 저압식 : 1.1

a : 방호대상물 주위에 설치된 벽면적(좌 · 우 · 상면(5면) : 0.6m 연장)의 합계[m^2]

A : 방호공간의 벽면적 합계[m^2]
(방호공간에 벽이 없는 경우에도 있는 것으로 가정하고 적용한다. 즉 0.6m 연장된 공간의 벽을 가상하여 벽면적 계산)

V : 방호공간의 체적[m^3] : 방호대상물이 각 부분으로부터 0.6m 연장된 거리에 따라 둘러싸인 공간의 체적

3) 호스릴 CO_2 소화설비
하나의 노즐에 대하여 소화 약제량을 90kg 이상으로 한다.

제1조 (목적)

이 기준은 「화재예방, 소방시설 설치 · 유지 및 안전관리에 관한 법률」 제9조제1항에서 소방청장에게 위임한 사항 중 물분무등소화설비인 이산화탄소소화설비의 설치유지 및 안전관리에 요구되는 기준을 규정함을 그 목적으로 한다.

제2조 (적용범위)

「화재예방, 소방시설 설치 · 유지 및 안전관리에 관한 법률 시행령」(이하 "영"이라 한다) 별표 5 제1호바목에 따른 이산화탄소소화설비는 이 기준에서 정하는 규정에 따라 설비를 설치하고 유지 · 관리하여야 한다.

제3조 (정의)

이 기준에서 사용하는 용어의 정의는 다음과 같다.

1. "전역방출방식"이란 고정식 이산화탄소 공급장치에 배관 및 분사헤드를 고정 설치하여 밀폐 방호구역 내에 이산화탄소를 방출하는 설비를 말한다. 〈개정 2012.8.20〉
2. "국소방출방식"이란 고정식 이산화탄소 공급장치에 배관 및 분사헤드를 설치하여 직접 화점에 이산화탄소를 방출하는 설비로 화재발생부분에만 집중적으로 소화약제를 방출하도록 설치하는 방식을 말한다. 〈개정 2012.8.20〉
3. "호스릴방식"이란 분사헤드가 배관에 고정되어 있지 않고 소화약제 저장용기에 호스를 연결하여 사람이 직접 화점에 소화약제를 방출하는 이동식 소화설비를 말한다. 〈개정 2012.8.20〉
4. "충전비"란 용기의 용적과 소화약제의 중량과의 비율을 말한다. 〈개정 2012.8.20〉
5. "심부화재"란 목재 또는 섬유류와 같은 고체가연물에서 발생하는 화재형태로서 가연물 내부에서 연소하는 화재를 말한다. 〈개정 2012.8.20〉
6. "표면화재"란 가연성물질의 표면에서 연소하는 화재를 말한다. 〈개정 2012.8.20〉
7. "교차회로방식"이란 하나의 방호구역내에 2 이상의 화재감지기회로를 설치하고 인접한 2 이상의 화재감지기가 동시에 감지되는 때에는 이산화탄소소화설비가 작동하여 소화약제가 방출되는 방식을 말한다. 〈개정 2012.8.20〉
8. "방화문"이란 「건축법 시행령」 제64조에 따른 갑종방화문 또는 을종방화문으로써 언제나 닫힌 상태를 유지하거나 화재로 인한 연기의 발생 또는 온도의 상승에 따라 자동적으로 닫히는 구조를 말한다. 〈개정 2012.8.20〉

NFSC 106
이산화탄소소화설비

제4조 (소화약제의 저장용기등)

① 이산화탄소 소화약제의 저장용기는 다음 각 호의 기준에 적합한 장소에 설치하여야 한다. 〈개정 2012.8.20〉 기술사 100회·120회 관리사 10회

1. 방호구역외의 장소에 설치할 것. 다만, 방호구역내에 설치할 경우에는 피난 및 조작이 용이하도록 피난구부근에 설치하여야 한다.
2. 온도가 40℃ 이하이고, 온도변화가 적은 곳에 설치할 것
3. 직사광선 및 빗물이 침투할 우려가 없는 곳에 설치할 것
4. 방화문으로 구획된 실에 설치할 것
5. 용기의 설치장소에는 해당 용기가 설치된 곳임을 표시하는 표지를 할 것 〈개정 2012.8.20〉
6. 용기간의 간격은 점검에 지장이 없도록 3cm 이상의 간격을 유지할 것
7. 저장용기와 집합관을 연결하는 연결배관에는 체크밸브를 설치할 것. 다만, 저장용기가 하나의 방호구역만을 담당하는 경우에는 그러하지 아니하다.

② 이산화탄소 소화약제의 저장용기는 다음 각 호의 기준에 따라 설치하여야 한다. 〈개정 2012.8.20〉 기술사 90회 관리사 13회

1. 저장용기의 충전비는 고압식은 1.5 이상 1.9 이하, 저압식은 1.1 이상 1.4 이하로 할 것 〈개정 2012.8.20〉

2. 저압식 저장용기에는 내압시험압력의 0.64배부터 0.8배의 압력에서 작동하는 안전밸브와 내압시험압력의 0.8배부터 내압시험압력에서 작동하는 봉판을 설치할 것 〈개정 2012.8.20〉
3. 저압식 저장용기에는 액면계 및 압력계와 2.3MPa 이상 1.9MPa 이하의 압력에서 작동하는 압력경보장치를 설치할 것
4. 저압식 저장용기에는 용기내부의 온도가 섭씨 영하 18℃ 이하에서 2.1MPa의 압력을 유지할 수 있는 자동냉동장치를 설치할 것
5. 저장용기는 고압식은 25MPa 이상, 저압식은 3.5MPa 이상의 내압시험압력에 합격한 것으로 할 것

③ 이산화탄소 소화약제 저장용기의 개방밸브는 전기식 · 가스압력식 또는 기계식에 따라 자동으로 개방되고 수동으로도 개방되는 것으로서 안전장치가 부착된 것으로 하여야 한다.

④ 이산화탄소 소화약제 저장용기와 선택밸브 또는 개폐밸브 사이에는 내압시험압력 0.8배에서 작동하는 안전장치를 설치하여야 한다. 〈개정 2012.8.20〉

제5조 (소화약제) 기술사 123회

이산화탄소 소화약제 저장량은 다음 각 호의 기준에 따른 양으로 한다. 이 경우 동일한 특정소방대상물 또는 그 부분에 2 이상의 방호구역이나 방호대상물이 있는 경우에는 각 방호구역 또는 방호대상물에 대하여 다음 각 호의 기준에 따라 산출한 저장량 중 최대의 것으로 할 수 있다. 〈개정 2012.8.20〉

1. 전역방출방식에 있어서 가연성액체 또는 가연성가스등 표면화재 방호대상물의 경우에는 다음 각 목의 기준에 따른다. 〈개정 2012.8.20〉
   가. 방호구역의 체적(불연재료나 내열성의 재료로 밀폐된 구조물이 있는 경우에는 그 체적을 감한 체적) 1m³에 대하여 다음 표에 따른 양. 다만, 다음 표에 따라 산출한 양이 동표에 따른 저장량의 최저한도의 양 미만이 될 경우에는 그 최저한도의 양으로 한다.

방호구역 체적	방호구역의 체적 1m³ 에 대한 소화약제의 양	소화약제 저장량의 최저한도의 양
45m³ 미만	1.00kg	45kg
45m³ 이상 150m³ 미만	0.90kg	
150m³ 이상 1,450m³ 미만	0.80kg	135kg
1,450m³ 이상	0.75kg	1,125kg

나. 별표1에 따른 설계농도가 34% 이상인 방호대상물의 소화약제량은 가목의 기준에 따라 산출한 기본소화약제량에 다음 표에 따른 보정계수를 곱하여 산출한다.

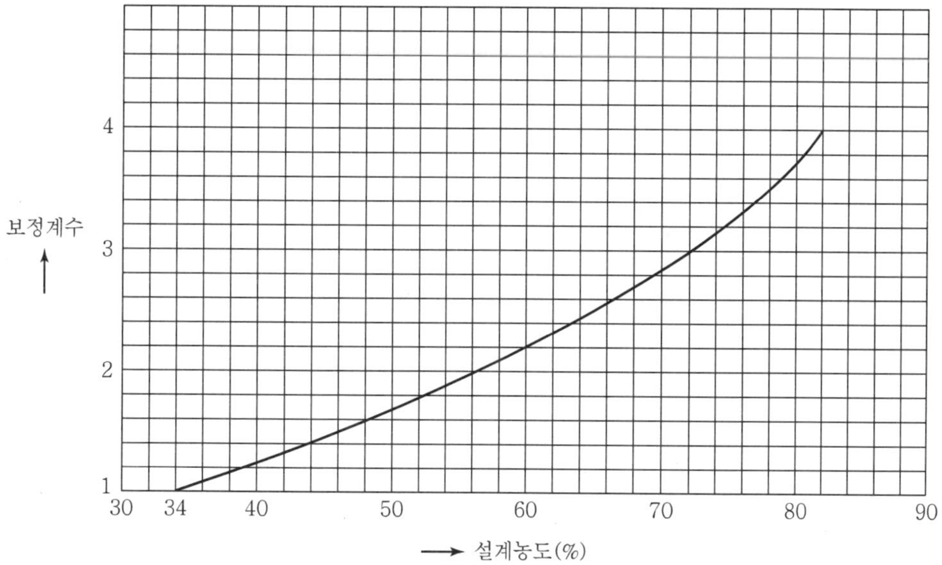

다. 방호구역의 개구부에 자동폐쇄장치를 설치하지 아니한 경우에는 가목 및 나목의 기준에 따라 산출한 양에 개구부면적 $1m^2$당 5kg을 가산하여야 한다. 이 경우 개구부의 면적은 방호구역 전체 표면적의 3% 이하로 하여야 한다.

2. 전역방출방식에 있어서 종이 · 목재 · 석탄 · 섬유류 · 합성수지류 등 심부화재 방호대상물의 경우에는 다음 각 목의 기준에 따른다. 〈개정 2012.8.20〉

가. 방호구역의 체적(불연재료나 내열성의 재료로 밀폐된 구조물이 있는 경우에는 그 체적을 감한 체적) $1m^3$에 대하여 다음 표에 따른 양 이상으로 하여야 한다.

방 호 대 상 물	방호구역의 체적 $1m^3$에 대한 소화약제의 양	설계농도 (%)
유입기기를 제외한 전기설비, 케이블실	1.3kg	50
체적 $55m^3$ 미만의 전기설비	1.6kg	50
서고, 전자제품창고, 목재가공품창고, 박물관	2.0kg	65
고무류 · 면화류창고, 모피창고, 석탄창고, 집진설비	2.7kg	75

나. 방호구역의 개구부에 자동폐쇄장치를 설치하지 아니한 경우에는 가목의 기준에 따라 산출한 양에 개구부 면적 $1m^2$당 10kg을 가산하여야 한다. 이 경우 개구부의 면적은 방호구역 전체 표면적의 3% 이하로 하여야 한다.

3. 국소방출방식은 다음 각 목의 기준에 따라 산출한 양에 고압식은 1.4, 저압식은 1.1을 각각 곱하여 얻은 양 이상으로 할 것 〈개정 2012.8.20〉
   가. 윗면이 개방된 용기에 저장하는 경우와 화재시 연소면이 한정되고 가연물이 비산할 우려가 없는 경우에는 방호대상물의 표면적 $1m^2$에 대하여 13kg
   나. 가목외의 경우에는 방호공간(방호대상물의 각부분으로부터 0.6m의 거리에 따라 둘러싸인 공간을 말한다. 이하 같다)의 체적 $1m^3$에 대하여 다음의 식에 따라 산출한 양

$$Q = 8 - 6\frac{a}{A}$$

여기서, Q : 방호공간 $1m^3$에 대한 이산화탄소 소화약제의 양(kg/m^3)
a : 방호 대상물 주위에 설치된 벽의 면적의 합계(m^2)
A : 방호공간의 벽면적(벽이 없는 경우에는 벽이 있는 것으로 가정한 당해 부분의 면적)의 합계(m^2)

4. 호스릴이산화탄소소화설비는 하나의 노즐에 대하여 90kg 이상으로 할 것 〈개정 2012.8.20〉

제6조 (기동장치)

① 이산화탄소소화설비의 수동식 기동장치는 다음 각 호의 기준에 따라 설치하여야 한다. 이 경우 수동식 기동장치의 부근에는 소화약제의 방출을 지연시킬 수 있는 비상스위치(자동복귀형 스위치로서 수동식 기동장치의 타이머를 순간정지시키는 기능의 스위치를 말한다)를 설치하여야 한다. 〈개정 2012.8.20〉 관리사 6회

1. 전역방출방식은 방호구역마다, 국소방출방식은 방호대상물마다 설치할 것 〈개정 2012.8.20〉
2. 해당방호구역의 출입구부분 등 조작을 하는 자가 쉽게 피난할 수 있는 장소에 설치할 것 〈개정 2012.8.20〉
3. 기동장치의 조작부는 바닥으로부터 높이 0.8m 이상 1.5m 이하의 위치에 설치하고, 보호판 등에 따른 보호장치를 설치할 것
4. 기동장치에는 그 가까운 곳의 보기쉬운 곳에 "이산화탄소소화설비 기동장치"라고 표시한 표지를 할 것
5. 전기를 사용하는 기동장치에는 전원표시등을 설치할 것
6. 기동장치의 방출용 스위치는 음향경보장치와 연동하여 조작될 수 있는 것으로 할 것

② 이산화탄소소화설비의 자동식 기동장치는 자동화재탐지설비의 감지기의 작동과 연동하는 것으로서 다음 각 호의 기준에 따라 설치하여야 한다. 〈개정 2012.8.20〉 관리사 6회

1. 자동식 기동장치에는 수동으로도 기동할 수 있는 구조로 할 것
2. 전기식 기동장치로서 7병 이상의 저장용기를 동시에 개방하는 설비는 2병 이상의 저장용기에 전자 개방밸브를 부착할 것 〈개정 2012.8.20〉

3. 가스압력식 기동장치는 다음 각 목의 기준에 따를 것 〈개정 2012.8.20〉
   가. 기동용가스용기 및 해당 용기에 사용하는 밸브는 25MPa 이상의 압력에 견딜 수 있는 것으로 할 것 〈개정 2012.8.20〉
   나. 기동용가스용기에는 내압시험압력의 0.8배부터 내압시험압력 이하에서 작동하는 안전장치를 설치할 것 〈개정 2012.8.20〉
   다. 기동용가스용기의 용적은 5 L 이상으로 하고, 해당 용기에 저장하는 질소 등의 비활성기체는 6.0MPa 이상(21 ℃ 기준)의 압력으로 충전 할 것 〈개정 2012.8.20, 2015.1.23〉
   라. 기동용가스용기에는 충전여부를 확인할 수 있는 압력게이지를 설치할 것 〈신설 2015.1.23〉
4. 기계식 기동장치는 저장용기를 쉽게 개방할 수 있는 구조로 할 것 〈개정 2012.8.20〉

③ 이산화탄소소화설비가 설치된 부분의 출입구 등의 보기 쉬운 곳에 소화약제의 방사를 표시하는 표시등을 설치하여야 한다.

제7조 (제어반등)

이산화탄소소화설비의 제어반 및 화재표시반은 다음 각 호의 기준에 따라 설치하여야 한다. 다만, 자동화재탐지설비의 수신기의 제어반이 화재표시반의 기능을 가지고 있는 것은 화재표시반을 설치하지 아니할 수 있다. 〈개정 2012.8.20〉

1. 제어반은 수동기동장치 또는 감지기에서의 신호를 수신하여 음향경보장치의 작동, 소화약제의 방출 또는 지연 기타의 제어기능을 가진 것으로 하고, 제어반에는 전원표시등을 설치할 것
2. 화재표시반은 제어반에서의 신호를 수신하여 작동하는 기능을 가진 것으로 하되, 다음 각 목의 기준에 따라 설치할 것 〈개정 2012.8.20〉
   가. 각 방호구역마다 음향경보장치의 조작 및 감지기의 작동을 명시하는 표시등과 이와 연동하여 작동하는 벨 · 부자 등의 경보기를 설치할 것. 이 경우 음향경보장치의 조작 및 감지기의 작동을 명시하는 표시등을 겸용할 수 있다.
   나. 수동식 기동장치는 그 방출용스위치의 작동을 명시하는 표시등을 설치할 것 〈개정 2012.8.20〉
   다. 소화약제의 방출을 명시하는 표시등을 설치할 것
   라. 자동식 기동장치는 자동 · 수동의 절환을 명시하는 표시등을 설치할 것 〈개정 2012.8.20〉
3. 제어반 및 화재표시반의 설치장소는 화재에 따른 영향, 진동 및 충격에 따른 영향 및 부식의 우려가 없고 점검에 편리한 장소에 설치할 것
4. 제어반 및 화재표시반에는 해당 회로도 및 취급설명서를 비치할 것 〈개정 2012.8.20〉
5. 수동잠금밸브의 개폐여부를 확인할 수 있는 표시등을 설치할 것 〈신설 2015.1.23〉

제8조 (배관 등)

① 이산화탄소소화설비의 배관은 다음 각 호의 기준에 따라 설치하여야 한다. 〈개정 2012.8.20〉

1. 배관은 전용으로 할 것
2. 강관을 사용하는 경우의 배관은 압력배관용탄소강관(KS D 3562)중 스케줄 80(저압식은 스케쥴 40) 이상의 것 또는 이와 동등 이상의 강도를 가진 것으로 아연도금 등으로 방식처리된 것을 사용할 것. 다만, 배관의 호칭구경이 20mm 이하인 경우에는 스케줄 40 이상인 것을 사용할 수 있다. 〈개정 2012.8.20〉
3. 동관을 사용하는 경우의 배관은 이음이 없는 동 및 동합금관(KS D 5301)으로서 고압식은 16.5MPa 이상, 저압식은 3.75MPa 이상의 압력에 견딜 수 있는 것을 사용할 것
4. 고압식의 경우 개폐밸브 또는 선택밸브의 2차측 배관부속은 호칭압력 2.0MPa이상의 것을 사용하여야 하며, 1차측 배관부속은 호칭압력 4.0MPa 이상의 것을 사용하여야 하고, 저압식의 경우에는 2.0MPa의 압력에 견딜 수 있는 배관부속을 사용할 것

② 배관의 구경은 이산화탄소의 소요량이 다음 각 호의 기준에 따른 시간 내에 방사될 수 있는 것으로 하여야 한다. 〈개정 2012.8.20〉 기술사 123회

1. 전역방출방식에 있어서 가연성액체 또는 가연성가스등 표면화재 방호대상물의 경우에는 1분
2. 전역방출방식에 있어서 종이, 목재, 석탄, 섬유류, 합성수지류 등 심부화재 방호대상물의 경우에는 7분. 이 경우 설계농도가 2분 이내에 30%에 도달하여야 한다.
3. 국소방출방식의 경우에는 30초

③ 소화약제의 저장용기와 선택밸브 사이의 집합배관에는 수동잠금밸브를 설치하되 선택밸브 직전에 설치할 것. 다만, 선택밸브가 없는 설비의 경우에는 저장용기실 내에 설치하되 조작 및 점검이 쉬운 위치에 설치하여야 한다. 〈신설 2015.1.23〉

제9조 (선택밸브)

하나의 특정소방대상물 또는 그 부분에 2 이상의 방호구역 또는 방호대상물이 있어 이산화탄소 저장용기를 공용하는 경우에는 다음 각 호의 기준에 따라 선택밸브를 설치하여야 한다. 〈개정 2012.8.20〉

1. 방호구역 또는 방호대상물마다 설치할 것
2. 각 선택밸브에는 그 담당방호구역 또는 방호대상물을 표시할 것

제10조 (분사헤드)

① 전역방출방식의 이산화탄소소화설비의 분사헤드는 다음 각 호의 기준에 따라 설치하여야 한다. 〈개정 2012.8.20〉

1. 방사된 소화약제가 방호구역의 전역에 균일하게 신속히 확산할 수 있도록 할 것
2. 분사헤드의 방사압력이 2.1MPa(저압식은 1.05MPa) 이상의 것으로 할 것 〈개정 2012.

8.20〉

3. 특정소방대상물 또는 그 부분에 설치된 이산화탄소소화설비의 소화약제의 저장량은 제8조제2항제1호 및 제2호의 기준에서 정한 시간이내에 방사할 수 있는 것으로 할 것 〈개정 2008.12.15, 2012.8.20〉

② 국소방출방식의 이산화탄소소화설비의 분사헤드는 다음 각 호의 기준에 따라 설치하여야 한다. 〈개정 2012.8.20〉

1. 소화약제의 방사에 따라 가연물이 비산하지 아니하는 장소에 설치할 것
2. 이산화탄소 소화약제의 저장량은 30초 이내에 방사할 수 있는 것으로 할 것
3. 성능 및 방사압력이 제1항제1호 및 제2호의 기준에 적합한 것으로 할 것

③ 화재 시 현저하게 연기가 찰 우려가 없는 장소로서 다음 각 호의 어느 하나에 해당하는 장소(차고 또는 주차의 용도로 사용되는 부분 제외)에는 호스릴이산화탄소소화설비를 설치할 수 있다. 〈개정 2019.8.13〉

1. 지상 1층 및 피난층에 있는 부분으로서 지상에서 수동 또는 원격조작에 따라 개방할 수 있는 개구부의 유효면적의 합계가 바닥면적의 15% 이상이 되는 부분
2. 전기설비가 설치되어 있는 부분 또는 다량의 화기를 사용하는 부분(해당 설비의 주위 5m 이내의 부분을 포함한다)의 바닥면적이 해당 설비가 설치되어 있는 구획의 바닥면적의 5분의 1 미만이 되는 부분 〈개정 2012.8.20〉

④ 호스릴이산화탄소소화설비는 다음 각 호의 기준에 따라 설치하여야 한다. 〈개정 2012.8.20〉

관리사 14회 기술사 122회

1. 방호대상물의 각 부분으로부터 하나의 호스접결구까지의 수평거리가 15m 이하가 되도록 할 것
2. 노즐은 20℃에서 하나의 노즐마다 60kg/min 이상의 소화약제를 방사할 수 있는 것으로 할 것
3. 소화약제 저장용기는 호스릴을 설치하는 장소마다 설치할 것
4. 소화약제 저장용기의 개방밸브는 호스의 설치장소에서 수동으로 개폐할 수 있는 것으로 할 것
5. 소화약제 저장용기의 가장 가까운 곳의 보기 쉬운 곳에 표시등을 설치하고, 호스릴이산화탄소소화설비가 있다는 뜻을 표시한 표지를 할 것

⑤ 이산화탄소소화설비의 분사헤드의 오리피스구경 등은 다음 각 호의 기준에 적합하여야 한다. 〈개정 2012.8.20〉

1. 분사헤드에는 부식방지조치를 하여야 하며 오리피스의 크기, 제조일자, 제조업체가 표시 되도록 할 것
2. 분사헤드의 갯수는 방호구역에 방사시간이 충족되도록 설치할 것
3. 분사헤드의 방출율 및 방출압력은 제조업체에서 정한 값으로 할 것
4. 분사헤드의 오리피스의 면적은 분사헤드가 연결되는 배관구경면적의 70%를 초과하지 아니할 것

제11조 (분사헤드 설치제외) 관리사 3회 · 13회

이산화탄소소화설비의 분사헤드는 다음 각 호의 장소에 설치하여서는 아니 된다. 〈개정 2012.8.20〉

1. 방재실 · 제어실 등 사람이 상시 근무하는 장소
2. 니트로셀룰로스 · 셀룰로이드제품 등 자기연소성물질을 저장 · 취급하는 장소
3. 나트륨 · 칼륨 · 칼슘 등 활성금속물질을 저장 · 취급하는 장소
4. 전시장 등의 관람을 위하여 다수인이 출입 · 통행하는 통로 및 전시실 등

제12조 (자동식 기동장치의 화재감지기)

이산화탄소소화설비의 자동식 기동장치는 다음 각 호의 기준에 따른 화재감지기를 설치하여야 한다. 〈개정 2012.8.20〉

1. 각 방호구역내의 화재감지기의 감지에 따라 작동되도록 할 것
2. 화재감지기의 회로는 교차회로방식으로 설치할 것. 다만, 화재감지기를 「자동화재탐지설비의 화재안전기준(NFSC 203)」 제7조제1항 단서의 각 호의 감지기로 설치하는 경우에는 그러하지 아니하다. 〈개정 2012.8.20〉
3. 교차회로내의 각 화재감지기회로별로 설치된 화재감지기 1개가 담당하는 바닥면적은 「자동화재탐지설비의 화재안전기준(NFSC 203)」 제7조제3항제5호 · 제8호부터 제10호까지의 규정에 따른 바닥면적으로 할 것 〈개정 2012.8.20〉

제13조 (음향경보장치)

① 이산화탄소소화설비의 음향경보장치는 다음 각 호의 기준에 따라 설치하여야 한다. 〈개정 2012.8.20〉

1. 수동식 기동장치를 설치한 것은 그 기동장치의 조작과정에서, 자동식 기동장치를 설치한 것은 화재감지기와 연동하여 자동으로 경보를 발하는 것으로 할 것 〈개정 2012.8.20〉
2. 소화약제의 방사개시 후 1분 이상 경보를 계속할 수 있는 것으로 할 것
3. 방호구역 또는 방호대상물이 있는 구획 안에 있는 자에게 유효하게 경보할 수 있는 것으로 할 것

② 방송에 따른 경보장치를 설치할 경우에는 다음 각 호의 기준에 따라야 한다. 〈개정 2012.8.20〉

1. 증폭기 재생장치는 화재시 연소의 우려가 없고, 유지관리가 쉬운 장소에 설치할 것
2. 방호구역 또는 방호대상물이 있는 구획의 각 부분으로부터 하나의 확성기까지의 수평거리는 25m 이하가 되도록 할 것
3. 제어반의 복구스위치를 조작하여도 경보를 계속 발할 수 있는 것으로 할 것

제14조 (자동폐쇄장치)

전역방출방식의 이산화탄소소화설비를 설치한 특정소방대상물 또는 그 부분에 대하여는

다음 각 호의 기준에 따라 자동폐쇄장치를 설치하여야 한다. 〈개정 2012.8.20〉

1. 환기장치를 설치한 것은 이산화탄소가 방사되기 전에 해당 환기장치가 정지할 수 있도록 할 것 〈개정 2012.8.20〉
2. 개구부가 있거나 천장으로부터 1m 이상의 아래부분 또는 바닥으로부터 해당층의 높이의 3분의 2 이내의 부분에 통기구가 있어 이산화탄소의 유출에 따라 소화효과를 감소시킬 우려가 있는 것은 이산화탄소가 방사되기 전에 해당 개구부 및 통기구를 폐쇄할 수 있도록 할 것 〈개정 2012.8.20〉
3. 자동폐쇄장치는 방호구역 또는 방호대상물이 있는 구획의 밖에서 복구할 수 있는 구조로 하고, 그 위치를 표시하는 표지를 할 것

제15조 (비상전원)

이산화탄소소화설비(호스릴이산화탄소소화설비를 제외한다)의 비상전원은 자가발전설비, 축전지설비(제어반에 내장하는 경우를 포함한다)또는 전기저장장치(외부 전기에너지를 저장해 두었다가 필요한 때 전기를 공급하는 장치)로서 다음 각 호의 기준에 따라 설치하여야 한다. 다만, 2 이상의 변전소(「전기사업법」 제67조에 따른 변전소를 말한다. 이하 같다)에서 전력을 동시에 공급받을 수 있거나 하나의 변전소로부터 전력의 공급이 중단되는 때에는 자동으로 다른 변전소로부터 전력을 공급받을 수 있도록 상용전원을 설치한 경우에는 비상전원을 설치하지 아니할 수 있다. 〈개정 2016.7.13〉

1. 점검에 편리하고 화재 및 침수 등의 재해로 인한 피해를 받을 우려가 없는 곳에 설치할 것
2. 이산화탄소소화설비를 유효하게 20분 이상 작동할 수 있어야 할 것
3. 상용전원으로부터 전력의 공급이 중단된 때에는 자동으로 비상전원으로부터 전력을 공급받을 수 있도록 할 것
4. 비상전원의 설치장소는 다른 장소와 방화구획 할 것. 이 경우 그 장소에는 비상전원의 공급에 필요한 기구나 설비외의 것(열병합발전설비에 필요한 기구나 설비는 제외한다)을 두어서는 아니 된다.
5. 비상전원을 실내에 설치하는 때에는 그 실내에 비상조명등을 설치할 것

제16조 (배출설비) 기술사 123회

지하층, 무창층 및 밀폐된 거실 등에 이산화탄소소화설비를 설치한 경우에는 소화약제의 농도를 희석시키기 위한 배출설비를 갖추어야 한다.

제17조 (과압배출구) 기술사 123회

이산화탄소소화설비의 방호구역에 소화약제가 방출시 과압으로 인하여 구조물 등에 손상이 생길 우려가 있는 장소에는 과압배출구를 설치하여야 한다. 〈개정 2012.8.20〉

제18조 (설계프로그램)

이산화탄소소화설비를 컴퓨터프로그램을 이용하여 설계할 경우에는 「가스계소화설비의 설계프로그램 성능인증 및 제품검사의 기술기준」에 적합한 설계프로그램을 사용하여야 한다. 〈개정 2012.8.20, 2013.9.3〉

제19조 (안전시설 등)

이산화탄소소화설비가 설치된 장소에는 다음 각 호의 기준에 따른 안전시설을 설치하여야 한다.

1. 소화약제 방출시 방호구역 내와 부근에 가스방출시 영향을 미칠 수 있는 장소에 시각경보장치를 설치하여 소화약제가 방출되었음을 알도록 할 것.
2. 방호구역의 출입구 부근 잘 보이는 장소에 약제방출에 따른 위험경고표지를 부착할 것
   [본조 신설 2015.1.23.]

제20조 (설치 · 유지기준의 특례)

소방본부장 또는 소방서장은 기존건축물이 증축 · 개축 · 대수선되거나 용도변경 되는 경우에 있어서 이 기준이 정하는 기준에 따라 해당 건축물에 설치하여야 할 이산화탄소소화설비의 배관 · 배선 등의 공사가 현저하게 곤란하다고 인정되는 경우에는 해당 설비의 기능 및 사용에 지장이 없는 범위 안에서 이산화탄소소화설비의 설치 · 유지기준의 일부를 적용하지 아니할 수 있다. 〈개정 2012.8.20〉 [종전의 제19조에서 이동, 2015.1.23.]

제21조 (재검토 기한)

소방청장은 「훈령 · 예규 등의 발령 및 관리에 관한 규정」에 따라 이 고시에 대하여 2016년 1월 1일을 기준으로 매3년이 되는 시점(매 3년째의 12월 31일까지를 말한다)마다 그 타당성을 검토하여 개선 등의 조치를 하여야 한다. 〈개정 2015.10.28〉

부칙 〈제2019-46호, 2019.8.13〉

제1조 (시행일)

이 고시는 발령한 날부터 시행한다.

[별표 1]

가연성 액체 또는 가연성 가스의 소화에 필요한 설계농도
(제5조 제1호 나목 관련)

방호대상물	설계농도(%)
수소(Hydrogen)	75
아세틸렌(Acetylene)	66
일산화탄소(Carbon Monoxide)	64
산화에틸렌(Ethylene Oxide)	53
에틸렌(Ethylene)	49
에탄(Ethane)	40
석탄가스, 천연가스(Coal, Natural gas)	37
사이크로 프로판(Cyclo Propane)	37
이소부탄(Iso Butane)	36
프로판(Propane)	36
부탄(Butane)	34
메탄(Methane)	34

[제10장] 할론소화설비의 화재안전기준(NFSC 107)

(개정예고 : 2020. 8. 19. 소방청고시 제2020-109호)

[할론소화설비의 주요 화재안전기준]

(1) 전역방출방식

1) 국내기준

$$W = V \cdot K_1 + A \cdot K_2$$

K_1(할론 1301) : 0.32~0.64[kg/m³]

단, 특수가연물 중 면화류 · 나무부스러기 · 대팻밥 · 넝마 · 사류 · 볏집류 · 목재가공품 · 종이부스러기를 저장 · 취급하는 것은 0.52~0.64[kg/m³]

K_2(개구부 보정계수) : 할론 1301 : 2.4[kg/m²]

단, 특수가연물 중 면화류 · 나무부스러기 · 대팻밥 · 넝마 · 사류 · 볏집류 · 목재가공품 · 종이부스러기를 저장 · 취급하는 것은 3.9[kg/m²]

2) NFPA 기준

$$W = \frac{V}{S} \times \left(\frac{C}{100 - C} \right)$$

여기서, W : 소화약제량[kg]

V : 방호구역의 체적[m³]

S : 소화약제의 선형상수[m³/kg] : $S = K_1 + K_2 \times t$[℃]

(할론 1301의 경우 : $K_1 = 0.14781$, $K_2 = 0.000567$)

C : 설계농도[Vol%]

t : 방호구역의 온도[℃]

(2) 국소방출방식

1) 평면화재(윗면이 개방된 용기에 저장하는 경우와, 화재시 연소면이 1면에 한정되는 경우)

$$약제량(W) = S \cdot K \cdot h$$

여기서, S : 방호대상물의 표면적[m^2]

K : 방출계수(할론 1301 : 6.8kg)

h : 할증계수(할론 1301 : 1.25, 기타의 할론 : 1.10)

2) 입면화재

$$약제량(W) = V \cdot Q \cdot h$$

$$Q = X - Y\frac{a}{A}$$

여기서, V : 방호공간의 체적[m^3] : 방호대상물의 각 부분으로부터 0.6m 연장된 거리에 따라 둘러싸인 공간의 체적

Q : 방호공간 $1m^3$에 대한 소화약제의 양[kg/m^3]

a : 방호대상물 주위에 설치된 벽면적의 합계[m^2]

A : 방호공간의 벽면적 합계[m^2]

h : 할증계수(할론 1301 : 1.25)

X 및 Y : 할론 1301 ┌ X : 4.0
└ Y : 3.0

3) 호스릴 할론 소화설비

하나의 노즐에 대하여 약제량을 45kg(할론1301) 이상으로 한다.

NFSC 107 할론소화설비

제1조 (목적)

이 기준은 「화재예방, 소방시설 설치 · 유지 및 안전관리에 관한 법률」 제9조제1항에 따라 소방청장에게 위임한 사항 중 물분무등소화설비인 할론소화설비의 설치·유지 및 안전관리에 관하여 필요한 사항을 규정함을 목적으로 한다.

제2조 (적용범위)

「화재예방, 소방시설 설치 · 유지 및 안전관리에 관한 법률 시행령」(이하 "영"이라 한다) 별표 5 제1호 바목에 따른 물분무등소화설비 중 할론소화설비는 이 기준에서 정하는 규정에 따라 설비를 설치하고 유지 · 관리하여야 한다.

제3조 (정의)

이 기준에서 사용하는 용어의 정의는 다음과 같다.

1. "전역방출방식"이란 고정식 할론 공급장치에 배관 및 분사헤드를 고정 설치하여 밀폐

방호구역 내에 할론을 방출하는 설비를 말한다. 〈개정 2012.8.20〉

2. "국소방출방식"이란 고정식 할론 공급장치에 배관 및 분사헤드를 설치하여 직접 화점에 할론을 방출하는 설비로 화재발생부분에만 집중적으로 소화약제를 방출하도록 설치하는 방식을 말한다. 〈개정 2012.8.20〉
3. "호스릴방식"이란 분사헤드가 배관에 고정되어 있지 않고 소화약제 저장용기에 호스를 연결하여 사람이 직접 화점에 소화약제를 방출하는 이동식소화설비를 말한다. 〈개정 2012.8.20〉
4. "충전비"란 용기의 체적과 소화약제의 중량과의 비를 말한다. 〈개정 2012.8.20〉
5. "교차회로방식"이란 하나의 방호구역 내에 2 이상의 화재감지기회로를 설치하고 인접한 2 이상의 화재감지기가 동시에 감지되는 때에는 할론소화설비가 작동하여 소화약제가 방출되는 방식을 말한다. 〈개정 2012.8.20〉
6. "방화문"이란 「건축법 시행령」 제64조의 규정에 따른 갑종방화문 또는 을종방화문으로써 언제나 닫힌 상태를 유지하거나 화재로 인한 연기의 발생 또는 온도의 상승에 따라 자동적으로 닫히는 구조를 말한다. 〈개정 2012.8.20〉

제4조 (소화약제의 저장용기등)

① 할론소화약제의 저장용기는 다음 각 호의 기준에 적합한 장소에 설치하여야 한다. 〈개정 2012.8.20〉

1. 방호구역외의 장소에 설치할 것. 다만, 방호구역 내에 설치할 경우에는 피난 및 조작이 용이하도록 피난구 부근에 설치하여야 한다.
2. 온도가 40℃ 이하이고, 온도변화가 적은 곳에 설치할 것
3. 직사광선 및 빗물이 침투할 우려가 없는 곳에 설치할 것
4. 방화문으로 구획된 실에 설치할 것
5. 용기의 설치장소에는 해당 용기가 설치된 곳임을 표시하는 표지를 할 것 〈개정 2012.8.20〉
6. 용기간의 간격은 점검에 지장이 없도록 3cm 이상의 간격을 유지할 것
7. 저장용기와 집합관을 연결하는 연결배관에는 체크밸브를 설치할 것. 다만, 저장용기가 하나의 방호구역만을 담당하는 경우에는 그러하지 아니하다.

② 할론소화약제의 저장용기는 다음 각 호의 기준에 따라 설치하여야 한다. 〈개정 2012.8.20〉

1. 축압식 저장용기의 압력은 온도 20℃에서 할론 1211을 저장하는 것은 1.1MPa 또는 2.5MPa, 할론 1301을 저장하는 것은 2.5MPa 또는 4.2MPa이 되도록 질소가스로 축압할 것 〈개정 2012.8.20〉
2. 저장용기의 충전비는 할론 2402를 저장하는 것중 가압식 저장용기는 0.51 이상 0.67 미만, 축압식 저장용기는 0.67 이상 2.75 이하, 할론 1211은 0.7 이상 1.4 이하, 할론 1301은 0.9 이상 1.6 이하로 할 것 〈개정 2012.8.20〉
3. 동일 집합관에 접속되는 용기의 소화약제 충전량은 동일충전비의 것이어야 할 것

③ 가압용 가스용기는 질소가스가 충전된 것으로 하고, 그 압력은 21℃에서 2.5MPa 또는 4.2MPa이 되도록 하여야 한다.

④ 할론소화약제 저장용기의 개방밸브는 전기식·가스압력식 또는 기계식에 따라 자동으로 개방되고 수동으로도 개방되는 것으로서 안전장치가 부착된 것으로 하여야 한다.

⑤ 가압식 저장용기에는 2.0MPa 이하의 압력으로 조정할 수 있는 압력조정장치를 설치하여야 한다.

⑥ 하나의 구역을 담당하는 소화약제 저장용기의 소화약제량의 체적합계보다 그 소화약제 방출시 방출경로가 되는 배관(집합관 포함)의 내용적이 1.5배 이상일 경우에는 해당 방호구역에 대한 설비는 별도 독립방식으로 하여야 한다. 〈개정 2012.8.20〉

제5조 (소화약제)

할론소화약제의 저장량은 다음 각 호의 기준에 따라야 한다. 이 경우 동일한 특정소방대상물 또는 그 부분에 2 이상의 방호구역 또는 방호대상물이 있는 경우에는 각 방호구역 또는 방호대상물에 대하여 다음 각 호의 기준에 따라 산출한 저장량 중 최대의 것으로 할 수 있다. 〈개정 2012.8.20〉

1. 전역방출방식은 다음 각 목의 기준에 따라 산출한 양 이상으로 할 것 〈개정 2012.8.20〉
   가. 방호구역의 체적(불연재료나 내열성의 재료로 밀폐된 구조물이 있는 경우에는 그 체적을 제외한다) $1m^3$에 대하여 다음 표에 따른 양

<table>
<tr><th colspan="2">소방대상물 또는 그 부분</th><th>소화약제의 종별</th><th>방호구역의 체적 1m³ 당소화약제의 양</th></tr>
<tr><td colspan="2">차고·주차장·전기실·통신기기실·전산실 기타 이와 유사한 전기설비가 설치되어 있는 부분</td><td>할론 1301</td><td>0.32kg 이상 0.64kg 이하</td></tr>
<tr><td rowspan="3">소방기본법 시행령 별표 2의 특수가연물을저장·취급하는소방 대상물 또는 그 부분</td><td>가연성고체류·가연성액체류</td><td>할론 2402
할론 1211
할론 1301</td><td>0.40kg 이상 1.1 kg 이하
0.36kg 이상 0.71kg 이하
0.32kg 이상 0.64kg 이하</td></tr>
<tr><td>면화류·나무껍질 및 대팻밥·넝마 및 종이부스러기·사류·볏짚류·목재가공품 및 나무부스러기를 저장·취급하는 것</td><td>할론 1211
할론 1301</td><td>0.60kg 이상 0.71kg 이하
0.52kg 이상 0.64kg 이하</td></tr>
<tr><td>합성수지류를 저장·취급하는 것</td><td>할론 1211
할론 1301</td><td>0.36kg 이상 0.71kg 이하
0.32kg 이상 0.64kg 이하</td></tr>
</table>

나. 방호구역의 개구부에 자동폐쇄장치를 설치하지 아니한 경우에는 “가”목에 따라 산출한 양에 다음 표에 따라 산출한 양을 가산한 양

소방대상물 또는 그 부분		소화약제의 종별	가산량(개구부의 면적 $1m^2$ 당 소화약제의 양)
차고·주차장·전기실·통신기기실·전산실·기타 이와 유사한 전기설비가 설치되어 있는 부분		할론 1301	2.4kg
소방기본법 시행령 별표 2의 특수가연물을 저장·취급하는 소방대상물 또는 그 부분	가연성고체류·가연성액체류	할론 2402 할론 1211 할론 1301	3.0kg 2.7kg 2.4kg
	면화류·나무껍질 및 대팻밥·넝마 및 종이부스러기·사류·볏짚류·목재가공품 및 나무부스러기를 저장·취급하는 것	할론 1211 할론 1301	4.5kg 3.9kg
	합성수지류를 저장·취급하는 것	할론 1211 할론 1301	2.7kg 2.4kg

2. 국소방출방식은 다음 각 목의 기준에 따라 산출한 양에 할론 2402 또는 할론 1211은 1.1을, 할론 1301은 1.25를 각각 곱하여 얻은 양 이상으로 할 것 〈개정 2012.8.20〉

가. 윗면이 개방된 용기에 저장하는 경우와 화재시 연소면이 1면에 한정되고 가연물이 비산할 우려가 없는 경우에는 다음 표에 따른 양

소화약제의 종별	방호대상물의 표면적 $1m^2$에 대한 소화약제의 양
할론 2402 할론 1211 할론 1301	8.8kg 7.6kg 6.8kg

나. 가목외의 경우에는 방호공간(방호대상물의 각부분으로부터 0.6m의 거리에 따라 둘러싸인 공간을 말한다. 이하 같다)의 체적 $1m^3$에 대하여 다음의 식에 따라 산출한 양

$$Q = X - Y\frac{a}{A}$$

여기서, Q : 방호공간 $1m^3$에 대한 할로겐화합물 소화약제의 양(kg/m^3)

a : 방호대상물의 주위에 설치된 벽의 면적의 합계(m^2)

A : 방호공간의 벽면적(벽이 없는 경우에는 벽이 있는 것으로 가정한 해당 부분의 면적)의 합계(m^2)

X 및 Y : 다음 표의 수치

소화약제의 종별	X의 수치	Y의 수치
할론 2402	5.2	3.9
할론 1211	4.4	3.3
할론 1301	4.0	3.0

3. 호스릴할론소화설비는 하나의 노즐에 대하여 다음 표에 따른 양 이상으로 할 것 〈개정 2012.8.20〉

소화약제의 종별	소화약제의 양
할론 2402 또는 1211	50kg
할론 1301	45kg

제6조 (기동장치)

① 할론소화설비의 수동식기동장치는 다음 각 호의 기준에 따라 설치하여야 한다. 이 경우 수동식 기동장치의 부근에는 소화약제의 방출을 지연시킬 수 있는 비상스위치(자동복귀형 스위치로서 수동식 기동장치의 타이머를 순간정지 시키는 기능의 스위치를 말한다)를 설치하여야 한다. 〈개정 2012.8.20〉

1. 전역방출방식은 방호구역마다, 국소방출방식은 방호대상물마다 설치할 것 〈개정 2012.8.20〉
2. 해당 방호구역의 출입구부분 등 조작을 하는 자가 쉽게 피난할 수 있는 장소에 설치할 것 〈개정 2012.8.20〉
3. 기동장치의 조작부는 바닥으로부터 높이 0.8m 이상 1.5m 이하의 위치에 설치하고, 보호판 등에 따른 보호장치를 설치할 것
4. 기동장치에는 그 가까운 곳의 보기 쉬운 곳에 "할로겐화합물소화설비 기동장치"라고 표시한 표지를 할 것
5. 전기를 사용하는 기동장치에는 전원표시등을 설치할 것
6. 기동장치의 방출용스위치는 음향경보장치와 연동하여 조작될 수 있는 것으로 할 것

② 할론소화설비의 자동식 기동장치는 자동화재탐지설비의 감지기의 작동과 연동하는 것으로서 다음 각 호의 기준에 따라 설치하여야 한다. 〈개정 2012.8.20〉

1. 자동식 기동장치에는 수동으로도 기동할 수 있는 구조로 할 것
2. 전기식 기동장치로서 7병 이상의 저장용기를 동시에 개방하는 설비는 2병 이상의 저장용기에 전자개방밸브를 부착할 것 〈개정 2012.8.20〉
3. 가스압력식 기동장치는 다음 각 목의 기준에 따를 것 〈개정 2012.8.20〉
   가. 기동용가스용기 및 해당 용기에 사용하는 밸브는 25MPa 이상의 압력에 견딜 수 있는 것으로 할 것 〈개정 2012.8.20〉

나. 기동용가스용기에는 내압시험압력 0.8배부터 내압시험압력 이하에서 작동하는 안전장치를 설치할 것 〈개정 2012.8.20〉

다. 기동용가스용기의 용적은 1ℓ 이상으로 하고, 해당 용기에 저장하는 이산화탄소의 양은 0.6kg 이상으로 하며, 충전비는 1.5 이상으로 할 것 〈개정 2012.8.20〉

4. 기계식 기동장치는 저장용기를 쉽게 개방할 수 있는 구조로 할 것 〈개정 2012.8.20〉

③ 할론소화설비가 설치된 부분의 출입구 등의 보기 쉬운 곳에 소화약제의 방사를 표시하는 표시등을 설치하여야 한다.

제7조 (제어반 등)

할론소화설비의 제어반 및 화재표시반은 다음 각 호의 기준에 따라 설치하여야 한다. 다만, 자동화재탐지설비의 수신기의 제어반이 화재표시반의 기능을 가지고 있는 것은 화재표시반을 설치하지 아니할 수 있다. 〈개정 2012.8.20〉

1. 제어반은 수동기동장치 또는 감지기에서의 신호를 수신하여 음향경보장치의 작동, 소화약제의 방출 또는 지연 기타의 제어기능을 가진 것으로 하고, 제어반에는 전원표시등을 설치할 것
2. 화재표시반은 제어반에서의 신호를 수신하여 작동하는 기능을 가진 것으로 하되, 다음 각 목의 기준에 따라 설치할 것 〈개정 2012.8.20〉

가. 각 방호구역마다 음향경보장치의 조작 및 감지기의 작동을 명시하는 표시등과 이와 연동하여 작동하는 벨·부저 등의 경보기를 설치할 것. 이 경우 음향경보장치의 조작 및 감지기의 작동을 명시하는 표시등을 겸용할 수 있다.

나. 수동식 기동장치는 그 방출용스위치의 작동을 명시하는 표시등을 설치할 것 〈개정 2012.8.20〉

다. 소화약제의 방출을 명시하는 표시등을 설치할 것

라. 자동식 기동장치는 자동·수동의 절환을 명시하는 표시등을 설치할 것 〈개정 2012.8.20〉

3. 제어반 및 화재표시반의 설치장소는 화재에 따른 영향, 진동 및 충격에 따른 영향 및 부식의 우려가 없고 점검에 편리한 장소에 설치할 것
4. 제어반 및 화재표시반에는 해당회로도 및 취급설명서를 비치할 것 〈개정 2012.8.20〉

제8조 (배관)

할론소화설비의 배관은 다음 각 호의 기준에 따라 설치하여야 한다. 〈개정 2012.8.20〉

1. 배관은 전용으로 할 것
2. 강관을 사용하는 경우의 배관은 압력배관용탄소강관(KS D 3562)중 스케줄 40 이상의 것 또는 이와 동등 이상의 강도를 가진 것으로서 아연도금 등에 따라 방식처리된 것을 사용할 것

3. 동관을 사용하는 경우에는 이음이 없는 동 및 동합금관(KS D 5301)의 것으로서 고압식은 16.5MPa 이상, 저압식은 3.75MPa 이상의 압력에 견딜 수 있는 것을 사용할 것
4. 배관부속 및 밸브류는 강관 또는 동관과 동등 이상의 강도 및 내식성이 있는 것으로 할 것

제9조 (선택밸브)

하나의 특정소방대상물 또는 그 부분에 2 이상의 방호구역 또는 방호대상물이 있어 할론 저장용기를 공용하는 경우에는 다음 각 호의 기준에 따라 선택밸브를 설치하여야 한다. 〈개정 2012.8.20〉

1. 방호구역 또는 방호대상물마다 설치할 것
2. 각 선택밸브에는 그 담당방호구역 또는 방호대상물을 표시할 것

제10조 (분사헤드)

① 전역방출방식의 할론소화설비의 분사헤드는 다음 각 호의 기준에 따라 설치하여야 한다. 〈개정 2012.8.20〉

1. 방사된 소화약제가 방호구역의 전역에 균일하게 신속히 확산할 수 있도록 할 것
2. 할론 2402를 방출하는 분사헤드는 해당 소화약제가 무상으로 분무되는 것으로 할 것 〈개정 2012.8.20〉
3. 분사헤드의 방사압력은 할론 2402를 방사하는 것은 0.1MPa 이상, 할론 1211을 방사하는 것은 0.2MPa 이상, 할론1301을 방사하는 것은 0.9MPa 이상으로 할 것 〈개정 2012.8.20〉
4. 제5조에 따른 기준저장량의 소화약제를 10초 이내에 방사할 수 있는 것으로 할 것 〈개정 2012.8.20〉

② 국소방출방식의 할론소화설비의 분사헤드는 다음 각 호의 기준에 따라 설치하여야 한다. 〈개정 2012.8.20〉

1. 소화약제의 방사에 따라 가연물이 비산하지 아니하는 장소에 설치할 것
2. 할론 2402를 방사하는 분사헤드는 해당 소화약제가 무상으로 분무되는 것으로 할 것 〈개정 2012.8.20〉
3. 분사헤드의 방사압력은 할론 2402를 방사하는 것은 0.1MPa 이상, 할론 1211을 방사하는 것은 0.2MPa 이상, 할론1301을 방사하는 것은 0.9MPa 이상으로 할 것 〈개정 2012.8.20〉
4. 제5조에 따른 기준저장량의 소화약제를 10초 이내에 방사할 수 있는 것으로 할 것 〈개정 2012.8.20〉

③ 화재 시 현저하게 연기가 찰 우려가 없는 장소로서 다음 각 호의 어느 하나에 해당하는 장소(차고 또는 주차의 용도로 사용되는 부분 제외)에는 호스릴할론소화설비를 설치할 수 있다. 〈개정예고 2020.8.19〉

1. 지상 1층 및 피난층에 있는 부분으로서 지상에서 수동 또는 원격조작에 따라 개방할 수 있는 개구부의 유효면적의 합계가 바닥면적의 15% 이상이 되는 부분
2. 전기설비가 설치되어 있는 부분 또는 다량의 화기를 사용하는 부분(해당 설비의 주위 5m 이내의 부분을 포함한다)의 바닥면적이 해당 설비가 설치되어 있는 구획의 바닥면적의 5분의 1 미만이 되는 부분〈개정 2012.8.20〉

④ 호스릴할론소화설비는 다음 각 호의 기준에 따라 설치하여야 한다. 〈개정 2012.8.20〉

1. 방호대상물의 각 부분으로부터 하나의 호스접결구까지의 수평거리가 20m 이하가 되도록 할 것
2. 소화약제의 저장용기의 개방밸브는 호스릴의 설치장소에서 수동으로 개폐할 수 있는 것으로 할 것
3. 소화약제의 저장용기는 호스릴을 설치하는 장소마다 설치할 것
4. 노즐은 20℃에서 하나의 노즐마다 1분당 다음 표에 따른 소화약제를 방사할 수 있는 것으로 할 것

소화약제의 종별	1분당 방사하는 소화약제의 양
할론 2402	45kg
할론 1211	40kg
할론 1301	35kg

5. 소화약제 저장용기의 가까운 곳의 보기 쉬운 곳에 적색의 표시등을 설치하고, 호스릴할론소화설비가 있다는 뜻을 표시한 표지를 할 것

⑤ 할론소화설비의 분사헤드의 오리피스구경·방출율·크기 등에 관하여는 다음 각 호의 기준에 따라야 한다. 〈개정 2012.8.20〉

1. 분사헤드에는 부식방지조치를 하여야 하며 오리피스의 크기, 제조일자, 제조업체가 표시되도록 할 것
2. 분사헤드의 개수는 방호구역에 방사시간이 충족되도록 설치할 것
3. 분사헤드의 방출율 및 방출압력은 제조업체에서 정한 값으로 할 것
4. 분사헤드의 오리피스의 면적은 분사헤드가 연결되는 배관구경 면적의 70%를 초과하지 아니할 것

제11조 (자동식 기동장치의 화재감지기)

할론소화설비의 자동식 기동장치는 다음 각 호의 기준에 따른 화재감지기를 설치하여야 한다. 〈개정 2012.8.20〉

1. 각 방호구역내의 화재감지기의 감지에 따라 작동되도록 할 것
2. 화재감지기의 회로는 교차회로방식으로 설치할 것. 다만, 화재감지기를 「자동화재탐지설비의 화재안전기준(NFSC 203)」 제7조제1항 단서의 각 호의 감지기로 설치하는 경우에는 그러하지 아니하다. 〈개정 2012.8.20〉

3. 교차회로내의 각 화재감지기회로별로 설치된 화재감지기 1개가 담당하는 바닥면적은 「자동화재탐지설비의 화재안전기준(NFSC 203)」 제7조제3항제5호 · 제8호부터 제10호까지의 기준에 따른 바닥면적으로 할 것 〈개정 2012.8.20〉

제12조 (음향경보장치)

① 할론소화설비의 음향경보장치는 다음 각 호의 기준에 따라 설치하여야 한다. 〈개정 2012.8.20〉

1. 수동식 기동장치를 설치한 것은 그 기동장치의 조작과정에서, 자동식 기동장치를 설치한 것은 화재감지기와 연동하여 자동으로 경보를 발하는 것으로 할 것 〈개정 2012.8.20〉
2. 소화약제의 방사개시 후 1분 이상 경보를 계속할 수 있는 것으로 할 것
3. 방호구역 또는 방호대상물이 있는 구획 안에 있는 자에게 유효하게 경보할 수 있는 것으로 할 것

② 방송에 따른 경보장치를 설치할 경우에는 다음 각 호의 기준에 따라야 한다. 〈개정 2012.8.20〉

1. 증폭기 재생장치는 화재시 연소의 우려가 없고, 유지관리가 쉬운 장소에 설치할 것
2. 방호구역 또는 방호대상물이 있는 구획의 각 부분으로부터 하나의 확성기까지의 수평거리는 25m 이하가 되도록 할 것
3. 제어반의 복구스위치를 조작하여도 경보를 계속 발할 수 있는 것으로 할 것

제13조 (자동폐쇄장치)

전역방출방식의 할론소화설비를 설치한 특정소방대상물 또는 그 부분에 대하여는 다음 각 호의 기준에 따라 자동폐쇄장치를 설치하여야 한다. 〈개정 2012.8.20〉

1. 환기장치를 설치한 것은 할론이 방사되기 전에 해당 환기장치가 정지할 수 있도록 할 것 〈개정 2012.8.20〉
2. 개구부가 있거나 천장으로부터 1m 이상의 아래부분 또는 바닥으로부터 해당층의 높이의 3분의 2 이내의 부분에 통기구가 있어 할론의 유출에 따라 소화효과를 감소시킬 우려가 있는 것은 할론이 방사되기 전에 당해 개구부 및 통기구를 폐쇄할 수 있도록 할 것 〈개정 2012.8.20〉
3. 자동폐쇄장치는 방호구역 또는 방호대상물이 있는 구획의 밖에서 복구할 수 있는 구조로 하고, 그 위치를 표시하는 표지를 할 것

제14조 (비상전원)

할론소화설비(호스릴할론소화설비를 제외한다)의 비상전원은 자가발전설비, 축전지설비(제어반에 내장하는 경우를 포함한다)또는 전기저장장치(외부 전기에너지를 저장해 두었다가 필요한 때 전기를 공급하는 장치)로서 다음 각 호의 기준에 따라 설치하여야 한다. 다만, 2 이상의 변전소(「전기사업법」 제67조에 따른 변전소를 말한다. 이하 같다)에서 전

력을 동시에 공급받을 수 있거나 하나의 변전소로부터 전력의 공급이 중단되는 때에는 자동으로 다른 변전소로부터 전력을 공급받을 수 있도록 상용전원을 설치한 경우에는 비상전원을 설치하지 아니할 수 있다. 〈개정 2016.7.13〉

1. 점검에 편리하고 화재 및 침수 등의 재해로 인한 피해를 받을 우려가 없는 곳에 설치할 것
2. 할론소화설비를 유효하게 20분 이상 작동할 수 있어야 할 것
3. 상용전원으로부터 전력의 공급이 중단된 때에는 자동으로 비상전원으로부터 전력을 공급받을 수 있도록 할 것
4. 비상전원의 설치장소는 다른 장소와 방화구획 할 것. 이 경우 그 장소에는 비상전원의 공급에 필요한 기구나 설비외의 것(열병합발전설비에 필요한 기구나 설비는 제외한다)을 두어서는 아니된다.
5. 비상전원을 실내에 설치하는 때에는 그 실내에 비상조명등을 설치할 것

제15조 (설계프로그램)

할론소화설비를 컴퓨터프로그램을 이용하여 설계할 경우에는 「가스계소화설비의 설계프로그램 성능인증 및 제품검사의 기술기준」에 적합한 설계프로그램을 사용하여야 한다. 〈개정 2012.8.20, 2013.9.3〉

제16조 (설치 · 유지기준의 특례)

소방본부장 또는 소방서장은 기존건축물이 증축 · 개축 · 대수선되거나 용도변경 되는 경우에 있어서 이 기준이 정하는 기준에 따라 해당 건축물에 설치하여야 할 할론소화설비의 배관 · 배선 등의 공사가 현저하게 곤란하다고 인정되는 경우에는 해당 설비의 기능 및 사용에 지장이 없는 범위 안에서 할론소화설비의 설치 · 유지기준의 일부를 적용하지 아니할 수 있다. 〈개정 2012.8.20〉

제17조 (재검토 기한)

소방청장은 「훈령 · 예규 등의 발령 및 관리에 관한 규정」에 따라 이 고시에 대하여 2016년 1월 1일을 기준으로 매3년이 되는 시점(매 3년째의 12월 31일까지를 말한다)마다 그 타당성을 검토하여 개선 등의 조치를 하여야 한다. 〈개정 2015.10.28〉

부칙 <제2021-0호, 2021.0.00>

제1조 (시행일)

이 고시는 발령한 날부터 시행한다.

[제11장] 할로겐화합물 및 불활성기체 소화설비의 화재안전기준(NFSC 107A)

(개정 : 2018. 11. 19. 소방청고시 제2018-17호)

[CO_2 · 할론 · 할로겐화합물 및 불활성기체소화설비의 흐름도]

관리사 7회 출제

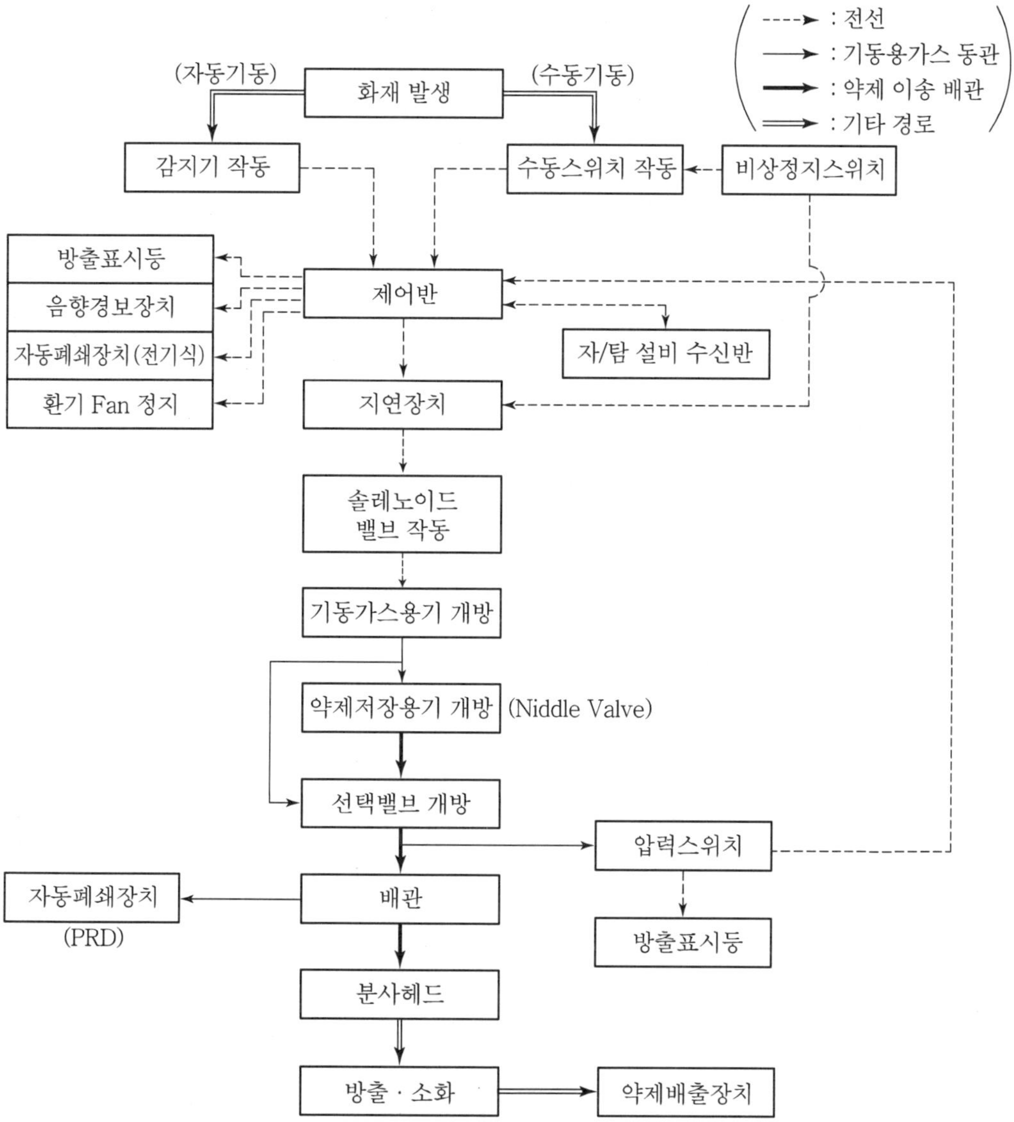

[CO_2 · 할론 · 할로겐화합물 및 불활성기체소화설비의 계통도]

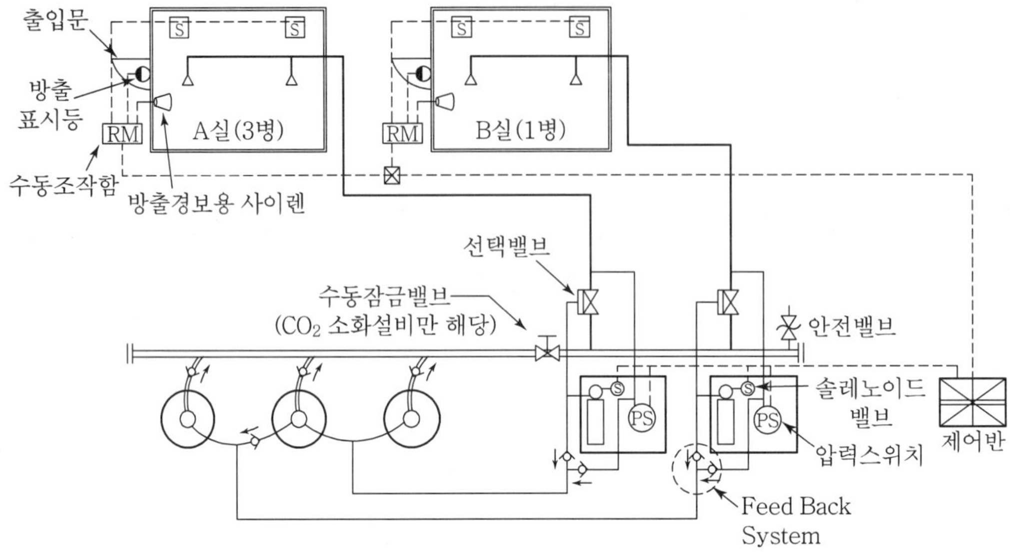

제1조 (목적)

이 기준은 「화재예방, 소방시설 설치 · 유지 및 안전관리에 관한 법률」 제9조제1항에 따라 소방청장에게 위임한 사항 중 물분무등소화설비인 할로겐화합물 및 불활성기체소화설비의 설치 · 유지 및 안전관리에 관하여 필요한 사항을 규정함을 목적으로 한다.

제2조 (적용범위)

「화재예방, 소방시설 설치 · 유지 및 안전관리에 관한 법률 시행령」(이하 "영"이라 한다) 별표 5 제1호바목에 따른 물분무등소화설비 중 할로겐화합물 및 불활성기체소화설비는 이 기준에서 정하는 규정에 따라 설비를 설치하고 유지 · 관리하여야 한다.

제3조 (정의)

이 기준에서 사용하는 용어의 정의는 다음과 같다.

1. "할로겐화합물 및 불활성기체소화약제"란 할로겐화합물(할론 1301, 할론 2402, 할론 1211 제외) 및 불활성기체로서 전기적으로 비전도성이며 휘발성이 있거나 증발 후 잔여물을 남기지 않는 소화약제를 말한다. 〈개정 2012.8.20〉 관리사 10회
2. "할로겐화합물소화약제"란 불소, 염소, 브롬 또는 요오드 중 하나 이상의 원소를 포함하고 있는 유기화합물을 기본성분으로 하는 소화약제를 말한다. 관리사 10회
3. "불활성기체소화약제"란 헬륨, 네온, 아르곤 또는 질소가스 중 하나 이상의 원소를 기본성분으로 하는 소화약제를 말한다. 〈개정 2012.8.20〉 관리사 10회
4. "충전밀도"란 용기의 단위용적당 소화약제의 중량의 비율을 말한다. 〈개정 2012.8.20〉

5. "방화문"이란 「건축법 시행령」 제64조에 따른 갑종방화문 또는 을종방화문으로써 언제나 닫힌 상태를 유지하거나 화재로 인한 연기의 발생 또는 온도의 상승에 따라 자동적으로 닫히는 구조를 말한다. 〈개정 2012.8.20〉

제4조 (종류)

소화설비에 적용되는 할로겐화합물 및 불활성기체소화약제는 다음 표에서 정하는 것에 한한다. 기술사 108회

소 화 약 제	화 학 식
퍼플루오로부탄(이하 "FC－3－1－10"이라 한다)	C_4F_{10}
하이드로클로로플루오로카본혼화제 관리사 14회 (이하 "HCFC BLEND A"라 한다)	HCFC－123($CHCl_2CF_3$) : 4.75% HCFC－22($CHClF_2$) : 82% HCFC－124($CHClFCF_3$) : 9.5% $C_{10}H_{16}$: 3.75%
클로로테트라플루오르에탄(이하 "HCFC－124"라 한다)	$CHClFCF_3$
펜타플루오로에탄(이하 "HFC－125"라 한다)	CHF_2CF_3
헵타플루오로프로판(이하 "HFC－227ea"라 한다)	CF_3CHFCF_3
트리플루오로메탄(이하 "HFC－23"라 한다)	CHF_3
헥사플루오로프로판(이하 "HFC－236fa"라 한다)	$CF_3CH_2CF_3$
트리플루오로이오다이드(이하 "FIC－13I1"라 한다)	CF_3I
불연성・불활성기체혼합가스(이하 "IG－01"이라 한다)	Ar
불연성・불활성기체혼합가스(이하 "IG－100"이라 한다)	N_2
불연성・불활성기체혼합가스(이하 "IG－541"이라 한다)	N_2 : 52%, Ar : 40%, CO_2 : 8%
불연성・불활성기체혼합가스(이하 "IG－55"이라 한다)	N_2 : 50%, Ar : 50%
도데카플루오로－2－메틸펜탄－3－원 (이하 "FK－5－1－12"이라 한다)	$CF_3CF_2C(O)CF(CF_3)_2$

제5조 (설치제외) 관리사 10회

할로겐화합물 및 불활성기체소화설비는 다음 각 호에서 정한 장소에는 설치할 수 없다. 〈개정 2012.8.20〉

1. 사람이 상주하는 곳으로써 제7조제2항의 최대허용설계농도를 초과하는 장소
2. 「위험물안전기본법 시행령」 별표 1의 제3류위험물 및 제5류위험물을 사용하는 장소. 다만, 소화성능이 인정되는 위험물은 제외한다. 〈개정 2012.8.20〉

제6조 (저장용기) 기술사 87 · 122회

① 할로겐화합물 및 불활성기체소화약제의 저장용기는 다음 각 호의 기준에 적합한 장소에 설치하여야 한다.

1. 방호구역외의 장소에 설치할 것. 다만, 방호구역 내에 설치할 경우에는 피난 및 조작이 용이하도록 피난구 부근에 설치하여야 한다.
2. 온도가 55℃ 이하이고 온도의 변화가 작은 곳에 설치할 것
3. 직사광선 및 빗물이 침투할 우려가 없는 곳에 설치할 것
4. 저장용기를 방호구역 외에 설치한 경우에는 방화문으로 구획된 실에 설치할 것 〈개정 2009.10.22〉
5. 용기의 설치장소에는 해당 용기가 설치된 곳임을 표시하는 표지를 할 것 〈개정 2012.8.20〉
6. 용기간의 간격은 점검에 지장이 없도록 3cm 이상의 간격을 유지할 것
7. 저장용기와 집합관을 연결하는 연결배관에는 체크밸브를 설치할 것. 다만, 저장용기가 하나의 방호구역만을 담당하는 경우에는 그러하지 아니하다.

② 할로겐화합물 및 불활성기체소화약제의 저장용기는 다음 각 호의 기준에 적합하여야 한다. 기술사 87회

1. 저장용기의 충전밀도 및 충전압력은 별표 1에 따를 것 〈개정 2012.8.20〉
2. 저장용기는 약제명 · 저장용기의 자체중량과 총중량 · 충전일시 · 충전압력 및 약제의 체적을 표시할 것
3. 집합관에 접속되는 저장용기는 동일한 내용적을 가진 것으로 충전량 및 충전압력이 같도록 할 것
4. 저장용기에 충전량 및 충전압력을 확인할 수 있는 장치를 하는 경우에는 해당 소화약제에 적합한 구조로 할 것
5. 저장용기의 약제량 손실이 5%를 초과하거나 압력손실이 10%를 초과할 경우에는 재충전하거나 저장용기를 교체할 것. 다만, 불활성기체소화약제 저장용기의 경우에는 압력손실이 5%를 초과할 경우 재충전하거나 저장용기를 교체하여야 한다.

③ 하나의 방호구역을 담당하는 저장용기의 소화약제의 체적합계보다 소화약제의 방출시 방출경로가 되는 배관(집합관을 포함한다)의 내용적의 비율이 할로겐화합물 및 불활성기체 소화약제 제조업체(이하 "제조업체"라 한다)의 설계기준에서 정한 값 이상일 경우에는 해당 방호구역에 대한 설비는 별도 독립방식으로 하여야 한다. 〈개정 2012.8.20〉

제7조 (소화약제량의 산정) 기술사 89회 · 97회 관리사 9회 · 14회

① 소화약제의 저장량은 다음 각 호의 기준에 따른다. 〈개정 2012.8.20〉

1. 할로겐화합물소화약제는 다음 공식에 따라 산출한 양 이상으로 할 것

$$W = \frac{V}{S} \times \frac{C}{100 - C}$$

여기서, W : 소화약제의 무게[kg]

V : 방호구역의 체적[m^3]
S : 소화약제별 선형상수($K_1 + K_2 \times t$)[m^3/kg]
C : 체적에 따른 소화약제의 설계농도[%]
t : 방호구역의 최소예상온도[℃]

소 화 약 제	K_1	K_2
<삭제>	<삭제>	<삭제>
FC-3-1-10	0.094104	0.00034455
HCFC BLEND A	0.2413	0.00088
HCFC-124	0.1575	0.0006
HFC-125	0.1825	0.0007
HFC-227ea	0.1269	0.0005
HFC-23	0.3164	0.0012
HFC-236fa	0.1413	0.0006
FIC-1311	0.1138	0.0005
FK-5-1-12	0.0664	0.0002741

2. 불활성기체소화약제는 다음 공식에 따라 산출한 양 이상으로 할 것

$$X = 2.303 \frac{V_s}{S} \times Log10 \frac{100}{(100-C)}$$

여기서, X : 공간체적당 더해진 소화약제의 부피[m^3/m^3]
S : 소화약제별 선형상수($K_1 + K_2 \times t$)[m^3/kg]
C : 체적에 따른 소화약제의 설계농도[%]
V_s : 20℃에서 소화약제의 비체적[m^3/kg]
t : 방호구역의 최소예상온도[℃]

소 화 약 제	K_1	K_2
IG-01	0.5685	0.00208
IG-100	0.7997	0.00293
IG-541	0.65799	0.00239
IG-55	0.6598	0.00242

3. 체적에 따른 소화약제의 설계농도(%)는 상온에서 제조업체의 설계기준에서 정한 실험수치를 적용한다. 이 경우 설계농도는 소화농도(%)에 안전계수(A · C급화재 1.2, B급화재 1.3)를 곱한 값으로 할 것

② 제1항의 기준에 의해 산출한 소화약제량은 사람이 상주하는 곳에서는 별표 2에 따른 최대허용설계농도를 초과할 수 없다. 〈개정 2008.12.15〉

③ 방호구역이 둘 이상인 장소의 소화설비가 제6조제3항의 기준에 해당하지 않는 경우에 한하여 가장 큰 방호구역에 대하여 제1항의 기준에 의해 산출한 양 이상이 되도록 하여야 한다.

제8조 (기동장치) 기술사 103회

할로겐화합물 및 불활성기체소화설비는 다음 각 호의 기준에 따라 설치하여야 한다. 〈개정 2012.8.20〉

1. 수동식 기동장치는 다음 각 목의 기준에 따라 설치할 것 이 경우 수동식 기동장치의 부근에는 소화약제의 방출을 지연시킬 수 있는 비상스위치(자동복귀형 스위치로서 수동식 기동장치의 타이머를 순간 정지시키는 기능의 스위치를 말한다)를 설치하여야 한다.
   가. 방호구역마다 설치
   나. 해당 방호구역의 출입구부근 등 조작을 하는 자가 쉽게 피난할 수 있는 장소에 설치할 것 〈개정 2012.8.20〉
   다. 기동장치의 조작부는 바닥으로부터 0.8m 이상 1.5m 이하의 위치에 설치하고, 보호판 등에 따른 보호장치를 설치할 것
   라. 기동장치에는 가깝고 보기 쉬운 곳에 "할로겐화합물 및 불활성기체소화설비 기동장치"라는 표지를 할 것
   마. 전기를 사용하는 기동장치에는 전원표시등을 설치할 것
   바. 기동장치의 방출용스위치는 음향경보장치와 연동하여 조작될 수 있는 것으로 할 것
   사. 5kg 이하의 힘을 가하여 기동할 수 있는 구조로 설치
2. 자동식 기동장치는 자동화재탐지설비의 감지기의 작동과 연동하는 것으로서 다음 각 목의 기준에 따라 설치할 것
   가. 자동식 기동장치에는 제1호의 기준에 따른 수동식 기동장치를 함께 설치할 것
   나. 기계식, 전기식 또는 가스압력식에 따른 방법으로 기동하는 구조로 설치할 것
3. 할로겐화합물 및 불활성기체소화설비가 설치된 구역의 출입구에는 소화약제가 방출되고 있음을 나타내는 표시등을 설치할 것

제9조 (제어반등)

할로겐화합물 및 불활성기체소화설비의 제어반 및 화재표시반은 다음 각 호의 기준에 따라 설치하여야 한다. 다만, 자동화재탐지설비의 수신기의 제어반이 화재표시반의 기능을 가지고 있는 것은 화재표시반을 설치하지 아니할 수 있다. 〈개정 2012.8.20〉

1. 제어반은 수동기동장치 또는 감지기에서의 신호를 수신하여 음향경보장치의 작동, 소화약제의 방출 또는 지연 기타의 제어기능을 가진 것으로 하고, 제어반에는 전원표시등을 설치할 것

2. 화재표시반은 제어반에서의 신호를 수신하여 작동하는 기능을 가진 것으로 하되, 다음 각 목의 기준에 따라 설치할 것 〈개정 2012.8.20〉
   가. 각 방호구역마다 음향경보장치의 조작 및 감지기의 작동을 명시하는 표시등과 이와 연동하여 작동하는 벨 · 부저 등의 경보기를 설치할 것. 이 경우 음향경보장치의 조작 및 감지기의 작동을 명시하는 표시등을 겸용할 수 있다.
   나. 수동식 기동장치는 그 방출용스위치의 작동을 명시하는 표시등을 설치할 것 〈개정 2012.8.20〉
   다. 소화약제의 방출을 명시하는 표시등을 설치할 것
   라. 자동식 기동장치는 자동 · 수동의 절환을 명시하는 표시등을 설치할 것 〈개정 2012.8.20〉
3. 제어반 및 화재표시반의 설치장소는 화재에 따른 영향, 진동 및 충격에 따른 영향 및 부식의 우려가 없고 점검에 편리한 장소에 설치할 것
4. 제어반 및 화재표시반에는 해당 회로도 및 취급설명서를 비치할 것 〈개정 2012.8.20〉

제10조 (배관)

① 할로겐화합물 및 불활성기체소화설비의 배관은 다음 각 호의 기준에 따라 설치하여야 한다. 〈개정 2012.8.20〉

1. 배관은 전용으로 할 것
2. 배관 · 배관부속 및 밸브류는 저장용기의 방출내압을 견딜 수 있어야 하며 다음 각 목의 기준에 적합할 것. 이 경우 설계내압은 별표 1에서 정한 최소사용설계압력 이상으로 하여야 한다. 〈개정 2012.8.20〉
   가. 강관을 사용하는 경우의 배관은 압력배관용탄소강관(KS D 3562) 또는 이와 동등 이상의 강도를 가진 것으로서 아연도금 등에 따라 방식처리된 것을 사용할 것
   나. 동관을 사용하는 경우의 배관은 이음이 없는 동 및 동합금관(KS D 5301)의 것을 사용할 것
   다. 배관의 두께는 다음의 계산식에서 구한 값(t) 이상일 것 다만, 방출헤드 설치부는 제외한다. 관리사 19회 기술사 125회

$$관의\ 두께(t) = \frac{PD}{2SE} + A$$

여기서, P : 최대허용압력[KPa]

D : 배관의 바깥지름[mm]

SE : 최대허용응력[KPa](배관재질 인장강도의 1/4값과 항복점의 2/3값 중 적은 값 × 배관이음효율 × 1.2)

A : 나사이음, 홈이음등의 허용값[mm](헤드설치부분은 제외한다)

- 나사이음 : 나사의 높이
- 절단홈이음 : 홈의 깊이
- 용접이음 : 0

※ 배관이음효율
- 이음매 없는 배관 : 1.0
- 전기저항 용접배관 : 0.85
- 가열맞대기 용접배관 : 0.60

3. 배관부속 및 밸브류는 강관 또는 동관과 동등 이상의 강도 및 내식성이 있는 것으로 할 것

② 배관과 배관, 배관과 배관부속 및 밸브류의 접속은 나사접합, 용접접합, 압축접합 또는 플랜지접합 등의 방법을 사용하여야 한다.

③ 배관의 구경은 해당 방호구역에 할로겐화합물소화약제는 10초 이내에, 불활성기체소화약제는 A · C급화재 2분, B급화재 1분 이내에 방호구역 각 부분에 최소설계농도의 95% 이상 해당하는 약제량이 방출되도록 하여야 한다. 〈개정 2018.11.19〉 기술사 115회 관리사 19회

제11조 (분사헤드) 기술사 86회

① 분사헤드는 다음 각 호의 기준에 따라야 한다.
1. 분사헤드의 설치높이는 방호구역의 바닥으로부터 최소 0.2m 이상 최대 3.7m 이하로 하여야 하며 천장높이가 3.7m를 초과할 경우에는 추가로 다른 열의 분사헤드를 설치할 것. 다만, 분사헤드의 성능인정 범위 내에서 설치하는 경우에는 그러하지 아니하다.
2. 분사헤드의 갯수는 방호구역에 제10조제3항을 충족되도록 설치할 것 〈개정 2012.8.20〉
3. 분사헤드에는 부식방지조치를 하여야 하며 오리피스의 크기, 제조일자, 제조업체가 표시 되도록 할 것

② 분사헤드의 방출율 및 방출압력은 제조업체에서 정한 값으로 한다.

③ 분사헤드의 오리피스의 면적은 분사헤드가 연결되는 배관구경면적의70%를 초과하여서는 아니 된다.

제12조 (선택밸브)

하나의 특정소방대상물 또는 그 부분에 2 이상의 방호구역이 있어 소화약제의 저장용기를 공용하는 경우에 있어서 방호구역마다 선택밸브를 설치하고 선택밸브에는 각각의 방호구역을 표시하여야 한다. 〈개정 2012.8.20〉

제13조 (자동식기동장치의 화재감지기)

할로겐화합물 및 불활성기체소화설비의 자동식 기동장치는 다음 각 호의 기준에 따른 화재감지기를 설치하여야 한다. 〈개정 2012.8.20〉
1. 각 방호구역내의 화재감지기의 감지에 따라 작동되도록 할 것
2. 화재감지기의 회로는 교차회로방식으로 설치할 것. 다만, 화재감지기를 「자동화재탐지설비의 화재안전기준(NFSC 203)」 제7조제1항 단서의 각 호의 감지기로 설치하는 경우에는 그러하지 아니하다. 〈개정 2012.8.20〉

3. 교차회로내의 각 화재감지기회로별로 설치된 화재감지기 1개가 담당하는 바닥면적은 「자동화재탐지설비의 화재안전기준(NFSC 203)」 제7조제3항제5호 · 제8호부터 제10호까지의 규정에 따른 바닥면적으로 할 것 〈개정 2012.8.20〉

제14조 (음향경보장치)

① 할로겐화합물 및 불활성기체소화설비의 음향경보장치는 다음 각 호의 기준에 따라 설치하여야 한다. 〈개정 2012.8.20〉

1. 수동식 기동장치를 설치한 것은 그 기동장치의 조작과정에서, 자동식 기동장치를 설치한 것은 화재감지기와 연동하여 자동으로 경보를 발하는 것으로 할 것 〈개정 2012.8.20〉
2. 소화약제의 방사개시 후 1분 이상 경보를 계속할 수 있는 것으로 할 것
3. 방호구역 또는 방호대상물이 있는 구획 안에 있는 자에게 유효하게 경보할 수 있는 것으로 할 것

② 방송에 따른 경보장치를 설치할 경우에는 다음 각 호의 기준에 따라야 한다.

1. 증폭기 재생장치는 화재시 연소의 우려가 없고, 유지관리가 쉬운 장소에 설치할 것
2. 방호구역 또는 방호대상물이 있는 구획의 각 부분으로부터 하나의 확성기까지의 수평거리는 25m 이하가 되도록 할 것
3. 제어반의 복구스위치를 조작하여도 경보를 계속 발할 수 있는 것으로 할 것

제15조 (자동폐쇄장치) 관리사 10회

할로겐화합물 및 불활성기체소화설비를 설치한 특정소방대상물 또는 그 부분에 대하여는 다음 각 호의 기준에 따라 자동폐쇄장치를 설치하여야 한다. 〈개정 2012.8.20〉

1. 환기장치를 설치한 것은 할로겐화합물 및 불활성기체소화약제가 방사되기 전에 해당 환기장치가 정지할 수 있도록 할 것 〈개정 2012.8.20〉
2. 개구부가 있거나 천장으로부터 1m 이상의 아래 부분 또는 바닥으로부터 해당층의 높이의 3분의 2 이내의 부분에 통기구가 있어 할로겐화합물 및 불활성기체소화약제의 유출에 따라 소화효과를 감소시킬 우려가 있는 것은 할로겐화합물 및 불활성기체소화약제가 방사되기 전에 당해 개구부 및 통기구를 폐쇄할 수 있도록 할 것 〈개정 2012.8.20〉
3. 자동폐쇄장치는 방호구역 또는 방호대상물이 있는 구획의 밖에서 복구할 수 있는 구조로 하고, 그 위치를 표시하는 표지를 할 것

제16조 (비상전원)

할로겐화합물 및 불활성기체소화설비의 비상전원은 자가발전설비, 축전지설비(제어반에 내장하는 경우를 포함한다)또는 전기저장장치(외부 전기에너지를 저장해 두었다가 필요한 때 전기를 공급하는 장치)로서 다음 각 호의 기준에 따라 설치하여야 한다. 다만, 2 이상의 변전소(「전기사업법」 제67조에 따른 변전소를 말한다. 이하 같다)에서 전력을 동시

에 공급받을 수 있거나 하나의 변전소로부터 전력의 공급이 중단되는 때에는 자동으로 다른 변전소로부터 전력을 공급받을 수 있도록 상용전원을 설치한 경우에는 비상전원을 설치하지 아니할 수 있다. 〈개정 2016.7.13〉

1. 점검에 편리하고 화재 및 침수 등의 재해로 인한 피해를 받을 우려가 없는 곳에 설치할 것
2. 할로겐화합물 및 불활성기체소화설비를 유효하게 20분 이상 작동할 수 있어야 할 것
3. 상용전원으로부터 전력의 공급이 중단된 때에는 자동으로 비상전원으로부터 전력을 공급받을 수 있도록 할 것
4. 비상전원의 설치장소는 다른 장소와 방화구획 할 것. 이 경우 그 장소에는 비상전원의 공급에 필요한 기구나 설비외의 것(열병합발전설비에 필요한 기구나 설비는 제외한다)을 두어서는 아니 된다.
5. 비상전원을 실내에 설치하는 때에는 그 실내에 비상조명등을 설치할 것

제17조 (과압배출구) 관리사 10회

할로겐화합물 및 불활성기체소화설비의 방호구역에 소화약제가 방출시 과압으로 인하여 구조물 등에 손상이 생길 우려가 있는 장소에는 과압배출구를 설치하여야한다.

제18조 (설계프로그램)

할로겐화합물 및 불활성기체소화설비를 컴퓨터프로그램을 이용하여 설계할 경우에는 「가스계소화설비의 설계프로그램 성능인증 및 제품검사의 기술기준」에 적합한 설계프로그램을 사용하여야 한다. 〈개정 2012.8.20, 2013.9.3〉

제19조 (설치 · 유지기준의 특례)

소방본부장 또는 소방서장은 기존건축물이 증축 · 개축 · 대수선되거나 용도변경 되는 경우에 있어서 이 기준이 정하는 기준에 따라 해당 건축물에 설치하여야 할 할로겐화합물 및 불활성기체소화설비의 배관 · 배선 등의 공사가 현저하게 곤란하다고 인정되는 경우에는 해당 설비의 기능 및 사용에 지장이 없는 범위 안에서 할로겐화합물 및 불활성기체소화설비의 설치 · 유지기준의 일부를 적용하지 아니할 수 있다. 〈개정 2012.8.20〉

제20조 (재검토 기한)

소방청장은 「훈령 · 예규 등의 발령 및 관리에 관한 규정」에 따라 이 고시에 대하여 2017년 7월 1일을 기준으로 매3년이 되는 시점(매 3년째의 6월 30일까지를 말한다)마다 그 타당성을 검토하여 개선 등의 조치를 하여야 한다. 〈개정 2017.4.11〉

부칙 〈제2018-17호, 2018.11.19〉

제1조 (시행일)

이 고시는 발령한 날부터 시행한다.

[별표 1]

할로겐화합물 및 불활성기체 소화약제 저장용기의 충전밀도 · 충전압력 및 배관의 최소사용설계압력 <개정 2017.4.11>

(제6조제2항제1호 및 제10조제1항제2호 관련)

1. 할로겐화합물소화약제

항목 \ 소화약제	HFC-227ea			FC-3-1-10	HCFC BLEND A	
최대충전밀도 (kg/m^3)	1,201.4	1,153.3	1,153.3	1,281.4	900.2	900.2
21℃ 충전압력(kPa)	1,034*	2,482*	4,137*	2,482*	4,137*	2,482*
최소사용 설계압력 (kPa)	1,379	2,868	5,654	2,482	4,689	2,979

항목 \ 소화약제	HFC-23				
최대충전밀도(kg/m^3)	768.9	720.8	640.7	560.6	480.6
21℃ 충전압력(kPa)	4,198**	4,198**	4,198**	4,198**	4,198**
최소사용설계압력 (kPa)	9,453	8,605	7,626	6,943	6,392

항목 \ 소화약제	HCFC-124		HFC-125		HFC-236fa			FK-5-1-12
최대 충전밀도 (kg/m^3)	1,185.4	1,185.4	865	897	1,185.4	1,201.4	1,185.4	1,441.7
21℃ 충전압력 (kPa)	1,655*	2,482*	2,482*	4,137*	1,655*	2,482*	4,137*	2,482* 4,206*
최소사용 설계압력 (kPa)	1,951	3,199	3,392	5,764	1,931	3,310	6,068	2,482

[비고]

1. "*" 표시는 질소로 축압한 경우를 표시한다.
2. "**" 표시는 질소로 축압하지 아니한 경우를 표시한다.

2. **불활성기체소화약제**<개정 2009.10.22> 기술사 88회

항목 \ 소화약제		IG-01		IG-541		
21℃ 충전압력(kPa)		16,341	20,436	14,997	19,996	31,125
최소사용 설계압력(kPa)	1차측	16,341	20,436	14,997	19,996	31,125
	2차측	비고 2 참조				

항목 \ 소화약제		IG-55			IG-100		
21℃ 충전압력(kPa)		15,320	20,423	30,634	16,575	22,312	28,000
최소사용 설계압력(kPa)	1차측	15,320	20,423	30,634	16,575	22,312	227.4
	2차측	비고 2 참조					

[비고]

1. 1차측과 2차측은 감압장치를 기준으로 한다.
2. 2차측 최소사용설계압력은 제조사의 설계프로그램에 의한 압력값에 따른다.

[별표 2] 할로겐화합물 및 불활성기체소화약제 최대허용설계농도

(제7조제2항 관련) <개정 2017.4.11>

소 화 약 제	최대허용 설계농도(%)
<삭제>	<삭제>
FC-3-1-10	40
HCFC BLEND A	10
HCFC-124	1.0
HFC-125	11.5
HFC-227ea	10.5
HFC-23 관리사 10회	30 <개정 2017.4.11>
HFC-236fa	12.5
FIC-13I1 관리사 10회	0.3
FK-5-1-12	10
IG-01	43
IG-100	43
IG-541	43
IG-55	43

[제12장] 분말소화설비의 화재안전기준(NFSC 108)

(개정예고 : 2021. 12. 16. 소방청고시 제2021-49호)

[분말소화설비의 흐름도] 기술사 74회

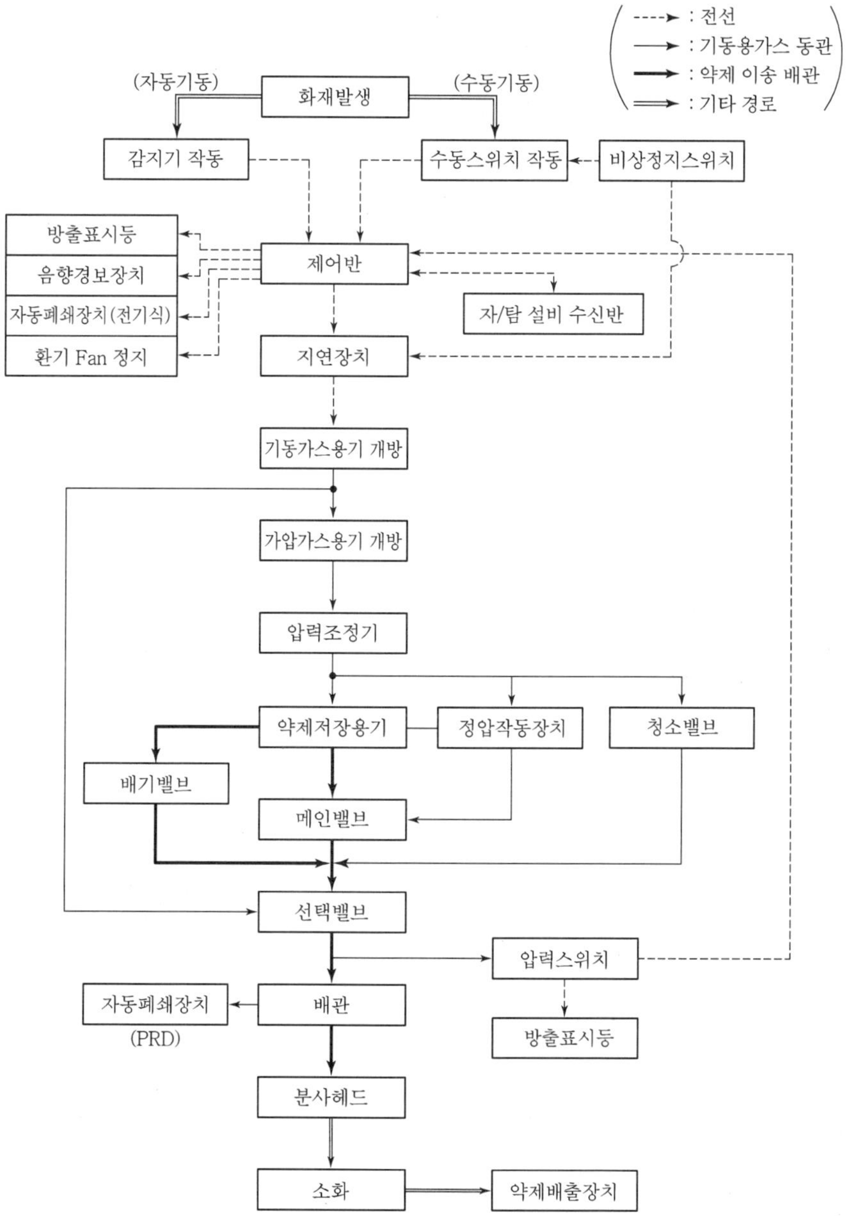

[분말소화설비의 계통도] 기술사 74회

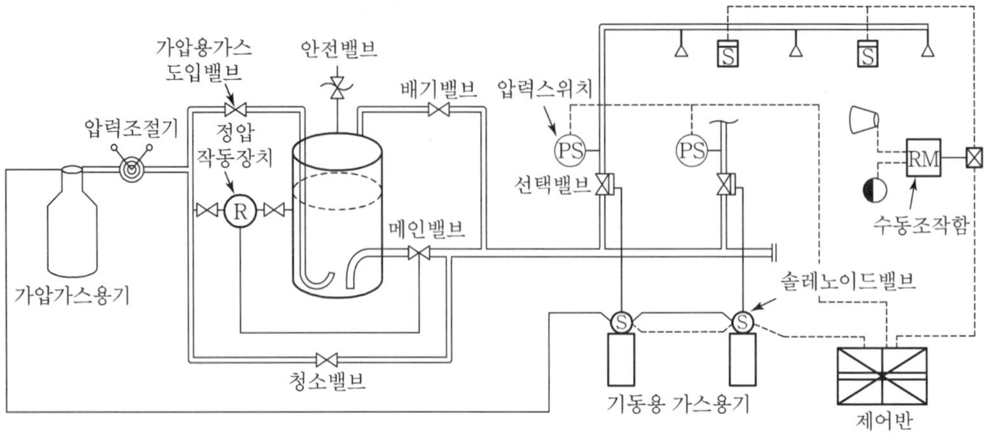

[분말소화약제 저장탱크 주변 배관도]

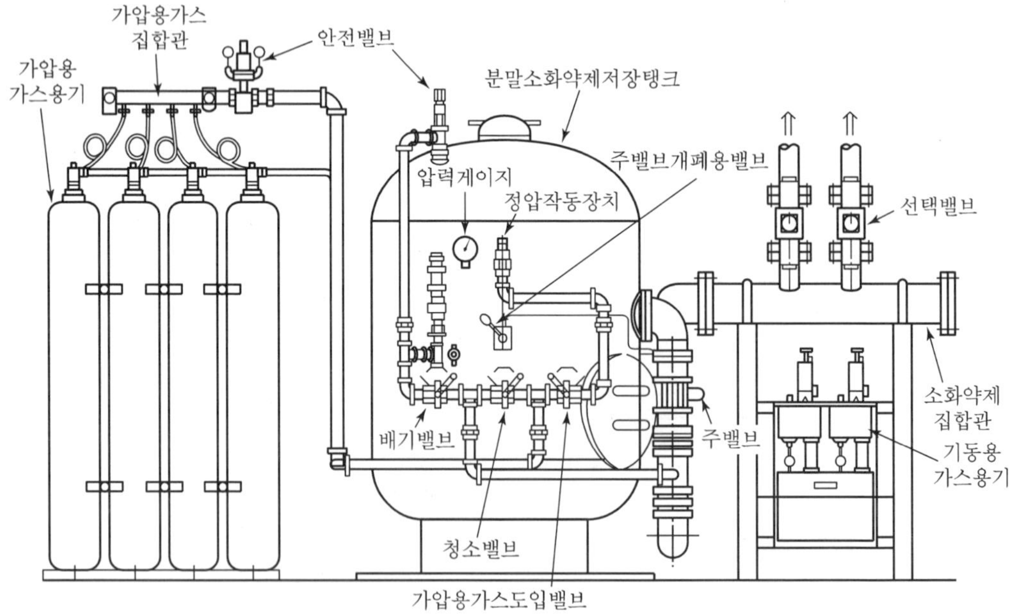

제1조 (목적)

이 기준은 「화재예방, 소방시설 설치 · 유지 및 안전관리에 관한 법률」 제9조제1항에 따라 소방청장에게 위임한 사항 중 분말소화설비의 설치 · 유지 및 안전관리에 필요한 사항을 규정함을 목적으로 한다.

제2조 (적용범위)

「화재예방, 소방시설 설치 · 유지 및 안전관리에 관한 법률 시행령」(이하 "영"이라 한다) 별표 5 제1호바목에 따른 물분무등소화설비 중 분말소화설비는 이 기준에서 정하는 규정에 따른 설비를 설치하고 유지관리 하여야 한다.

제3조 (정의)

이 기준에서 사용하는 용어의 정의는 다음과 같다.

1. "전역방출방식"이란 고정식 분말소화약제 공급장치에 배관 및 분사헤드를 고정 설치하여 밀폐 방호구역내에 분말소화약제를 방출하는 설비를 말한다. 〈개정 2012.8.20〉
2. "국소방출방식"이란 고정식 분말소화약제 공급장치에 배관 및 분사헤드를 설치하여 직접 화점에 분말소화약제를 방출하는 설비로 화재발생 부분에만 집중적으로 소화약제를 방출하도록 설치하는 방식을 말한다. 〈개정 2012.8.20〉
3. "호스릴방식"이란 분사헤드가 배관에 고정되어 있지 않고 소화약제 저장용기에 호스를 연결하여 사람이 직접 화점에 소화약제를 방출하는 이동식 소화설비를 말한다. 〈개정 2012.8.20〉
4. "충전비"란 용기의 용적과 소화약제의 중량과의 비율을 말한다. 〈개정 2012.8.20〉
5. "집합관"이란 분말소화설비의 가압용가스(질소 또는 이산화탄소)와 분말소화약제가 혼합되는 관을 말한다. 〈개정 2012.8.20〉

5의2. "분기배관"이란 배관 측면에 구멍을 뚫어 둘 이상의 관로가 생기도록 가공한 배관으로서 확관형 분기배관과 비확관형 분기배관을 말한다. 〈신설 2021.12.16〉

5의3. "확관형 분기배관"이란 배관의 측면에 조그만 구멍을 뚫고 소성가공으로 확관시켜 배관 용접이음자리를 만들거나 배관 용접이음자리에 배관이음쇠를 용접이음한 배관을 말한다. 〈신설 2021.12.16〉

5의4. "비확관형 분기배관"이란 배관의 측면에 분기호칭내경 이상의 구멍을 뚫고 배관이음쇠를 용접이음한 배관을 말한다. 〈신설 2021.12.16〉

6. "교차회로방식"이란 하나의 방호구역 내에 2 이상의 화재감지기회로를 설치하고 인접한 2 이상의 화재감지기가 동시에 감지되는 때에는 분말소화설비가 작동하여 소화약제가 방출되는 방식을 말한다. 〈개정 2012.8.20〉
7. "방화문"이란 「건축법 시행령」 제64조에 따른 갑종방화문 또는 을종방화문으로써 언제나 닫힌 상태를 유지하거나 화재로 인한 연기의 발생 또는 온도의 상승에 따라 자동적으로 닫히는 구조를 말한다. 〈개정 2012.8.20〉

제4조 (저장용기)

① 분말소화약제의 저장용기는 다음 각 호의 기준에 적합한 장소에 설치하여야 한다. 〈개정 2012.8.20〉

1. 방호구역외의 장소에 설치할 것. 다만, 방호구역 내에 설치할 경우에는 피난 및 조작이 용이하도록 피난구 부근에 설치하여야 한다.
2. 온도가 40℃ 이하이고, 온도변화가 적은 곳에 설치할 것
3. 직사광선 및 빗물이 침투할 우려가 없는 곳에 설치할 것
4. 방화문으로 구획된 실에 설치할 것
5. 용기의 설치장소에는 해당용기가 설치된 곳임을 표시하는 표지를 할 것 〈개정 2012.8.20〉
6. 용기간의 간격은 점검에 지장이 없도록 3cm 이상의 간격을 유지할 것
7. 저장용기와 집합관을 연결하는 연결배관에는 체크밸브를 설치할 것. 다만, 저장용기가 하나의 방호구역만을 담당하는 경우에는 그러하지 아니하다.

② 분말소화약제의 저장용기는 다음 각 호의 기준에 따라 설치하여야 한다. 〈개정 2012.8.20〉

1. 저장용기의 내용적은 다음 표에 따를 것

소화약제의 종별	소화약제 1kg당저장용기의 내용적
제1종 분말(탄산수소나트륨을 주성분으로 한 분말)	0.8ℓ
제2종 분말(탄산수소칼륨을 주성분으로 한 분말)	1ℓ
제3종 분말(인산염을 주성분으로 한 분말)	1ℓ
제4종 분말(탄산수소칼륨과 요소가 화합된 분말)	1.25ℓ

2. 저장용기에는 가압식은 최고사용압력의 1.8배 이하, 축압식은 용기의 내압시험압력의 0.8배 이하의 압력에서 작동하는 안전밸브를 설치할 것 〈개정 2012.8.20〉
3. 저장용기에는 저장용기의 내부압력이 설정압력으로 되었을 때 주밸브를 개방하는 정압작동장치를 설치할 것
4. 저장용기의 충전비는 0.8 이상으로 할 것
5. 저장용기 및 배관에는 잔류 소화약제를 처리할 수 있는 청소장치를 설치할 것
6. 축압식의 분말소화설비는 사용압력의 범위를 표시한 지시압력계를 설치할 것

제5조 (가압용가스용기)

① 분말소화약제의 가스용기는 분말소화약제의 저장용기에 접속하여 설치하여야 한다.

② 분말소화약제의 가압용가스 용기를 3병 이상 설치한 경우에는 2개 이상의 용기에 전자개방밸브를 부착하여야 한다. 〈개정 2012.8.20〉

③ 분말소화약제의 가압용가스 용기에는 2.5MPa 이하의 압력에서 조정이 가능한 압력조정기를 설치하여야 한다.

④ 가압용가스 또는 축압용가스는 다음 각 호의 기준에 따라 설치하여야 한다. 〈개정 2012.8.20〉

1. 가압용가스 또는 축압용가스는 질소가스 또는 이산화탄소로 할 것
2. 가압용가스에 질소가스를 사용하는 것의 질소가스는 소화약제 1kg마다 40ℓ(35℃에서 1기압의 압력상태로 환산한 것) 이상, 이산화탄소를 사용하는 것의 이산화탄소는 소화약제 1kg에 대하여 20g에 배관의 청소에 필요한 양을 가산한 양 이상으로 할 것 〈개정 2012.8.20〉
3. 축압용가스에 질소가스를 사용하는 것의 질소가스는 소화약제 1kg에 대하여 10ℓ(35℃에서 1기압의 압력상태로 환산한 것) 이상, 이산화탄소를 사용하는 것의 이산화탄소는 소화약제 1kg에 대하여 20g에 배관의 청소에 필요한 양을 가산한 양 이상으로 할 것 〈개정 2012.8.20〉
4. 배관의 청소에 필요한 양의 가스는 별도의 용기에 저장할 것

제6조 (소화약제)

① 분말소화설비에 사용하는 소화약제는 제1종분말 · 제2종분말 · 제3종분말 또는 제4종분말로 하여야 한다. 다만, 차고 또는 주차장에 설치하는 분말소화설비의 소화약제는 제3종분말로 하여야 한다.

② 분말소화약제의 저장량은 다음 각 호의 기준에 따라야 한다. 이 경우 동일한 특정소방대상물 또는 그 부분에 2 이상의 방호구역 또는 방호대상물이 있는 경우에는 각 방호구역 또는 방호대상물에 대하여 다음 각 호의 기준에 따라 산출한 저장량 중 최대의 것으로 할 수 있다. 〈개정 2012.8.20〉

1. 전역방출방식은 다음 각 목의 기준에 따라 산출한 양 이상으로 할 것 〈개정 2012.8.20〉
   가. 방호구역의 체적 $1m^3$에 대하여 다음 표에 따른 양

소화약제의 종별	방호구역의 체적 $1m^3$에 대한 소화약제의 양
제1종 분말	0.60kg
제2종 분말 또는 제3종 분말	0.36kg
제4종 분말	0.24kg

   나. 방호구역의 개구부에 자동폐쇄장치를 설치하지 아니한 경우에는 가목에 따라 산출한 양에 다음 표에 따라 산출한 양을 가산한 양〈개정 2012.8.20〉

소화약제의 종별	가산량(개구부의 면적 $1m^2$에 대한 소화약제의 양)
제1종 분말 제2종 분말 또는 제3종 분말 제4종 분말	4.5kg 2.7kg 1.8kg

2. 국소방출방식은 다음의 기준에 따라 산출한 양에 1.1을 곱하여 얻은 양 이상으로 할 것 〈개정 2012.8.20〉

$$Q = X - Y\frac{a}{A}$$

여기서, Q : 방호공간(방호대상물의 각 부분으로부터 0.6m의 거리에 따라 둘러싸인 공간을 말한다. 이하 같다) $1m^3$에 대한 분말소화약제의 양(kg/m^3)

a : 방호대상물의 주변에 설치된 벽면적의 합계(m^2)

A : 방호공간의 벽면적(벽이 없는 경우에는 벽이 있는 것으로 가정한 당해 부분의 면적)의 합계(m^2)

X 및 Y : 다음표의 수치

소화약제의 종별	X의 수치	Y의 수치
제1종 분말 제2종 분말 또는 제3종 분말 제4종 분말	5.2 3.2 2.0	3.9 2.4 1.5

3. 호스릴분말소화설비는 하나의 노즐에 대하여 다음 표에 따른 양 이상으로 할 것 〈개정 2012.8.20〉

소화약제의 종별	소화약제의 양
제1종 분말 제2종 분말 또는 제3종 분말 제4종 분말	50kg 30kg 20kg

제7조 (기동장치)

① 분말소화설비의 수동식 기동장치는 다음 각 호의 기준에 따라 설치하여야 한다. 이 경우 수동식 기동장치의 부근에는 소화약제의 방출을 지연시킬 수 있는 비상스위치(자동복귀형 스위치로서 수동식 기동장치의 타이머를 순간정지 시키는 기능의 스위치를 말한다)를 설치하여야 한다. 〈개정 2012.8.20〉

1. 전역방출방식은 방호구역마다, 국소방출방식은 방호대상물마다 설치할 것 〈개정 2012.8.20〉

2. 해당 방호구역의 출입구부분 등 조작을 하는 자가 쉽게 피난할 수 있는 장소에 설치할 것 〈개정 2012.8.20〉
3. 기동장치의 조작부는 바닥으로부터 높이 0.8m 이상 1.5m 이하의 위치에 설치하고, 보호판 등에 따른 보호장치를 설치할 것
4. 기동장치에는 그 가까운 곳의 보기 쉬운 곳에 "분말소화설비 기동장치"라고 표시한 표지를 할 것
5. 전기를 사용하는 기동장치에는 전원표시등을 설치할 것
6. 기동장치의 방출용스위치는 음향경보장치와 연동하여 조작될 수 있는 것으로 할 것

② 분말소화설비의 자동식 기동장치는 자동화재탐지설비의 감지기의 작동과 연동하는 것으로서 다음 각 호의 기준에 따라 설치하여야 한다. 〈개정 2012.8.20〉
1. 자동식 기동장치에는 수동으로도 기동할 수 있는 구조로 할 것
2. 전기식 기동장치로서 7병 이상의 저장용기를 동시에 개방하는 설비는 2병 이상의 저장용기에 전자개방밸브를 부착할 것 〈개정 2012.8.20〉
3. 가스압력식 기동장치는 다음 각 목의 기준에 따를 것 〈개정 2012.8.20〉
   가. 기동용 가스용기 및 해당 용기에 사용하는 밸브는 25MPa 이상의 압력에 견딜 수 있는 것으로 할 것 〈개정 2012.8.20〉
   나. 기동용가스용기에는 내압시험압력의 0.8배 내지 내압시험압력 이하에서 작동하는 안전장치를 설치할 것
   다. 기동용 가스용기의 용적은 1ℓ 이상으로 하고, 해당 용기에 저장하는 이산화탄소의 양은 0.6kg 이상으로 하며, 충전비는 1.5 이상으로 할 것 〈개정 2012.8.20〉
4. 기계식 기동장치는 저장용기를 쉽게 개방할 수 있는 구조로 할 것 〈개정 2012.8.20〉

③ 분말소화설비가 설치된 부분의 출입구 등의 보기 쉬운 곳에 소화약제의 방사를 표시하는 표시등을 설치하여야 한다.

제8조 (제어반등)

분말소화설비의 제어반 및 화재표시반은 다음 각 호의 기준에 따라 설치하여야 한다. 다만, 자동화재탐지설비의 수신기의 제어반이 화재표시반의 기능을 가지고 있는 것은 화재표시반을 설치하지 아니할 수 있다. 〈개정 2012.8.20〉

1. 제어반은 수동기동장치 또는 감지기에서의 신호를 수신하여 음향경보장치의 작동, 소화약제의 방출 또는 지연 기타의 제어기능을 가진 것으로 하고, 제어반에는 전원표시등을 설치할 것
2. 화재표시반은 제어반에서의 신호를 수신하여 작동하는 기능을 가진 것으로 하되, 다음 각 목의 기준에 따라 설치할 것 〈개정 2012.8.20〉
   가. 각 방호구역마다 음향경보장치의 조작 및 감지기의 작동을 명시하는 표시등과 이와 연동하여 작동하는 벨·부저 등의 경보기를 설치할 것. 이 경우 음향경보장치의 조작 및 감지기의 작동을 명시하는 표시등을 겸용할 수 있다.

나. 수동식 기동장치는 그 방출용스위치의 작동을 명시하는 표시등을 설치할 것 〈개정 2012.8.20〉

다. 소화약제의 방출을 명시하는 표시등을 설치할 것

라. 자동식 기동장치는 자동 · 수동의 절환을 명시하는 표시등을 설치할 것

3. 제어반 및 화재표시반의 설치장소는 화재에 따른 영향, 진동 및 충격에 따른 영향 및 부식의 우려가 없고 점검에 편리한 장소에 설치할 것
4. 제어반 및 화재표시반에는 해당 회로도 및 취급설명서를 비치할 것 〈개정 2012.8.20〉

제9조 (배관) 관리사 3회

분말소화설비의 배관은 다음 각 호의 기준에 따라 설치하여야 한다.

1. 배관은 전용으로 할 것
2. 강관을 사용하는 경우의 배관은 아연도금에 따른 배관용탄소강관(KS D 3507)이나 이와 동등 이상의 강도 · 내식성 및 내열성을 가진 것으로 할 것. 다만, 축압식분말소화설비에 사용하는 것 중 20 ℃에서 압력이 2.5MPa 이상 4.2MPa 이하인 것은 압력배관용탄소강관(KS D 3562)중 이음이 없는 스케줄 40 이상의 것 또는 이와 동등 이상의 강도를 가진 것으로서 아연도금으로 방식처리된 것을 사용하여야 한다. 〈개정 2012.8.20〉
3. 동관을 사용하는 경우의 배관은 고정압력 또는 최고사용압력의 1.5배 이상의 압력에 견딜 수 있는 것을 사용할 것
4. 밸브류는 개폐위치 또는 개폐방향을 표시한 것으로 할 것
5. 배관의 관부속 및 밸브류는 배관과 동등 이상의 강도 및 내식성이 있는 것으로 할 것
6. 확관형 분기배관을 사용할 경우에는 소방청장이 정하여 고시한 「분기배관의 성능인정 및 제품검사의 기술기준」에 적합한 것으로 설치하여야 한다. 〈개정 2021.12.16〉

제10조 (선택밸브)

하나의 특정소방대상물 또는 그 부분에 2 이상의 방호구역 또는 방호대상물이 있어 분말소화설비 저장용기를 공용하는 경우에는 다음 각 호의 기준에 따라 선택밸브를 설치하여야 한다. 〈개정 2012.8.20〉

1. 방호구역 또는 방호대상물마다 설치할 것
2. 각 선택밸브에는 그 담당방호구역 또는 방호대상물을 표시할 것

제11조 (분사헤드)

① 전역방출방식의 분말소화설비의 분사헤드는 다음 각 호의 기준에 따라 설치하여야 한다. 〈개정 2012.8.20〉

1. 방사된 소화약제가 방호구역의 전역에 균일하고 신속하게 확산할 수 있도록 할 것
2. 제6조에 따른 소화약제 저장량을 30초 이내에 방사할 수 있는 것으로 할 것 〈개정 2012.8.20〉

② 국소방출방식의 분말소화설비의 분사헤드는 다음 각 호의 기준에 따라 설치하여야 한다. 〈개정 2012.8.20〉

1. 소화약제의 방사에 따라 가연물이 비산하지 아니하는 장소에 설치할 것
2. 제6조제2항에 따른 기준저장량의 소화약제를 30초 이내에 방사할 수 있는 것으로 할 것 〈개정 2012.8.20〉

③ 화재 시 현저하게 연기가 찰 우려가 없는 장소로서 다음 각 호의 어느 하나에 해당하는 장소(차고 또는 주차의 용도로 사용되는 부분 제외)에는 호스릴분말소화설비를 설치할 수 있다. 〈개정예고 2020.8.19〉

1. 지상 1층 및 피난층에 있는 부분으로서 지상에서 수동 또는 원격조작에 따라 개방할 수 있는 개구부의 유효면적의 합계가 바닥면적의 15% 이상이 되는 부분
2. 전기설비가 설치되어 있는 부분 또는 다량의 화기를 사용하는 부분(해당 설비의 주위 5m 이내의 부분을 포함한다)의 바닥면적이 해당 설비가 설치되어 있는 구획의 바닥면적의 5분의 1 미만이 되는 부분〈개정 2012.8.20〉

④ 호스릴분말소화설비는 다음 각 호의 기준에 따라 설치하여야 한다. 〈개정 2012.8.20〉

1. 방호대상물의 각 부분으로부터 하나의 호스접결구까지의 수평거리가 15m 이하가 되도록 할 것
2. 소화약제의 저장용기의 개방밸브는 호스릴의 설치장소에서 수동으로 개폐할 수 있는 것으로 할 것
3. 소화약제의 저장용기는 호스릴을 설치하는 장소마다 설치할 것
4. 노즐은 하나의 노즐마다 1분당 다음 표에 따른 소화약제를 방사할 수 있는 것으로 할 것

소화약제의 종별	1분당 방사하는 소화약제의 양
제1종 분말	45kg
제2종 분말 또는 제3종 분말	27kg
제4종 분말	18kg

5. 저장용기에는 그 가까운 곳의 보기 쉬운 곳에 적색의 표시등을 설치하고, 이동식분말소화설비가 있다는 뜻을 표시한 표지를 할 것

제12조 (자동식기동장치의 화재감지기)

분말소화설비의 자동식 기동장치는 다음 각 호의 기준에 따른 화재감지기를 설치하여야 한다. 〈개정 2012.8.20〉

1. 각 방호구역내의 화재감지기의 감지에 따라 작동되도록 할 것
2. 화재감지기의 회로는 교차회로방식으로 설치할 것. 다만, 화재감지기를 「자동화재탐지설비의 화재안전기준(NFSC 203)」 제7조제1항 단서의 각 호의 감지기로 설치하는 경우에는 그러하지 아니하다. 〈개정 2012.8.20〉

3. 교차회로내의 각 화재감지기회로별로 설치된 화재감지기 1개가 담당하는 바닥면적은 「자동화재탐지설비의 화재안전기준(NFSC 203)」 제7조제3항제5호 · 제8호부터 제10호까지의 규정에 따른 바닥면적으로 할 것 〈개정 2012.8.20〉

제13조 (음향경보장치)

① 분말소화설비의 음향경보장치는 다음 각 호의 기준에 따라 설치하여야 한다. 〈개정 2012.8.20〉

1. 수동식 기동장치를 설치한 것은 그 기동장치의 조작과정에서, 자동식 기동장치를 설치한 것은 화재감지기와 연동하여 자동으로 경보를 발하는 것으로 할 것 〈개정 2012.8.20〉
2. 소화약제의 방사개시 후 1분 이상 계속 경보를 계속할 수 있는 것으로 할 것
3. 방호구역 또는 방호대상물이 있는 구획 안에 있는 자에게 유효하게 경보할 수 있는 것으로 할 것

② 방송에 따른 경보장치를 설치할 경우에는 다음 각 호의 기준에 따라야 한다. 〈개정 2012.8.20〉

1. 증폭기 재생장치는 화재 시 연소의 우려가 없고, 유지관리가 쉬운 장소에 설치할 것
2. 방호구역 또는 방호대상물이 있는 구획의 각 부분으로부터 하나의 확성기까지의 수평거리는 25m 이하가 되도록 할 것
3. 제어반의 복구스위치를 조작하여도 경보를 계속 발할 수 있는 것으로 할 것

제14조 (자동폐쇄장치)

전역방출방식의 분말소화설비를 설치한 특정소방대상물 또는 그 부분에 대하여는 다음 각 호의 기준에 따라 자동폐쇄장치를 설치하여야 한다. 〈개정 2012.8.20〉

1. 환기장치를 설치한 것은 분말이 방사되기 전에 해당 환기장치가 정지할 수 있도록 할 것 〈개정 2012.8.20〉
2. 개구부가 있거나 천장으로부터 1m 이상의 아래 부분 또는 바닥으로부터 해당층의 높이의 3분의 2이내의 부분에 통기구가 있어 분말의 유출에 따라 소화효과를 감소시킬 우려가 있는 것은 분말이 방사되기 전에 해당 개구부 및 통기구를 폐쇄할 수 있도록 할 것 〈개정 2012.8.20〉
3. 자동폐쇄장치는 방호구역 또는 방호대상물이 있는 구획의 밖에서 복구할 수 있는 구조로 하고, 그 위치를 표시하는 표지를 할 것

제15조 (비상전원)

분말소화설비의 비상전원은 자가발전설비, 축전지설비(제어반에 내장하는 경우를 포함한다)또는 전기저장장치(외부 전기에너지를 저장해 두었다가 필요한 때 전기를 공급하는 장치)로서 다음 각 호의 기준에 따라 설치하여야 한다. 다만, 2 이상의 변전소(「전기사업법」 제67조에 따른 변전소를 말한다. 이하 같다)에서 전력을 동시에 공급받을 수 있거나

하나의 변전소로부터 전력의 공급이 중단되는 때에는 자동으로 다른 변전소로부터 전력을 공급받을 수 있도록 상용전원을 설치한 경우에는 비상전원을 설치하지 아니할 수 있다. 〈개정 2016.7.13〉

1. 점검에 편리하고 화재 및 침수 등의 재해로 인한 피해를 받을 우려가 없는 곳에 설치할 것
2. 분말소화설비를 유효하게 20분 이상 작동할 수 있어야 할 것
3. 상용전원으로부터 전력의 공급이 중단된 때에는 자동으로 비상전원으로부터 전력을 공급받을 수 있도록 할 것
4. 비상전원의 설치장소는 다른 장소와 방화구획 할 것. 이 경우 그 장소에는 비상전원의 공급에 필요한 기구나 설비외의 것(열병합발전설비에 필요한 기구나 설비는 제외한다)을 두어서는 아니 된다.
5. 비상전원을 실내에 설치하는 때에는 그 실내에 비상조명등을 설치할 것

제16조 (설치 · 유지기준의 특례)

소방본부장 또는 소방서장은 기존건축물이 증축 · 개축 · 대수선되거나 용도변경 되는 경우에 있어서 이 기준이 정하는 기준에 따라 해당 건축물에 설치하여야 할 분말소화설비의 배관 · 배선 등의 공사가 현저하게 곤란하다고 인정되는 경우에는 해당 설비의 기능 및 사용에 지장이 없는 범위 안에서 분말소화설비의 설치 · 유지기준의 일부를 적용하지 아니할 수 있다. 〈개정 2012.8.20〉

제17조 (재검토 기한)

소방청장은 「훈령 · 예규 등의 발령 및 관리에 관한 규정」에 따라 이 고시에 대하여 2017년 1월 1일 기준으로 매 3년이 되는 시점(매 3년째의 12월 31일까지를 말한다)마다 그 타당성을 검토하여 개선 등의 조치를 하여야 한다.

부칙 <제2021-0호, 2021.0.00>

제1조 (시행일)

이 고시는 발령한 날부터 시행한다.

[제13장] 옥외소화전설비의 화재안전기준(NFSC 109)

(개정 : 2021. 12. 16. 소방청고시 제2021-50호)

[옥외소화전설비 계통도]

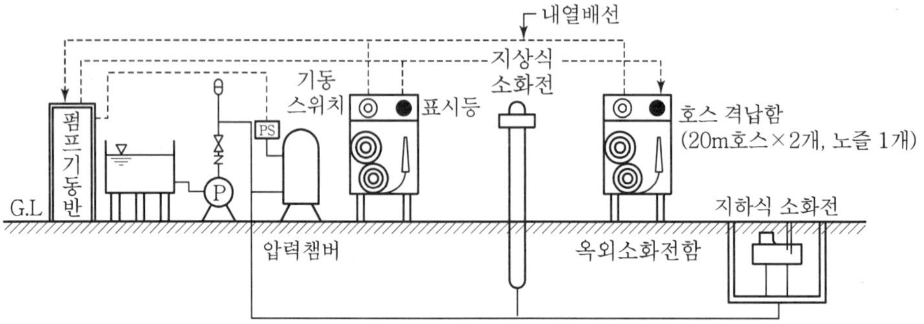

제1조 (목적)

이 기준은 「화재예방, 소방시설 설치 · 유지 및 안전관리에 관한 법률」 제9조제1항에 따라 소방청장에게 위임한 사항 중 소화설비인 옥외소화전설비의 설치 · 유지 및 안전관리에 필요한 사항을 규정함을 목적으로 한다.

제2조 (적용범위)

「화재예방, 소방시설 설치 · 유지 및 안전관리에 관한 법률 시행령」(이하 "영"이라 한다) 별표 5 제1호사목에 따른 옥외소화전설비는 이 기준에서 정하는 규정에 따라 설비를 설치하고 유지 · 관리하여야 한다.

제3조 (정의)

이 기준에서 사용하는 용어의 정의는 다음과 같다.

1. "고가수조"란 구조물 또는 지형지물 등에 설치하여 자연낙차 압력으로 급수하는 수조를 말한다. 〈개정 2012.8.20〉
2. "압력수조"란 소화용수와 공기를 채우고 일정압력 이상으로 가압하여 그 압력으로 급수하는 수조를 말한다. 〈개정 2012.8.20〉

3. "충압펌프"란 배관 내 압력손실에 따른 주펌프의 빈번한 기동을 방지하기 위하여 충압 역할을 하는 펌프를 말한다. 〈개정 2012.8.20〉
4. "연성계"란 대기압 이상의 압력과 대기압 이하의 압력을 측정할 수 있는 계측기를 말한다. 〈개정 2012.8.20〉
5. "진공계"란 대기압 이하의 압력을 측정하는 계측기를 말한다. 〈개정 2012.8.20〉
6. "정격토출량"이란 정격토출압력에서의 펌프의 토출량을 말한다. 〈개정 2012.8.20〉
7. "정격토출압력"이란 정격토출량에서의 펌프의 토출측 압력을 말한다. 〈개정 2012.8.20〉
8. "개폐표시형밸브"란 밸브의 개폐여부를 외부에서 식별이 가능한 밸브를 말한다.
9. "기동용수압개폐장치"란 소화설비의 배관내 압력변동을 검지하여 자동적으로 펌프를 기동 및 정지시키는 것으로서 압력챔버 또는 기동용압력스위치 등을 말한다.
10. "급수배관"이란 수원으로부터 옥외소화전방수구에 급수하는 배관을 말한다.
10의2. "분기배관"이란 배관 측면에 구멍을 뚫어 둘 이상의 관로가 생기도록 가공한 배관으로서 확관형 분기배관과 비확관형 분기배관을 말한다. 〈신설 2021.12.16〉
10의3. "확관형 분기배관"이란 배관의 측면에 조그만 구멍을 뚫고 소성가공으로 확관시켜 배관 용접이음자리를 만들거나 배관 용접이음자리에 배관이음쇠를 용접이음한 배관을 말한다. 〈신설 2021.12.16〉
10의4. "비확관형 분기배관"이란 배관의 측면에 분기호칭내경 이상의 구멍을 뚫고 배관이음쇠를 용접이음한 배관을 말한다. 〈신설 2021.12.16〉
11. "가압수조"란 가압원인 압축공기 또는 불연성 고압기체에 따라 소방용수를 가압시키는 수조를 말한다.〈신설 2008.12.15, 개정 2012.8.20〉

제4조 (수원)

① 옥외소화전설비의 수원은 그 저수량이 옥외소화전의 설치개수(옥외소화전이 2개 이상 설치된 경우에는 2개)에 $7m^3$를 곱한 양 이상이 되도록 하여야 한다.
② 삭제 〈2015.1.23〉
③ 삭제 〈2015.1.23〉
④ 옥외소화전설비의 수원을 수조로 설치하는 경우에는 소방설비의 전용수조로 하여야 한다. 다만, 다음 각 호의 어느 하나에 해당하는 경우에는 그러하지 아니하다. 〈개정 2012.8.20〉
  1. 옥외소화전펌프의 후드밸브 또는 흡수배관의 흡수구(수직회전축펌프의 흡수구를 포함한다. 이하 같다)를 다른 설비(소방용설비 외의 것을 말한다. 이하 같다)의 후드밸브 또는 흡수구보다 낮은 위치에 설치한 때
  2. 제5조제2항에 따른 고가수조로부터 옥외소화전설비의 수직배관에 물을 공급하는 급수구를 다른 설비의 급수구보다 낮은 위치에 설치한 때〈개정 2012.8.20〉
⑤ 제1항과 제2항에 따른 저수량을 산정함에 있어서 다른 설비와 겸용하여 옥외소화전설비용 수조를 설치하는 경우에는 옥외소화전설비의 후드밸브 · 흡수구 또는 수직배관의 급수구와 다른 설비의 후드밸브 · 흡수구 또는 수직배관의 급수구와의 사이의 수량을 그 유효수

량으로 한다. 〈개정 2012.8.20〉

⑥ 옥외소화전설비용 수조는 다음 각 호의 기준에 따라 설치하여야 한다. 〈개정 2012.8.20〉

1. 점검에 편리한 곳에 설치할 것
2. 동결방지조치를 하거나 동결의 우려가 없는 장소에 설치할 것
3. 수조의 외측에 수위계를 설치할 것. 다만, 구조상 불가피한 경우에는 수조의 맨홀 등을 통하여 수조 안의 물의 양을 쉽게 확인할 수 있도록 하여야 한다.
4. 수조의 상단이 바닥보다 높은 때에는 수조의 외측에 고정식 사다리를 설치할 것
5. 수조가 실내에 설치된 때에는 그 실내에 조명설비를 설치할 것
6. 수조의 밑부분에는 청소용 배수밸브 또는 배수관을 설치할 것
7. 수조의 외측의 보기 쉬운 곳에 "옥외소화전설비용 수조"라고 표시한 표지를 할 것. 이 경우 그 수조를 다른 설비와 겸용하는 때에는 그 겸용되는 설비의 이름을 표시한 표지를 함께 하여야 한다.
8. 옥외소화전펌프의 흡수배관 또는 옥외소화전설비의 수직배관과 수조의 접속부분에는 "옥외소화전설비용 배관"이라고 표시한 표지를 할 것. 다만, 수조와 가까운 장소에 옥외소화전펌프가 설치되고 옥외소화전펌프에 제5조제1항제13호에 따른 표지를 설치한 때에는 그러하지 아니하다. 〈개정 2012.8.20〉

제5조 (가압송수장치)

① 전동기 또는 내연기관에 따른 펌프를 이용하는 가압송수장치는 다음 각 호의 기준에 따라 설치하여야 한다. 〈개정 2012.8.20〉

1. 쉽게 접근할 수 있고 점검하기에 충분한 공간이 있는 장소로서 화재 및 침수 등의 재해로 인한 피해를 받을 우려가 없는 곳에 설치할 것
2. 동결방지조치를 하거나 동결의 우려가 없는 장소에 설치할 것
3. 해당 특정소방대상물에 설치된 옥외소화전(2개 이상 설치된 경우에는 2개의 옥외소화전)을 동시에 사용할 경우 각 옥외소화전의 노즐선단에서의 방수압력이 0.25MPa 이상이고, 방수량이 350ℓ/min 이상이 되는 성능의 것으로 할 것. 이 경우 하나의 옥외소화전을 사용하는 노즐선단에서의 방수압력이 0.7MPa을 초과할 경우에는 호스접결구의 인입측에 감압장치를 설치하여야 한다. 〈개정 2012.8.20〉
4. 펌프는 전용으로 할 것. 다만, 다른 소화설비와 겸용하는 경우 각각의 소화설비의 성능에 지장이 없을 때에는 그러하지 아니하다.
5. 펌프의 토출측에는 압력계를 체크밸브 이전에 펌프토출측 플랜지에서 가까운 곳에 설치하고, 흡입측에는 연성계 또는 진공계를 설치할 것. 다만, 수원의 수위가 펌프의 위치보다 높거나 수직회전축 펌프의 경우에는 연성계 또는 진공계를 설치하지 아니할 수 있다.
6. 가압송수장치에는 정격부하운전 시 펌프의 성능을 시험하기 위한 배관을 설치할 것. 다만, 충압펌프의 경우에는 그러하지 아니하다.

7. 가압송수장치에는 체절운전 시 수온의 상승을 방지하기 위한 순환배관을 설치할 것. 다만, 충압펌프의 경우에는 그러하지 아니하다.
8. 기동장치로는 기동용수압개폐장치 또는 이와 동등 이상의 성능이 있는 것을 설치할 것. 다만, 아파트 · 업무시설 · 학교 · 전시시설 · 공장 · 창고시설 또는 종교시설 등으로서 동결의 우려가 있는 장소에 있어서는 기동스위치에 보호판을 부착하여 옥외소화전함 내에 설치할 수 있다.
9. 기동용수압개폐장치(압력챔버)를 사용할 경우 그 용적은 100ℓ 이상의 것으로 할 것
10. 수원의 수위가 펌프보다 낮은 위치에 있는 가압송수장치에는 다음 각 목의 기준에 따른 물올림장치를 설치할 것 〈개정 2012.8.20〉
    가. 물올림장치에는 전용의 수조를 설치할 것
    나. 수조의 유효수량은 100ℓ 이상으로 하되, 구경 15mm 이상의 급수배관에 따라 당해 수조에 물이 계속 보급되도록 할 것
11. 기동용수압개폐장치를 기동장치로 사용할 경우에는 다음 각 목의 기준에 따른 충압펌프를 설치할 것. 다만, 옥외소화전이 1개 설치된 경우로서 소화용 급수펌프로도 상시 충압이 가능하고 다음 각 목의 성능을 갖춘 경우에는 충압펌프를 별도로 설치하지 아니할 수 있다. 〈개정 2012.8.20〉
    가. 펌프의 토출압력은 그 설비의 최고위 호스접결구의 자연압보다 적어도 0.2MPa이상 더 크도록 하거나 가압송수장치의 정격토출압력과 같게 할 것
    나. 펌프의 정격토출량은 정상적인 누설량보다 적어서는 아니 되며, 옥외소화전설비가 자동적으로 작동할 수 있도록 충분한 토출량을 유지하여야 한다.
12. 내연기관을 사용하는 경우에는 다음 각 목의 기준에 적합한 것으로 할 것
    가. 내연기관의 기동은 제8호의 기동장치를 설치하거나 또는 소화전함의 위치에서 원격조작으로 가능하고 기동을 명시하는 적색등을 설치할 것
    나. 제어반에 따라 내연기관의 자동기동 및 수동기동이 가능하고, 상시 충전되어 있는 축전지설비를 갖출 것
13. 가압송수장치에는 "옥외소화전펌프"라고 표시한 표지를 할 것. 이 경우 그 가압송수장치를 다른 설비와 겸용하는 때에는 그 겸용되는 설비의 이름을 표시한 표지를 함께 하여야 한다.
14. 가압송수장치가 기동이 된 경우에는 자동으로 정지되지 아니하도록 하여야 한다. 다만, 충압펌프인 경우에는 그러하지 아니하다. 〈개정 2008.12.15〉
15. 가압송수장치는 부식 등으로 인한 펌프의 고착을 방지할 수 있도록 다음 각 목의 기준에 적합한 것으로 할 것. 다만, 충압펌프는 제외한다. 〈신설 2021.7.22〉
    가. 임펠러는 청동 또는 스테인리스 등 부식에 강한 재질을 사용할 것
    나. 펌프축은 스테인리스 등 부식에 강한 재질을 사용할 것

② 고가수조의 자연낙차를 이용한 가압송수장치는 다음 각 호의 기준에 따라 설치하여야 한다. 〈개정 2012.8.20〉

1. 고가수조의 자연낙차수두(수조의 하단으로부터 최고층에 설치된 소화전 호스 접결구까지의 수직거리를 말한다)는 다음의 식에 따라 산출한 수치 이상이 되도록 할 것

$$H = h_1 + h_2 + 25$$

여기서, H : 필요한 낙차(m)

h_1 : 소방용호스 마찰손실 수두(m)

h_2 : 배관의 마찰손실 수두(m)

2. 고가수조에는 수위계 · 배수관 · 급수관 · 오버플로우관 및 맨홀을 설치할 것 〈개정 2012.8.20〉

③ 압력수조를 이용한 가압송수장치는 다음 각 호의 기준에 따라 설치하여야 한다. 〈개정 2012.8.20〉

1. 압력수조의 압력은 다음의 식에 따라 산출한 수치 이상으로 할 것

$$P = p_1 + p_2 + p_3 + 0.25$$

여기서, P : 필요한 압력(MPa)

p_1 : 소방용호스의 마찰손실 수두압(MPa)

p_2 : 배관의 마찰손실 수두압(MPa)

p_3 : 낙차의 환산 수두압(MPa)

2. 압력수조에는 수위계 · 급수관 · 배수관 · 급기관 · 맨홀 · 압력계 · 안전장치 및 압력저하 방지를 위한 자동식 공기압축기를 설치할 것. 〈개정 2012.8.20〉

④ 가압수조를 이용한 가압송수장치는 다음 각 호의 기준에 따라 설치하여야 한다. 〈신설 2008.12.15, 개정 2012.8.20〉

1. 가압수조의 압력은 제1항제3호에 따른 방수량 및 방수압이 20분 이상 유지되도록 할 것 〈개정 2012.8.20〉
2. 삭제 〈2015.1.23〉
3. 가압수조 및 가압원은 「건축법 시행령」 제46조에 따른 방화구획 된 장소에 설치 할 것
4. 삭제 〈2015.1.23〉
5. 소방청장이 정하여 고시한 「가압수조식 가압송수장치의 성능인증 및 제품검사의 기술기준」에 적합한 것으로 설치할 것 〈개정 2015.1.23〉

제6조 (배관 등)

① 호스접결구는 지면으로부터 높이가 0.5m 이상 1m 이하의 위치에 설치하고 특정소방대상물의 각 부분으로부터 하나의 호스접결구까지의 수평거리가 40m 이하가 되도록 설치하여야 한다. 〈개정 2008.12.15, 2012.8.20, 2015.1.23〉

② 호스는 구경 65mm의 것으로 하여야 한다.

③ 배관은 배관용탄소강관(KS D 3507) 또는 배관 내 사용압력이 1.2MPa 이상일 경우에는

압력배관용탄소강관(KS D 3562) 또는 이음매 없는 동 및 동합금(KS D5301)의 배관용 동관이나 이와 동등 이상의 강도·내식성 및 내열성을 가진 것으로 하여야 한다. 다만, 다음 각 호의 어느 하나에 해당하는 장소에는 법 제39조에 따라 제품검사에 합격한 소방용 합성수지배관으로 설치할 수 있다. 〈개정 2008.12.15,2012.8.20〉

1. 배관을 지하에 매설하는 경우
2. 다른 부분과 내화구조로 구획된 덕트 또는 피트의 내부에 설치하는 경우
3. 천장(상층이 있는 경우에는 상층바닥의 하단을 포함한다. 이하 같다)과 반자를 불연재료 또는 준불연재료로 설치하고 그 내부에 습식으로 배관을 설치하는 경우

④ 급수배관은 전용으로 하여야 한다. 다만, 옥외소화전의 기동장치의 조작과 동시에 다른 설비의 용도에 사용하는 배관의 송수를 차단할 수 있거나, 옥외소화전설비의 성능에 지장이 없는 경우에는 다른 설비와 겸용할 수 있다.

⑤ 펌프의 흡입측배관은 다음 각 호의 기준에 따라 설치하여야 한다. 〈개정 2012.8.20〉

1. 공기고임이 생기지 아니하는 구조로 하고 여과장치를 설치할 것
2. 수조가 펌프보다 낮게 설치된 경우에는 각 펌프(충압펌프를 포함한다)마다 수조로부터 별도로 설치할 것

⑥ 펌프의 성능은 체절운전 시 정격토출압력의 140%를 초과하지 아니하고, 정격토출량의 150%로 운전 시 정격토출압력의 65% 이상이 되어야 하며, 펌프의 성능시험배관은 다음 각 호의 기준에 적합하여야 한다. 〈개정 2012.8.20〉

1. 성능시험배관은 펌프의 토출측에 설치된 개폐밸브 이전에서 분기하여 설치하고, 유량측정장치를 기준으로 전단 직관부에 개폐밸브를 후단 직관부에는 유량조절밸브를 설치할 것
2. 유량측정장치는 성능시험배관의 직관부에 설치하되, 펌프의 정격토출량의 175% 이상 측정할 수 있는 성능이 있을 것

⑦ 가압송수장치의 체절운전 시 수온의 상승을 방지하기 위하여 체크밸브와 펌프사이에서 분기한 구경 20mm 이상의 배관에 체절압력미만에서 개방되는 릴리프밸브를 설치하여야 한다.

⑧ 동결방지조치를 하거나 동결의 우려가 없는 장소에 설치하여야 한다. 다만, 보온재를 사용할 경우에는 난연재료 성능 이상의 것으로 하여야 한다. 〈개정 2015.1.23〉

⑨ 급수배관에 설치되어 급수를 차단할 수 있는 개폐밸브(옥외소화전방수구를 제외한다)는 개폐표시형으로 하여야 한다. 이 경우 펌프의 흡입측배관에는 버터플라이밸브외의 개폐표시형밸브를 설치하여야 한다.

⑩ 배관은 다른 설비의 배관과 쉽게 구분이 될 수 있는 위치에 설치하거나 그 배관표면 또는 배관 보온재표면의 색상은 식별이 가능하도록 「한국산업표준(배관계의 식별 표시, KS A 0503)」 또는 적색으로 소방용설비의 배관임을 표시하여야 한다. 〈개정 2008.12.15, 2015.1.23〉

⑪ 확관형 분기배관을 사용할 경우에는 소방청장이 정하여 고시한 「분기배관의 성능인증 및 제품검사의 기술기준」에 적합한 것으로 설치하여야 한다. 〈개정 2021.12.16〉

제7조 (소화전함 등)

① 옥외소화전설비에는 옥외소화전마다 그로부터 5m 이내의 장소에 소화전함을 다음 각 호의 기준에 따라 설치하여야 한다. 〈개정 2012.8.20〉

1. 옥외소화전이 10개 이하 설치된 때에는 옥외소화전마다 5m 이내의 장소에 1개 이상의 소화전함을 설치하여야 한다.
2. 옥외소화전이 11개 이상 30개 이하 설치된 때에는 11개 이상의 소화전함을 각각 분산하여 설치하여야 한다.
3. 옥외소화전이 31개 이상 설치된 때에는 옥외소화전 3개마다 1개 이상의 소화전함을 설치하여야 한다.

② 옥외소화전설비의 함은 소방청장이 정하여 고시한 「소화전함 성능인증 및 제품검사의 기술기준」에 적합한 것으로 설치하되 밸브의 조작, 호스의 수납 등에 충분한 여유를 가질 수 있도록 할 것. 연결송수관의 방수구를 같이 설치하는 경우에도 또한 같다. [본항 전문개정 2015.1.23.]

③ 옥외소화전설비의 소화전함 표면에는 "옥외소화전"이라고 표시한 표지를 하고, 가압송수장치의 조작부 또는 그 부근에는 가압송수장치의 기동을 명시하는 적색등을 설치하여야 한다.

④ 표시등은 다음 각 호의 기준에 따라 설치하여야 한다. 〈개정 2012.8.20〉

1. 옥외소화전설비의 위치를 표시하는 표시등은 함의 상부에 설치하되, 소방청장이 정하여 고시한 「표시등의 성능인증 및 제품검사의 기술기준」에 적합한 것으로 할 것 〈개정 2015.1.23〉
2. 가압송수장치의 기동을 표시하는 표시등은 옥외소화전함의 상부 또는 그 직근에 설치하되 적색등으로 할 것. 다만, 자체소방대를 구성하여 운영하는 경우(「위험물안전관리법 시행령」 별표 8에서 정한 소방자동차와 자체소방대원의 규모를 말한다) 가압송수장치의 기동표시등을 설치하지 않을 수 있다. 〈개정 2012.8.20, 2015.1.23〉
3. 삭제 〈2015.1.23〉

제8조 (전원)

옥외소화전설비에는 그 특정소방대상물의 수전방식에 따라 다음 각 호의 기준에 따른 상용전원회로의 배선을 설치하여야 한다. 다만, 가압수조방식으로서 모든 기능이 20분 이상 유효하게 지속될 수 있는 경우에는 그러하지 아니하다. 〈개정 2008.12.15, 2012.8.20〉

1. 저압수전인 경우에는 인입개폐기의 직후에서 분기하여 전용배선으로 하여야 하며, 전용의 전선관에 보호 되도록 할 것
2. 특별고압수전 또는 고압수전일 경우에는 전력용 변압기 2차측의 주차단기 1차측에서 분기하여 전용배선으로 하되, 상용전원의 상시공급에 지장이 없을 경우에는 주차단기 2차측에서 분기하여 전용배선으로 할 것. 다만, 가압송수장치의 정격입력전압이 수전전압과 같은 경우에는 제1호의 기준에 따른다.

제9조 (제어반)

① 옥외소화전설비에는 제어반을 설치하되, 감시제어반과 동력제어반으로 구분하여 설치하여야 한다. 다만, 다음 각 호의 어느 하나에 해당하는 경우에는 감시제어반과 동력제어반으로 구분하여 설치하지 아니할 수 있다. 〈개정 2012.8.20〉

1. 다음 각 목의 어느 하나에 해당하지 아니하는 특정소방대상물에 설치되는 옥외소화전설비〈개정 2012.8.20〉
   가. 지하층을 제외한 층수가 7층 이상으로서 연면적이 2,000m² 이상인 것
   나. 제1호에 해당하지 않는 특정소방대상물로서 지하층의 바닥면적의 합계가 3,000m² 이상인 것. 다만, 차고 · 주차장 또는 보일러실 · 기계실 · 전기실 등 이와 유사한 장소의 면적은 제외한다. 〈개정 2012.8.20〉
2. 내연기관에 따른 가압송수장치를 사용하는 옥외소화전설비
3. 고가수조에 따른 가압송수장치를 사용하는 옥외소화전설비
4. 가압수조에 따른 가압송수장치를 사용하는 옥외소화전설비〈신설 2008.12.15〉

② 감시제어반의 기능은 다음 각 호의 기준에 적합하여야 한다. 다만, 제1항 각 호의 어느 하나에 해당하는 경우에는 제3호와 제6호를 적용하지 아니한다. 〈개정 2012.8.20〉

1. 각 펌프의 작동여부를 확인할 수 있는 표시등 및 음향경보기능이 있어야 할 것
2. 각 펌프를 자동 및 수동으로 작동시키거나 중단시킬 수 있어야 한다. 〈개정 2008.12.15〉
3. 비상전원을 설치한 경우에는 상용전원 및 비상전원의 공급여부를 확인할 수 있어야 할 것 〈개정 2008.12.15〉
4. 수조 또는 물올림탱크가 저수위로 될 때 표시등 및 음향으로 경보할 것
5. 각 확인회로(기동용수압개폐장치의 압력스위치회로 · 수조 또는 물올림탱크의 감시회로를 말한다)마다 도통시험 및 작동시험을 할 수 있어야 할 것 〈개정 2012.8.20〉
6. 예비전원이 확보되고 예비전원의 적합여부를 시험할 수 있어야 할 것

③ 감시제어반은 다음 각 호의 기준에 따라 설치하여야 한다. 〈개정 2012.8.20〉

1. 화재 및 침수 등의 재해로 인한 피해를 받을 우려가 없는 곳에 설치할 것
2. 감시제어반은 옥외소화전설비의 전용으로 할 것. 다만, 옥외소화전설비의 제어에 지장이 없는 경우에는 다른 설비와 겸용할 수 있다.
3. 감시제어반은 다음 각 목의 기준에 따른 전용실 안에 설치할 것. 다만, 제1항 각 호의 어느 하나에 해당하는 경우와 공장, 발전소 등에서 설비를 집중 제어 · 운전할 목적으로 설치하는 중앙제어실내에 감시제어반을 설치하는 경우에는 그러하지 아니하다. 〈개정 2012.8.20〉
   가. 다른 부분과 방화구획을 할 것. 이 경우 전용실의 벽에는 기계실 또는 전기실 등의 감시를 위하여 두께 7mm 이상의 망입유리(두께 16.3mm 이상의 접합유리 또는 두께 28mm 이상의 복층유리를 포함한다)로 된 4m² 미만의 붙박이창을 설치할 수 있다.
   나. 피난층 또는 지하 1층에 설치할 것. 다만, 다음 각 세목의 어느 하나에 해당하는 경우에는 지상 2층에 설치하거나 지하 1층 외의 지하층에 설치할 수 있다. 〈개정

2012.8.20〉

(1) 「건축법 시행령」 제35조에 따라 특별피난계단이 설치되고 그 계단(부속실을 포함한다)출입구로부터 보행거리 5m이내에 전용실의 출입구가 있는 경우 〈개정 2012.8.20〉

(2) 아파트의 관리동(관리동이 없는 경우에는 경비실)에 설치하는 경우

다. 비상조명등 및 급·배기설비를 설치할 것 〈개정 2012.8.20〉

라. 「무선통신보조설비의 화재안전기준(NFSC 505)」 제5조제3항에 따라 유효하게 통신이 가능할 것(영 별표 5 제5호마목에 따른 무선통신보조설비가 설치된 특정소방대상물에 한한다) 〈개정 2021.3.25〉

마. 바닥면적은 감시제어반의 설치에 필요한 면적 외에 화재 시 소방대원이 그 감시제어반의 조작에 필요한 최소면적 이상으로 할 것

4. 제3호에 따른 전용실에는 소방대상물의 기계·기구 또는 시설 등의 제어 및 감시설비 외의 것을 두지 아니할 것 〈개정 2012.8.20〉

④ 동력제어반은 다음 각 호의 기준에 따라 설치하여야 한다. 〈개정 2012.8.20〉

1. 앞면은 적색으로 하고 "옥외소화전설비용 동력제어반"이라고 표시한 표지를 설치할 것
2. 외함은 두께 1.5mm 이상의 강판 또는 이와 동등 이상의 강도 및 내열성능이 있는 것으로 할 것
3. 그 밖의 동력제어반의 설치에 관하여는 제3항제1호와 제2호의 기준을 준용할 것 〈개정 2012.8.20〉

제10조 (배선 등)

① 옥외소화전설비의 배선은 「전기사업법」 제67조에 따른 기술기준에서 정한 것 외에 다음 각 호의 기준에 따라 설치하여야 한다. 〈개정 2012.8.20〉

1. 비상전원으로부터 동력제어반 및 가압송수장치에 이르는 전원회로배선은 내화배선으로 할 것. 다만, 자가발전설비와 동력제어반이 동일한 실에 설치된 경우에는 자가발전기로부터 그 제어반에 이르는 전원회로배선은 그러하지 아니하다.
2. 상용전원으로부터 동력제어반에 이르는 배선, 그 밖의 옥외소화전설비의 감시·조작 또는 표시등회로의 배선은 내화배선 또는 내열배선으로 할 것. 다만, 감시제어반 또는 동력제어반의 감시·조작 또는 표시등회로의 배선은 그러하지 아니하다. 〈개정 2012.8.20〉

② 제1항에 따른 내화배선 및 내열배선에 사용되는 전선 및 설치방법은 「옥내소화전의 화재안전기준(NFSC 102)」 별표 1의 기준에 따른다. 〈개정 2012.8.20〉

③ 옥외소화전설비의 과전류차단기 및 개폐기에는 "옥외소화전설비용"이라고 표시한 표지를 하여야 한다. 〈개정 2012.8.20〉

④ 옥외소화전설비용 전기배선의 양단 및 접속단자에는 다음 각 호의 기준에 따라 표시하여야 한다. 〈개정 2012.8.20〉

1. 단자에는 "옥외소화전단자"라고 표시한 표지를 부착한다.
2. 옥외소화전설비용 전기배선의 양단에는 다른 배선과 식별이 용이하도록 표시하여야 한다.

제11조 (수원 및 가압송수장치의 펌프 등의 겸용)

① 옥외소화전설비의 수원을 옥내소화전설비 · 스프링클러설비 · 간이스프링클러설비 · 화재조기진압용 스프링클러설비 · 물분무소화설비 및 포소화전설비의 수원과 겸용하여 설치하는 경우의 저수량은 각 소화설비에 필요한 저수량을 합한 양이상이 되도록 하여야 한다. 다만, 이들 소화설비중 고정식 소화설비(펌프 · 배관과 소화수 또는 소화약제를 최종 방출하는 방출구가 고정된 설비를 말한다. 이하 같다)가 2 이상 설치되어 있고, 그 소화설비가 설치된 부분이 방화벽과 방화문으로 구획되어 있는 경우에는 각 고정식 소화설비에 필요한 저수량중 최대의 것 이상으로 할 수 있다. 〈개정 2012.8.20〉

② 옥외소화전설비의 가압송수장치로 사용하는 펌프를 옥내소화전설비 · 스프링클러설비 · 간이스프링클러설비 · 화재조기진압용 스프링클러설비 · 물분무소화설비 및 포소화설비의 가압송수장치와 겸용하여 설치하는 경우의 펌프의 토출량은 각 소화설비에 해당하는 토출량을 합한 양 이상이 되도록 하여야 한다. 다만, 이들 소화설비 중 고정식 소화설비가 2 이상 설치되어 있고, 그 소화설비가 설치된 부분이 방화벽과 방화문으로 구획되어 있으며 각 소화설비에 지장이 없는 경우에는 펌프의 토출량 중 최대의 것 이상으로 할 수 있다. 〈개정 2012.8.20〉

③ 옥내소화전설비 · 스프링클러설비 · 간이스프링클러설비 · 화재조기진압용 스프링클러설비 · 물분무소화설비 · 포소화설비 및 옥외소화전설비의 가압송수장치에 있어서 각 토출측배관과 일반급수용의 가압송수장치의 토출측배관을 상호 연결하여 화재시 사용할 수 있다. 이 경우 연결배관에는 개 · 폐표시형밸브를 설치하여야 하며, 각 소화설비의 성능에 지장이 없도록 하여야 한다. 〈개정 2012.8.20〉

제12조 (설치 · 유지기준의 특례)

소방본부장 또는 소방서장은 기존건축물이 증축 · 개축 · 대수선되거나 용도변경 되는 경우에 있어서 이 기준이 정하는 기준에 따라 해당 건축물에 설치하여야 할 옥외소화전설비의 배관 · 배선 등의 공사가 현저하게 곤란하다고 인정되는 경우에는 해당 설비의 기능 및 사용에 지장이 없는 범위 안에서 옥외소화전설비의 설치 · 유지기준의 일부를 적용하지 아니할 수 있다. 〈개정 2012.8.20〉

제13조 (재검토 기한)

소방청장은 이 고시에 대하여 「훈령 · 예규 등의 발령 및 관리에 관한 규정」에 따라 2019년 1월 1일 기준으로 매 3년이 되는 시점(매 3년째의 12월 31일까지를 말한다)마다 그 타당성을 검토하여 개선 등의 조치를 하여야 한다. 〈개정 2019.5.24〉

[제14장] 고체에어로졸소화설비의 화재안전기준(NFSC 110)

(제정 : 2021. 9. 30. 소방청고시 제2021-33호)

제1조 (목적)

이 기준은 「화재예방, 소방시설 설치 · 유지 및 안전관리에 관한 법률」 제9조제1항에 따라 소방청장에게 위임한 사항 중 고체에어로졸소화설비의 설치유지 및 안전관리에 관하여 필요한 사항을 규정함을 목적으로 한다.

제2조 (적용범위)

「화재예방, 소방시설 설치 · 유지 및 안전관리에 관한 법률 시행령」 별표 1 제1호 마목에 따른 물분무등소화설비 중 고체에어로졸소화설비는 이 기준에서 정하는 규정에 따라 설비를 설치하고 유지 · 관리하여야 한다.

제3조 (정의)

이 기준에서 사용하는 용어는 다음과 같이 정의한다.

1. "고체에어로졸소화설비"란 설계밀도 이상의 고체에어로졸을 방호구역 전체에 균일하게 방출하는 설비로서 분산(Dispersed)방식이 아닌 압축(Condensed)방식을 말한다.
2. "고체에어로졸화합물"이란 과산화물질, 가연성물질 등의 혼합물로서 화재를 소화하는 비전도성의 미세입자인 에어로졸을 만드는 고체화합물을 말한다.
3. "고체에어로졸"이란 고체에어로졸화합물의 연소과정에 의해 생성된 직경 10μm 이하의 고체 입자와 기체 상태의 물질로 구성된 혼합물을 말한다.
4. "고체에어로졸발생기"란 고체에어로졸화합물, 냉각장치, 작동장치, 방출구, 저장용기로 구성되어 에어로졸을 발생시키는 장치를 말한다.
5. "소화밀도"란 방호공간 내 규정된 시험조건의 화재를 소화하는데 필요한 단위체적(m^3) 당 고체에어로졸화합물의 질량(g)을 말한다.
6. "안전계수"란 설계밀도를 결정하기 위한 안전율을 말하며 1.3으로 한다.
7. "설계밀도"란 소화설계를 위하여 필요한 것으로 소화밀도에 안전계수를 곱하여 얻어지는 값을 말한다.
8. "상주장소"란 일반적으로 사람들이 거주하는 장소 또는 공간을 말한다.
9. "비상주장소"란 짧은 기간 동안 간헐적으로 사람들이 출입할 수는 있으나 일반적으로 사람들이 거주하지 않는 장소 또는 공간을 말한다.
10. "방호체적"이란 벽 등의 건물 구조 요소들로 구획된 방호구역의 체적에서 기둥 등 고

정적인 구조물의 체적을 제외한 것을 말한다.

11. “열 안전이격거리”란 고체에어로졸 방출 시 발생하는 온도에 영향을 받을 수 있는 모든 구조 · 구성요소와 고체에어로졸 발생기 사이에 안전확보를 위해 필요한 이격거리를 말한다.

제4조 (일반조건)

고체에어로졸소화설비는 다음 각 호의 기준을 충족하여야 한다.

1. 고체에어로졸은 전기 전도성이 없어야 한다.
2. 약제 방출 후 해당 화재의 재발화 방지를 위하여 최소 10분간 소화밀도를 유지하여야 한다.
3. 고체에어로졸소화설비에 사용되는 주요 구성품은 「화재예방, 소방시설 설치 · 유지 및 안전관리에 관한 법률」에 따른 형식승인 및 제품검사를 받은 것이어야 한다.
4. 고체에어로졸소화설비는 비상주장소에 한하여 설치한다. 다만, 고체에어로졸소화설비 약제의 성분이 인체에 무해함을 국내 · 외 국가공인 시험기관에서 인증받고, 과학적으로 입증된 최대허용설계밀도를 초과하지 않는 양으로 설계하는 경우 상주장소에 설치할 수 있다.
5. 고체에어로졸소화설비의 소화성능이 발휘될 수 있도록 방호구역 내부의 밀폐성을 확보하여야 한다.
6. 방호구역 출입구 인근에 고체에어로졸 방출 시 주의사항에 관한 내용의 표지를 설치하여야 한다.
7. 이 기준에서 규정하지 않은 사항은 형식승인 받은 제조업체의 설계 매뉴얼에 따른다.

제5조 (설치 제외)

고체에어로졸소화설비는 다음 각 목의 물질을 포함한 화재 또는 장소에는 사용할 수 없다. 단, 그 사용에 대한 국가공인 시험기관의 인증이 있는 경우에는 그러하지 아니하다.

1. 니트로셀룰로오스, 화약 등의 산화성 물질
2. 리튬, 나트륨, 칼륨, 마그네슘, 티타늄, 지르코늄, 우라늄 및 플루토늄과 같은 자기반응성 금속
3. 금속 수소화물
4. 유기 과산화수소, 히드라진 등 자동 열분해를 하는 화학물질
5. 가연성 증기 또는 분진 등 폭발성 물질이 대기에 존재할 가능성이 있는 장소

제6조 (고체에어로졸발생기)

고체에어로졸발생기는 다음 각 호의 기준에 따라 설치한다.

1. 밀폐성이 보장된 방호구역 내에 설치하거나, 밀폐성능을 인정할 수 있는 별도의 조치를 취할 것

2. 천장이나 벽면 상부에 설치하되 고체에어로졸 화합물이 균일하게 방출되도록 설치할 것
3. 직사광선 및 빗물이 침투할 우려가 없는 곳에 설치할 것
4. 고체에어로졸 발생기는 다음 각 목의 열 안전이격거리를 준수하여 설치할 것
   가. 인체와의 최소 이격거리는 고체에어로졸 방출 시 75℃를 초과하는 온도가 인체에 영향을 미치지 아니하는 거리
   나. 가연물과의 최소 이격거리는 고체에어로졸 방출 시 200℃를 초과하는 온도가 가연물에 영향을 미치지 아니하는 거리
5. 하나의 방호구역에는 동일 제품군 및 동일한 크기의 고체에어로졸발생기를 설치할 것
6. 방호구역의 높이는 형식승인 받은 고체에어로졸발생기의 최대 설치높이 이하로 할 것

제7조 (고체에어로졸화합물의 양)

방호구역 내 소화를 위한 고체에어로졸화합물의 최소 질량은 다음 공식에 따라 산출한 양 이상으로 산정하여야 한다.

$m = d \times V$

여기서, m : 필수 소화약제량[g]

d : 설계밀도[g/m^3] = 소화밀도[g/m^3] × 1.3(안전계수)

소화밀도 : 형식승인 받은 제조사의 설계 매뉴얼에 제시된 소화밀도

V : 방호체적[m^3]

제8조 (기동)

① 고체에어로졸소화설비는 화재감지기 및 수동식 기동장치의 작동과 연동하여 기계적 또는 전기적 방식으로 작동하여야 한다.

② 고체에어로졸소화설비 기동 시에는 1분 이내에 고체에어로졸 설계밀도의 95% 이상을 방호구역에 균일하게 방출하여야 한다.

③ 고체에어로졸소화설비의 수동식 기동장치는 다음 각 호의 기준에 따라 설치하여야 한다.
1. 제어반마다 설치할 것
2. 방호구역의 출입구마다 설치하되 출입구 인근에 사람이 쉽게 조작할 수 있는 위치에 설치할 것
3. 기동장치의 조작부는 바닥으로부터 0.8m 이상 1.5m 이하의 위치에 설치할 것
4. 기동장치의 조작부에 보호판 등의 보호장치를 부착할 것
5. 기동장치 인근의 보기 쉬운 곳에 "고체에어로졸소화설비 수동식 기동장치"라고 표시한 표지를 부착할 것
6. 전기를 사용하는 기동장치에는 전원표시등을 설치할 것
7. 방출용 스위치의 작동을 명시하는 표시등을 설치할 것
8. 50N 이하의 힘으로 방출용 스위치를 기동할 수 있도록 할 것

④ 고체에어로졸의 방출을 지연시키기 위해 방출지연스위치를 다음 각 호의 기준에 따라 설

치하여야 한다.

1. 수동으로 작동하는 방식으로 설치하되 방출지연스위치를 누르고 있는 동안만 지연되도록 할 것
2. 방호구역의 출입구마다 설치하되 피난이 용이한 출입구 인근에 사람이 쉽게 조작할 수 있는 위치에 설치할 것
3. 방출지연스위치 작동 시에는 음향경보를 발할 것
4. 방출지연스위치 작동 중 수동식 기동장치가 작동되면 수동식 기동장치의 기능이 우선될 것

제9조 (제어반등)

① 고체에어로졸소화설비의 제어반은 다음 각 호의 기준에 따라 설치하여야 한다.

1. 전원표시등을 설치할 것
2. 화재, 진동 및 충격에 따른 영향과 부식의 우려가 없고 점검에 편리한 장소에 설치할 것
3. 제어반에는 해당 회로도 및 취급설명서를 비치할 것
4. 고체에어로졸소화설비의 작동방식(자동 또는 수동)을 선택할 수 있는 장치를 설치할 것
5. 수동식 기동장치 또는 화재감지기에서 신호를 수신할 경우 다음 각 목의 기능을 수행할 것
   가. 음향경보장치의 작동
   나. 고체에어로졸의 방출
   다. 기타 제어기능 작동

② 고체에어로졸소화설비의 화재표시반은 다음 각 호의 기준에 따라 설치하여야 한다. 다만, 자동화재탐지설비 수신기의 제어반이 화재표시반의 기능을 가지고 있는 경우 화재표시반을 설치하지 아니할 수 있다.

1. 전원표시등을 설치할 것
2. 화재, 진동 및 충격에 따른 영향 및 부식의 우려가 없고 점검에 편리한 장소에 설치할 것
3. 화재표시반에는 해당 회로도 및 취급설명서를 비치할 것
4. 고체에어로졸소화설비의 작동방식(자동 또는 수동)을 표시등으로 명시할 것
5. 고체에어로졸소화설비가 기동할 경우 음향장치를 통해 경보를 발할 것
6. 제어반에서 신호를 수신할 경우 방호구역별 경보장치의 작동, 수동식 기동장치의 작동 및 화재감지기의 작동 등을 표시등으로 명시할 것

③ 고체에어로졸소화설비가 설치된 구역의 출입구에는 고체에어로졸의 방출을 명시하는 표시등을 설치하여야 한다.

④ 고체에어로졸소화설비의 오작동을 제어하기 위해 제어반 인근에 설비정지스위치를 설치하여야 한다.

제10조 (음향장치)

고체에어로졸소화설비의 음향장치는 다음 각 호의 기준에 따라 설치하여야 한다.

1. 화재감지기가 작동하거나 수동식 기동장치가 작동할 경우 음향장치가 작동할 것
2. 음향장치는 방호구역마다 설치하되 해당 구역의 각 부분으로부터 하나의 음향장치까지의 수평거리는 25m 이하가 되도록 할 것
3. 음향장치는 경종 또는 사이렌(전자식 사이렌을 포함한다)으로 하되, 주위의 소음 및 다른 용도의 경보와 구별이 가능한 음색으로 할 것. 이 경우 경종 또는 사이렌은 자동화재탐지설비·비상벨설비 또는 자동식 사이렌설비의 음향장치와 겸용할 수 있다.
4. 주음향장치는 화재표시반의 내부 또는 그 직근에 설치할 것
5. 음향장치는 다음 각 목의 기준에 따른 구조 및 성능의 것으로 할 것
   가. 정격전압의 80% 전압에서 음향을 발할 수 있는 것으로 할 것
   나. 음량은 부착된 음향장치의 중심으로부터 1m 떨어진 위치에서 90dB 이상이 되는 것으로 할 것
6. 고체에어로졸의 방출 개시 후 1분 이상 경보를 계속 발할 것

제11조 (화재감지기)

고체에어로졸소화설비의 화재감지기는 다음 각 호의 기준에 따라 설치하여야 한다.

1. 고체에어로졸소화설비에는 다음 각 목의 감지기 중 하나를 설치할 것
   가. 광전식 공기흡입형 감지기
   나. 아날로그 방식의 광전식 스포트형 감지기
   다. 중앙소방기술심의위원회의 심의를 통해 고체에어로졸소화설비에 적응성이 있다고 인정된 감지기
2. 화재감지기 1개가 담당하는 바닥면적은 「자동화재탐지설비의 화재안전기준(NFSC 203)」 제7조제3항의 규정에 따른 바닥면적으로 할 것

제12조 (방호구역의 자동폐쇄)

고체에어로졸소화설비의 방호구역은 고체에어로졸소화설비가 기동할 경우 다음 각 호의 기준에 따라 자동적으로 폐쇄되어야 한다.

1. 방호구역 내의 개구부와 통기구는 고체에어로졸이 방출되기 전에 폐쇄되도록 할 것
2. 방호구역 내의 환기장치는 고체에어로졸이 방출되기 전에 정지되도록 할 것
3. 자동폐쇄장치의 복구장치는 제어반 또는 그 직근에 설치하고, 해당 장치를 표시하는 표지를 부착할 것

제13조 (비상전원)

고체에어로졸소화설비의 비상전원은 자가발전설비, 축전지설비(제어반에 내장하는 경우를 포함한다) 또는 전기저장장치(외부 전기에너지를 저장해 두었다가 필요한 때 전기를 공급하는 장치)를 다음 각 호의 기준에 따라 설치하여야 한다. 다만, 2 이상의 변전소(「전기사업법」 제67조에 따른 변전소를 말한다. 이하 같다)에서 전력을 동시에 공급받을 수

있거나 하나의 변전소로부터 전력의 공급이 중단되는 때에는 자동으로 다른 변전소로부터 전력을 공급받을 수 있도록 상용전원을 설치한 경우에는 비상전원을 설치하지 아니할 수 있다.

1. 점검에 편리하고 화재 및 침수 등의 재해로 인한 피해를 받을 우려가 없는 곳에 설치할 것
2. 고체에어로졸소화설비에 최소 20분 이상 유효하게 전원을 공급할 것
3. 상용전원으로부터 전력의 공급이 중단된 때에는 자동으로 비상전원으로부터 전력을 공급받을 수 있도록 할 것
4. 비상전원의 설치장소는 다른 장소와 방화구획할 것(제어반에 내장하는 경우는 제외한다). 이 경우 그 장소에는 비상전원의 공급에 필요한 기구나 설비 외의 것(열병합발전설비에 필요한 기구나 설비는 제외한다)을 두어서는 안 된다.
5. 비상전원을 실내에 설치하는 때에는 그 실내에 비상조명등을 설치할 것

제14조 (배선 등)

① 고체에어로졸소화설비의 배선은「전기사업법」제67조에 따른 기술기준에서 정한 것 외에 다음 각 호의 기준에 따라 설치하여야 한다.

1. 비상전원으로부터 제어반에 이르는 전원회로배선은 내화배선으로 할 것. 다만, 자가발전설비와 제어반이 동일한 실에 설치된 경우에는 자가발전기로부터 그 제어반에 이르는 전원회로배선은 그러하지 아니하다.
2. 상용전원으로부터 제어반에 이르는 배선, 그 밖의 고체에어로졸소화설비의 감시회로·조작회로 또는 표시등회로의 배선은 내화배선 또는 내열배선으로 할 것. 다만, 제어반 안의 감시회로 · 조작회로 또는 표시등회로의 배선은 그러하지 아니하다.
3. 화재감지기의 배선은「자동화재탐지설비 및 시각경보장치의 화재안전기준(NFSC 203)」제11조의 기준에 따른다.

② 제1항에 따른 내화배선 또는 내열배선에 사용되는 전선의 종류 및 설치방법은「옥내소화전설비의 화재안전기준(NFSC 102)」의 별표 1의 기준에 따른다.

③ 고체에어로졸소화설비의 과전류차단기 및 개폐기에는 "고체에어로졸소화설비용"이라고 표시한 표지를 부착하여야 한다.

④ 고체에어로졸소화설비용 전기배선의 양단 및 접속단자에는 다음 각 호의 기준에 따른 표시를 하여야 한다.

1. 단자에는 "고체에어로졸소화설비단자"라고 표시한 표지를 부착할 것
2. 고체에어로졸소화설비용 전기배선의 양단에는 다른 배선과 식별이 용이하도록 표시할 것

제15조 (과압배출구)

고체에어로졸소화설비의 방호구역에는 고체에어로졸 방출 시 과압으로 인한 구조물 등의 손상을 방지하기 위하여 과압배출구를 설치하여야 한다.

제16조 (설치 · 유지기준의 특례)

소방본부장 또는 소방서장은 기존 건축물이 증축 · 개축 · 대수선되거나 용도변경되는 경우, 이 기준이 정하는 기준에 따라 해당 건축물에 설치하여야 할 고체에어로졸소화설비의 배선 등의 공사가 현저하게 곤란하다고 인정되는 경우에는 해당 설비의 기능 및 사용에 지장이 없는 범위 안에서 고체에어로졸소화설비의 설치 · 유지기준의 일부를 적용하지 아니할 수 있다.

제17조 (재검토기한)

소방청장은 「훈령 · 예규 등의 발령 및 관리에 관한 규정」에 따라 이 고시에 대하여 2022년 1월 1일을 기준으로 매 3년이 되는 시점(매 3년째의 12월 31일까지를 말한다)마다 그 타당성을 검토하여 개선 등의 조치를 하여야 한다.

제18조 (규제의 재검토)

「행정규제기본법」 제8조에 따라 2021년 7월 1일을 기준으로 매 3년이 되는 시점(매 3년째의 6월 30일까지를 말한다)마다 그 타당성을 검토하여 개선 등의 조치를 하여야 한다.

부칙 <제2021-33호, 2021. 9. 30.>

제1조 (시행일)

이 고시는 발령한 날부터 시행한다.

제2조 (적용례)

이 고시 시행 후 특정소방대상물의 신축 · 증축 · 개축 · 재축 · 이전 · 용도변경 또는 대수선의 허가 · 협의를 신청하거나 신고하는 경우부터 적용한다.

[제15장] 비상경보설비 및 단독경보형감지기의 화재안전기준(NFSC 201)

(개정 : 2021. 1. 15. 소방청고시 제2021-11호)

제1조 (목적)

이 기준은 「화재예방, 소방시설 설치 · 유지 및 안전관리에 관한 법률」 제9조제1항에 따라 소방청장에게 위임한 사항 중 경보설비인 비상경보설비 및 단독경보형감지기의 설치 · 유지 및 안전관리에 필요한 사항을 규정함을 목적으로 한다.

제2조 (적용범위)

「화재예방, 소방시설 설치 · 유지 및 안전관리에 관한 법률 시행령」(이하 "영"이라 한다) 별표 5 제2호가목과 바목에 따른 비상경보설비와 단독경보형감지기는 이 기준에서 정하는 규정에 따라 설비를 설치하고 유지 · 관리 하여야 한다.

제3조 (정의)

이 기준에서 사용되는 용어의 정의는 다음과 같다.

1. "비상벨설비"란 화재발생 상황을 경종으로 경보하는 설비를 말한다. 〈개정 2012.8.20〉
2. "자동식사이렌설비"란 화재발생 상황을 사이렌으로 경보하는 설비를 말한다.
3. "단독경보형감지기"란 화재발생 상황을 단독으로 감지하여 자체에 내장된 음향장치로 경보하는 감지기를 말한다. 〈개정 2012.8.20〉
4. "발신기"란 화재발생 신호를 수신기에 수동으로 발신하는 장치를 말한다.
5. "수신기"란 발신기에서 발하는 화재신호를 직접 수신하여 화재의 발생을 표시 및 경보하여 주는 장치를 말한다. 〈개정 2012.8.20〉

제3조의2 (신호처리방식) 〈신설 2019.5.24〉

화재신호 및 상태신호 등을 송수신하는 방식은 다음 각 호와 같다.

1. "유선식"은 화재신호 등을 배선으로 송 · 수신하는 방식의 것
2. "무선식"은 화재신호 등을 전파에 의해 송 · 수신하는 방식의 것
3. "유 · 무선식"은 유선식과 무선식을 겸용으로 사용하는 방식의 것

제4조 (비상벨설비 또는 자동식사이렌설비)

① 비상벨설비 또는 자동식사이렌설비는 부식성가스 또는 습기 등으로 인하여 부식의 우려가 없는 장소에 설치하여야 한다.

② 지구음향장치는 특정소방대상물의 층마다 설치하되, 해당 특정소방대상물의 각 부분으로부터 하나의 음향장치까지의 수평거리가 25m 이하가 되도록 하고, 해당층의 각 부분에 유효하게 경보를 발할 수 있도록 설치하여야 한다. 다만, 「비상방송설비의 화재안전기준(NFSC 202)」에 적합한 방송설비를 비상벨설비 또는 자동식사이렌설비와 연동하여 작동하도록 설치한 경우에는 지구음향장치를 설치하지 아니할 수 있다. 〈개정 2012.8.20〉

③ 음향장치는 정격전압의 80% 전압에서 음향을 발할 수 있도록 하여야 한다. 다만, 건전지를 주전원으로 사용하는 음향장치는 그러하지 아니하다. 〈개정 2019.5.24〉

④ 음향장치의 음량은 부착된 음향장치의 중심으로부터 1m 떨어진 위치에서 90dB 이상이 되는 것으로 하여야 한다. 〈개정 2008.12.15〉

⑤ 발신기는 다음 각 호의 기준에 따라 설치하여야 한다. 〈단서삭제 2021.1.15〉

1. 조작이 쉬운 장소에 설치하고, 조작스위치는 바닥으로부터 0.8m 이상 1.5m 이하의 높이에 설치할 것
2. 특정소방대상물의 층마다 설치하되, 해당 특정소방대상물의 각 부분으로부터 하나의 발신기까지의 수평거리가 25m 이하가 되도록 할 것. 다만, 복도 또는 별도로 구획된 실로서 보행거리가 40m 이상일 경우에는 추가로 설치하여야 한다. 〈개정 2012.8.20〉
3. 발신기의 위치표시등은 함의 상부에 설치하되, 그 불빛은 부착 면으로부터 15° 이상의 범위 안에서 부착지점으로부터 10m 이내의 어느 곳에서도 쉽게 식별할 수 있는 적색등으로 할 것

⑥ 비상벨설비 또는 자동식사이렌설비의 상용전원은 다음 각 호의 기준에 따라 설치하여야 한다. 〈개정 2016.7.13〉

1. 전원은 전기가 정상적으로 공급되는 축전지, 전기저장장치(외부 전기에너지를 저장해 두었다가 필요한 때 전기를 공급하는 장치) 또는 교류전압의 옥내 간선으로 하고, 전원까지의 배선은 전용으로 할 것
2. 개폐기에는 "비상벨설비 또는 자동식사이렌설비용"이라고 표시한 표지를 할 것

⑦ 비상벨설비 또는 자동식사이렌설비에는 그 설비에 대한 감시상태를 60분간 지속한 후 유효하게 10분 이상 경보할 수 있는 축전지설비(수신기에 내장하는 경우를 포함한다)또는 전기저장장치(외부 전기에너지를 저장해 두었다가 필요한 때 전기를 공급하는 장치)를 설치하여야 한다. 다만, 상용전원이 축전지 설비인 경우 또는 건전지를 주전원으로 사용하는 무선식 설비인 경우에는 그러하지 아니하다.〈개정 2019.5.24〉

⑧ 비상벨설비 또는 자동식사이렌설비의 배선은 「전기사업법」 제67조에 따른 기술기준에서 정한 것 외에 다음 각 호의 기준에 따라 설치하여야 한다. 〈개정 2012.8.20〉

1. 전원회로의 배선은 「옥내소화전설비의 화재안전기준(NFSC 102)」 별표 1에 따른 내화배선에 의하고 그 밖의 배선은 「옥내소화전설비의 화재안전기준(NFSC 102)」 별표 1에 따른 내화배선 또는 내열배선에 따를 것 〈개정 2012.8.20〉
2. 전원회로의 전로와 대지 사이 및 배선상호간의 절연저항은 「전기사업법」 제67조에 따른 기술기준이 정하는 바에 의하고, 부속회로의 전로와 대지 사이 및 배선 상호간의 절

연저항은 1경계구역마다 직류 250V의 절연저항측정기를 사용하여 측정한 절연저항이 0.1MΩ 이상이 되도록 할 것 〈개정 2012.8.20〉

3. 배선은 다른 전선과 별도의 관 · 덕트(절연효력이 있는 것으로 구획한 때에는 그 구획된 부분은 별개의 덕트로 본다) · 몰드 또는 풀박스 등에 설치할 것. 다만, 60V 미만의 약전류회로에 사용하는 전선으로서 각각의 전압이 같을 때에는 그러하지 아니하다.

제5조 (단독경보형감지기) 기술사 99회 관리사 11회

단독경보형감지기는 다음 각 호의 기준에 따라 설치하여야 한다. 〈개정 2012.8.20〉

1. 각 실(이웃하는 실내의 바닥면적이 각각 $30m^2$ 미만이고 벽체의 상부의 전부 또는 일부가 개방되어 이웃하는 실내와 공기가 상호유통되는 경우에는 이를 1개의 실로 본다)마다 설치하되, 바닥면적이 $150m^2$를 초과하는 경우에는 $150m^2$마다 1개 이상 설치할 것
2. 최상층의 계단실의 천장(외기가 상통하는 계단실의 경우를 제외한다)에 설치할 것
3. 건전지를 주전원으로 사용하는 단독경보형감지기는 정상적인 작동상태를 유지할 수 있도록 건전지를 교환할 것
4. 상용전원을 주전원으로 사용하는 단독경보형감지기의 2차전지는 법 제39조에 따라 제품검사에 합격한 것을 사용할 것 〈개정 2012.8.20〉

제6조 (설치 · 유지기준의 특례)

소방본부장 또는 소방서장은 기존건축물이 증축 · 개축 · 대수선되거나 용도변경 되는 경우에 있어서 이 기준이 정하는 기준에 따라 해당 건축물에 설치하여야 할 비상경보설비의 배관 · 배선 등의 공사가 현저하게 곤란하다고 인정되는 경우에는 해당 설비의 기능 및 사용에 지장이 없는 범위 안에서 비상경보설비의 설치 · 유지기준의 일부를 적용하지 아니할 수 있다. 〈개정 2012.8.20〉

제7조 (재검토 기한)

소방청장은 「훈령 · 예규 등의 발령 및 관리에 관한 규정」에 따라 이 고시에 대하여 2017년 1월 1일 기준으로 매 3년이 되는 시점(매 3년째의 12월 31일까지를 말한다)마다 그 타당성을 검토하여 개선 등의 조치를 하여야 한다.

제8조 (규제의 재검토)

「행정규제기본법」 제8조에 따라 2015년 1월 1일을 기준으로 매 3년이 되는 시점(매 3번째의 12월 31일까지를 말한다)마다 그 타당성을 검토하여 개선 등의 조치를 하여야 한다.

[제16장] 비상방송설비의 화재안전기준(NFSC 202)

(개정 : 2017. 7. 26. 소방청고시 제2017-1호)

제1조 (목적)

이 기준은 「화재예방, 소방시설 설치 · 유지 및 안전관리에 관한 법률」 제9조제1항에 따라 소방청장에게 위임한 사항 중 경보설비인 비상방송설비의 설치 · 유지 및 안전관리에 관하여 필요한 사항을 규정함을 목적으로 한다.

제2조 (적용범위)

「화재예방, 소방시설 설치 · 유지 및 안전관리에 관한 법률 시행령」(이하 "영"이라 한다) 별표 5 제2호나목에 따른 비상방송설비는 이 기준에서 정하는 규정에 따라 설비를 설치하고 유지 · 관리하여야 한다.

제3조 (정의)

이 기준에서 사용되는 용어의 정의는 다음과 같다.

1. "확성기"란 소리를 크게 하여 멀리까지 전달될 수 있도록 하는 장치로써 일명 스피커를 말한다.
2. "음량조절기"란 가변저항을 이용하여 전류를 변화시켜 음량을 크게 하거나 작게 조절할 수 있는 장치를 말한다.
3. "증폭기"란 전압전류의 진폭을 늘려 감도를 좋게 하고 미약한 음성전류를 커다란 음성전류로 변화시켜 소리를 크게 하는 장치를 말한다.

제4조 (음향장치) 기술사 101회

비상방송설비는 다음 각 호의 기준에 따라 설치하여야 한다. 이 경우 엘리베이터 내부에는 별도의 음향장치를 설치할 수 있다.

1. 확성기의 음성입력은 3W(실내에 설치하는 것에 있어서는 1W) 이상일 것
2. 확성기는 각층마다 설치하되, 그 층의 각 부분으로부터 하나의 확성기까지의 수평거리가 25m 이하가 되도록 하고, 해당층의 각 부분에 유효하게 경보를 발할 수 있도록 설치할 것
3. 음량조정기를 설치하는 경우 음량조정기의 배선은 3선식으로 할 것
4. 조작부의 조작스위치는 바닥으로부터 0.8m 이상 1.5m 이하의 높이에 설치할 것

5. 조작부는 기동장치의 작동과 연동하여 해당 기동장치가 작동한 층 또는 구역을 표시할 수 있는 것으로 할 것
6. 증폭기 및 조작부는 수위실 등 상시 사람이 근무하는 장소로서 점검이 편리하고 방화상 유효한 곳에 설치할 것
7. 층수가 5층 이상으로서 연면적이 3,000m^{2}를 초과하는 특정소방대상물은 다음 각 목에 따라 경보를 발할 수 있도록 하여야 한다. 〈개정 2008.12.15, 2012.2.15〉 관리사 9회
   가. 2층 이상의 층에서 발화한 때에는 발화층 및 그 직상층에 경보를 발할 것
   나.1층에서 발화한 때에는 발화층 · 그 직상층 및 지하층에 경보를 발할 것
   다. 지하층에서 발화한 때에는 발화층 · 그 직상층 및 기타의 지하층에 경보를 발할 것

7의2. 삭제 〈2013.6.11〉

8. 다른 방송설비와 공용하는 것에 있어서는 화재 시 비상경보외의 방송을 차단할 수 있는 구조로 할 것
9. 다른 전기회로에 따라 유도장애가 생기지 아니하도록 할 것
10. 하나의 특정소방대상물에 2 이상의 조작부가 설치되어 있는 때에는 각각의 조작부가 있는 장소 상호간에 동시통화가 가능한 설비를 설치하고, 어느 조작부에서도 해당 특정소방대상물의 전 구역에 방송을 할 수 있도록 할 것
11. 기동장치에 따른 화재신고를 수신한 후 필요한 음량으로 화재발생 상황 및 피난에 유효한 방송이 자동으로 개시될 때까지의 소요시간은 10초 이하로 할 것
12. 음향장치는 다음 각 목의 기준에 따른 구조 및 성능의 것으로 하여야 한다.
    가. 정격전압의 80% 전압에서 음향을 발할 수 있는 것을 할 것
    나. 자동화재탐지설비의 작동과 연동하여 작동할 수 있는 것으로 할 것

제5조 (배선)

비상방송설비의 배선은 「전기사업법」 제67조에 따른 기술기준에서 정한 것외에 다음 각 호의 기준에 따라 설치하여야 한다.

1. 화재로 인하여 하나의 층의 확성기 또는 배선이 단락 또는 단선되어도 다른 층의 화재통보에 지장이 없도록 할 것
2. 전원회로의 배선은 옥내소화전설비의화재안전기준(NFSC 102) 별표 1에 따른 내화배선에 따르고, 그 밖의 배선은 옥내소화전설비의화재안전기준(NFSC 102) 별표 1에 따른 내화배선 또는 내열배선에 따라 설치할 것
3. 전원회로의 전로와 대지 사이 및 배선상호간의 절연저항은 「전기사업법」 제67조에 따른 기술기준이 정하는 바에 따르고, 부속회로의 전로와 대지 사이 및 배선 상호간의 절연저항은 1경계구역마다 직류 250V의 절연저항측정기를 사용하여 측정한 절연저항이 0.1MΩ 이상이 되도록 할 것
4. 비상방송설비의 배선은 다른 전선과 별도의 관 · 덕트(절연효력이 있는 것으로 구획한 때에는 그 구획된 부분은 별개의 덕트로 본다) 몰드 또는 풀박스등에 설치할 것. 다만,

60V 미만의 약전류회로에 사용하는 전선으로서 각각의 전압이 같을 때에는 그러하지 아니하다.

제6조 (전원)

① 비상방송설비의 상용전원은 다음 각 호의 기준에 따라 설치하여야 한다.

1. 전원은 전기가 정상적으로 공급되는 축전지, 전기저장장치(외부 전기에너지를 저장해 두었다가 필요한 때 전기를 공급하는 장치) 또는 교류전압의 옥내 간선으로 하고, 전원까지의 배선은 전용으로 할 것 〈개정 2016.7.13〉
2. 개폐기에는 "비상방송설비용"이라고 표시한 표지를 할 것

② 비상방송설비에는 그 설비에 대한 감시상태를 60분간 지속한 후 유효하게 10분 이상 경보할 수 있는 축전지설비(수신기에 내장하는 경우를 포함한다) 또는 전기저장장치(외부 전기에너지를 저장해 두었다가 필요한 때 전기를 공급하는 장치)를 설치하여야 한다. 〈개정 2016.7.13〉

제7조 (설치 · 유지기준의 특례)

소방본부장 또는 소방서장은 기존건축물이 증축 · 개축 · 대수선되거나 용도 변경되는 경우에 있어서 이 기준이 정하는 기준에 따라 해당 건축물에 설치하여야 할 비상방송설비의 배관 · 배선 등의 공사가 현저하게 곤란하다고 인정되는 경우에는 해당 설비의 기능 및 사용에 지장이 없는 범위 안에서 비상방송설비의 설치 · 유지기준의 일부를 적용하지 아니할 수 있다.

제8조 (재검토 기한)

소방청장은 「훈령 · 예규 등의 발령 및 관리에 관한 규정」에 따라 이 고시에 대하여 2017년 1월 1일 기준으로 매 3년이 되는 시점(매 3년째의 12월 31일까지를 말한다)마다 그 타당성을 검토하여 개선 등의 조치를 하여야 한다.

부칙 <제2017-1호, 2017.7.26>

제1조 (시행일)

이 고시는 발령한 날부터 시행한다.

[제17장] 자동화재탐지설비 및 시각경보장치의 화재안전기준(NFSC 203)

(개정 : 2021. 1. 15. 소방청고시 제2021－11호)

[자동화재탐지설비의 주요 화재안전기준]

1. 경계구역 설정기준 기술사 104회 관리사 9회·14회

(1) 하나의 경계구역이 2개 이상의 건축물에 미치지 아니할 것

(2) 하나의 경계구역이 2개 이상의 층에 미치지 아니할 것
다만, 바닥면적 500m² 이하의 범위 내에서는 2개층으로 가능함

(3) 하나의 경계구역의 면적은 600m² 이하 및 한변의 길이 50m 이하
다만, 주된 출입구에서 내부 전체가 보이는 것은 한변의 길이 50m의 범위 내에서 1,000m² 이하

(4) 계단, 경사로, 파이프 피트 및 덕트, 엘리베이터 승강로(권상기실이 있는 경우에는 권상기실) 등은 별도로 경계구역을 설정하되, 하나의 경계구역의 높이를 45m 이하로 할 것 〈개정 2015.1.23〉 다만, 지하층의 계단 및 경사로는 별도의 경계구역으로 설정(지하 1층인 경우는 제외)

(5) 외기에 면하여 상시 개방된 차고, 창고, 주차장 등에서 외기에 면하는 5m 미만의 범위안에 있는 부분은 경계구역의 면적에 산입하지 아니한다.

(6) 스프링클러설비·물분무등소화설비 또는 제연설비의 화재감지장치의 감지기를 설치한 경우 당해 소화설비의 방사구역 또는 제연구역과 동일하게 설정할 수 있다.

(7) 도로터널의 경우 하나의 경계구역의 길이는 100m 이하로 한다.

2. 화재감지기의 설치 제외장소 기술사 104회

(1) 천장 또는 반자의 높이가 20m 이상인 장소

(2) 헛간 등 외부와 기류가 통하는 장소로서 감지기에 의하여 화재발생을 유효하게 감지할 수 없는 장소

(3) 부식성 가스가 체류하는 장소

(4) 고온도 또는 저온도로서 감지기의 기능이 정지되기 쉽거나 감지기의 유지관리가 어려운 장소

(5) 목욕실·욕조나 샤워시설이 있는 화장실 기타 이와 유사한 장소

(6) 파이프 덕트 등 그 밖의 이와 유사한 것으로서 2개 층마다 방화구획되거나 수평단면적이 $5m^2$ 이하인 것
(7) 먼지 · 가루 또는 수증기가 다량 체류하는 장소 또는 주방 등 평시에 연기가 발생하는 장소(연기감지기에 한한다.)
(8) 프레스공장 · 주조공장 등 화재발생 위험이 적은 장소로서 감지기의 유지관리가 어려운 장소

3. 수신기의 설치기준

(1) 당해 소방대상물의 경계구역을 각각 표시할 수 있는 회선수 이상의 수신기를 설치할 것
(2) 4층 이상의 소방대상물에는 발신기와 전화 통화가 가능한 수신기를 설치할 것
(3) 수신기가 설치된 장소에는 경계구역 일람도를 비치할 것(단, 주수신기에 한한다.)
(4) 수위실 등 상시 사람이 근무하는 장소에 설치할 것. 다만 사람이 상시 근무하는 장소가 없는 경우에는 관계인이 쉽게 접근할 수 있고 관리가 용이한 장소에 설치할 수 있다.
(5) 음향기구는 그 음량 및 음색이 다른 기기의 소음 등과 명확히 구별될 수 있을 것
(6) 감지기 · 중계기 · 발신기가 작동하는 경계구역을 표시할 수 있을 것
(7) 하나의 경계구역을 하나의 표시등 또는 문자로 표시되도록 할 것
(8) 조작스위치는 바닥으로부터 높이 0.8~1.5m일 것
(9) 하나의 소방대상물에 2 이상의 수신기를 설치하는 경우에는 수신기를 상호 간 연동하여 화재발생 상황을 각 수신기마다 확인할 수 있을 것
(10) 화재 · 가스 · 전기 등의 종합 방재반을 설치한 경우에는 당해 조작반에 수신기의 작동과 연동하여 감지기 · 발신기 · 중계기가 작동하는 경계구역을 표시할 수 있는 것으로 할 것

4. 자동화재탐지설비 배선의 설치기준

(1) 전원회로의 배선 : 내화배선
(2) 그 밖의 배선 : 내화 또는 내열배선
단, 감지기 상호 간의 배선은 600V 비닐절연전선도 가능하다.
(3) 아날로그식 · 다신호식감지기나 R형수신기용으로 사용되는 감지기회로의 배선은 전자파 방해를 받지 아니하는 쉴드선 등을 사용하여야 하며, 광케이블의 경우에는 전자파 방해를 받지 아니하고 내열성이 있는 경우 사용할 수 있다. 〈개정 2015.1.23〉
(4) 감지기회로 및 부속회로의 전로와 대지 사이 및 배선 상호간의 절연저항은 1경계구역마다 직류 250V의 절연저항측정기로 측정한 절연저항이 0.1MΩ 이상일 것

(5) 자동화재탐지설비의 배선은 다른 전선과는 별도의 관 · 덕트 · 몰드 또는 풀박스 등에 설치
(6) 감지기 회로의 배선방식은 송배전식으로 한다.
(7) P형 및 GP형 수신기의 감지기회로 배선 : 하나의 공통선에 접속할 수 있는 경계구역은 7개 이하로 한다.
(8) 감지기회로의 전로저항은 50Ω 이하 되게 한다.
(9) 종단저항의 설치기준
 1) 점검 및 관리가 쉬운 장소에 설치할 것
 2) 전용함 : 바닥으로부터 1.5m 높이 이내 설치
 3) 감지기회로의 끝부분에 설치
(10) 50층 이상인 건축물에 설치하는 통신 · 신호배선 중 다음의 것은 이중배선으로 설치하고, 단선 시에도 고장표시가 되며 정상 작동할 수 있는 성능을 갖도록 설비를 하여야 한다.
 1) 수신기와 수신기 사이의 통신배선
 2) 수신기와 중계기 사이의 신호배선
 3) 수신기와 감지기 사이의 신호배선

5. 청각장애인용 시각경보장치의 설치기준 기술사 111회

(1) 복도 · 통로 · 청각장애인용 객실 및 공용으로 사용하는 거실(로비, 회의실, 강의실, 식당, 휴게실, 오락실, 대기실, 체력단련실, 접객실, 안내실, 전시실, 기타 이와 유사한 장소)에 설치하며, 각 부분으로부터 유효하게 시각경보를 인지할 수 있는 위치에 설치할 것
(2) 공연장 · 집회장 · 관람장 또는 이와 유사한 장소에 설치하는 경우에는 시선이 집중되는 무대부 등의 부분에 설치할 것
(3) 설치높이 : 바닥으로부터 2~2.5m(단, 천장의 높이가 2m 이하인 경우에는 천장으로부터 0.15m) 이내에 설치
(4) 하나의 소방대상물에 2 이상의 수신기가 설치된 경우에는 어느 수신기에서도 시각경보장치를 작동할 수 있을 것
(5) 전원 : 시각경보기의 광원은 전용의 축전지설비에 의하여 점등하도록 할 것
다만, 시각경보기에 작동전원을 공급할 수 있도록 형식승인을 얻은 수신기를 설치한 경우에는 그러하지 아니하다.

6. 특수감지기의 적응장소 관리사 4회 · 11회

(1) 다음 각 항목에 적용할 수 있는 감지기
 • 교차회로방식을 갈음할 수 있는 감지기

- 지하구 또는 터널에 적용하는 감지기
- 비화재보 발생 우려장소에 적용하는 감지기

여기서, 비화재보 발생 우려장소란 다음 각 호 중 어느 하나의 경우로서 일시적인 열 · 연기 · 먼지의 발생에 의해 화재신호를 발신할 우려가 있는 장소를 말한다.

㉮ 지하층 · 무창층 등으로서 환기가 잘 되지 아니하거나 실내면적이 $40m^2$ 미만인 장소

㉯ 감지기 부착면과 실내 바닥과의 거리가 2.3m 이하인 곳

1) 불꽃감지기
2) 분포형 감지기
3) 복합형 감지기
4) 광전식 분리형 감지기
5) 정온식 감지선형 감지기
6) 아날로그방식의 감지기
7) 다신호방식의 감지기
8) 축적방식의 감지기

(2) 화학공장, 제련소, 격납고에 적용할 수 있는 감지기

1) 불꽃감지기
2) 광전식 분리형 감지기

(3) 전산실 또는 반도체공장에 적용할 수 있는 감지기

1) 광전식 공기흡입형 감지기

(4) 지하구 또는 터널에 적용할 수 있는 감지기

상기 제(1)항 각 호의 감지기 중에서 먼지 · 습기 등의 영향을 받지 아니하고 발화지점을 확인할 수 있는 감지기

(5) 고층건축물(층수 30층 이상)인 특정소방대상물에 설치하는 감지기

아날로그방식의 감지기로서 감지기의 작동 및 설치 지점을 수신기에서 확인할 수 있는 것으로 설치하여야 한다. 다만, 공동주택의 경우에는 감지기별로 작동 및 설치지점을 수신기에서 확인할 수 있는 아날로그방식 외의 감지기로 설치할 수 있다.

7. 특수감지기 설치가 부적합한 장소(모든 특수감지기 공통)

(1) 현저한 고온 연기 또는 부식성 가스의 발생 우려가 있는 장소

(2) 평상시 다량의 연기 또는 수증기 · 결로가 체류하는 장소(이 경우 차동식 분포형 또는 보상식 감지기 사용가능)

(3) 평상시 화염에 노출되는 장소

8. 부착높이별 적응 감지기

8m 이상~15m 미만	15m 이상~20m 미만	20m 이상
① 차동식 분포형 ② 이온화식 1종 또는 2종 ③ 광전식(스포트형·분리형·공기흡입형) 1종 또는 2종 ④ 연기복합형 ⑤ 불꽃감지기	① 이온화식 1종 ② 광전식(스포트형·분리형·공기흡입형) 1종 ③ 연기복합형 ④ 불꽃감지기	① 불꽃감지기 ② 광전식(분리형·공기흡입형) 중 아날로그 방식

9. 우선경보방식(구분명동방식) 기준

(1) 적용대상

층수가 5층(지하층은 제외) 이상으로서 연면적이 3,000m²를 초과하는 특정소방대상물 또는 그 부분

(2) 층수가 29층 이하인 특정소방대상물의 우선경보 기준

1) 2층 이상의 층에서 발화한 때 : 발화층 및 그 직상층에 우선 경보
2) 1층에서 발화한 때 : 발화층 · 그 직상층 및 지하층에 우선 경보
3) 지하층에서 발화한 때 : 발화층 · 그 직상층 및 기타의 지하층에 우선 경보

(3) 고층건축물(30층 이상)인 특정소방대상물의 우선경보 기준

1) 2층 이상의 층에서 발화한 때 : 발화층 및 그 직상 4개층에 우선 경보
2) 1층에서 발화한 때 : 발화층 · 그 직상 4개층 및 지하층에 우선 경보
3) 지하층에서 발화한 때 : 발화층 · 그 직상층 및 기타의 지하층에 우선 경보

제1조 (목적)

이 기준은 「화재예방, 소방시설 설치 · 유지 및 안전관리에 관한 법률」 제9조제1항에서 소방청장에게 위임한 사항 중 경보설비인 자동화재탐지설비 및 시각경보장치의 설치 · 유지 및 안전관리에 필요한 사항을 규정함을 목적으로 한다.

제2조 (적용범위)

「화재예방, 소방시설 설치 · 유지 및 안전관리에 관한 법률 시행령」(이하 "영"이라 한다) 별표 5 제2호 라목 및 사목에 따른 자동화재탐지설비 및 시각경보장치는 이 기준에서 정하는 규정에 따라 설비를 설치하고 유지 · 관리하여야 한다.

제3조 (정의)

이 기준에서 사용하는 용어의 정의는 다음과 같다.

1. "경계구역"이란 특정소방대상물 중 화재신호를 발신하고 그 신호를 수신 및 유효하게 제어할 수 있는 구역을 말한다.
2. "수신기"란 감지기나 발신기에서 발하는 화재신호를 직접 수신하거나 중계기를 통하여 수신하여 화재의 발생을 표시 및 경보하여 주는 장치를 말한다.
3. "중계기"란 감지기 · 발신기 또는 전기적접점 등의 작동에 따른 신호를 받아 이를 수신기의 제어반에 전송하는 장치를 말한다.
4. "감지기"란 화재시 발생하는 열, 연기, 불꽃 또는 연소생성물을 자동적으로 감지하여 수신기에 발신하는 장치를 말한다.
5. "발신기"란 화재발생 신호를 수신기에 수동으로 발신하는 장치를 말한다.
6. "시각경보장치"란 자동화재탐지설비에서 발하는 화재신호를 시각경보기에 전달하여 청각장애인에게 점멸형태의 시각경보를 하는 것을 말한다.
7. "거실"이란 거주 · 집무 · 작업 · 집회 · 오락 그 밖에 이와 유사한 목적을 위하여 사용하는 방을 말한다.

제3조의2 (신호처리방식) 〈신설 2019.5.24〉

화재신호 및 상태신호 등(이하 "화재신호 등"이라 한다)을 송수신하는 방식은 다음 각 호와 같다.

1. "유선식"은 화재신호 등을 배선으로 송 · 수신하는 방식
2. "무선식"은 화재신호 등을 전파에 의해 송 · 수신하는 방식
3. "유 · 무선식"은 유선식과 무선식을 겸용으로 사용하는 방식

제4조 (경계구역) 기술사 104회 관리사 9회 · 14회

① 자동화재탐지설비의 경계구역은 다음 각 호의 기준에 따라 설정하여야 한다. 다만, 감지기의 형식승인 시 감지거리, 감지면적 등에 대한 성능을 별도로 인정받은 경우에는 그 성능인정범위를 경계구역으로 할 수 있다.

1. 하나의 경계구역이 2개 이상의 건축물에 미치지 아니하도록 할 것
2. 하나의 경계구역이 2개 이상의 층에 미치지 아니하도록 할 것. 다만, 500m^2 이하의 범위 안에서는 2개의 층을 하나의 경계구역으로 할 수 있다
3. 하나의 경계구역의 면적은 600m^2 이하로 하고 한변의 길이는 50m 이하로 할 것. 다만, 해당 특정소방대상물의 주된 출입구에서 그 내부 전체가 보이는 것에 있어서는 한 변의 길이가 50m의 범위 내에서 1,000m^2 이하로 할 수 있다. 〈개정 2008.12.15〉
4. 〈삭제 2021.1.15〉

② 계단(직통계단외의 것에 있어서는 떨어져 있는 상하계단의 상호간의 수평거리가 5m 이하

로서 서로 간에 구획되지 아니한 것에 한한다. 이하 같다) · 경사로(에스컬레이터경사로 포함) · 엘리베이터 승강로(권상기실이 있는 경우에는 권상기실) · 린넨슈트 · 파이프 피트 및 덕트 기타 이와 유사한 부분에 대하여는 별도로 경계구역을 설정하되, 하나의 경계구역은 높이 45m 이하(계단 및 경사로에 한한다)로 하고, 지하층의 계단 및 경사로(지하층의 층수가 1일 경우는 제외한다)는 별도로 하나의 경계구역으로 하여야 한다. 〈개정 2008.12.15, 2015.1.23〉

③ 외기에 면하여 상시 개방된 부분이 있는 차고 · 주차장 · 창고 등에 있어서는 외기에 면하는 각 부분으로부터 5m 미만의 범위 안에 있는 부분은 경계구역의 면적에 산입하지 아니한다.

④ 스프링클러설비 · 물분무등소화설비 또는 제연설비의 화재감지장치로서 화재감지기를 설치한 경우의 경계구역은 해당 소화설비의 방사구역 또는 제연구역과 동일하게 설정할 수 있다. 〈개정 2008.12.15〉

제5조 (수신기)

① 자동화재탐지설비의 수신기는 다음 각 호의 기준에 적합한 것으로 설치하여야 한다.

1. 해당 특정소방대상물의 경계구역을 각각 표시할 수 있는 회선수 이상의 수신기를 설치할 것
2. 4층 이상의 특정소방대상물에는 발신기와 전화통화가 가능한 수신기를 설치할 것
3. 해당 특정소방대상물에 가스누설탐지설비가 설치된 경우에는 가스누설탐지설비로부터 가스누설신호를 수신하여 가스누설경보를 할 수 있는 수신기를 설치할 것(가스누설탐지설비의 수신부를 별도로 설치한 경우에는 제외한다)

② 자동화재탐지설비의 수신기는 특정소방대상물 또는 그 부분이 지하층 · 무창층 등으로서 환기가 잘되지 아니하거나 실내면적이 $40m^2$ 미만인 장소, 감지기의 부착면과 실내바닥과의 거리가 2.3m 이하인 장소로서 일시적으로 발생한 열 · 연기 또는 먼지 등으로 인하여 감지기가 화재신호를 발신할 우려가 있는 때에는 축적기능 등이 있는 것(축적형감지기가 설치된 장소에는 감지기회로의 감시전류를 단속적으로 차단시켜 화재를 판단하는 방식외의 것을 말한다)으로 설치하여야 한다. 다만, 제7조제1항 단서에 따라 감지기를 설치한 경우에는 그러하지 아니하다.

③ 수신기는 다음 각 호의 기준에 따라 설치하여야 한다.

1. 수위실 등 상시 사람이 근무하는 장소에 설치할 것. 다만, 사람이 상시 근무하는 장소가 없는 경우에는 관계인이 쉽게 접근할 수 있고 관리가 용이한 장소에 설치할 수 있다.
2. 수신기가 설치된 장소에는 경계구역 일람도를 비치할 것. 다만, 모든 수신기와 연결되어 각 수신기의 상황을 감시하고 제어할 수 있는 수신기(이하 "주수신기"라 한다)를 설치하는 경우에는 주수신기를 제외한 기타 수신기는 그러하지 아니하다.
3. 수신기의 음향기구는 그 음량 및 음색이 다른 기기의 소음 등과 명확히 구별될 수 있는 것으로 할 것

4. 수신기는 감지기 · 중계기 또는 발신기가 작동하는 경계구역을 표시할 수 있는 것으로 할 것
5. 화재 · 가스 전기등에 대한 종합방재반을 설치한 경우에는 해당 조작반에 수신기의 작동과 연동하여 감지기 · 중계기 또는 발신기가 작동하는 경계구역을 표시할 수 있는 것으로 할 것
6. 하나의 경계구역은 하나의 표시등 또는 하나의 문자로 표시되도록 할 것
7. 수신기의 조작 스위치는 바닥으로부터의 높이가 0.8m 이상 1.5m 이하인 장소에 설치할 것
8. 하나의 특정소방대상물에 2 이상의 수신기를 설치하는 경우에는 수신기를 상호간 연동하여 화재발생 상황을 각 수신기마다 확인할 수 있도록 할 것

제6조 (중계기) 관리사 2회 · 19회

자동화재탐지설비의 중계기는 다음 각 호의 기준에 따라 설치하여야 한다.

1. 수신기에서 직접 감지기회로의 도통시험을 행하지 아니하는 것에 있어서는 수신기와 감지기 사이에 설치할 것
2. 조작 및 점검에 편리하고 화재 및 침수등의 재해로 인한 피해를 받을 우려가 없는 장소에 설치할 것
3. 수신기에 따라 감시되지 아니하는 배선을 통하여 전력을 공급받는 것에 있어서는 전원입력측의 배선에 과전류 차단기를 설치하고 해당 전원의 정전이 즉시 수신기에 표시되는 것으로 하며, 상용전원 및 예비전원의 시험을 할 수 있도록 할 것

제7조 (감지기)

① 자동화재탐지설비의 감지기는 부착높이에 따라 다음 표에 따른 감지기를 설치하여야 한다. 다만, 지하층 · 무창층 등으로서 환기가 잘되지 아니하거나 실내면적이 $40m^2$ 미만인 장소, 감지기의 부착면과 실내바닥과의 거리가 2.3m 이하인 곳으로서 일시적으로 발생한 열 · 연기 또는 먼지 등으로 인하여 화재신호를 발신할 우려가 있는 장소(제5조제2항 본문에 따른 수신기를 설치한 장소를 제외한다)에는 다음 각 호에서 정한 감지기중 적응성 있는 감지기를 설치하여야 한다. 관리사 4회 · 11회

1. 불꽃감지기
2. 정온식감지선형감지기
3. 분포형감지기
4. 복합형감지기
5. 광전식분리형감지기
6. 아날로그방식의 감지기
7. 다신호방식의 감지기
8. 축적방식의 감지기

부착높이	감지기의 종류
4m 미만	차동식(스포트형, 분포형) 보상식 스포트형 정온식(스포트형, 감지선형) 이온화식 또는 광전식(스포트형, 분리형, 공기흡입형) 열복합형 연기복합형 열연기복합형 불꽃감지기
4m 이상 8m 미만	차동식(스포트형, 분포형) 보상식 스포트형 정온식(스포트형, 감지선형) 특종 또는 1종 이온화식 1종 또는 2종 광전식(스포트형, 분리형, 공기흡입형) 1종 또는 2종 열복합형 연기복합형 열연기복합형 불꽃감지기
8m 이상 15m 미만	차동식 분포형 이온화식 1종 또는 2종 광전식(스포트형, 분리형, 공기흡입형) 1종 또는 2종 연기복합형 불꽃감지기
15m 이상 20m 미만	이온화식 1종 광전식(스포트형, 분리형, 공기흡입형) 1종 연기복합형 불꽃감지기
20m 이상	불꽃감지기 광전식(분리형, 공기흡입형)중 아나로그방식

[비고]

1) 감지기별 부착높이 등에 대하여 별도로 형식승인 받은 경우에는 그 성능 인정범위 내에서 사용할 수 있다.
2) 부착높이 20m 이상에 설치되는 광전식중 아나로그방식의 감지기는 공칭감지농도 하한값이 감광율 5%/m 미만인 것으로 한다.

② 다음 각 호의 장소에는 연기감지기를 설치하여야 한다. 다만, 교차회로방식에 따른 감지기가 설치된 장소 또는 제1항 단서에 따른 감지기가 설치된 장소에는 그러하지 아니하다.

1. 계단 · 경사로 및 에스컬레이터 경사로 〈개정 2008.12.15, 2015.1.23〉
2. 복도(30m 미만의 것을 제외한다)
3. 엘리베이터 승강로(권상기실이 있는 경우에는 권상기실) · 린넨슈트 · 파이프 피트 및 덕트 기타 이와 유사한 장소 〈개정 2008.12.15, 2015.1.23〉
4. 천장 또는 반자의 높이가 15m 이상 20m 미만의 장소
5. 다음 각 목의 어느 하나에 해당하는 특정소방대상물의 취침 · 숙박 · 입원 등 이와 유사한 용도로 사용되는 거실 〈신설 2015.1.23〉 기술사 114회 관리사 19회
   가. 공동주택 · 오피스텔 · 숙박시설 · 노유자시설 · 수련시설
   나. 교육연구시설 중 합숙소
   다. 의료시설, 근린생활시설 중 입원실이 있는 의원 · 조산원
   라. 교정 및 군사시설
   마. 근린생활시설 중 고시원

③ 감지기는 다음 각 호의 기준에 따라 설치하여야 한다. 다만, 교차회로방식에 사용되는 감지기, 급속한 연소 확대가 우려되는 장소에 사용되는 감지기 및 축적기능이 있는 수신기에 연결하여 사용하는 감지기는 축적기능이 없는 것으로 설치하여야 한다. 관리사 11회

1. 감지기(차동식분포형의 것을 제외한다)는 실내로의 공기유입구로부터 1.5m 이상 떨어진 위치에 설치할 것
2. 감지기는 천장 또는 반자의 옥내에 면하는 부분에 설치할 것
3. 보상식스포트형감지기는 정온점이 감지기 주위의 평상시 최고온도보다 20℃ 이상 높은 것으로 설치할 것
4. 정온식감지기는 주방 · 보일러실 등으로서 다량의 화기를 취급하는 장소에 설치하되, 공칭작동온도가 최고주위온도보다 20℃ 이상 높은 것으로 설치할 것
5. 차동식스포트형 · 보상식스포트형 및 정온식스포트형 감지기는 그 부착 높이 및 특정소방대상물에 따라 다음 표에 따른 바닥면적마다 1개 이상을 설치할 것

(단위 : m^2)

부착높이 및 소방대상물의 구분		감지기의 종류						
		차동식 스포트형		보상식 스포트형		정온식 스포트형		
		1종	2종	1종	2종	특종	1종	2종
4m 미만	주요구조부를 내화구조로 한 소방대상물 또는 그 부분	90	70	90	70	70	60	20
	기타 구조의 소방대상물 또는 그 부분	50	40	50	40	40	30	15
4m 이상 8m 미만	주요구조부를 내화구조로 한 소방대상물 또는 그 부분	45	35	45	35	35	30	
	기타 구조의 소방대상물 또는 그 부분	30	25	30	25	25	15	

6. 스포트형감지기는 45° 이상 경사되지 아니하도록 부착할 것
7. 공기관식 차동식분포형감지기는 다음의 기준에 따를 것 관리사 19회
   가. 공기관의 노출부분은 감지구역마다 20m 이상이 되도록 할 것
   나. 공기관과 감지구역의 각 변과의 수평거리는 1.5m 이하가 되도록 하고, 공기관 상호간의 거리는 6m(주요 구조부를 내화구조로 한 특정소방대상물 또는 그 부분에 있어서는 9m) 이하가 되도록 할 것
   다. 공기관은 도중에서 분기하지 아니하도록 할 것
   라. 하나의 검출부분에 접속하는 공기관의 길이는 100m 이하로 할 것
   마. 검출부는 5° 이상 경사되지 아니하도록 부착할 것
   바. 검출부는 바닥으로부터 0.8m 이상 1.5m 이하의 위치에 설치할 것
8. 열전대식 차동식분포형감지기는 다음의 기준에 따를 것
   가. 열전대부는 감지구역의 바닥면적 $18m^2$(주요구조부가 내화구조로 된 특정소방대상물에 있어서는 $22m^2$)마다 1개 이상으로 할 것. 다만, 바닥면적이 $72m^2$(주요구조부가 내화구조로 된 특정소방대상물에 있어서는 $88m^2$) 이하인 특정소방대상물에 있어서는 4개 이상으로 하여야 한다.
   나. 하나의 검출부에 접속하는 열전대부는 20개 이하로 할 것. 다만, 각각의 열전대부에 대한 작동여부를 검출부에서 표시할 수 있는 것(주소형)은 형식승인 받은 성능인정범위내의 수량으로 설치할 수 있다.
9. 열반도체식 차동식분포형감지기는 다음의 기준에 따를 것

가. 감지부는 그 부착높이 및 특정소방대상물에 따라 다음 표에 따른 바닥면적마다 1개 이상으로 할 것. 다만, 바닥면적이 다음 표에 따른 면적의 2배 이하인 경우에는 2개(부착높이가 8m 미만이고, 바닥면적이 다음 표에 따른 면적 이하인 경우에는 1개) 이상으로 하여야 한다.

(단위 : m^2)

부착높이 및 소방대상물의 구분		감지기의 종류	
		1종	2종
8m 미만	주요구조부가 내화구조로된 소방대상물 또는 그 구분	65	36
	기타 구조의 소방대상물 또는 그 부분	40	23
8m 이상 15m 미만	주요구조부가 내화구조로 된 소방대상물 또는 그 부분	50	36
	기타 구조의 소방대상물 또는 그 부분	30	23

나. 하나의 검출기에 접속하는 감지부는 2개 이상 15개 이하가 되도록 할 것. 다만, 각각의 감지부에 대한 작동여부를 검출기에서 표시할 수 있는 것(주소형)은 형식승인 받은 성능인정범위내의 수량으로 설치할 수 있다.

10. 연기감지기는 다음의 기준에 따라 설치할 것

가. 감지기의 부착높이에 따라 다음 표에 따른 바닥면적마다 1개 이상으로 할 것

(단위 : m^2)

부 착 높 이	감지기의 종류	
	1종 및 2종	3종
4m 미만	150	50
4m 이상 20m 미만	75	

나. 감지기는 복도 및 통로에 있어서는 보행거리 30m(3종에 있어서는 20m)마다, 계단 및 경사로에 있어서는 수직거리 15m(3종에 있어서는 10m)마다 1개 이상으로 할 것

다. 천장 또는 반자가 낮은 실내 또는 좁은 실내에 있어서는 출입구의 가까운 부분에 설치할 것

라. 천장 또는 반자부근에 배기구가 있는 경우에는 그 부근에 설치할 것

마. 감지기는 벽 또는 보로부터 0.6m 이상 떨어진 곳에 설치할 것

11. 열복합형감지기의 설치에 관하여는 제3호 및 제9호를, 연기복합형감지기의 설치에 관하여는 제10호를, 열연기복합형감지기의 설치에 관하여는 제5호 및 제10호 나목 또는

마목을 준용하여 설치할 것

12. 정온식감지선형감지기는 다음의 기준에 따라 설치할 것 관리사 14회 기술사 119회
   가. 보조선이나 고정금구를 사용하여 감지선이 늘어지지 않도록 설치할 것
   나. 단자부와 마감 고정금구와의 설치간격은 10cm 이내로 설치할 것
   다. 감지선형 감지기의 굴곡반경은 5cm 이상으로 할 것
   라. 감지기와 감지구역의 각부분과의 수평거리가 내화구조의 경우 1종 4.5m 이하, 2종 3m 이하로 할 것. 기타 구조의 경우 1종 3m 이하, 2종 1m 이하로 할 것
   마. 케이블트레이에 감지기를 설치하는 경우에는 케이블트레이 받침대에 마감금구를 사용하여 설치할 것
   바. 창고의 천장 등에 지지물이 적당하지 않는 장소에서는 보조선을 설치하고 그 보조선에 설치할 것 〈개정 2021.1.15〉
   사. 분전반 내부에 설치하는 경우 접착제를 이용하여 돌기를 바닥에 고정시키고 그 곳에 감지기를 설치할 것
   아. 그 밖의 설치방법은 형식승인 내용에 따르며 형식승인 사항이 아닌 것은 제조사의 시방(示方)에 따라 설치할 것
13. 불꽃감지기는 다음의 기준에 따라 설치할 것 관리사 12회
   가. 공칭감시거리 및 공칭시야각은 형식승인 내용에 따를 것
   나. 감지기는 공칭감시거리와 공칭시야각을 기준으로 감시구역이 모두 포용될 수 있도록 설치할 것
   다. 감지기는 화재감지를 유효하게 감지할 수 있는 모서리 또는 벽 등에 설치할 것
   라. 감지기를 천장에 설치하는 경우에는 감지기는 바닥을 향하여 설치할 것
   마. 수분이 많이 발생할 우려가 있는 장소에는 방수형으로 설치할 것
   바. 그 밖의 설치기준은 형식승인 내용에 따르며 형식승인 사항이 아닌 것은 제조사의 시방에 따라 설치할 것
14. 아날로그방식의 감지기는 공칭감지온도범위 및 공칭감지농도범위에 적합한 장소에, 다신호방식의 감지기는 화재신호를 발신하는 감도에 적합한 장소에 설치할 것. 다만, 이 기준에서 정하지 않는 설치방법에 대하여는 형식승인 사항이나 제조사의 시방에 따라 설치할 수 있다.
15. 광전식분리형감지기는 다음의 기준에 따라 설치할 것 관리사 19회
   가. 감지기의 수광면은 햇빛을 직접 받지 않도록 설치할 것
   나. 광축(송광면과 수광면의 중심을 연결한 선)은 나란한 벽으로부터 0.6m 이상 이격하여 설치할 것
   다. 감지기의 송광부와 수광부는 설치된 뒷벽으로부터 1m 이내 위치에 설치할 것
   라. 광축의 높이는 천장 등(천장의 실내에 면한 부분 또는 상층의 바닥하부면을 말한다) 높이의 80% 이상일 것
   마. 감지기의 광축의 길이는 공칭감시거리 범위이내 일 것

바. 그 밖의 설치기준은 형식승인 내용에 따르며 형식승인 사항이 아닌 것은 제조사의 시방에 따라 설치할 것

④ 제3항에도 불구하고 다음 각 호의 장소에는 각각 광전식분리형감지기 또는 불꽃감지기를 설치하거나 광전식공기흡입형감지기를 설치할 수 있다.

1. 화학공장 · 격납고 · 제련소등 : 광전식분리형감지기 또는 불꽃감지기. 이 경우 각 감지기의 공칭감시거리 및 공칭시야각등 감지기의 성능을 고려하여야 한다.
2. 전산실 또는 반도체 공장등 : 광전식공기흡입형감지기. 이 경우 설치장소 · 감지면적 및 공기흡입관의 이격거리등은 형식승인 내용에 따르며 형식승인 사항이 아닌 것은 제조사의 시방에 따라 설치하여야 한다.

⑤ 다음 각 호의 장소에는 감지기를 설치하지 아니한다. 기술사 104회

1. 천장 또는 반자의 높이가 20m 이상인 장소. 다만, 제1항 단서 각호의 감지기로서 부착높이에 따라 적응성이 있는 장소는 제외한다.
2. 헛간 등 외부와 기류가 통하는 장소로서 감지기에 따라 화재발생을 유효하게 감지할 수 없는 장소
3. 부식성가스가 체류하고 있는 장소
4. 고온도 및 저온도로서 감지기의 기능이 정지되기 쉽거나 감지기의 유지관리가 어려운 장소
5. 목욕실 · 욕조나 샤워시설이 있는 화장실 · 기타 이와 유사한 장소
6. 파이프덕트 등 그 밖의 이와 비슷한 것으로서 2개층 마다 방화구획된 것이나 수평단면적이 $5m^2$ 이하인 것
7. 먼지 · 가루 또는 수증기가 다량으로 체류하는 장소 또는 주방 등 평시에 연기가 발생하는 장소(연기감지기에 한한다)
8. 삭 제 〈2015.1.23〉
9. 프레스공장 · 주조공장 등 화재발생의 위험이 적은 장소로서 감지기의 유지관리가 어려운 장소

⑥ 〈삭제 2021.1.15〉

⑦ 제1항 단서에도 불구하고 일시적으로 발생한 열 · 연기 또는 먼지 등으로 인하여 화재신호를 발신할 우려가 있는 장소에는 별표 1 및 별표 2에 따라 그 장소에 적응성 있는 감지기를 설치할 수 있으며, 연기감지기를 설치할 수 없는 장소에는 별표 1을 적용하여 설치할 수 있다.

⑧ 삭제 〈2013.6.11〉

제8조 (음향장치 및 시각경보장치) 기술사 86회

① 자동화재탐지설비의 음향장치는 다음 각 호의 기준에 따라 설치하여야 한다.

1. 주음향장치는 수신기의 내부 또는 그 직근에 설치할 것
2. 층수가 5층 이상으로서 연면적이 $3{,}000m^2$를 초과하는 특정소방대상물은 다음 각 목에

따라 경보를 발할 수 있도록 하여야 한다. 〈개정 2012.2.15〉

가. 2층 이상의 층에서 발화한 때에는 발화층 및 그 직상층에 경보를 발할 것

나. 1층에서 발화한 때에는 발화층 · 그 직상층 및 지하층에 경보를 발할 것

다. 지하층에서 발화한 때에는 발화층 · 그 직상층 및 기타의 지하층에 경보를 발할 것

2의2. 삭제 〈2013.6.11〉

3. 지구음향장치는 특정소방대상물의 층마다 설치하되, 해당 특정소방대상물의 각 부분으로부터 하나의 음향장치까지의 수평거리가 25m 이하가 되도록 하고, 해당층의 각부분에 유효하게 경보를 발할 수 있도록 설치할 것. 다만, 비상방송설비의 화재안전기준(NFSC202)에 적합한 방송설비를 자동화재탐지설비의 감지기와 연동하여 작동하도록 설치한 경우에는 지구음향장치를 설치하지 아니할 수 있다. 〈개정 2008.12.15〉

4. 음향장치는 다음 각 목의 기준에 따른 구조 및 성능의 것으로 하여야 한다. 다만, 건전지를 주전원으로 사용하는 음향장치는 그러하지 아니하다. 〈개정 2019.5.24〉

가. 정격전압의 80% 전압에서 음향을 발할 수 있는 것으로 할 것

나. 음량은 부착된 음향장치의 중심으로부터 1m 떨어진 위치에서 90dB 이상이 되는 것으로 할 것

다. 감지기 및 발신기의 작동과 연동하여 작동할 수 있는 것으로 할 것

5. 제3호에도 불구하고 제3호의 기준을 초과하는 경우로서 기둥 또는 벽이 설치되지 아니한 대형공간의 경우 지구음향장치는 설치 대상 장소의 가장 가까운 장소의 벽 또는 기둥 등에 설치 할 것

② 청각장애인용 시각경보장치는 소방청장이 정하여 고시한 「시각경보장치의 성능인증 및 제품검사의 기술기준」에 적합한 것으로서 다음 각 목의 기준에 따라 설치하여야 한다. 〈개정 2015.1.23, 2016.7.13〉 기술사 75회 · 101회 · 107회 · 111회

1. 복도 · 통로 · 청각장애인용 객실 및 공용으로 사용하는 거실(로비, 회의실, 강의실, 식당, 휴게실, 오락실, 대기실, 체력단련실, 접객실, 안내실, 전시실, 기타 이와 유사한 장소를 말한다)에 설치하며, 각 부분으로부터 유효하게 경보를 발할 수 있는 위치에 설치할 것 〈개정 2013.6.10〉

2. 공연장 · 집회장 · 관람장 또는 이와 유사한 장소에 설치하는 경우에는 시선이 집중되는 무대부 부분 등에 설치할 것

3. 설치높이는 바닥으로부터 2m 이상 2.5m 이하의 장소에 설치할 것 다만, 천장의 높이가 2m 이하인 경우에는 천장으로부터 0.15m 이내의 장소에 설치하여야 한다.

4. 시각경보장치의 광원은 전용의 축전지설비 또는 전기저장장치(외부 전기에너지를 저장해 두었다가 필요한 때 전기를 공급하는 장치)에 의하여 점등되도록 할 것. 다만, 시각경보기에 작동전원을 공급할 수 있도록 형식승인을 얻은 수신기를 설치 한 경우에는 그러하지 아니하다. 〈개정 2016.7.13〉

③ 하나의 특정소방대상물에 2 이상의 수신기가 설치된 경우 어느 수신기에서도 지구음향장치 및 시각경보장치를 작동할 수 있도록 할 것

제9조 (발신기) 기술사 103회 · 115회

① 자동화재탐지설비의 발신기는 다음 각 호의 기준에 따라 설치하여야 한다. 〈단서삭제 2021.1.15〉

1. 조작이 쉬운 장소에 설치하고, 스위치는 바닥으로부터 0.8m 이상 1.5m 이하의 높이에 설치할 것
2. 특정소방대상물의 층마다 설치하되, 해당 특정소방대상물의 각 부분으로부터 하나의 발신기까지의 수평거리가 25m 이하가 되도록 할 것. 다만, 복도 또는 별도로 구획된 실로서 보행거리가 40m 이상일 경우에는 추가로 설치하여야 한다. 〈개정 2008.12.15〉
3. 제2호에도 불구하고 제2호의 기준을 초과하는 경우로서 기둥 또는 벽이 설치되지 아니한 대형공간의 경우 발신기는 설치 대상 장소의 가장 가까운 장소의 벽 또는 기둥 등에 설치 할 것

② 발신기의 위치를 표시하는 표시등은 함의 상부에 설치하되, 그 불빛은 부착면으로부터 15° 이상의 범위 안에서 부착지점으로부터 10m 이내의 어느 곳에서도 쉽게 식별할 수 있는 적색등으로 하여야 한다.

제10조 (전원) 관리사 9회

① 자동화재탐지설비의 상용전원은 다음 각 호의 기준에 따라 설치하여야 한다.

1. 전원은 전기가 정상적으로 공급되는 축전지, 전기저장장치(외부 전기에너지를 저장해 두었다가 필요한 때 전기를 공급하는 장치) 또는 교류전압의 옥내 간선으로 하고, 전원까지의 배선은 전용으로 할 것 〈개정 2016.7.13〉
2. 개폐기에는 "자동화재탐지설비용"이라고 표시한 표지를 할 것

② 자동화재탐지설비에는 그 설비에 대한 감시상태를 60분간 지속한 후 유효하게 10분 이상 경보할 수 있는 축전지설비(수신기에 내장하는 경우를 포함한다) 또는 전기저장장치(외부 전기에너지를 저장해 두었다가 필요한 때 전기를 공급하는 장치)를 설치하여야 한다. 다만, 상용전원이 축전지설비인 경우 또는 건전지를 주전원으로 사용하는 무선식 설비인 경우에는 그러하지 아니하다. 〈개정 2019.5.24〉

제11조 (배선)

배선은 「전기사업법」 제67조에 따른 기술기준에서 정한 것외에 다음 각 호의 기준에 따라 설치하여야 한다.

1. 전원회로의 배선은 「옥내소화전설비의 화재안전기준(NFSC 102)」 별표 1에 따른 내화배선에 따르고, 그 밖의 배선(감지기 상호간 또는 감지기로부터 수신기에 이르는 감지기회로의 배선을 제외한다)은 「옥내소화전설비의 화재안전기준(NFSC 102)」 별표 1에 따른 내화배선 또는 내열배선에 따라 설치할 것 〈개정 2013.6.10〉
2. 감지기 상호간 또는 감지기로부터 수신기에 이르는 감지기회로의 배선은 다음 각목의 기준에 따라 설치할 것. 〈개정 2015.1.23〉

가. 아날로그식, 다신호식 감지기나 R형수신기용으로 사용되는 것은 전자파 방해를 받지 아니하는 쉴드선 등을 사용하여야 하며, 광케이블의 경우에는 전자파 방해를 받지 아니하고 내열성능이 있는 경우 사용할 수 있다. 다만, 전자파 방해를 받지 아니하는 방식의 경우에는 그러하지 아니하다. 〈개정 2015.1.23〉

나. 가목외의 일반배선을 사용할 때는 「옥내소화전설비의 화재안전기준(NFSC 102)」 별표 1에 따른 내화배선 또는 내열배선으로 사용 할 것 〈개정 2013.6.10〉

3. 감지기회로의 도통시험을 위한 종단저항은 다음의 기준에 따를 것

가. 점검 및 관리가 쉬운 장소에 설치할 것

나. 전용함을 설치하는 경우 그 설치 높이는 바닥으로부터 1.5m 이내로 할 것

다. 감지기 회로의 끝부분에 설치하며, 종단감지기에 설치할 경우에는 구별이 쉽도록 해당감지기의 기판 및 감지기 외부 등에 별도의 표시를 할 것 〈개정 2013.6.10〉

4. 감지기 사이의 회로의 배선은 송배전식으로 할 것

5. 전원회로의 전로와 대지 사이 및 배선 상호간의 절연저항은 「전기사업법」 제67조에 따른 기술기준이 정하는 바에 의하고, 감지기회로 및 부속회로의 전로와 대지 사이 및 배선 상호간의 절연저항은 1경계구역마다 직류 250V의 절연저항측정기를 사용하여 측정한 절연저항이 0.1MΩ 이상이 되도록 할 것

6. 자동화재탐지설비의 배선은 다른 전선과 별도의 관·덕트(절연효력이 있는 것으로 구획한 때에는 그 구획된 부분은 별개의 덕트로 본다)·몰드 또는 풀박스 등에 설치할 것. 다만, 60V 미만의 약 전류회로에 사용하는 전선으로서 각각의 전압이 같을 때에는 그러하지 아니하다.

7. 피(P)형 수신기 및 지피(G.P.)형 수신기의 감지기 회로의 배선에 있어서 하나의 공통선에 접속할 수 있는 경계구역은 7개 이하로 할 것

8. 자동화재탐지설비의 감지기회로의 전로저항은 50Ω 이하가 되도록 하여야 하며, 수신기의 각 회로별 종단에 설치되는 감지기에 접속되는 배선의 전압은 감지기 정격전압의 80% 이상이어야 할 것

제12조 (설치·유지기준의 특례)

소방본부장 또는 소방서장은 기존건축물이 증축·개축·대수선되거나 용도 변경되는 경우에 있어서 이 기준이 정하는 기준에 따라 해당 건축물에 설치하여야 할 자동화재탐지설비의 배관·배선 등의 공사가 현저하게 곤란하다고 인정되는 경우에는 해당 설비의 기능 및 사용에 지장이 없는 범위 안에서 자동화재탐지설비의 설치·유지기준의 일부를 적용하지 아니할 수 있다.

제13조 (재검토 기한)

소방청장은 「훈령·예규 등의 발령 및 관리에 관한 규정」에 따라 이 고시에 대하여 2017년 1월 1일 기준으로 매 3년이 되는 시점(매 3년째의 12월 31일까지를 말한다)마다 그 타

당성을 검토하여 개선 등의 조치를 하여야 한다.

부칙 <제2021-11호, 2021.1.15>

제1조 (시행일)

이 고시는 발령한 날부터 시행한다.

[별표 1] 설치장소별 감지기 적응성(연기감지기를 설치할 수 없는 경우 적용) (제7조제7항 관련)

설치장소		적응열감지기									불꽃감지기	비고
환경상태	적응장소	차동식스포트형		차동식분포형		보상식스포트형		정온식		열아날로그식		
		1종	2종	1종	2종	1종	2종	특종	1종			
먼지 또는 미분 등이 다량으로 체류하는 장소	쓰레기장, 하역장, 도장실, 섬유·목재·석재 등 가공 공장	○	○	○	○	○	○	○	○	○	○	1. 불꽃감지기에 따라 감시가 곤란한 장소는 적응성이 있는 열감지기를 설치할 것 2. 차동식분포형감지기를 설치하는 경우에는 검출부에 먼지, 미분 등이 침입하지 않도록 조치할 것 3. 차동식스포트형감지기 또는 보상식스포트형감지기를 설치하는 경우에는 검출부에 먼지, 미분 등이 침입하지 않도록 조치할 것 4. 정온식감지기를 설치하는 경우에는 특종으로 설치할 것 5. 섬유, 목재가공 공장 등 화재확대가 급속하게 진행될 우려가 있는 장소에 설치하는 경우 정온식감지기는 특종으로 설치할 것. 공칭작동 온도75℃ 이하, 열아날로그식스포트형 감지기는 화재표시 설정은 80℃ 이하가 되도록 할 것
수증기가 다량으로 머무는 장소	증기세정실, 탕비실, 소독실 등	×	×	×	○	×	○	○	○	○	○	1. 차동식분포형감지기 또는 보상식스포트형감지기는 급격한 온도 변화가 없는 장소에 한하여 사용할 것 2. 차동식분포형감지기를 설치하는 경우에는 검출부에 수증기가 침입하지 않도록 조치할 것 3. 보상식스포트형감지기, 정온식감지기 또는 열아날로그식감지기를 설치하는 경우에는 방수형으로 설치할 것 4. 불꽃감지기를 설치할 경우 방수형으로 할 것

설치장소		적응열감지기									불꽃감지기	비고
환경상태	적응장소	차동식스포트형		차동식분포형		보상식스포트형		정온식		열아날로그식		
		1종	2종	1종	2종	1종	2종	특종	1종			
부식성가스가 발생할 우려가 있는 장소	도금공장, 축전지실, 오수처리장 등	×	×	○	○	○	○	○	○	○	○	관리사 15회 1. 차동식분포형감지기를 설치하는 경우에는 감지부가 피복되어 있고 검출부가 부식성가스에 영향을 받지 않는 것 또는 검출부에 부식성가스가 침입하지 않도록 조치할 것 2. 보상식스포트형감지기, 정온식감지기 또는 열아날로그식스포트형감지기를 설치하는 경우에는 부식성가스의 성상에 반응하지 않는 내산형 또는 내알칼리형으로 설치할 것 3. 정온식감지기를 설치하는 경우에는 특종으로 설치할 것
주방, 기타 평상시에 연기가 체류하는 장소	주방, 조리실, 용접작업장 등	×	×	×	×	×	×	○	○	○	○	1. 주방, 조리실 등 습도가 많은 장소에는 방수형 감지기를 설치할 것 2. 불꽃감지기는 UV/IR형을 설치할 것
현저하게 고온으로 되는 장소	건조실, 살균실, 보일러실, 주조실, 영사실, 스튜디오	×	×	×	×	×	×	○	○	○	×	관리사 20회
배기가스가 다량으로 체류하는 장소	주차장, 차고, 화물취급소 차로, 자가발전실, 트럭터미널, 엔진시험실	○	○	○	○	○	○	×	×	○	○	1. 불꽃감지기에 따라 감시가 곤란한 장소는 적응성이 있는 열감지기를 설치할 것 2. 열아날로그식스포트형감지기는 화재표시 설정이 60℃ 이하가 바람직하다.

설치장소		적응열감지기									불꽃감지기	비고
환경상태	적응장소	차동식 스포트형		차동식 분포형		보상식 스포트형		정온식		열아날로그식		
		1종	2종	1종	2종	1종	2종	특종	1종			
연기가 다량으로 유입할 우려가 있는 장소	음식물배급실, 주방전실, 주방 내 식품저장실, 음식물 운반용 엘리베이터, 주방주변의 복도 및 통로, 식당 등	○	○	○	○	○	○	○	○	○	×	1. 고체연료 등 가연물이 수납되어 있는 음식물배급실, 주방전실에 설치하는 정온식감지기는 특종으로 설치할 것 2. 주방주변의 복도 및 통로, 식당 등에는 정온식감지기를 설치하지 말 것 3. 제1호 및 제2호의 장소에 열아날로그식스포트형감지기를 설치하는 경우에는 화재표시 설정을 60℃ 이하로 할 것
물방울이 발생하는 장소	스레트 또는 철판으로 설치한 지붕 창고·공장, 패키지형 냉각기 전용 수납실, 밀폐된 지하창고, 냉동실 주변 등	×	×	○	○	○	○	○	○	○	○	1. 보상식스포트형감지기, 정온식감지기 또는 열아날로그식스포트형감지기를 설치하는 경우에는 방수형으로 설치할 것 2. 보상식스포트형감지기는 급격한 온도변화가 없는 장소에 한하여 설치할 것 3. 불꽃감지기를 설치하는 경우에는 방수형으로 설치할 것
불을 사용하는 설비로서 불꽃이 노출되는 장소	유리공장, 용선로가 있는 장소, 용접실, 주방, 작업장, 주방, 주조실 등	×	×	×	×	×	×	○	○	○	×	

[주]

1. "○"는 당해 설치장소에 적응하는 것을 표시, "×"는 당해 설치장소에 적응하지 않는 것을 표시
2. 차동식스포트형, 차동식분포형 및 보상식스포트형 1종은 감도가 예민하기 때문에 비화재보 발생은 2종에 비해 불리한 조건이라는 것을 유의할 것
3. 차동식분포형 3종 및 정온식 2종은 소화설비와 연동하는 경우에 한해서 사용 할 것.
4. 다신호식감지기는 그 감지기가 가지고 있는 종별, 공칭작동온도별로 따르지 말고 상기 표에 따른 적응성이 있는 감지기로 할 것

[별표 2] **설치장소별 감지기 적응성** (제7조제7항 관련) 관리사 14회

설치장소		적응열감지기					적응연기감지기						불꽃감지기	비고
환경상태	적응장소	차동식스포트형	차동식분포형	보상식스포트형	정온식	열아날로그식	이온화식스포트형	광전식스포트형	이온아날로그식스포트형	광전아날로그식스포트형	광전식분리형	광전아날로그식분리형		
1. 흡연에 의해 연기가 체류하며 환기가 되지 않는 장소	회의실, 응접실, 휴게실, 노래연습실, 오락실, 다방, 음식점, 대합실, 카바레 등의 객실, 집회장, 연회장 등	○	○	○				◎		◎	○	○		
2. 취침시설로 사용하는 장소	호텔 객실, 여관, 수면실 등						◎	◎	◎	◎	○	○		
3. 연기이외의 미분이 떠다니는 장소	복도, 통로 등						◎	◎	◎	◎	○	○	○	

4. 바람에 영향을 받기 쉬운 장소	로비, 교회, 관람장, 옥탑에 있는 기계실		○					◎		◎	○	○	○	
5. 연기가 멀리 이동해서 감지기에 도달하는 장소	계단, 경사로							○		○	○	○		광전식스포트형감지기 또는 광전아날로그식스포트형감지기를 설치하는 경우에는 당해 감지기회로에 축적기능을 갖지않는 것으로 할 것
6. 훈소화재의 우려가 있는 장소	전화기기실, 통신기기실, 전산실, 기계제어실							○		○	○	○		
7. 넓은 공간으로 천장이 높아 열 및 연기가 확산하는 장소	체육관, 항공기 격 납고, 높은 천장의 창고·공장, 관람석 상부 등 감지기 부착 높이가 8m 이상의 장소		○								○	○	○	

[주]

1. "○"는 당해 설치장소에 적응하는 것을 표시
2. "◎" 당해 설치장소에 연감지기를 설치하는 경우에는 당해 감지회로에 축적기능을 갖는 것을 표시
3. 차동식스포트형, 차동식분포형, 보상식스포트형 및 연기식(당해 감지기회로에 축적기능을 갖지 않는 것) 1종은 감도가 예민하기 때문에 비화재보 발생은 2종에 비해 불리한 조건이라는 것을 유의하여 따를 것
4. 차동식분포형 3종 및 정온식 2종은 소화설비와 연동하는 경우에 한해서 사용 할 것
5. 광전식분리형감지기는 평상시 연기가 발생하는 장소 또는 공간이 협소한 경우에는 적응성이 없음
6. 넓은 공간으로 천장이 높아 열 및 연기가 확산하는 장소로서 차동식분포형 또는 광전식분리형 2종을 설치하는 경우에는 제조사의 사양에 따를 것
7. 다신호식감지기는 그 감지기가 가지고 있는 종별, 공칭작동온도별로 따르고 표에 따른 적응성이 있는 감지기로 할 것
8. 축적형감지기 또는 축적형중계기 혹은 축적형수신기를 설치하는 경우에는 제7조에 따를 것

[제18장] 자동화재속보설비의 화재안전기준(NFSC 204)

(개정 : 2019. 5. 24. 소방청고시 제2019-42호, 시행 : 2019. 5. 24)

제1조 (목적)

이 기준은 「화재예방, 소방시설 설치 · 유지 및 안전관리에 관한 법률」 제9조제1항에 따라 소방청장에게 위임한 사항 중 경보설비인 자동화재속보설비의 설치 · 유지 및 안전관리에 필요한 사항을 규정함을 목적으로 한다.

제2조 (적용범위)

「화재예방, 소방시설 설치 · 유지 및 안전관리에 관한 법률 시행령」(이하 "영"이라 한다) 별표 5 제2호마목에 따른 자동화재속보설비는 이 기준에서 정하는 규정에 따라 설비를 설치하고 유지 · 관리하여야 한다.

제3조 (정의)

이 기준에서 사용하는 용어의 정의는 다음과 같다. 〈신설 2009.10.22〉

1. '속보기'란 화재신호를 통신망을 통하여 음성 등의 방법으로 소방관서에 통보하는 장치를 말한다.
2. '통신망'이란 유선이나 무선 또는 유무선 겸용 방식을 구성하여 음성 또는 데이터 등을 전송할 수 있는 집합체를 말한다. 〈개정 2015.1.23〉

제4조 (설치기준) 기술사 93회

① 자동화재속보설비는 다음 각 호의 기준에 따라 설치하여야 한다. 〈신설 2009.10.22〉

1. 자동화재탐지설비와 연동으로 작동하여 자동적으로 화재발생 상황을 소방관서에 전달되는 것으로 할 것. 이 경우 부가적으로 특정소방대상물의 관계인에게 화재발생상황을 전달되도록 할 수 있다. 〈개정 2015.1.23〉
2. 조작스위치는 바닥으로부터 0.8m 이상 1.5m 이하의 높이에 설치할 것 〈개정 2015.1.23〉
3. 속보기는 소방관서에 통신망으로 통보하도록 하며, 데이터 또는 코드전송방식을 부가적으로 설치할 수 있다. 단, 데이터 및 코드전송방식의 기준은 소방청장이 정하여 고시한 「자동화재속보설비의 속보기의 성능인증 및 제품검사의 기술기준」 제5조제12호에 따른다. 〈개정 2015.1.23〉
4. 문화재에 설치하는 자동화재속보설비는 제1호의 기준에도 불구하고 속보기에 감지기

를 직접 연결하는 방식(자동화재탐지설비 1개의 경계구역에 한한다)으로 할 수 있다.

5. 속보기는 소방청장이 정하여 고시한 「자동화재속보설비의 속보기의 성능인증 및 제품검사의 기술기준」에 적합한 것으로 설치하여야 한다. 〈개정 2015.1.23〉

② 삭제 〈2015.1.23〉

제5조 (설치 · 유지기준의 특례)

소방본부장 또는 소방서장은 기존건축물이 증축 · 개축 · 대수선되거나 용도 변경되는 경우에 있어서 이 기준이 정하는 기준에 따라 해당 건축물에 설치하여야 할 자동화재속보설비의 배관 · 배선 등의 공사가 현저하게 곤란하다고 인정되는 경우에는 해당 설비의 기능 및 사용에 지장이 없는 범위 안에서 자동화재속보설비의 설치 · 유지기준의 일부를 적용하지 아니할 수 있다.〈신설 2009.10.22〉

제6조 (재검토 기한)

소방청장은 이 고시에 대하여 「훈령 · 예규 등의 발령 및 관리에 관한 규정」에 따라 2019년 1월 1일 기준으로 매 3년이 되는 시점(매 3년째의 12월 31일까지를 말한다)마다 그 타당성을 검토하여 개선 등의 조치를 하여야 한다. 〈개정 2019.5.24〉

부칙 <제2019-42호, 2019.5.24>

제1조 (시행일)

이 고시는 발령한 날부터 시행한다.

[제19장] 누전경보기의 화재안전기준(NFSC 205)

(개정 : 2019. 5. 24. 소방청고시 제2019-36호, 시행 : 2019. 5. 24)

제1조 (목적)

이 기준은 「화재예방, 소방시설 설치 · 유지 및 안전관리에 관한 법률」 제9조제1항에 따라 소방청장에게 위임한 사항 중 누전경보기의 설치 · 유지 및 안전관리에 필요한 사항을 규정함을 목적으로 한다.

제2조 (적용범위)

「화재예방, 소방시설 설치 · 유지 및 안전관리에 관한 법률 시행령」(이하 "영"이라 한다) 별표 5 제2호다목에 따른 누전경보기는 이 기준에서 정하는 규정에 따라 설비를 설치하고 유지 · 관리하여야 한다.

제3조 (정의)

이 기준에서 사용하는 용어의 정의는 다음과 같다.

1. "누전경보기"란 내화구조가 아닌 건축물로서 벽, 바닥 또는 천장의 전부나 일부를 불연재료 또는 준불연재료가 아닌 재료에 철망을 넣어 만든 건물의 전기설비로부터 누설전류를 탐지하여 경보를 발하며 변류기와 수신부로 구성된 것을 말한다. 〈개정 2012.8.20〉
2. "수신부"란 변류기로부터 검출된 신호를 수신하여 누전의 발생을 해당 특정소방대상물의 관계인에게 경보하여 주는 것(차단기구를 갖는 것을 포함한다)을 말한다. 〈개정 2012.8.20〉
3. "변류기"란 경계전로의 누설전류를 자동적으로 검출하여 이를 누전경보기의 수신부에 송신하는 것을 말한다. 〈개정 2012.8.20〉

제4조 (설치방법 등)

누전경보기는 다음 각 호의 방법에 따라 설치하여야 한다. 〈개정 2012.8.20〉

1. 경계전로의 정격전류가 60A를 초과하는 전로에 있어서는 1급 누전경보기를, 60A 이하의 전로에 있어서는 1급 또는 2급 누전경보기를 설치할 것. 다만, 정격전류가 60A를 초과하는 경계전로가 분기되어 각 분기회로의 정격전류가 60A 이하로 되는 경우 당해 분기회로마다 2급 누전경보기를 설치한 때에는 당해 경계전로에 1급 누전경보기를 설치한 것으로 본다.

2. 변류기는 특정소방대상물의 형태, 인입선의 시설방법 등에 따라 옥외 인입선의 제1지점의 부하측 또는 제2종 접지선측의 점검이 쉬운 위치에 설치할 것. 다만, 인입선의 형태 또는 특정소방대상물의 구조상 부득이한 경우에는 인입구에 근접한 옥내에 설치할 수 있다. 〈개정 2012.8.20〉
3. 변류기를 옥외의 전로에 설치하는 경우에는 옥외형으로 설치할 것 〈개정 2012.8.20〉

제5조 (수신부)

① 누전경보기의 수신부는 옥내의 점검에 편리한 장소에 설치하되, 가연성의 증기 · 먼지 등이 체류할 우려가 있는 장소의 전기회로에는 해당 부분의 전기회로를 차단할 수 있는 차단기구를 가진 수신부를 설치하여야 한다. 이 경우 차단기구의 부분은 해당 장소 외의 안전한 장소에 설치하여야 한다. 〈개정 2012.8.20〉

② 누전경보기의 수신부는 다음 각 호의 장소 외의 장소에 설치하여야 한다. 다만, 해당 누전경보기에 대하여 방폭 · 방식 · 방습 · 방온 · 방진 및 정전기 차폐 등의 방호조치를 한 것은 그러하지 아니하다. 〈개정 2012.8.20〉

1. 가연성의 증기 · 먼지 · 가스 등이나 부식성의 증기 · 가스 등이 다량으로 체류하는 장소
2. 화약류를 제조하거나 저장 또는 취급하는 장소
3. 습도가 높은 장소
4. 온도의 변화가 급격한 장소
5. 대전류회로 · 고주파 발생회로 등에 따른 영향을 받을 우려가 있는 장소

③ 음향장치는 수위실 등 상시 사람이 근무하는 장소에 설치하여야 하며, 그 음량 및 음색은 다른 기기의 소음 등과 명확히 구별할 수 있는 것으로 하여야 한다.

제6조 (전원)

누전경보기의 전원은 「전기사업법」 제67조에 따른 기술기준에서 정한 것 외에 다음 각 호의 기준에 따라야 한다. 〈개정 2012.8.20〉

1. 전원은 분전반으로부터 전용회로로 하고, 각극에 개폐기 및 15A 이하의 과전류차단기(배선용 차단기에 있어서는 20A 이하의 것으로 각극을 개폐할 수 있는 것)를 설치 할 것
2. 전원을 분기할 때에는 다른 차단기에 따라 전원이 차단되지 아니하도록 할 것
3. 전원의 개폐기에는 누전경보기용임을 표시한 표지를 할 것

제7조 (설치 · 유지기준의 특례)

소방본부장 또는 소방서장은 기존건축물이 증축 · 개축 · 대수선되거나 용도변경 되는 경우에 있어서 이 기준이 정하는 기준에 따라 해당 건축물에 설치하여야 할 누전경보기의 배관 · 배선 등의 공사가 현저하게 곤란하다고 인정되는 경우에는 해당 설비의 기능 및 사용에 지장이 없는 범위안에서 누전경보기의 설치 · 유지기준의 일부를 적용하지 아니할 수 있다. 〈개정 2012.8.20〉

제8조 (재검토 기한)

소방청장은 이 고시에 대하여 「훈령 · 예규 등의 발령 및 관리에 관한 규정」에 따라 2019년 1월 1일 기준으로 매3년이 되는 시점(매 3년째의 12월 31일까지를 말한다)마다 그 타당성을 검토하여 개선 등의 조치를 하여야 한다. 〈개정 2019.5.24〉

제9조 (규제의 재검토)

「행정규제기본법」 제8조에 따라 2015년 1월 1일을 기준으로 매 3년이 되는 시점(매 3번째의 12월 31일까지를 말한다)마다 그 타당성을 검토하여 개선 등의 조치를 하여야 한다. 〈신설 2015.1.23〉

부칙 〈제2019-36호, 2019.5.24〉

제1조 (시행일)

이 고시는 발령한 날부터 시행한다.

[제20장] 가스누설경보기의 화재안전기준 (NFSC 206)

(제정 2021. 2. 4. 소방청고시 제2021-13호)

제1조 (목적)

이 기준은 「화재예방, 소방시설 설치 · 유지 및 안전관리에 관한 법률」 제9조제1항에 따라 소방청장에게 위임한 사항 중 가스누설경보기의 설치·유지 및 안전관리에 관하여 필요한 사항을 규정함을 목적으로 한다.

제2조 (적용범위)

「화재예방, 소방시설 설치 · 유지 및 안전관리에 관한 법률 시행령」(이하 "영"이라 한다) 별표 5 제2호 아목에 따른 가스누설경보기는 이 기준에서 정하는 규정에 따라 설치하고 유지 · 관리하여야 한다. 다만, 「액화석유가스의 안전관리 및 사업법」 및 「도시가스 사업법」에 따른 가스누출자동차단장치 또는 가스누출경보기 설치대상으로서 「액화석유가스의 안전관리 및 사업법」 및 「도시가스 사업법」에 적합하게 설치한 경우에는 이 기준에 적합한 것으로 본다.

제3조 (정의)

이 기준에서 사용하는 용어의 정의는 다음과 같다.

1. "가연성가스 경보기"란 보일러 등 가스연소기에서 액화석유가스(LPG), 액화천연가스(LNG) 등의 가연성가스가 새는 것을 탐지하여 관계자나 이용자에게 경보하여 주는 것을 말한다. 다만, 탐지소자 외의 방법에 의하여 가스가 새는 것을 탐지하는 것, 점검용으로 만들어진 휴대용탐지기 또는 연동기기에 의하여 경보를 발하는 것은 제외한다.
2. "일산화탄소 경보기"란 일산화탄소가 새는 것을 탐지하여 관계자나 이용자에게 경보하여 주는 것을 말한다. 다만, 탐지소자 외의 방법에 의하여 가스가 새는 것을 탐지하는 것, 점검용으로 만들어진 휴대용탐지기 또는 연동기기에 의하여 경보를 발하는 것은 제외한다.
3. "탐지부"란 가스누설경보기(이하 "경보기"라 한다) 중 가스누설을 탐지하여 중계기 또는 수신부에 가스누설의 신호를 발신하는 부분 또는 가스누설을 탐지하여 수신부 등에 가스누설의 신호를 발신하는 부분을 말한다.
4. "수신부"란 경보기 중 탐지부에서 발하여진 가스누설신호를 직접 또는 중계기를 통하여 수신하고 이를 관계자에게 음향으로서 경보하여 주는 것을 말한다.
5. "분리형"이란 탐지부와 수신부가 분리되어 있는 형태의 경보기를 말한다.

6. “단독형”이란 탐지부와 수신부가 일체로 되어있는 형태의 경보기를 말한다.
7. “가스연소기”란 가스레인지 또는 가스보일러 등 가연성가스를 이용하여 불꽃을 발생하는 장치를 말한다.

제4조 (가연성가스 경보기)

① 가연성가스를 사용하는 가스연소기가 있는 경우에는 가연성가스(액화석유가스(LPG), 액화천연가스(LNG) 등)의 종류에 적합한 경보기를 가스연소기 주변에 설치하여야 한다.

② 분리형 경보기의 수신부는 다음 각 호의 기준에 따라 설치하여야 한다.

1. 가스연소기 주위의 경보기의 상태 확인 및 유지 관리에 용이한 위치에 설치할 것
2. 가스누설 음향의 음량과 음색이 다른 기기의 소음 등과 명확히 구별될 것
3. 가스누설 음향은 수신부로부터 1m 떨어진 위치에서 음압이 70dB 이상일 것
4. 수신부의 조작 스위치는 바닥으로부터의 높이가 0.8m 이상 1.5m 이하인 장소에 설치할 것
5. 수신부가 설치된 장소에는 관계자 등에게 신속히 연락할 수 있도록 비상연락 번호를 기재한 표를 비치할 것

③ 분리형 경보기의 탐지부는 다음 각 호의 기준에 따라 설치하여야 한다.

1. 탐지부는 가스연소기의 중심으로부터 직선거리 8m(공기보다 무거운 가스를 사용하는 경우에는 4m) 이내에 1개 이상 설치하여야 한다.
2. 탐지부는 천장으로부터 탐지부 하단까지의 거리가 0.3m 이하가 되도록 설치한다. 다만, 공기보다 무거운 가스를 사용하는 경우에는 바닥면으로부터 탐지부 상단까지의 거리는 0.3m 이하로 한다.

④ 단독형 경보기는 다음 각 호의 기준에 따라 설치하여야 한다.

1. 가스연소기 주위의 경보기의 상태 확인 및 유지 관리에 용이한 위치에 설치할 것
2. 가스누설 음향의 음량과 음색이 다른 기기의 소음 등과 명확히 구별될 것
3. 가스누설 음향장치는 수신부로부터 1m 떨어진 위치에서 음압이 70dB 이상일 것
4. 단독형 경보기는 가스연소기의 중심으로부터 직선거리 8m(공기보다 무거운 가스를 사용하는 경우에는 4m) 이내에 1개 이상 설치하여야 한다.
5. 단독형 경보기는 천장으로부터 경보기 하단까지의 거리가 0.3m 이하가 되도록 설치한다. 다만, 공기보다 무거운 가스를 사용하는 경우에는 바닥면으로부터 단독형 경보기 상단까지의 거리는 0.3m 이하로 한다.
6. 경보기가 설치된 장소에는 관계자 등에게 신속히 연락할 수 있도록 비상연락 번호를 기재한 표를 비치할 것

제5조 (일산화탄소 경보기)

① 일산화탄소 경보기를 설치하는 경우(타 법령에 따라 일산화탄소 경보기를 설치하는 경우를 포함한다)에는 가스연소기 주변(타 법령에 따라 설치하는 경우에는 해당 법령에서 지정한 장소)에 설치할 수 있다.

② 분리형 경보기의 수신부는 다음 각 호의 기준에 따라 설치하여야 한다.
1. 가스누설 음향의 음량과 음색이 다른 기기의 소음 등과 명확히 구별될 것
2. 가스누설 음향은 수신부로부터 1m 떨어진 위치에서 음압이 70dB 이상일 것
3. 수신부의 조작 스위치는 바닥으로부터의 높이가 0.8m 이상 1.5m 이하인 장소에 설치할 것
4. 수신부가 설치된 장소에는 관계자 등에게 신속히 연락할 수 있도록 비상연락 번호를 기재한 표를 비치할 것

③ 분리형 경보기의 탐지부는 천장으로부터 탐지부 하단까지의 거리가 0.3m 이하가 되도록 설치한다.

④ 단독형 경보기는 다음 각 호의 기준에 따라 설치하여야 한다.
1. 가스누설 음향의 음량과 음색이 다른 기기의 소음 등과 명확히 구별될 것
2. 가스누설 음향장치는 수신부로부터 1m 떨어진 위치에서 음압이 70dB 이상일 것
3. 단독형 경보기는 천장으로부터 경보기 하단까지의 거리가 0.3m 이하가 되도록 설치한다.
4. 경보기가 설치된 장소에는 관계자 등에게 신속히 연락할 수 있도록 비상연락 번호를 기재한 표를 비치할 것

제6조 (설치장소)

분리형 경보기의 탐지부 및 단독형 경보기는 다음 각 호의 장소 이외의 장소에 설치한다.
1. 출입구 부근 등으로서 외부의 기류가 통하는 곳
2. 환기구 등 공기가 들어오는 곳으로부터 1.5m 이내인 곳
3. 연소기의 폐가스에 접촉하기 쉬운 곳
4. 가구・보・설비 등에 가려져 누설가스의 유통이 원활하지 못한 곳
5. 수증기, 기름 섞인 연기 등이 직접 접촉될 우려가 있는 곳

제7조 (전원)

경보기는 건전지 또는 교류전압의 옥내간선을 사용하여 상시 전원이 공급되도록 하여야 한다.

제8조 (재검토기한)

소방청장은 「훈령・예규 등의 발령 및 관리에 관한 규정」에 따라 이 고시에 대하여 2022년 7월 1일을 기준으로 매 3년이 되는 시점(매 3년째의 6월 30일까지를 말한다)마다 그 타당성을 검토하여 개선 등의 조치를 하여야 한다.

부칙 <제2021-13호, 2021.2.4>

제1조(시행일)

이 고시는 발령한 날부터 시행한다.

[제21장] 피난기구의 화재안전기준 (NFSC 301)

(개정 : 2017. 7. 26. 소방청고시 제2017-1호, 시행 : 2017. 7. 26)

제1조 (목적)

이 기준은 「화재예방, 소방시설 설치 · 유지 및 안전관리에 관한 법률」 제9조제1항에서 소방청장에게 위임한 사항 중 피난설비인 피난기구의 설치 · 유지 및 안전관리에 필요한 사항을 규정함을 목적으로 한다.

제2조 (적용범위)

「화재예방, 소방시설 설치 · 유지 및 안전관리에 관한 법률 시행령」(이하 "영"이라 한다) 별표 5 제3호가목 및 「다중이용업소의 안전관리에 관한 특별법 시행령」 별표 1 제1호다목1)에 따른 피난기구는 이 기준에서 정하는 규정에 따라 설비를 설치하고 유지 · 관리하여야 한다.

제2조의2 (피난기구의 종류)

영 제3조에 따른 별표 1 제3호가목4)에서 "소방청장이 정하여 고시하는 화재안전기준으로 정하는 것"이란 미끄럼대 · 피난교 · 피난용트랩 · 간이완강기 · 공기안전매트 · 다수인피난장비 · 승강식피난기 등을 말한다. [본조 신설, 2015.1.23.]

제3조 (정의)

이 기준에서 사용하는 용어의 정의는 다음과 같다.

1. "피난사다리"란 화재 시 긴급대피를 위해 사용하는 사다리를 말한다.
2. "완강기"란 사용자의 몸무게에 따라 자동적으로 내려올 수 있는 기구 중 사용자가 교대하여 연속적으로 사용할 수 있는 것을 말한다.
3. "간이완강기"란 사용자의 몸무게에 따라 자동적으로 내려올 수 있는 기구 중 사용자가 연속적으로 사용할 수 없는 것을 말한다.
4. "구조대"란 포지 등을 사용하여 자루형태로 만든 것으로서 화재시 사용자가 그 내부에 들어가서 내려옴으로써 대피할 수 있는 것을 말한다.
5. "공기안전매트"란 화재 발생시 사람이 건축물 내에서 외부로 긴급히 뛰어 내릴 때 충격을 흡수하여 안전하게 지상에 도달할 수 있도록 포지에 공기 등을 주입하는 구조로 되어 있는 것을 말한다.

6. 삭제 〈2015.1.23〉
7. "다수인피난장비"란 화재 시 2인 이상의 피난자가 동시에 해당층에서 지상 또는 피난층으로 하강하는 피난기구를 말한다. 〈신설 2011.11.24〉
8. "승강식 피난기"란 사용자의 몸무게에 의하여 자동으로 하강하고 내려서면 스스로 상승하여 연속적으로 사용할 수 있는 무동력 승강식피난기를 말한다. 〈신설 2011.11.24〉
9. "하향식 피난구용 내림식사다리"란 하향식 피난구 해치에 격납하여 보관하고 사용 시에는 사다리 등이 소방대상물과 접촉되지 아니하는 내림식 사다리를 말한다. 〈신설 2011.11.24〉

제4조 (적응 및 설치개수 등) 기술사 110회

① 피난기구는 별표 1에 따라 소방대상물의 설치장소별로 그에 적응하는 종류의 것으로 설치하여야 한다.

② 피난기구는 다음 각 호의 기준에 따른 개수 이상을 설치하여야 한다. 기술사 119회

1. 층마다 설치하되, 숙박시설·노유자시설 및 의료시설로 사용되는 층에 있어서는 그 층의 바닥면적 500m²마다, 위락시설·문화집회 및 운동시설·판매시설로 사용되는 층 또는 복합용도의 층(하나의 층이 영 별표 2 제1호 내지 제4호 또는 제8호 내지 제18호 중 2 이상의 용도로 사용되는 층을 말한다)에 있어서는 그 층의 바닥면적 800m²마다, 계단실형 아파트에 있어서는 각 세대마다, 그 밖의 용도의 층에 있어서는 그 층의 바닥면적 1,000m²마다 1개 이상 설치할 것
2. 제1호에 따라 설치한 피난기구 외에 숙박시설(휴양콘도미니엄을 제외한다)의 경우에는 추가로 객실마다 완강기 또는 둘 이상의 간이완강기를 설치할 것 〈개정 2010.12.27, 2015.1.23〉
3. 제1호에 따라 설치한 피난기구 외에 공동주택(「공동주택관리법 시행령」 제2조의 규정에 따른 공동주택에 한한다)의 경우에는 하나의 관리주체가 관리하는 공동주택 구역마다 공기안전매트 1개 이상을 추가로 설치할 것. 다만, 옥상으로 피난이 가능하거나 인접세대로 피난할 수 있는 구조인 경우에는 추가로 설치하지 아니할 수 있다. 〈개정 2017.6.7〉

③ 피난기구는 다음 각 호의 기준에 따라 설치하여야 한다.

1. 피난기구는 계단·피난구 기타 피난시설로부터 적당한 거리에 있는 안전한 구조로 된 피난 또는 소화활동상 유효한 개구부(가로 0.5m 이상 세로 1m 이상인 것을 말한다. 이 경우 개부구 하단이 바닥에서 1.2m 이상이면 발판 등을 설치하여야 하고, 밀폐된 창문은 쉽게 파괴할 수 있는 파괴장치를 비치하여야 한다)에 고정하여 설치하거나 필요한 때에 신속하고 유효하게 설치할 수 있는 상태에 둘 것 〈개정 2010.12.27〉
2. 피난기구를 설치하는 개구부는 서로 동일직선상이 아닌 위치에 있을 것. 다만, 피난교·피난용트랩·간이완강기·아파트에 설치되는 피난기구(다수인 피난장비는 제외한다) 기타 피난 상 지장이 없는 것에 있어서는 그러하지 아니하다. 〈개정 2011.11.24, 2015.1.23〉

3. 피난기구는 소방대상물의 기둥 · 바닥 · 보 기타 구조상 견고한 부분에 볼트조임 · 매입 · 용접 기타의 방법으로 견고하게 부착할 것
4. 4층 이상의 층에 피난사다리(하향식 피난구용 내림식사다리는 제외한다)를 설치하는 경우에는 금속성 고정사다리를 설치하고, 당해 고정사다리에는 쉽게 피난할 수 있는 구조의 노대를 설치할 것 〈개정 2011.11.24〉
5. 완강기는 강하 시 로프가 소방대상물과 접촉하여 손상되지 아니하도록 할 것
6. 완강기로프의 길이는 부착위치에서 지면 기타 피난상 유효한 착지 면까지의 길이로 할 것 〈개정 2015.1.23〉
7. 미끄럼대는 안전한 강하속도를 유지하도록 하고, 전락방지를 위한 안전조치를 할 것
8. 구조대의 길이는 피난 상 지장이 없고 안정한 강하속도를 유지할 수 있는 길이로 할 것
9. 다수인 피난장비는 다음 각 목에 적합하게 설치할 것 〈신설 2011.11.24〉 관리사 13회
   가. 피난에 용이하고 안전하게 하강할 수 있는 장소에 적재 하중을 충분히 견딜 수 있도록 「건축물의 구조기준 등에 관한 규칙」 제3조에서 정하는 구조안전의 확인을 받아 견고하게 설치할 것 〈신설 2011.11.24〉
   나. 다수인피난장비 보관실(이하 "보관실"이라 한다)은 건물 외측보다 돌출되지 아니하고, 빗물 · 먼지 등으로부터 장비를 보호할 수 있는 구조 일 것 〈신설 2011.11.24〉
   다. 사용 시에 보관실 외측 문이 먼저 열리고 탑승기가 외측으로 자동으로 전개될 것 〈신설 2011.11.24〉
   라. 하강 시에 탑승기가 건물 외벽이나 돌출물에 충돌하지 않도록 설치할 것 〈신설 2011.11.24〉
   마. 상 · 하층에 설치할 경우에는 탑승기의 하강경로가 중첩되지 않도록 할 것 〈신설 2011.11.24〉
   바. 하강 시에는 안전하고 일정한 속도를 유지하도록 하고 전복, 흔들림, 경로이탈 방지를 위한 안전조치를 할 것 〈신설 2011.11.24〉
   사. 보관실의 문에는 오작동 방지조치를 하고, 문 개방 시에는 당해 소방대상물에 설치된 경보설비와 연동하여 유효한 경보음을 발하도록 할 것 〈신설 2011.11.24〉
   아. 피난층에는 해당 층에 설치된 피난기구가 착지에 지장이 없도록 충분한 공간을 확보할 것 〈신설 2011.11.24〉
   자. 한국소방산업기술원 또는 법 제42조제1항에 따라 성능시험기관으로 지정받은 기관에서 그 성능을 검증받은 것으로 설치할 것 〈신설 2011.11.24〉
10. 승강식피난기 및 하향식 피난구용 내림식사다리는 다음 각 목에 적합하게 설치할 것 〈신설 2011.11.24〉 기술사 86회 · 113회 · 119회 관리사 16회
    가. 승강식피난기 및 하향식 피난구용 내림식사다리는 설치경로가 설치층에서 피난층까지 연계될 수 있는 구조로 설치할 것. 다만, 건축물의 구조 및 설치 여건상 불가피한 경우는 그러하지 아니 한다. 〈개정 2017.6.7〉

나. 대피실의 면적은 $2m^2$(2세대 이상일 경우에는 $3m^2$) 이상으로 하고, 「건축법 시행령」 제46조제4항의 규정에 적합하여야 하며 하강구(개구부) 규격은 직경 60cm 이상일 것. 단, 외기와 개방된 장소에는 그러하지 아니 한다. 〈신설 2011.11.24〉

다. 하강구 내측에는 기구의 연결 금속구 등이 없어야 하며 전개된 피난기구는 하강구 수평투영면적 공간 내의 범위를 침범하지 않는 구조이어야 할 것. 단, 직경 60cm 크기의 범위를 벗어난 경우이거나, 직하층의 바닥 면으로부터 높이 50cm 이하의 범위는 제외 한다. 〈신설 2011.11.24〉

라. 대피실의 출입문은 갑종방화문으로 설치하고, 피난방향에서 식별할 수 있는 위치에 "대피실" 표지판을 부착할 것. 단, 외기와 개방된 장소에는 그러하지 아니 한다. 〈신설 2011.11.24〉

마. 착지점과 하강구는 상호 수평거리 15cm이상의 간격을 둘 것 〈신설 2011.11.24〉

바. 대피실 내에는 비상조명등을 설치 할 것 〈신설 2011.11.24〉

사. 대피실에는 층의 위치표시와 피난기구 사용설명서 및 주의사항 표지판을 부착 할 것 〈신설 2011.11.24〉

아. 대피실 출입문이 개방되거나, 피난기구 작동 시 해당층 및 직하층 거실에 설치된 표시등 및 경보장치가 작동되고, 감시 제어반에서는 피난기구의 작동을 확인 할 수 있어야 할 것 〈신설 2011.11.24〉

자. 사용 시 기울거나 흔들리지 않도록 설치할 것 〈신설 2011.11.24〉

차. 승강식피난기는한국소방산업기술원 또는 법 제42조제1항에 따라 성능시험기관으로 지정받은 기관에서 그 성능을 검증받은 것으로 설치할 것 〈신설 2011.11.24〉

④ 피난기구를 설치한 장소에는 가까운 곳의 보기 쉬운 곳에 피난기구의 위치를 표시하는 발광식 또는 축광식표지와 그 사용방법을 표시한 표지를 부착하되, 축광식표지는 소방청장이 정하여 고시한 「축광표지의 성능인증 및 제품검사의 기술기준」에 적합하여야 한다. 다만, 방사성물질을 사용하는 위치표지는 쉽게 파괴되지 아니하는 재질로 처리할 것[본항 전문개정, 2015.1.23.]

제5조 (설치제외) 기술사 110회

영 별표 6 제7호 피난설비의 설치면제 요건의 규정에 따라 다음 각 호의 어느 하나에 해당하는 소방대상물 또는 그 부분에는 피난기구를 설치하지 아니할 수 있다. 다만, 제4조제2항제2호에 따라 숙박시설(휴양콘도미니엄을 제외한다)에 설치되는 완강기 및 간이완강기의 경우에는 그러하지 아니하다. 〈개정 2015.1.23〉

1. 다음 각 목의 기준에 적합한 층
   가. 주요구조부가 내화구조로 되어 있어야 할 것
   나. 실내의 면하는 부분의 마감이 불연재료 · 준불연재료 또는 난연재료로 되어 있고 방화구획이 「건축법 시행령」 제46조의 규정에 적합하게 구획되어 있어야 할 것
   다. 거실의 각 부분으로부터 직접 복도로 쉽게 통할 수 있어야 할 것

라. 복도에 2 이상의 특별피난계단 또는 피난계단이 「건축법 시행령」 제35조에 적합하게 설치되어 있어야 할 것
마. 복도의 어느 부분에서도 2 이상의 방향으로 각각 다른 계단에 도달할 수 있어야 할 것

2. 다음 각 목의 기준에 적합한 소방대상물 중 그 옥상의 직하층 또는 최상층(관람집회 및 운동시설 또는 판매시설을 제외한다)
가. 주요구조부가 내화구조로 되어 있어야 할 것
나. 옥상의 면적이 1,500m² 이상이어야 할 것
다. 옥상으로 쉽게 통할 수 있는 창 또는 출입구가 설치되어 있어야 할 것
라. 옥상이 소방사다리차가 쉽게 통행할 수 있는 도로(폭 6m 이상의 것을 말한다. 이하 같다) 또는 공지(공원 또는 광장 등을 말한다. 이하 같다) 에 면하여 설치되어 있거나 옥상으로부터 피난층 또는 지상으로 통하는 2 이상의 피난계단 또는 특별피난계단이 「건축법 시행령」 제35조의 규정에 적합하게 설치되어 있어야 할 것
3. 주요구조부가 내화구조이고 지하층을 제외한 층수가 4층 이하이며 소방사다리차가 쉽게 통행할 수 있는 도로 또는 공지에 면하는 부분에 영 제2조제1호 각 목의 기준에 적합한 개구부가 2 이상 설치되어 있는 층(문화집회 및 운동시설 · 판매시설 및 영업시설 또는 노유자시설의 용도로 사용되는 층으로서 그 층의 바닥면적이 1,000m² 이상인 것을 제외한다)
4. 편복도형 아파트 또는 발코니 등을 통하여 인접세대로 피난할 수 있는 구조로 되어 있는 계단실형 아파트
5. 주요구조부가 내화구조로서 거실의 각 부분으로 직접 복도로 피난할 수 있는 학교(강의실 용도로 사용되는 층에 한한다)
6. 무인공장 또는 자동창고로서 사람의 출입이 금지된 장소(관리를 위하여 일시적으로 출입하는 장소를 포함한다)
7. 건축물의 옥상부분으로서 거실에 해당하지 아니하고 「건축법 시행령」 제119조제1항제9호에 해당하여 층수로 산정된 층으로 사람이 근무하거나 거주하지 아니하는 장소〈신설 2015.1.23〉

제6조 (피난기구설치의 감소) 관리사 15회 기술사 110회

① 피난기구를 설치하여야 할 소방대상물 중 다음 각 호의 기준에 적합한 층에는 제4조제2항에 따른 피난기구의 2분의 1을 감소할 수 있다. 이 경우 설치하여야 할 피난기구의 수에 있어서 소수점 이하의 수는 1로 한다.
1. 주요구조부가 내화구조로 되어 있을 것
2. 직통계단인 피난계단 또는 특별피난계단이 2 이상 설치되어 있을 것

② 피난기구를 설치하여야 할 소방대상물 중 주요구조부가 내화구조이고 다음 각 호의 기준에 적합한 건널복도가 설치되어 있는 층에는 제4조제2항에 따른 피난기구의 수에서 해당

건널복도의 수의 2배의 수를 뺀 수로 한다.

1. 내화구조 또는 철골조로 되어 있을 것
2. 건널복도 양단의 출입구에 자동폐쇄장치를 한 갑종방화문(방화셔터를 제외한다)이 설치되어 있을 것
3. 피난·통행 또는 운반의 전용 용도일 것

③ 피난기구를 설치하여야 할 소방대상물 중 다음 각 호에 기준에 적합한 노대가 설치된 거실의 바닥면적은 제4조제2항에 따른 피난기구의 설치개수 산정을 위한 바닥면적에서 이를 제외한다.

1. 노대를 포함한 소방대상물의 주요구조부가 내화구조일 것
2. 노대가 거실의 외기에 면하는 부분에 피난 상 유효하게 설치되어 있어야 할 것
3. 노대가 소방사다리차가 쉽게 통행할 수 있는 도로 또는 공지에 면하여 설치되어 있거나, 또는 거실부분과 방화구획되어 있거나 또는 노대에 지상으로 통하는 계단 그 밖의 피난기구가 설치되어 있어야 할 것

제7조 (설치·유지기준의 특례)

소방본부장 또는 소방서장은 기존건축물이 증축·개축·대수선되거나 용도 변경되는 경우에 있어서 이 기준이 정하는 기준에 따라 해당 건축물에 설치하여야 할 피난기구의 공사가 현저하게 곤란하다고 인정되는 경우에는 해당 설비의 기능 및 사용에 지장이 없는 범위 안에서 피난기구의 설치·유지기준의 일부를 적용하지 아니할 수 있다.

제8조 (재검토 기한)

소방청장은 「훈령·예규 등의 발령 및 관리에 관한 규정」에 따라 이 고시에 대하여 2017년 1월 1일 기준으로 매 3년이 되는 시점(매 3년째의 6월 30일 까지를 말한다)마다 그 타당성을 검토하여 개선 등의 조치를 하여야 한다. 〈개정 2017.6.7〉

부칙 <제2017-1호, 2017.7.26>

제1조 (시행일)

이 고시는 발령한 날부터 시행한다.

[별표 1] 소방대상물의 설치장소별 피난기구의 적응성 (제4조제1항 관련) <개정 2017.6.7> 기술사 110회 · 115회 · 116회

층별 대상	지하층	1층	2층	3층	4층 ~ 10층
노유자시설	피난용 트랩	미끄럼대 구조대 피난교 다수인피난장비 승강식피난기	미끄럼대 구조대 피난교 다수인피난장비 승강식피난기	미끄럼대 구조대 피난교 다수인피난장비 승강식피난기	피난교 다수인피난장비 승강식피난기
의료시설 · 근린생활시설중 입원실이 있는 의원 · 접골원 · 조산원	피난용 트랩			미끄럼대 구조대 피난교 피난용트랩 다수인피난장비 승강식피난기	구조대 피난교 피난용트랩 다수인피난장비 승강식피난기
영업장의 위치가 4층 이하인 다중이용업소			미끄럼대 피난사다리 구조대 완강기 다수인피난장비 승강식피난기	미끄럼대 피난사다리 구조대 완강기 다수인피난장비 승강식피난기	미끄럼대 피난사다리 구조대 완강기 다수인피난장비 승강식피난기
그 밖의 것	피난 사다리 · 피난용 트랩			미끄럼대 피난사다리 구조대 완강기 피난교 피난용트랩 간이완강기 공기안전매트 다수인피난장비 승강식피난기	피난사다리 구조대 완강기 피난교 간이완강기 공기안전매트 다수인피난장비 승강식피난기

[비고]

간이완강기의 적응성은 숙박시설의 3층 이상에 있는 객실에, 공기안전매트의 적응성은 공동주택(공동주택관리법 시행령 제2조의 규정에 해당하는 공동주택)에 한한다.

2. 통로인 예상제연구역과 바닥면적이 $400m^2$ 이상인 통로외의 예상제연구역에 대한 배출구의 위치는 다음 각 목의 기준에 적합하여야 한다.
   가. 예상제연구역이 벽으로 구획되어 있는 경우의 배출구는 천장 · 반자 또는 이에 가까운 벽의 부분에 설치할 것. 다만, 배출구를 벽에 설치한 경우에는 배출구의 하단과 바닥간의 최단거리가 2m 이상이어야 한다.
   나. 예상제연구역 중 어느 한부분이 제연경계로 구획되어 있을 경우에는 천장 · 반자 또는 이에 가까운 벽의 부분(제연경계를 포함한다)에 설치할 것. 다만, 배출구를 벽 또는 제연경계에 설치하는 경우에는 배출구의 하단이 해당 예상제연구역에서 제연경계의 폭이 가장 짧은 제연경계의 하단보다 높이 되도록 설치하여야 한다.

② 예상제연구역의 각 부분으로부터 하나의 배출구까지의 수평거리는 10m 이내가 되도록 하여야 한다.

NFSC 501 제연설비

제8조 (공기유입방식 및 유입구) 기술사 94회 · 124회

① 예상제연구역에 대한 공기유입은 유입풍도를 경유한 강제유입 또는 자연유입방식으로 하거나, 인접한 제연구역 또는 통로에 유입되는 공기(가압의 결과를 일으키는 경우를 포함한다. 이하 같다)가 해당구역으로 유입되는 방식으로 할 수 있다. 〈개정 2012.8.20〉

② 예상제연구역에 설치되는 공기유입구는 다음 각 호의 기준에 적합하여야 한다. 〈개정 2012.8.20〉
1. 바닥면적 $400m^2$ 미만의 거실인 예상제연구역(제연경계에 따른 구획을 제외한다. 다만, 거실과 통로와의 구획은 그러하지 아니하다)에 대하여서는 공기유입구와 배출구 간의 직선거리는 5m 이상 또는 구획된 실의 장변의 2분의 1 이상으로 할 것. 다만, 공연장 · 집회장 · 위락시설의 용도로 사용되는 부분의 바닥면적이 $200m^2$를 초과하는 경우의 공기유입구는 제2호의 기준에 따른다. 〈개정예고 2020.8.19〉
2. 바닥면적이 $400m^2$ 이상의 거실인 예상제연구역(제연경계에 따른 구획을 제외한다. 다만, 거실과 통로와의 구획은 그러하지 아니하다)에 대하여는 바닥으로부터 1.5m 이하의 높이에 설치하고 그 주변은 공기의 유입에 장애가 없도록 할 것 〈개정예고 2020.8.19〉
3. 제1호와 제2호에 해당하는 것 외의 예상제연구역(통로인 예상제연구역을 포함한다)에 대한 유입구는 다음 각 목에 따를 것. 다만, 제연경계로 인접하는 구역의 유입공기가 당해예상제연구역으로 유입되게 한 때에는 그러하지 아니하다.
   가. 유입구를 벽에 설치할 경우에는 제2호의 기준에 따를 것
   나. 유입구를 벽외의 장소에 설치할 경우에는 유입구 상단이 천장 또는 반자와 바닥사이의 중간 아랫부분보다 낮게 되도록 하고, 수직거리가 가장 짧은 제연경계 하단보다 낮게 되도록 설치할 것

③ 공동예상제연구역에 설치되는 공기 유입구는 다음 각 호의 기준에 적합하게 설치하여야 한다. 〈개정 2012.8.20〉
1. 공동예상 제연구역안에 설치된 각 예상제연구역이 벽으로 구획되어 있을 때에는 각 예

상제연구역의 바닥면적에 따라 제2항 제1호 및 제2호에 따라 설치할 것 〈개정예고 2020.8.19〉

2. 공동예상제연구역안에 설치된 각 예상제연구역의 일부 또는 전부가 제연경계로 구획되어 있을 때에는 공동예상제연구역안의 1개 이상의 장소에 제2항제3호에 따라 설치할 것

④ 인접한 제연구역 또는 통로에 유입되는 공기를 해당 예상제연구역에 대한 공기유입으로 하는 경우에는 그 인접한 제연구역 또는 통로의 유입구가 제연경계 하단보다 높은 경우에는 그 인접한 제연구역 또는 통로의 화재시 그 유입구는 다음 각 호의 어느 하나의 기준에 적합할 것 〈개정 2012.8.20〉

1. 각 유입구는 자동폐쇄 될 것
2. 해당구역 내에 설치된 유입풍도가 해당 제연구획부분을 지나는 곳에 설치된 댐퍼는 자동폐쇄될 것

⑤ 예상제연구역에 공기가 유입되는 순간의 풍속은 5m/s 이하가 되도록 하고, 제2항부터 제4항까지의 유입구의 구조는 유입공기를 하향으로 분출할 수 있도록 하여야 한다. 〈개정예고 2020.8.19〉

⑥ 예상제연구역에 대한 공기유입구의 크기는 해당 예상제연구역 배출량 $1m^3/min$에 대하여 $35cm^2$ 이상으로 하여야 한다. 〈개정 2012.8.20〉

⑦ 예상제연구역에 대한 공기유입량은 제6조제1항부터 제4항까지에 따른 배출량의 배출에 지장이 없는 양으로 하여야 한다. 〈개정예고 2020.8.19〉 기술사 124회

제9조 (배출기 및 배출풍도) 기술사 119회

① 배출기는 다음 각 호의 기준에 따라 설치하여야 한다. 〈개정 2012.8.20〉

1. 배출기의 배출능력은 제6조제1항부터 제4항까지의 배출량 이상이 되도록 할 것
2. 배출기와 배출풍도의 접속부분에 사용하는 캔버스는 내열성(석면재료는 제외한다)이 있는 것으로 할 것
3. 배출기의 전동기부분과 배풍기 부분은 분리하여 설치하여야 하며, 배풍기 부분은 유효한 내열처리를 할 것

② 배출풍도는 다음 각 호의 기준에 따라야 한다. 〈개정 2012.8.20〉

1. 배출풍도는 아연도금강판 또는 이와 동등 이상의 내식성 · 내열성이 있는 것으로 하며, 「건축법 시행령」 제2조에 따른 불연재료(석면재료를 제외한다)인 단열재로 풍도 외부에 유효한 단열 처리를 하고, 강판의 두께는 배출풍도의 크기에 따라 다음 표에 따른 기준 이상으로 할 것 〈개정예고 2020.8.19〉

풍도단면의 긴변 또는 직경의 크기	450mm 이하	450mm 초과 750mm 이하	750mm 초과 1,500mm 이하	1,500mm 초과 2,250mm 이하	2,250mm 초과
강판두께	0.5mm	0.6mm	0.8mm	1.0mm	1.2mm

2. 배출기의 흡입측 풍도안의 풍속은 15m/s 이하로 하고 배출측 풍속은 20m/s 이하로 할 것

제10조 (유입풍도등) 기술사 119회

① 유입풍도안의 풍속은 20m/s 이하로 하고 풍도의 강판두께는 제9조제2항제1호의 기준으로 설치하여야 한다. 〈개정 2008.12.15〉

② 옥외에 면하는 배출구 및 공기유입구는 비 또는 눈 등이 들어가지 아니하도록 하고, 배출된 연기가 공기유입구로 순환유입 되지 아니하도록 하여야 한다.

제11조 (제연설비의 전원 및 기동)

① 비상전원은 자가발전설비, 축전지설비 또는 전기저장장치(외부 전기에너지를 저장해 두었다가 필요한 때 전기를 공급하는 장치)는 다음 각 호의 기준에 따라 설치하여야 한다. 다만, 2이상의 변전소(「전기사업법」 제67조에 따른 변전소를 말한다)에서 전력을 동시에 공급받을 수 있거나 하나의 변전소로부터 전력의 공급이 중단되는 때에는 자동으로 다른 변전소로부터 전원을 공급받을 수 있도록 상용전원을 설치한 경우에는 그러하지 아니하다. 〈개정 2016.7.13〉

1. 점검에 편리하고 화재 및 침수 등의 재해로 인한 피해를 받을 우려가 없는 곳에 설치할 것
2. 제연설비를 유효하게 20분 이상 작동할 수 있도록 할 것
3. 상용전원으로부터 전력의 공급이 중단된 때에는 자동으로 비상전원으로부터 전력을 공급받을 수 있도록 할 것
4. 비상전원의 설치장소는 다른 장소와 방화구획 할 것. 이 경우 그 장소에는 비상전원의 공급에 필요한 기구나 설비외의 것(열병합발전설비에 필요한 기구나 설비는 제외한다)을 두어서는 아니 된다.
5. 비상전원을 실내에 설치하는 때에는 그 실내에 비상조명등을 설치할 것

② 가동식의 벽 · 제연경계벽 · 댐퍼 및 배출기의 작동은 화재감지기와 연동되어야 하며, 예상제연구역(또는 인접장소) 및 제어반에서 수동으로 기동이 가능하도록 하여야 한다.

제12조 (터널의 제연설비 설치기준)

〈삭제〉 〈개정 2008.12.15〉

제13조 (설치제외) 관리사 16회

제연설비를 설치하여야 할 특정소방대상물 중 화장실 · 목욕실 · 주차장 · 발코니를 설치한 숙박시설(가족호텔 및 휴양콘도미니엄에 한 한다)의 객실과 사람이 상주하지 아니하는 기계실 · 전기실 · 공조실 · $50m^2$ 미만의 창고 등으로 사용되는 부분에 대하여는 배출구 · 공기유입구의 설치 및 배출량 산정에서 이를 제외한다. 〈개정 2008.12.15, 2012.8.20〉

제14조 (설치 · 유지기준의 특례)

소방본부장 또는 소방서장은 기존건축물이 증축 · 개축 · 대수선되거나 용도변경되는 경우에 있어서 이 기준이 정하는 기준에 따라 당해 건축물에 설치하여야 할 제연설비의 배관 · 배선 등의 공사가 현저하게 곤란하다고 인정되는 경우에는 해당 설비의 기능 및 사용에 지장이 없는 범위 안에서 제연설비의 설치 · 유지기준의 일부를 적용하지 아니할 수 있다. 〈개정 2012.8.20〉

제15조 (재검토 기한)

소방청장은 「훈령 · 예규 등의 발령 및 관리에 관한 규정」에 따라 이 고시에 대하여 2016년 1월 1일을 기준으로 매3년이 되는 시점(매 3년째의 12월 31일까지를 말한다)마다 그 타당성을 검토하여 개선 등의 조치를 하여야 한다. 〈개정 2015.10.28〉

부칙 <제2021-0호, 2021.0.00>

제1조 (시행일)

이 고시는 발령한 날부터 시행한다.

[제28장] 특별피난계단의 계단실 및 부속실 제연설비의 화재안전기준(NFSC 501A)

(개정예고 : 2020. 8. 19. 소방청고시 제2020-120호)

[부속실제연설비의 주요 화재안전기준]

1. 제연방식 관리사 10회

(1) **기본누설풍량 공급** : 제연구역과 옥내와의 기준차압 유지

제연구역을 옥외의 공기로 급기·가압하여 제연구역의 압력을 옥내의 기타구역보다 높게 유지하게 함으로써 제연구역 내로 연기의 침투를 방지하도록 한다.

(2) **보충풍량 공급** : 출입문 개방시 방연풍속 유지

제연구역의 출입문이 일시적으로 개방되는 경우 방연풍속을 유지하도록 옥외의 공기를 제연구역 내로 보충풍량을 공급한다.

(3) **과압방지 조치**

제연설비 가동 중에 제연구역의 출입문을 개방하지 않을 경우 제연구역 내가 과압이 되는 것을 방지할 수 있는 유효한 조치를 한다.

2. 제연구역의 선정 관리사 10회·13회

(1) 계단실 단독제연방식

(2) 부속실 단독제연방식

(3) 계단실 및 부속실 동시제연방식

(4) 비상용승강기 승강장 단독제연방식

3. 차압기준

(1) **최소차압** : 40Pa(단, 옥내에 스프링클러가 설치된 경우 : 12.5Pa) 이상

(2) **최대차압** : 제연구역의 출입문 개방에 필요한 힘(F)이 110N 이하가 되는 차압

4. 방연풍속기준

(1) **계단실 단독제연방식 및 계단실-부속실 동시제연방식** : 0.5m/s 이상

(2) **부속실 단독제연방식**

1) 부속실이 면하는 옥내가 거실인 경우 : 0.7m/s 이상

2) 부속실이 면하는 옥내가 복도(방화구조)인 경우 : 0.,5m/s 이상

5. 제연설비의 시험 · 측정 · 조정방법

(1) 제연구역의 모든 출입문의 크기와 열리는 방향이 설계도서와 동일한지 확인

〈동일하지 아니한 경우〉

1) 급기량 및 보충량을 다시 산출

2) 조정가능 여부 및 재설계 · 개수 여부 등을 결정

(2) 출입문의 폐쇄력 측정 : 제연설비를 가동하지 않은 상태에서 측정

(3) 층별로 화재감지기 동작 : 제연설비 작동 여부의 확인

(4) 차압측정

1) 계단실의 모든 개구부를 폐쇄한다.

2) 승강기의 운행을 중단시킨다.

3) 옥내와 부속실 간의 차압을 측정하고, 기준치 이내인지 확인한다.

4) 각 층마다 차압을 측정하고 각 층별 편차를 확인한다.

(5) 방연풍속 측정

1) 계단실의 모든 개구부를 폐쇄하고, 승강기의 운행을 중단시킨다.

2) 부속실에 면하는 옥내 출입문과 계단실 출입문을 동시에 개방한 상태에서 측정

3) 이때 출입문의 개방에 따른 개구부를 대칭적으로 균등분할하는 10 이상의 지점에서 측정한 풍속의 평균치를 방연풍속으로 함

4) 방연풍속 기준

① 계단실과 부속실의 동시제연방식 및 계단실 단독제연방식 : 0.5m/s 이상

② 부속실 단독제연방식 또는 (비상용승강기)승강장 단독제연방식에서

㉮ 부속실(또는 승강장)과 면하는 옥내가 거실인 경우 : 0.7m/s 이상

㉯ 부속실(또는 승강장)과 면하는 옥내가 복도로서 그 구조가 방화구조인 것 : 0.5m/s 이상

5) 방연풍속 측정결과 부적합한 경우

① 급기구의 개구율 조정

② 송풍기측의 풍량조절댐퍼 조정

(6) 방연풍속 시험시 출입문을 비개방한 제연구역의 차압변동치 확인

위의 "(5) 방연풍속의 측정상태"에서 출입문을 개방하지 않은 제연구역의 차압이 정상최소차압[40Pa(S/P 설치된 경우 : 12.5Pa) 이상]의 70% 이상이 되는지 확인

(7) 출입문의 개방력 측정 : (제연설비 가동상태에서 측정)

1) 제연구역의 모든 출입문이 닫힌 상태에서 측정

2) 출입문 개방력이 110[N] 이하가 되는지 확인
3) 개방력이 부적합한 경우
① 급기구의 개구율 조정
② 플랩댐퍼의 조정
③ 송풍기측 풍량조절댐퍼의 조정

(8) 출입문의 자동폐쇄상태 확인

제연설비의 가동(가압) 상태에서 제연구역의 개방된 출입문이 자동으로 완전히 닫히는지 여부와 닫힌 상태를 계속 유지할 수 있는지를 확인하고 필요시 조정

제1조 (목적)

이 기준은「화재예방, 소방시설 설치 · 유지 및 안전관리에 관한 법률」제9조제1항에 따라 소방청장에게 위임한 사항 중 소화활동설비인 특별피난계단의 계단실 및 부속실 제연설비의 설치 · 유지 및 안전관리에 관하여 필요한 사항을 규정함을 목적으로 한다.

제2조 (적용범위)

「화재예방, 소방시설 설치 · 유지 및 안전관리에 관한 법률 시행령」(이하 "법"이라 한다) 제9조제1항 및 같은 법 시행령(이하 "영"이라 한다) 별표 5의 제5호가목6)에 따른 특별피난계단의 계단실(이하 "계단실"이라 한다) 및 부속실(비상용승강기의 승강장과 겸용하는 것 또는 비상용승강기의 승강장을 포함한다. 이하 "부속실"이라 한다)의 제연설비는 이 기준에서 정하는 규정에 따라 설비를 설치하고 유지 · 관리하여야 한다.

제3조 (정의)

이 기준에서 사용하는 용어의 정의는 다음과 같다.

1. "제연구역"이란 제연 하고자 하는 계단실, 부속실 또는 비상용승강기의 승강장을 말한다. 〈개정 2013.9.3〉
2. "방연풍속"이란 옥내로부터 제연구역내로 연기의 유입을 유효하게 방지할 수 있는 풍속을 말한다. 〈개정 2013.9.3〉
3. "급기량"이란 제연구역에 공급하여야 할 공기의 양을 말한다. 〈개정 2013.9.3〉
4. "누설량"이란 틈새를 통하여 제연구역으로부터 흘러나가는 공기량을 말한다. 〈개정 2013.9.3〉
5. "보충량"이란 방연풍속을 유지하기 위하여 제연구역에 보충하여야 할 공기량을 말한다. 〈개정 2013.9.3〉
6. "플랩댐퍼"란 부속실의 설정압력범위를 초과하는 경우 압력을 배출하여 설정압 범위를 유지하게 하는 과압방지장치를 말한다. 〈개정 2013.9.3〉

7. "유입공기"란 제연구역으로부터 옥내로 유입하는 공기로서 차압에 따라 누설하는 것과 출입문의 개방에 따라 유입하는 것을 말한다. 〈개정 2013.9.3〉
8. "거실제연설비"란 「제연설비의 화재안전기준(NFSC 501)」의 기준에 따른 옥내의 제연설비를 말한다. 〈개정 2013.9.3〉
9. "자동차압 급기댐퍼"란 제연구역과 옥내 사이의 차압을 압력센서 등으로 감지하여 제연구역에 공급되는 풍량의 조절로 제연구역의 차압유지를 자동으로 제어할 수 있는 댐퍼를 말한다. 〈개정예고 2020.8.19〉
10. "자동폐쇄장치"란 제연구역의 출입문 등에 설치하는 것으로서 화재발생시 화재감지기 작동과 연동하여 출입문을 자동적으로 닫게 하는 장치를 말한다. 〈개정예고 2020.8.19〉

제4조 (제연방식) 관리사 10회

이 기준에 따른 제연설비는 다음 각 호의 기준에 적합하여야 한다.

1. 제연구역에 옥외의 신선한 공기를 공급하여 제연구역의 기압을 제연구역 이외의 옥내(이하 "옥내"라 한다)보다 높게 하되 일정한 기압의 차이(이하 "차압"이라 한다)를 유지하게 함으로써 옥내로부터 제연구역내로 연기가 침투하지 못하도록 할 것
2. 피난을 위하여 제연구역의 출입문이 일시적으로 개방되는 경우 방연풍속을 유지하도록 옥외의 공기를 제연구역내로 보충 공급하도록 할 것
3. 출입문이 닫히는 경우 제연구역의 과압을 방지할 수 있는 유효한 조치를 하여 차압을 유지할 것 〈개정 2013.9.3〉

제5조 (제연구역의 선정) 관리사 10회

제연구역은 다음 각 호의 1에 따라야 한다.

1. 계단실 및 그 부속실을 동시에 제연 하는 것
2. 부속실만을 단독으로 제연 하는 것 〈개정 2008.12.15〉
3. 계단실 단독제연하는 것
4. 비상용승강기 승강장 단독 제연 하는 것

제6조 (차압 등)

① 제4조제1호의 기준에 따라 제연구역과 옥내와의 사이에 유지하여야 하는 최소차압은 40Pa(옥내에 스프링클러설비가 설치된 경우에는 12.5Pa) 이상으로 하여야 한다.
② 제연설비가 가동되었을 경우 출입문의 개방에 필요한 힘은 110N 이하로 하여야 한다.
③ 제4조제2호의 기준에 따라 출입문이 일시적으로 개방되는 경우 개방되지 아니하는 제연구역과 옥내와의 차압은 제1항의 기준에 불구하고 제1항의 기준에 따른 차압의 70% 미만이 되어서는 아니 된다.
④ 계단실과 부속실을 동시에 제연 하는 경우 부속실의 기압은 계단실과 같게 하거나 계단실의 기압보다 낮게 할 경우에는 부속실과 계단실의 압력차이는 5Pa 이하가 되도록 하여야 한다.

제7조 (급기량)

급기량은 다음 각 호의 양을 합한 양 이상이 되어야 한다.

1. 제4조제1호의 기준에 따른 차압을 유지하기 위하여 제연구역에 공급하여야 할 공기량. 이 경우 제연구역에 설치된 출입문(창문을 포함한다. 이하 "출입문등"이라 한다)의 누설량과 같아야 한다.
2. 제4조제2호의 기준에 따른 보충량

제8조 (누설량)

제7조제1호의 기준에 따른 누설량은 제연구역의 누설량을 합한 양으로 한다. 이 경우 출입문이 2개소 이상인 경우에는 각 출입문의 누설틈새면적을 합한 것으로 한다.

제9조 (보충량)

제7조제2호의 기준에 따른 보충량은 부속실(또는 승강장)의 수가 20 이하는 1개층 이상, 20을 초과하는 경우에는 2개층 이상의 보충량으로 한다. 〈개정 2013.9.3〉

제10조 (방연풍속)

방연풍속은 제연구역의 선정방식에 따라 다음 표의 기준에 따라야 한다.

<table>
<tr><th colspan="2">제 연 구 역</th><th>방연풍속</th></tr>
<tr><td colspan="2">계단실 및 그 부속실을 동시에 제연하는 것 또는 계단실만 단독으로 제연하는 것</td><td>0.5m/s 이상</td></tr>
<tr><td rowspan="2">부속실만 단독으로 제연하는 것 또는 비상용승강기의 승강장만 단독으로 제연하는 것</td><td>부속실 또는 승강장이 면하는 옥내가 거실인 경우</td><td>0.7m/s 이상</td></tr>
<tr><td>부속실 또는 승강장이 면하는 옥내가 복도로서 그 구조가 방화구조(내화시간이 30분 이상인 구조를 포함한다)인 것</td><td>0.5m/s 이상</td></tr>
</table>

제11조 (과압방지조치)

제4조제3호의 기준에 따른 제연구역에 과압의 우려가 있는 경우에는 <u>다음 각 호의 기준 중 하나 이상을 적용하여 과압방지조치를 하여야 한다.</u> 〈개정예고 2020.8.19〉

1. 과압방지장치는 제연구역의 압력을 자동으로 조절하는 성능이 있는 것으로 할 것 〈개정 2013.9.3〉
2. 과압방지를 위한 과압방지장치는 제6조와 제10조의 해당 조건을 만족하여야 한다. 〈개정 2013.9.3〉
3. 플랩댐퍼는 소방청장이 고시하는 성능인증 및 제품검사의 기술기준에 적합한 것으로 설치하여야 한다. 〈개정 2013.9.3〉
4. 삭제 〈2013.9.3〉

5. 플랩댐퍼에 사용하는 철판은 두께 1.5mm 이상의 열간압연 연강판(KS D 3501) 또는 이와 동등 이상의 내식성 및 내열성이 있는 것으로 할 것 〈개정 2013.9.3〉
6. 자동차압급기댐퍼를 설치하는 경우에는 제17조제3호나목 및 마목의 기준에 적합할 것 〈개정예고 2020.8.19〉

제12조 (누설틈새의 면적 등)

제연구역으로부터 공기가 누설하는 틈새면적은 다음 각 호의 기준에 따라야 한다.

1. 출입문의 틈새면적은 다음의 식에 따라 산출하는 수치를 기준으로 할 것. 다만, 방화문의 경우에는 「한국산업표준」에서 정하는 「문세트(KS F 3109)」에 따른 기준을 고려하여 산출할 수 있다. 〈개정 2013.9.3〉

   $A = (L/\ell) \times Ad$

   여기서, A : 출입문의 틈새(m^2)

   L : 출입문 틈새의 길이(m). 다만, L의 수치가 ℓ의 수치 이하인 경우에는 ℓ의 수치로 할 것

   ℓ : 외 여닫이문이 설치되어 있는 경우에는 5.6, 쌍여닫이문이 설치되어 있는 경우에는 9.2, 승강기의 출입문이 설치되어 있는 경우에는 8.0으로 할 것

   Ad : 외 여닫이문으로 제연구역의 실내쪽으로 열리도록 설치하는 경우에는 0.01, 제연구역의 실외쪽으로 열리도록 설치하는 경우에는 0.02, 쌍여닫이문의 경우에는 0.03, 승강기의 출입문에 대하여는 0.06으로 할 것

2. 창문의 틈새면적은 다음의 식에 따라 산출하는 수치를 기준으로 할 것. 다만, 「한국산업표준」에서 정하는 「창세트(KS F 3117)」에 따른 기준을 고려하여 산출할 수 있다. 〈개정 2013.9.3〉

   가. 여닫이식 창문으로서 창틀에 방수팩킹이 없는 경우

   틈새면적(m^2) $= 2.55 \times 10^{-4} \times$ 틈새의 길이(m)

   나. 여닫이식 창문으로서 창틀에 방수팩킹이 있는 경우

   틈새면적(m^2) $= 3.61 \times 10^{-5} \times$ 틈새의 길이(m)

   다. 미닫이식 창문이 설치되어 있는 경우

   틈새면적(m^2) $= 1.00 \times 10^{-4} \times$ 틈새의 길이(m)

3. 제연구역으로부터 누설하는 공기가 승강기의 승강로를 경유하여 승강로의 외부로 유출하는 유출면적은 승강로 상부의 승강로와 기계실 사이의 개구부 면적을 합한 것을 기준으로 할 것 〈개정 2013.9.3〉
4. 제연구역을 구성하는 벽체 (반자속의 벽체를 포함한다)가 벽돌 또는 시멘트블록 등의 조적구조이거나 석고판 등의 조립구조인 경우에는 불연재료를 사용하여 틈새를 조정할 것. 〈개정예고(단서 삭제) 2020.8.19〉

5. 제연설비의 완공 시 제연구역의 출입문등은 크기 및 개방방식이 해당 설비의 설계 시와 같아야 한다. 〈개정 2013.9.3〉

제13조 (유입공기의 배출)

① 유입공기는 화재층의 제연구역과 면하는 옥내로부터 옥외로 배출되도록 하여야 한다. 다만, 직통계단식 공동주택의 경우에는 그러하지 아니하다.

② 유입공기의 배출은 다음 각 호의 어느 하나의 기준에 따른 배출방식으로 하여야 한다. 〈개정 2013.9.3〉

1. 수직풍도에 따른 배출 : 옥상으로 직통하는 전용의 배출용 수직풍도를 설치하여 배출하는 것으로서 다음 각 목의 어느 하나에 해당하는 것 〈개정 2013.9.3〉
   가. 자연배출식 : 굴뚝효과에 따라 배출하는 것
   나. 기계배출식 : 수직풍도의 상부에 전용의 배출용 송풍기를 설치하여 강제로 배출하는 것. 다만, 지하층만을 제연하는 경우 배출용 송풍기의 설치위치는 배출된 공기로 인하여 피난 및 소화활동에 지장을 주지 아니하는 곳에 설치할 수 있다. 〈개정 2013.9.3〉
2. 배출구에 따른 배출 : 건물의 옥내와 면하는 외벽마다 옥외와 통하는 배출구를 설치하여 배출하는 것
3. 제연설비에 따른 배출 : 거실제연설비가 설치되어 있고 당해 옥내로부터 옥외로 배출하여야 하는 유입공기의 양을 거실제연설비의 배출량에 합하여 배출하는 경우 유입공기의 배출은 당해 거실제연설비에 따른 배출로 갈음할 수 있다.

제14조 (수직풍도에 따른 배출)

수직풍도에 따른 배출은 다음 각 호의 기준에 적합하여야 한다.

1. 수직풍도는 내화구조로 하되 「건축물의 피난 · 방화구조 등의 기준에 관한 규칙」 제3조 제1호 또는 제2호의 기준 이상의 성능으로 할 것 〈개정 2013.9.3〉
2. 수직풍도의 내부면은 두께 0.5mm 이상의 아연도금강판 또는 동등이상의 내식성 · 내열성이 있는 것으로 마감되는 접합부에 대하여는 통기성이 없도록 조치할 것 〈개정 2008.12.15〉
3. 각층의 옥내와 면하는 수직풍도의 관통부에는 다음 각목의 기준에 적합한 댐퍼 (이하 "배출댐퍼"라 한다)를 설치하여야 한다.
   가. 배출댐퍼는 두께 1.5mm 이상의 강판 또는 이와 동등 이상의 성능이 있는 것으로 설치하여야 하며 비 내식성 재료의 경우에는 부식방지 조치를 할 것
   나. 평상시 닫힌 구조로 기밀상태를 유지할 것
   다. 개폐여부를 당해 장치 및 제어반에서 확인할 수 있는 감지기능을 내장하고 있을 것
   라. 구동부의 작동상태와 닫혀 있을 때의 기밀상태를 수시로 점검할 수 있는 구조일 것
   마. 풍도의 내부마감상태에 대한 점검 및 댐퍼의 정비가 가능한 이 · 탈착구조로 할 것

바. 화재층에 설치된 화재감지기의 동작에 따라 당해 층의 댐퍼가 개방될 것 〈개정예고 2020.8.19〉

사. 개방 시의 실제개구부(개구율을 감안한 것을 말한다)의 크기는 제4호의 기준에 따른 수직풍도의 내부단면적 이상으로 할 것 〈개정예고 2020.8.19〉

아. 댐퍼는 풍도내의 공기흐름에 지장을 주지 않도록 수직풍도의 내부로 돌출하지 않게 설치할 것

4. 수직풍도의 내부단면적은 다음 각 목의 기준에 적합할 것

가. 자연배출식의 경우 다음 식에 따라 산출하는 수치 이상으로 할 것. 다만, 수직풍도의 길이가 100m를 초과하는 경우에는 산출수치의 1.2배 이상의 수치를 기준으로 하여야 한다. 〈개정 2013.9.3〉

$$A_p = Q_N / 2$$

여기서, A_p : 수직풍도의 내부단면적(m^2)

Q_N : 수직풍도가 담당하는 1개층의 제연구역의 출입문(옥내와 면하는 출입문을 말한다) 1개의 면적(m^2)과 방연풍속(m/s)를 곱한 값(m^3/s)

나. 송풍기를 이용한 기계배출식의 경우 풍속 15m/s 이하로 할 것 〈개정 2013.9.3〉

5. 기계배출식에 따라 배출하는 경우 배출용 송풍기는 다음 각 목의 기준에 적합할 것

가. 열기류에 노출되는 송풍기 및 그 부품들은 250℃의 온도에서 1시간 이상 가동상태를 유지할 것

나. 송풍기의 풍량은 제4호가목의 기준에 따른 Q_N에 여유량을 더한 양을 기준으로 할 것 〈개정 2013.9.3〉

다. 송풍기는 화재감지기의 동작에 따라 연동하도록 할 것

라. 송풍기의 풍량을 실측할 수 있는 유효한 조치를 할 것 〈신설예고 2020.8.19〉

마. 송풍기는 다른 장소와 방화구획되고 접근과 점검이 용이한 장소에 설치할 것 〈신설예고 2020.8.19〉

6. 수직풍도의 상부의 말단(기계배출식의 송풍기도 포함한다)은 빗물이 흘러들지 아니하는 구조로 하고, 옥외의 풍압에 따라 배출성능이 감소하지 아니하도록 유효한 조치를 할 것

제15조 (배출구에 따른 배출)

배출구에 따른 배출은 다음 각 호의 기준에 적합하여야 한다.

1. 배출구에는 다음 각 목의 기준에 적합한 장치(이하 "개폐기"라 한다)를 설치할 것

가. 빗물과 이물질이 유입하지 아니하는 구조로 할 것

나. 옥 외쪽으로만 열리도록 하고 옥외의 풍압에 따라 자동으로 닫히도록 할 것

다. 그 밖의 설치기준은 제14조제3호가목 내지 사목의 기준을 준용할 것

2. 개폐기의 개구면적은 다음식에 따라 산출한 수치 이상으로 할 것

$$A_o = Q_N / 2.5$$

여기서, A_o : 개폐기의 개구면적(m^2)

Q_N : 수직풍도가 담당하는 1개 층의 제연구역의 출입문(옥내와 면하는 출입문을 말한다) 1개의 면적(m^2)과 방연풍속(m/s)를 곱한 값(m^3/s)

제16조 (급기) 관리사 13회 기술사 120회

제연구역에 대한 급기는 다음 각 호의 기준에 따라야 한다.

1. 부속실을 제연하는 경우 동일수직선상의 모든 부속실은 하나의 전용수직풍도를 통해 동시에 급기할 것. 다만, 동일수직선상에 2대 이상의 급기송풍기가 설치되는 경우에는 수직풍도를 분리하여 설치할 수 있다. 〈개정 2013.9.3〉
2. 계단실 및 부속실을 동시에 제연하는 경우 계단실에 대하여는 그 부속실의 수직풍도를 통해 급기할 수 있다. 〈개정 2013.9.3〉
3. 계단실만 제연하는 경우에는 전용수직풍도를 설치하거나 계단실에 급기풍도 또는 급기송풍기를 직접 연결하여 급기하는 방식으로 할 것
4. 하나의 수직풍도마다 전용의 송풍기로 급기할 것
5. 비상용승강기의 승강장을 제연하는 경우에는 비상용승강기의 승강로를 급기풍도로 사용할 수 있다. 〈신설 2013.9.3〉〈개정(단서삭제) 2015.10.28〉

제17조 (급기구) 기술사 120회

제연구역에 설치하는 급기구는 다음 각 호의 기준에 적합하여야 한다.

1. 급기용 수직풍도와 직접 면하는 벽체 또는 천장(당해 수직풍도와 천장급기구 사이의 풍도를 포함한다)에 고정하되, 급기되는 기류 흐름이 출입문으로 인하여 차단되거나 방해받지 아니하도록 옥내와 면하는 출입문으로부터 가능한 먼 위치에 설치할 것 〈개정 2013.9.3〉
2. 계단실과 그 부속실을 동시에 제연하거나 또는 계단실만을 제연하는 경우 급기구는 계단실 매 3개층 이하의 높이마다 설치할 것. 다만, 계단실의 높이가 31m 이하로서 계단실만을 제연하는 경우에는 하나의 계단실에 하나의 급기구만을 설치할 수 있다.
3. 급기구의 댐퍼설치는 다음 각 목의 기준에 적합할 것 기술사 88회
   가. 급기댐퍼의 재질은 「자동차압급기댐퍼의 성능인증 및 제품검사의 기술기준」에 적합한 것으로 할 것 〈개정예고 2020.8.19〉
   나. 자동차압급기댐퍼를 설치하는 경우 차압범위의 수동설정기능과 설정범위의 차압이 유지되도록 개구율을 자동조절하는 기능이 있을 것 〈개정예고 2020.8.19〉
   다. 〈삭제예고 2020.8.19〉
   라. 〈삭제예고 2020.8.19〉
   마. 자동차압급기댐퍼는 「자동차압급기댐퍼의 성능인증 및 제품검사의 기술기준」에 적합한 것으로 설치할 것 〈개정예고 2020.8.19〉
   바. 자동차압급기댐퍼가 아닌 댐퍼는 개구율을 수동으로 조절할 수 있는 구조로 할 것

〈개정예고 2020.8.19〉

사. 화재감지기에 따라 모든 제연구역의 댐퍼가 개방되도록 할 것. 다만, 둘 이상의 특정소방대상물이 지하에 설치된 주차장으로 연결되어 있는 경우에는 특정소방대상물의 화재감지기 및 주차장에서 하나의 특정소방대상물의 제연구역으로 들어가는 입구에 설치된 제연용 연기감지기의 작동에 따라 해당 특정소방대상물의 수직풍도에 연결된 모든 제연구역의 댐퍼가 개방되도록 하거나 해당 특정소방대상물을 포함한 둘 이상의 특정소방대상물의 모든 제연구역의 댐퍼가 개방되도록 할 것 〈개정예고 2020.8.19〉

아. 댐퍼의 작동이 전기적 방식에 의하는 경우 제14조제3호의 나목 내지 마목의 기준을, 기계적 방식에 따른 경우 제14조제3호의 다목, 라목 및 마목 기준을 준용할 것

자. 그 밖의 설치기준은 제14조제3호 가목 및 아목의 기준을 준용할 것

제18조 (급기풍도)

급기풍도(이하 "풍도"라 한다)의 설치는 다음 각 호의 기준에 적합하여야 한다.

1. 수직풍도는 제14조제1호 및 제2호의 기준을 준용할 것
2. 수직풍도 이외의 풍도로서 금속판으로 설치하는 풍도는 다음 각 목의 기준에 적합할 것

가. 풍도는 아연도금강판 또는 이와 동등 이상의 내식성·내열성이 있는 것으로 하며, 「건축법 시행령」 제2조에 따른 불연재료(석면재료를 제외한다)인 단열재로 풍도 외부에 유효한 단열처리를 하고, 강판의 두께는 풍도의 크기에 따라 다음표에 따른 기준 이상으로 할 것. 다만, 방화구획이 되는 전용실에 급기송풍기와 연결되는 닥트는 단열이 필요 없다. 〈개정예고 2020.8.19〉

풍도단면의 긴변 또는 직경의 크기	450mm 이하	450mm 초과 750mm 이하	750mm 초과 1,500mm 이하	1,500mm 초과 2,250mm 이하	2,250mm 초과
강판두께	0.5mm	0.6mm	0.8mm	1.0mm	1.2mm

나. 풍도에서의 누설량은 급기량의 10%를 초과하지 아니할 것

3. 풍도는 정기적으로 풍도내부를 청소할 수 있는 구조로 설치할 것
4. 풍도 내의 풍속은 15m/s 이하로 할 것 〈신설예고 2020.8.19〉

제19조 (급기송풍기) 관리사 13회 기술사 120회

급기송풍기의 설치는 다음 각 호의 기준에 적합하여야 한다.

1. 송풍기의 송풍능력은 송풍기가 담당하는 제연구역에 대한 급기량의 1.15배 이상으로 할 것. 다만, 풍도에서의 누설을 실측하여 조정하는 경우에는 그러하지 아니한다.
2. 송풍기에는 풍량조절장치를 설치하여 풍량조절을 할 수 있도록 할 것 〈개정 2013.9.3〉
3. 송풍기의 풍량을 실측할 수 있는 유효한 조치를 할 것 〈개정 2013.9.3〉

4. 송풍기는 다른 장소와 방화구획되고 접근과 점검이 용이한 장소에 설치할 것 〈개정예고 2020.8.19〉
5. 송풍기는 화재감지기의 동작에 따라 작동하도록 할 것
6. 송풍기와 연결되는 캔버스는 내열성(석면재료를 제외한다)이 있는 것으로 할 것

제20조 (외기취입구)

외기취입구(이하 "취입구"라 한다)는 다음 각 호의 기준에 적합하여야 한다.

1. 외기를 옥외로부터 취입하는 경우 취입구는 연기 또는 공해물질 등으로 오염된 공기를 취입하지 아니하는 위치에 설치하여야 하며, 배기구 등(유입공기, 주방의 조리대의 배출공기 또는 화장실의 배출공기 등을 배출하는 배기구를 말한다)으로부터 수평거리 5m 이상, 수직거리 1m 이상 낮은 위치에 설치할 것 〈개정 2013.9.3〉
2. 취입구를 옥상에 설치하는 경우에는 옥상의 외곽 면으로부터 수평거리 5m 이상, 외곽면의 상단으로부터 하부로 수직거리 1m 이하의 위치에 설치할 것 〈개정 2013.9.3〉
3. 취입구는 빗물과 이물질이 유입하지 아니하는 구조로 할 것
4. 취입구는 취입공기가 옥외의 바람의 속도와 방향에 따라 영향을 받지 아니하는 구조로 할 것

제21조 (제연구역 및 옥내의 출입문)

① 제연구역의 출입문은 다음 각 호의 기준에 적합하여야 한다.

1. 제연구역의 출입문(창문을 포함 한다)은 언제나 닫힌 상태를 유지하거나 자동폐쇄장치에 의해 자동으로 닫히는 구조로 할 것. 다만, 아파트인 경우 제연구역과 계단실 사이의 출입문은 자동폐쇄장치에 의하여 자동으로 닫히는 구조로 하여야 한다.
2. 제연구역의 출입문에 설치하는 자동폐쇄장치는 제연구역의 기압에도 불구하고 출입문을 용이하게 닫을 수 있는 충분한 폐쇄력이 있을 것
3. 제연구역의 출입문등에 자동폐쇄장치를 사용하는 경우에는 「자동폐쇄장치의 성능인증 및 제품검사의 기술기준」에 적합한 것으로 설치하여야 한다. 〈개정 2013.9.3〉

② 옥내의 출입문(제10조의 기준에 따른 방화구조의 복도가 있는 경우로서 복도와 거실사이의 출입문에 한한다)은 다음 각 호의 기준에 적합하도록 할 것

1. 출입문은 언제나 닫힌 상태를 유지하거나 자동폐쇄장치에 의해 자동으로 닫히는 구조로 할 것
2. 거실 쪽으로 열리는 구조의 출입문에 자동폐쇄장치를 설치하는 경우에는 출입문의 개방 시 유입공기의 압력에도 불구하고 출입문을 용이하게 닫을 수 있는 충분한 폐쇄력이 있는 것으로 할 것

제22조 (수동기동장치)

① 배출댐퍼 및 개폐기의 직근 또는 제연구역에는 다음 각 호의 기준에 따른 장치의 작동을 위하여 수동기동장치를 설치하고 스위치는 바닥으로부터 0.8m 이상 1.5m 이하의 높이에 설치하여야 한다. 다만, 계단실 및 그 부속실을 동시에 제연하는 제연구역에는 그 부속실에만 설치할 수 있다. 〈개정예고 2020.8.19〉

1. 전층의 제연구역에 설치된 급기댐퍼의 개방
2. 당해층의 배출댐퍼 또는 개폐기의 개방
3. 급기송풍기 및 유입공기의 배출용 송풍기(설치한 경우에 한한다)의 작동
4. 개방 · 고정된 모든 출입문(제연구역과 옥내사이의 출입문에 한한다)의 개폐장치의 작동 〈개정 2008.12.15〉

② 제1항 각 호의 기준에 따른 장치는 옥내에 설치된 수동발신기의 조작에 따라서도 작동할 수 있도록 하여야 한다.

제23조 (제어반) 기술사 88회

제연설비의 제어반은 다음 각 호의 기준에 적합하도록 설치하여야 한다.

1. 제어반에는 제어반의 기능을 1시간 이상 유지할 수 있는 용량의 비상용 축전지를 내장할 것. 다만, 당해 제어반이 종합방재제어반에 함께 설치되어 종합방재제어반으로부터 이 기준에 따른 용량의 전원을 공급 받을 수 있는 경우에는 그러하지 아니한다.
2. 제어반은 다음 각 목의 기능을 보유할 것
   가. 급기용 댐퍼의 개폐에 대한 감시 및 원격조작기능
   나. 배출댐퍼 또는 개폐기의 작동여부에 대한 감시 및 원격조작기능
   다. 급기송풍기와 유입공기의 배출용 송풍기(설치한 경우에 한한다)의 작동여부에 대한 감시 및 원격조작기능
   라. 제연구역의 출입문의 일시적인 고정개방 및 해정에 대한 감시 및 원격조작기능
   마. 수동기동장치의 작동여부에 대한 감시기능
   바. 급기구 개구율의 자동조절장치(설치하는 경우에 한한다)의 작동여부에 대한 감시기능. 다만, 급기구에 차압표시계를 고정부착한 자동차압급기댐퍼를 설치하고 당해 제어반에도 차압표시계를 설치한 경우에는 그러하지 아니하다. 〈개정예고 2020.8.19〉
   사. 감시선로의 단선에 대한 감시기능
   아. 예비전원이 확보되고 예비전원의 적합여부를 시험할 수 있어야 할 것

제24조 (비상전원)

비상전원은 자가발전설비, 축전지설비 또는 전기저장장치(외부 전기에너지를 저장해 두었다가 필요한 때 전기를 공급하는 장치)로서 다음 각 호의 기준에 따라 설치하여야 한다. 다만, 둘 이상의 변전소(전기사업법 제67조의 규정에 따른 변전소를 말한다)에서 전력을 동시에 공급받을 수 있거나 하나의 변전소로부터 전력의 공급이 중단되는 때에는 자동으

로 다른 변전소로부터 전원을 공급받을 수 있도록 상용전원을 설치한 경우에는 그러하지 아니하다. 〈개정 2013.9.3〉

1. 점검에 편리하고 화재 및 침수 등의 재해로 인한 피해를 받을 우려가 없는 곳에 설치할 것
2. 제연설비를 유효하게 20분(층수가 30층 이상 49층 이하는 40분, 50층 이상은 60분) 이상 작동할 수 있도록 할 것 〈개정 2013.9.3〉
3. 상용전원으로부터 전력의 공급이 중단된 때에는 자동으로 비상전원으로부터 전력을 공급받을 수 있도록 할 것
4. 비상전원의 설치장소는 다른 장소와 방화구획 할 것. 이 경우 그 장소에는 비상전원의 공급에 필요한 기구나 설비외의 것(열병합발전설비에 필요한 기구나 설비는 제외한다)을 두어서는 아니 된다.
5. 비상전원을 실내에 설치하는 때에는 그 실내에 비상조명등을 설치할 것

제25조 (시험, 측정 및 조정 등) 기술사 90회 · 113회 · 123회 관리사 16회 · 18회 · 20회

① 제연설비는 설계목적에 적합한지 사전에 검토하고 건물의 모든 부분(건축설비를 포함한다)을 완성하는 시점부터 시험 등(확인, 측정 및 조정을 포함한다)을 하여야 한다.

② 제연설비의 시험 등은 다음 각 호의 기준에 따라 실시하여야 한다.

1. 제연구역의 모든 출입문등의 크기와 열리는 방향이 설계 시와 동일한지 여부를 확인하고, 동일하지 아니한 경우 급기량과 보충량 등을 다시 산출하여 조정가능여부 또는 재설계 · 개수의 여부를 결정할 것
2. 〈삭제예고 2020.8.19〉
3. 제연구역의 출입문 및 복도와 거실(옥내가 복도와 거실로 되어 있는 경우에 한한다) 사이의 출입문마다 제연설비가 작동하고 있지 아니한 상태에서 그 폐쇄력을 측정할 것 〈개정 2013.9.3〉
4. 층별로 화재감지기(수동기동장치를 포함한다)를 동작시켜 제연설비가 작동하는지 여부를 확인할 것. 다만, 둘 이상의 특정소방대상물이 지하에 설치된 주차장으로 연결되어 있는 경우에는 특정소방대상물의 화재감지기 및 주차장에서 하나의 특정소방대상물의 제연구역으로 들어가는 입구에 설치된 제연용 연기감지기의 작동에 따라 해당 특정소방대상물의 수직풍도에 연결된 모든 제연구역의 댐퍼가 개방되도록 하거나 해당 특정소방대상물을 포함한 둘 이상의 특정소방대상물의 모든 제연구역의 댐퍼가 개방되도록 하고 비상전원을 작동시켜 급기 및 배기용 송풍기의 성능이 정상인지 확인할 것 〈개정예고 2020.8.19〉
5. 제4호의 기준에 따라 제연설비가 작동하는 경우 다음 각 목의 기준에 따른 시험 등을 실시 할 것 관리사 16회

가. 부속실과 면하는 옥내 및 계단실의 출입문을 동시에 개방할 경우, 유입공기의 풍속이 제10조의 규정에 따른 방연풍속에 적합한지 여부를 확인하고, 적합하지 아니한

경우에는 급기구의 개구율과 송풍기의 풍량조절댐퍼 등을 조정하여 적합하게 할 것. 이 경우 유입공기의 풍속은 출입문의 개방에 따른 개구부를 대칭적으로 균등 분할하는 10 이상의 지점에서 측정하는 풍속의 평균치로 할 것 관리사 20회

나. 가목의 기준에 따른 시험 등의 과정에서 출입문을 개방하지 아니하는 제연구역의 실제 차압이 제6조3항의 기준에 적합한지 여부를 출입문 등에 차압측정공을 설치하고 이를 통하여 차압측정기구로 실측하여 확인 · 조정할 것

다. 제연구역의 출입문이 모두 닫혀 있는 상태에서 제연설비를 가동시킨 후 출입문의 개방에 필요한 힘을 측정하여 제6조제2항의 규정에 따른 개방력에 적합한지 여부를 확인하고, 적합하지 아니한 경우에는 급기구의 개구율 조정 및 플랩댐퍼(설치하는 경우에 한한다)와 풍량조절용댐퍼 등의 조정에 따라 적합하도록 조치할 것. 〈개정 2008.12.15〉

라. 가목의 기준에 따른 시험 등의 과정에서 부속실의 개방된 출입문이 자동으로 완전히 닫히는지 여부를 확인하고, 닫힌 상태를 유지할 수 있도록 조정할 것

제26조 (설치 · 유지기준의 특례)

소방본부장 또는 소방서장은 기존건축물이 증축 · 개축 · 대수선되거나 용도 변경되는 경우에 있어서 이 기준이 정하는 기준에 따라 당해 건축물에 설치하여야 할 특별피난계단의 계단실 및 부속실 제연설비의 배관 · 배선 등의 공사가 현저하게 곤란하다고 인정되는 경우에는 당해 설비의 기능 및 사용에 지장이 없는 범위 안에서 특별피난계단의 계단실 및 부속실의 제연설비의 설치 · 유지기준의 일부를 적용하지 아니할 수 있다.

제27조 (재검토 기한)

소방청장은 「훈령 · 예규 등의 발령 및 관리에 관한 규정」에 따라 이 고시에 대하여 2016년 1월 1일을 기준으로 매3년이 되는 시점(매 3년째의 12월 31일까지를 말한다)마다 그 타당성을 검토하여 개선 등의 조치를 하여야 한다. <개정 2015.10.28>

부칙 <제2021-0호, 2021.0.00>

제1조 (시행일)

이 고시는 발령한 날부터 시행한다.

[제29장] 연결송수관설비의 화재안전기준(NFSC 502)

(개정예고 : 2021. 12. 16. 소방청고시 제2021-51호)

제1조 (목적)

이 기준은 「화재예방, 소방시설 설치 · 유지 및 안전관리에 관한 법률」 제9조제1항에서 소방청장에게 위임한 사항 중 소화활동설비인 연결송수관설비의 설치 · 유지 및 안전관리에 필요한 사항을 규정함을 목적으로 한다.

제2조 (적용범위)

「화재예방, 소방시설 설치 · 유지 및 안전관리에 관한 법률 시행령」(이하 "영"이라 한다) 별표 5의 제5호나목에 따른 연결송수관설비는 이 기준에서 정하는 규정에 따라 설비를 설치하고 유지 · 관리하여야 한다.

제3조 (정의)

이 기준에서 사용하는 용어의 정의는 다음과 같다.

1. "주배관"이란 각 층을 수직으로 관통하는 수직배관을 말한다.

1의2. "분기배관"이란 배관 측면에 구멍을 뚫어 둘 이상의 관로가 생기도록 가공한 배관으로서 확관형 분기배관과 비확관형 분기배관을 말한다. 〈신설 2021.12.16〉

1의3. "확관형 분기배관"이란 배관의 측면에 조그만 구멍을 뚫고 소성가공으로 확관시켜 배관 용접이음자리를 만들거나 배관 용접이음자리에 배관이음쇠를 용접이음한 배관을 말한다. 〈신설 2021.12.16〉

1의4. "비확관형 분기배관"이란 배관의 측면에 분기호칭내경 이상의 구멍을 뚫고 배관이음쇠를 용접이음한 배관을 말한다. 〈신설 2021.12.16〉

2. "송수구"란 소화설비에 소화용수를 보급하기 위하여 건물 외벽 또는 구조물의 외벽에 설치하는 관을 말한다.
3. "방수구"란 소화설비로부터 소화용수를 방수하기 위하여 건물내벽 또는 구조물의 외벽에 설치하는 관을 말한다.
4. "충압펌프"란 배관내 압력손실에 따라 주펌프의 빈번한 기동을 방지하기 위하여 충압역할을 하는 펌프를 말한다.
5. "정격토출량"이란 정격토출압력에서의 펌프의 토출량을 말한다.
6. "정격토출압력"이란 정격토출량에서의 펌프의 토출측 압력을 말한다.

7. "진공계"란 대기압 이하의 압력을 측정하는 계측기를 말한다.
8. "연성계"란 대기압 이상의 압력과 대기압 이하의 압력을 측정할 수 있는 계측기를 말한다.
9. "체절운전"이란 펌프의 성능시험을 목적으로 펌프토출측의 개폐밸브를 닫은 상태에서 펌프를 운전하는 것을 말한다.
10. "기동용 수압개폐장치"란 소화설비의 배관내 압력변동을 검지하여 자동적으로 펌프를 기동 및 정지시키는 것으로서 압력챔버 또는 기동용압력스위치 등을 말한다.

제4조 (송수구)

연결송수관설비의 송수구는 다음 각 호의 기준에 따라 설치하여야 한다.

1. 소방차가 쉽게 접근할 수 있고 잘 보이는 장소에 설치하되 화재층으로부터 지면으로 떨어지는 유리창 등이 송수 및 그 밖의 소화작업에 지장을 주지 아니하는 장소에 설치할 것 〈개정 2014.8.18〉
2. 지면으로부터 높이가 0.5m 이상 1m 이하의 위치에 설치할 것
3. 송수구는 화재층으로부터 지면으로 떨어지는 유리창 등이 송수 및 그 밖의 소화작업에 지장을 주지 아니하는 장소에 설치할 것
4. 송수구로부터 연결송수관설비의 주배관에 이르는 연결배관에 개폐밸브를 설치한 때에는 그 개폐상태를 쉽게 확인 및 조작할 수 있는 옥외 또는 기계실 등의 장소에 설치할 것. 이 경우 개폐밸브에는 그 밸브의 개폐상태를 감시제어반에서 확인할 수 있도록 급수개폐밸브 작동표시 스위치를 다음 각 목의 기준에 따라 설치하여야 한다.
   가. 급수개폐밸브가 잠길 경우 탬퍼 스위치의 동작으로 인하여 감시제어반 또는 수신기에 표시되어야 하며 경보음을 발할 것 〈신설 2014.8.18〉
   나. 탬퍼 스위치는 감시제어반 또는 수신기에서 동작의 유무확인과 동작시험, 도통시험을 할 수 있을 것 〈신설 2014.8.18〉
   다. 급수개폐밸브의 작동표시 스위치에 사용되는 전기배선은 내화전선 또는 내열전선으로 설치할 것 〈신설 2014.8.18〉
5. 구경 65mm의 쌍구형으로 할 것
6. 송수구에는 그 가까운 곳의 보기 쉬운 곳에 송수압력범위를 표시한 표지를 할 것
7. 송수구는 연결송수관의 수직배관마다 1개 이상을 설치할 것. 다만, 하나의 건축물에 설치된 각 수직배관이 중간에 개폐밸브가 설치되지 아니한 배관으로 상호 연결되어 있는 경우에는 건축물마다 1개씩 설치할 수 있다.
8. 송수구의 부근에는 자동배수밸브 및 체크밸브를 다음 각목의 기준에 따라 설치할 것. 이 경우 자동배수밸브는 배관안의 물이 잘빠질 수 있는 위치에 설치하되, 배수로 인하여 다른 물건이나 장소에 피해를 주지 아니하여야 한다.
   가. 습식의 경우에는 송수구 · 자동배수밸브 · 체크밸브의 순으로 설치할 것
   나. 건식의 경우에는 송수구 · 자동배수밸브 · 체크밸브 · 자동배수밸브의 순으로 설치할 것

9. 송수구에는 가까운 곳의 보기 쉬운 곳에 "연결송수관설비송수구"라고 표시한 표지를 설치할 것
10. 송수구에는 이물질을 막기 위한 마개를 씌울 것 〈신설 2008.12.15〉

제5조 (배관 등)

① 연결송수관설비의 배관은 다음 각 호의 기준에 따라 설치하여야 한다.
  1. 주배관의 구경은 100mm 이상의 것으로 할 것
  2. 지면으로부터의 높이가 31m 이상인 특정소방대상물 또는 지상 11층 이상인 특정소방대상물에 있어서는 습식설비로 할 것

② 배관과 배관이음쇠는 다음 각 호의 어느 하나에 해당하는 것 또는 동등 이상의 강도·내식성 및 내열성을 국내·외 공인기관으로부터 인정받은 것을 사용하여야 하고, 배관용 스테인레스강관(KS D 3576)의 이음을 용접으로 할 경우에는 알곤용접방식에 따른다. 다만, 본조에서 정하지 않은 사항은 건설기술진흥법 제44조제1항의 규정에 따른 건축기계설비공사 표준설명서에 따른다. 〈개정 2016.7.13〉
  1. 배관 내 사용압력이 1.2MPa 미만일 경우에는 다음 각 목의 어느 하나에 해당하는 것
    가. 배관용 탄소강관(KS D 3507)
    나. 이음매 없는 구리 및 구리합금관(KS D 5301). 다만, 습식의 배관에 한한다.
    다. 배관용 스테인리스강관(KS D 3576) 또는 일반배관용 스테인리스강관(KS D 3595)
    라. 덕타일 주철관(KS D 4311)
  2. 배관 내 사용압력이 1.2MPa 이상일 경우에는 다음 각 목의 어느 하나에 해당하는 것 〈개정 2016.7.13〉
    가. 압력배관용 탄소강관(KS D 3562)
    나. 배관용 아크용접 탄소강관(KS D 3583)

③ 제2항에도 불구하고 다음 각 호의 어느 하나에 해당하는 장소에는 소방청장이 정하여 고시한 「소방용합성수지배관의 성능인증 및 제품검사의 기술기준」에 적합한 소방용 합성수지배관으로 설치할 수 있다. 〈신설 2014.8.18〉
  1. 배관을 지하에 매설하는 경우
  2. 다른 부분과 내화구조로 구획된 덕트 또는 피트의 내부에 설치하는 경우
  3. 천장(상층이 있는 경우에는 상층바닥의 하단을 포함한다. 이하 같다)과 반자를 불연재료 또는 준불연재료로 설치하고 소화배관 내부에 항상 소화수가 채워진 상태로 설치하는 경우

④ 연결송수관설비의 배관은 주배관의 구경이 100mm 이상인 옥내소화전설비·스프링클러설비 또는 물분무등소화설비의 배관과 겸용할 수 있다. [종전의 제2항에서 이동 2014.8.18]

⑤ 연결송수관설비의 수직배관은 내화구조로 구획된 계단실(부속실을 포함한다) 또는 파이프덕트 등 화재의 우려가 없는 장소에 설치하여야 한다. 다만, 학교 또는 공장이거나 배관주위를 1시간 이상의 내화성능이 있는 재료로 보호하는 경우에는 그러하지 아니하다. [종

전의 제3항에서 이동 2014.8.18]

⑥ 확관형 분기배관을 사용할 경우에는 소방청장이 정하여 고시한 「분기배관의 성능인증 및 제품검사의 기술기준」에 적합한 것으로 설치하여야 한다. 〈개정 2021.12.16〉

⑦ 배관은 다른 설비의 배관과 쉽게 구분이 될 수 있는 위치에 설치하거나, 그 배관표면 또는 배관 보온재표면의 색상은 「한국산업표준(배관계의 식별 표시, KS A 0503)」 또는 적색으로 식별이 가능하도록 소방용설비의 배관임을 표시하여야 한다. 〈신설 2014.8.18〉

제6조 (방수구) 기술사 124회

연결송수관설비의 방수구는 다음 각 호의 기준에 따라 설치하여야 한다.

1. 연결송수관설비의 방수구는 그 특정소방대상물의 층마다 설치할 것. 다만, 다음 각목의 어느 하나에 해당하는 층에는 설치하지 아니할 수 있다. 관리사 20회
   가. 아파트의 1층 및 2층
   나. 소방차의 접근이 가능하고 소방대원이 소방차로부터 각 부분에 쉽게 도달할 수 있는 피난층
   다. 송수구가 부설된 옥내소화전을 설치한 특정소방대상물(집회장 · 관람장 · 백화점 · 도매시장 · 소매시장 · 판매시설 · 공장 · 창고시설 또는 지하가를 제외한다)로서 다음의 어느 하나에 해당하는 층
      (1) 지하층을 제외한 층수가 4층 이하이고 연면적이 6,000m^2 미만인 특정소방대상물의 지상층
      (2) 지하층의 층수가 2 이하인 특정소방대상물의 지하층
2. 방수구는 아파트 또는 바닥면적이 1,000m^2 미만인 층에 있어서는 계단(계단의 부속실을 포함하며 계단이 2 이상 있는 경우에는 그 중 1개의 계단을 말한다)으로부터 5m 이내에, 바닥면적 1,000m^2 이상인 층(아파트를 제외한다)에 있어서는 각 계단(계단의 부속실을 포함하며 계단이 3 이상 있는 층의 경우에는 그 중 2개의 계단을 말한다)으로부터 5m 이내에 설치하되, 그 방수구로부터 그 층의 각 부분까지의 거리가 다음 각목의 기준을 초과하는 경우에는 그 기준 이하가 되도록 방수구를 추가하여 설치할 것
   가. 지하가(터널은 제외한다) 또는 지하층의 바닥면적의 합계가 3,000m^2 이상인 것은 수평거리 25m
   나. 가목에 해당하지 아니하는 것은 수평거리 50m
   다. 〈삭제 2008.12.15〉
3. 11층 이상의 부분에 설치하는 방수구는 쌍구형으로 할 것. 다만, 다음 각목의 어느 하나에 해당하는 층에는 단구형으로 설치할 수 있다.
   가. 아파트의 용도로 사용되는 층
   나. 스프링클러설비가 유효하게 설치되어 있고 방수구가 2개소 이상 설치된 층
4. 방수구의 호스접결구는 바닥으로부터 높이 0.5m 이상 1m 이하의 위치에 설치할 것
5. 방수구는 연결송수관설비의 전용방수구 또는 옥내소화전방수구로서 구경 65mm의 것

으로 설치할 것

6. 방수구의 위치표시는 표시등 또는 축광식표지로 하되 다음 각 목의 기준에 따라 설치할 것 〈개정 2014.8.18〉
   가. 표시등을 설치하는 경우에는 함의 상부에 설치하되, 소방청장이 고시한 「표시등의 성능인증 및 제품검사의 기술기준」에 적합한 것으로 설치하여야 한다.
   나. 삭제 〈2014.8.18〉
   다. 축광식표지를 설치하는 경우에는 소방청장이 고시한 「축광표지의 성능인증 및 제품검사의 기술기준」에 적합한 것으로 설치하여야 한다. 〈개정 2014.8.18〉
7. 방수구는 개폐기능을 가진 것으로 설치하여야 하며, 평상 시 닫힌 상태를 유지할 것 〈개정 2008.12.15〉

제7조 (방수기구함)

연결송수관설비의 방수용기구함을 다음 각 호의 기준에 따라 설치하여야 한다.

1. 방수기구함은 피난층과 가장 가까운 층을 기준으로 3개층마다 설치하되, 그 층의 방수구마다 보행거리 5m 이내에 설치할 것 〈개정 2014.8.18〉
2. 방수기구함에는 길이 15m의 호스와 방사형 관창을 다음 각목의 기준에 따라 비치할 것
   가. 호스는 방수구에 연결하였을 때 그 방수구가 담당하는 구역의 각 부분에 유효하게 물이 뿌려질 수 있는 개수 이상을 비치할 것. 이 경우 쌍구형 방수구는 단구형 방수구의 2배 이상의 개수를 설치하여야 한다.
   나. 방사형 관창은 단구형 방수구의 경우에는 1개, 쌍구형 방수구의 경우에는 2개 이상 비치할 것
3. 방수기구함에는 "방수기구함"이라고 표시한 축광식 표지를 할 것. 이 경우 축광식 표지는 소방청장이 고시한 「축광표지의 성능인증 및 제품검사의 기술기준」에 적합한 것으로 설치하여야 한다. 〈개정 2014.8.18〉

제8조 (가압송수장치)

지표면에서 최상층 방수구의 높이가 70m 이상의 특정소방대상물에는 다음 각 호의 기준에 따라 연결송수관설비의 가압송수장치를 설치하여야 한다.

1. 쉽게 접근할 수 있고 점검하기에 충분한 공간이 있는 장소로서 화재 및 침수 등의 재해로 인한 피해를 받을 우려가 없는 곳에 설치할 것
2. 동결방지조치를 하거나 동결의 우려가 없는 장소에 설치할 것
3. 펌프는 전용으로 할 것. 다만, 다른 소화설비와 겸용하는 경우 각각의 소화설비의 성능에 지장이 없을 때에는 예외로 한다.
4. 펌프의 토출측에는 압력계를 체크밸브 이전에 펌프토출측 플랜지에서 가까운 곳에 설치하고, 흡입측에는 연성계 또는 진공계를 설치할 것. 다만, 수원의 수위가 펌프의 위치

보다 높거나 수직회전축 펌프의 경우에는 연성계 또는 진공계를 설치하지 아니할 수 있다.

5. 가압송수장치에는 정격부하운전 시 펌프의 성능을 시험하기 위한 배관을 설치할 것. 다만, 충압펌프의 경우에는 그러하지 아니하다.
6. 가압송수장치에는 체절운전시 수온의 상승을 방지하기 위한 순환배관을 설치할 것. 다만, 충압펌프의 경우에는 그러하지 아니하다.
7. 펌프의 토출량은 2,400ℓ/min(계단식 아파트의 경우에는 1,200ℓ/min) 이상이 되는 것으로 할 것. 다만, 해당 층에 설치된 방수구가 3개를 초과(방수구가 5개 이상인 경우에는 5개)하는 것에 있어서는 1개마다 800ℓ/min(계단식 아파트의 경우에는 400ℓ/min)를 가산한 양이 되는 것으로 할 것 〈개정 2008.12.15〉
8. 펌프의 양정은 최상층에 설치된 노즐선단의 압력이 0.35MPa 이상의 압력이 되도록 할 것
9. 가압송수장치는 방수구가 개방될 때 자동으로 기동되거나 또는 수동스위치의 조작에 따라 기동되도록 할 것. 이 경우 수동스위치는 2개 이상을 설치하되, 그 중 1개는 다음 각목의 기준에 따라 송수구의 부근에 설치하여야 한다.
   가. 송수구로부터 5m이내의 보기 쉬운 장소에 바닥으로부터 높이 0.8m 이상 1.5m 이하로 설치할 것
   나. 1.5mm 이상의 강판함에 수납하여 설치하고 "연결송수관설비 수동스위치"라고 표시한 표지를 부착할 것. 이경우 문짝은 불연재료로 설치할 수 있다. 〈개정 2014.8.18〉
   다. 「전기사업법」 제67조에 따른 기술기준에 따라 접지하고 빗물등이 들어가지 아니하는 구조로 할 것
10. 기동장치로는 기동용수압개폐장치 또는 이와 동등 이상의 성능이 있는 것으로 설치할 것. 다만, 기동용수압개폐장치 중 압력챔버를 사용할 경우 그 용적은 100 L 이상의 것으로 할 것 〈개정 2014.8.18〉
11. 수원의 수위가 펌프보다 낮은 위치에 있는 가압송수장치에는 다음의 기준에 따른 물올림장치를 설치할 것
   가. 물올림장치에는 전용의 탱크를 설치할 것
   나. 탱크의 유효수량은 100ℓ 이상으로 하되, 구경 15mm 이상의 급수배관에 따라 해당 탱크에 물이 계속 보급되도록 할 것
12. 기동용 수압개폐장치를 기동장치로 사용할 경우에는 다음의 기준에 따른 충압펌프를 설치할 것. 다만, 소화용 급수펌프로도 상시 충압이 가능하고 다음 가목의 성능을 갖춘 경우에는 충압펌프를 별도로 설치하지 아니할 수 있다.
   가. 펌프의 토출압력은 그 설비의 최고위 호스접결구의 자연압보다 적어도 0.2MPa이 더 크도록 하거나 가압송수장치의 정격토출압력과 같게 할 것
   나. 펌프의 정격토출량은 정상적인 누설량 보다 적어서는 아니 되며, 연결송수관설비가

자동적으로 작동할 수 있도록 충분한 토출량을 유지할 것

13. 내연기관을 사용하는 경우에는 다음의 기준에 적합한 것으로 할 것
   가. 내연기관의 기동은 제9호의 기동장치의 기동을 명시하는 적색등을 설치할 것
   나. 제어반에 따라 내연기관의 자동기동 및 수동기동이 가능하고, 상시 충전되어 있는 축전지설비를 갖출 것
   다. 내연기관의 연료량은 펌프를 20분(층수가 30층 이상 49층 이하는 40분, 50층 이상은 60분) 이상 운전할 수 있는 용량일 것 〈신설 2014.8.18〉
14. 가압송수장치에는 "연결송수관펌프"라고 표시한 표지를 할 것. 이 경우 그 가압송수장치를 다른 설비와 겸용하는 때에는 그 겸용되는 설비의 이름을 표시한 표지를 함께 하여야 한다.
15. 가압송수장치가 기동이 된 경우에는 자동으로 정지되지 아니하도록 하여야 한다. 다만, 충압펌프의 경우에는 그러하지 아니하다. 〈개정 2008.12.15〉
16. 가압송수장치는 부식 등으로 인한 펌프의 고착을 방지할 수 있도록 다음 각 목의 기준에 적합한 것으로 할 것. 다만, 충압펌프는 제외한다. 〈신설 2021.7.22〉
   가. 임펠러는 청동 또는 스테인리스 등 부식에 강한 재질을 사용할 것
   나. 펌프축은 스테인리스 등 부식에 강한 재질을 사용할 것

제9조 (전원 등)

① 가압송수장치의 상용전원회로의 배선 및 비상전원은 다은 각 호의 기준에 따라 설치하여야 한다.
   1. 저압수전인 경우에는 인입개폐기의 직후에서 분기하여 전용배선으로 할 것
   2. 특별고압수전 또는 고압수전일 경우에는 전력용 변압기 2차측의 주차단기 1차측에서 분기하여 전용배선으로 하되, 상용전원회로의 배선기능에 지장이 없을 경우에는 주차단기 2차측에서 분기하여 전용배선으로 할 것. 다만, 가압송수장치의 정격입력전압이 수전전압과 같은 경우에는 제1호의 기준에 따른다.

② 비상전원은 자가발전설비, 축전지설비(내연기관에 따른 펌프를 사용하는 경우에는 내연기관의 기동 및 제어용 축전지를 말한다) 또는 전기저장장치(외부 전기에너지를 저장해 두었다가 필요한 때 전기를 공급하는 장치)로서 다음 각 호의 기준에 따라 설치하여야 한다.
   1. 점검에 편리하고 화재 및 침수 등의 재해로 인한 피해를 받을 우려가 없는 곳에 설치할 것
   2. 연결송수관설비를 유효하게 20분 이상 작동할 수 있어야 할 것
   3. 상용전원으로부터 전력의 공급이 중단된 때에는 자동으로 비상전원으로부터 전력을 공급받을 수 있도록 할 것
   4. 비상전원의 설치장소는 다른 장소와 방화구획 할 것. 이 경우 그 장소에는 비상전원의 공급에 필요한 기구나 설비외의 것(열병합발전설비에 필요한 기구나 설비는 제외한다)을 두어서는 아니 된다.

5. 비상전원을 실내에 설치하는 때에는 그 실내에 비상조명등을 설치할 것

제10조 (배선 등)

① 연결송수관설비의 배선은 「전기사업법」 제67조에 따른 기술기준에서 정한 것 외에 다음 각 호의 기준에 따라 설치하여야 한다.

1. 비상전원으로부터 동력제어반 및 가압송수장치에 이르는 전원회로배선은 내화배선으로 할 것. 다만, 자가발전설비와 동력제어반이 동일한 실에 설치된 경우에는 자가발전기로부터 그 제어반에 이르는 전원회로배선은 그러하지 아니하다.
2. 상용전원으로부터 동력제어반에 이르는 배선, 그 밖의 연결송수관설비의 감시 · 조작 또는 표시등회로의 배선은 「옥내소화전설비의 화재안전기준(NFSC 102)」 별표 1의 내화배선 또는 내열배선으로 할 것. 다만, 감시제어반 또는 동력제어반 안의 감시 · 조작 또는 표시등회로의 배선은 그러하지 아니하다. 〈개정 2014.8.18〉

② 연결송수관설비의 과전류차단기 및 개폐기에는 "연결송수관설비용"이라고 표시한 표지를 하여야 한다.

③ 연결송수관설비용 전기배선의 양단 및 접속단자에는 다음 각 호의 기준에 따라 표지하여야 한다.

1. 단자에는 "연결송수관설비단자"라고 표지한 표지를 부착할 것
2. 연결송수관설비용 전기배선의 양단에는 다른 배선과 식별이 용이하도록 표시할 것

제11조 (송수구의 겸용)

연결송수관설비의 송수구를 옥내소화전설비 · 스프링클러설비 · 간이스프링클러설비 · 화재조기진압용 스프링클러설비 · 물분무소화설비 · 포소화설비 또는 연결살수설비와 겸용으로 설치하는 경우에는 스프링클러설비의 송수구 설치기준에 따르되 각각의 소화설비의 기능에 지장이 없도록 하여야 한다.

제12조 (설치 · 유지기준의 특례)

소방본부장 또는 소방서장은 기존건축물이 증축 · 개축 · 대수선되거나 용도변경 되는 경우에 있어서 이 기준이 정하는 기준에 따라 해당 건축물에 설치하여야 할 연결송수관설비의 배관 · 배선 등의 공사가 현저하게 곤란하다고 인정되는 경우에는 해당 설비의 기능 및 사용에 지장이 없는 범위 안에서 연결송수관설비의 설치 · 유지기준의 일부를 적용하지 아니할 수 있다.

제13조 (재검토기한)

소방청장은 「훈령 · 예규 등의 발령 및 관리에 관한 규정」에 따라 이 고시에 대하여 2017년 1월 1일 기준으로 매 3년이 되는 시점(매 3년째의 12월 31일까지를 말한다)마다 그 타당성을 검토하여 개선 등의 조치를 하여야 한다.

[제30장] 연결살수설비의 화재안전기준(NFSC 503)

(개정 : 2021. 12. 16. 소방청고시 제2021-52호)

제1조 (목적)

이 기준은 「화재예방, 소방시설 설치 · 유지 및 안전관리에 관한 법률」 제9조제1항에 따라 소방청장에게 위임한 사항 중 소화활동설비인 연결살수설비의 설치 · 유지 및 안전관리에 필요한 사항을 규정함을 목적으로 한다.

제2조 (적용범위)

「화재예방, 소방시설 설치 · 유지 및 안전관리에 관한 법률 시행령」(이하 "영"이라 한다) 별표 5 제5호다목에 따른 연결살수설비는 이 기준에서 정하는 규정에 따라 설비를 설치하고 유지 · 관리하여야 한다.

제3조 (정의)

이 기준에서 사용하는 용어의 정의는 다음과 같다.

1. "호스접결구"란 호스를 연결하는데 사용되는 장비일체를 말한다. 〈개정 2012.8.20〉
2. "체크밸브"란 흐름이 한 방향으로만 흐르도록 되어 있는 밸브를 말한다.
3. "주배관"이란 수직배관을 통해 교차배관에 급수하는 배관을 말한다. 〈개정 2012.8.20〉
4. "교차배관"이란 주배관을 통해 가지배관에 급수하는 배관을 말한다. 〈개정 2012.8.20〉
5. "가지배관"이란 헤드가 설치되어 있는 배관을 말한다. 〈개정 2012.8.20〉

5의2. "분기배관"이란 배관 측면에 구멍을 뚫어 둘 이상의 관로가 생기도록 가공한 배관으로서 확관형 분기배관과 비확관형 분기배관을 말한다. 〈신설 2021.12.16〉

5의3. "확관형 분기배관"이란 배관의 측면에 조그만 구멍을 뚫고 소성가공으로 확관시켜 배관 용접이음자리를 만들거나 배관 용접이음자리에 배관이음쇠를 용접이음한 배관을 말한다. 〈신설 2021.12.16〉

5의4. "비확관형 분기배관"이란 배관의 측면에 분기호칭내경 이상의 구멍을 뚫고 배관이음쇠를 용접이음한 배관을 말한다. 〈신설 2021.12.16〉

6. "송수구"란 소화설비에 소화용수를 보급하기 위하여 건물 외벽 또는 구조물에 설치하는 관을 말한다. 〈개정 2012.8.20〉
7. "연소할 우려가 있는 개구부"란 각 방화구획을 관통하는 컨베이어 · 에스컬레이터 또는 이와 유사한 시설의 주위로서 방화구획을 할 수 없는 부분을 말한다. 〈개정 2012.8.20〉

제4조 (송수구 등)

① 연결살수설비의 송수구는 다음 각 호의 기준에 따라 설치하여야 한다. 〈개정 2012.8.20〉

1. 소방차가 쉽게 접근할 수 있고 노출된 장소에 설치할 것. 이 경우 가연성가스의 저장·취급시설에 설치하는 연결살수설비의 송수구는 그 방호대상물로부터 20m 이상의 거리를 두거나 방호대상물에 면하는 부분이 높이 1.5m 이상 폭 2.5m 이상의 철근콘크리트 벽으로 가려진 장소에 설치하여야 한다.
2. 송수구는 구경 65mm의 쌍구형으로 설치할 것. 다만, 하나의 송수구역에 부착하는 살수헤드의 수가 10개 이하인 것은 단구형의 것으로 할 수 있다. 〈개정 2012.8.20〉
3. 개방형헤드를 사용하는 송수구의 호스접결구는 각 송수구역마다 설치할 것. 다만, 송수구역을 선택할 수 있는 선택밸브가 설치되어 있고 각 송수구역의 주요구조부가 내화구조로 되어 있는 경우에는 그러하지 아니하다.
4. 지면으로부터 높이가 0.5m 이상 1m 이하의 위치에 설치할 것
5. 송수구로부터 주배관에 이르는 연결배관에는 개폐밸브를 설치하지 아니 할 것. 다만, 스프링클러설비·물분무소화설비·포소화설비 또는 연결송수관설비의 배관과 겸용하는 경우에는 그러하지 아니하다.
6. 송수구의 부근에는 "연결살수설비 송수구"라고 표시한 표지와 송수구역 일람표를 설치할 것. 다만, 제2항에 따른 선택밸브를 설치한 경우에는 그러하지 아니하다. 〈개정 2008.12.15, 2012.8.20〉
7. 송수구에는 이물질을 막기 위한 마개를 씌워야 한다.〈신설 2008.12.15〉

② 연결살수설비의 선택밸브는 다음 각 호의 기준에 따라 설치하여야 한다. 다만, 송수구를 송수구역마다 설치한 때에는 그러하지 아니하다. 〈개정 2012.8.20〉

1. 화재 시 연소의 우려가 없는 장소로서 조작 및 점검이 쉬운 위치에 설치할 것
2. 자동개방밸브에 따른 선택밸브를 사용하는 경우에는 송수구역에 방수하지 아니하고 자동밸브의 작동시험이 가능하도록 할 것 〈개정 2012.8.20〉
3. 선택밸브의 부근에는 송수구역 일람표를 설치할 것

③ 연결살수설비에는 송수구의 가까운 부분에 자동배수밸브와 체크밸브를 다음 각 목의 기준에 따라 설치하여야 한다. 〈개정 2012.8.20〉

1. 폐쇄형헤드를 사용하는 설비의 경우에는 송수구·자동배수밸브·체크밸브의 순으로 설치할 것
2. 개방형헤드를 사용하는 설비의 경우에는 송수구·자동배수밸브의 순으로 설치할 것
3. 자동배수밸브는 배관안의 물이 잘 빠질 수 있는 위치에 설치하되, 배수로 인하여 다른 물건 또는 장소에 피해를 주지 아니할 것

④ 개방형헤드를 사용하는 연결살수설비에 있어서 하나의 송수구역에 설치하는 살수헤드의 수는 10개 이하가 되도록 하여야 한다.

제5조 (배관 등)

① 배관과 배관이음쇠는 다음 각 호의 어느 하나에 해당하는 것 또는 동등 이상의 강도·내식성 및 내열성을 국내·외 공인기관으로부터 인정받은 것을 사용하여야 하고, 배관용 스테인레스강관(KS D 3576)의 이음을 용접으로 할 경우에는 알곤용접방식에 따른다. 다만, 본 조에서 정하지 않은 사항은 건설기술진흥법 제44조제1항의 규정에 따른 건축기계설비공사 표준설명서에 따른다. 〈개정 2016.7.13〉

1. 배관 내 사용압력이 1.2MPa 미만일 경우에는 다음 각 목의 어느 하나에 해당하는 것
   가. 배관용 탄소강관(KS D 3507)
   나. 이음매 없는 구리 및 구리합금관(KS D 5301). 다만, 습식의 배관에 한한다.
   다. 배관용 스테인리스강관(KS D 3576) 또는 일반배관용 스테인리스강관(KS D 3595)
   라. 덕타일 주철관(KS D 4311)
2. 배관 내 사용압력이 1.2MPa 이상일 경우에는 다음 각 목의 어느 하나에 해당하는 것 〈개정 2016.7.13〉
   가. 압력배관용 탄소강관(KS D 3562)
   나. 배관용 아크용접 탄소강관(KS D 3583)
3. 제1호와 제2호에도 불구하고 다음 각 목의 어느 하나에 해당하는 장소에는 소방청장이 정하여 고시한 「소방용합성수지배관의 성능인증 및 제품검사의 기술기준」에 적합한 소방용 합성수지배관으로 설치할 수 있다.
   가. 배관을 지하에 매설하는 경우
   나. 다른 부분과 내화구조로 구획된 덕트 또는 피트의 내부에 설치하는 경우
   다. 천장(상층이 있는 경우에는 상층바닥의 하단을 포함한다. 이하 같다)과 반자를 불연재료 또는 준불연재료로 설치하고 소화배관 내부에 항상 소화수가 채워진 상태로 설치하는 경우 [본항 전문개정 2015.1.23.]

② 연결살수설비의 배관의 구경은 다음 각 호의 기준에 따라 설치하여야 한다. 〈개정 2012.8.20〉

1. 연결살수설비 전용헤드를 사용하는 경우에는 다음 표에 따른 구경 이상으로 할 것

하나의 배관에 부착하는 살수헤드의 개수	1개	2개	3개	4개 또는 5개	6개 이상 10개 이하
배관의 구경(mm)	32	40	50	65	80

2. 스프링클러헤드를 사용하는 경우에는 「스프링클러설비의 화재안전기준(NFSC 103)」 별표 1의 기준에 따를 것 〈개정 2012.8.20〉

③ 폐쇄형헤드를 사용하는 연결살수설비의 주배관은 다음 각 호의 어느 하나에 해당 하는 배관 또는 수조에 접속하여야 한다. 이 경우 접속부분에는 체크밸브를 설치하되 점검하기 쉽게 하여야 한다.

1. 옥내소화전설비의 주배관(옥내소화전설비가 설치된 경우에 한한다)
2. 수도배관(연결살수설비가 설치된 건축물 안에 설치된 수도배관 중 구경이 가장 큰 배관을 말한다)
3. 옥상에 설치된 수조 (다른 설비의 수조를 포함한다) [본항 전문개정 2015.1.23.]

④ 폐쇄형헤드를 사용하는 연결살수설비에는 다음 각 호의 기준에 따른 시험배관을 설치하여야 한다. 〈개정 2020.8.26〉

1. 송수구의 가장 먼 거리에 위치한 가지배관의 끝으로부터 연결하여 설치할 것 〈개정 2020.8.26〉
2. 시험장치 배관의 구경은 25mm 이상으로 하고, 그 끝에는 물받이 통 및 배수관을 설치하여 시험 중 방사된 물이 바닥으로 흘러내리지 아니하도록 할 것. 다만, 목욕실 · 화장실 또는 그 밖의 배수처리가 쉬운 장소의 경우에는 물받이 통 또는 배수관을 설치하지 아니할 수 있다. 〈개정 2020.8.26〉

⑤ 개방형헤드를 사용하는 연결살수설비의 수평주행배관은 헤드를 향하여 상향으로 100분의 1 이상의 기울기로 설치하고 주배관중 낮은 부분에는 자동배수밸브를 제4조제3항제3호의 기준에 따라 설치하여야 한다. 〈개정 2012.8.20〉

⑥ 가지배관 또는 교차배관을 설치하는 경우에는 가지배관의 배열은 토너먼트방식이 아니어야 하며, 가지배관은 교차배관 또는 주배관에서 분기되는 지점을 기점으로 한 쪽 가지배관에 설치되는 헤드의 개수는 8개 이하로 하여야 한다.

⑦ 습식 연결살수설비의 배관은 동결방지조치를 하거나 동결의 우려가 없는 장소에 설치하여야 한다. 다만, 보온재를 사용할 경우에는 난연재료 성능 이상의 것으로 하여야 한다. 〈개정 2015.1.23〉

⑧ 급수배관에 설치되어 급수를 차단할 수 있는 개폐밸브는 개폐표시형으로 하여야 한다. 이 경우 펌프의 흡입측배관에는 버터플라이밸브(볼형식의 것을 제외한다)외의 개폐표시형밸브를 설치하여야 한다.

⑨ 연결살수설비 교차배관의 위치 · 청소구 및 가지배관의 헤드설치는 다음 각 호의 기준에 따른다. 〈개정 2012.8.20〉

1. 교차배관은 가지배관과 수평으로 설치하거나 또는 가지배관 밑에 설치하고, 그 구경은 제2항에 따르되, 최소구경이 40mm 이상이 되도록 할 것 〈개정 2012.8.20〉
2. 폐쇄형헤드를 사용하는 연결살수설비의 청소구는 주배관 또는 교차배관(교차배관을 설치하는 경우에 한한다) 끝에 40mm 이상 크기의 개폐밸브를 설치하고, 호스접결이 가능한 나사식 또는 고정배수 배관식으로 할 것. 이 경우 나사식의 개폐밸브는 옥내소화전 호스접결용의 것으로 하고, 나사보호용의 캡으로 마감하여야 한다.
3. 폐쇄형헤드를 사용하는 연결살수설비에 하향식헤드를 설치하는 경우에는 가지배관으로부터 헤드에 이르는 헤드접속배관은 가지관상부에서 분기할 것. 다만, 소화설비용 수원의 수질이 「먹는물관리법」 제5조에 따라 먹는물의 수질기준에 적합하고 덮개가 있는 저수조로부터 물을 공급받는 경우에는 가지배관의 측면 또는 하부에서 분기할 수 있다.

〈개정 2012.8.20〉

⑩ 배관에 설치되는 행가는 다음 각 호의 기준에 따라 설치하여야 한다. 〈개정 2012.8.20〉

1. 가지배관에는 헤드의 설치지점 사이마다 1개 이상의 행가를 설치하되, 헤드간의 거리가 3.5m를 초과하는 경우에는 3.5m 이내마다 1개 이상 설치할 것. 이 경우 상향식헤드와 행가 사이에는 8 cm 이상의 간격을 두어야 한다.
2. 교차배관에는 가지배관과 가지배관사이마다 1개 이상의 행가를 설치하되, 가지배관 사이의 거리가 4.5m를 초과하는 경우에는 4.5m 이내마다 1개 이상 설치할 것
3. 제1호와 제2호의 수평주행배관에는 4.5m 이내마다 1개 이상 설치할 것 〈개정 2012.8.20〉

⑪ 배관은 다른 설비의 배관과 쉽게 구분이 될 수 있는 위치에 설치하거나, 그 배관표면 또는 배관 보온재표면의 색상은 식별이 가능하도록 「한국산업표준(배관계의 식별 표시, KS A 0503)」 또는 적색으로 소방용설비의 배관임을 표시하여야 한다. 〈개정 2015.1.23〉

⑫ 확관형 분기배관을 사용할 경우에는 소방청장이 정하여 고시한 「분기배관의 성능인증 및 제품검사의 기술기준」에 적합한 것으로 설치하여야 한다. 〈개정 2021.12.16〉

제6조 (연결살수설비의 헤드)

① 연결살수설비의 헤드는 연결살수설비전용헤드 또는 스프링클러헤드로 설치하여야 한다.

② 건축물에 설치하는 연결살수설비의 헤드는 다음 각 호의 기준에 따라 설치하여야 한다. 〈개정 2012.8.20〉

1. 천장 또는 반자의 실내에 면하는 부분에 설치할 것
2. 천장 또는 반자의 각 부분으로부터 하나의 살수헤드까지의 수평거리가 연결살수설비전용헤드의 경우은 3.7m 이하, 스프링클러헤드의 경우는 2.3m 이하로 할 것. 다만, 살수헤드의 부착면과 바닥과의 높이가 2.1m 이하인 부분은 살수헤드의 살수분포에 따른 거리로 할 수 있다. 〈개정 2012.8.20〉

③ 폐쇄형스프링클러헤드를 설치하는 경우에는 제2항의 규정 외에 다음 각 호의 기준에 따라 설치하여야 한다. 〈개정 2012.8.20〉

1. 그 설치장소의 평상시 최고 주위온도에 따라 다음 표에 따른 표시온도의 것으로 설치할 것. 다만, 높이가 4m 이상인 공장 및 창고(랙크식창고를 포함한다)에 설치하는 스프링클러헤드는 그 설치장소의 평상시 최고 주위온도에 관계없이 표시온도 121℃ 이상의 것으로 할 수 있다.

설치장소의 최고 주위온도	표 시 온 도
39℃ 미만	79℃ 미만
39℃ 이상 64℃ 미만	79℃ 이상 121℃ 미만
64℃ 이상 106℃ 미만	121℃ 이상 162℃ 미만
106℃ 이상	162℃ 이상

2. 살수가 방해되지 아니하도록 스프링클러헤드로부터 반경 60cm 이상의 공간을 보유할 것. 다만, 벽과 스프링클러헤드간의 공간은 10cm 이상으로 한다.
3. 스프링클러헤드와 그 부착면(상향식헤드의 경우에는 그 헤드의 직상부의 천장 · 반자 또는 이와 비슷한 것을 말한다. 이하 같다)과의 거리는 30cm 이하로 할 것
4. 배관 · 행가 및 조명기구등 살수를 방해하는 것이 있는 경우에는 제2호에도 불구하고 그로부터 아래에 설치하여 살수에 장애가 없도록 할 것. 다만, 연결살수헤드와 장애물과의 이격거리를 장애물 폭의 3배 이상 확보한 경우에는 그러하지 아니하다. 〈개정 2012.8.20〉
5. 스프링클러헤드의 반사판은 그 부착면과 평행하게 설치할 것. 다만, 측벽형헤드 또는 제7호에 따라 연소할 우려가 있는 개구부에 설치하는 스프링클러헤드의 경우에는 그러하지 아니하다. 〈개정 2012.8.20〉
6. 천장의 기울기가 10분의 1을 초과하는 경우에는 가지관을 천장의 마루와 평행하게 설치하고, 스프링클러헤드는 다음 각 목의 어느 하나의 기준에 적합하게 설치할 것 〈개정 2012.8.20〉
   가. 천장의 최상부에 스프링클러헤드를 설치하는 경우에는 최상부에 설치하는 스프링클러헤드의 반사판을 수평으로 설치할 것
   나. 천장의 최상부를 중심으로 가지관을 서로 마주보게 설치하는 경우에는 최상부의 가지관 상호간의 거리가 가지관상의 스프링클러헤드 상호간의 거리의 2분의 1이하(최소 1m 이상이 되어야 한다)가 되게 스프링클러헤드를 설치하고, 가지관의 최상부에 설치하는 스프링클러헤드는 천장의 최상부로부터의 수직거리가 90cm 이하가 되도록 할 것. 톱날지붕, 둥근지붕 기타 이와 유사한 지붕의 경우에도 이에 준한다.
7. 연소할 우려가 있는 개구부에는 그 상하좌우에 2.5m 간격으로(개구부의 폭이 2.5m 이하인 경우에는 그 중앙에) 스프링클러헤드를 설치하되, 스프링클러헤드와 개구부의 내측면으로부터의 직선거리는 15cm 이하가 되도록 할 것. 이 경우 사람이 상시 출입하는 개구부로서 통행에 지장이 있는 때에는 개구부의 상부 또는 측면(개구부의 폭이 9m 이하인 경우에 한한다)에 설치하되, 헤드 상호간의 간격은 1.2m 이하로 설치하여야 한다.
8. 습식 연결살수설비 외의 설비에는 상향식스프링클러헤드를 설치할 것. 다만, 다음 각 목의 어느 하나에 해당하는 경우에는 그러하지 아니하다. 〈개정 2012.8.20〉
   가. 드라이펜던트스프링클러헤드를 사용하는 경우
   나. 스프링클러헤드의 설치장소가 동파의 우려가 없는 곳인 경우
   다. 개방형스프링클러헤드를 사용하는 경우
9. 측벽형스프링클러헤드를 설치하는 경우 긴변의 한쪽벽에 일렬로 설치(폭이 4.5m 이상 9m 이하인 실은 긴 변의 양쪽에 각각 일렬로 설치하되 마주보는 스프링클러헤드가 나란히꼴이 되도록 설치)하고 3.6m 이내마다 설치할 것 〈개정 2012.8.20〉

④ 가연성 가스의 저장 · 취급시설에 설치하는 연결살수설비의 헤드는 다음 각 호의 기준에 따라 설치하여야 한다. 다만, 지하에 설치된 가연성가스의 저장 · 취급시설로서 지상에 노

출된 부분이 없는 경우에는 그러하지 아니하다. 〈개정 2012.8.20〉 기술사 88회

1. 연결살수설비 전용의 개방형헤드를 설치할 것
2. 가스저장탱크 · 가스홀더 및 가스발생기의 주위에 설치하되, 헤드상호간의 거리는 3.7m 이하로 할 것
3. 헤드의 살수범위는 가스저장탱크 · 가스홀더 및 가스발생기의 몸체의 중간 윗부분의 모든 부분이 포함되도록 하여야 하고 살수된 물이 흘러내리면서 살수범위에 포함되지 아니한 부분에도 모두 적셔질 수 있도록 할 것

제7조 (헤드의 설치제외)

연결살수설비를 설치하여야 할 특정소방대상물 또는 그 부분으로서 다음 각 호의 어느 하나에 해당하는 장소에는 연결살수설비의 헤드를 설치하지 아니할 수 있다. 〈개정 2012.8.20〉

1. 상점(영 별표 2 제5호와 제6호의 판매시설과 운수시설을 말하며, 바닥면적이 150m^2 이상인 지하층에 설치된 것을 제외한다)으로서 주요구조부가 내화구조 또는 방화구조로 되어 있고 바닥면적이 500m^2 미만으로 방화구획되어 있는 특정소방대상물 또는 그 부분 〈개정 2012.8.20〉
2. 계단실(특별피난계단의 부속실을 포함한다) · 경사로 · 승강기의 승강로 · 파이프덕트 · 목욕실 · 수영장(관람석부분을 제외한다) · 화장실 · 직접 외기에 개방되어 있는 복도 기타 이와 유사한 장소
3. 통신기기실 · 전자기기실 · 기타 이와 유사한 장소
4. 발전실 · 변전실 · 변압기 · 기타 이와 유사한 전기설비가 설치되어 있는 장소
5. 병원의 수술실 · 응급처치실 · 기타 이와 유사한 장소
6. 천장과 반자 양쪽이 불연재료로 되어 있는 경우로서 그 사이의 거리 및 구조가 다음 각 목의 어느 하나에 해당하는 부분 〈개정 2012.8.20〉
   가. 천장과 반자사이의 거리가 2m 미만인 부분
   나. 천장과 반자사이의 벽이 불연재료이고 천장과 반자사이의 거리가 2m 이상으로서 그 사이에 가연물이 존재하지 아니하는 부분
7. 천장 · 반자중 한쪽이 불연재료로 되어있고 천장과 반자사이의 거리가 1m 미만인 부분
8. 천장 및 반자가 불연재료외의 것으로 되어 있고 천장과 반자사이의 거리가 0.5m 미만인 부분
9. 펌프실 · 물탱크실 그 밖의 이와 비슷한 장소
10. 현관 또는 로비등으로서 바닥으로부터 높이가 20m 이상인 장소
11. 냉장창고의 영하의 냉장실 또는 냉동창고의 냉동실 〈개정 2015.1.23〉
12. 고온의 노가 설치된 장소 또는 물과 격렬하게 반응하는 물품의 저장 또는 취급장소
13. 불연재료로 된 특정소방대상물 또는 그 부분으로서 다음 각 목의 어느 하나에 해당하는 장소 〈개정 2012.8.20〉
    가. 정수장 · 오물처리장 그 밖의 이와 비슷한 장소

나. 펄프공장의 작업장 · 음료수공장의 세정 또는 충전하는 작업장 그 밖의 이와 비슷한 장소
다. 불연성의 금속 · 석재 등의 가공공장으로서 가연성물질을 저장 또는 취급하지 아니하는 장소

14. 실내에 설치된 테니스장 · 게이트볼장 · 정구장 또는 이와 비슷한 장소로서 실내바닥 · 벽 · 천장이 불연재료 또는 준불연재료로 구성되어 있고 가연물이 존재하지 않는 장소로서 관람석이 없는 운동시설 부분(지하층은 제외한다)

제8조 (소화설비의 겸용)

연결살수설비의 송수구를 스프링클러설비 · 간이스프링클러설비 · 화재조기진압용 스프링클러설비 · 물분무소화설비 · 포소화설비 또는 연결송수관설비와 겸용으로 설치하는 경우에는 스프링클러설비의 송수구 설치기준에 따르고, 옥내소화전설비의 송수구와 겸용으로 설치하는 경우에는 옥내소화전설비의 송수구의 설치기준에 따르되 각각의 소화설비의 기능에 지장이 없도록 하여야 한다. 〈개정 2012.8.20〉

제9조 (설치 · 유지기준의 특례)

소방본부장 또는 소방서장은 기존건축물이 증축 · 개축 · 대수선되거나 용도변경 되는 경우에 있어서 이 기준이 정하는 기준에 따라 해당 건축물에 설치하여야 할 연결살수설비의 배관 · 배선 등의 공사가 현저하게 곤란하다고 인정되는 경우에는 해당 설비의 기능 및 사용에 지장이 없는 범위 안에서 연결살수설비의 설치 · 유지기준의 일부를 적용하지 아니할 수 있다. 〈개정 2012.8.20〉

제10조 (재검토 기한)

소방청장은 「훈령 · 예규 등의 발령 및 관리에 관한 규정」에 따라 이 고시에 대하여 2017년 1월 1일 기준으로 매 3년이 되는 시점(매 3년째의 12월 31일까지를 말한다)마다 그 타당성을 검토하여 개선 등의 조치를 하여야 한다.

제11조 (규제의 재검토)

「행정규제기본법」 제8조에 따라 2015년 1월 1일을 기준으로 매 3년이 되는 시점(매 3번째의 12월 31일까지를 말한다)마다 그 타당성을 검토하여 개선 등의 조치를 하여야 한다. 〈신설 2015.1.23〉

부칙 <제2020-15호, 2020.8.26>

제1조 (시행일)

이 고시는 발령한 날부터 시행한다.

[제31장] 비상콘센트설비의 화재안전기준(NFSC 504)

(개정 : 2017. 7. 26. 소방청고시 제2017-1호, 시행 : 2017. 7. 26)

[비상콘센트설비의 주요 화재안전기준]

1. 전원회로

(1) 상용전원의 배선 분기방식

1) 저압수전 : 인입개폐기의 직후에서 분기하여 전용배선으로 할 것

2) 특별고압수전 또는 고압수전 : 전력용변압기 2차측의 주차단기 1차측 또는 2차측에서 분기하여 전용배선으로 할 것

(2) 전원회로

1) 단상교류 220V : 공급 용량 1.5KVA 이상

2) 전원회로는 각 층에 있어서 2 이상이 되도록 설치할 것. 다만 설치하여야 할 층의 비상콘센트가 1개인 때에는 1개의 회로로 할 수 있다.

3) 전원회로는 주배전반에서 전용회로로 할 것

(3) 비상전원

자가발전기설비 또는 비상전원수전설비를 비상전원으로 설치

2. 콘센트 등

(1) 하나의 전용회로에 설치하는 비상콘센트는 10개 이하로 할 것. 이 경우 전선의 용량은 각 비상콘센트(비상콘센트가 3개 이상인 경우에는 3개)의 공급용량을 합한 용량 이상의 것으로 하여야 한다.

(2) 비상콘센트의 설치기준

1) 바닥으로부터 높이 0.8~1.5m의 위치에 설치

2) 비상콘센트의 배치

① 바닥면적 1,000m^2 미만인 층 또는 아파트의 전층 : 1개 이상의 계단실 출입구로부터 5m 이내에 설치

② 바닥면적 1,000m^2 이상인 층 : 2개 이상의 각 계단실 출입구로부터 5m 이내에 설치

③ 단, 비상콘센트로부터 그 층의 각 부분까지의 거리가 다음 각목의 기준을 초과하는 경우에는 그 기준 이하가 되도록 비상콘센트를 추가하여 설치할 것

㉠ 지하상가 또는 지하층의 바닥면적의 합계가 3,000m^2 이상인 것 : 수평거리 25m

㉡ 기타 위의 ㉠에 해당하지 아니하는 것 : 수평거리 50m

3) 전원으로부터 각 층의 비상콘센트로 분기되는 경우에는 분기배선용 차단기를 보호함 안에 설치할 것

4) 개폐기에는 "비상콘센트"라고 표시한 표지를 설치할 것

3. 보호함

(1) 보호함에는 쉽게 개폐할 수 있는 문을 설치할 것

(2) 보호함 표면에 "비상콘센트"라고 표시한 표지를 할 것

(3) 보호함 상부에 적색의 표시등을 설치할 것

4. 배선

(1) **전원회로의 배선** : 내화배선

(2) **그 밖의 배선** : 내화배선 또는 내열배선

제1조 (목적)

이 기준은 「화재예방, 소방시설 설치 · 유지 및 안전관리에 관한 법률」 제9조제1항에 따라 소방청장에게 위임한 사항 중 소화활동설비인 비상콘센트설비의 설치 · 유지 및 안전관리에 필요한 사항을 규정함을 목적으로 한다.

제2조 (적용범위)

「화재예방, 소방시설 설치 · 유지 및 안전관리에 관한 법률 시행령」(이하 "영"이라 한다) 별표 5 제5호라목에 따른 비상콘센트설비는 이 기준에서 정하는 규정에 따라 설비를 설치하고 유지 · 관리하여야 한다.

제3조 (정의)

이 기준에서 사용하는 용어의 정의는 다음과 같다.

1. "인입개폐기"란 「전기설비기술기준의 판단기준」 제169조에 따른 것을 말한다. 〈개정 2012.8.20〉
2. "저압"이란 직류는 750V 이하, 교류는 600V 이하인 것을 말한다. 〈개정 2012.8.20〉

3. "고압"이란 직류는 750V를, 교류는 600V를 초과하고, 7kV 이하인 것을 말한다. 〈개정 2012.8.20, 2013.9.3〉
4. "특고압"이란 7kV를 초과하는 것을 말한다. 〈개정 2012.8.20, 2013.9.3〉
5. "변전소"란 「전기설비기술기준」 제3조제1항제2호에 따른 것을 말한다. 〈개정 2012.8.20〉

제4조 (전원 및 콘센트 등)

① 비상콘센트설비에는 다음 각 호의 기준에 따른 전원을 설치하여야 한다. 〈개정 2012.8.20〉

1. 상용전원회로의 배선은 저압수전인 경우에는 인입개폐기의 직후에서, 고압수전 또는 특고압수전인 경우에는 전력용변압기 2차측의 주차단기 1차측 또는 2차측에서 분기하여 전용배선으로 할 것 〈개정 2013.9.3〉
2. 지하층을 제외한 층수가 7층 이상으로서 연면적이 2,000m^2 이상이거나 지하층의 바닥면적의 합계가 3,000m^2 이상인 특정소방대상물의 비상콘센트설비에는 자가발전설비, 비상전원수전설비 또는 전기저장장치(외부 전기에너지를 저장해 두었다가 필요한 때 전기를 공급하는 장치)를 비상전원으로 설치할 것. 다만, 둘 이상의 변전소에서 전력을 동시에 공급받을 수 있거나 하나의 변전소로부터 전력의 공급이 중단되는 때에는 자동으로 다른 변전소로부터 전력을 공급받은 수 있도록 상용전원을 설치한 경우에는 비상전원을 설치하지 아니할 수 있다. 〈개정 2016.7.13〉
3. 제2호에 따른 비상전원 중 자가발전설비는 다음 각 목의 기준에 따라 설치하고, 비상전원수전설비는 「소방시설용비상전원수전설비의 화재안전기준(NFSC 602)」에 따라 설치할 것 〈개정 2012.8.20〉
   가. 점검에 편리하고 화재 및 침수 등의 재해로 인한 피해를 받을 우려가 없는 곳에 설치할 것
   나. 비상콘센트설비를 유효하게 20분 이상 작동시킬 수 있는 용량으로 할 것
   다. 상용전원으로부터 전력의 공급이 중단된 때에는 자동으로 비상전원으로부터 전력을 공급받을 수 있도록 할 것
   라. 비상전원의 설치장소는 다른 장소와 방화구획 할 것. 이 경우 그 장소에는 비상전원의 공급에 필요한 기구나 설비외의 것(열병합발전설비에 필요한 기구나 설비는 제외한다)을 두어서는 아니 된다.
   마. 비상전원을 실내에 설치하는 때에는 그 실내에 비상조명등을 설치할 것

② 비상콘센트설비의 전원회로(비상콘센트에 전력을 공급하는 회로를 말한다)는 다음 각 호의 기준에 따라 설치하여야 한다. 〈개정 2012.8.20〉

1. 비상콘센트설비의 전원회로는 단상교류 220V인 것으로서, 그 공급용량은 1.5kVA 이상인 것으로 할 것. 〈개정 2008.12.15, 2013.9.3〉
2. 전원회로는 각층에 2 이상이 되도록 설치할 것. 다만, 설치하여야 할 층의 비상콘센트가 1개인 때에는 하나의 회로로 할 수 있다. 〈개정 2012.8.20〉

3. 전원회로는 주배전반에서 전용회로로 할 것. 다만, 다른 설비의 회로의 사고에 따른 영향을 받지 아니하도록 되어 있는 것은 그러하지 아니하다. 〈개정 2012.8.20〉
4. 전원으로부터 각 층의 비상콘센트에 분기되는 경우에는 분기배선용 차단기를 보호함안에 설치할 것 〈개정 2013.9.3〉
5. 콘센트마다 배선용 차단기(KS C 8321)를 설치하여야 하며, 충전부가 노출되지 아니하도록 할 것
6. 개폐기에는 "비상콘센트"라고 표시한 표지를 할 것
7. 비상콘센트용의 풀박스 등은 방청도장을 한 것으로서, 두께 1.6mm 이상의 철판으로 할 것
8. 하나의 전용회로에 설치하는 비상콘센트는 10개 이하로 할 것. 이 경우 전선의 용량은 각 비상콘센트(비상콘센트가 3개 이상인 경우에는 3개)의 공급용량을 합한 용량 이상의 것으로 하여야 한다.

③ 비상콘센트의 플러그접속기는 접지형2극 플러그접속기(KS C 8305)를 사용하여야 한다. 〈개정 2008.12.15, 2012.8.20, 2013.9.3〉

④ 비상콘센트의 플러그접속기의 칼받이의 접지극에는 접지공사를 하여야 한다.

⑤ 비상콘센트는 다음 각 호의 기준에 따라 설치하여야 한다. 〈개정 2012.8.20〉

1. 〈삭제〉
2. 바닥으로부터 높이 0.8m 이상 1.5m 이하의 위치에 설치할 것 〈개정 2008.12.15〉
3. 비상콘센트의 배치는 아파트 또는 바닥면적이 1,000m^2 미만인 층은 계단의 출입구(계단의 부속실을 포함하며 계단이 2 이상 있는 경우에는 그중 1개의 계단을 말한다)로부터 5m 이내에, 바닥면적 1,000m^2 이상인 층(아파트를 제외한다)은 각 계단의 출입구 또는 계단부속실의 출입구(계단의 부속실을 포함하며 계단이 3 이상 있는 층의 경우에는 그중 2개의 계단을 말한다)로부터 5m 이내에 설치하되, 그 비상콘센트로부터 그 층의 각 부분까지의 거리가 다음 각 목의 기준을 초과하는 경우에는 그 기준 이하가 되도록 비상콘센트를 추가하여 설치할 것 〈개정 2012.8.20〉
   가. 지하상가 또는 지하층의 바닥면적의 합계가 3,000m^2 이상인 것은 수평거리 25m
   나. 가목에 해당하지 아니하는 것은 수평거리 50m
   다. 〈삭제 2008.12.15〉

⑥ 비상콘센트설비의 전원부와 외함 사이의 절연저항 및 절연내력은 다음 각 호의 기준에 적합하여야 한다. 〈개정 2012.8.20〉

1. 절연저항은 전원부와 외함 사이를 500V 절연저항계로 측정할 때 20MΩ 이상일 것 〈개정 2012.8.20〉
2. 절연내력은 전원부와 외함 사이에 정격전압이 150V 이하인 경우에는 1,000V의 실효전압을, 정격전압이 150V 이상인 경우에는 그 정격전압에 2를 곱하여 1,000을 더한 실효전압을 가하는 시험에서 1분 이상 견디는 것으로 할 것

제5조 (보호함) 관리사 7회

비상콘센트를 보호하기 위하여 비상콘센트보호함은 다음 각 호의 기준에 따라 설치하여야 한다. 〈개정 2012.8.20〉

1. 보호함에는 쉽게 개폐할 수 있는 문을 설치할 것
2. 보호함 표면에 "비상콘센트"라고 표시한 표지를 할 것
3. 보호함 상부에 적색의 표시등을 설치할 것. 다만, 비상콘센트의 보호함을 옥내소화전함 등과 접속하여 설치하는 경우에는 옥내소화전함 등의 표시등과 겸용할 수 있다.

제6조 (배선)

비상콘센트설비의 배선은 「전기사업법」 제67조에 따른 기술기준에서 정하는 것 외에 다음 각 호의 기준에 따라 설치하여야 한다. 〈개정 2012.8.20〉

1. 전원회로의 배선은 내화배선으로, 그 밖의 배선은 내화배선 또는 내열배선으로 할 것
2. 제1호에 따른 내화배선 및 내열배선에 사용하는 전선 및 설치방법은 「옥내소화전설비의 화재안전기준(NFSC 102)」 별표 1의 기준에 따를 것 〈개정 2012.8.20〉

제7조 (설치 · 유지기준의 특례)

소방본부장 또는 소방서장은 기존건축물이 증축 · 개축 · 대수선되거나 용도 변경되는 경우에 있어서 이 기준이 정하는 기준에 따라 해당 건축물에 설치하여야 할 비상콘센트설비의 배관 · 배선 등의 공사가 현저하게 곤란하다고 인정되는 경우에는 해당 설비의 기능 및 사용에 지장이 없는 범위 안에서 비상콘센트설비의 설치 · 유지기준의 일부를 적용하지 아니할 수 있다. 〈개정 2012.8.20〉

제8조 (재검토 기한)

소방청장은 「훈령 · 예규 등의 발령 및 관리에 관한 규정」에 따라 이 고시에 대하여 2017년 1월 1일 기준으로 매 3년이 되는 시점(매 3년째의 12월 31일까지를 말한다)마다 그 타당성을 검토하여 개선 등의 조치를 하여야 한다.

제9조 (규제의 재검토)

「행정규제기본법」 제8조에 따라 2015년 1월 1일을 기준으로 매 3년이 되는 시점(매 3번째의 12월 31일까지를 말한다)마다 그 타당성을 검토하여 개선 등의 조치를 하여야 한다. 〈신설 2015.1.23〉

[제32장] 무선통신보조설비의 화재안전기준(NFSC 505)

(개정 : 2021. 3. 25. 소방청고시 제2021-16호)

제1조 (목적)

이 기준은 「화재예방, 소방시설 설치 · 유지 및 안전관리에 관한 법률」 제9조제1항에 따라 소방청장에게 위임한 사항 중 소화활동설비인 무선통신보조설비의 설치 · 유지 및 안전관리에 필요한 사항을 규정함을 그 목적으로 한다.

제2조 (적용범위)

「화재예방, 소방시설 설치 · 유지 및 안전관리에 관한 법률 시행령」(이하 "영"이라 한다) 별표 5 제5호마목에 따른 무선통신보조설비는 이 기준에서 정하는 규정에 따라 설비를 설치하고 유지 · 관리하여야 한다.

제3조 (정의)

이 기준에서 사용하는 용어의 정의는 다음과 같다..

1. "누설동축케이블"이란 동축케이블의 외부도체에 가느다란 홈을 만들어서 전파가 외부로 새어나갈 수 있도록 한 케이블을 말한다.
2. "분배기"란 신호의 전송로가 분기되는 장소에 설치하는 것으로 임피던스 매칭(Matching)과 신호 균등분배를 위해 사용하는 장치를 말한다.
3. "분파기"란 서로 다른 주파수의 합성된 신호를 분리하기 위해서 사용하는 장치를 말한다.
4. "혼합기"란 두개 이상의 입력신호를 원하는 비율로 조합한 출력이 발생하도록 하는 장치를 말한다.
5. "증폭기"란 신호 전송 시 신호가 약해져 수신이 불가능해지는 것을 방지하기 위해서 증폭하는 장치를 말한다.
6. "무선중계기"란 안테나를 통하여 수신된 무전기 신호를 증폭한 후 음영지역에 재방사하여 무전기 상호간 송수신이 가능하도록 하는 장치를 말한다. 〈신설 2021.3.25〉
7. "옥외안테나"란 감시제어반 등에 설치된 무선중계기의 입력과 출력포트에 연결되어 송수신 신호를 원활하게 방사 · 수신하기 위해 옥외에 설치하는 장치를 말한다. 〈신설 2021.3.25〉

제4조 (설치제외)

지하층으로서 특정소방대상물의 바닥부분 2면 이상이 지표면과 동일하거나 지표면으로부터의 깊이가 1m 이하인 경우에는 해당층에 한하여 무선통신보조설비를 설치하지 아니할 수 있다.

제5조 (누설동축케이블 등)

① 무선통신보조설비의 누설동축케이블 등은 다음 각 호의 기준에 따라 설치하여야 한다.

1. 소방전용주파수대에서 전파의 전송 또는 복사에 적합한 것으로서 소방전용의 것으로 할 것. 다만, 소방대 상호간의 무선연락에 지장이 없는 경우에는 다른 용도와 겸용할 수 있다.
2. 누설동축케이블과 이에 접속하는 안테나 또는 동축케이블과 이에 접속하는 안테나로 구성할 것 〈개정 2017.6.7〉
3. 누설동축케이블 및 동축케이블은 불연 또는 난연성의 것으로서 습기에 따라 전기의 특성이 변질되지 아니하는 것으로 하고, 노출하여 설치한 경우에는 피난 및 통행에 장애가 없도록 할 것 〈개정 2021.3.25〉
4. 누설동축케이블 및 동축케이블은 화재에 따라 해당 케이블의 피복이 소실된 경우에 케이블 본체가 떨어지지 아니하도록 4m 이내마다 금속제 또는 자기제등의 지지금구로 벽 · 천장 · 기둥 등에 견고하게 고정시킬 것. 다만, 불연재료로 구획된 반자 안에 설치하는 경우에는 그러하지 아니하다. 〈개정 2021.3.25〉
5. 누설동축케이블 및 안테나는 금속판 등에 따라 전파의 복사 또는 특성이 현저하게 저하되지 아니하는 위치에 설치할 것 〈개정 2017.6.7〉
6. 누설동축케이블 및 안테나는 고압의 전로로부터 1.5m 이상 떨어진 위치에 설치할 것. 다만, 해당 전로에 정전기 차폐장치를 유효하게 설치한 경우에는 그러하지 아니하다.
7. 누설동축케이블의 끝부분에는 무반사 종단저항을 견고하게 설치할 것

② 누설동축케이블 또는 동축케이블의 임피던스는 50Ω으로 하고, 이에 접속하는 안테나 · 분배기 기타의 장치는 해당 임피던스에 적합한 것으로 하여야 한다. 〈개정 2017.6.7〉

③ 무선통신보조설비는 다음 각 호의 기준에 따라 설치하여야 한다. 〈신설 2021.3.25〉

1. 누설동축케이블 또는 동축케이블과 이에 접속하는 안테나가 설치된 층은 모든 부분(계단실, 승강기, 별도 구획된 실 포함)에서 유효하게 통신이 가능할 것
2. 옥외 안테나와 연결된 무전기와 건축물 내부에 존재하는 무전기 간의 상호통신, 건축물 내부에 존재하는 무전기 간의 상호통신, 옥외 안테나와 연결된 무전기와 방재실 또는 건축물 내부에 존재하는 무전기와 방재실 간의 상호통신이 가능할 것

제6조 (옥외안테나) 〈개정 2021.3.25〉 기술사 109회 관리사 19회

옥외안테나는 다음 각 호의 기준에 따라 설치하여야 한다.

1. 건축물, 지하가, 터널 또는 공동구의 출입구(「건축법 시행령」 제39조에 따른 출구 또는

이와 유사한 출입구를 말한다) 및 출입구 인근에서 통신이 가능한 장소에 설치할 것
2. 다른 용도로 사용되는 안테나로 인한 통신장애가 발생하지 않도록 설치할 것
3. 옥외안테나는 견고하게 설치하며 파손의 우려가 없는 곳에 설치하고 그 가까운 곳의 보기 쉬운 곳에 "무선통신보조설비 안테나"라는 표시와 함께 통신 가능거리를 표시한 표지를 설치할 것
4. 수신기가 설치된 장소 등 사람이 상시 근무하는 장소에는 옥외 안테나의 위치가 모두 표시된 옥외안테나 위치표시도를 비치할 것

제7조 (분배기 등)

분배기 · 분파기 및 혼합기 등은 다음 각 호의 기준에 따라 설치하여야 한다.
1. 먼지 · 습기 및 부식 등에 따라 기능에 이상을 가져오지 아니하도록 할 것
2. 임피던스는 50Ω의 것으로 할 것
3. 점검에 편리하고 화재 등의 재해로 인한 피해의 우려가 없는 장소에 설치할 것

제8조 (증폭기 등)

증폭기 및 무선중계기를 설치하는 경우에는 다음 각 호의 기준에 따라 설치하여야 한다.
1. 전원은 전기가 정상적으로 공급되는 축전지, 전기저장장치(외부 전기에너지를 저장해 두었다가 필요한 때 전기를 공급하는 장치), 또는 교류전압 옥내간선으로 하고, 전원까지의 배선은 전용으로 할 것 〈개정 2021.3.25〉
2. 증폭기의 전면에는 주 회로의 전원이 정상인지의 여부를 표시할 수 있는 표시등 및 전압계를 설치할 것
3. 증폭기에는 비상전원이 부착된 것으로 하고 해당 비상전원 용량은 무선통신보조설비를 유효하게 30분 이상 작동시킬 수 있는 것으로 할 것
4. 증폭기 및 무선중계기를 설치하는 경우에는 「전파법」 제58조의2에 따른 적합성평가를 받은 제품으로 설치하고 임의로 변경하지 않도록 할 것 〈개정 2021.3.25〉
5. 디지털 방식의 무전기를 사용하는데 지장이 없도록 설치할 것 〈신설 2021.3.25〉

제9조 (설치 · 유지기준의 특례)

소방본부장 또는 소방서장은 기존건축물이 증축 · 개축 · 대수선되거나 용도 변경되는 경우에 있어서 이 기준이 정하는 기준에 따라 해당 건축물에 설치하여야 할 무선통신보조설비의 배관 · 배선 등의 공사가 현저하게 곤란하다고 인정되는 경우에는 해당 설비의 기능 및 사용에 지장이 없는 범위 안에서 무선통신보조설비의 설치 · 유지기준의 일부를 적용하지 아니할 수 있다.

제10조 (재검토 기한)

소방청장은 「훈령 · 예규 등의 발령 및 관리에 관한 규정」에 따라 이 고시에 대하여 2021년 1월 1일 기준으로 매 3년이 되는 시점(매 3년째의 6월 30일까지를 말한다)마다 그 타당성을 검토하여 개선 등의 조치를 하여야 한다.

제11조 (규제의 재검토)

「행정규제기본법」 제8조에 따라 2015년 1월 1일을 기준으로 매 3년이 되는 시점(매 3번째의 12월 31일까지를 말한다)마다 그 타당성을 검토하여 개선 등의 조치를 하여야 한다. 〈신설 2015.1.23〉

부칙 <제2021-16호, 2021.3.25>

제1조 (시행일)

이 고시는 발령한 날부터 시행한다.

[제33장] 소방시설용 비상전원수전설비의 화재안전기준(NFSC 602)

(개정 : 2019. 5. 24. 소방청고시 제2019-39호, 시행 : 2019. 5. 24)

제1조 (목적)

이 기준은 「화재예방, 소방시설 설치 · 유지 및 안전관리에 관한 법률」 제9조제1항에 따라 소방청장에게 위임한 사항 중 소방시설의 비상전원인 비상전원수전설비의 설치 · 유지 및 안전관리에 필요한 사항을 규정함을 목적으로 한다.

제2조 (적용범위)

「화재예방, 소방시설 설치 · 유지 및 안전관리에 관한 법률 시행령」(이하 "영"이라 한다) 별표 5의 소방시설에 설치하여야 하는 비상전원수전설비는 이 기준에 따라 설비를 설치하고 유지 · 관리하여야 한다.

제3조 (정의)

이 기준에서 사용되는 용어의 정의는 다음과 같다.

1. "전기사업자"란 「전기사업법」 제2조제2호에 따른 자를 말한다. 〈개정 2012.8.20〉
2. "인입선"이란 「전기설비기술기준」 제3조제1항제9호에 따른 것을 말한다. 〈개정 2012.8.20〉
3. "인입구배선"이란 인입선 연결점으로부터 특정소방대상물내에 시설하는 인입개폐기에 이르는 배선을 말한다. 〈개정 2012.8.20〉
4. "인입개폐기"란 「전기설비기술기준의 판단기준」 제169조에 따른 것을 말한다. 〈개정 2012.8.20〉
5. "과전류차단기"란 「전기설비기술기준의 판단기준」 제38조와 제39조에 따른 것을 말한다. 〈개정 2012.8.20〉
6. "소방회로"란 소방부하에 전원을 공급하는 전기회로를 말한다. 〈개정 2012.8.20〉
7. "일반회로"란 소방회로 이외의 전기회로를 말한다. 〈개정 2012.8.20〉
8. "수전설비"란 전력수급용 계기용변성기 · 주차단장치 및 그 부속기기를 말한다. 〈개정 2012.8.20〉
9. "변전설비"란 전력용변압기 및 그 부속장치를 말한다. 〈개정 2012.8.20〉
10. "전용큐비클식"이란 소방회로용의 것으로 수전설비, 변전설비 그 밖의 기기 및 배선을 금속제 외함에 수납한 것을 말한다. 〈개정 2012.8.20〉

11. "공용큐비클식"이란 소방회로 및 일반회로 겸용의 것으로서 수전설비, 변전설비 그 밖의 기기 및 배선을 금속제 외함에 수납한 것을 말한다. 〈개정 2012.8.20〉
12. "전용배전반"이란 소방회로 전용의 것으로서 개폐기, 과전류차단기, 계기 그 밖의 배선용기기 및 배손을 금속제 외함에 수납한 것을 말한다. 〈개정 2012.8.20〉
13. "공용배전반"이란 소방회로 및 일반회로 겸용의 것으로서 개폐기, 과전류차단기, 계기 그 밖의 배선용기기 및 배선을 금속제 외함에 수납한 것을 말한다. 〈개정 2012.8.20〉
14. "전용분전반"이란 소방회로 전용의 것으로서 분기 개폐기, 분기과전류차단기 그 밖의 배선용기기 및 배선을 금속제 외함에 수납한 것을 말한다. 〈개정 2012.8.20〉
15. "공용분전반"이란 소방회로 및 일반회로 겸용의 것으로서 분기개폐기, 분기과전류차단기 그 밖의 배선용기기 및 배선을 금속제 외함에 수납한 것을 말한다. 〈개정 2012.8.20〉

제4조 (인입선 및 인입구 배선의 시설) 관리사 14회 기술사 120회

① 인입선은 특정소방대상물에 화재가 발생할 경우에도 화재로 인한 손상을 받지 않도록 설치하여야 한다.
② 인입구배선은 「옥내소화전설비의 화재안전기준(NFSC 102)」 별표 1에 따른 내화배선으로 하여야 한다. 〈개정 2012.8.20〉

제5조 (특별고압 또는 고압으로 수전하는 경우) 기술사 120회

① 일반전기사업자로부터 특별고압 또는 고압으로 수전하는 비상전원 수전설비는 방화구획형, 옥외개방형 또는 큐비클(Cubicle)형으로 하여야 한다.
  1. 전용의 방화구획 내에 설치할 것
  2. 소방회로배선은 일반회로배선과 불연성 벽으로 구획할 것. 다만, 소방회로배선과 일반회로배선을 15cm 이상 떨어져 설치한 경우는 그러하지 아니한다.
  3. 일반회로에서 과부하, 지락사고 또는 단락사고가 발생한 경우에도 이에 영향을 받지 아니하고 계속하여 소방회로에 전원을 공급시켜 줄 수 있어야 할 것
  4. 소방회로용 개폐기 및 과전류차단기에는 "소방시설용"이라 표시할 것
  5. 전기회로는 별표 1 같이 결선할 것
② 옥외개방형은 다음 각 호에 적합하게 설치하여야 한다. 〈개정 2012.8.20〉
  1. 건축물의 옥상에 설치하는 경우에는 그 건축물에 화재가 발생할 경우에도 화재로 인한 손상을 받지 않도록 설치할 것
  2. 공지에 설치하는 경우에는 인접 건축물에 화재가 발생한 경우에도 화재로 인한 손상을 받지 않도록 설치할 것
  3. 그 밖의 옥외개방형의 설치에 관하여는 제1항제2호부터 제5호까지의 규정에 적합하게 설치할 것 〈개정 2012.8.20〉
③ 큐비클형은 다음 각 호에 적합하게 설치하여야 한다. 〈개정 2012.8.20〉

1. 전용큐비클 또는 공용큐비클식으로 설치할 것
2. 외함은 두께 2.3mm 이상의 강판과 이와 동등 이상의 강도와 내화성능이 있는 것으로 제작하여야 하며, 개구부(제3호에 게기하는 것은 제외한다)에는 갑종방화문 또는 을종방화문을 설치할 것
3. 다음 각 목(옥외에 설치하는 것에 있어서는 가목부터 다목까지)에 해당하는 것은 외함에 노출하여 설치할 수 있다. 〈개정 2012.8.20〉
   가. 표시등(불연성 또는 난연성재료로 덮개를 설치한 것에 한한다)
   나. 전선의 인입구 및 인출구
   다. 환기장치
   라. 전압계(퓨즈 등으로 보호한 것에 한한다)
   마. 전류계(변류기의 2차측에 접속된 것에 한한다)
   바. 계기용 전환스위치(불연성 또는 난연성재료로 제작된 것에 한한다)
4. 외함은 건축물의 바닥 등에 견고하게 고정할 것
5. 외함에 수납하는 수전설비, 변전설비 그 밖의 기기 및 배선은 다음 각 목에 적합하게 설치할 것 〈개정 2012.8.20〉
   가. 외함 또는 프레임(Frame) 등에 견고하게 고정할 것 〈개정 2012.8.20〉
   나. 외함의 바닥에서 10cm(시험단자, 단자대 등의 충전부는 15cm) 이상의 높이에 설치할 것
6. 전선 인입구 및 인출구에는 금속관 또는 금속제 가요전선관을 쉽게 접속할 수 있도록 할 것
7. 환기장치는 다음 각 목에 적합하게 설치할 것 〈개정 2012.8.20〉 관리사 14회
   가. 내부의 온도가 상승하지 않도록 환기장치를 할 것
   나. 자연환기구의 개부구 면적의 합계는 외함의 한 면에 대하여 해당 면적의 3분의 1 이하로 할 것. 이 경우 하나의 통기구의 크기는 직경 10mm 이상의 둥근 막대가 들어가서는 아니 된다. 〈개정 2012.8.20〉
   다. 자연환기구에 따라 충분히 환기할 수 없는 경우에는 환기설비를 설치할 것
   라. 환기구에는 금속망, 방화댐퍼 등으로 방화조치를 하고, 옥외에 설치하는 것은 빗물 등이 들어가지 않도록 할 것
8. 공용큐비클식의 소방회로와 일반회로에 사용되는 배선 및 배선용기기는 불연재료로 구획할 것
9. 그 밖의 큐비클형의 설치에 관하여는 제1항제2호부터 제5호까지의 규정 및 한국산업표준에 적합할 것 〈개정 2012.8.20〉

제6조 (저압으로 수전하는 경우)

전기사업자로부터 저압으로 수전하는 비상전원설비는 전용배전반 (1 · 2종) · 전용분전반 (1 · 2종) 또는 공용분전반(1 · 2종)으로 하여야 한다.

① 제1종 배전반 및 제1종 분전반은 다음 각 호에 적합하게 설치하여야 한다. 〈개정 2012.8.20〉

기술사 95회

1. 외함은 두께 1.6mm(전면판 및 문은 2.3mm) 이상의 강판과 이와 동등 이상의 강도와 내화성능이 있는 것으로 제작할 것
2. 외함의 내부는 외부의 열에 의해 영향을 받지 않도록 내열성 및 단열성이 있는 재료를 사용하여 단열할 것. 이 경우 단열부분은 열 또는 진동에 따라 쉽게 변형되지 아니하여야 한다.
3. 다음 각 목에 해당하는 것은 외함에 노출하여 설치할 수 있다.
   가. 표시등(불연성 또는 난연성재료로 덮개를 설치한 것에 한한다)
   나. 전선의 인입구 및 인출구
4. 외함은 금속관 또는 금속제 가요전선관을 쉽게 접속할 수 있도록 하고, 당해 접속부분에는 단열조치를 할 것
5. 공용배전판 및 공용분전판의 경우 소방회로와 일반회로에 사용하는 배선 및 배선용 기기는 불연재료로 구획되어야 할 것

② 제2종 배전반 및 제2종 분전반은 다음 각 호에 적합하게 설치하여야 한다. 〈개정 2012.8.20〉

1. 외함은 두께 1mm(함전면의 면적이 1,000cm^{2}를 초과하고 2,000cm^2 이하인 경우에는 1.2mm, 2,000cm^{2}를 초과하는 경우에는 1.6mm) 이상의 강판과 이와 동등 이상의 강도와 내화성능이 있는 것으로 제작할 것
2. 제1항 제3호 각목에 정한 것과 120℃의 온도를 가했을 때 이상이 없는 전압계 및 전류계는 외함에 노출하여 설치할 것
3. 단열을 위해 배선용 불연전용실내에 설치할 것
4. 그 밖의 제2종 배전반 및 제2종 분전반의 설치에 관하여는 제1항 제4호 및 제5호의 규정에 적합할 것

③ 그 밖의 배전반 및 분전반의 설치에 관하여는 다음 각 호에 적합하여야 한다. 〈개정 2012.8.20〉

1. 일반회로에서 과부하 · 지락사고 또는 단락사고가 발생한 경우에도 이에 영향을 받지 아니하고 계속하여 소방회로에 전원을 공급시켜 줄 수 있어야 할 것
2. 소방회로용 개폐기 및 과전류차단기에는 "소방시설용"이라는 표시를 할 것
3. 전기회로는 별표 2와 같이 결선할 것

제7조 (설치 · 유지기준의 특례)

소방본부장 또는 소방서장은 기존건축물이 증축 · 개축 · 대수선되거나 용도변경 되는 경우에 있어서 이 기준이 정하는 기준에 따라 해당 건축물에 설치하여야 할 비상전원수전설비의 배관 · 배선 등의 공사가 현저하게 곤란하다고 인정되는 경우에는 해당 설비의 기능 및 사용에 지장이 없는 범위 안에서 비상전원수전설비의 설치 · 유지기준의 일부를 적용하지 아니할 수 있다. 〈개정 2012.8.20〉

제8조 (재검토 기한)

소방청장은 이 고시에 대하여 「훈령 · 예규 등의 발령 및 관리에 관한 규정」에 따라 2019년 1월 1일 기준으로 매 3년이 되는 시점(매 3년째의 12월 31일까지를 말한다)마다 그 타당성을 검토하여 개선 등의 조치를 하여야 한다. 〈개정 2019.5.24〉

제9조 (규제의 재검토)

「행정규제기본법」 제8조에 따라 2015년 1월 1일을 기준으로 매 3년이 되는 시점(매 3번째의 12월 31일까지를 말한다)마다 그 타당성을 검토하여 개선 등의 조치를 하여야 한다. 〈신설 2015.1.23〉

부칙 <제2019-39호, 2019.5.24>

제1조 (시행일)

이 고시는 발령한 날부터 시행한다.

[별표 1] 고압 또는 특별고압 수전의 경우
(제5조제1항제5호 관련)

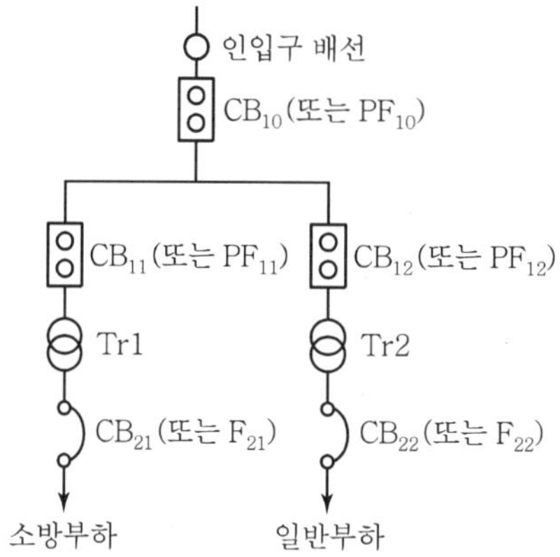

(가) 전용의 전력용변압기에서 소방부하에 전원을 공급하는 경우

[주] 1. 일반회로의 과부하 또는 단락사고시에 CB_{10}(또는 PF_{10})이 CB_{12}(또는 PF_{12}) 및 CB_{22}(또는 F_{22})보다 먼저 차단되어서는 아니된다.

2. CB_{11}(또는 PF_{11})은 CB_{12}(또는 PF_{12})와 동등이상의 차단용량일 것

약호	명 칭
CB	전력차단기
PF	전력퓨즈(고압 또는 특별고압용)
F	퓨즈(저압용)
Tr	전력용변압기

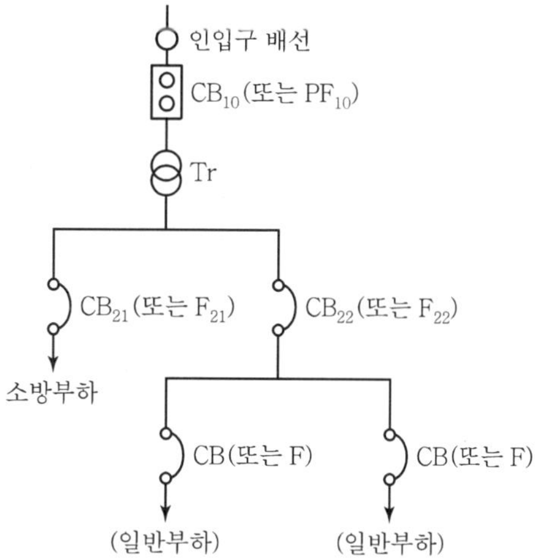

(나) 공용의 전력용변압기에서 소방부하에 전원을 공급하는 경우

[주] 1. 일반회로의 과부하 또는 단락사고시에 CB_{10}(또는 PF_{10})이 CB_{22}(또는 F_{22}) 및 CB(또는 F)보다 먼저 차단되어서는 아니된다.

2. CB_{21}(또는 F_{21})은 CB_{22}(또는 F_{22})와 동등이상의 차단용량일 것

약호	명 칭
CB	전력차단기
PF	전력퓨즈(고압 또는 특별고압용)
F	퓨즈(저압용)
Tr	전력용변압기

[별표 2] **저압수전의 경우** (제6조제3항제3호 관련)

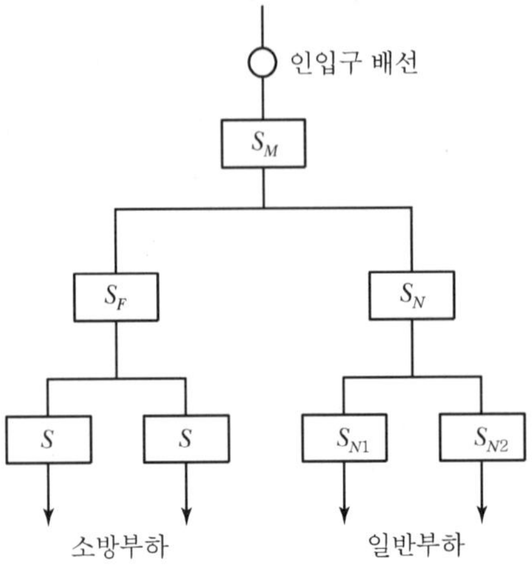

[주]

1. 일반회로의 과부하 또는 단락사고시 S_M이 S_N, S_{N1} 및 S_{N2}보다 먼저차단 되어서는 아니된다.
2. S_F는 S_N과 동등 이상의 차단용량일 것

약호	명칭
<삭제>	<삭제>
<삭제>	<삭제>
<삭제>	<삭제>
<삭제>	<삭제>
S	저압용개폐기 및 과전류차단기

[제34장] 도로터널의 화재안전기준 (NFSC 603)

(개정 : 2017. 7. 26. 소방청고시 제2017-1호)

[도로터널의 주요 화재안전기준]

<table>
<tr><th colspan="3">방재시설</th><th>설치대상</th><th>설치간격</th><th>설치방법</th></tr>
<tr><td rowspan="3">소화설비</td><td colspan="2">수동식 소화기</td><td>모든 터널</td><td>50m 이내</td><td>2개 1조로 설치</td></tr>
<tr><td colspan="2">옥내소화전설비</td><td>1,000m 이상</td><td>50m 이내</td><td>–</td></tr>
<tr><td colspan="2">물분무소화설비</td><td>3,000m 이상으로서 행정안전부령으로 정하는 위험등급에 해당하는 터널</td><td>방수구역 : 터널길이 방향으로 25m 이상</td><td>동시에 3개 방수구역 이상 방수되게 설치</td></tr>
<tr><td rowspan="4">소화활동설비</td><td colspan="2">제연설비
기술사 124회</td><td>500m 이상으로서 행정안전부령으로 정하는 위험등급에 해당하는 터널</td><td>–</td><td>환기설비와 병용가능</td></tr>
<tr><td colspan="2">무선통신보조설비</td><td>500m 이상</td><td>–</td><td>라디오 재방송설비와 병용 가능</td></tr>
<tr><td colspan="2">연결송수관설비
기술사 124회</td><td>1,000m 이상</td><td>50m 이내</td><td>송수구 : 터널 입·출구부에 설치
방수구 : 옥내소화전과 병설</td></tr>
<tr><td colspan="2">비상콘센트설비</td><td>500m 이상</td><td>50m 이내</td><td>소화전함에 병설</td></tr>
<tr><td rowspan="2">경보설비</td><td colspan="2">비상경보설비</td><td>500m 이상</td><td>50m 이내</td><td>–</td></tr>
<tr><td colspan="2">자동화재탐지설비</td><td>1,000m 이상</td><td>경계구역 100m 이내</td><td>정온식 감지선형 감지기 설치</td></tr>
<tr><td>피난설비</td><td colspan="2">비상조명등
기술사 124회</td><td>500m 이상</td><td>–</td><td>–</td></tr>
<tr><td rowspan="2">피난시설</td><td>피난연락갱</td><td rowspan="2">(소방법에서는 제외)</td><td>500m 이상</td><td>250~300m 이내</td><td>쌍굴터널에서 양쪽 터널 사이에 차단문 설치</td></tr>
<tr><td>비상주차대</td><td>1,000m 이상</td><td>피난연락갱마다 (단, 대면통행터널 : 750m 이내)</td><td>피난연락갱 맞은 편(주행차선 갓길)에 설치</td></tr>
</table>

제1조 (목적)

이 기준은 「화재예방, 소방시설 설치 · 유지 및 안전관리에 관한 법률」 제9조제1항에 따라 소방청장에게 위임한 사항 중 도로터널에 설치하여야 하는 소방시설 등의 설치기준과 유지 및 안전관리에 관하여 필요한 사항을 규정함을 목적으로 한다. 〈개정 2015.10.28, 2017.7.26〉

제2조 (적용범위)

「화재예방, 소방시설 설치 · 유지 및 안전관리에 관한 법률 시행령」(이하 "영"이라 한다) 제15조에 의한 도로터널에 설치하는 소방시설 등은 이 기준에서 정하는 규정에 따라 설비를 설치하고 유지 · 관리하여야 한다. 〈개정 2015.10.28, 2017.7.26〉

제3조 (정의)

이 기준에서 사용하는 용어의 정의는 다음과 같다.

1. "도로터널"이란 「도로법」 제8조에서 규정한 도로의 일부로서 자동차의 통행을 위한 지붕이 있는 지하 구조물을 말한다. 〈개정 2012.8.20〉
2. "설계화재강도"란 터널 화재시 소화설비 및 제연설비 등의 용량산정을 위해 적용하는 차종별 최대열방출률(MW)을 말한다. 〈개정 2012.8.20〉
3. "종류환기방식"이란 터널 안의 배기가스와 연기 등을 배출하는 환기설비로서 기류를 종방향(출입구 방향)으로 흐르게 하여 환기하는 방식을 말한다. 〈개정 2012.8.20〉
4. "횡류환기방식"이란 터널 안의 배기가스와 연기 등을 배출하는 환기설비로서 기류를 횡방향(바닥에서 천장)으로 흐르게 하여 환기하는 방식을 말한다. 〈개정 2012.8.20〉
5. "반횡류환기방식"이란 터널 안의 배기가스와 연기 등을 배출하는 환기설비로서 터널에 수직배기구를 설치해서 횡방향과 종방향으로 기류를 흐르게 하여 환기하는 방식을 말한다. 〈개정 2012.8.20〉
6. "양방향터널"이란 하나의 터널 안에서 차량의 흐름이 서로 마주보게 되는 터널을 말한다. 〈개정 2012.8.20〉
7. "일방향터널"이란 하나의 터널 안에서 차량의 흐름이 하나의 방향으로만 진행되는 터널을 말한다. 〈개정 2012.8.20〉
8. "연기발생률"이란 일정한 설계화재강도의 차량에서 단위 시간당 발생하는 연기량을 말한다. 〈개정 2012.8.20〉
9. "피난연결통로"란 본선터널과 병설된 상대터널이나 본선터널과 평행한 피난통로를 연결하기 위한 연결통로를 말한다. 〈개정 2012.8.20〉
10. "배기구"란 터널 안의 오염공기를 배출하거나 화재발생시 연기를 배출하기 위한 개구부를 말한다. 〈개정 2012.8.20〉

제4조 (소화기)

소화기는 다음 각 호의 기준에 따라 설치하여야 한다. 〈개정 2012.8.20〉

1. 소화기의 능력단위(「소화기구의 화재안전기준(NFSC 101)」 제3조제6호에 따른 수치를 말한다. 이하 같다)는 A급 화재는 3단위 이상, B급 화재는 5단위 이상 및 C급 화재에 적응성이 있는 것으로 할 것 〈개정 2012.8.20〉
2. 소화기의 총중량은 사용 및 운반이 편리성을 고려하여 7kg 이하로 할 것 〈개정 2012.8.20〉
3. 소화기는 주행차로의 우측 측벽에 50m 이내의 간격으로 2개 이상을 설치하며, 편도2차선 이상의 양방향 터널과 4차로 이상의 일방향 터널의 경우에는 양쪽 측벽에 각각 50m 이내의 간격으로 엇갈리게 2개 이상을 설치할 것 〈개정 2012.8.20〉
4. 바닥면(차로 또는 보행로를 말한다. 이하 같다)으로부터 1.5m 이하의 높이에 설치할 것 〈개정 2012.8.20〉
5. 소화기구함의 상부에 "소화기"라고 조명식 또는 반사식의 표지판을 부착하여 사용자가 쉽게 인지할 수 있도록 할 것

제5조 (옥내소화전설비)

옥내소화전설비는 다음 각 호의 기준에 따라 설치하여야 한다. 〈개정 2012.8.20〉

1. 소화전함과 방수구는 주행차로 우측 측벽을 따라 50m 이내의 간격으로 설치하며, 편도 2차선 이상의 양방향 터널이나 4차로 이상의 일방향 터널의 경우에는 양쪽 측벽에 각각 50m 이내의 간격으로 엇갈리게 설치할 것
2. 수원은 그 저수량이 옥내소화전의 설치개수 2개(4차로 이상의 터널의 경우 3개)를 동시에 40분 이상 사용할 수 있는 충분한 양 이상을 확보할 것
3. 가압송수장치는 옥내소화전 2개(4차로 이상의 터널인 경우 3개)를 동시에 사용할 경우 각 옥내소화전의 노즐선단에서의 방수압력은 0.35MPa 이상이고 방수량은 190ℓ/min 이상이 되는 성능의 것으로 할 것. 다만, 하나의 옥내소화전을 사용하는 노즐선단에서의 방수압력이 0.7MPa을 초과할 경우에는 호스접결구의 인입측에 감압장치를 설치하여야 한다. 관리사 12회
4. 압력수조나 고가수조가 아닌 전동기 및 내연기관에 의한 펌프를 이용하는 가압송수장치는 주펌프와 동등 이상인 별도의 예비펌프를 설치할 것
5. 방수구는 40mm 구경의 단구형을 옥내소화전이 설치된 벽면의 바닥면으로부터 1.5m 이하의 높이에 설치할 것
6. 소화전함에는 옥내소화전 방수구 1개, 15m 이상의 소방호스 3본 이상 및 방수노즐을 비치할 것
7. 옥내소화전설비의 비상전원은 40분 이상 작동할 수 있을 것

제5조의2(물분무소화설비)

물분무소화설비는 다음 각 호의 기준에 따라 설치하여야 한다. 〈신설 2009.10.22, 개정 2012.8.20〉

1. 물분무 헤드는 도로면에 1m²당 6ℓ/min 이상의 수량을 균일하게 방수할 수 있도록 할 것
2. 물분무설비의 하나의 방수구역은 25m 이상으로 하며, 3개 방수구역을 동시에 40분 이상 방수할 수 있는 수량을 확보 할 것
3. 물분무설비의 비상전원은 40분 이상 기능을 유지할 수 있도록 할 것

제6조 (비상경보설비) 관리사 15회

비상경보설비는 다음 각 호의 기준에 따라 설치하여야 한다. 〈개정 2012.8.20〉

1. 발신기는 주행차로 한쪽 측벽에 50m 이내의 간격으로 설치하며, 편도 2차선 이상의 양방향 터널이나 4차로 이상의 일방향 터널의 경우에는 양쪽의 측벽에 각각 50m 이내의 간격으로 엇갈리게 설치할 것. 〈개정 2012.8.20〉
2. 발신기는 바닥면으로부터 0.8m 이상 1.5m 이하의 높이에 설치할 것
3. 음향장치는 발신기 설치위치와 동일하게 설치할 것. 다만, 「비상방송설비의 화재안전기준(NFSC 202)」에 적합하게 설치된 방송설비를 비상경보설비와 연동하여 작동하도록 설치한 경우에는 비상경보설비의 지구음향장치를 설치하지 아니할 수 있다. 〈개정 2012.8.20〉
4. 음량장치의 음량은 부착된 음향장치의 중심으로부터 1m 떨어진 위치에서 90dB 이상이 되도록 할 것
5. 음향장치는 터널내부 전체에 동시에 경보를 발하도록 설치할 것
6. 시각경보기는 주행차로 한쪽 측벽에 50m 이내의 간격으로 비상경보설비 상부 직근에 설치하고, 전체 시각경보기는 동기방식에 의해 작동될 수 있도록 할 것

제7조 (자동화재탐지설비)

① 터널에 설치할 수 있는 감지기의 종류는 다음 각 호의 어느 하나와 같다. 관리사 12회

1. 차동식분포형감지기
2. 정온식감지선형감지기(아날로그식에 한한다. 이하 같다.)
3. 중앙기술심의위원회의 심의를 거쳐 터널화재에 적응성이 있다고 인정된 감지기

② 하나의 경계구역의 길이는 100m 이하로 하여야 한다. 관리사 12회

③ 제1항에 의한 감지기의 설치기준은 다음 각 호와 같다. 다만, 중앙기술심의위원회의 심의를 거쳐 제조사 시방서에 따른 설치방법이 터널화재에 적합하다고 인정되는 경우에는 다음 각 호의 기준에 의하지 아니하고 심의결과에 의한 제조사 시방서에 따라 설치할 수 있다. 〈개정 2012.8.20〉

1. 감지기의 감열부(열을 감지하는 기능을 갖는 부분을 말한다. 이하 같다)와 감열부 사이

의 이격거리는 10m 이하로, 감지기와 터널 좌 · 우측 벽면과의 이격거리는 6.5m 이하로 설치할 것

2. 제1호에도 불구하고 터널 천장의 구조가 아치형의 터널에 감지기를 터널 진행방향으로 설치하고자 하는 경우에는 감열부와 감열부 사이의 이격거리를 10m 이하로 하여 아치형 천장의 중앙 최상부에 1열로 감지기를 설치하여야 하며, 감지기를 2열 이상으로 설치하고자 하는 경우에는 감열부와 감열부 사이의 이격거리는 10m 이하로 감지기 간의 이격거리는 6.5m 이하로 설치할 것 〈개정 2012.8.20〉
3. 감지기를 천장면(터널 안 도로 등에 면한 부분 또는 상층의 바닥 하부면을 말한다. 이하 같다)에 설치하는 경우에는 감기기가 천장면에 밀착되지 않도록 고정금구 등을 사용하여 설치할 것
4. 형식승인 내용에 설치방법이 규정된 경우에는 형식승인 내용에 따라 설치할 것. 다만, 감지기와 천장면과의 이격거리에 대해 제조사의 시방서에 규정되어 있는 경우에는 시방서의 규정에 따라 설치할 수 있다.

④ 제2항에도 불구하고 감지기의 작동에 의하여 다른 소방시설 등이 연동되는 경우로서 해당 소방시설 등의 작동을 위한 정확한 발화위치를 확인할 필요가 있는 경우에는 경계구역의 길이가 해당 설비의 방호구역 등에 포함되도록 설치하여야 한다. 〈개정 2012.8.20〉

⑤ 발신기 및 지구음향장치는 제6조를 준용하여 설치하여야 한다. 〈개정 2012.8.20〉

제8조 (비상조명등)

비상조명등은 다음 각 호의 기준에 따라 설치하여야 한다. 〈개정 2012.8.20〉

1. 상시 조명이 소등된 상태에서 비상조명등이 점등되는 경우 터널안의 차도 및 보도의 바닥면의 조도는 10Lx 이상, 그 외 모든 지점의 조도는 1Lx 이상이 될 수 있도록 설치할 것
2. 비상조명등은 상용전원이 차단되는 경우 자동으로 비상전원으로 60분 이상 점등되도록 설치할 것
3. 비상조명등에 내장된 예비전원이나 축전지설비는 상용전원의 공급에 의하여 상시 충전상태를 유지할 수 있도록 설치할 것

제9조 (제연설비)

① 제연설비는 다음 각 호의 사양을 만족하도록 설계하여야 한다. 〈개정 2012.8.20〉

1. 설계화재강도 20MW를 기준으로 하고, 이 때 연기발생률은 $80m^3/s$로 하며, 배출량은 발생된 연기와 혼합된 공기를 충분히 배출할 수 있는 용량 이상을 확보할 것
2. 제1호에도 불구하고 화재강도가 설계화재강도 보다 높을 것으로 예상될 경우 위험도분석을 통하여 설계화재강도를 설정하도록 할 것 〈개정 2012.8.20〉

② 제연설비는 다음 각 호의 기준에 따라 설치하여야 한다. 기술사 92회 · 111회

1. 종류환기방식의 경우 제트팬의 소손을 고려하여 예비용 제트팬을 설치하도록 할 것

2. 횡류환기방식(또는 반횡류환기방식) 및 대배기구 방식의 배연용 팬은 덕트의 길이에 따라서 노출온도가 달라질 수 있으므로 수치해석 등을 통해서 내열온도 등을 검토한 후에 적용하도록 할 것
3. 대배기구의 개폐용 전동모터는 정전 등 전원이 차단되는 경우에도 조작상태를 유지할 수 있도록 할 것
4. 화재에 노출이 우려되는 제연설비와 전원공급선 및 제트팬 사이의 전원공급장치 등은 250℃의 온도에서 60분 이상 운전상태를 유지할 수 있도록 할 것

③ 제연설비의 기동은 다음 각 호의 어느 하나에 의하여 자동 또는 수동으로 기동될 수 있도록 하여야 한다. 〈개정 2012.8.20〉 관리사 15회
1. 화재감지기가 동작되는 경우
2. 발신기의 스위치 조작 또는 자동소화설비의 기동장치를 동작시키는 경우
3. 화재수신기 또는 감시제어반의 수동조작스위치를 동작시키는 경우

④ 비상전원은 60분 이상 작동할 수 있도록 하여야 한다.

제10조 (연결송수관설비)

연결송수관설비는 다음 각 호의 기준에 따라 설치하여야 한다. 〈개정 2012.8.20〉
1. 방수압력은 0.35MPa 이상, 방수량은 400L/min 이상을 유지할 수 있도록 할 것
2. 방수구는 50m 이내의 간격으로 옥내소화전함에 병설하거나 독립적으로 터널출입구 부근과 피난연결통로에 설치할 것
3. 방수기구함은 50m 이내의 간격으로 옥내소화전함 안에 설치하거나 독립적으로 설치하고, 하나의 방수기구함에는 65mm 방수노즐 1개와 15m 이상의 호스 3본을 설치하도록 할 것

제11조 (무선통신보조설비)

① 무선통신보조설비의 무선기접속단자는 방재실과 터널의 입구 및 출구, 피난연결통로에 설치하여야 한다.

② 라디오 재방송설비가 설치되는 터널의 경우에는 무선통신보조설비와 겸용으로 설치할 수 있다.

제12조 (비상콘센트설비)

비상콘센트설비는 다음 각 호의 기준에 따라 설치하여야 한다. 〈개정 2012.8.20〉
1. 비상콘센트설비의 전원회로는 단상교류 220V인 것으로서 그 공급용량은 1.5KVA 이상인 것으로 할 것 〈개정 2013.9.3〉
2. 전원회로는 주배전반에서 전용회로로 할 것. 다만, 다른 설비의 회로의 사고에 따른 영향을 받지 아니하도록 되어 있는 것은 그러하지 아니하다. 〈개정 2012.8.20〉
3. 콘센트마다 배선용 차단기(KS C 8321)를 설치하여야 하며, 충전부가 노출되지 아니하

도록 할 것

4. 주행차로의 우측 측벽에 50m 이내의 간격으로 바닥으로부터 0.8m 이상 1.5m 이하의 높이에 설치할 것 관리사 12회

제13조 (다른 화재안전기준과의 관계)

터널에 설치하는 소방시설 등의 설치기준 중 이 기준에서 규정하지 아니한 소방시설 등의 설치기준은 개별 화재안전기준에 따라 설치하여야 한다. 〈개정 2012.8.20〉

제14조 (재검토 기한)

소방청장은 「훈령 · 예규 등의 발령 및 관리에 관한 규정」에 따라 이 고시에 대하여 2016년 1월 1일을 기준으로 매3년이 되는 시점(매 3년째의 12월 31일까지를 말한다)마다 그 타당성을 검토하여 개선 등의 조치를 하여야 한다. 〈개정 2015.10.28〉

부칙 <제2017-1호, 2017.7.26>

제1조 (시행일)

이 고시는 발령한 날부터 시행한다.

[제35장] 고층건축물의 화재안전기준 (NFSC 604)

(개정 : 2017. 7. 26. 소방청고시 제2017-1호)

제1조 (목적)

이 기준은 「화재예방, 소방시설 설치 · 유지 및 안전관리에 관한 법률」 제9조제1항에 따라 소방청장에게 위임한 사항 중 고층건축물에 설치하여야 하는 소방시설 등의 설치 · 유지 및 안전관리에 관하여 필요한 사항을 규정함을 목적으로 한다.

제2조 (적용범위)

고층건축물에 설치하는 소방시설과 「초고층 및 지하연계 복합건축물 재난관리에 관한 특별법 시행령」 제14조제2항에 따라 피난안전구역에 설치하는 소방시설은 이 기준에서 정하는 규정에 적합하게 설비를 설치하고 유지 · 관리하여야 한다.

제3조 (정의)

① 이 기준에서 사용하는 용어의 정의는 다음과 같다.

1. "고층건축물"이란 건축법 제2조제1항제19호 규정에 따른 건축물을 말한다.
2. "급수배관"이란 수원 및 옥외송수구로부터 옥내소화전 방수구 또는 스프링클러헤드, 연결송수관 방수구에 급수하는 배관을 말한다.

② 이 기준에서 사용하는 용어는 제1항에서 규정한 것을 제외하고는 관계법령 및 개별 화재안전기준에서 정하는 바에 따른다.

제4조 (다른 화재안전기준과의 관계)

고층건축물에 설치하는 소방시설 등의 설치기준 중 이 기준에서 규정하지 아니한 설치기준은 개별 화재안전기준에 따라 설치하여야 한다.

제5조 (옥내소화전설비)

① 수원은 그 저수량이 옥내소화전의 설치개수가 가장 많은 층의 설치개수(5개 이상 설치된 경우에는 5개)에 5.2m^3(호스릴옥내소화전설비를 포함한다)를 곱한 양 이상이 되도록 하여야 한다. 다만, 층수가 50층 이상인 건축물의 경우에는 7.8m^{3}를 곱한 양 이상이 되도록 하여야 한다.

② 수원은 제1호에 따라 산출된 유효수량 외에 유효수량의 3분의 1이상을 옥상(옥내소화전설비가 설치된 건축물의 주된 옥상을 말한다. 이하 같다)에 설치하여야 한다. 다만, 옥내소화전설비의 화재안전기준(NFSC 102) 제4조제2항제3호 또는 제4호에 해당하는 경우에는 그러하지 아니하다.

③ 전동기 또는 내연기관을 이용한 펌프방식의 가압송수장치는 옥내소화전설비 전용으로 설치하여야 하며, 옥내소화전설비 주펌프 이외에 동등 이상인 별도의 예비펌프를 설치하여야 한다.

④ 급수배관은 전용으로 하여야 한다. 다만, 옥내소화전설비의 성능에 지장이 없는 경우에는 연결송수관설비의 배관과 겸용할 수 있다.

⑤ 50층 이상인 건축물의 옥내소화전 주배관 중 수직배관은 2개 이상(주배관 성능을 갖는 동일호칭배관)으로 설치하여야 하며, 하나의 수직배관의 파손 등 작동 불능 시에도 다른 수직배관으로부터 소화용수가 공급되도록 구성하여야 한다.

⑥ 비상전원은 자가발전설비, 축전지설비(내연기관에 따른 펌프를 사용하는 경우에는 내연기관의 기동 및 제어용 축전지를 말한다) 또는 전기저장장치(외부 전기에너지를 저장해 두었다가 필요한 때 전기를 공급하는 장치)로서 옥내소화전설비를 40분 이상 작동할 수 있을 것. 다만, 50층 이상인 건축물의 경우에는 60분 이상 작동할 수 있어야 한다. 〈개정 2016.7.13〉

제6조 (스프링클러설비)

스프링클러설비는 다음 각 항의 기준에 따라 설치하여야 한다.

① 수원은 스프링클러설비 설치장소별 스프링클러헤드의 기준개수에 3.2m^3를 곱한 양 이상이 되도록 하여야 한다. 다만, 50층 이상인 건축물의 경우에는 4.8m^3를 곱한 양 이상이 되도록 하여야 한다.

② 스프링클러설비의 수원은 제1호에 따라 산출된 유효수량 외에 유효수량의 3분의 1이상을 옥상(스프링클러설비가 설치된 건축물의 주된 옥상을 말한다. 이하 같다)에 설치하여야 한다. 다만, 스프링클러설비의 화재안전기준(NFSC103) 제4조제2항제3호 또는 제4호에 해당하는 경우에는 그러하지 아니하다.

③ 전동기 또는 내연기관을 이용한 펌프방식의 가압송수장치는 스프링클러설비 전용으로 설치하여야 하며, 스프링클러설비 주펌프 이외에 동등 이상인 별도의 예비펌프를 설치하여야 한다.

④ 급수배관은 전용으로 설치하여야 한다.

⑤ 50층 이상인 건축물의 스프링클러설비 주배관 중 수직배관은 2개 이상(주배관 성능을 갖는 동일호칭배관)으로 설치하고, 하나의 수직배관이 파손 등 작동 불능 시에도 다른 수직배관으로부터 소화용수가 공급되도록 구성하여야 하며, 각 각의 수직배관에 유수검지장치를 설치하여야 한다.

⑥ 50층 이상인 건축물의 스프링클러 헤드에는 2개 이상의 가지배관 양방향에서 소화용수가 공급되도록 하고, 수리계산에 의한 설계를 하여야 한다.

⑦ 스프링클러설비의 음향장치는 스프링클러설비의 화재안전기준(NFSC 103) 제9조에 따라 설치하되, 다음 각 호의 기준에 따라 경보를 발할 수 있도록 하여야 한다.

1. 2층 이상의 층에서 발화한 때에는 발화층 및 그 직상 4개층에 경보를 발할 것
2. 1층에서 발화한 때에는 발화층 · 그 직상 4개층 및 지하층에 경보를 발할 것
3. 지하층에서 발화한 때에는 발화층 · 그 직상층 및 기타의 지하층에 경보를 발할 것

⑧ 비상전원을 설치할 경우 자가발전설비, 축전지설비(내연기관에 따른 펌프를 사용하는 경우에는 내연기관의 기동 및 제어용 축전지를 말한다) 또는 전기저장장치(외부 전기에너지를 저장해 두었다가 필요한 때 전기를 공급하는 장치)로서 스프링클러설비를 40분 이상 작동할 수 있을 것. 다만, 50층 이상인 건축물의 경우에는 60분 이상 작동할 수 있어야 한다. 〈개정 2016.7.13〉

제7조 (비상방송설비)

① 비상방송설비의 음향장치는 다음 각 호의 기준에 따라 경보를 발할 수 있도록 하여야 한다.

1. 2층 이상의 층에서 발화한 때에는 발화층 및 그 직상 4개층에 경보를 발할 것
2. 1층에서 발화한 때에는 발화층 · 그 직상 4개층 및 지하층에 경보를 발할 것
3. 지하층에서 발화한 때에는 발화층 · 그 직상층 및 기타의 지하층에 경보를 발할 것

② 비상방송설비에는 그 설비에 대한 감시상태를 60분간 지속한 후 유효하게 30분 이상 경보할 수 있는 축전지설비(수신기에 내장하는 경우를 포함한다) 또는 전기저장장치(외부 전기에너지를 저장해 두었다가 필요한 때 전기를 공급하는 장치)를 설치할 것 〈개정 2016.7.13〉

제8조 (자동화재탐지설비)

① 감지기는 아날로그방식의 감지기로서 감지기의 작동 및 설치지점을 수신기에서 확인할 수 있는 것으로 설치하여야 한다. 다만, 공동주택의 경우에는 감지기별로 작동 및 설치지점을 수신기에서 확인할 수 있는 아날로그방식 외의 감지기로 설치할 수 있다.

② 자동화재탐지설비의 음향장치는 다음 각 호의 기준에 따라 경보를 발할 수 있도록 하여야 한다.

1. 2층 이상의 층에서 발화한 때에는 발화층 및 그 직상 4개층에 경보를 발할 것
2. 1층에서 발화한 때에는 발화층 · 그 직상 4개층 및 지하층에 경보를 발할 것
3. 지하층에서 발화한 때에는 발화층 · 그 직상층 및 기타의 지하층에 경보를 발할 것

③ 50층 이상인 건축물에 설치하는 통신 · 신호배선은 이중배선을 설치하도록 하고 단선(斷線) 시에도 고장표시가 되며 정상 작동할 수 있는 성능을 갖도록 설비를 하여야 한다.

기술사 113회

1. 수신기와 수신기 사이의 통신배선

2. 수신기와 중계기 사이의 신호배선
3. 수신기와 감지기 사이의 신호배선

④ 자동화재탐지설비에는 그 설비에 대한 감시상태를 60분간 지속한 후 유효하게 30분 이상 경보할 수 있는 축전지설비(수신기에 내장하는 경우를 포함한다) 또는 전기저장장치(외부 전기에너지를 저장해 두었다가 필요한 때 전기를 공급하는 장치)를 설치하여야한다. 다만, 상용전원이 축전지설비인 경우에는 그러하지 아니하다. 〈개정 2016.7.13〉

제9조 (특별피난계단의 계단실 및 부속실 제연설비)

특별피난계단의 계단실 및 그 부속실 제연설비의 화재안전기준(NFSC 501A)에 따라 설치하되, 비상전원은 자가발전설비 등으로 하고 제연설비를 유효하게 40분 이상 작동할 수 있도록 할 것. 다만, 50층 이상인 건축물의 경우에는 60분 이상 작동할 수 있어야 한다.

제10조 (피난안전구역의 소방시설)

「초고층 및 지하연계 복합건축물 재난관리에 관한 특별법시행령」 제14조제2항에 따라 피난안전구역에 설치하는 소방시설은 별표 1과 같이 설치하여야 하며, 이 기준에서 정하지 아니한 것은 개별 화재안전기준에 따라 설치하여야 한다.

제11조 (연결송수관설비)

① 연결송수관설비의 배관은 전용으로 한다. 다만, 주배관의 구경이 100mm 이상인 옥내소화전설비와 겸용할 수 있다.

② 연결송수관설비의 비상전원은 자가발전설비, 축전지설비(내연기관에 따른 펌프를 사용하는 경우에는 내연기관의 기동 및 제어용 축전지를 말한다) 또는 전기저장장치(외부 전기에너지를 저장해 두었다가 필요한 때 전기를 공급하는 장치)로서 연결송수관설비를 유효하게 40분 이상 작동할 수 있어야 할 것. 다만, 50층 이상인 건축물의 경우에는 60분 이상 작동할 수 있어야 한다. 〈개정 2016.7.13〉

제12조 (재검토 기한)

소방청장은 「훈령 · 예규 등의 발령 및 관리에 관한 규정」에 따라 이 고시에 대하여 2016년 1월 1일을 기준으로 매3년이 되는 시점(매 3년째의 12월 31일까지를 말한다)마다 그 타당성을 검토하여 개선 등의 조치를 하여야 한다. 〈개정 2015.10.28〉

부칙 〈제2017-1호, 2017.7.26〉

제1조 (시행일)

이 고시는 발령한 날부터 시행한다.

[별표 1]

피난안전구역에 설치하는 소방시설 설치기준 (제10조 관련)

구 분	설치기준
1. 제연설비	피난안전구역과 비 제연구역간의 차압은 50Pa(옥내에 스프링클러설비가 설치된 경우에는 12.5Pa) 이상으로 하여야 한다. 다만 피난안전구역의 한쪽 면 이상이 외기에 개방된 구조의 경우에는 설치하지 아니할 수 있다.
2. 피난유도선 기술사 112회	피난유도선은 다음 각 호의 기준에 따라 설치하여야 한다. 가. 피난안전구역이 설치된 층의 계단실 출입구에서 피난안전구역 주 출입구 또는 비상구까지 설치할 것 나. 계단실에 설치하는 경우 계단 및 계단참에 설치할 것 다. 피난유도 표시부의 너비는 최소 25mm 이상으로 설치할 것 라. 광원점등방식(전류에 의하여 빛을 내는 방식)으로 설치하되, 60분 이상 유효하게 작동할 것
3. 비상조명등 기술사 112회	피난안전구역의 비상조명등은 상시 조명이 소등된 상태에서 그 비상조명등이 점등되는 경우 각 부분의 바닥에서 조도는 10Lx 이상이 될 수 있도록 설치할 것
4. 휴대용비상조명등 관리사 18회	가. 피난안전구역에는 휴대용비상조명등을 다음 각 호의 기준에 따라 설치하여야 한다. 1) 초고층 건축물에 설치된 피난안전구역 : 피난안전구역 위층의 재실자수(「건축물의 피난·방화구조 등의 기준에 관한 규칙」 별표 1의2에 따라 산정된 재실자 수를 말한다)의 10분의 1 이상 2) 지하연계 복합건축물에 설치된 피난안전구역 : 피난안전구역이 설치된 층의 수용인원(영 별표 2에 따라 산정된 수용인원을 말한다)의 10분의 1 이상 나. 건전지 및 충전식 건전지의 용량은 40분 이상 유효하게 사용할 수 있는 것으로 한다. 다만, 피난안전구역이 50층 이상에 설치되어 있을 경우의 용량은 60분 이상으로 할 것
5. 인명구조기구 기술사 112회	가. 방열복, 인공소생기를 각 2개 이상 비치할 것 나. 45분 이상 사용할 수 있는 성능의 공기호흡기(보조마스크를 포함한다)를 2개 이상 비치하여야 한다. 다만, 피난안전구역이 50층 이상에 설치되어 있을 경우에는 동일한 성능의 예비용기를 10개 이상 비치할 것 다. 화재 시 쉽게 반출할 수 있는 곳에 비치할 것 라. 인명구조기구가 설치된 장소의 보기 쉬운 곳에 "인명구조기구"라는 표지판 등을 설치할 것

[제36장] 지하구의 화재안전기준 (NFSC 605)

(전부개정 2021. 12. 16. 소방청고시 제2021-53호)

제1조 (목적)

이 기준은 「화재예방, 소방시설 설치 · 유지 및 안전관리에 관한 법률」 제9조제1항에 따라 소방청장에게 위임한 사항 중 지하구에 설치하여야 하는 소방시설 등의 설치 · 유지 및 안전관리에 관하여 필요한 사항을 규정함을 목적으로 한다.

제2조 (적용범위)

「화재예방, 소방시설 설치 · 유지 및 안전관리에 관한 법률 시행령」(이하 "영"이라 한다) 제15조에 의한 지하구에 설치하는 소방시설 등은 이 기준에서 정하는 규정에 따라 설비를 설치하고 유지 · 관리하여야 한다.

제3조 (정의)

이 기준에서 사용하는 용어의 정의는 다음과 같다.

1. "지하구"란 영 [별표 2] 제28호에서 규정한 지하구를 말한다.
2. "제어반"이란 설비, 장치 등의 조작과 확인을 위해 제어용 계기류, 스위치 등을 금속제 외함에 수납한 것을 말한다.
3. "분전반"이란 분기개폐기 · 분기과전류차단기 그 밖에 배선용기기 및 배선을 금속제 외함에 수납한 것을 말한다.
4. "방화벽"이란 화재 시 발생한 열, 연기 등의 확산을 방지하기 위하여 설치하는 벽을 말한다.
5. "분기구"란 전기, 통신, 상하수도, 난방 등의 공급시설의 일부를 분기하기 위하여 지하구의 단면 또는 형태를 변화시키는 부분을 말한다.
6. "환기구"란 지하구의 온도, 습도의 조절 및 유해가스를 배출하기 위해 설치되는 것으로 자연환기구와 강제환기구로 구분된다.
7. "작업구"란 지하구의 유지관리를 위하여 자재, 기계기구의 반 · 출입 및 작업자의 출입을 위하여 만들어진 출입구를 말한다.
8. "케이블접속부"란 케이블이 지하구 내에 포설되면서 발생하는 직선 접속 부분을 전용의 접속재로 접속한 부분을 말한다.
9. "특고압 케이블"이란 사용전압이 7,000V를 초과하는 전로에 사용하는 케이블을 말한다.

10. "분기배관"이란 배관 측면에 구멍을 뚫어 둘 이상의 관로가 생기도록 가공한 배관으로서 확관형 분기배관과 비확관형 분기배관을 말한다. 〈신설 2021.12.16〉
11. "확관형 분기배관"이란 배관의 측면에 조그만 구멍을 뚫고 소성가공으로 확관시켜 배관 용접이음자리를 만들거나 배관 용접이음자리에 배관이음쇠를 용접이음한 배관을 말한다. 〈신설 2021.12.16〉
12. "비확관형 분기배관"이란 배관의 측면에 분기호칭내경 이상의 구멍을 뚫고 배관이음쇠를 용접이음한 배관을 말한다. 〈신설 2021.12.16〉

제4조 (소화기구 및 자동소화장치)

① 소화기구는 다음 각 호의 기준에 따라 설치하여야 한다.
1. 소화기의 능력단위(「소화기구 및 자동소화장치의 화재안전기준(NFSC 101)」 제3조제6호에 따른 수치를 말한다. 이하 같다)는 A급 화재는 개당 3단위 이상, B급 화재는 개당 5단위 이상 및 C급 화재에 적응성이 있는 것으로 할 것
2. 소화기 한 대의 총중량은 사용 및 운반의 편리성을 고려하여 7kg 이하로 할 것
3. 소화기는 사람이 출입할 수 있는 출입구(환기구, 작업구를 포함한다) 부근에 5개 이상 설치할 것
4. 소화기는 바닥면으로부터 1.5m 이하의 높이에 설치할 것
5. 소화기의 상부에 "소화기"라고 표시한 조명식 또는 반사식의 표지판을 부착하여 사용자가 쉽게 인지할 수 있도록 할 것

② 지하구 내 발전실 · 변전실 · 송전실 · 변압기실 · 배전반실 · 통신기기실 · 전산기기실 · 기타 이와 유사한 시설이 있는 장소 중 바닥면적이 300m² 미만인 곳에는 유효설치 방호체적 이내의 가스 · 분말 · 고체에어로졸 · 캐비닛형 자동소화장치를 설치하여야 한다. 다만 해당 장소에 물분무등소화설비를 설치한 경우에는 설치하지 않을 수 있다.

③ 제어반 또는 분전반마다 가스 · 분말 · 고체에어로졸 자동소화장치 또는 유효설치 방호체적 이내의 소공간용 소화용구를 설치하여야 한다.

④ 케이블접속부(절연유를 포함한 접속부에 한한다.)마다 다음 각 호의 자동소화장치를 설치하되 소화성능이 확보될 수 있도록 방호공간을 구획하는 등 유효한 조치를 하여야 한다.
1. 가스 · 분말 · 고체에어로졸 자동소화장치
2. 중앙소방기술심의위원회의 심의를 거쳐 소방청장이 인정하는 자동소화장치

제5조 (자동화재탐지설비)

① 감지기는 다음 각 호에 따라 설치하여야 한다.
1. 「자동화재탐지설비 및 시각경보장치의 화재안전기준(NFSC 203)」 제7조제1항 각 호의 감지기 중 먼지 · 습기 등의 영향을 받지 아니하고 발화지점(1m 단위)과 온도를 확인할 수 있는 것을 설치할 것
2. 지하구 천장의 중심부에 설치하되 감지기와 천장 중심부 하단과의 수직거리는 30cm

이내로 할 것. 다만, 형식승인 내용에 설치방법이 규정되어 있거나, 중앙기술심의위원회의 심의를 거쳐 제조사 시방서에 따른 설치방법이 지하구 화재에 적합하다고 인정되는 경우에는 형식승인 내용 또는 심의결과에 의한 제조사 시방서에 따라 설치할 수 있다.

3. 발화지점이 지하구의 실제거리와 일치하도록 수신기 등에 표시할 것
4. 공동구 내부에 상수도용 또는 냉·난방용 설비만 존재하는 부분은 감지기를 설치하지 않을 수 있다.

② 발신기, 지구음향장치 및 시각경보기는 설치하지 않을 수 있다.

제6조 (유도등)

사람이 출입할 수 있는 출입구(환기구, 작업구를 포함한다.)에는 해당 지하구 환경에 적합한 크기의 피난구유도등을 설치하여야 한다.

제7조 (연소방지설비)

① 연소방지설비의 배관은 다음 각 호의 기준에 따라 설치하여야 한다.

1. 배관용 탄소강관(KS D 3507) 또는 압력배관용 탄소강관(KS D 3562)이나 이와 동등 이상의 강도·내식성 및 내열성을 가진 것으로 하여야 한다.
2. 급수배관(송수구로부터 연소방지설비 헤드에 급수하는 배관을 말한다. 이하 같다)은 전용으로 하여야 한다.
3. 배관의 구경은 다음 각 목의 기준에 적합한 것이어야 한다.

가. 연소방지설비전용헤드를 사용하는 경우에는 다음 표에 따른 구경 이상으로 할 것

하나의 배관에 부착하는 살수헤드의 개수	1개	2개	3개	4개 또는 5개	6개 이상
배관의 구경(mm)	32	40	50	65	80

나. 개방형 스프링클러헤드를 사용하는 경우에는 「스프링클러설비의 화재안전기준(NFSC 103)」 [별표 1]의 기준에 따를 것

4. 교차배관은 가지배관과 수평으로 설치하거나 또는 가지배관 밑에 설치하고, 그 구경은 제3호에 따르되, 최소구경이 40mm 이상이 되도록 할 것
5. 배관에 설치되는 행가는 다음 각 목의 기준에 따라 설치하여야 한다.

가. 가지배관에는 헤드의 설치지점 사이마다 1개 이상의 행가를 설치하되, 헤드 간의 거리가 3.5m을 초과하는 경우에는 3.5m 이내마다 1개 이상 설치할 것. 이 경우 상향식헤드와 행가 사이에는 8cm 이상의 간격을 두어야 한다.

나. 교차배관에는 가지배관과 가지배관 사이마다 1개 이상의 행가를 설치하되, 가지배관 사이의 거리가 4.5m을 초과하는 경우에는 4.5m 이내마다 1개 이상 설치할 것

다. 제1호와 제2호의 수평주행배관에는 4.5m 이내마다 1개 이상 설치할 것

6. 확관형 분기배관을 사용할 경우에는 소방청장이 정하여 고시한 「분기배관의 성능인증

및 제품검사의 기술기준」에 적합한 것으로 설치하여야 한다. 〈개정 2021.12.16〉

② 연소방지설비의 헤드는 다음 각 호의 기준에 따라 설치하여야 한다.

1. 천장 또는 벽면에 설치할 것
2. 헤드 간의 수평거리는 연소방지설비 전용헤드의 경우에는 2m 이하, 스프링클러헤드의 경우에는 1.5m 이하로 할 것
3. 소방대원의 출입이 가능한 환기구·작업구마다 지하구의 양쪽방향으로 살수헤드를 설정하되, 한쪽 방향의 살수구역의 길이는 3m 이상으로 할 것. 다만, 환기구 사이의 간격이 700m를 초과할 경우에는 700m 이내마다 살수구역을 설정하되, 지하구의 구조를 고려하여 방화벽을 설치한 경우에는 그러하지 아니하다.
4. 연소방지설비 전용헤드를 설치할 경우에는 「소화설비용헤드의 성능인증 및 제품검사 기술기준」에 적합한 '살수헤드'를 설치할 것

③ 송수구는 다음 각 호의 기준에 따라 설치하여야 한다.

1. 소방차가 쉽게 접근할 수 있는 노출된 장소에 설치하되, 눈에 띄기 쉬운 보도 또는 차도에 설치할 것
2. 송수구는 구경 65mm의 쌍구형으로 할 것
3. 송수구로부터 1m 이내에 살수구역 안내표지를 설치할 것
4. 지면으로부터 높이가 0.5m 이상 1m 이하의 위치에 설치할 것
5. 송수구의 가까운 부분에 자동배수밸브(또는 직경 5mm의 배수공)를 설치할 것. 이 경우 자동배수밸브는 배관 안의 물이 잘 빠질 수 있는 위치에 설치하되, 배수로 인하여 다른 물건 또는 장소에 피해를 주지 아니하여야 한다.
6. 송수구로부터 주배관에 이르는 연결배관에는 개폐밸브를 설치하지 아니할 것
7. 송수구에는 이물질을 막기 위한 마개를 씌어야 한다.

제8조 (연소방지재)

지하구 내에 설치하는 케이블·전선 등에는 다음 각 호의 기준에 따라 연소방지재를 설치하여야 한다. 다만, 케이블·전선 등을 다음 제1호의 난연성능 이상을 충족하는 것으로 설치한 경우에는 연소방지재를 설치하지 않을 수 있다.

1. 연소방지재는 한국산업표준(KS C IEC 60332-3-24)에서 정한 난연성능 이상의 제품을 사용하되 다음 각 목의 기준을 충족하여야 한다.
   가. 시험에 사용되는 연소방지재는 시료(케이블 등)의 아래쪽(점화원으로부터 가까운 쪽)으로부터 30cm 지점부터 부착 또는 설치되어야 한다.
   나. 시험에 사용되는 시료(케이블 등)의 단면적은 325mm²로 한다.
   다. 시험성적서의 유효기간은 발급 후 3년으로 한다.
2. 연소방지재는 다음 각 목에 해당하는 부분에 제1호와 관련된 시험성적서에 명시된 방식으로 시험성적서에 명시된 길이 이상으로 설치하되, 연소방지재 간의 설치 간격은 350m를 넘지 않도록 하여야 한다.

가. 분기구
나. 지하구의 인입부 또는 인출부
다. 절연유 순환펌프 등이 설치된 부분
라. 기타 화재발생 위험이 우려되는 부분

제9조 (방화벽)

방화벽은 다음 각 호에 따라 설치하고 항상 닫힌 상태를 유지하거나 자동폐쇄장치에 의하여 화재 신호를 받으면 자동으로 닫히는 구조로 하여야 한다.

1. 내화구조로서 홀로 설 수 있는 구조일 것
2. 방화벽의 출입문은 갑종방화문으로 설치할 것
3. 방화벽을 관통하는 케이블 · 전선 등에는 국토교통부 고시(내화구조의 인정 및 관리기준)에 따라 내화충전 구조로 마감할 것
4. 방화벽은 분기구 및 국사 · 변전소 등의 건축물과 지하구가 연결되는 부위(건축물로부터 20m 이내)에 설치할 것
5. 자동폐쇄장치를 사용하는 경우에는 「자동폐쇄장치의 성능인증 및 제품검사의 기술기준」에 적합한 것으로 설치할 것

제10조 (무선통신보조설비)

무선통신보조설비의 무전기접속단자는 방재실과 공동구의 입구 및 연소방지설비 송수구가 설치된 장소(지상)에 설치하여야 한다.

제11조 (통합감시시설)

통합감시시설은 다음 각 호의 기준에 따라 설치한다.

1. 소방관서와 지하구의 통제실 간에 화재 등 소방활동과 관련된 정보를 상시 교환할 수 있는 정보통신망을 구축할 것
2. 제1호의 정보통신망(무선통신망을 포함한다)은 광케이블 또는 이와 유사한 성능을 가진 선로일 것
3. 수신기는 지하구의 통제실에 설치하되 화재신호, 경보, 발화지점 등 수신기에 표시되는 정보가 [별표 1]에 적합한 방식으로 119상황실이 있는 관할 소방관서의 정보통신장치에 표시되도록 할 것

제12조 (다른 화재안전기준과의 관계)

지하구에 설치하는 소방시설 등의 설치기준 중 이 기준에서 규정하지 아니한 소방시설 등의 설치기준은 개별 화재안전기준에 따라 설치하여야 한다.

제13조 (기존 지하구에 대한 특례)

「화재예방, 소방시설 설치 · 유지 및 안전관리에 관한 법률」 제11조에 따라 기존 지하구에 설치하는 소방시설 등에 대해 강화된 기준을 적용하는 경우에는 다음 각 호의 설치 · 유지 관련 특례를 적용한다.

1. 특고압 케이블이 포설된 송 · 배전 전용의 지하구(공동구를 제외한다)에는 온도 확인 기능 없이 최대 700m의 경계구역을 설정하여 발화지점(1m 단위)을 확인할 수 있는 감지기를 설치할 수 있다.
2. 소방본부장 또는 소방서장은 이 기준이 정하는 기준에 따라 해당 건축물에 설치하여야 할 소방시설 등의 공사가 현저하게 곤란하다고 인정되는 경우에는 해당 설비의 기능 및 사용에 지장이 없는 범위 안에서 소방시설 등의 설치 · 유지기준의 일부를 적용하지 아니할 수 있다.

제14조 (재검토기한)

소방청장은 「훈령 · 예규 등의 발령 및 관리에 관한 규정」에 따라 이 고시에 대하여 2021년 1월 1일을 기준으로 매 3년이 되는 시점(매 3년째의 12월 31일까지를 말한다)마다 그 타당성을 검토하여 개선 등의 조치를 하여야 한다.

부칙 <제2021-11호, 2021.1.15>

제1조(시행일)

이 고시는 발령한 날부터 시행한다.

제2조(다른 고시의 폐지)

「연소방지설비의 화재안전기준(NFSC 506)」을 폐지하고 「지하구의 화재안전기준(NFSC 605)」으로 전부 개정한다.

[제37장] 임시소방시설의 화재안전기준(NFSC 606)

(개정 : 2017. 7. 26. 소방청고시 제2017-1호, 시행 : 2017. 7. 26)

제1조 (목적)

이 기준은 「화재예방, 소방시설 설치 · 유지 및 안전관리에 관한 법률」 제10조의2제4항에서 소방청장에게 위임한 임시소방시설의 설치 및 유지 · 관리 기준과 「화재예방, 소방시설 설치 · 유지 및 안전관리에 관한 법률 시행령」 제15조의5 제2항 별표5의2 제1호에서 소방청장에게 위임한 임시소방시설의 성능을 정함을 목적으로 한다. 〈개정 2016.7.18〉

제2조 (정의)

이 기준에서 사용하는 용어의 정의는 다음과 같다.

1. "소화기"란 「소화기구의 화재안전기준(NFSC101)」 제3조제2호에서 정의하는 소화기를 말한다.
2. "간이소화장치"란 공사현장에서 화재위험작업 시 신속한 화재 진압이 가능하도록 물을 방수하는 이동식 또는 고정식 형태의 소화장치를 말한다.
3. "비상경보장치"란 화재위험작업 공간 등에서 수동조작에 의해서 화재경보상황을 알려줄 수 있는 설비(비상벨, 사이렌, 휴대용확성기 등)를 말한다.
4. "간이피난유도선"이란 화재위험작업 시 작업자의 피난을 유도할 수 있는 케이블형태의 장치를 말한다.

제3조 (다른 화재안전기준과의 관계)

임시소방시설 설치와 관련하여 이 기준에서 정하지 아니한 사항은 개별 화재안전기준 따른다.

제4조 (소화기의 성능 및 설치기준) 기술사 122회

소화기의 성능 및 설치기준은 다음 각 호와 같다.

1. 소화기의 소화약제는 「소화기구의 화재안전기준(NFSC101)」의 별표 1에 따른 적응성이 있는 것을 설치하여야 한다.
2. 소화기는 각층마다 능력단위 3단위이상인 소화기 2개 이상을 설치하고, 화재예방, 소방시설 설치 · 유지 및 안전관리에 관한 법률 시행령(이하 "영"이라 한다) 제15조의5 제1항에 해당하는 경우 작업종료 시까지 작업지점으로부터 5m 이내 쉽게 보이는 장소에 능력단위 3단위이상인 소화기 2개 이상과 대형소화기 1개를 추가 배치하여야 한다.

제5조 (간이소화장치 성능 및 설치기준) 기술사 122회

간이소화장치의 성능 및 설치기준은 다음 각 호와 같다.

1. 수원은 20분 이상의 소화수를 공급할 수 있는 양을 확보하여야 하며, 소화수의 방수압력은 최소 0.1MPa 이상, 방수량은 65L/min 이상 이어야 한다.
2. 영 제15조의5 제1항에 해당하는 작업을 하는 경우 작업종료 시까지 작업지점으로부터 25m 이내에 설치 또는 배치하여 상시 사용이 가능하여야 하며 동결방지조치를 하여야 한다. 〈개정 2016.7.18〉
3. 넘어질 우려가 없어야 하고 손쉽게 사용할 수 있어야 하며, 식별이 용이하도록 "간이소화장치"표시를 하여야 한다.

제6조 (비상경보장치의 성능 및 설치기준) 기술사 122회

비상경보장치의 성능 및 설치기준은 다음 각 호와 같다.

1. 비상경보장치는 영 제15조의5 제1항에 해당하는 작업을 하는 경우 작업종료 시까지 작업지점으로부터 5m 이내에 설치 또는 배치하여 상시 사용이 가능하여야 한다. 〈개정 2016.7.18〉
2. 비상경보장치는 화재사실 통보 및 대피를 해당 작업장의 모든 사람이 알 수 있을 정도의 음량을 확보하여야 한다.

제7조 (간이피난유도선의 성능 및 설치기준) 기술사 122회

간이피난유도선의 성능 및 설치기준은 다음 각 호와 같다.

1. 간이피난유도선은 광원점등방식으로 공사장의 출입구까지 설치하고 공사의 작업 중에는 상시 점등되어야 한다.
2. 설치위치는 바닥으로부터 높이 1m 이하로 하며, 작업장의 어느 위치에서도 출입구로의 피난방향을 알 수 있는 표시를 하여야 한다.

제8조 (간이소화장치 설치제외)

영 제15조의5 제3항 별표5의2 제3호가목의 "소방청장이 정하여 고시하는 기준에 맞는 소화기"란 "대형소화기를 작업지점으로부터 25m 이내 쉽게 보이는 장소에 6개 이상을 배치한 경우"를 말한다. 〈개정 2016.7.18〉

제9조 (설치 · 유지기준의 특례)

소방본부장 또는 소방서장은 기존건축물의 증축 · 개축 · 대수선이나 용도변경으로 인해 이 기준에 따른 임시소방시설의 설치가 현저하게 곤란하다고 인정되는 경우에는 해당 임시소방시설의 기능 및 사용에 지장이 없는 범위 안에서 이 기준의 일부를 적용하지 아니할 수 있다.

[제38장] 전기저장시설의 화재안전기준(NFSC 607)

(제정예고 2020. 6. 10. 소방청고시 제2020-82호)

제1조 (목적)

이 기준은 「화재예방, 소방시설 설치·유지 및 안전관리에 관한 법률」 제9조제1항에 따라 소방청장에게 위임한 사항 중 전기저장시설에 설치하여야 하는 소방시설 등의 설치기준과 유지 및 안전관리에 관하여 필요한 사항을 규정함을 목적으로 한다.

제2조 (적용범위)

「화재예방, 소방시설 설치·유지 및 안전관리에 관한 법률 시행령」(이하 "영"이라 한다) 제15조에 의한 전기저장시설에 설치하는 소방시설 등은 이 기준에서 정하는 규정에 따라 설비를 설치하고 유지·관리하여야 한다.

제3조 (정의)

이 기준에서 사용하는 용어의 정의는 다음과 같다.

1. "전기저장장치"란 생산된 전기를 전력 계통에 저장했다가 전기가 가장 필요한 시기에 공급해 에너지 효율을 높이는 것으로 배터리, 배터리 관리 시스템, 전력 변환 장치 및 에너지 관리 시스템 등으로 구성되어 발전·송배전·일반 건축물에서 목적에 따라 단계별 저장이 가능한 장치를 말한다.
2. "옥외형 전기저장장치 설비"란 컨테이너, 패널 등 전기저장장치 설비 전용 건축물의 형태로 옥외의 구획된 실에 설치된 전기저장장치를 말한다.
3. "옥내형 전기저장장치 설비"란 전기저장장치 설비 전용 건축물이 아닌 건축물의 내부에 설치되는 전기저장장치로 '옥외형 전기저장장치 설비'가 아닌 설비를 말한다.
4. "배터리(이차전지)실"이란 전기저장장치 중 배터리(이차전지)를 보관하기 위해 별도로 구획된 실을 말한다.
5. "더블인터락(Double-Interlock) 방식"이란 준비작동식 스프링클러설비의 작동방식 중 화재감지기와 스프링클러헤드 모두 작동되는 경우 준비작동식 유수검지장치가 개방되는 방식을 말한다.
6. "폭연방출구"란 폭연발생 시 연소가스와 압력을 밀폐공간으로부터 안전한 외부로 신속히 방출시키기 위하여 설치하는 개방된 통기문, 폐쇄된 창문 및 판넬 등을 말한다.

제4조 (소화기)

소화기는 「소화기구 및 자동소화장치의 화재안전기준(NFSC 101)」 [별표 4] 제2호에 따라 구획된 실마다 설치하여야 한다.

제5조 (자동소화장치)

다음 각 호의 어느 하나에 해당하는 경우에는 제6조에도 불구하고 국내·외 공인 시험기관에서 전기저장장치에 대한 소화성능을 인정받은 자동소화장치를 설치할 수 있다.

1. 옥외형 전기저장장치 설비가 컨테이너 내부에 설치된 경우
2. 옥외형 전기저장장치 설비가 건축물, 주차장, 공용도로, 적재된 가연물, 위험물 등으로부터 30m 이상 떨어진 지역에 설치된 경우

제6조 (스프링클러설비)

스프링클러설비는 다음 각 호의 기준에 따라 설치하여야 한다. 다만, 배터리실 외의 장소에는 스프링클러헤드를 설치하지 않을 수 있다.

1. 스프링클러설비는 습식 또는 준비작동식('더블 인터락'방식은 제외한다)으로 설치할 것
2. 전기저장장치가 설치된 실의 바닥면적(바닥면적이 230m^2 이상인 경우에는 230m^2) 1m^2 당 12.2l/min 이상의 수량을 균일하게 30분 이상 방수할 수 있도록 할 것
3. 스프링클러헤드 방수로 인해 인접 헤드에 미치는 영향을 최소화하기 위해 스프링클러헤드 사이의 간격은 1.8m 이상으로 할 것
4. 준비작동식 스프링클러설비를 설치할 경우 제7조에 따라 감지기를 설치할 것
5. 비상전원은 스프링클러설비를 30분 이상 작동할 수 있도록 할 것
6. 준비작동식의 경우에는 수동기동장치를 전기저장장치의 출입구 부근에 설치할 것
7. 소방차로부터 그 설비에 송수할 수 있는 송수구를 「스프링클러설비의 화재안전기준(NFSC 103)」 제11조에 따라 설치할 것

제7조 (자동화재탐지설비)

자동화재탐지설비는 「자동화재탐지설비의 화재안전기준(NFSC 203)」에 따라 설치하되, 감지기는 다음 각 호 중 어느 하나에 해당하는 감지기를 설치하여야 한다. 다만, 옥외형 전기저장장치 설비에는 자동화재탐지설비를 설치하지 아니할 수 있다.

1. 광전식 공기흡입형감지기
2. 아날로그 방식의 광전식감지기
3. 중앙소방기술심의위원회의 심의를 통해 전기저장장치에 적응성이 있다고 인정된 감지기

제8조 (자동화재속보설비)

자동화재속보설비는 「자동화재속보설비의 화재안전기준(NFSC 204)」에 따라 설치하여야 한다. 다만, 옥외형 전기저장장치 설비에는 속보기에 감지기를 직접 연결하는 방식으로

설치할 수 있다.

제9조 (폭연방출구)

폭연방출구는 「가스폭발 예방을 위한 폭연 방출구 설치에 관한 기술지침」에 따라 설치하여야 한다.

제10조 (설치장소)

전기저장장치는 관할 소방대의 원활한 소방활동을 위해 지면으로부터 지상 22m, 지하 9m 이내에 설치하여야 한다.

제11조 (방화구획)

전기저장장치 설치장소의 벽체, 바닥 및 천장은 「건축물의 피난·방화구조 등의 기준에 관한 규칙」에 따라 다른 장소와 방화구획 하여야 한다. 다만, 배터리실 외의 장소와 옥외형 전기저장장치 설비는 방화구획 하지 않을 수 있다.

제12조 (설치·유지기준의 특례)

① 소방본부장 또는 소방서장은 전기저장장치의 화재안전성에 대하여 아래 각 호의 어느 하나에 해당하는 시험방법에 따라 국내·외 공인시험기관에서 성능인정을 받은 경우에는 성능인정 받은 범위 안에서 제5조 및 제6조를 적용하지 아니할 수 있다.

1. UL9540A
2. 중앙소방기술심의위원회의 심의를 거쳐 소방청장이 인정하는 시험방법

② 제1항에서 규정한 시험은 다음 각 호의 어느 하나에 해당하는 시험기관에서 수행할 수 있다.

1. 한국소방산업기술원
2. 한국화재보험협회 부설 방재시험연구원
3. 기타 전기저장장치에 대한 실규모 화재시험이 가능한 시험장과 시험장비 및 인력을 갖추고 소방청장의 인정을 받은 시험기관

제13조 (다른 화재안전기준과의 관계)

전기저장장치에 설치하는 소방시설 등의 설치기준 중 이 기준에서 규정하지 아니한 소방시설 등의 설치기준은 개별 화재안전기준에 따라 설치하여야 한다.

제14조 (재검토기한)

소방청장은 「훈령·예규 등의 발령 및 관리에 관한 규정」에 따라 이 고시에 대하여 2022년 7월 1일을 기준으로 매 3년이 되는 시점(매 3년째의 6월 30일까지를 말한다)마다 그 타당성을 검토하여 개선 등의 조치를 하여야 한다.

[제39장] 공동주택의 화재안전기준 (NFSC 608)

(제정예고 2021. 10. 5. 소방청고시 제2021-212호)

제1조 (목적)

이 기준은 「화재예방, 소방시설 설치 · 유지 및 안전관리에 관한 법률」 제9조제1항에 따라 소방청장에게 위임한 사항 중 공동주택에 설치하여야 하는 소방시설 등의 설치 · 유지 및 안전관리에 관하여 필요한 사항을 규정함을 목적으로 한다.

제2조 (적용범위)

「화재예방, 소방시설 설치 · 유지 및 안전관리에 관한 법률 시행령」 (이하 "영"이라 한다) 제15조에 의한 공동주택에 설치하는 소방시설 등은 이 기준에서 정하는 규정에 따라 설비를 설치하고 유지 · 관리하여야 한다.

제3조 (정의)

이 기준에서 사용하는 용어의 정의는 다음과 같다.

1. "공동주택"이란 영 [별표 2] 제1호에서 규정한 대상을 말한다.
2. "아파트등"이란 영 [별표 2] 제1호 가목에서 규정한 대상을 말한다.
3. "갓복도식 공동주택"이란 「건축물의 피난 · 방화구조 등의 기준에 관한 규칙」 제9조제4항에서 규정한 대상을 말한다.
4. "주배관"이란 「스프링클러설비의 화재안전기준(NFSC 103)」 제3조제19호에서 규정한 것을 말한다.
5. "부속실"이란 「특별피난계단의 계단실 및 부속실 제연설비의 화재안전기준(NFSC 501A)」 제2조에서 규정한 부속실을 말한다.

제4조 (소화기구 및 자동소화장치)

① 소화기는 다음 각 호의 기준에 따라 설치하여야 한다.

1. 바닥면적 $100m^2$마다 1단위 이상의 능력단위를 기준으로 설치할 것
2. 아파트등의 경우 각 세대 및 공용부(승강장, 복도 등)마다 설치할 것
3. 아파트등의 세대 내에 설치된 보일러실이 방화구획되거나, 스프링클러설비 · 간이스프링클러설비 · 물분무등소화설비 중 하나가 설치된 경우에는 『소화기구 및 자동소화장치의 화재안전기준(NFSC 101)』 [별표 4] 제1호 및 제5호에 따라 부속용도별로 추가하여야 할 소화기구를 설치하지 아니할 수 있다.

4. 아파트등의 주방에는 『소화기구 및 자동소화장치의 화재안전기준(NFSC 101)』 [별표 4] 제5호에 따라 부속용도별로 추가하여야 할 소화기구를 설치하지 아니할 수 있다.
5. 아파트등의 경우 『소화기구 및 자동소화장치의 화재안전기준(NFSC 101)』 제5조에 따른 소화기의 감소 규정을 적용하지 아니한다.

② 아파트등에는 열원(가스 또는 전기)의 종류에 관계없이 사용이 가능한 주거용 자동소화장치를 설치하고, 각각의 열원을 차단할 수 있는 차단장치를 설치하여야 한다. 다만, 『주택건설기준 등에 관한 규정』 제34조제2항에 따라 가스공급설비를 설치하지 않는 경우에는 전기용만 설치할 수 있다.

제5조 (옥내소화전설비)

옥내소화전설비는 다음 각 호의 기준에 따라 설치하여야 한다.

1. 호스릴 방식으로 설치할 것
2. 복층형 구조인 경우에는 출입구가 없는 층에 방수구를 설치하지 아니할 수 있다.
3. 감시제어반 전용실은 피난층 또는 지하 1층에 설치할 것. 다만, 상시 사람이 근무하는 장소 또는 관계인이 쉽게 접근할 수 있고 관리가 용이한 장소에 감시제어반 전용실을 설치할 경우에는 지상 2층 또는 지하 2층에 설치할 수 있다.

제6조 (스프링클러설비)

스프링클러설비는 다음 각 호의 기준에 따라 설치하여야 한다.

1. 폐쇄형 스프링클러헤드를 사용하는 아파트등은 기준개수 10개(스프링클러헤드의 설치개수가 가장 많은 세대에 설치된 스프링클러헤드의 개수가 기준개수보다 작은 경우에는 그 설치개수를 말한다)에 1.6m³를 곱한 양 이상의 수원이 확보되도록 할 것. 다만, 아파트등의 각 동이 주차장으로 서로 연결된 구조인 경우에는 기준개수를 30개로 하여야 한다.
2. 아파트등의 경우 다음 각 목의 어느 하나에 해당하는 장소에는 「소방용 합성수지배관의 성능인증 및 제품검사의 기술기준」에 적합한 소방용 합성수지배관으로 배관을 설치할 수 있다. 다만, 소방용 합성수지배관 내부에 항상 소화수가 채워진 상태를 유지하여야 한다.
   가. 반자를 두께 12mm 이상의 합판으로 설치한 반자 내부
   나. 화장실 반자 내부
   다. 주배관을 불연재료, 준불연재료 또는 두께 12mm 이상의 합판 중 어느 하나로 구획한 공간
3. 하나의 방호구역은 2개층에 미치지 아니하도록 할 것. 다만, 복층형 구조의 공동주택에는 3개층 이내로 할 수 있다.
4. 아파트등의 세대 내 스프링클러헤드를 설치하는 천장 · 반자 · 천장과 반자 사이 · 덕트 · 선반 등의 각 부분으로부터 하나의 스프링클러헤드까지의 수평거리는 2.6m 이하로 할 것

5. 외벽에 설치된 창문에서 0.6m 이내에 스프링클러헤드를 배치하고, 배치된 헤드의 수평거리 이내에 창문이 모두 포함되도록 할 것. 다만, 다음 각 목의 어느 하나에 해당하는 경우에는 그러하지 아니하다.
   가. 창문에 드렌처설비가 설치된 경우
   나. 창문과 창문 사이의 수직부분이 내화구조로 90cm 이상 이격되어 있거나, 「발코니 등의 구조변경절차 및 설치기준」 제4조제1항부터 제5항까지에서 정하는 구조와 성능의 방화판 또는 방화유리창을 설치한 경우
   다. 발코니가 설치된 부분
6. 거실에는 조기반응형 스프링클러헤드를 설치할 것
7. 감시제어반 전용실은 피난층 또는 지하 1층에 설치할 것. 다만, 상시 사람이 근무하는 장소 또는 관계인이 쉽게 접근할 수 있고 관리가 용이한 장소에 감시제어반 전용실을 설치할 경우에는 지상 2층 또는 지하 2층에 설치할 수 있다.
8. 「건축법 시행령」 제46조제4항에 따라 설치된 대피공간에는 헤드를 설치하지 아니할 수 있다.

제7조 (물분무소화설비)

물분무소화설비의 감시제어반 전용실은 피난층 또는 지하 1층에 설치하여야 한다. 다만, 상시 사람이 근무하는 장소 또는 관계인이 쉽게 접근할 수 있고 관리가 용이한 장소에 감시제어반 전용실을 설치할 경우에는 지상 2층 또는 지하 2층에 설치할 수 있다.

제8조 (포소화설비)

포소화설비의 감시제어반 전용실은 피난층 또는 지하 1층에 설치하여야 한다. 다만, 상시 사람이 근무하는 장소 또는 관계인이 쉽게 접근할 수 있고 관리가 용이한 장소에 감시제어반 전용실을 설치할 경우에는 지상 2층 또는 지하 2층에 설치할 수 있다.

제9조 (옥외소화전설비)

옥외소화전설비는 다음 각 호의 기준에 따라 설치하여야 한다.

1. 기동장치는 기동용 수압개폐장치 또는 이와 동등 이상의 성능이 있는 것을 설치할 것.
2. 감시제어반 전용실은 피난층 또는 지하 1층에 설치할 것. 다만, 상시 사람이 근무하는 장소 또는 관계인이 쉽게 접근할 수 있고 관리가 용이한 장소에 감시제어반 전용실을 설치할 경우에는 지상 2층 또는 지하 2층에 설치할 수 있다.

제10조 (자동화재탐지설비)

① 감지기 작동 시 해당 감지기의 위치가 수신기에 표시되도록 하여야 한다.

② 감지기는 다음 각 호의 기준에 따라 설치하여야 한다.

1. 아날로그방식의 감지기 또는 광전식 공기흡입형 감지기를 설치할 것

2. 거실(발코니, 실외기실 등 거주 · 집무 등의 목적으로 사용되는 공간이 아닌 장소는 제외한다.)에는 연기감지기를 설치할 것

③ 지구음향장치는 거실(발코니, 실외기실 등 거주 · 집무 등의 목적으로 사용되는 공간이 아닌 장소는 제외한다.)마다 설치하여야 한다. 다만, 거실마다 비상방송설비의 음향장치를 설치한 경우에는 그러하지 아니하다.

④ 복층형 구조인 경우에는 출입구가 없는 층에 발신기를 설치하지 아니할 수 있다.

제11조 (피난기구)

① 피난기구는 다음 각 호의 기준에 따라 설치한다.

1. 아파트등의 경우 각 세대마다 설치할 것
2. 피난기구를 설치하는 개구부는 서로 동일직선상이 아닌 위치에 있을 것. 다만, 아파트등에 설치되는 피난기구는 피난기구의 개구부가 서로 동일 직선상의 위치에 설치할 수 있다.
3. 「공동주택관리법」 제2조제1항제2호(마목은 제외함)에 따른 "의무관리대상 공동주택"의 경우에는 하나의 관리주체가 관리하는 공동주택 구역마다 공기안전매트 1개 이상을 추가로 설치할 것. 다만, 옥상으로 피난이 가능하거나 수평 또는 수직방향의 인접세대로 피난할 수 있는 구조인 경우에는 추가로 설치하지 아니할 수 있다.

② 갓복도식 공동주택 또는 「건축법 시행령」 제46조제5항에 해당하는 구조 또는 시설을 설치하여 수평 또는 수직방향의 인접세대로 피난할 수 있는 아파트는 피난기구를 설치하지 아니할 수 있다.

③ 승강식 피난기 및 하향식 피난구용 내림식 사다리가 『건축물의 피난 · 방화구조 등의 기준에 관한 규칙』에 따라 방화구획된 장소(세대 내부)에 설치될 경우에는 해당 방화구획된 장소를 대피실로 간주하되, 대피실의 면적규정과 외기에 접하는 구조로 대피실을 설치하는 규정을 적용하지 아니할 수 있다.

제12조 (유도등)

유도등은 다음 각 호의 기준에 따라 설치하여야 한다.

1. 소형 피난구 유도등을 설치할 것. 다만, 세대 내에는 유도등을 설치하지 아니할 수 있다.
2. 주차장으로 사용되는 부분은 중형 피난구유도등을 설치할 것
3. 「건축법 시행령」 제40조제3항제2호나목 및 「주택건설기준 등에 관한 규정」 제16조의2 제3항에 따라 비상문자동개폐장치가 설치된 옥상 출입문에는 대형 피난구유도등을 설치할 것

제13조 (비상조명등)

비상조명등은 각 거실로부터 지상에 이르는 복도 · 계단 및 그 밖의 통로에 설치하여야 한다. 다만, 공동주택의 세대 내에는 출입구 인근 통로에 1개 이상 설치한다.

제14조 (제연설비)

제연설비는 「특별피난계단의 계단실 및 부속실 제연설비의 화재안전기준(NFSC 501A)」 제25조의 기준에 따라 성능확인을 하여야 한다. 다만, 부속실을 단독으로 제연하는 경우에는 부속실과 면하는 옥내 출입문만 개방한 상태로 유입공기의 풍속을 측정하여 적합여부를 확인할 수 있다.

제15조 (연결송수관설비)

① 방수구는 다음 각 호의 기준에 따라 설치하여야 한다.

1. 층마다 설치할 것. 다만, 아파트등의 1층과 2층(또는 피난층과 그 직상층)에는 설치하지 아니할 수 있다.
2. 아파트등의 경우 계단의 출입구(계단의 부속실을 포함하며 계단이 2 이상 있는 경우에는 그 중 1개의 계단을 말한다)로부터 5m 이내에 방수구를 설치하되, 그 방수구로부터 해당 층의 각 부분까지의 수평거리가 50m를 초과하는 경우에는 방수구를 추가로 설치하여야 한다.
3. 쌍구형으로 할 것. 다만, 아파트등의 용도로 사용되는 층에는 단구형으로 설치할 수 있다.
4. 송수구는 동별로 설치하되, 소방차량의 접근 및 통행이 용이하고 잘 보이는 장소에 설치하여야 한다.

② 펌프의 토출량은 2,400ℓ/min 이상(계단식 아파트의 경우에는 1,200ℓ/min 이상)으로 하고, 방수구 개수가 3개를 초과(방수구가 5개 이상인 경우에는 5개)하는 경우에는 1개마다 800ℓ/min(계단식 아파트의 경우에는 400ℓ/min 이상)를 가산하여야 한다.

제16조 (비상콘센트)

아파트등의 경우에는 계단의 출입구(계단의 부속실을 포함하며 계단이 2개 이상 있는 경우에는 그 중 1개의 계단을 말한다)로부터 5m 이내에 비상콘센트를 설치하되, 그 비상콘센트로부터 해당 층의 각 부분까지의 수평거리가 50m를 초과하는 경우에는 비상콘센트를 추가로 설치하여야 한다.

제17조 (다른 화재안전기준과의 관계)

공동주택에 설치하는 소방시설 등의 설치기준 중 이 기준에서 규정하지 아니한 소방시설 등의 설치기준은 개별 화재안전기준에 따라 설치하여야 한다.

제18조 (재검토기한)

소방청장은 「훈령 · 예규 등의 발령 및 관리에 관한 규정」에 따라 이 고시에 대하여 2022년 1월 1일을 기준으로 매 3년이 되는 시점(매 3년째의 12월 31일까지를 말한다)마다 그 타당성을 검토하여 개선 등의 조치를 하여야 한다.

소방 / 기술사 · 관리사 · 실무자를 위한

소방 · 건축관계법규 국가화재안전기준

발행일 / 2015년 4월 10일 초판 발행
2016년 1월 5일 개정 1판 발행
2016년 7월 29일 개정 2판 발행
2017년 4월 25일 개정 3판 발행
2018년 2월 1일 개정 4판 발행
2018년 5월 1일 개정 5판 발행
2018년 8월 1일 개정 6판 발행
2018년 12월 1일 개정 7판 발행
2019년 7월 15일 개정 8판 발행
2020년 6월 22일 개정 9판 발행
2021년 3월 2일 개정10판 발행
2021년 4월 15일 개정11판 발행
2021년 8월 23일 개정12판 발행
2022년 1월 10일 개정13판 발행

편저자 / 권 순 택
발행인 / 정 용 수
발행처 / 예문사
주 소 / 경기도 파주시 직지길 460(출판도시) 도서출판 예문사
T E L / (031) 955-0550
F A X / (031) 955-0660
등록번호 / 11-76호

정가 : 26,000원

ISBN 978-89-274-4311-7 13530